科学出版社"十四五"普通高等教育本科规划教材

中法工程师学院预科教学丛书（中文版）

丛书主编：王彪　〔法〕德麦赛（Jean-Marie BOURGEOIS-DEMERSAY）

大学数学基础 1

Cours de mathématiques supérieures 1

〔法〕亚历山大·格维尔茨（Alexander GEWIRTZ）　著

程思睿　译

科 学 出 版 社

北　京

内 容 简 介

本书是中山大学中法核工程与技术学院二年级第一学期的数学教材的中文翻译版，包括以下主要内容：群、环和除环；关系、自然数集、整数集、有理数集和实数集；实数列和复数列；向量空间和线性映射；整数集中的算术；单实变量的实值或复值函数；多项式和有理分式. 这些内容涉及不同的数学分支，读者在阅读本书前需对某些基础内容有所了解. 在每章的开头部分，列出了学习该内容所需的预备知识. 另外，书中提供了许多详细示例以帮助读者理解和应用相关知识，每章末给出一系列练习题，供使用教材的教师布置作业时选用，自学者也可通过做课后习题加深对知识和方法的理解和掌握. 译者在后记部分记录了参与和见证的中山大学中法核工程与技术学院的预科数学教学实践，供对预科数学教学模式感兴趣的读者了解.

本书可作为中法合作办学单位的预科数学教材，也可作为理工科院校相关专业数学类课程的参考教材.

图书在版编目 (CIP) 数据

大学数学基础.1 / (法) 亚历山大·格维尔茨著；程思睿译. -- 北京：科学出版社，2025.1. -- (科学出版社"十四五"普通高等教育本科规划教材) (中法工程师学院预科教学丛书：中文版). -- ISBN 978-7-03-080578-2

I . O13

中国国家版本馆 CIP 数据核字第 2024ZD3008 号

责任编辑：罗 吉 姚莉丽 李 萍／责任校对：杨聪敏
责任印制：赵 博／封面设计：蓝正设计

科学出版社 出版

北京东黄城根北街 16 号
邮政编码：100717
http://www.sciencep.com

北京富资园科技发展有限公司印刷
科学出版社发行 各地新华书店经销

＊

2025 年 1 月第 一 版 开本：787×1092 1/16
2025 年 1 月第一次印刷 印张：30 3/4
字数：726 000

定价：118.00 元
(如有印装质量问题，我社负责调换)

丛 书 序

高素质的工程技术人才是保证我国从工业大国向工业强国成功转变的关键因素. 高质量地培养基础知识扎实、创新能力强、熟悉我国国情并且熟悉国际合作和竞争规则的高端工程技术人才是我国高等工科教育的核心任务. 国家长期发展规划要求突出培养创新型科技人才和大力培养经济社会发展重点领域急需的紧缺专门人才.

核电是重要的绿色清洁能源, 在中国已经进入快速发展期, 掌握和创新核电核心技术是我国核电获得长期健康发展的基础. 中山大学地处我国的核电大省——广东, 针对我国高素质的核电工程技术人才强烈需求, 在教育部和法国相关政府部门的支持和推动下, 2009 年与法国民用核能工程师教学联盟共建了中法核工程与技术学院(Institut Franco-Chinois de l'Energie Nucléaire), 培养能参与国际合作和竞争的核电高级工程技术人才和管理人才. 教学体系完整引进法国核能工程师培养课程体系和培养经验, 其目标不仅是把学生培养成优秀的工程师, 而且要把学生培养成行业的领袖. 其教学特点表现为注重扎实的数理基础学习和全面的专业知识学习; 注重实践应用和企业实习以及注重人文、法律、经济、管理、交流等综合素质的培养.

法国工程师精英培养模式起源于 18 世纪, 不仅在法国也在国际上享有盛誉. 中山大学中法核工程与技术学院借鉴法国的培养模式, 根据教学的特点将 6 年的本硕连读学制划分为预科教学和工程师教学两个阶段. 预科教学阶段专注于数学、物理、化学、语言和人文课程的教学, 工程师阶段专注于专业课程、项目管理课程的教学和以学生为主的实践和实习活动. 法国预科阶段的数学、物理等基础课程的教学体系和我国相应的工科基础课程的教学体系有较大的不同. 前者覆盖面更广, 比如数学教材不仅包括高等数学、线性代数等基本知识, 还包括复变函数基础、泛函分析基础、拓扑学基础、代数结构基础等. 同时更注重于知识的逻辑性(比如小数次幂的含义)和证明的规范性, 以利于学生深入理解后能充分保有基础创新潜力.

为更广泛地借鉴法国预科教育的优点和广泛传播这种教育模式, 把探索实践过程中取得的成功经验和优质课程资源与国内外高校分享, 促进我国高等教育基础学科教学的改革, 我们在教育部、广东省教育厅和学校的支持下, 前期组织出版了这套预科基础课教材的法文版, 包含数学、物理和化学三门课程多个阶段的学习内容. 教材的编排设计富有特色, 采用了逐步深入的知识体系构建方式, 既可作为中法合作办学单位的专业教材, 也适合其他相关专业作为参考教材. 法文版教材出版后, 受到国内工科院校师生的广泛关注和积极评价, 为进一步推广精英工程师培养体系的本土化, 我们推出教材的中文译本, 相信这会更有益于课程资源的分享和教学经验的交流.

我们衷心希望, 本套教材能为我国高素质工程师的教育和培养做出贡献!

中方原院长　　　　　法方院长

王彪　　　　Jean-Marie BOURGEOIS-DEMERSAY

(德麦赛)

中山大学中法核工程与技术学院

2021 年 3 月

前　　言

本丛书出版的初衷是为中山大学中法核工程与技术学院的学生编写一套合适的教材. 中法核工程与技术学院位于中山大学珠海校区. 该学院用六年时间培养通晓中英法三种语言的核能工程师. 该培养体系的第一阶段持续三年, 对应着法国大学的预科阶段, 主要用法语教学, 为学生打下扎实的数学、物理和化学知识基础; 第二阶段为工程师阶段, 学生将学习涉核的专业知识, 并在以下关键领域进行深入研究: 反应堆安全、设计与开发、核材料以及燃料循环.

本丛书数学部分分为以下几册, 每册书介绍了一个学期的数学课程:

– 大学数学入门 1

– 大学数学入门 2

– 大学数学基础 1

– 大学数学基础 2

– 大学数学进阶 1

– 大学数学进阶 2

每册书均附有相应的练习册及答案. 练习的难度各异, 其中部分摘选自中法核工程与技术学院的学生考试题目.

在中法核工程与技术学院讲授的科学课程内容与法国预科阶段的课程内容几乎完全一致. 数学课程的内容是在法国教育部总督导 Charles TOROSSIAN 及曾任总督导 Jacques MOISAN 的指导下, 根据中法核工程与技术学院学生的需求进行编写的. 因此, 丛书中的某些书可能包含几章在法国不会学习的内容. 反之亦然, 在法国一般会学习的部分章节在该丛书中不会涉及, 即使有, 难度也会有所降低.

为了让学生在学习过程中更加积极主动, 本书的课程内容安排与其他教材不同: 书中设计了一系列问题. 与课程内容相关的应用练习题有助于学生自行检查是否已掌握新学的公式和概念. 另外, 书中提供的论证过程非常详细完整, 有助于学生更好地学习和理解论证过程及其逻辑. 再者, 书中常提供的方法小结有助于学生在学习过程中做总结. 最后, 每章的附录还提供了一些不要求学生掌握的定理的证明过程, 供希望加深对数学知识了解的学生使用.

本丛书是为预科阶段循序渐进的持续学习过程而设计的. 譬如, 曾在"大学数学入门"课程中介绍过的基础概念, 在后续的"大学数学基础"或"大学数学进阶"的课程重新出现时会给予进一步深入的讲解. 最后值得指出的是, 丛书的数学课程内容安排是和丛书的物理、化学的课程内容安排紧密联系的. 学生可以利用已学到的数学工具解决物理问题, 如微分方程、微分算法、偏微分方程或极限展开.

　　得益于中法核工程与技术学院学生和老师的意见与建议, 本丛书一直在不断地改进中. 我的同事 Alexis GRYSON 和程思睿博士仔细地核读了本书的原稿. 同时, 本书的成功出版离不开中法核工程与技术学院的两位院长王彪教授(长江特聘教授、国家杰出青年科学基金获得者)和 Jean-Marie BOURGEOIS-DEMERSAY 先生(法国矿业团首席工程师)一直以来的鼓励与大力支持. 请允许我对上述同事及领导表示最诚挚的谢意!

　　最后, 我本人要特别感谢 Francois BOISSON. 没有他, 我将永远不可能成为数学老师.

Alexander GEWIRTZ

(亚历山大·格维尔茨)

博士, 法国里昂(Lyon)高等师范学校的毕业生,

通过(法国)会考取得教师职衔的预科阶段数学老师

译 者 的 话

本书是 2021 年 8 月科学出版社出版的《大学数学基础 1 (法文版)》的中文翻译版. 该书法文版是中山大学中法核工程与技术学院二年级第一学期的数学教材.

本书对数学专业词汇的翻译主要参考了《简明数学词典》(科学出版社, 2000年, 第一版)、《汉英数学词汇》(清华大学出版社, 2008年, 第一版)、《英汉数学词汇》(清华大学出版社, 2018年, 第三版) 和《数学大辞典》(科学出版社, 2017年, 第二版). 但有些法语数学词汇并没有对应的中文词汇, 这样的词汇是译者根据术语的数学含义以及法语单词自身的词义自行翻译的, 同时在书中标出法语原文. 外国数学家的名字, 如果找到已有的中文译法, 就在第一次出现时给出中文同时标注原文(如第一次出现是在标题中, 则只在正文中第一次出现时标注原文), 之后只用中文, 如果没有找到已有的中文译法, 就只用原文.

为方便读者理解, 现对书中一些用词和符号说明如下.

(一)书中提及的正数和负数都是包括零的, 例如, 正项级数是指通项大于等于零的级数(负项级数是指通项小于等于零的级数), 正值函数是指取值大于等于零的函数(负值函数是指取值小于等于零的函数), 以此类推.

(二)符号 $A \subset B$ 表示 A 是 B 的子集(可以相等), $A \subsetneq B$ 表示 A 是 B 的真子集(必不相等).

(三)当 p 和 q 是两个整数时, $[\![p, q]\!]$ 表示大于等于 p 且小于等于 q 的所有整数的集合, 即 $\{p, p+1, \cdots, q\}$. 当 $p > q$ 时, $[\![p, q]\!] = \varnothing$.

(四)$\mathbb{R}$ 表示实数集, $\mathbb{C}$ 表示复数集, $\mathbb{N}$ 表示自然数集(包括零), $\mathbb{N}^\star$ 表示非零自然数集, 即 $\mathbb{N}^\star = \mathbb{N} \setminus \{0\}$, $\mathbb{R}^\star = \mathbb{R} \setminus \{0\}$, $\mathbb{R}^+ = [0, +\infty)$, $\mathbb{R}^- = (-\infty, 0]$, $\mathbb{R}^{\star+}$(或 $\mathbb{R}^{+\star}$)表示大于零的实数的集合, $\mathbb{R}^{\star-}$(或 $\mathbb{R}^{-\star}$)表示小于零的实数的集合, $\mathbb{C}^\star = \mathbb{C} \setminus \{0\}$.

(五)对任意实数 x, $E(x)$ 表示小于等于 x 的整数, 即对 x 向下取整.

(六)中文版沿用了法文版中的序列记号 $(u_n)_{n \in \mathbb{N}}$, 这与中文教材中常见的记号 $\{u_n\}_{n \in \mathbb{N}}$ 不同. 记号 $\{u_n\}_{n \in \mathbb{N}}$ 是借用了集合的表示方式, 但序列与集合的含义有以下区别: (1) 集合中的元素是无序的, 如 $\{1, 2\} = \{2, 1\}$; 而序列中的元素是有序的, 如 $(1, 2) \neq (2, 1)$; (2) 集合中元素的重复出现没有意义, 如 $\{1, 2, 2\} = \{1, 2\}$; 而序列中元素的重复出现是有意义的, 如 $(1, 2, 2) \neq (1, 2)$. 基于上述考虑, 译者保留了法文版中序列的记号. 同理, 数族和向量族也记为 $(u_i)_{i \in I}$. 序列实际上是数族或向量族当 $I = \mathbb{N}$ 时的特例.

(七)应科学出版社编辑的要求, 书中关于区间的记号已全部改回中文数学书惯用的记号. 法文版中, 开区间 (a,b) 记为 $]a,b[$, 半开半闭区间 $(a,b]$ 记为 $]a,b]$, 半闭半开区间 $[a,b)$ 记为 $[a,b[$. 特此说明, 以方便有兴趣看法文版的读者理解.

(八)本套教材中关于极限的定义与常见的中文教材略有不同. 常见的中文教材关于实变量函数在一点处的极限的定义, 考虑的是去心邻域, 而本套教材考虑的是不去心的邻域. 简单说来, 当 a 不在 f 的定义域中时, f 在 a 处的极限概念与中文教材常用的定义一致; 当 a 在 f 的定义域中时, 定义有所不同. 比如, 当 a 在 f 的定义区间内部时, f 在 a 处的极限存在当且仅当 f 在 a 处的左右极限都存在且都等于 $f(a)$. 这是与常见的中文教材的不同之处.

(九)本套教材中另有个别定义与一些中文教材略有不同, 在本书正文定义出现时通过译者注的方式说明.

还需说明的是: 经与本书作者 Alexander GEWIRTZ 博士讨论, 对书中内容作了几处小改动: 1) 在定义 5.1.2.1 对合数的定义中加上"大于等于 2"的限制, 以避免对数字 1 的误解; 2) 在习题 6.2.5.7 中对序列 $(u_n)_{n\in\mathbb{N}}$ 加上"以 a 为极限"的条件; 3) 在命题 6.3.4.2 的(ii)中对 f 在 a 处的情况给出更详细的说明以避免歧义; 4) 在推论 6.4.5.3 之后的注中对给出的算法描述里点的下标进行了改动, 以便读者理解算法中的循环. 另外, 中文版更正了法文版中的一些符号错误(符号前后不一致、字母的大小写、括号的位置或冗余等). 再者, 对一些类似"前面的命题"这样不够明确的写法, 尽可能用具体标号替换. 这些不影响内容表述或者使得表述更清晰的小改动, 在此不一一详述.

本书翻译过程中得到了中山大学中法核工程与技术学院预科数学教研室主任(即本书作者)Alexander GEWIRTZ 博士的很多帮助: 他无私地提供了法文版书稿的 tex 文档, 让我节省了编辑大量数学公式的时间; 每当我对于某些法语词句的确切含义有疑虑时, 都会去请教他, 他用英文跟我解释过后, 我再斟酌中文说法. 曾祥能副教授为本书的一些术语的翻译提供了有益的参考意见. 此外, 本书的成功出版离不开中法核工程与技术学院的各位领导尤其是教学副院长袁岑溪教授以及数学教研室副主任李亮亮副教授的信任和支持, 否则, 已离职的我不会有机会做这件事. 在此, 谨向上述老师和领导致以最诚挚的谢意!

本书的顺利出版, 也离不开科学出版社的责任编辑罗吉博士、姚莉丽女士以及其他工作人员的辛勤劳动. 在此也向他们表示真诚的感谢!

最后, 因译者能力有限, 经验亦不足, 翻译中的错误和疏漏在所难免, 还请读者包涵, 并欢迎指正. 若发现书中有翻译错误, 还望不吝告知(本人邮箱: csrpanda@qq.com), 以便日后重印时有机会修正. 非常感谢!

程思睿

2024 年 4 月

目　　录

第 1 章　群、环和除环

预备知识　学习本章之前, 需已熟悉以下内容:

- 逻辑基础内容(尤其是蕴涵式和等价式);

- 集合的概念以及集合的常用运算;

- 子集在映射下的像和原像;

- 映射的复合、复合映射的性质;

- 单射、满射、双射以及它们的性质;

- 平面和空间中的内积和行列式、空间中的向量积.

我们早就学过实数(或整数)的加法和乘法. 事实上, 我们知道, 这些运算满足一定的运算法则. 本章中, 我们将推广这些"运算"(我们将其称为内部二元运算)和运算法则. 这将引导我们定义代数结构的概念. 代数结构是数学中的基本概念, 它包含一些操作对象(数字、集合、映射、向量等), 以及对这些操作对象定义的"运算".

以后你们会发现, 这些结构自然地出现在所有数学领域甚至所有科学领域中.

1.1　群

1.1.1　(内部)二元运算

定义 1.1.1.1　设 E 是一个非空的集合. 我们定义 E 上的(内部)二元运算(或代数运算)为任意映射 $f: E \times E \longrightarrow E$. 对于 $(x,y) \in E^2$, $f(x,y)$ 称为 x 和 y 在该运算下的合成元 (或运算结果).

例 1.1.1.2　以下是一些二元运算的例子和反例:

- $\mathbb{N}$ 上的加法是一个二元运算.

- $\mathbb{C}$ 中的乘法是 $\mathbb{C}$ 上的一个二元运算.

- 如果 E 是一个给定的集合, 那么 $\cup$ 是其幂集 $\mathcal{P}(E)$ 上的一个二元运算.

- 向量积 $\wedge$ 是 $\mathbb{R}^3$ 上的一个二元运算.

- 函数结合律 $\circ$ 是 $\mathcal{F}(E,E)$(从 E 到 E 的所有函数的集合)上的一个二元运算, 但当 $E \neq F$ 时它不是 $\mathcal{F}(E,F)$ 上的一个二元运算.

- 另一方面, 平面中的行列式不是一个二元运算: 它把两个向量映为一个实数而不是平面中的向量.

记号:

- 在法语中, 常常用 "l.c.i." 指代 "loi de composition interne"(即二元运算). 这是一个可以接受的缩写;

- 我们通常用一个记号来表示 x 和 y 的合成元, 例如 $x \star y$, 或 xTy, 或 $x \diamond y$, 等等. 因此我们常说: "设 $\star$ 是 E 上的一个二元运算"(而不是 f), 然后记其合成元(或运算结果)为 $x \star y$ (而不是 $f(x,y)$).

定义 1.1.1.3　设 E 是一个非空的集合, $\star$ 是 E 上的一个二元运算. 我们称

- $\star$ 满足结合律, 若 $\forall (x,y,z) \in E^3$, $x \star (y \star z) = (x \star y) \star z$;

- $\star$ 满足交换律, 若 $\forall (x,y) \in E^2$, $x \star y = y \star x$;

- $\star$(在 E 上)有中性元(或 E 中有关于 $\star$ 的中性元), 若存在 $e \in E$ 使得

$$\forall x \in E, e \star x = x \star e = x.$$

例 1.1.1.4　再考虑上述例子.

- $\mathbb{N}$ 上的二元运算 $+$ 满足结合律和交换律, 且以 0 为中性元.

- $\mathbb{C}$ 上的二元运算 $\times$ 满足结合律和交换律, 且以 1 为中性元.

- 二元运算 $\cup$ 满足结合律和交换律, 且以 $\varnothing$ 为中性元.

- 二元运算 $\wedge$ 不满足结合律, 也不满足交换律, 并且没有中性元. 实际上,

  * 我们有 $\vec{i} \wedge (\vec{i} \wedge \vec{j}) = \vec{i} \wedge \vec{k} = -\vec{j}$, 而 $(\vec{i} \wedge \vec{i}) \wedge \vec{j} = \vec{0}$. 因此, 存在空间中的三个向量使得: $\vec{i} \wedge (\vec{i} \wedge \vec{j}) \neq (\vec{i} \wedge \vec{i}) \wedge \vec{j}$. 这证明 $\wedge$ 不满足结合律.

  * 如果 $\vec{u}$ 和 $\vec{v}$ 不共线, 那么 $\vec{v} \wedge \vec{u} = -\vec{u} \wedge \vec{v}$ 且 $\vec{u} \wedge \vec{v} \neq \vec{0}$, 从而 $\vec{u} \wedge \vec{v} \neq \vec{v} \wedge \vec{u}$. 因此, $\wedge$ 不满足交换律.

  * 最后, 如果存在中性元 $\vec{e}$, 那么 $\vec{e} = \vec{e} \wedge \vec{e} = \vec{0}$. 但是, 如果 $\vec{u}$ 是非零元素, 则我们有 $\vec{u} \wedge \vec{e} = \vec{0} \neq \vec{u}$.

可以看到, 这意味着在实践中向量积的运算法则比实数乘积的运算法则要难很多. 为了说明这一点, 只需写出"双重向量积"的公式, 并与实数的"双重乘积"作比较. 对于实数, 我们有

$$\forall (x,y,z) \in \mathbb{R}^3, (x \times y) \times z = x \times (y \times z) = x \times y \times z.$$

而对空间中的三个向量 $\vec{u}, \vec{v}, \vec{w}$:

$$(\vec{u} \wedge \vec{v}) \wedge \vec{w} = (\vec{u} \cdot \vec{w})\vec{v} - (\vec{v} \cdot \vec{w})\vec{u}.$$

这个公式显然比实数的公式复杂很多, 甚至要记住它都不那么容易.

- 如果 E 是一个集合, 那么 $\mathcal{F}(E,E)$ 上的二元运算 $\circ$ 满足结合律, 有中性元(Id_E), 但不满足交换律(若 E 包含至少两个元素).

在本章接下来的内容中, 除另有明确说明外, E 都表示一个非空的集合.

命题 1.1.1.5 设 $\star$ 是 E 上的一个二元运算. 如果 $\star$ 有中性元, 那么其中性元是唯一的.

证明:

设 $e\in E$ 和 $e'\in E$ 是 $\star$ 的两个中性元. 那么

$$e = e \star e' \qquad \text{(因为 } e' \text{ 是 } \star \text{ 的中性元)}$$
$$= e'. \qquad \text{(因为 } e \text{ 是 } \star \text{ 的中性元)}$$

$\boxtimes$

定义 1.1.1.6 设 $\star$ 是 E 上的一个二元运算, e 是 $\star$ 的中性元. 设 x 是 E 的一个元素. 我们称 x 是关于 $\star$ 可逆的, 若存在 $y\in E$ 使得 $x\star y = y\star x = e$. 这样的 y 称为 x 的一个逆元.

⚠️ **注意:** 必须仔细验证两个等式! 有可能存在 $y\in E$ 使得 $x\star y = e$, 但 $y\star x \neq e$. 例如, 如果 $E = \mathcal{F}(\mathbb{N},\mathbb{N})$ 配备函数复合运算 $\circ$, 我们知道, $\mathrm{Id}_{\mathbb{N}}$ 是中性元, 考虑映射 f 和 g 定义如下:

$$\forall n\in\mathbb{N},\ f(n)=n+1; \quad g(0)=0 \text{ 且 } \forall n\in\mathbb{N}^{\star},\ g(n)=n-1.$$

那么, $g\circ f = \mathrm{Id}_{\mathbb{N}}$, 但 $f\circ g \neq \mathrm{Id}_{\mathbb{N}}$.

命题 1.1.1.7 设 $\star$ 是 E 上的一个二元运算, 满足结合律且有中性元. 如果 $x\in E$ 可逆, 那么它的逆元是唯一的. 它的逆元记为 x^{-1}.

证明:

实际上, 如果 $y \in E$ 和 $y' \in E$ 是 x 的两个逆元, 那么

$$y = y \star e = y \star (x \star y') = (y \star x) \star y' = e \star y' = y'.$$ $\boxtimes$

注: 更一般地, 我们可以定义左可逆、右可逆、左逆元和右逆元的概念如下:

- 我们称 $x \in E$ 是左可逆的, 若存在 $y \in E$ 使得 $y \star x = e$. 那么, 这样的元素 $y \in E$ 称为 x 的一个左逆元(或左逆).

- 我们称 $x \in E$ 是右可逆的, 若存在 $z \in E$ 使得 $x \star z = e$. 那么, 这样的元素 $z \in E$ 称为 x 的一个右逆元(或右逆).

另一方面, 如果 x 是左可逆的但它没有逆元, 那么它的左逆元未必唯一. 例如, 如果集合 $E = \mathcal{F}(\mathbb{N}, \mathbb{N})$ 配备二元运算 $\circ$, 考虑映射 f: $\begin{array}{ccc} \mathbb{N} & \longrightarrow & \mathbb{N}, \\ n & \longmapsto & n+1. \end{array}$ 对任意 $a \in \mathbb{N}$, 定义映射 g_a 如下: $g_a(0) = a$, 且 $\forall n \in \mathbb{N}^\star$, $g_a(n) = n - 1$, 那么 $g_a \circ f = \mathrm{Id}_{\mathbb{N}}$, 因此 f 有无穷多个左逆元.

习题 1.1.1.8 证明: 如果 $\star$ 满足结合律且有中性元, 并且 x 有左逆元和右逆元, 那么其左逆元和右逆元相等.

习题 1.1.1.9 设 $E = \mathcal{F}(\mathbb{N}, \mathbb{N})$ 配备二元运算 $\circ$. 那么, 哪些元素是右可逆的?

命题 1.1.1.10 设 $\star$ 满足结合律, 且有中性元 e. 设 x 和 y 是两个关于 $\star$ 可逆的元素. 那么

(i) x^{-1} 是可逆的, 且 $(x^{-1})^{-1} = x$;

(ii) $x \star y$ 也是可逆的, 且 $(x \star y)^{-1} = y^{-1} \star x^{-1}$.

证明:

(i) 根据定义, $x \star x^{-1} = x^{-1} \star x = e$. 因此, x^{-1} 是可逆的, 且其逆元是 x, 即 $(x^{-1})^{-1} = x$.

(ii) 做以下计算:

$$
\begin{aligned}
(x \star y) \star (y^{-1} \star x^{-1}) &= x \star (y \star y^{-1}) \star x^{-1} \quad \text{(因为 $\star$ 满足结合律)} \\
&= x \star e \star x^{-1} \\
&= x \star x^{-1} \quad\quad\quad\quad \text{(e 是 $\star$ 的中性元)} \\
&= e.
\end{aligned}
$$

同理可证, $(y^{-1} \star x^{-1}) \star (x \star y) = e$.

所以, $x \star y$ 是可逆的, 且 $(x \star y)^{-1} = y^{-1} \star x^{-1}$. $\qquad\boxtimes$

注意: 留意求逆的顺序! 因此, 在做不满足交换律的运算时要特别小心.

例 1.1.1.11 设 f 和 g 是两个从 E 到 E 的双射. 那么, $g \circ f$ 是双射, 且 $(g \circ f)^{-1} = f^{-1} \circ g^{-1}$.

注和记号: 设 $\star$ 是一个满足结合律且有中性元的二元运算.

- 如果 $\star$ 还满足交换律, 我们常常把它记为 $+$, 此时中性元记为 0_E(如果不会引起歧义可记为 0), 同时 x 的逆元记为 $-x$, 也称为 x 的负元. 此时我们称对 $\star$ 使用加法记号.

- 我们也常常把它记为 $\cdot$ 或 $\times$(乘法记号), 此时中性元记为 1_E(如果不会引起歧义可记为 1), x 的逆元仍记为 x^{-1}.

- 在 $\star$ 满足结合律的前提下, 我们可以明确定义:

$$
\sum_{i=1}^{n} x_i := x_1 + x_2 + \cdots + x_n, \quad \text{(如果使用 $\star$ 的加法记号)}
$$
$$
\prod_{i=1}^{n} x_i := x_1 \star x_2 \star \cdots \star x_n. \quad \text{(如果使用 $\star$ 的乘法记号)}
$$

结合律保证上述两个元素是良定义的. 但是, 必须注意顺序! 例如, 如果 $\star$ 不满足交换律, 可能有

$$
\prod_{i=1}^{n} x_i \neq \prod_{i=1}^{n} x_{n-i}.
$$

特别地, 在使用乘法记号时, 对 $n \in \mathbb{Z}$, 记

$$
x^0 = e, \quad x^n = \prod_{i=1}^{n} x = \underbrace{x \star x \star \cdots \star x}_{n\text{项}}, \quad \text{若 } n \in \mathbb{N}^{\star}
$$

和

$$x^n = \prod_{i=1}^{|n|} x^{-1} = \underbrace{x^{-1} \star x^{-1} \star \cdots \star x^{-1}}_{|n| \text{项}}, \quad \text{若 } n < 0.$$

类似地, 如果使用的是加法记号, 当 $n = 0_{\mathbb{Z}}$ 时令 $nx = 0$, 以及

$$nx = \sum_{i=1}^{n} x = \underbrace{x + x + \cdots + x}_{n \text{项}}, \quad \text{若 } n > 0$$

和

$$nx = \sum_{i=1}^{|n|} (-x) = \underbrace{(-x) + (-x) + \cdots + (-x)}_{|n| \text{项}}, \quad \text{若 } n < 0.$$

请自行验证常用的运算法则仍然成立, 即

$$\forall (n,p) \in \mathbb{Z}^2, \, x^{n+p} = x^n \star x^p, \quad (\text{在乘法记号下})$$

$$\forall (n,p) \in \mathbb{Z}^2, \, (n+p)x = nx + px. \quad (\text{在加法记号下})$$

1.1.2 群的定义和运算法则

定义 1.1.2.1 设 G 是一个集合, $\star$ 是 G 上的一个二元运算. 我们称 $(G, \star)$ 是一个群, 若它满足以下三个性质:

(i) $\star$ 满足结合律;

(ii) $\star$ 有中性元;

(iii) G 的所有元素都关于 $\star$ 可逆.

此外, 如果 $\star$ 还满足交换律, 则称 $(G, \star)$ 是一个阿贝尔群(或交换群).

命题 1.1.2.2　以下集合配备相应的二元运算都构成群(它们都是参考群)：

$$(\mathbb{Z},+);\ (\mathbb{Q},+);\ (\mathbb{R},+);\ (\mathbb{C},+);\ (\mathbb{Q}^{\star},\times);\ (\mathbb{R}^{\star},\times);\ (\mathbb{C}^{\star},\times).$$

并且, 这些都是交换群.

证明：

　　考虑到 $\mathbb{Z}$, $\mathbb{Q}$, $\mathbb{R}$ 和 $\mathbb{C}$ 中的加法和乘法的性质, 这是显然的.　　　　⊠

注：　一个群不可能是空集, 因为根据定义, 群中有中性元.

习题 1.1.2.3　$(\mathbb{N},+)$ 和 $(\mathbb{C},\times)$ 都不是群. 为什么?

习题 1.1.2.4　证明 $(\mathbb{U},\times)$ 是一个交换群. 回顾集合 $\mathbb{U}$ 的定义：$\mathbb{U}=\{z\in\mathbb{C}\mid |z|=1\}$.

命题 1.1.2.5　设 $\mathbb{K}\in\{\mathbb{Z},\mathbb{Q},\mathbb{R},\mathbb{C}\}$ 和 $n\in\mathbb{N}^{\star}$. 定义从 $\mathbb{K}^n\times\mathbb{K}^n$ 到 $\mathbb{K}^n$ 的映射 $+$ 为

$$\forall((x_i)_{1\leqslant i\leqslant n},(y_i)_{1\leqslant i\leqslant n})\in\mathbb{K}^n\times\mathbb{K}^n,\ (x_i)_{1\leqslant i\leqslant n}+(y_i)_{1\leqslant i\leqslant n}:=(x_i+y_i)_{1\leqslant i\leqslant n}.$$

那么, $(\mathbb{K}^n,+)$ 是一个交换群. 这是一个参考群.

注：注意, 在上述命题中, 有两个不同的"$+$"! 第一个是我们定义的(即 $\mathbb{K}^n$ 上的运算), 另一个是 $\mathbb{K}$ 中的加法! 如果用相同符号可能产生歧义, 可以把 $\mathbb{K}$ 中的加法记为 $+_{\mathbb{K}}$.

证明：

- 首先, 注意到 $+:\mathbb{K}^n\times\mathbb{K}^n\longrightarrow\mathbb{K}^n$ 是一个良定义的映射(因为 $+_{\mathbb{K}}$ 确实是 $\mathbb{K}$ 上的一个二元运算).

- 由于 $\mathbb{K}$ 中的加法满足交换律, 显然 $+$ 也满足交换律.

- 记 $0_{\mathbb{K}^n}=\underbrace{(0_{\mathbb{K}},\cdots,0_{\mathbb{K}})}_{n\,\text{项}}=(0_{\mathbb{K}})_{1\leqslant i\leqslant n}$. 那么, $0_{\mathbb{K}^n}\in\mathbb{K}^n$, 并且, 对任意 $x=(x_i)_{1\leqslant i\leqslant n}\in\mathbb{K}^n$, 有

$$x + 0_{\mathbb{K}^n} = (x_i +_{\mathbb{K}} 0_{\mathbb{K}})_{1 \leqslant i \leqslant n} = (x_i)_{1 \leqslant i \leqslant n} = x.$$

又由于 $+$ 满足交换律, 所以 $0_{\mathbb{K}^n} + x = x + 0_{\mathbb{K}^n} = x$. 这证得 $+$ 有中性元 $0_{\mathbb{K}^n}$.

• $+$ 满足结合律, 是 $\mathbb{K}$ 中加法满足结合律的直接结果.

实际上, 设 $x = (x_i)_{1 \leqslant i \leqslant n}, y = (y_i)_{1 \leqslant i \leqslant n}$ 和 $z = (z_i)_{1 \leqslant i \leqslant n}$ 是 $\mathbb{K}^n$ 中的三个元素. 那么,

$$\begin{aligned}
(x + y) + z &= (x_i +_{\mathbb{K}} y_i)_{1 \leqslant i \leqslant n} + (z_i)_{1 \leqslant i \leqslant n} \\
&= ((x_i +_{\mathbb{K}} y_i) +_{\mathbb{K}} z_i)_{1 \leqslant i \leqslant n} \\
&= (x_i +_{\mathbb{K}} (y_i +_{\mathbb{K}} z_i))_{1 \leqslant i \leqslant n} \\
&= (x_i)_{1 \leqslant i \leqslant n} + (y_i +_{\mathbb{K}} z_i)_{1 \leqslant i \leqslant n}.
\end{aligned}$$

因此,

$$\begin{aligned}
(x + y) + z &= (x_i)_{1 \leqslant i \leqslant n} + (y_i +_{\mathbb{K}} z_i)_{1 \leqslant i \leqslant n} \\
&= x + (y + z).
\end{aligned}$$

从而证得 $+$ 满足结合律.

• 最后, 证明 $\mathbb{K}^n$ 的任意元素都关于 $+$ 可逆.

设 $x = (x_i)_{1 \leqslant i \leqslant n} \in \mathbb{K}^n$. 令 $y = (-x_i)_{1 \leqslant i \leqslant n}$. 那么, $y \in \mathbb{K}^n$, 且有

$$\begin{aligned}
x + y &= (x_i +_{\mathbb{K}} (-x_i))_{1 \leqslant i \leqslant n} \\
&= (0_{\mathbb{K}})_{1 \leqslant i \leqslant n} \\
&= 0_{\mathbb{K}^n}.
\end{aligned}$$

又因为, $+$ 满足交换律, 所以 $0_{\mathbb{K}^n} = x + y = y + x$. 这证得 x 是可逆的(且 y 是它的逆元).

因此, 我们证得 $(\mathbb{K}^n, +)$ 是一个交换群. $\boxtimes$

注和记号:

• 在实践中, 我们不写 $+_{\mathbb{K}}$. 我们使用同一个记号 $+$ 来表示两个不同的运算. 因此, 大家每次都要仔细思考, 以理解所讨论的到底是哪个运算: 是数的加法(即 $\mathbb{K}$ 中的), 还是 "向量"的加法(即 $\mathbb{K}^n$ 中的)?

• 如果不喜欢这种形式化的写法, 也可以在 $\mathbb{K} = \mathbb{R}$ 且 $n = 2$ 的特殊情况下重新表述. $\mathbb{R}^2$ 中的运算 $+$ 定义为

$$\forall ((x, y), (x', y')) \in \mathbb{R}^2 \times \mathbb{R}^2, \ (x, y) + (x', y') = (x + x', y + y').$$

这正是 $\mathbb{R}^2$ 中向量的常用加法. 它的中性元是 $(0_{\mathbb{R}}, 0_{\mathbb{R}}) = (0,0)(\mathbb{R}^2$ 的零向量), 对 $(x,y) \in \mathbb{R}^2$, (x,y) 关于 $+$ 的逆元是 $(-x,-y)(\mathbb{R}^2$ 中的负向量).

命题 1.1.2.6 设 X 是任意一个非空集合, $\mathbb{K} \in \{\mathbb{Z}, \mathbb{Q}, \mathbb{R}, \mathbb{C}\}$. 我们定义从 $\mathcal{F}(X,\mathbb{K}) \times \mathcal{F}(X,\mathbb{K})$ 到 $\mathcal{F}(X,\mathbb{K})$ 的映射(记为 $+$)为

$$\forall (f,g) \in \mathcal{F}(X,\mathbb{K})^2, \ f+g := \begin{array}{l} X \longrightarrow \mathbb{K}, \\ x \longmapsto f(x) + g(x). \end{array}$$

那么, $(\mathcal{F}(X,\mathbb{K}), +)$ 是一个交换群. 这是一个参考群.

证明:

证明留作练习(可参见命题 3.1.2.3 的证明). $\boxtimes$

命题 1.1.2.7 设 E 是一个集合. 记 $\sigma(E)$ 为从 E 到 E 的双射的集合. 那么, $(\sigma(E), \circ)$ 是一个群, 称为 E 的全变换群. 并且, 当 E 包含至少三个元素时, 它不是阿贝尔群.

证明:

首先证明 $(\sigma(E), \circ)$ 是一个群.

• 我们知道, 两个双射的复合还是一个双射. 因此, $\circ$ 确实是 $\sigma(E)$ 上的一个二元运算.

• 在映射的课程中, 我们证明了, $\circ$ 满足结合律(当它有定义时, 此处它是有定义的).

• 映射 Id_E 在 $\sigma(E)$ 中, 且显然有

$$\forall f \in \sigma(E), \ f \circ \mathrm{Id}_E = \mathrm{Id}_E \circ f = f.$$

所以, Id_E 是 $\sigma(E)$ 中关于 $\circ$ 的中性元.

• 最后, 设 $f \in \sigma(E)$. 根据定义, f 是双射. 因此它有逆映射 g, 且 g 也是从 E 到 E 的双射, 即 $g \in \sigma(E)$. 并且, g 满足

$$f \circ g = g \circ f = \mathrm{Id}_E.$$

因此, 任意元素 $f \in \sigma(E)$(在 $\sigma(E)$ 中)有关于运算 $\circ$ 的逆元.

这证得 $(\sigma(E), \circ)$ 是一个群.

现在证明, 如果 E 包含至少三个元素, 则这个群不是交换群. 设 x_1, x_2 和 x_3 是 E 的三个不同的元素, 考虑以下两个映射:

$$\tau: \begin{array}{l} E \longrightarrow E, \\ x \longmapsto \begin{cases} x_2, & \text{若 } x = x_1, \\ x_1, & \text{若 } x = x_2, \\ x, & \text{其他,} \end{cases} \end{array} \qquad \tau': \begin{array}{l} E \longrightarrow E, \\ x \longmapsto \begin{cases} x_3, & \text{若 } x = x_1, \\ x_1, & \text{若 } x = x_3, \\ x, & \text{其他.} \end{cases} \end{array}$$

显然 $\tau^2 = \tau'^2 = \mathrm{Id}_E$. 所以, $\tau, \tau' \in \sigma(E)$, 并且:

$$(\tau \circ \tau')(x_1) = x_3 \qquad \text{且} \qquad (\tau' \circ \tau)(x_1) = x_2.$$

因此, $\tau \circ \tau' \neq \tau' \circ \tau$, 这证得 $(\sigma(E), \circ)$ 不是一个交换群. $\qquad\boxtimes$

定义 1.1.2.8 对 $n \in \mathbb{N}^\star$, 从 $[\![1, n]\!]$ 到自身的双射的集合关于 $\circ$ 构成一个群. 这个群称为 n 次对称群, 记为 S_n.

注: 可以注意到以下几点:

- 根据上述命题, $(S_n, \circ)$ 是一个群;

- S_n 是一个基数为 $n!$ 的有限群(即是一个群且是一个有限集);

- 这是一个非常重要的参考群. 我们以后会在关于行列式的课程中更详细地学习它 (《大学数学进阶 1》).

命题 1.1.2.9 设 $(G, \star)$ 是一个群, 且 $(a, b) \in G^2$. 方程 $a \star x = b$ 和 $y \star a = b$ 都有唯一解, 分别为 $x = a^{-1} \star b$ 和 $y = b \star a^{-1}$. 换言之, 映射

$$\begin{array}{ccc} G & \xrightarrow{\gamma_a} & G, \\ x & \longmapsto & a \star x \end{array} \qquad \text{和} \qquad \begin{array}{ccc} G & \xrightarrow{\delta_a} & G, \\ y & \longmapsto & y \star a \end{array}$$

都是双射.

证明:

以证明 γ_a 是双射为例.

- γ_a 是一个良定义的映射, 因为 $\star$ 是 G 上的一个二元运算.

- 证明 γ_a 是单射.

设 $(x,y) \in G^2$ 使得 $\gamma_a(x) = \gamma_a(y)$, 即 $a \star x = a \star y$. 那么, 在等式两边同时左乘 a 在 G 中的逆元 a^{-1}(逆元存在, 因为 G 是一个群), 可得

$$a^{-1} \star (a \star x) = a^{-1} \star (a \star y), \quad 即 \quad (a^{-1} \star a) \star x = (a^{-1} \star a) \star y,$$

因为 $\star$ 满足结合律. 最后, 记 $e \in G$ 为 $\star$ 的中性元, 根据定义, $e \star x = e \star y$, 即 $x = y$.

这证得 γ_a 是单射.

- 最后证明 γ_a 是满射.

设 $y \in G$. 令 $x = a^{-1} \star y$, 那么 $x \in G$ 且 $\gamma_a(x) = y$.

这证得 γ_a 是满射. $\boxtimes$

注:

- 为证明 γ_a 是双射, 也可以取定 $y \in G$, 通过分析综合法证明方程 $\gamma_a(x) = y$ 有唯一解(分析证明单射, 综合证明满射);

- 也可以直接证明 $\gamma_a^{-1} = \gamma_{a^{-1}}$ 和 $\delta_a^{-1} = \delta_{a^{-1}}$;

- 最后, 注意到单射意味着在一个群里, 我们可以用 a 来"简化"等式的两边("简化"意味着乘以元素的逆元), 只要是在"同一边"乘以逆元:

$$\forall(x,y) \in G^2, \ (a \star x = a \star y \iff x = y).$$

1.1.3 子群

定义 1.1.3.1 设 $(G, \star)$ 是一个群, e 是 $\star$ 的中性元, H 是 G 的一个子集. 我们称 H 是 G 的一个子群, 若 H 满足以下三个性质:

(i) $e \in H$;

(ii) H 对 $\star$ 封闭: $\forall(x,y) \in H^2, x \star y \in H$;

(iii) H 对求逆封闭: $\forall x \in H, x^{-1} \in H$.

重要的注:

- 事实上, 我们可以把定义中的 (i) 换成 (i)′: H 非空. 那么, 由 (ii) 和 (iii) 可以证得 $e \in H$.

- 性质 (ii) 和 (iii) 结合起来, 等价于 (ii)′: $\forall (x,y) \in H^2$, $x \star y^{-1} \in H$.

- 在实践中, 很多时候我们通过证明 $e \in H$ 且 (ii)′ 成立来证明 H 是 G 的一个子群.

- 如果 H 是 $(G, \star)$ 的一个子群, 那么 $(H, \star)$ 是一个群.

例 1.1.3.2 $(\mathbb{Z}, +)$ 是 $(\mathbb{Q}, +)$ 的一个子群, 而 $(\mathbb{Q}, +)$ 本身是 $(\mathbb{R}, +)$ 的一个子群.

例 1.1.3.3 $(\mathbb{U}, \times)$ 是 $(\mathbb{C}^\star, \times)$ 的一个子群. 实际上,

- $\mathbb{U} \subset \mathbb{C}^\star$(根据定义);

- $|1| = 1$, 故 $1_{\mathbb{C}} \in \mathbb{U}$(此处记复数 1 为 $1_{\mathbb{C}}$);

- 最后, 对任意 $(z, z') \in \mathbb{U}^2$, 我们有

$$|z^{-1} \times z'| = |z|^{-1} \times |z'| = 1^{-1} \times 1 = 1, \quad \text{故} \quad z^{-1} \times z' \in \mathbb{U}.$$

▶ **方法:** 在实践中, 为证明一个给定的集合是一个群, 几乎总是证明它是某个已知群的子群.
因此, 熟记参考群是很重要的!

例 1.1.3.4 证明 $(\mathbb{R}^{+\star}, \times)$ 是一个群, 但 $(\mathbb{R}^{\star-}, \times)$ 不是群.

- 证明 $(\mathbb{R}^{+\star}, \times)$ 是 $(\mathbb{R}^\star, \times)$ 的一个子群.

  * 证明 $\mathbb{R}^{+\star}$ 包含 $\mathbb{R}^\star$ 中关于 $\times$ 的中性元.

    显然, $1_{\mathbb{R}} > 0$, 故 $1_{\mathbb{R}} \in \mathbb{R}^{+\star}$.

  * 证明 $\mathbb{R}^{+\star}$ 对 $\times$ 封闭.

    显然有: $\forall x, y \in \mathbb{R}^{+\star}, x \times y \in \mathbb{R}^{+\star}$.

  * 最后, 证明 $\mathbb{R}^{+\star}$ 对求逆封闭.

    显然有: $\forall x > 0, x^{-1} = \dfrac{1}{x} > 0$. 所以, 如果 $x \in \mathbb{R}^{+\star}$, 那么 $x^{-1} \in \mathbb{R}^{+\star}$.

这证得 $(\mathbb{R}^{+*}, \times)$ 是 $(\mathbb{R}^*, \times)$ 的一个子群. 因此, $(\mathbb{R}^{+*}, \times)$ 是一个群.

● $\times$ 不是 $\mathbb{R}^{-*}$ 上的一个二元运算, 因为我们有 $-1 \in \mathbb{R}^{-*}$ 但 $(-1) \times (-1) = 1 > 0$, 即 $(-1) \times (-1) \notin \mathbb{R}^{-*}$.

例 1.1.3.5 我们将在序列一章中证明收敛序列的集合是 $(\mathbb{R}^{\mathbb{N}}, +)$ 的一个子群.

例 1.1.3.6 集合 $\mathcal{C}^0(\mathbb{R}, \mathbb{R})$ 是 $(\mathcal{F}(\mathbb{R}, \mathbb{R}), +)$ 的一个子群.

例 1.1.3.7 方程 $y'' - y = 0$ 的解集 $\mathcal{S}_H$ 是 $(\mathcal{F}(\mathbb{R}, \mathbb{R}), +)$ 的一个子群. 实际上,

● $\mathcal{S}_H \subset \mathcal{F}(\mathbb{R}, \mathbb{R})$;

● 取值为 0 的常函数, 即 $+$ 在 $\mathcal{F}(\mathbb{R}, \mathbb{R})$ 上的中性元, 是 $y'' - y = 0$ 的一个解. 这证得 $0_{\mathcal{F}(\mathbb{R}, \mathbb{R})} \in \mathcal{S}_H$;

● 最后, 如果 $(y_1, y_2) \in \mathcal{S}_H^2$, 那么 $y_1 - y_2 = y_1 + (-y_2) \in \mathcal{S}_H$(线性微分方程的解的性质).

这证得 $\mathcal{S}_H$ 确实是 $\mathcal{F}(\mathbb{R}, \mathbb{R})$ 的一个子群.

习题 1.1.3.8 方程 $y'' - y = 1$ 的解集 $\mathcal{S}$ 是 $(\mathcal{F}(\mathbb{R}, \mathbb{R}), +)$ 的一个子群吗?

习题 1.1.3.9 设 Ω 是一个非空的有限样本空间. 根据命题 1.1.2.6$(X = \mathcal{P}(\Omega))$, 从 $\mathcal{P}(\Omega)$ 到 $\mathbb{R}$ 的映射的集合 $G = \mathcal{F}(\mathcal{P}(\Omega), \mathbb{R})$ 关于加法构成一个群.

1. Ω 上的实随机变量的集合是 G 的子群吗?

2. 满足
$$\forall (A, B) \in \mathcal{P}(\Omega)^2, P(A \sqcup B) = P(A) + P(B)$$
的映射 $P \in G$ 的集合是 G 的子群吗?

3. $\mathcal{P}(\Omega)$ 上的概率测度的集合是 G 的子群吗?

1.1.4 子群的运算

本小节中, 我们取定一个群 $(G, \star)$, 然后讨论可以对子群进行的(集合类的)运算. 但在讨论一般情况之前, 我们先做一个练习.

习题 1.1.4.1 考虑 $G = \mathbb{R}^2$ 配备常用的加法, $H = \{(x, 0) \mid x \in \mathbb{R}\}$, $K = \{(0, y) \mid y \in \mathbb{R}\}$.

1. 证明 H 和 K 是 G 的子群.

2. $\overline{H} = G \setminus H$ 是 G 的子群吗?

3. $H \cup K$ 是 G 的子群吗?

4. $H \cap K$ 是 G 的子群吗?

更一般地, 子群有下列性质.

命题 1.1.4.2 设 G 是一个群, H 和 K 是 G 的两个子群. 那么, $H \cap K$ 是 G 的一个子群.

证明:

证明 $H \cap K$ 是 G 的一个子群.

• 证明 G 的中性元 e 属于 $H \cap K$.

我们知道, H 和 K 是 G 的子群. 根据子群的定义, $e \in H$ 且 $e \in K$. 因此, $e \in H \cap K$.

• 证明 $H \cap K$ 对 $\star$ 封闭.
设 x 和 y 是 $H \cap K$ 的两个元素. 由 H 是 G 的子群知, $x \star y \in H$. 同理, 由 K 是 G 的子群知, $x \star y \in K$. 因此, $x \star y \in H \cap K$, 证得 $H \cap K$ 对 $\star$ 封闭.

• 证明 $H \cap K$ 对求逆封闭.
设 $x \in H \cap K$. H 和 K 都是 G 的子群, 故它们都对求逆封闭. 因此, $x^{-1} \in H$ 且 $x^{-1} \in K$, 即 $x^{-1} \in H \cap K$.

这证得 $H \cap K$ 是 G 的一个子群. ⊠

⚠ **注意:** 反过来, 注意!!

• $H \cup K$ 不一定是子群!!! 在习题中, 我们将看到

$$H \cup K \text{ 是 } G \text{ 的子群} \iff (H \subset K \text{ 或 } K \subset H).$$

• $\overline{H} = G \setminus H$ 不可能是 G 的子群!

事实上, 上述命题可以推广到子群的任意交集(证明是相同的, 留作练习).

命题 1.1.4.3 设 G 是一个群, 并设 $(H_i)_{i \in I}$ 是 G 的任意一个子群族(即有限或无穷均可). 那么, $\bigcap\limits_{i \in I} H_i$ 是 G 的一个子群.

1.1.5　群同态

定义 1.1.5.1 设 $(G, \star)$ 和 $(H, \diamond)$ 是两个群. 我们称映射 $f\colon G \longrightarrow H$ 是一个群同态, 若它"保持群运算", 即

$$\forall (x, y) \in G^2, \, f(x \star y) = f(x) \diamond f(y).$$

例 1.1.5.2 自然指数函数是一个从 $(\mathbb{R}, +)$ 到 $(\mathbb{R}^\star, \times)$ 的群同态. 实际上,

$$\forall (x, y) \in \mathbb{R}^2, \, \exp(x + y) = \exp(x) \times \exp(y).$$

例 1.1.5.3 映射 $\theta \longmapsto e^{i\theta}$ 是一个从 $(\mathbb{R}, +)$ 到 $(\mathbb{U}, \times)$ 的群同态.

习题 1.1.5.4 γ_a 和 δ_a 不是群同态(除非 $a = e$).

习题 1.1.5.5 证明将 $\mathbb{R}$ 上的 $\mathcal{C}^1$ 函数 f 映为 $D(f) = f'$ 的映射 D 是一个从 $(\mathcal{C}^1(\mathbb{R}, \mathbb{R}), +)$ 到 $(\mathcal{C}^0(\mathbb{R}, \mathbb{R}), +)$ 的群同态.

习题 1.1.5.6 th 是从 $(\mathbb{R}, +)$ 到 $(\mathbb{R}, +)$ 的群同态吗?

习题 1.1.5.7 设映射 $I\colon \mathcal{C}^0([0, 1], \mathbb{R}) \longrightarrow \mathbb{R}$ 把 $[0, 1]$ 上的连续函数 f 映为

$$I(f) = \int_0^1 f(x) \, \mathrm{d}x.$$

1. 它是从 $(\mathcal{C}^0(\mathbb{R}, \mathbb{R}), +)$ 到 $(\mathbb{R}, +)$ 的群同态吗?

2. 它是从 $(\mathcal{C}^0(\mathbb{R}, \mathbb{R}), \times)$ 到 $(\mathbb{R}, \times)$ 的群同态吗?

对于第二个问题, 请给出三个不同的理由来说明答案是否定的.

命题 1.1.5.8 设 $G \xrightarrow{f} H$ 是一个群同态. 那么

(i) $f(1_G) = 1_H$;

(ii) $\forall x \in G, f(x^{-1}) = f(x)^{-1}$;

(iii) $\forall n \in \mathbb{N}^{\star}, \forall (x_1, \cdots, x_n) \in G^n, f(x_1 \star x_2 \star \cdots \star x_n) = f(x_1) \diamond f(x_2) \diamond \cdots \diamond f(x_n)$.

证明:

- 证明 (i).
根据中性元的定义, 我们有

$$1_H \diamond f(1_G) = f(1_G) = f(1_G \star 1_G) = f(1_G) \diamond f(1_G).$$

在上述等式左右两端同时右乘 $f(1_G)^{-1}$(可以做到, 因为 $f(1_G)$ 在 H 中可逆), 得到: $1_H = f(1_G)$.

- 证明 (ii).
设 $x \in G$. 由 f 是一个群同态知

$$f(x) \diamond f(x^{-1}) = f(x \star x^{-1}) = f(1_G) = 1_H.$$

同理可证 $f(x^{-1}) \diamond f(x) = 1_H$. 所以, $f(x)^{-1} = f(x^{-1})$.

- 最后, 对 $n \geqslant 1$ 应用数学归纳法可证得 (iii). $\boxtimes$

命题 1.1.5.9 (核与像的定义) 设 $f\colon G \longrightarrow H$ 是一个群同态. 记 1_G (或 1_H)为 G(或 H)中的中性元. 令

$$\mathrm{Im}(f) = f(G) \ (G \text{ 的像})$$

和

$$\ker(f) = f_r^{-1}(\{1_H\}). \ (\{1_H\} \text{ 的原像})$$

(i) 我们称 $\mathrm{Im}(f)$ 为 f 的像, 它是 H 的一个子群;

(ii) 我们称 $\ker(f)$ 为 f 的核, 它是 G 的一个子群;

(iii) f 是单射当且仅当 $\ker(f) = \{1_G\}$.

证明:

首先, 回顾像和原像的定义:

$$f(G) = \{y \in H \mid \exists x \in G,\, y = f(x)\} = \{f(x) \mid x \in G\}$$

和

$$\ker(f) = f_r^{-1}(\{1_H\}) = \{x \in G \mid f(x) = 1_H\}.$$

- (i) 证明 $\operatorname{Im}(f)$ 是 H 的一个子群.

  * 首先, 根据定义, $\operatorname{Im}(f) \subset H$.

  * 其次, 由 f 是群同态知 $f(1_G) = 1_H$, 以及根据定义, $f(1_G) \in f(G)$. 所以, $1_H \in f(G)$.

  * 然后, 设 y 和 y' 是 $f(G)$ 的两个元素. 那么, 存在 $x \in G$ 和 $x' \in G$ 使得 $y = f(x)$ 和 $y' = f(x')$. 那么, $y \diamond y' = f(x) \diamond f(x') = f(x \star x')$. 又因为 $x \star x' \in G$, 故 $f(x \star x') \in f(G)$, 即 $y \diamond y' \in f(G)$.

  * 最后, 设 $y \in f(G)$. 那么, 存在 $x \in G$ 使得 $y = f(x)$. 根据命题 1.1.5.8, $y^{-1} = f(x)^{-1} = f(x^{-1}) \in f(G)$.

所以, $\operatorname{Im}(f)$ 是 H 的一个子群.

- (ii) 证明 $\ker(f)$ 是 G 的一个子群.

  * 根据原像的定义, $\ker(f) = f_r^{-1}(\{1_H\}) \subset G$.

  * 由命题 1.1.5.8 知 $f(1_G) = 1_H$, 故 $1_G \in \{x \in G \mid f(x) = 1_H\} = \ker(f)$.

  * 设 $(x, x') \in \ker(f)^2$. 那么, 我们有 $f(x) = f(x') = 1_H$, 从而,

$$f(x \star x'^{-1}) = f(x) \diamond f(x'^{-1}) = f(x) \diamond f(x')^{-1} = 1_H \diamond 1_H^{-1} = 1_H.$$

  所以, $x \star x'^{-1} \in \ker(f)$.

这证得 $\ker(f)$ 是 G 的一个子群.

(iii) 最后证明 f 是单射当且仅当 $\ker(f) = \{1_G\}$.

* 证明 $\Longrightarrow$.

  假设 f 是单射. 要证明 $\ker(f) = \{1_G\}$.

  首先, 我们知道 $\{1_G\} \subset \ker(f)$.

  下面证明另一边包含关系. 设 $x \in \ker(f)$. 那么, $f(x) = 1_H = f(1_G)$. 由 f 是单射知, $x = 1_G$.

  这证得 $\ker(f) \subset \{1_G\}$, 因此, 由两边包含关系得 $\ker(f) = \{1_G\}$. 由此证得左推右成立.

* 证明 $\Longleftarrow$.

  假设 $\ker(f) = \{1_G\}$. 要证明 f 是单射.

  设 $(x, x') \in G^2$ 使得 $f(x) = f(x')$. 那么有

  $$
  \begin{aligned}
  f(x) = f(x') &\Longleftrightarrow f(x) \diamond f(x')^{-1} = 1_H \\
  &\Longleftrightarrow f(x \star x'^{-1}) = 1_H \\
  &\Longleftrightarrow x \star x'^{-1} \in \ker(f) \\
  &\Longleftrightarrow x \star x'^{-1} = 1_G \\
  &\Longleftrightarrow x = x'.
  \end{aligned}
  $$

这证得 f 是单射. $\boxtimes$

重要的注: 包含关系 $\{1_G\} \subset \ker(f)$ 对任意群同态都是成立的, 因为我们已经证得 $\ker(f)$ 是 G 的一个子群. 因此, 为了证明 $\ker(f) = \{1_G\}$, 我们只需证明 $\ker(f) \subset \{1_G\}$.

例 1.1.5.10 让我们回到前面的一个例子. 设 $f\colon (\mathbb{R}, +) \longrightarrow (\mathbb{C}^\star, \times)$ 定义为 $f(\theta) = e^{i\theta}$. 我们知道, f 是一个群同态.

根据定义, f 的像为

$$
\operatorname{Im}(f) = \{z \in \mathbb{C}^\star \mid \exists \theta \in \mathbb{R},\, z = e^{i\theta}\} = \mathbb{U}.
$$

因此, 可以直接得出结论: $\mathbb{U}$ 是 $(\mathbb{C}^\star, \times)$ 的一个子群.

同样地, f 的核为

$$
\ker(f) = \{\theta \in \mathbb{R} \mid e^{i\theta} = 1\} = \{2k\pi \mid k \in \mathbb{Z}\} = 2\pi\mathbb{Z}.
$$

由此可以直接得出结论：$2\pi\mathbb{Z}$ 是 $(\mathbb{R}, +)$ 的一个子群.

习题 1.1.5.11　设 $n \in \mathbb{N}^{\ast}$. 考虑定义为 $\varphi(z) = nz$ 的映射 $\varphi\colon (\mathbb{Z}, +) \longrightarrow (\mathbb{Z}, +)$. 证明 φ 是一个群同态, 并确定它的像和核. 对于集合 $n\mathbb{Z}$ 可以得出什么结论?

▶ 方法：

为证明 H 是一个群, 我们可以:

1. 证明它是某个群同态的像或核;

2. 证明它是某个已知群的子群;

3. 证明它是某个已知群的子群的交集;

4. 根据群的定义来证明.

定义 1.1.5.12 (同构、自同态和自同构)　我们称映射 f 是

- 一个群自同态, 若 f 是从群 G 到自身的群同态;

- 一个群同构, 若 f 是一个群同态且 f 是双射;

- 一个群自同构, 若 f 是从群 G 到自身的群同构.

注和记号：因此, 一个自同构既是自同态也是同构. 我们记 $\mathrm{Aut}(G)$ 为 G 的自同构的集合, 记 $\mathrm{End}(G)$ 为 G 的自同态的集合.

例 1.1.5.13　指数函数 $\exp\colon (\mathbb{R}, +) \longrightarrow (\mathbb{R}^{+\ast}, \times)$ 是一个群同构, 但不是一个群自同构. 实际上,

- 我们证明了它是一个群同态;

- 我们知道, 指数函数是从 $\mathbb{R}$ 到 $(0, +\infty)$ 的双射;

- 但它不是自同构, 因为 $(\mathbb{R}, +)$ 和 $(\mathbb{R}^{+\ast}, \times)$ 是两个不同的群.

例 1.1.5.14　取共轭的映射 $c\colon (\mathbb{C}, +) \longrightarrow (\mathbb{C}, +)$ 是一个群自同构. 实际上,
- 对任意 $(z, z') \in \mathbb{C}^2$, $c(z + z') = \overline{z + z'} = \overline{z} + \overline{z'} = c(z) + c(z')$, 故 c 确实是一个群同态;

- c 是从 $\mathbb{C}$ 到 $\mathbb{C}$ 的双射(且 $c^{-1} = c$)；

- c 确实是从群 $(\mathbb{C}, +)$ 到自身的映射.

习题 1.1.5.15 求习题 1.1.5.11 中的映射 φ 为群自同构的充分必要条件(关于 $n \in \mathbb{N}^\star$ 的).

习题 1.1.5.16 设 $\vec{u} \in \mathbb{R}^3$ 是取定的, 设 $f\colon \mathbb{R}^3 \longrightarrow \mathbb{R}^3$ 定义为

$$\forall \vec{x} \in \mathbb{R}^3, \ f(\vec{x}) = \vec{u} \wedge \vec{x}.$$

1. 证明 f 是 $(\mathbb{R}^3, +)$ 的一个自同态.
2. 确定 f 的核.
3. f 是 $(\mathbb{R}^3, +)$ 的自同构吗？

命题 1.1.5.17 设 G 和 H 是两个群, $f\colon G \longrightarrow H$. 假设 f 是一个群同构. 那么, 它的逆映射 $f^{-1}\colon H \longrightarrow G$ 也是一个群同构.

证明:

我们知道, f^{-1} 是双射. 只需证明 f^{-1} 是一个群同态.

设 $(h, h') \in H^2$. 要证明 $f^{-1}(h \diamond h') = f^{-1}(h) \star f^{-1}(h')$. 由于 f 是一个群同态, 我们有

$$f\left(f^{-1}(h) \star f^{-1}(h')\right) = f(f^{-1}(h)) \diamond f(f^{-1}(h')),$$

故

$$f\left(f^{-1}(h) \star f^{-1}(h')\right) = h \diamond h' \quad (\text{因为 } f \circ f^{-1} = \mathrm{Id}_H).$$

因此, 将 f^{-1} 作用到上式两端, 可得

$$f^{-1}(h \diamond h') = f^{-1}(h) \star f^{-1}(h'). \qquad \boxtimes$$

命题 1.1.5.18 设 G, H 和 K 是三个群, $f\colon G \longrightarrow H$, $g\colon H \longrightarrow K$. 假设 f 和 g 是两个群同态. 那么, $g \circ f\colon G \longrightarrow K$ 是一个群同态.

证明:

> 记 $\star$ 为 G 上的运算, $\diamond$ 为 H 上的运算, $\times$ 为 K 上的运算.
>
> 映射 $g \circ f$ 是良定义的. 设 $(x, x') \in G^2$. 由 f 是一个群同态知
>
> $$(g \circ f)(x \star x') = g(f(x) \diamond f(x')).$$
>
> 再由 g 是一个群同态知
>
> $$g(f(x) \diamond f(x')) = g(f(x)) \times g(f(x')).$$
>
> 因此,
>
> $$(g \circ f)(x \star x') = (g \circ f)(x) \times (g \circ f)(x').$$
>
> 这证得 $g \circ f$ 确实是一个群同态. ⊠

1.2　环和除环

1.2.1　定义

定义 1.2.1.1　设 A 是一个非空的集合, 其上配备两个二元运算, 分别用加法记号和乘法记号来标记. 我们称 $(A, +, \times)$ 是一个环, 若

(i)　$(A, +)$ 是一个阿贝尔群;

(ii)　$\times$ 满足结合律, 且有中性元(或称为单位元) 1_A;

(iii)　$\times$ 对 $+$ 服从(左和右)分配律, 即

$$\forall (x, y, z) \in A^3, \ x \times (y + z) = (x \times y) + (x \times z),$$
$$\forall (x, y, z) \in A^3, \ (x + y) \times z = (x \times z) + (y \times z).$$

当 $\times$ 满足交换律时, 我们称 A 是一个交换环.

译者注:　有些书中对环的定义与本书不同, 不要求存在乘法中性元.

定义 1.2.1.2　我们称配备两个二元运算(分别用加法记号和乘法记号来标记)的集合 $\mathbb{K}$ 是一个除环(或体), 若

    (i) $(\mathbb{K}, +, \times)$ 是一个不退化为 $\{0_{\mathbb{K}}\}$(即 $\mathbb{K} \neq \{0_{\mathbb{K}}\}$)的环;

    (ii) $\mathbb{K}$ 的任意非零元素都关于 $\times$ 可逆, 或者说 $(\mathbb{K}^{\star}, \times)$ 是一个群, 其中 $\mathbb{K}^{\star} = \mathbb{K} \backslash \{0_{\mathbb{K}}\}$.

译者注: 交换除环(corps commutatif), 即满足乘法交换律的除环, 正是域.

⚠ **注意:** 当我们说 $(A, +, \times)$ 是一个环时, 记号中两个运算的顺序很重要! $(A, \star, \diamond)$ 是环, 不等同于 $(A, \diamond, \star)$ 是环!

例 1.2.1.3　以下例子是一些参考环或参考除环.

- $(\mathbb{Z}, +, \times)$ 是一个交换环, 但不是除环;
- $(\mathbb{Q}, +, \times)$, $(\mathbb{R}, +, \times)$ 和 $(\mathbb{C}, +\times)$ 是交换除环即域;
- $(\mathcal{C}^0(\mathbb{R}), +, \times)$ 是一个交换环, 但不是除环;
- 多项式集合配备"常用的"加法和乘法是一个交换环;
- 集合 $\mathcal{F}(\mathbb{R}, \mathbb{R})$ 配备函数的加法和函数的乘法是一个交换环, 但不是除环.

例 1.2.1.4　$(\mathcal{F}(\mathbb{R}, \mathbb{R}), +, \circ)$ 不是一个环, 因为函数的复合运算 ∘ 不服从对 + 的左分配律.

注: 有许多非交换环和非交换除环, 但当定义了矩阵之后, 更容易构造出"简单"的例子(参见《大学数学基础 2》). 不过, 我们现在可以构造一个与矩阵相关的简单例子, 这是以下习题的目标.

习题 1.2.1.5　设 $G = \{0_G, 1_G\}$ 配备了定义如下的运算 $+$:

$$0_G + 0_G = 0_G; \quad 0_G + 1_G = 1_G + 0_G = 1_G \text{ 以及 } 1_G + 1_G = 0_G.$$

1. 验证 $(G, +)$ 是一个交换群.
2. 证明 $V = G \times G$ 配备定义如下的运算 $+_v$:

$$\forall (x, y) \in V, \forall (x', y') \in V, (x, y) +_v (x', y') = (x + x', y + y')$$

    构成一个交换群.

3. 对 $(f,g) \in \mathrm{End}(V)^2$, 定义 $f \oplus g$ 如下:

$$\forall (x,y) \in V, (f \oplus g)((x,y)) = f((x,y)) + g((x,y)).$$

证明 $(\mathrm{End}(V), \oplus, \circ)$ 是一个环, 且是非交换的.

这个例子对应于集合 $\mathcal{M}_2(\mathbb{F}_2)$(系数在 $\mathbb{F}_2$ 中的二阶方阵, 其中 $\mathbb{F}_2$ 是只有两个元素的交换除环), $\mathcal{M}_2(\mathbb{F}_2)$ 是一个非交换环.

1.2.2 子环和子除环

定义 1.2.2.1 设 A 是一个环. 我们称子集 $B \subset A$ 是 A 的一个子环, 若

(i) $(B,+)$ 是 $(A,+)$ 的一个子群;

(ii) $1_A \in B$;

(iii) B 对 $\times$ 封闭: $\forall (x,y) \in B^2$, $x \times y \in B$.

例 1.2.2.2 显然, $(\mathbb{Z}, +, \times)$ 是 $(\mathbb{Q}, +, \times)$ 的一个子环.

习题 1.2.2.3 集合 $(2\mathbb{Z}, +, \times)$ 是 $(\mathbb{Z}, +, \times)$ 的子环吗?

例 1.2.2.4 在 $\mathbb{R}$ 上连续的实值函数的集合 $\mathcal{C}^0(\mathbb{R})$ 是从 $\mathbb{R}$ 到 $\mathbb{R}$ 的映射的集合的一个子环. 实际上,

- $\mathcal{C}^0(\mathbb{R}) \subset \mathcal{F}(\mathbb{R}, \mathbb{R})$.
- $(\mathcal{C}^0(\mathbb{R}), +)$ 是 $(\mathcal{F}(\mathbb{R}, \mathbb{R}), +)$ 的一个子群, 因为:
  * $0_{\mathcal{F}(\mathbb{R},\mathbb{R})}$(定义在 $\mathbb{R}$ 上取值为 $0_{\mathbb{R}}$ 的常函数)在 $\mathbb{R}$ 上连续, 故 $0_{\mathcal{F}(\mathbb{R},\mathbb{R})} \in \mathcal{C}^0(\mathbb{R})$;
  * 如果 f 和 g 在 $\mathbb{R}$ 上连续, 那么 $f - g$ 也在 $\mathbb{R}$ 上连续, 即

    $$\forall (f,g) \in \mathcal{C}^0(\mathbb{R})^2, f - g \in \mathcal{C}^0(\mathbb{R}).$$

- $1_{\mathcal{F}(\mathbb{R},\mathbb{R})}$(取值为 $1_{\mathbb{R}}$ 的常函数)是连续的, 故 $1_{\mathcal{F}(\mathbb{R},\mathbb{R})} \in \mathcal{C}^0(\mathbb{R})$.
- 最后, 如果 $(f,g) \in \mathcal{C}^0(\mathbb{R})^2$, 那么 $f \times g \in \mathcal{C}^0(\mathbb{R})$(连续函数的乘积是连续函数).

习题 1.2.2.5 定义在 $\mathbb{R}$ 上的偶函数的集合是 $\mathcal{F}(\mathbb{R},\mathbb{R})$ 的子环吗？定义在 $\mathbb{R}$ 上的奇函数的集合是 $\mathcal{F}(\mathbb{R},\mathbb{R})$ 的子环吗？

命题 1.2.2.6 设 A 是一个环，B 是 A 的一个子环. 那么，$(B,+,\times)$ 是一个环.

证明：

这是显而易见的，尽管如此，我们还是验证一下.

- $(B,+)$ 是 $(A,+)$ 的一个子群，故 $(B,+)$ 是一个阿贝尔群.

- 映射 $\times: B\times B \longrightarrow B$ 是良定义的(由子环定义中的 (iii) 可知)，因此，它是 B 上的一个二元运算.

- $1_A \in B$，且 1_A 是 A 中 $\times$ 的中性元：$\forall x\in A, 1_A\times x=x\times 1_A=x$. 又因为 $B\subset A$，所以一定有：$\forall x\in B, 1_A\times x=x\times 1_A=x$.
换言之，1_A 是 B 中 $\times$ 的中性元.

- 由于 $\times$ 在 A 上满足结合律，故它在 B 上的限制也满足结合律. 简而言之，

$$\forall(x,y,z)\in A^3, (x\times y)\times z=x\times(y\times z),$$

必然有：$\forall(x,y,z)\in B^3, (x\times y)\times z=x\times(y\times z)$.

- 同样地，由于 $\times$ 在 A 上服从对 $+$ 的分配律，故它在 B 上也服从对 $+$ 的分配律. $\boxtimes$

命题 1.2.2.7 (子环的刻画) 设 A 是一个环，$B\subset A$. 那么，B 是 A 的一个子环当且仅当它满足以下性质：

(i) $1_A\in B$；

(ii) $\forall(x,y)\in B^2, x-y\in B$；

(iii) $\forall(x,y)\in B^2, x\times y\in B$.

证明:

- 证明 $\Longrightarrow$.

假设 B 是 A 的一个子环.

那么, 根据定义, 性质 (i) 和 (iii) 成立.

设 $(x,y) \in B^2$. 根据假设, $(B,+)$ 是 $(A,+)$ 的一个子群. 因此, $x-y \in B$, 故 (ii) 也成立.

- 证明 $\Longleftarrow$.

假设 B 满足性质 (i), (ii) 和 (iii). 要证明 B 是 A 的一个子环. 事实上, 只需要证明 $(B,+)$ 是 $(A,+)$ 的一个子群. 又因为, 根据假设, 有

* $B \neq \varnothing$(因为 $1_A \in B$);

* 以及 $\forall (x,y) \in B^2$, $x-y \in B$.

所以, $(B,+)$ 是 $(A,+)$ 的一个子群. $\boxtimes$

注: 在实践中, 我们几乎从不根据定义来证明集合 B 是一个环. 和群一样, 我们通常证明一个集合是某个参考环的子环. 这避免了对结合律和分配律的繁琐验证. 我们将在本章的最后给出证明一个集合是环的方法.

定义 1.2.2.8　设 $(\mathbb{L},+,\times)$ 是一个除环. 我们称子集 $\mathbb{K} \subset \mathbb{L}$ 是 $\mathbb{L}$ 的一个子除环(sous-corps), 若

(i) $\mathbb{K}$ 是 $\mathbb{L}$ 的一个子环;

(ii) $\forall x \in \mathbb{K}^\star$, $x^{-1} \in \mathbb{K}$.

命题 1.2.2.9 (子除环的刻画)　设 $(\mathbb{L},+,\times)$ 是一个除环, $\mathbb{K} \subset \mathbb{L}$. 那么, $\mathbb{K}$ 是 $\mathbb{L}$ 的一个子除环当且仅当它满足以下性质:

(i) $1_{\mathbb{L}} \in \mathbb{K}$;

(ii) $\forall (x,y) \in \mathbb{K}^2$, $x-y \in \mathbb{K}$;

(iii) $\forall (x,y) \in \mathbb{K}^2$, $x \times y \in \mathbb{K}$;

(iv) $\forall x \in \mathbb{K}^{\star}$, $x^{-1} \in \mathbb{K}$.

证明:

> 这是显然的, 因为 (i), (ii) 和 (iii) 这三个性质等价于 $\mathbb{K}$ 是 $\mathbb{L}$ 的一个子环(根据子环的刻画). $\boxtimes$

注: 上述命题中的 (iii) 和 (iv) 可以替换成

$$\forall (x,y) \in \mathbb{K}^{\star} \times \mathbb{K}^{\star}, \ x \times y^{-1} \in \mathbb{K}.$$

但是, 证明这一点需要用到将在下一小节学习的环中的运算法则.

1.2.3 环中的运算法则

注和记号: 如果 $(A, +, \times)$ 是一个环, $(x,y) \in A^2$, 我们记 $x \times y = xy$, 即省略了运算符号 $\times$. 事实上, 就像实数一样, 两个元素 x 和 y 之间没有符号, 就意味着它是乘积.

同样地, 如果 $(G, \cdot)$ 是一个群, 我们用 xy 来表示 $x \cdot y$.

命题 1.2.3.1 设 $(A, +, \times)$ 是一个环. 那么

(i) $\forall x \in A$, $0_A \times x = x \times 0_A = 0_A$;

(ii) 我们有"符号法则":

$$\forall (x,y) \in A^2, \ (-x) \times y = x \times (-y) = -(x \times y),$$

$$\forall (x,y) \in A^2, \ (-x) \times (-y) = x \times y.$$

证明:

> ● 证明 (i).
>
> 设 $x \in A$. 那么, $x \times 0_A = x \times (0_A + 0_A) = x \times 0_A + x \times 0_A$. 又因为, $(A, +)$ 是一个群, 我们可以将 $x \times 0_A$ 的负元加到每一项中, 得到
>
> $$0_A = x \times 0_A.$$
>
> 同理可证另一个等式.
>
> ● 证明 (ii).
>
> 设 $(x, y) \in A^2$. 那么, $0_A = x \times 0_A = x \times (y - y) = x \times y + x \times (-y)$. 因此, 在上式两边加上 $x \times y$ 的负元, 可得
>
> $$x \times (-y) = -(x \times y).$$
>
> 同理可证其他等式.　　　　　　　　　　　　　　　　　　　　　　　　　　　　$\boxtimes$

定义 1.2.3.2　设 A 是一个非平凡的环(即 $0_A \neq 1_A$). 我们称 A 是一个整环, 若

$$\forall (x, y) \in A^2, \ (x \times y = 0_A \Longrightarrow x = 0_A \ \text{ 或 } \ y = 0_A).$$

如果 a 和 b 是 A 的非零元素使得 $a \times b = 0$, 我们称 a 和 b 为零因子.

译者注: 注意, 本书中整环的定义与一些书中不同. 在有些书中, 整环定义为"不含零因子的非平凡交换环".

例 1.2.3.3　$\mathbb{Z}$ 是一个整环. 同样, $\mathbb{Q}, \mathbb{R}$ 和 $\mathbb{C}$ 都是整环.

例 1.2.3.4　另一方面, 存在不是整环的环. 例如, 如果考虑 $\mathbb{R}$ 上的连续函数的集合 A 构成的环(配备函数的加法 $+$ 和乘法 $\times$), 并定义

$$\forall x \in \mathbb{R}, f(x) = \begin{cases} x, & \text{若 } x \geqslant 0, \\ 0, & \text{其他} \end{cases} \quad \text{和} \quad \forall x \in \mathbb{R}, g(x) = \begin{cases} x, & \text{若 } x \leqslant 0, \\ 0, & \text{其他}. \end{cases}$$

容易验证 f 和 g 都在 $\mathbb{R}$ 上连续(故 $(f, g) \in A^2$), 并且对任意实数 x, $f(x) \times g(x) = 0$, 即 $f \times g = 0_A$. 然而, f 和 g 都不是零函数, 即 $f \neq 0_A$ 且 $g \neq 0_A$.

⚠ **注意**：因此, 我们注意到, 在一般的环中, "当且仅当至少有一个元素为零时乘积才为零"的"常见法则"是错误的! 换句话说,

$$(x = 0_A \text{ 或 } y = 0_A) \Longrightarrow x \times y = 0_A \qquad \text{总是对的,}$$
$$x \times y = 0_A \Longrightarrow (x = 0_A \text{ 或 } y = 0_A) \qquad \textbf{一般来说是错的.}$$

使得这种性质成立的环就是刚才定义的整环.

另一方面, 有一个重要的特殊情况, 如以下命题所述.

命题 1.2.3.5 如果 $\mathbb{K}$ 是一个除环, 那么 $\mathbb{K}$ 是一个整环.

证明:

首先, 回忆一个小小的命题演算, 这是**非常重要的**：

$$A \Longrightarrow (B \vee C) \equiv (A \wedge \urcorner B) \Longrightarrow C.$$

因此, 这里要做的是证明以下性质:

$$\forall (x,y) \in \mathbb{K}^2, ((x \times y = 0_{\mathbb{K}} \quad \wedge \quad x \neq 0_{\mathbb{K}}) \Longrightarrow y = 0_{\mathbb{K}}).$$

设 $x \in \mathbb{K}$ 和 $y \in \mathbb{K}$ 使得 $x \times y = 0_{\mathbb{K}}$ 且 $x \neq 0_{\mathbb{K}}$. 那么, 因为 $x \neq 0_{\mathbb{K}}$, 所以 x 有关于 $\times$ 的逆元(由除环的定义知). 从而, 在等式 $x \times y = 0_{\mathbb{K}}$ 两端左乘以 x^{-1}, 可得

$$x^{-1} \times (x \times y) = x^{-1} \times 0,$$

即 $y = 0_{\mathbb{K}}$. ⊠

定义 1.2.3.6 设 $(A, +, \times)$ 是一个环. 我们称元素 $x \in A$ 是可逆的, 若 x 在 A 中有关于 $\times$ 的逆元, 即存在 $y \in A$ 使得 $x \times y = y \times x = 1_A$. A 的可逆元素的集合记为 $A^\star$.

习题 1.2.3.7 设 $(A, +, \times)$ 是一个环.

1. 证明 $(A^\star, \times)$ 是一个群. $(A^\star, \times)$ 是 $(A, \times)$ 的一个子群吗?

2. $(A^\star, +, \times)$ 是一个除环吗?

定理 1.2.3.8(牛顿(Newton)二项式)　设 $(A, +, \times)$ 是一个环(不一定是交换环), x 和 y 是 A 的两个元素. 假设 $x \times y = y \times x$(即 x 和 y 可交换). 那么, 对任意 $n \in \mathbb{N}$, 有

$$(x+y)^n = \sum_{k=0}^{n} \binom{n}{k} x^k y^{n-k}.$$

其中, 我们约定: 对任意 $a \in A$, $a^0 = 1_A$.

证明:

我们通过对 $n \in \mathbb{N}$ 应用数学归纳法来证明这个性质.

初始化:

对 $n = 0$, $(x+y)^0 = 1_A = \binom{0}{0} x^0 y^0 = \sum_{k=0}^{0} \binom{0}{k} x^k y^{0-k}$.

这证得 $n = 0$ 时性质成立.

递推:

假设性质对某个 $n \in \mathbb{N}$ 成立, 要证明性质对 $n+1$ 成立. 我们有

$$\begin{aligned}
(x+y)^{n+1} &= (x+y) \times (x+y)^n \\
&= (x+y) \times \sum_{p=0}^{n} \binom{n}{p} x^p y^{n-p} \quad \text{(归纳假设)} \\
&= \sum_{p=0}^{n} \binom{n}{p} x^{p+1} y^{n-p} \ + \ \sum_{p=0}^{n} \binom{n}{p} x^p y^{n+1-p} \\
&= \sum_{k=1}^{n+1} \binom{n}{k-1} x^k y^{n+1-k} \ + \ \sum_{p=0}^{n} \binom{n}{p} x^p y^{n+1-p}.
\end{aligned}$$

(在第一个和式中进行下标变换, 令 $k = p+1$.)

又因为, 一方面

$$\sum_{k=1}^{n+1} \binom{n}{k-1} x^k y^{n+1-k} = \binom{n}{n} x^{n+1} + \sum_{k=1}^{n} \binom{n}{k-1} x^k y^{n+1-k},$$

另一方面

$$\sum_{p=0}^{n} \binom{n}{p} x^p y^{n+1-p} = \sum_{k=1}^{n} \binom{n}{k} x^k y^{n+1-k} + \binom{n}{0} y^{n+1}.$$

所以,

$$(x+y)^{n+1} = y^{n+1} + \sum_{k=1}^{n} \left(\binom{n}{k-1} + \binom{n}{k} \right) x^k y^{n+1-k} + x^{n+1}$$

$$= \binom{n+1}{0} x^0 y^{n+1} + \sum_{k=1}^{n} \binom{n+1}{k} x^k y^{n+1-k} + \binom{n+1}{n+1} x^{n+1} y^0$$

$$= \sum_{k=0}^{n+1} \binom{n+1}{k} x^k y^{n+1-k}.$$

这证得性质对 $n+1$ 也成立, 归纳完成. $\boxtimes$

⚠️**注意**: 当 $a \times b \neq b \times a$ 时二项式公式不适用. 我们将在后面关于向量空间自同态的章节中(或在方阵环的部分)看到一些例子.

命题 1.2.3.9 设 $(A, +, \times)$ 是一个环, $(x, y) \in A^2$. 假设 x 和 y 可交换(即 $x \times y = y \times x$), 那么, 对任意自然数 $n \in \mathbb{N}^\star$, 有

$$x^n - y^n = (x-y) \times \left(\sum_{k=0}^{n-1} x^k \times y^{n-1-k} \right).$$

习题 1.2.3.10 证明这个命题.

习题 1.2.3.11 设 $(A, +, \times)$ 是一个环, $y \in A$. 假设 y 是幂零的, 即存在自然数 $n \in \mathbb{N}^\star$ 使得 $y^n = 0_A$. 利用上述命题, 证明 $1 - y$ 是可逆的, 并确定它的逆.

1.2.4 子环和子除环的运算

命题 1.2.4.1 设 A 是一个环(或除环), B 和 C 是 A 的两个子环(或两个子除环). 那么, $B \cap C$ 是 A 的一个子环(或子除环).

证明：

只需要应用子环(或子除环)的刻画命题, 即可证明. ⊠

就像对于群一样, 我们可以将这个性质推广到任意交集(练习：完成这个证明).

命题 1.2.4.2 设 A 是一个环(或除环), $(B_i)_{i \in I}$ 是 A 的任意一个(有限或无穷的)子环(或子除环)族. 那么, $\bigcap_{i \in I} B_i$ 是 A 的一个子环(或子除环).

1.2.5 环(或除环)的同态

定义 1.2.5.1 设 $(A, +, \times)$ 和 $(B, \oplus, \otimes)$ 是两个环. 我们称映射 $f: A \longrightarrow B$ 是一个环同态, 若

(i) $\forall (x, y) \in A^2$, $f(x + y) = f(x) \oplus f(y)$;

(ii) $f(1_A) = 1_B$;

(iii) $\forall (x, y) \in A^2$, $f(x \times y) = f(x) \otimes f(y)$.

<u>注</u>：当 A 和 B 是除环时, 除环同态是从 A 到 B 的一个映射且它是从 A 到 B 的一个环同态.

定义 1.2.5.2 设 $(A, +, \times)$ 和 $(B, \oplus, \otimes)$ 是两个环(或两个除环).

- 我们称映射 $f: A \longrightarrow B$ 是一个环(或除环)同构, 若 f 是一个环同态且 f 是双射.

- 我们称映射 $f\colon A \longrightarrow A$ 是一个环(或除环)自同态, 若 f 是一个环同态.
- 我们称映射 $f\colon A \longrightarrow A$ 是环(或除环) A 的一个自同构, 若 f 是环(或除环) A 的自同态且 f 是双射.

注:

- 因此, 环 A 的自同构是一个环同态同时是从 A 到自身的同构.
- 如果 $f\colon A \longrightarrow B$ 是环同态, 那么 f 也是从 $(A,+)$ 到 $(B,+)$ 的群同态. 特别地, f 的核与像仍定义为

$$\ker(f) = f_r^{-1}(\{0_B\}) \quad \text{和} \quad \operatorname{Im} f = f_d(A).$$

例 1.2.5.3 取共轭的映射是除环 $\mathbb{C}$ 的一个自同构. 实际上,

- $\forall (z,z') \in \mathbb{C}^2, \overline{z+z'} = \overline{z} + \overline{z'}$;
- $\overline{1_{\mathbb{C}}} = 1_{\mathbb{C}}$;
- $\forall (z,z') \in \mathbb{C}^2, \overline{z \times z'} = \overline{z} \times \overline{z'}$;
- 最后, 取共轭的映射确实是从 $\mathbb{C}$ 到自身的双射.

例 1.2.5.4 映射 $\varphi\colon \begin{array}{l}\mathcal{F}(\mathbb{R},\mathbb{R}) \longrightarrow \mathbb{R}, \\ f \longmapsto f(0)\end{array}$ 是一个环同态, 但不是环同构. 实际上,

- $\forall (f,g) \in \mathcal{F}(\mathbb{R},\mathbb{R})^2, \varphi(f+g) = (f+g)(0) = f(0) + g(0) = \varphi(f) + \varphi(g)$;
- $\varphi(1_{\mathcal{F}(\mathbb{R},\mathbb{R})}) = 1_{\mathcal{F}(\mathbb{R},\mathbb{R})}(0) = 1_{\mathbb{R}}$;
- $\forall (f,g) \in \mathcal{F}(\mathbb{R},\mathbb{R})^2, \varphi(f \times g) = (f \times g)(0) = f(0) \times g(0) = \varphi(f) \times \varphi(g)$.

这证得 φ 确实是环同态. 另一方面, 显然 φ 不是双射, 因为, 由 $\varphi(x \longmapsto x) = 0$ 可知 φ 的核 $\ker \varphi \neq \{0_{\mathcal{F}(\mathbb{R},\mathbb{R})}\}$, 由命题 1.1.5.9 知 φ 不是单射.

习题 1.2.5.5 设 f 是除环 $\mathbb{Q}$ 的一个自同态.

1. 证明: $\forall n \in \mathbb{N}, f(n) = n$.
2. 证明 f 是奇函数, 并导出: $\forall n \in \mathbb{Z}, f(n) = n$.

3. 对 $p \in \mathbb{N}^*$, 计算 $f(p^{-1})$ 并将结果表示为 p 的函数.

4. 导出 $f = \mathrm{Id}_{\mathbb{Q}}$.

5. 我们刚刚证明了什么？

习题 1.2.5.6　在上一习题的启发下, 确定:

1. 群 $(\mathbb{Z}, +)$ 的所有自同态;

2. 环 $(\mathbb{Z}, +, \times)$ 的所有自同态.

与群同态一样, 环同态有以下基本性质.

命题 1.2.5.7　设 A, B 和 C 是三个环, $f\colon A \longrightarrow B$ 和 $g\colon B \longrightarrow C$ 是两个环同态. 那么, $g \circ f$ 是从 A 到 C 的环同态. 换言之, 两个环同态的复合仍然是环同态.

证明:

我们记 $+$ 和 $\times$ 为 A, B 和 C 中的运算(这是为了方便而不区分不同环中的运算符号).

- 由于 f 和 g 是环同态, 故 f 是从 $(A, +)$ 到 $(B, +)$ 的群同态, 同样 g 是从 $(B, +)$ 到 $(C, +)$ 的群同态. 根据群同态的性质, $g \circ f$ 是从 $(A, +)$ 到 $(C, +)$ 的群同态.

- 此外, 由于 f 和 g 是环同态, 故 $f(1_A) = 1_B$ 且 $g(1_B) = 1_C$. 因此,

$$(g \circ f)(1_A) = g(f(1_A)) = g(1_B) = 1_C.$$

- 最后, 设 $(x, y) \in A^2$.

$$
\begin{aligned}
(g \circ f)(x \times y) &= g(f(x \times y)) \\
&= g(f(x) \times f(y)) \\
&= g(f(x)) \times g(f(y)) \\
&= (g \circ f)(x) \times (g \circ f)(y).
\end{aligned}
$$

这证得 $g \circ f$ 确实是一个环同态.　　　　□

注： 在上述命题中, 如果假设 A, B 和 C 都是除环, 那么根据定义, $g \circ f$ 是一个除环同态.

> **命题 1.2.5.8** 设 $f\colon A \longrightarrow B$ 是一个环同构. 那么, f^{-1} 是一个环同构.

证明：

- 因为 f 是双射且 $f(1_A) = 1_B$, 所以 $f^{-1}(1_B) = 1_A$.

- 根据群同态的性质, f^{-1} 是从 $(B, +)$ 到 $(A, +)$ 的群同态.

- 对 $(x, y) \in B^2$,

$$
\begin{aligned}
f^{-1}(x \times y) &= f^{-1}\left(f(f^{-1}(x)) \times f(f^{-1}(y))\right) \\
&= f^{-1}\left(f\left(f^{-1}(x) \times f^{-1}(y)\right)\right) \\
&= \left(f^{-1} \circ f\right)\left(f^{-1}(x) \times f^{-1}(y)\right) \\
&= f^{-1}(x) \times f^{-1}(y).
\end{aligned}
$$

- 最后, f^{-1} 也是双射.

这证得 f^{-1} 是一个环同构. ⊠

> **命题 1.2.5.9** 设 $A \xrightarrow{\ f\ } B$ 是一个环同态. 那么,
>
> (i) $\ker(f)$ 是 $(A, +)$ 的一个子群, 但 $\ker(f)$ 不是 A 的一个子环(除非有 $0_B = 1_B$);
>
> (ii) $\operatorname{Im}(f)$ 是 B 的一个子环.

证明：

证明留作练习. ⊠

为证明集合 A 是一个环, 我们可以:

1. 证明它是一个环同态的像;

▶ 方法:

2. 证明它是某个已知环的子环(用子环的刻画来证明这点);

3. 证明它是子环的交集;

4. 根据子环的正式定义来证明.

1.3 习 题

习题 1.3.1 设 $*$ 是 $\mathbb{R}$ 上的一个二元运算, 定义为

$$\forall (x,y) \in \mathbb{R}^2, \ x * y = x + y + x^2 y.$$

1. 验证: $*$ 不满足交换律, 不满足结合律, $*$ 有中性元, $\mathbb{R} \setminus \{0\}$ 中的元素都没有关于 $*$ 的逆元.

2. 求解以下关于未知量 $x \in \mathbb{R}$ 的方程: 先求解 $2 * x = -3$, 然后解 $x * x = 3$.

习题 1.3.2 证明 $\mathbb{R}^2$ 配备运算 $(x,y) * (x',y') = (x+x', ye^{x'} + y'e^{-x})$ 是一个非阿贝尔群.

习题 1.3.3 设 $\mathbb{R}$ 上的二元运算 $\star$ 定义为

$$\forall (x,y) \in \mathbb{R}^2, \ x \star y = \sqrt[3]{x^3 + y^3}.$$

1. 证明 $(\mathbb{R}, \star)$ 是一个群.

2. 映射 $f: (\mathbb{R}, \star) \longrightarrow (\mathbb{R}, +)$ 定义为 $f(x) = x^3$. f 是一个群同态吗?

习题 1.3.4 设 E 是一个非空的集合. 定义 $\mathcal{P}(E)$ 上的一个二元运算 $\triangle$ 如下:

$$\forall (A,B) \in \mathcal{P}(E) \times \mathcal{P}(E), \ A \triangle B = (A \setminus B) \cup (B \setminus A).$$

证明 $(\mathcal{P}(E), \triangle)$ 是一个阿贝尔群.

习题 1.3.5　证明集合 $\{z \in \mathbb{C} \mid \exists n \in \mathbb{N}^\star, z^n = 1\}$ 配备乘法构成一个群.

习题 1.3.6　设 G 是一个群, H 和 K 是 G 的两个子群. 证明: $H \cup K$ 是 G 的一个子群当且仅当 $K \subset H$ 或 $H \subset K$.

习题 1.3.7　设 G 是一个非空的集合, $\star$ 是 G 上一个满足结合律的二元运算. 假设存在元素 $e \in G$ 使得

$$\begin{cases} \forall x \in G, \ x \star e = x, \\ \forall x \in G, \exists y \in G, \ x \star y = e. \end{cases}$$

证明 $(G, \star)$ 是一个群.

习题 1.3.8　设 G 是一个群, 满足: $\forall g \in G, \ g^2 = e$.

1. 证明 G 是一个阿贝尔群.

2. 证明: 如果 H 是 G 的一个子群, 且 $a \in G \setminus H$, 那么 $H \cup aH$ 是 G 的一个子群, 且 $H \cap aH = \varnothing$.

3. (困难的) 利用上一问, 导出: 如果 G 是有限的, 那么它的基数是 2 的幂.

习题 1.3.9　设 G 是一个基数为偶数的有限群, 它的中性元记为 1. 我们想证明, 存在 G 的一个不等于 1 的元素 x 满足 $x = x^{-1}$. 为此, 我们令

$$A = \{g \in G \mid g \neq 1 \text{ 且 } g^{-1} = g\} \quad \text{和} \quad B = \{g \in G \mid g \neq 1 \text{ 且 } g^{-1} \neq g\}.$$

1. A 和 B 是 G 的子群吗?

2. 验证 A 和 B 是有限集, 然后把 $|G|$ 表示成 $|A|$ 和 $|B|$ 的函数.

3. 证明 $|B|$ 是偶数, 并导出结论.

习题 1.3.10　设 $(G, *)$ 是一个群, 记 $Z(G)$ 为 G 的中心, 根据定义, $Z(G)$ 是 G 中与 G 的所有元素可交换的元素的集合, 即

$$Z(G) = \{x \in G \mid \forall g \in G, \ x * g = g * x\}.$$

1. 在 G 是交换群的情况下, 关于 $Z(G)$ 有什么结论?

2. 证明 $Z(G)$ 是 G 的一个子群.

3. 设 $(G, *)$ 和 $(H, \times)$ 是两个群, $f: G \to H$ 是一个群同态. 证明:

　(a) 如果 f 是满射, 那么 $f(Z(G)) \subset Z(H)$.

　(b) 如果 f 是单射, 那么 $f_r^{-1}(Z(H)) \subset Z(G)$.

习题 1.3.11　设 G 是一个群. 对任意 $a \in G$, 定义 f_a: $\begin{aligned} G &\longrightarrow G, \\ g &\longmapsto aga^{-1}. \end{aligned}$

1. 证明 f_a 是 G 的一个自同构. 记 $\mathrm{Int}(G)$ 为 a 取遍 G 中所有元素所对应的 f_a 的集合, 即 $\mathrm{Int}(G) = \{f_a \mid a \in G\}$.

2. 证明 φ: $\begin{aligned} G &\longrightarrow \mathrm{Aut}(G), \\ a &\longmapsto f_a \end{aligned}$　是一个群同态.

3. φ 的核是什么? φ 的像是什么?

4. 导出 $(\mathrm{Int}(G), \circ)$ 是一个群.

习题 1.3.12　考虑从 $\mathbb{R} \setminus \{0, 1\}$ 到自身的以下映射:

$$f_1: \ x \longmapsto x, \quad f_2: \ x \longmapsto 1 - x, \quad f_3: \ x \longmapsto \frac{1}{1-x},$$

$$f_4: \ x \longmapsto \frac{1}{x}, \quad f_5: \ x \longmapsto \frac{x}{x-1}, \quad f_6: \ x \longmapsto \frac{x-1}{x}.$$

1. 证明 $G = \{f_i \mid 1 \leqslant i \leqslant 6\}$ 配备复合运算 $\circ$ 构成一个群.

2. 确定 G 的所有子群.

3. G 的包含 f_2 的最小子群是什么? 包含 f_3 的呢? 包含 f_2 和 f_3 的呢?

习题 1.3.13　设 $\mathbb{U}_{12} = \{z \in \mathbb{C} \mid z^{12} = 1\}$ 是 12 次单位根的集合, 并设

$$f: \begin{aligned} \mathbb{C}^\star &\longrightarrow \mathbb{C}^\star, \\ z \ \ &\longmapsto z^{12}. \end{aligned}$$

1. 证明 $\mathbb{U}_{12}$ 是 $(\mathbb{C}^\star, \times)$ 的一个子群.

2. 验证 $\mathbb{U}_{12}$ 是一个循环群, 即存在 $w \in \mathbb{U}_{12}$ 使得 $\mathbb{U}_{12}$ 的任意元素 z 都可以写成 $z = w^n$, 其中 $n \in \mathbb{N}$.

3. 证明 f 是群 $(\mathbb{C}^\star, \times)$ 的一个自同态.

4. 确定 f 的核. f 是单射吗?

5. f 是满射吗?

6. 设 g:
$$\begin{aligned} \mathbb{U}_{12} &\longrightarrow \mathbb{U}_{12}, \\ z &\longmapsto z^4. \end{aligned}$$

   (a) 验证映射 g 是良定义的.

   (b) 证明 g 是一个群同态.

   (c) 确定 g 的核.

   (d) 确定 g 的像.

   (e) 验证等式: $|\ker(g)| \times |\operatorname{Im}(g)| = |\mathbb{U}_{12}|$.

习题 1.3.14　记 $\mathbb{Z}[i] = \{a + ib \mid (a, b) \in \mathbb{Z}^2\}$.

1. 证明 $\mathbb{Z}[i]$ 是 $\mathbb{C}$ 的一个子环. 它是一个除环吗?

2. 证明取共轭的映射是环 $\mathbb{Z}[i]$ 的一个自同构.

3. $\mathbb{Z}[i]$ 的可逆元素是哪些?

习题 1.3.15　设 P 是定义在 $\mathbb{R}$ 上的实值偶函数的集合.

1. $(P, +, \times)$ 是一个环吗? 它是交换的吗? 它是一个除环吗?

2. $(P, +, \circ)$ 是一个环吗? 它是交换的吗?

习题 1.3.16　设 $(A, +, \star)$ 是一个整环. 我们假设 A 是一个有限集. 回顾一下, 如果 f 是从 A 到 A(A 是有限集)的映射, 那么 f 是单射当且仅当 f 是双射.

1. 设 $a \in A$. 我们可以根据环的定义直接断定 a 是关于 $\star$ 可逆的吗?

2. 取定 $a \in A$, 且 $a \neq 0_A$. 证明映射 φ_a: $\begin{aligned} A &\longrightarrow A, \\ x &\longmapsto a \star x \end{aligned}$　是单射.

3. 导出 a 是右可逆的.

4. 在上述问题的启发下, 证明 a 是左可逆的.

5. 证明 a 的右逆和左逆是相同的.

6. 关于 A 我们刚刚证明了什么?

习题 1.3.17 设 A 是一个环. A 的元素 x 称为幂零的, 若存在 $n \in \mathbb{N}^*$ 使得 $x^n = 0$.

1. 证明: 如果 x 和 y 都是幂零的且可交换, 那么 $x + y$ 是幂零的.

2. 证明: 如果 x 是幂零的, 且 x 和 y 可交换, 那么 xy 是幂零的.

3. 设 $x \in A$ 是幂零的. 证明 $1 - x$ 可逆并计算 $(1-x)^{-1}$.

习题 1.3.18 考虑以下集合:

$$\mathbb{Q}[\sqrt{2}] = \{a + b\sqrt{2} \mid (a,b) \in \mathbb{Q}^2\} \quad \text{和} \quad \mathbb{Z}[\sqrt{2}] = \{a + b\sqrt{2} \mid (a,b) \in \mathbb{Z}^2\}.$$

注意, $\sqrt{2}$ 是一个无理数, 这个结果可以不加证明地使用.

1. 证明: $\forall (a,b,a',b') \in \mathbb{Q}^4$, $(a + b\sqrt{2} = a' + b'\sqrt{2} \iff (a,b) = (a',b'))$.

2. 证明: $\mathbb{Q}[\sqrt{2}]$ 是 $\mathbb{R}$ 的一个子除环, $\mathbb{Z}[\sqrt{2}]$ 是 $\mathbb{Q}[\sqrt{2}]$ 的一个子环.

3. 对任意 $z = a + b\sqrt{2} \in \mathbb{Q}[\sqrt{2}]$, 记 $\bar{z} = a - b\sqrt{2}$. 证明映射 $z \longmapsto \bar{z}$ 是 $\mathbb{Q}[\sqrt{2}]$ 的一个自同构.

4. 对 $z \in \mathbb{Q}[\sqrt{2}]$, 记 $N(z) = z\bar{z}$.

   (a) 证明 N 是乘性的: $\forall (z,z') \in \mathbb{Q}[\sqrt{2}]^2$, $N(zz') = N(z)N(z')$.

   (b) 证明: $z \in \mathbb{Z}[\sqrt{2}]$ 是可逆的当且仅当 $N(z) = \pm 1$.

5. 在上一问的帮助下, 确定 $\mathbb{Z}[\sqrt{2}]$ 中除 ± 1 外的可逆元素.

6. 证明 $\mathbb{Z}[\sqrt{2}]$ 的可逆元素的集合 U 关于运算 $\times$ 构成一个群.

7. 导出 U 是无穷集.

8. 记 $U_+ = \{a + b\sqrt{2} \in U \mid a \geqslant 0, b \geqslant 0\}$ 和 $U_+^* = \{a + b\sqrt{2} \in U_+ \mid b > 0\}$.

   (a) 证明: $\forall (a,b) \in \mathbb{Z}^2$, $(a + b\sqrt{2} \in U_+^* \implies b \leqslant a < 2b)$.

   (b) 设 $z = a + b\sqrt{2} \in U_+^*$. 令 $z' = z(1+\sqrt{2})^{-1} = a' + b'\sqrt{2}$. 证明:

   $$z' \in U_+ \quad \text{且} \quad (0 < a' < a \text{ 或 } z' = 1).$$

(c) 导出 $U_+ = \{(1 + \sqrt{2})^n \mid n \in \mathbb{N}\}$.

(d) 确定集合 U.

习题 1.3.19　设 G 是一个有限群, H 是 G 的一个子群. 对 $x \in G$, 记

$$xH = \{xh \mid h \in H\} = \{y \in G \mid \exists h \in H, y = xh\}.$$

1. 证明存在一个自然数 $n \geqslant 1$ 和 G 的元素 $x_1, \cdots, x_n$ 使得

$$G = \bigcup_{k=1}^{n} x_k H \quad \text{且} \quad \forall (i,j) \in [\![1,n]\!]^2, (i \neq j \Longrightarrow x_i H \cap x_j H = \varnothing).$$

为此, 我们可以用反证法进行推导, 并证明我们可以构造 G 的一个元素族 $(x_n)_{n \in \mathbb{N}^\star}$ 使得

$$\forall (i,j) \in \mathbb{N}^\star \times \mathbb{N}^\star, (i \neq j \Longrightarrow x_i H \cap x_j H = \varnothing)$$

且

$$\bigcup_{k=1}^{n} x_k H \subsetneq G.$$

2. 导出拉格朗日(Lagrange)定理: 如果 G 是一个有限群且 H 是 G 的一个子群, 那么 $|H|$ 整除 $|G|$.

3. 应用: 一个基数为 72 的群是否存在基数为 14 的子群?

下面的练习使用了将在接下来的章节中讲述的概念. 对于每个练习, 都指明了必须先了解哪个或哪些概念.

习题 1.3.20　这个习题用到 $\mathbb{Q}$ 在 $\mathbb{R}$ 中的稠密性(见第 2 章, 2.4.8 小节). 本题的目标是确定从 $\mathbb{R}$ 到 $\mathbb{R}$ 的所有除环同态.

1. 给出从除环 $\mathbb{R}$ 到自身的一个同态的例子.

2. 设 f 是从 $\mathbb{R}$ 到 $\mathbb{R}$ 的一个除环同态.

(a) 确定 $f(0)$ 的唯一可能值.

(b) 证明: $\forall x \in \mathbb{N}, f(x) = x$.

(c) 证明 f 是一个奇函数, 并导出 $\forall x \in \mathbb{Z}$, $f(x) = x$.

(d) 由此导出, 这结论对有理数也成立: $\forall x \in \mathbb{Q}$, $f(x) = x$.

(e) 证明 f 在 $\mathbb{R}$ 上严格单调递增.

(f) 利用 $\mathbb{Q}$ 在 $\mathbb{R}$ 中的稠密性以及 f 的单调性, 导出: $\forall x \in \mathbb{R}$, $f(x) = x$.

习题 1.3.21　这个练习使用了欧几里得除法(见第 5 章)和 $\mathbb{N}$ 的性质(第 2 章, 2.2.1 小节).
设 G 是一个有限循环群, 即 G 是一个有限群, 且存在元素 $g \in G$ 使得

$$G = \{g^k \mid k \in \mathbb{Z}\}.$$

1. 设 $n \in \mathbb{N}^\star$, $n \geqslant 2$. 给出一个 n 阶循环群(即基数为 n 的有限循环群)的例子. 证明给定的集合确实是一个基数为 n 的循环群.

2. 设 G 是一个基数为 $n \geqslant 2$ 的有限循环群. 取定元素 $g \in G$ 使得 $G = \{g^k \mid k \in \mathbb{Z}\}$, 并记 G 中的中性元为 e.

   (a) 证明对任意自然数 p, 集合 $H_p = \{g^{pk} \mid k \in \mathbb{Z}\}$ 是 G 的一个子群.

   (b) 反过来, 设 H 是 G 的一个不退化为 $\{e\}$ 的子群.

   　(i)　证明 $\{p \in \mathbb{N}^\star \mid g^p \in H\}$ 有最小元, 并记为 p_0.

   　(ii)　证明 $H_{p_0} \subset H$.

   　(iii)　证明 $H \subset H_{p_0}$.

第 2 章　关系, 集合 $\mathbb{N}, \mathbb{Z}, \mathbb{Q}$ 和 $\mathbb{R}$

预备知识　学习本章之前, 需已熟悉以下内容:

- 逻辑基础课程(蕴涵、等价、谓词、数学归纳法).

- 集合的知识.

- 单调映射; 单射、满射和双射.

- 常见的结构——群、环和除环; 群同态和环同态.

2.1 关 系

2.1.1 关系的一般概念

定义 2.1.1.1 设 E 是一个集合. E 上的一个(二元)关系, 是 E 上的一个二元谓词 $P(x,y)((x,y) \in E^2)$. 我们用 $\mathcal{R}$ 表示这个二元关系, $x\mathcal{R}y$ 表示 $P(x,y)$ 为真.

<u>注:</u> 更正式地说, E 上的一个二元关系 $\mathcal{R}$ 是 $E \times E$ 的一个子集. 对 $(x,y) \in E^2$, 当 $(x,y) \in \mathcal{R}$ 时记 $x\mathcal{R}y$. 将性质 $(x,y) \in \mathcal{R}$ 记为 $P(x,y)$, 并注意到一个集合是由其元素确定的, 我们有

$$x\mathcal{R}y \iff P(x,y) \text{为真}.$$

反过来, 如果 P 是 $E \times E$ 上的一个谓词, 记

$$\mathcal{R} = \{(x,y) \in E^2 \mid P(x,y) \text{为真}\},$$

我们有: $x\mathcal{R}y \iff P(x,y)$ 为真.

因此, 这两个定义之间存在一一对应关系. 唯一的区别是第一个定义更容易理解.

定义 2.1.1.2 设 $\mathcal{R}$ 是定义在 E 上的一个(二元)关系. 我们称 $\mathcal{R}$ 是

- 自反的, 若 $\forall x \in E,\ x\mathcal{R}x$;

- 对称的, 若 $\forall (x,y) \in E^2,\ (x\mathcal{R}y \Longrightarrow y\mathcal{R}x)$;

- 反对称的, 若 $\forall (x,y) \in E^2,\ \big((x\mathcal{R}y \text{ 且 } y\mathcal{R}x) \Longrightarrow x=y\big)$;

- 传递的, 若 $\forall (x,y,z) \in E^3,\ \big((x\mathcal{R}y \text{ 且 } y\mathcal{R}z) \Longrightarrow x\mathcal{R}z\big)$.

例 2.1.1.3 设 E 是平面中的直线的集合. 考虑关系 $\mathcal{R} = \perp$. 它是 E 上的一个二元关系, 并且:

- $\mathcal{R}$ 不是自反的, 因为如果 $\mathcal{D}$ 是一条直线, $\mathcal{D} \not\perp \mathcal{D}$;

- $\mathcal{R}$ 是对称的, 因为如果 $\mathcal{D}$ 和 $\mathcal{D}'$ 是平面中的两条直线使得 $\mathcal{D} \perp \mathcal{D}'$, 那么 $\mathcal{D}' \perp \mathcal{D}$;

- $\mathcal{R}$ 不是传递的, 因为 $(\mathcal{D} \perp \mathcal{D}' \text{ 且 } \mathcal{D}' \perp \mathcal{D}'') \Longrightarrow \mathcal{D} \parallel \mathcal{D}''$(这是在一个平面中).

例 2.1.1.4 仍是在平面中的直线的集合 E 上, 考虑关系 $\parallel$. 那么, 关系 $\parallel$ 是

- 显然自反的, 因为对任意直线 $\mathcal{D}$, 有 $\mathcal{D} \parallel \mathcal{D}$;

- 对称的, 因为对任意直线 $\mathcal{D}$ 和 $\mathcal{D}'$, 有 $\mathcal{D} \parallel \mathcal{D}' \implies \mathcal{D}' \parallel \mathcal{D}$;

- 传递的, 因为如果 $\mathcal{D}, \mathcal{D}'$ 和 $\mathcal{D}''$ 是三条直线使得 $\mathcal{D} \parallel \mathcal{D}'$ 且 $\mathcal{D}' \parallel \mathcal{D}''$, 那么 $\mathcal{D} \parallel \mathcal{D}''$.

稍后会看到, 这就是所谓的等价关系.

例 2.1.1.5 考虑 $\mathbb{N}$ 中的整除关系, 即 $\mathbb{N}^2$ 上的关系 $\mathcal{R} = |$, 定义为
$$\forall(a,b) \in \mathbb{N}^2, (a|b \iff \exists n \in \mathbb{N}, b = na).$$
那么 $|$ 是 $\mathbb{N}$ 上的一个自反的、反对称的且传递的关系. 实际上,

- 对任意 $a \in \mathbb{N}$, $a = 1_{\mathbb{N}} \times a$, 故 $a|a$;

- 对任意 $(a,b) \in \mathbb{N}^2$, 如果 $a|b$ 且 $b|a$, 那么存在 $n \in \mathbb{N}$ 和 $p \in \mathbb{N}$ 使得 $b = na$ 且 $a = pb$. 那么, $b = na = npb$, 即 $b(1 - np) = 0$. 因此,

  * 要么 $b = 0$, 则 $a = pb = 0$, 从而必有 $a = b$;

  * 要么 $np = 1$, 那么由于 $(n,p) \in \mathbb{N}^2$, 故 $n = p = 1$. 所以, $b = na = a$.

- 最后, 如果 $(a,b,c) \in \mathbb{N}^3$ 且 $a|b$ 且 $b|c$, 那么, 根据定义, 存在两个自然数 n 和 p 使得 $b = na$ 且 $c = pb$. 从而,
$$c = pb = pna = (pn)a, \quad 其中\ pn \in \mathbb{N},$$
故 $a|c$.

习题 2.1.1.6 证明 $\mathbb{Z}$ 中定义如下的整除关系:
$$\forall(a,b) \in \mathbb{Z}^2, (a|b \iff \exists n \in \mathbb{Z}, b = na)$$
是自反的、传递的, 但不是反对称的.

习题 2.1.1.7 证明: 如果 $\mathcal{R}$ 是一个对称且反对称的关系, 那么
$$\forall(x,y) \in E^2, (x\mathcal{R}y \implies x = y).$$
特别地, 如果 $\mathcal{R}$ 还是自反的, 那么 $x\mathcal{R}y \iff x = y$, 即 $\mathcal{R}$ 是相等关系.

2.1.2 序关系

定义 2.1.2.1 设 E 是一个集合. 我们称 $\mathcal{R}$ 是 E 上的一个序关系, 若 $\mathcal{R}$ 是自反的、反对称的且传递的. 在这种情况下, 我们称 $(E, \mathcal{R})$ 是一个有序集.

注:

- "最简单的"有序集的例子是: $(\mathbb{R}, \leqslant)$;

- 事实上, 在这个定义中, 我们想引入一个"对象", 使得可以在集合 E 中"比较两个元素": 这正是序关系的概念. 该定义包含了实数集上的 $\leqslant$ 关系的自然属性.

- 因此, 一个有序集是一个二元组 $(E, \mathcal{R})$, 其中 E 是一个集合, 而 $\mathcal{R}$ 是 E 上的一个序关系. 方便起见(实际是一种滥用), 我们常常说"设 E 是一个有序集", 而不是"设 $(E, \mathcal{R})$ 是一个有序集".

- 最后, 当 $\mathcal{R}$ 是一个序关系时, 我们常常把它记为 $\leqslant$ 而不是 $\mathcal{R}$. 但是必须小心, 不要把这个符号与 $\mathbb{R}$ 中常用的 $\leqslant$ 关系混淆.

例 2.1.2.2 $(\mathbb{N}, |)$(其中 | 是整除关系(见例 2.1.1.5))是一个有序集. 这个关系对应"一种比较两个自然数的方式", 它与 $\mathbb{N}$ 中常用的 $\leqslant$ 关系不同. 还可以注意到, 对于整除这种序关系, 我们不能比较 2 和 3.

命题 2.1.2.3 设 X 是一个非空的集合. 我们在 $\mathcal{F}(X, \mathbb{R})$ 上定义关系 $\leqslant$ 如下:

$$\forall (f, g) \in \mathcal{F}(X, \mathbb{R})^2, (f \leqslant g \iff \forall x \in X, f(x) \leqslant g(x)).$$

那么, $(\mathcal{F}(X, \mathbb{R}), \leqslant)$ 是一个有序集.

注: 注意, 这里有两个不同的 $\leqslant$ 关系. 第一个是我们刚刚定义的从 X 到 $\mathbb{R}$ 的映射集合上的序关系, 而第二个是 $\mathbb{R}$ 中常用的序关系. 如果担心这样会混淆两种不同的关系, 最好用不同的记号来表示它们, 例如用 $\leqslant_{\mathbb{R}}$ 来表示 $\mathbb{R}$ 中常用的小于等于关系.

证明:

> 为了避免混淆(见前面的注释), 记 $\mathcal{R}$ 为从 X 到 $\mathbb{R}$ 的映射集合上的 $\leqslant$ 关系, 要证明 $(\mathcal{F}(X,\mathbb{R}),\mathcal{R})$ 是一个有序集.
>
> ● 证明 $\mathcal{R}$ 是自反的.
>
> 设 $f \in \mathcal{F}(X,\mathbb{R})$. 那么, 对任意 $x \in X$, $f(x) \in \mathbb{R}$. 又因为, $\leqslant$ 是 $\mathbb{R}$ 上的一个序关系, 故它是自反的, $f(x) \leqslant f(x)$. 因此,
>
> $$\forall x \in X, f(x) \leqslant f(x),$$
>
> 即 $f\mathcal{R}f$. 这证得 $\mathcal{R}$ 是自反的.
>
> ● 证明 $\mathcal{R}$ 是反对称的.
>
> 设 f 和 g 是 $\mathcal{F}(X,\mathbb{R})$ 的两个元素, 使得 $f\mathcal{R}g$ 且 $g\mathcal{R}f$. 那么有
>
> $$\forall x \in X, f(x) \leqslant g(x) \quad 且 \quad \forall x \in X, g(x) \leqslant f(x).$$
>
> 已知 $\leqslant$ 是 $\mathbb{R}$ 上的一个序关系, 故它是反对称的. 由此可得
>
> $$\forall x \in X, f(x) = g(x), \quad 即 \quad f = g.$$
>
> 这证得 $\mathcal{R}$ 是反对称的.
>
> ● 证明 $\mathcal{R}$ 是传递的.
>
> 设 f, g 和 h 是三个从 X 到 $\mathbb{R}$ 的映射, 满足 $f\mathcal{R}g$ 和 $g\mathcal{R}h$. 那么有
>
> $$\forall x \in X, f(x) \leqslant g(x) \quad 且 \quad \forall x \in X, g(x) \leqslant h(x).$$
>
> 已知 $\leqslant$ 是 $\mathbb{R}$ 上的一个序关系, 故它是传递的. 因此,
>
> $$\forall x \in X, f(x) \leqslant h(x), \quad 即 \quad f\mathcal{R}h.$$
>
> 这证得 $\mathcal{R}$ 是传递的.
>
> 所以, $\mathcal{R}$ 确实是 $\mathcal{F}(X,\mathbb{R})$ 上的一个序关系. ☒

习题 2.1.2.4 设 E 是一个集合. 证明 $(\mathcal{P}(E),\subset)$ 是一个有序集.

⚠ **注意**: 记住这个习题的结果——它是一个参考有序集.

2.1.2.a 全序和偏序

定义 2.1.2.5 设 $(E, \mathcal{R})$ 是一个有序集. 我们称 $\mathcal{R}$ 是 E 上的一个全序(或 $(E, \mathcal{R})$ 是全序的), 若 E 的任意两个元素都是可以比较的. 换言之, $(E, \mathcal{R})$ 是全序的, 若

$$\forall (x, y) \in E^2 \,,\; x\mathcal{R}y \text{ 或 } y\mathcal{R}x.$$

在其他情况下, 我们称 $\mathcal{R}$ 是 E 上的一个偏序或 $(E, \mathcal{R})$ 是偏序的.

译者注: 在有些数学书中, 半序集(或偏序集)就是配备了序关系的集合(即本书中的有序集), 因此全序集是半序集(或偏序集)的一种特殊情况. 但在本书中, 全序集一定不是偏序集.

例 2.1.2.6 $(\mathbb{N}, \leqslant)$, $(\mathbb{Z}, \leqslant)$ 和 $(\mathbb{R}, \leqslant)$ 都是全序集.

例 2.1.2.7 我们知道, $(\mathbb{N}, |)$ 是一个偏序集.

例 2.1.2.8 同样地, 如果 X 包含至少两个元素, 那么 $(\mathcal{F}(X, \mathbb{R}), \leqslant)$ 是偏序的. 直观地说, 这是显而易见的, 因为如果取两个函数, 其中一个函数的曲线并不总是位于另一个函数的曲线之上. 举个例子. 设 a 和 b 是 X 的两个不同的元素, 考虑 $f = \delta_a$ 和 $g = \delta_b$, 即

$$f: \begin{array}{l} X \longrightarrow \mathbb{R}, \\ x \longmapsto \begin{cases} 1, & \text{若 } x = a, \\ 0, & \text{其他} \end{cases} \end{array} \quad \text{和} \quad g: \begin{array}{l} X \longrightarrow \mathbb{R}, \\ x \longmapsto \begin{cases} 1, & \text{若 } x = b, \\ 0, & \text{其他,} \end{cases} \end{array}$$

那么 $f(a) > g(a)$, 故有: $\exists x \in X \,,\; f(x) > g(x)$, 即 $f \leqslant g$ 为假. 同样, $g \leqslant f$ 为假. 这证得 $\leqslant$ 是 $\mathcal{F}(X, \mathbb{R})$ 上的一个偏序.

习题 2.1.2.9 考虑 $\mathbb{N}^2$ 上的关系 $\mathcal{R}_1$ 和 $\mathcal{R}_2$ 定义为: 对任意 $(p, q) \in \mathbb{N}^2$ 和任意 $(p', q') \in \mathbb{N}^2$,

$$(p, q)\mathcal{R}_1(p', q') \iff (p \leqslant p' \text{ 且 } q \leqslant q'),$$
$$(p, q)\mathcal{R}_2(p', q') \iff (p < p' \text{ 或 } (p = p' \text{ 且 } q \leqslant q')).$$

1. 关系 $\mathcal{R}_1$ 是一个序关系吗? 它是一个全序关系吗?

2. 证明 $\mathcal{R}_2$ 是一个序关系. 它是一个全序关系吗?

3. 关系 $\mathcal{R}_2$ 称为 $\mathbb{N}^2$ 上的字典序: 为什么?

2.1.2.b 上界、下界、最大元和最小元

定义 2.1.2.10 设 $(E, \leqslant)$ 是一个有序集, A 是 E 的一个子集.

- 设 $M \in E$. 我们称 M 是 A 的一个上界, 若

$$\forall a \in A, a \leqslant M.$$

- 我们称 A 在 E 中有上界, 若存在 $M \in E$ 使得 M 是 A 的一个上界.

- 设 $m \in E$. 我们称 m 是 A 的一个下界, 若

$$\forall a \in A, m \leqslant a.$$

- 我们称 A 在 E 中有下界, 若存在 $m \in E$ 使得 m 是 A 的一个下界.

- 设 $M \in E$. 我们称 M 是 A 的最大元, 若 M 是 A 的一个上界且 $M \in A$. 这种情况下, 我们记 $M = \max A$.

- 设 $m \in E$. 我们称 m 是 A 的最小元, 若 m 是 A 的一个下界且 $m \in A$. 这种情况下, 我们记 $m = \min A$.

命题 2.1.2.11 最小元和最大元的定义是有意义的: 如果最大元(或最小元)存在, 则最大元(或最小元)是唯一的.

证明:

我们证明如果 A 有最大元, 则其最大元是唯一的. 设 M 和 M' 是 A 的两个最大元. 根据定义, 有

$$M \in A \text{ 且 } \forall a \in A, a \leqslant M \qquad (1)$$

和

$$M' \in A \text{ 且 } \forall a \in A, a \leqslant M'. \qquad (2)$$

由于 $M' \in A$, 在 (1) 中取 $a = M'$, 我们得到 $M' \leqslant M$. 同理, 在 (2) 中取 $a = M$ 可得 $M \leqslant M'$.

因此, 我们证得 $M \leqslant M'$ 且 $M' \leqslant M$. 又因为, $(E, \leqslant)$ 是一个有序集, 故 $\leqslant$ 是反对称的. 所以, $M = M'$. $\boxtimes$

例 2.1.2.12 设 $E = \mathbb{R}$ 配备常用的 $\leqslant$ 关系, $A = [1, 2]$, $B = [1, 2)$.

- A 有最大元, 且 $\max A = 2$. 实际上,

$$2 \in A \ \text{且} \ \forall x \in A, x \leqslant 2.$$

- B 没有最大元. 用反证法证明这个结论.

  假设 B 有最大元 b_0. 那么, $b_0 \in B$ 且 b_0 是 B 的一个上界. 考虑元素 $b = \dfrac{b_0 + 2}{2}$. 由于 $b_0 \in B$, 即 $1 \leqslant b_0 < 2$, 显然 $b \in B$, 并且 $b > b_0$. 这与 b_0 是 B 的一个上界矛盾.

例 2.1.2.13 设 $E = \mathcal{F}([0,1], \mathbb{R})$ 配备关系 $\leqslant$ (参见命题 2.1.2.3). 设 f 和 g 在 E 中, 定义为

$$\forall x \in [0,1], \quad f(x) = x, \ g(x) = 1 - x.$$

可以定义函数 $\max(f, g)$[1], 但是如果 $A = \{f, g\} \subset E$, 那么 $\max A$ 不存在, 因为:

- $\ast$ 存在 $x = 0 \in [0,1]$ 使得 $g(x) > f(x)$(故 $g \leqslant f$ 为假);
- $\ast$ 存在 $x = 1 \in [0,1]$ 使得 $f(x) > g(x)$(故 $f \leqslant g$ 也为假).

习题 2.1.2.14 考虑有序集 $(\mathbb{N}, |)$ 以及集合:

$$A = \{2, 3\}; \quad B = \varnothing; \quad C = \mathbb{N}^\star.$$

集合 A, B 和 C 有下界吗? 有上界吗? 它们有最大元吗? 有最小元吗?

例 2.1.2.15 设 E 是一个集合, $H \in \mathcal{P}(E)$. 我们在 $\mathcal{P}(E)$ 上定义关系 $\leqslant$ 如下:

$$\forall (A, B) \in \mathcal{P}(E)^2, A \leqslant B \iff \begin{cases} A \cap H \subset B \cap H, \\ B \cap \overline{H} \subset A \cap \overline{H}, \end{cases}$$

其中 $\overline{H}$ 表示 H 在 E 中的补集.

- 首先证明 $(\mathcal{P}(E), \leqslant)$ 是一个有序集.

---

[1] 参见第 6 章, 6.1 节: 单实变量函数的一般性质.

∗ 证明 ⩽ 是自反的.

设 $A \in \mathcal{P}(E)$. 显然 $A \cap H \subset A \cap H$ 且 $A \cap \overline{H} \subset A \cap \overline{H}$, 即 $A \leqslant A$. 因此, ⩽ 是自反的.

∗ 证明 ⩽ 是反对称的.

设 A 和 B 是 $\mathcal{P}(E)$ 的两个元素使得: $A \leqslant B$ 且 $B \leqslant A$. 根据假设, 我们有

$$\begin{cases} A \cap H \subset B \cap H, \\ B \cap \overline{H} \subset A \cap \overline{H} \end{cases} \quad \text{和} \quad \begin{cases} B \cap H \subset A \cap H, \\ A \cap \overline{H} \subset B \cap \overline{H}. \end{cases}$$

那么, 由两边包含关系, 我们得到

$$\begin{cases} A \cap H = B \cap H, \\ B \cap \overline{H} = A \cap \overline{H}. \end{cases}$$

由此可得

$$A = A \cap E = A \cap (H \cup \overline{H}) = (A \cap H) \cup (A \cap \overline{H})$$

$$= (B \cap H) \cup (B \cap \overline{H}) = B \cap (H \cup \overline{H}) = B.$$

因此, $A = B$, 关系 ⩽ 是反对称的.

∗ 证明 ⩽ 是传递的.

设 A, B 和 C 是 E 的三个子集使得 $A \leqslant B$ 且 $B \leqslant C$. 那么, 根据定义, 有

$$\begin{cases} A \cap H \subset B \cap H, \\ B \cap \overline{H} \subset A \cap \overline{H} \end{cases} \quad \text{和} \quad \begin{cases} B \cap H \subset C \cap H, \\ C \cap \overline{H} \subset B \cap \overline{H}. \end{cases}$$

集合包含关系在 $\mathcal{P}(E)$ 上是传递的, 因此有

$$A \cap H \subset B \cap H \text{ 且 } B \cap H \subset C \cap H, \text{ 从而 } A \cap H \subset C \cap H.$$

同理, $C \cap \overline{H} \subset B \cap \overline{H} \subset A \cap \overline{H}$. 因此,

$$\begin{cases} A \cap H \subset C \cap H, \\ C \cap \overline{H} \subset A \cap \overline{H}, \end{cases}$$

即 $A \leqslant C$, 从而证得 ⩽ 是传递的.

这证得 ⩽ 确实是 $\mathcal{P}(E)$ 上的一个序关系.

• 证明 $\mathcal{P}(E)$ 有(关于 ⩽ 的)最大元和最小元.

* 分析

假设 $\mathcal{P}(E)$ 有最大元 X(或最小元 Y). 那么, 特别地, X 是 $\mathcal{P}(E)$ 的一个上界(或 Y 是 $\mathcal{P}(E)$ 的一个下界). 因此,

$$\forall A \in \mathcal{P}(E), A \leqslant X \quad 且 \quad \forall B \in \mathcal{P}(E), Y \leqslant B,$$

根据定义, 我们有

$$\forall A \in \mathcal{P}(E), \begin{cases} A \cap H \subset X \cap H, \\ X \cap \overline{H} \subset A \cap \overline{H} \end{cases} \quad 且 \quad \forall B \in \mathcal{P}(E), \begin{cases} Y \cap H \subset B \cap H, \\ B \cap \overline{H} \subset Y \cap \overline{H}. \end{cases}$$

上述关系对 E 的任意子集 A 和 B 都成立, 依次选择 $A = \varnothing = B$ 和 $A = E = B$, 可以得到

$$\begin{cases} X \cap \overline{H} = \varnothing, \\ Y \cap H = \varnothing \end{cases} \quad 且 \quad \begin{cases} H \subset X \cap H \subset H, \\ \overline{H} \subset Y \cap \overline{H} \subset \overline{H}, \end{cases}$$

也就是说,

$$\begin{cases} X \cap \overline{H} = \varnothing, \\ X \cap H = H \end{cases} \quad 且 \quad \begin{cases} Y \cap H = \varnothing, \\ Y \cap \overline{H} = \overline{H}. \end{cases}$$

又因为,

$$\begin{cases} X \cap \overline{H} = \varnothing, \\ X \cap H = H \end{cases} \iff \begin{cases} X \subset H, \\ H \subset X \end{cases} \iff X = H,$$

同理可得 $Y = \overline{H}$.

* 综合

反过来, H 和 $\overline{H}$ 确实是 $\mathcal{P}(E)$ 的元素, 并且,

$$\forall A \in \mathcal{P}(E), \begin{cases} A \cap H \subset H = H \cap H, \\ H \cap \overline{H} = \varnothing \subset A \cap \overline{H}, \end{cases} \quad 即 \quad \forall A \in \mathcal{P}(E), A \leqslant H.$$

类似可证, 对任意 $B \in \mathcal{P}(E), \overline{H} \leqslant B$.

这证得 H 是 $\mathcal{P}(E)$ 关于 $\leqslant$ 的最大元, $\overline{H}$ 是 $\mathcal{P}(E)$ 关于 $\leqslant$ 的最小元.

注: 在这个例子中, 我们可以不进行分析. 事实上, 很容易猜到, H 是最大元, $\overline{H}$ 是最小元. 因此, 可以只书写综合部分并直接证得结论.

2.1.2.c　上确界和下确界

如果回到 $B = [1, 2)$ 的例子, 我们知道, B 没有最大元. 然而, "2 看起来像最大元": 它被称为 B 的上确界, 这促使我们提出上下确界的定义.

上下确界的概念, 特别是 $(\mathbb{R}, \leqslant)$ 中的上下确界, 在分析中是非常重要的. 它们是单调极限定理的基础, 将在关于序列和函数极限的一章中详细讨论.

定义 2.1.2.16　设 $(E, \leqslant)$ 是一个有序集, A 是 E 的一个子集.

- 我们称 A(在 E 中)有上确界, 若 A 的上界的集合有最小元.
  此时, 该最小元称为 A 的上确界, 记为 $\sup A$.

- 我们称 A(在 E 中)有下确界, 若 A 的下界的集合有最大元.
  此时, 该最大元称为 A 的下确界, 记为 $\inf A$.

注: 因此, 在上下确界存在的前提下, 可以写为

$$\sup A = \min\{M \in E \mid \forall a \in A, a \leqslant M\} \quad \text{和} \quad \inf A = \max\{m \in E \mid \forall a \in A, m \leqslant a\}.$$

因此, 如果 A 的上确界存在, 它可以刻画为

$$\forall a \in A, a \leqslant \sup A \quad \text{且} \quad \forall M \in E, ((\forall a \in A, a \leqslant M) \implies \sup A \leqslant M).$$

例 2.1.2.17　回到 $B = [1, 2)$ 的例子. 直观地说, $\sup B = 2$ 是"明显的". 下面给出证明. 记 $\mathrm{Maj}(B)$ 为 B 在 $\mathbb{R}$ 中的上界的集合. 我们想证明 $\min \mathrm{Maj}(B)$ 存在且等于 2.

- 首先, $\forall x \in B, x \leqslant 2$. 因此, $2 \in \mathrm{Maj}(B)$.
- 接下来, 设 M 是 B 的一个上界. 那么, 对任意 $x \in [1, 2), x \leqslant M$. 这意味着 $2 \leqslant M$(实际上, 如果 $M < 2$, 我们可以构造 $b = \dfrac{M+2}{2} \in B$ 使得 $M < b$, 这与 M 是 B 的一个上界矛盾). 因此,
$$\forall M \in \mathrm{Maj}(B), 2 \leqslant M.$$

这证得 2 是 $\mathrm{Maj}(B)$ 的一个下界且 2 属于 $\mathrm{Maj}(B)$, 即 2 是 $\mathrm{Maj}(B)$ 的最小元, 即 $2 = \sup B$.

习题 2.1.2.18　考虑有序集 $(N, |)$ 和 $A = N^{\star} \subset N$. 集合 A 有最大元吗? 有最小元吗? 有上确界吗? 有下确界吗?

⚠️ **注意:** 一个集合不一定有最大元和/或最小元, 也不一定有上确界和/或下确界.

习题 2.1.2.19　考虑有理数集 $\mathbb{Q}$ 配备常用的 $\leqslant$ 关系, $A = \{x \in \mathbb{Q} \mid 0 \leqslant x$ 且 $0 < x^2 < 2\}$. 证明: A 有下确界(但没有最小元), 但是 A 没有上确界.

命题 2.1.2.20　设 $(E, \leqslant)$ 是一个有序集, A 是 E 的一个子集.

　(i) 如果 A 有最大元, 那么 A 有上确界, 并且 $\max A = \sup A$.

　(ii) 如果 A 有最小元, 那么 A 有下确界, 并且 $\inf A = \min A$.

性质 (i) 和 (ii) 的逆命题不成立.

证明:

　这些性质是显然的. 证明留作练习.　　　　　　　　　　　　　　⊠

2.1.2.d　单调递增映射、单调递减映射和单调映射

定义 2.1.2.21　设 $(A, \mathcal{R})$ 和 $(B, \mathcal{S})$ 是两个有序集, $f\colon A \longrightarrow B$ 是一个映射. 我们称:

- f 是单调递增的, 若 $\forall (a, a') \in A^2, (a\mathcal{R}a' \Longrightarrow f(a)\mathcal{S}f(a'))$;

- f 是严格单调递增的, 若

$$\forall (a, a') \in A^2, ((a\mathcal{R}a' \text{ 且 } a \neq a') \Longrightarrow (f(a)\mathcal{S}f(a') \text{ 且 } f(a) \neq f(a')));$$

- f 是单调递减的, 若 $\forall (a, a') \in A^2, (a\mathcal{R}a' \Longrightarrow f(a')\mathcal{S}f(a))$;

- f 是严格单调递减的, 若

$$\forall (a, a') \in A^2, ((a\mathcal{R}a' \text{ 且 } a \neq a') \Longrightarrow (f(a')\mathcal{S}f(a) \text{ 且 } f(a) \neq f(a')));$$

- f 是单调的, 若 f 是单调递增的或 f 是单调递减的;

- f 是严格单调的, 若 f 是严格单调递增的或 f 是严格单调递减的.

例 2.1.2.22 从 $(\mathbb{R}, \leqslant)$ 到自身的恒等映射(对于 $\mathbb{R}$ 中常用的序关系)是严格单调递增的.

例 2.1.2.23 映射 φ: $(\mathcal{F}(\mathbb{R}, \mathbb{R}), \leqslant) \longrightarrow (\mathbb{R}, \leqslant)$ 定义如下:

$$\forall f \in \mathcal{F}(\mathbb{R}, \mathbb{R}), \varphi(f) = f(0).$$

φ 是单调递增的, 但不是严格单调递增的. 实际上,

- 设 $(f, g) \in \mathcal{F}(\mathbb{R}, \mathbb{R})^2$ 使得 $f \leqslant g$. 那么, 根据定义, 对任意实数 x, 有 $f(x) \leqslant g(x)$. 特别地, 我们有 $f(0) \leqslant g(0)$, 即 $\varphi(f) \leqslant \varphi(g)$.

- 但是, 如果选取 $f = 0$(零函数)和 g: $x \longmapsto x^2$, 则 $f \leqslant g$ 且 $f \neq g$, 但 $\varphi(f) = \varphi(g)$.

命题 2.1.2.24 考虑两个有序集 $(A, \mathcal{R})$ 和 $(B, \mathcal{S})$, 以及映射 f: $A \longrightarrow B$.

(i) 如果 f 是单调递增的且为单射, 那么 f 是严格单调递增的.

(ii) 如果 f 是单调递减的且为单射, 那么 f 是严格单调递减的.

证明:

以 (i) 的证明为例.

假设 f 是单调递增的且为单射. 设 $a \in A$ 和 $a' \in A$ 是两个元素, 使得 $a\mathcal{R}a'$ 且 $a \neq a'$. 由于 f 是单调递增的, 故 $f(a)\mathcal{S}f(a')$. 由于 f 是单射(且 $a \neq a'$), 故 $f(a) \neq f(a')$. 这证得 f 是严格单调递增的. $\boxtimes$

习题 2.1.2.25 设 E 是一个非空的有限集. 考虑映射

$$f: \quad \begin{aligned} (\mathcal{P}(E), \subset) &\longrightarrow (\mathbb{N}, \leqslant), \\ A &\longmapsto |A|. \end{aligned}$$

回顾: 如果 A 是一个有限集, 那么 $|A|$ 表示集合 A 的基数.

1. 证明 f 是严格单调递增的.

2. f 是单射吗?

3. 对于上一个命题(命题 2.1.2.24 (i))的逆命题, 我们可以得出什么结论?

4. 我们可以(在有序集上)添加什么充分条件使得这个逆命题成立?

2.1.3 等价关系

定义 2.1.3.1 设 E 是一个集合, $\mathcal{R}$ 是 E 上的一个二元关系. 我们称 $\mathcal{R}$ 是 E 上的一个等价关系, 若 $\mathcal{R}$ 是自反的、对称的和传递的.

⚠ 注: 绝对不能混淆序关系和等价关系!

例 2.1.3.2 任何集合上的相等关系都是等价关系.

例 2.1.3.3 我们知道, ∥ 关系是平面中的直线集合上的等价关系(参见例 2.1.1.4).

例 2.1.3.4 设 $a \in \mathbb{N}^{\star}$. 那么, 在 $\mathbb{Z}$ 上定义为

$$\forall(x,y) \in \mathbb{Z}^2, \ x \equiv y \ [a] \iff a|(y-x)$$

的模 a 同余关系(记为 $\equiv$ $[a]$)是 $\mathbb{Z}$ 上的一个等价关系(参见算术一章的命题 5.1.1.4).

例 2.1.3.5 在《大学数学入门 1》中, 我们非正式地定义了 $f \underset{a}{\sim} g$(这个定义将在关于单实变量函数的一章中更正式地讨论(见第 6 章的 6.3 节)). 那么, $\underset{a}{\sim}$ 关系是定义在 $\mathbb{R}$ 上的函数集合上的一个等价关系.

习题 2.1.3.6 设 $f\colon \mathbb{R} \longrightarrow \mathbb{R}$ 是一个映射. 证明由 $\forall(x,y) \in \mathbb{R}^2, (x\mathcal{R}y \iff f(x) = f(y))$ 定义的 $\mathcal{R}$ 关系是 $\mathbb{R}$ 上的一个等价关系.

注：从数学观点来看, 等价关系是非常重要的, 利用它可以定义最重要的结构之一——商结构(例如, 可以从 $\mathbb{N}$ 出发, 严谨地构造 $\mathbb{Z}$, $\mathbb{Q}$ 和 $\mathbb{R}$), 它涉及数学的所有领域. 但这远远超出了本书的教学目标. 在这里, 我们仅限于定义和识别等价关系.

2.2 集合 N 和数学归纳法

2.2.1 集合 N 的定义

定理 2.2.1.1 (集合 $\mathbb{N}$) 我们**承认**集合 $\mathbb{N}$ 的存在性和唯一性(若在两个集合之间存在单调递增的双射, 则将这两个集合视为等同的), 称为自然数集, 它是这样的:

(A1) $\mathbb{N}$ 是非空的, 配备二元关系 $\leqslant$ 使得 $(\mathbb{N}, \leqslant)$ 是一个有序集;

(A2) $\mathbb{N}$ 没有上界;

(A3) $\mathbb{N}$ 的任意非空子集有最小元;

(A4) $\mathbb{N}$ 的任意非空且有上界的子集有最大元.

此外, $\mathbb{N}$ 上有两个二元运算 $+$ 和 $\times$, 它们与 $\leqslant$ 关系兼容, 并且有:

- $+$ 和 $\times$ 都满足交换律和结合律;

- $\times$ 服从对 $+$ 的分配律;

- $+$ 有中性元, 记为 0;

- $\forall n \in \mathbb{N}, \forall (x, y) \in \mathbb{N}^2, (x + n \leqslant y + n \Longrightarrow x \leqslant y)$;

- $\forall n \in \mathbb{N}, \forall (x, y) \in \mathbb{N}^2, (x + n = y + n \Longrightarrow x = y)$;

- $\times$ 有中性元, 记为 1;

- $\forall n \in \mathbb{N}, \forall (x, y) \in \mathbb{N}^2, ((n \times x \leqslant n \times y \text{ 且 } n \neq 0) \Longrightarrow x \leqslant y)$;

- $\forall n \in \mathbb{N}, \forall (x, y) \in \mathbb{N}^2, ((n \times x = n \times y \text{ 且 } n \neq 0) \Longrightarrow x = y)$.

注：事实上, 只有(A1)—(A4)是必要的. 我们可以定义

- $0 = \min \mathbb{N}$(因为 $\mathbb{N}$ 非空((A1))且 $\mathbb{N}$ 的任意非空子集有最小元((A3)));

- $n + 1$ 由 $n + 1 = \min\{p \in \mathbb{N} \mid n < p\}$ 定义.
  实际上, 因为 $\mathbb{N}$ 没有上界((A2)), 故集合 $\{p \in \mathbb{N} \mid n < p\}$ 非空. 因此它有最小元.

- 如果 $n \neq 0$, $n - 1$ 由关系 $n - 1 = \max\{p \in \mathbb{N} \mid p < n\}$ 定义.

  实际上, 如果 $n \neq 0$, 那么集合 $\{p \in \mathbb{N} \mid p < n\}$ 包含 $0 = \min \mathbb{N}$, 故它非空且 n 是它的一个上界, 因此它有最大元 ((A4)).

然后, 通过大量工作和数学归纳原理, 我们在 $\mathbb{N}$ 中先后定义加法和乘法, 并证明它们满足所述性质. 这个过程技巧性很强, 因此我们承认它们的存在性和相关性质.

推论 2.2.1.2 从 $\mathbb{N}$ 的性质出发, 可以推断:

(i) $(\mathbb{N}, \leqslant)$ 是一个全序集, 即 $\forall (a, b) \in \mathbb{N}^2$, $(a \leqslant b$ 或 $b \leqslant a)$.

(ii) $\mathbb{N}$ 没有最大元.

证明:

- 对第一个性质, 设 $(a, b) \in \mathbb{N}^2$. 那么, $A = \{a, b\}$ 是 $\mathbb{N}$ 的一个非空子集, 故它有最小元. 如果 $a = \min A$, 那么 $a \leqslant b$, 否则 $b = \min A$, 从而 $b \leqslant a$. 这证得 $(\mathbb{N}, \leqslant)$ 是一个全序集.

- 对第二个性质, 由 $\mathbb{N}$ 没有上界知, 它不可能有最大元. $\boxtimes$

记号: 如果 n 和 p 是两个自然数, 我们记

$$[\![n, p]\!] = \{k \in \mathbb{N} \mid n \leqslant k \leqslant p\},$$

并且约定: 如果 $n > p$, 那么 $[\![n, p]\!] = \varnothing$.

2.2.2 数学归纳法

2.2.2.a 基本的数学归纳法

定理 2.2.2.1 设 P 是 $\mathbb{N}$ 上的一个谓词, 即 $P(n)$ 是一个依赖于自然数 n 的命题. 以下叙述相互等价:

(i) $\forall n \in \mathbb{N}$, $P(n)$;

(ii) $P(0)$ 且 $\forall n \in \mathbb{N}$, $(P(n) \Longrightarrow P(n+1))$.

我们称 (ii) 是 (i) 的数学归纳法证明.

证明：

> • 证明 (i) $\Longrightarrow$ (ii).
>
> 假设 (i) 成立, 即 $\forall n \in \mathbb{N}$, $P(n)$. 特别地, 对 $n = 0$, 我们有 $P(0)$ 成立.
>
> 取定 $n \in \mathbb{N}$. 根据 (i), $P(n)$ 和 $P(n+1)$ 为真. 因此, $P(n) \Longrightarrow P(n+1)$ 为真(根据蕴涵符号的含义). 这证得对任意 $n \in \mathbb{N}$, $P(n) \Longrightarrow P(n+1)$. 所以, 性质 (ii) 为真.
>
> • 证明 (ii) $\Longrightarrow$ (i).
> 假设 (ii) 成立. 考虑以下集合 A:
>
> $$A = \{n \in \mathbb{N} \mid \rceil P(n)\} = \{n \in \mathbb{N} \mid P(n) \text{ 为假}\}.$$
>
> 那么, $A \subset \mathbb{N}$, 并且证明 (i) 等价于证明 $A = \varnothing$, 我们通过反证法来证明这点. 假设 $A \neq \varnothing$. 那么, A 是 $\mathbb{N}$ 的一个非空子集, 故它有最小元. 设 $n_0 = \min A$. 由于 $P(0)$ 为真, 故 $0 \notin A$, 因此 $n_0 \neq 0$. 所以, $k = n_0 - 1 \in \mathbb{N}$ 存在, 并且根据 n_0 的定义, $k \notin A$, 即 $P(k)$ 为真. 根据 (ii), 我们有 $P(k+1)$ 为真, 即 $P(n_0)$ 为真. 由此可见, $n_0 \notin A$, 矛盾. $\boxtimes$

<u>注</u>：事实上, 如果我们回到详细的证明, 会发现只需要 $n_0 - 1$ 的存在, 而不一定需要 (A4).

回顾： 书写基本的数学归纳法, 有四个步骤.

1. <u>引入</u>：说明我们将通过数学归纳法证明什么性质, 即确切地表述 $P(n)$.

2. <u>初始化</u>：证明性质对于 0 成立.

3. <u>递推</u>：证明如果性质对某个自然数 n 成立, 那么它对 $n+1$ 也成立. 一般来说, 对于递推, 我们总是这么写："假设性质对某个 n 成立. 要证明性质对 $n+1$ 也成立."

4. <u>结论</u>：写一句结束语, 表示归纳推导已经结束.

例 2.2.2.2 应该知道的经典和式：$\displaystyle\sum_{k=0}^{n} k^2 = \frac{n(n+1)(2n+1)}{6}$.

用基本的数学归纳法证明: $\forall n \in \mathbb{N}$, $\displaystyle\sum_{k=0}^{n} k^2 = \frac{n(n+1)(2n+1)}{6}$.

初始化:

对 $n = 0$, 我们有: $\displaystyle\sum_{k=0}^{n} k^2 = \sum_{k=0}^{0} k^2 = 0 = \frac{n(n+1)(2n+1)}{6}$. 这证得性质对于 0 成立.

递推:

假设对某个 $n \in \mathbb{N}$ 该性质成立. 要证明该性质对 $n+1$ 也成立. 我们有

$$\sum_{k=0}^{n+1} k^2 = \sum_{k=0}^{n} k^2 + (n+1)^2$$

$$= \frac{n(n+1)(2n+1)}{6} + (n+1)^2 \quad \text{(根据归纳假设)}$$

$$= \frac{(n+1)\left(n(2n+1) + 6(n+1)\right)}{6}$$

$$= \frac{(n+1)(n+2)(2n+3)}{6}$$

$$= \frac{(n+1)(n+2)(2(n+1)+1)}{6}.$$

这证得该性质对 $n+1$ 成立, 归纳完成.

结论: 因此, 我们用数学归纳法证得 $\forall n \in \mathbb{N}$, $\displaystyle\sum_{k=0}^{n} k^2 = \frac{n(n+1)(2n+1)}{6}$.

我们也可能需要做"从某一项开始"的数学归纳.

命题 2.2.2.3 设 $n_0 \in \mathbb{N}$, $P(n)$ 是一个依赖于参数 $n \in \mathbb{N}$ 的命题. 那么, 以下叙述相互等价:

(i) $\forall n \geqslant n_0$, $P(n)$;

(ii) $P(n_0)$ 成立且 $\forall n \geqslant n_0$, $(P(n) \implies P(n+1))$.

证明：

将数学归纳法应用于 $Q(n) = P(n + n_0)$ 即可. ⊠

2.2.2.b 二阶数学归纳法(Récurrence double)

在某些情况下, 我们不能通过基本的数学归纳法来证明一个性质. 例如, 当有一个将 n, $n+1$ 和 $n+2$ 联系起来的递推关系时. 下面的例子就是这样.

例 2.2.2.4 考虑序列 $(u_n)_{n \in \mathbb{N}}$ 定义为: $u_0 = 4$, $u_1 = 5$ 且 $\forall n \in \mathbb{N}$, $u_{n+2} = 3u_{n+1} - 2u_n$. 我们想证明对任意自然数 n, $u_n = 2^n + 3$. 无法用基本的数学归纳法证得结论, 因为要确定 u_{n+2}, 我们必须知道 u_n 和 u_{n+1}.

因此我们使用二阶数学归纳法.

定理 2.2.2.5 设 P 是 $\mathbb{N}$ 上的一个谓词, $n_0 \in \mathbb{N}$. 那么以下叙述相互等价:

(i) $\forall n \geq n_0$, $P(n)$;

(ii) $P(n_0)$ 和 $P(n_0 + 1)$ 成立, 且 $\forall n \geq n_0$, $\big((P(n) \text{ 且 } P(n+1)) \Longrightarrow P(n+2) \big)$.

证明：

证明是显然的: 只需把基本数学归纳法应用到 $Q(n) := P(n) \wedge P(n+1)$ 上. 注意到如果

$$S \text{ 是性质：} ((P(n) \wedge P(n+1)) \Longrightarrow P(n+2)),$$

那么

$$S \equiv (P(n) \wedge P(n+1)) \Longrightarrow (P(n+1) \wedge P(n+2)).$$ ⊠

⚠ **注意**: 在二阶数学归纳法中, 初始化步骤包含两个性质! 我们必须证明性质对 n_0 和 $n_0 + 1$ 成立!

例 2.2.2.6 让我们回到前面的例子. 考虑序列 $(u_n)_{n \in \mathbb{N}}$ 定义为: $u_0 = 4$, $u_1 = 5$ 且对任意自然数 n, $u_{n+2} = 3u_{n+1} - 2u_n$. 用二阶数学归纳法证明对任意自然数 n, $u_n = 2^n + 3$.

初始化:

对 $n = 0$, $u_0 = 4 = 1 + 3 = 2^0 + 3$ 且对 $n = 1$, $u_1 = 5 = 2 + 3 = 2^1 + 3$. 故性质对 0 和 1 成立.

递推:

假设性质对某个 n 和 $n+1$ 成立. 要证明性质对 $n+2$ 成立. 我们有

$$u_{n+2} = 3u_{n+1} - 2u_n \qquad \text{(根据序列的定义)}$$

$$= 3 \times (2^{n+1} + 3) - 2 \times (2^n + 3) \qquad \text{(归纳假设)}$$

$$= 4 \times 2^n + 9 - 6$$

$$= 2^{n+2} + 3.$$

这证得性质对 $n+2$ 成立, 归纳完成.

注: 当然, 我们可以将这个方法推广为三阶、四阶数学归纳法……或者更一般地, 如下所示的 p 阶数学归纳法(取定 $p \in \mathbb{N}^\star$). 我们有以下等价关系:

(i) $\forall n \in \mathbb{N}$, $P(n)$;

(ii) $\forall k \in [\![0, p-1]\!]$, $P(k)$ 且 $\forall n \in \mathbb{N}$, $\Big((\forall k \in [\![0, p-1]\!], P(n+k)) \Longrightarrow P(n+p) \Big)$.

2.2.2.c 强数学归纳法

> **定理 2.2.2.7 (强数学归纳法)** 设 P 是 $\mathbb{N}$ 上的一个谓词. 那么以下叙述相互等价:
>
> (i) $\forall n \in \mathbb{N}$, $P(n)$;
>
> (ii) $P(0)$ 且 $\forall n \in \mathbb{N}$, $\Big((\forall k \in [\![0, n]\!], P(k)) \Longrightarrow P(n+1) \Big)$.

证明:

这个定理是基本数学归纳法的直接结果. 只需将基本数学归纳定理应用于

$$Q(n) := \forall k \in [\![0, n]\!], P(k).$$

注意, 就像二阶数学归纳法一样, 记 S 为性质:

$$(\forall k \in [\![0, n]\!], P(k)) \Longrightarrow P(n+1),$$

那么

$$S \equiv (\forall k \in [\![0, n]\!], P(k)) \Longrightarrow (\forall k \in [\![0, n+1]\!], P(k)). \qquad \boxtimes$$

例 2.2.2.8 用强数学归纳法证明: 任意大于等于 2 的自然数都可以写成素因数的乘积.

初始化:

对 $n = 2$, 我们有 $2 = 2$, 这是素因数的乘积(实际上只有一个因子). 性质对 2 成立.

递推:

设 $n \in \mathbb{N}$ 且 $n \geqslant 2$. 假设对任意自然数 $k \in [\![2, n]\!]$, k 都可以分解成素因数的乘积. 要证明性质对 $n + 1$ 也成立. 那么, 有两种情况:

- 如果 $n+1$ 是一个素数(即质数), 那么 $n+1 = (n+1)$ 是一个素因数的乘积(乘积里只有唯一的素因数).

- 否则, $n+1$ 是一个合数: 存在 $(a, b) \in \mathbb{N}^2$ 使得 $n+1 = ab$ 且 $a \neq 1$ 且 $a \neq n+1$. 由此可知, $b \neq 1$ 且 $b \neq n+1$. 因此, $(a, b) \in [\![2, n]\!]^2$. 接下来把归纳假设应用到 a 和 b: a 和 b 都可以写成素数的乘积. 所以, $n+1 = a \times b$ 也可以写成素数的乘积.

这证得性质对 $n + 1$ 也成立, 归纳完成.

习题 2.2.2.9 设 $(u_n)_{n \in \mathbb{N}}$ 定义为: $u_0 \in \mathbb{R}$ 且 $\forall n \in \mathbb{N}$, $u_{n+1} = \sum_{k=0}^{n} u_k$.

证明: $\forall n \in \mathbb{N}$, $u_{n+1} = u_0 \times 2^n$.

2.2.2.d 有限数学归纳法和下降(或递减)数学归纳法

在某些情况下, 我们必须证明某一性质对某些自然数为真, 通常是对有限个自然数为真. 此时, 可应用以下两个定理.

定理 2.2.2.10 (有限数学归纳法) 设 $n \in \mathbb{N}$, P 是 $[\![0, n]\!]$ 上(或 N 上)的一个谓词. 那么以下叙述相互等价:

(i) $\forall k \in [\![0, n]\!]$, $P(k)$;

(ii) $P(0)$ 且 $\forall k \in [\![0, n-1]\!]$, $(P(k) \Longrightarrow P(k+1))$.

证明:

> 注意到如果 $n = 0$, 没有什么需要证明的, 因为 $[\![0, n-1]\!] = \varnothing$, 而且在这种情况下, 性质 $\forall k \in [\![0, n-1]\!]$, $(P(k) \Longrightarrow P(k+1))$ 自然成立.
>
> 当 $n \geqslant 1$, 我们可以做与基本数学归纳相同的证明. $\boxtimes$

当然, 也可以用有限的二阶数学归纳法或有限的强数学归纳法进行推导.

例 2.2.2.11 设 $n \in \mathbb{N}^{\star}$, f 是一个从 $[\![0, n]\!]$ 到自身的双射, 使得: $\forall k \in [\![0, n]\!]$, $f(k) \leqslant k$. 用有限的强数学归纳法证明: 对任意 $k \in [\![0, n]\!]$, $f(k) = k$.

初始化:

根据假设, 一方面 $f(0) \in [\![0, n]\!]$, 故 $0 \leqslant f(0)$, 另一方面 $f(0) \leqslant 0$. 因此, $f(0) = 0$, 性质对 $k = 0$ 成立.

递推:

设 $k \in \mathbb{N}$ 且 $k < n$. 假设性质对小于等于 k 的自然数成立. 要证明性质对 $k+1$ 也成立. 根据归纳假设, $\forall j \in [\![0, k]\!]$, $f(j) = j$. 那么:

- 一方面, $f(k+1) \in [\![0, n]\!] \setminus \{f(j) \mid 0 \leqslant j \leqslant k\}$(因为 f 是单射, 且对 $j \in [\![0, k]\!]$, 我们有 $k+1 \neq j$), 即 $f(k+1) \geqslant k+1$;

- 另一方面, 根据关于 f 的假设, $f(k+1) \leqslant k+1$.

由此可知 $f(k+1) = k+1$, 这证得性质对 $k+1$ 成立, 归纳完成.

<u>注</u>: 我们将在算术课程中看到可以用有限数学归纳法证明欧几里得算法.

定理 2.2.2.12 (下降(或递减)数学归纳法) 设 $n \in \mathbb{N}$, P 是 $[\![0, n]\!]$ 上(或 $\mathbb{N}$ 上)的一个谓词. 以下叙述相互等价:

(i) $\forall k \in [\![0, n]\!]$, $P(k)$;

(ii) $P(n)$ 且 $\forall k \in [\![1, n]\!]$, $(P(k) \Longrightarrow P(k-1))$.

证明:

> 我们只需要将有限数学归纳定理应用于 $Q(k) := P(n-k)$.　　　　　　⊠

习题 2.2.2.13 设 $n \in \mathbb{N}^{\star}$, f 是一个从 $[\![0, n]\!]$ 到自身的双射, 满足对任意 $k \in [\![0, n]\!]$, $f(k) \geqslant k$. 证明: 对任意 $k \in [\![0, n]\!]$, $f(k) = k$.

2.3　集合 $\mathbb{Z}$ 和绝对值

2.3.1　集合 $\mathbb{Z}$ 和环的结构

定理 2.3.1.1 我们承认集合 $\mathbb{Z}$ 的存在, 称为整数集, 其上配备二元运算 $+$ 和 $\times$, 使它成为一个交换整环. 集合 $\mathbb{Z}$ 包含 $\mathbb{N}$, $\mathbb{Z}$ 的二元运算 $+$ 和 $\times$ 是对 $\mathbb{N}$ 上相应二元运算的延拓.

此外, $\mathbb{Z}$ 上有一个序关系 $\leqslant$, 它是对 $\mathbb{N}$ 上的 $\leqslant$ 关系的延拓, 满足

- 该序关系与加法兼容;

- $\mathbb{N} = \{z \in \mathbb{Z} \mid 0 \leqslant z\}$ 以及 $\mathbb{Z} = \mathbb{N} \cup \{-n \mid n \in \mathbb{N}^{\star}\}$.

注和直接结果:

- 我们知道, 在 $\mathbb{N}$ 中乘法与序关系兼容. 因为 $\mathbb{Z}$ 上的二元运算是对 $\mathbb{N}$ 的相应二元运算的延拓, 所以有

$$\forall (x, y) \in \mathbb{Z}^2, (0 \leqslant x \text{ 且 } 0 \leqslant y) \Longrightarrow 0 \leqslant xy.$$

- 由此可以推断, 对任意 $(a, b) \in \mathbb{Z}^2$ 和 $n \in \mathbb{N}$, $a \leqslant b \Longrightarrow na \leqslant nb$.

- 最后, 由于 $\leqslant$ 与 $+$ 兼容, 故 $\{-n \mid n \in \mathbb{N}^{\star}\} = \{z \in \mathbb{Z} \mid z < 0\}$.

- 正如在 $\mathbb{N}$ 中一样, 对 $(n,p) \in \mathbb{Z}^2$, 记 $[\![n,p]\!] = \{k \in \mathbb{Z} \mid n \leqslant k \leqslant p\}$, 并且约定当 $n > p$ 时, $[\![n,p]\!] = \varnothing$.

定理 2.3.1.2 (最小元和最大元的存在性)   我们有

(i) $\mathbb{Z}$ 的任意非空有下界的子集都有最小元;

(ii) $\mathbb{Z}$ 的任意非空有上界的子集都有最大元.

证明:

(i) 设 A 是 $\mathbb{Z}$ 的一个非空有下界的子集, $m \in \mathbb{Z}$ 是它的一个下界. 考虑集合 $A' = \{a - m \mid a \in A\}$. 由构造知, A' 是 $\mathbb{N}$ 的一个非空子集, 故它有最小元. 设 x 是它的最小元. 那么 $x + m$ 是 A 的最小元.

(ii) 设 A 是 $\mathbb{Z}$ 的一个非空有上界的子集. 那么, 由 $B = -A = \{-a \mid a \in A\}$ 定义的集合 B 是 $\mathbb{Z}$ 的一个非空有下界的子集. 根据 (i), 它有最小元 x. 那么, 显然 $-x$ 是 A 的最大元. ◻

推论 2.3.1.3 $(\mathbb{Z}, \leqslant)$ 是一个全序集.

证明:

设 $(a,b) \in \mathbb{Z}^2$. 那么, $A = \{a,b\}$ 是 $\mathbb{Z}$ 的一个非空子集. 可以区分三种情况:

- 如果 $(a,b) \in \mathbb{N}^2$, 那么 A 非空有下界(0 是它的一个下界), 故它有最小元;

- 如果 $(a,b) \in (\mathbb{Z} \setminus \mathbb{N})^2$, 那么 A 是 $\mathbb{Z}$ 的一个非空有上界的子集(0 是它的一个上界), 故 A 有最大元;

- 最后, 若 $a < 0$ 且 $0 \leqslant b$(或反过来), 则 $b = \max A$ (或 $a = \max A$). ◻

推论 2.3.1.4   设 $A \subset \mathbb{Z}$. 那么

$$A \text{ 是一个有限集} \iff A \text{ 既有上界也有下界.}$$

证明:

> 考虑以下三个集合: $A_1 = A \cap \mathbb{N}$, $A_2 = A \cap \mathbb{Z}^{\star-} = \{a \in A \mid a < 0\}$ 以及 $B = -A_2 = \{-a \mid a \in A_2\} \subset \mathbb{N}$.
>
> 首先, $A = A_1 \sqcup A_2$. 因此, A 是有限的当且仅当 A_1 和 A_2 都是有限的.
>
> 其次, 显然 A_2 和 B 构成双射, 故 A_2 是有限的当且仅当 B 是有限的.
>
> 最后, 我们可以证明 $\mathbb{N}$ 的一个子集是有限的当且仅当它有上界. 从而有
>
> $$\begin{aligned} A \text{ 是有限的} &\iff A_1 \text{ 和 } A_2 \text{是有限的} \\ &\iff A_1 \text{ 和 } B \text{ 是有限的} \\ &\iff A_1 \text{ 和 } B \text{ 有上界} \\ &\iff A_1 \text{ 有上界且 } A_2 \text{ 有下界} \\ &\iff A \text{ 有上界且有下界}. \end{aligned}$$
>
> $\boxtimes$

注: $\mathbb{Z}$ 是一个整环, 即 $\forall (x, y) \in \mathbb{Z}^2, (xy = 0 \implies x = 0 \text{ 或 } y = 0)$.

2.3.2 $\mathbb{Z}$ 中的绝对值

定义 2.3.2.1 设 $x \in \mathbb{Z}$. 我们定义 x 的绝对值(记为$|x|$)为集合 $\{-x, x\}$ 中唯一的自然数.

注: 等价地, $|x| = \max\{-x, x\}$. 因此, 对任意 $x \in \mathbb{Z}$, $|-x| = |x|$, 并且 $|x| = 0 \iff x = 0$.

命题 2.3.2.2 对任意 $(x, y) \in \mathbb{Z}^2$, $|x \times y| = |x| \times |y|$.

证明:

> 只需根据 x 和 y 的符号区分可能的情况, 稍后我们将在 $\mathbb{R}$ 的情况中看到一个类似的证明. $\boxtimes$

2.4 实 数 集

2.4.1 有理数域

> **定义 2.4.1.1** 我们记 $\mathbb{Q}$ 为有理数集:
> $$\mathbb{Q} = \left\{ \frac{p}{q} \;\middle|\; (p,q) \in \mathbb{Z} \times \mathbb{N}^* \right\}.$$

我们承认下面的结果, 其中有一部分是在上一章讨论过的.

> **定理 2.4.1.2** 集合 $(\mathbb{Q}, +, \times)$ 是一个交换除环, 即域. 并且, $(\mathbb{Q}, \leqslant)$ 是全序的.

<u>注:</u> 这个定义不太令人满意, 因为对 $q \in \mathbb{Z}^*$ 我们没有定义 $\dfrac{1}{q}$. $\mathbb{Q}$ 的正式构造与 $\mathbb{Z}$ 的构造相似(见本章附录), 但在此处不作介绍. 感兴趣的读者可以查阅关于整环的分式域的著作.

2.4.2 实数域和序关系

我们承认以下基本定理.

> **定理 2.4.2.1(定义)** 存在一个包含 $\mathbb{Q}$ 的集合 $\mathbb{R}$(称为实数集), 其上配备加法 $+$、乘法 $\times$ 以及序关系 $\leqslant$ 使得
>
> - $\mathbb{R}$ 上的二元运算 $+$ 和 $\times$ 是对 $\mathbb{Q}$ 上相应运算的延拓;
> - $(\mathbb{R}, +, \times)$ 是一个交换除环(即域);
> - $\mathbb{R}$ 上的关系 $\leqslant$ 是对 $\mathbb{Q}$ 上相应序关系的延拓, 并且 $(\mathbb{R}, \leqslant)$ 是全序的;
> - 序关系与加法和乘法兼容:
> $$\forall (x,y,z) \in \mathbb{R}^3, \ (x \leqslant y \implies x + z \leqslant y + z),$$

$$\forall (x, y) \in \mathbb{R}^2, \ ((0 \leqslant x \ \text{且} \ 0 \leqslant y) \Longrightarrow 0 \leqslant xy).$$

- $(\mathbb{R}, \leqslant)$ 满足上确界定理：$\mathbb{R}$ 的任意非空且有上界的子集有上确界.

2.4.3 绝对值

定义 2.4.3.1 对任意实数 x, 我们令 $|x| = \max\{-x, x\}$.

注： 特别地, 对任意实数 x, $x \leqslant |x|$.

命题 2.4.3.2 集合 $\mathbb{R}^{+\star} = \{x \in \mathbb{R} \mid 0 < x\}$ 是 $(\mathbb{R}^\star, \times)$ 的一个子群. 并且, 取绝对值是从 $(\mathbb{R}^\star, \times)$ 到 $(\mathbb{R}^{+\star}, \times)$ 的群同态. 换言之,

$$\forall x, y \in \mathbb{R}^\star, \ |x \times y| = |x| \times |y|$$

(当 $x = 0$ 或 $y = 0$ 时等式也成立). 特别地, 如果 $x \neq 0$, 那么 $\left| \dfrac{1}{x} \right| = \dfrac{1}{|x|}$.

证明：

- 首先证明 $(\mathbb{R}^{+\star}, \times)$ 是 $(\mathbb{R}^\star, \times)$ 的一个子群. 注意到 $(\mathbb{R}, +, \times)$ 是一个除环, 故 $(\mathbb{R}^\star, \times)$ 确实是一个群. 然后应用常用的方法：

  * $0 < 1$, 故 $1 \in \mathbb{R}^{+\star}$.

  * 设 $x > 0, y > 0$. 已知 $\mathbb{R}$ 是一个除环, 它必然是一个整环, 故 $xy \neq 0$. 此外, 根据 $\mathbb{R}$ 的定义, 乘法与序关系兼容. 由 $0 \leqslant x$ 且 $0 \leqslant y$ 可推出 $0 \leqslant xy$. 因此, $0 < xy$, $xy \in \mathbb{R}^{+\star}$.

  * 最后, 设 $x \in \mathbb{R}^{+\star}$. 由 $(\mathbb{R}, \leqslant)$ 是全序的知, $0 \leqslant x^{-1}$ 或 $x^{-1} \leqslant 0$. 此外, x^{-1} 不等于零, 故 $x^{-1} < 0$ 或 $0 < x^{-1}$.
    如果 $x^{-1} < 0$, 那么 $(-x^{-1}) + x^{-1} < 0 + (-x^{-1})$, 即 $0 < -x^{-1}$. 由此推断, $0 < x \times (-x^{-1})$. 根据环中的运算法则, $0 < -1$, 即 $1 < 0$, 矛盾. 因此, $0 < x^{-1}$.

所以, $(\mathbb{R}^{+*}, \times)$ 是 $(\mathbb{R}^*, \times)$ 的一个子群.

● 现在证明取绝对值是一个从 $(\mathbb{R}^*, \times)$ 到 $(\mathbb{R}^{+*}, \times)$ 的群同态.

与 x 的逆元大于零的证明类似, 可以证明, 在 $\mathbb{R}$ 中有符号法则: 如果 $0 < x$ 且 $0 < y$, 那么 $0 < xy$; 如果 $x < 0$ 且 $0 < y$, 那么 $xy < 0$; 如果 $x < 0$ 且 $y < 0$, 那么 $0 < xy$.

设 $x, y \in \mathbb{R}^*$. 有两种情况.

  * 第一种情况: x 和 y 的符号相同.

    如果 $0 < x$ 且 $0 < y$, 那么 $0 < xy$, 因此 $|x| = x$, $|y| = y$, 从而有 $|xy| = xy = |x| \times |y|$.

    如果 $x < 0$ 且 $y < 0$, 那么 $0 < xy$, 且有 $|x| = -x$, $|y| = -y$ 以及 $|xy| = xy$. 因此, $|xy| = xy = (-x) \times (-y) = |x| \times |y|$.

  * 第二种情况: x 和 y 的符号不同.

    这种情况下, 不失一般性, 可以假设 $0 < x$ 且 $y < 0$. 此时, 有 $|x| = x$, $|y| = -y$ 以及 $xy < 0$. 因此, $|xy| = -(x \times y) = x \times (-y) = |x| \times |y|$.

这证得 $\forall x, y \in \mathbb{R}^*$, $|xy| = |x| \times |y|$. 如果 $x = 0$ 或 $y = 0$, 这个关系仍然成立.

● 最后, 设 $x \in \mathbb{R}^*$, 那么 $x \times x^{-1} = 1$. 根据上述推导, 我们有

$$|x \times x^{-1}| = |1|, \quad 即 \quad |x| \times |x^{-1}| = 1.$$

已知 $|x| \neq 0$, 我们得到 $|x^{-1}| = |x|^{-1}$. ⊠

注: 最后一个性质的证明是没有必要的! 这是群同态的一个性质.

命题 2.4.3.3 (三角不等式) 对任意 $(x, y) \in \mathbb{R}^2$, $|x + y| \leqslant |x| + |y|$. 并且, 等式成立当且仅当 $0 \leqslant xy$, 即当且仅当 x 和 y (在广义上)同号.

证明:

- 首先证明不等式.

由绝对值的定义知, 一方面有 $x \leqslant |x|$ 且 $y \leqslant |y|$, 故 $x + y \leqslant |x| + |y|$; 另一方面, $-x \leqslant |x|$ 且 $-y \leqslant |y|$, 故 $-(x + y) \leqslant |x| + |y|$.

因此, $|x + y| = \max\{(x + y), -(x + y)\} \leqslant |x| + |y|$.

- 现在来处理等号成立的情况.

  * 如果 $|x + y| = |x| + |y|$, 那么 $(x + y)^2 = |x + y|^2 = (|x| + |y|)^2$, 即 $xy = |xy|$. 因此, $0 \leqslant xy$, 即 x 和 y (在广义上) 是同号的.

  * 反过来, 假设 x 和 y (在广义上) 同号. 那么有以下两种情况:

    — 如果 $x = 0$ 或 $y = 0$, 那么显然 $|x + y| = |x| + |y|$;

    — 否则, $0 < xy$, 那么有两种可能:

      · 要么 $0 < x$ 且 $0 < y$, 从而 $0 < x + y$. 由此推断,
      $$|x + y| = x + y = |x| + |y|;$$

      · 要么 $x < 0$ 且 $y < 0$, 此时有 $x + y < 0$. 那么,
      $$|x + y| = -(x + y) = -x - y = |x| + |y|. \qquad \boxtimes$$

解释: $|x - y|$ 是两点之间的距离. 若 $(a, b, c) \in \mathbb{R}^3$, $x = b - a$, $y = c - b$, 则 $x + y = c - a$, 三角不等式可以写成 $|c - a| \leqslant |b - a| + |c - b|$.

推论 2.4.3.4 设 x 和 y 是两个实数. 那么,

$$\big| \, |x| - |y| \, \big| \leqslant |x - y| \leqslant |x| + |y|.$$

证明留作练习.

2.4.4 上确界和下确界的性质

首先, 回顾以下定义:

定义 2.4.4.1 设 $(E, \leqslant)$ 是一个有序集, $A \subset E$. 我们称 A 有上确界, 若 A(在 E 中)的上界的集合有最小元. 此时记

$$\sup A = \min\{M \in E \mid M \text{ 是 } A \text{ 的上界}\} = \min\{M \in E \mid \forall a \in A,\ a \leqslant M\}.$$

类似地, 我们称 A 在 E 中有下确界, 若 A(在 E 中)的下界的集合有最大元. 此时记

$$\inf A = \max\{m \in E \mid m \text{ 是 } A \text{ 的下界}\} = \max\{m \in E \mid \forall a \in A, m \leqslant a\}.$$

注: 在本章的开头, 我们看到

- 如果 A 有最大元, 那么 A 有上确界且 $\max A = \sup A$;

- 逆命题是错误的. 例如, $[0,1)$ 有上确界 1 但没有最大元.

根据定义, 实数集 ℝ 满足上确界的性质, 即

定理 2.4.4.2 ℝ 的任意非空有上界的子集都有上确界.

注: 这个定理非常重要, 我们将在很多场合使用它. 比如, 序列和单调极限定理(例如, 可以用单调极限定理来证明 ℝ 是完备的(见《大学数学进阶 1》))、中值定理以及许多其他场合.

可以推断 ℝ 满足下确界的性质:

推论 2.4.4.3 ℝ 的任意非空有下界的子集都有下确界.

证明:

设 A 是 ℝ 的一个非空有下界的子集. 考虑集合

$$B = -A = \{-a \mid a \in A\}.$$

显然 B 是 ℝ 的一个非空有上界的子集, 故它有上确界.
下面证明 $\inf A = -\sup(B)$.

- 证明 $-\sup(B)$ 是 A 的一个下界.

设 $x \in A$, 那么 $-x \in B$. 因此, $-x \leqslant \sup(B)$, 故 $-\sup(B) \leqslant x$. 这个不等式对任意 $x \in A$ 成立, 所以 $-\sup(B)$ 是 A 的一个下界.

- 证明 $-\sup(B)$ 是 A 的下界集合的一个上界.

设 m 是 A 的一个下界(根据对 A 的假设, 下界存在). 那么, $-m$ 是 $-A$ 的一个上界, 即 $-m$ 是 B 的一个上界. 根据上确界的定义, $\sup(B) \leqslant -m$. 因此, $m \leqslant -\sup(B)$.

我们证得, $-\sup(B)$ 是 A 的一个下界且 A 的任意下界都小于等于 $-\sup(B)$. 因此, $-\sup(B)$ 是 A 的最大的下界, 即 A 有下确界且 A 的下确界为 $\inf(A) = -\sup(B) = -\sup(-A)$. $\boxtimes$

例 2.4.4.4 设 A 和 B 是 $\mathbb{R}$ 的两个非空且有上界的子集. 我们记

$$C = \{x \in \mathbb{R} \mid \exists (a, b) \in A \times B, x = a + b\}$$

(集合 C 常常记为 $C = A + B$). 证明 $\sup(C) = \sup(A) + \sup(B)$.

- 我们从验证上确界的存在性开始.

    * A(或 B)是 $\mathbb{R}$ 的一个非空有上界的子集. 因此 A(或 B)有上确界.

    * C 是 $\mathbb{R}$ 的一个子集, 且由 A 和 B 都是非空的知 $C \neq \varnothing$. 设 $c \in C$. 那么, 根据定义, 存在 $(a, b) \in A \times B$ 使得 $c = a + b$. 由此可得

    $$c = a + b \leqslant \sup A + \sup B.$$

    这证得 C 也是有上界的, 因此 C 有上确界.

- 综上所述, $\sup A + \sup B$ 是 C 的一个上界. 因此, $\sup C \leqslant \sup A + \sup B$.

反过来, 设 $a \in A$. 那么, 对任意 $b \in B$, $(a + b) \in C$, 故 $a + b \leqslant \sup(C)$, 即 $b \leqslant \sup(C) - a$. 这证得 $\sup C - a$ 是 B 的一个上界, 根据上确界的定义, 有 $\sup(B) \leqslant \sup(C) - a$.

因此, 对任意 $a \in A$, $a \leqslant \sup(C) - \sup(B)$. 所以, $\sup(A) \leqslant \sup(C) - \sup(B)$, 即

$$\sup(A) + \sup(B) \leqslant \sup(C).$$

综上可得, $\sup(C) = \sup(A) + \sup(B)$.

<u>注:</u> 一般来说, 要证明一个集合有上确界是相当困难的, 而确定这个上确界就更难了. 在 R 的子集的情况中, 证明上确界的存在是"容易的", 因为我们有上确界的性质. 另一方面, 确定这个上确界的值通常是相当困难的.

以下命题非常重要. 它给出 R 中的上确界的刻画, 这个刻画正是实践中常常使用的.

命题 2.4.4.5 (R 中的上确界的刻画) 设 A 是 R 的一个非空有上界的子集. 以下性质相互等价:

(i) $M = \sup A$;

(ii) M 是 A 的一个上界, 且 $\forall \varepsilon > 0, \exists a \in A, M - \varepsilon < a \leqslant M$.

证明:

• (i) $\Longrightarrow$ (ii).

假设 $M = \sup(A)$. 那么, 根据定义, M 是 A 的一个上界. 并且, 根据定义, M 是 A 的最小的上界. 设 $\varepsilon > 0$, 则 $M - \varepsilon < M$. 因此, $M - \varepsilon$ 不是 A 的上界, 即存在 $a \in A$ 使得 $M - \varepsilon < a$. 所以 $M - \varepsilon < a \leqslant M$.

• (ii) $\Longrightarrow$ (i).

假设 M 是 A 的一个上界, 并且有

$$(\star): \quad \forall \varepsilon > 0, \exists a \in A, M - \varepsilon < a \leqslant M.$$

下面证明 $M = \sup(A)$.

记 $\mathrm{Maj}(A)$ 为 A 的上界的集合. 根据假设, M 是 A 的一个上界, 所以 $M \in \mathrm{Maj}(A)$. 此外, 如果 $m \in \mathbb{R}$ 满足 $m < M$, 取 $\varepsilon = M - m > 0$. 那么, 根据性质 $(\star)$, 存在 $a \in A$ 使得 $m < a$. 因此, m 不是 A 的上界. 这证得 M 是 $\mathrm{Maj}(A)$ 的一个下界.

我们证得 $M \in \mathrm{Maj}(A)$ 且 $\forall m \in \mathrm{Maj}(A)$, $M \leqslant m$. 因此, $M = \sup(A)$. $\boxtimes$

推论 2.4.4.6 设 B 是 $\mathbb{R}$ 的一个非空有下界的子集. 以下性质相互等价:

(i) $m = \inf(B)$;

(ii) m 是 B 的一个下界, 且 $\forall \varepsilon > 0$, $\exists b \in B$, $m \leqslant b < m + \varepsilon$.

例 2.4.4.7 设 f 是一个从 $[0,1]$ 到自身的单调递增的映射. 我们想证明 f 有不动点, 即存在 $x \in [0,1]$ 使得 $f(x) = x$.

为此, 考虑集合 $E = \{x \in [0,1] \mid x \leqslant f(x)\}$, 我们来证明 $\sup E$ 是 f 的一个不动点.

● 首先证明 E 有上确界.

首先, $E \subset \mathbb{R}$. 此外, 由于 f 是从 $[0,1]$ 到 $[0,1]$ 的映射, 故 $f(0) \in [0,1]$, 从而有 $0 \leqslant f(0)$, 即 $0 \in E$, E 是非空的. 并且, 根据定义, $E \subset [0,1]$, 故 E 有上界(1 是它的一个上界).

因此, E 是 $\mathbb{R}$ 的一个非空有上界的子集, 故它有上确界. 设 $a = \sup E$.

● 证明 $f(a) = a$.

　　* 对任意 $x \in E$, $x \leqslant a$(因为 a 是 E 的一个上界). 又因为, f 是单调递增的, 所以

$$f(x) \leqslant f(a), \quad \text{因而 } x \leqslant f(x) \leqslant f(a) \ (\text{因为 } x \in E).$$

　　由此推断, $f(a)$ 是 E 的一个上界, 故 $\sup(E) \leqslant f(a)$, 即 $a \leqslant f(a)$.

　　* 已证得 $a \leqslant f(a)$. 又因为, f 是单调递增的, 故 $f(a) \leqslant f(f(a))$, 即 $f(a) \in E$. 因此, $f(a) \leqslant \sup E$, 即 $f(a) \leqslant a$.

这证得 $f(a) = a$.

注: 为证明 $a \in E$, 我们也可以使用 $\mathbb{R}$ 中的上确界的刻画. 实际上, 对 $\varepsilon > 0$, 存在 $x \in E$ 使得 $a - \varepsilon < x \leqslant a$. 因此, 可以推断 $f(x) \leqslant f(a)$. 由于 $x \in E$, 故 $a - \varepsilon < x \leqslant f(x) \leqslant f(a)$. 从而得到

$$\forall \varepsilon > 0, \ a - \varepsilon \leqslant f(a).$$

这意味着 $a \leqslant f(a)$. 实际上, 如果 $a > f(a)$, 选取 $\varepsilon = \dfrac{a - f(a)}{2} > 0$, 可得 $\dfrac{a + f(a)}{2} \leqslant f(a)$, 也即 $\dfrac{a - f(a)}{2} \leqslant 0$, 矛盾.

习题 2.4.4.8 设 A 是 $\mathbb{R}$ 的一个非空有上界的子集, $f\colon \mathbb{R} \longrightarrow \mathbb{R}$ 是一个单调递增的映射. 验证 $f(\sup A)$ 和 $\sup f(A)$ 的存在性, 然后比较它们的大小. 当 f 单调递减时, 叙述并证明类似的结果.

2.4.5 整数部分

引理 2.4.5.1 $\mathbb{N}$ 在 $\mathbb{R}$ 中没有上界.

证明:

我们用反证法来证明. 假设 $\mathbb{N}$ 在 $\mathbb{R}$ 中有上界.

那么, $\mathbb{N}$ 是 $\mathbb{R}$ 的一个非空有上界的子集, 故它有上确界. 设 $M = \sup\mathbb{N}$.

根据定义, M 是 $\mathbb{N}$ 的一个上界. 下面证明 $\dfrac{M}{2}$ 也是 $\mathbb{N}$ 的一个上界.

设 $n \in \mathbb{N}$, 那么 $2n \in \mathbb{N}$, 故 $2n \leqslant M$, 即 $n \leqslant \dfrac{M}{2}$. 因为 $M = \sup\mathbb{N}$ 且上确界是最小的上界, 故 $M \leqslant \dfrac{M}{2}$, 即 $M \leqslant 0$.

此外, $1 \in \mathbb{N}$, 故 $1 \leqslant M$(因为 M 是 $\mathbb{N}$ 的一个上界). 因此, $M \leqslant 0$ 且 $1 \leqslant M$, 矛盾. $\boxtimes$

推论 2.4.5.2 $\mathbb{Z}$ 在 $\mathbb{R}$ 中既没有上界也没有下界.

证明:

很明显, 这是 $\mathbb{N}$ 在 $\mathbb{R}$ 中没有上界这一事实的直接结果. $\boxtimes$

命题 2.4.5.3 (定义) 设 $x \in \mathbb{R}$. 存在唯一的整数 $n \in \mathbb{Z}$ 使得

$$n \leqslant x < n+1.$$

这个唯一的整数 n 称为 x 的整数部分, 记为 $E(x)$(或 $[x]$, 或 $\lfloor x \rfloor$).

证明:

> 设 $A = \{m \in \mathbb{Z} \mid m \leqslant x\}$. 那么, A 是 $\mathbb{Z}$ 的一个非空(因为 x 不是 $\mathbb{Z}$ 的下界)有上界的子集. 因此, A 有最大元. 设 $n = \max A$. 那么, $n \leqslant x$, 而根据定义, $n+1 \notin A$, 即 $n+1 > x$. ⊠

注: 函数 E 是 1-周期的. 根据定义, 对任意实数 x,

$$E(x) \leqslant x < E(x) + 1.$$

习题 2.4.5.4 证明 $E(x) \underset{x \to +\infty}{\sim} x$ 和 $E(x) \underset{x \to -\infty}{\sim} x$. 要记住这两个结果.

习题 2.4.5.5 求出以下数字的整数部分: $x = 5$, $x = 2.4$, $x = 3.9$ 和 $x = -1.1$.

注: 图 2.1 是取整函数的图像.

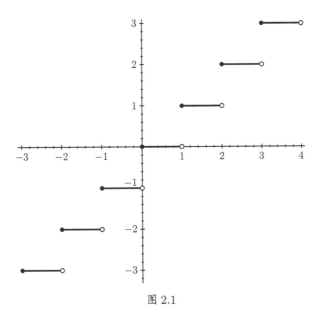

图 2.1

特别地, 这个函数不是在 $\mathbb{R}$ 上连续的(参见第 6 章), 但它在 $\mathbb{R} \setminus \mathbb{Z}$ 上连续. 更确切地, 它在任意 $n \in \mathbb{Z}$ 处不连续, 并且

$$\lim_{\substack{x \to n \\ x < n}} E(x) = n - 1, \quad \lim_{\substack{x \to n \\ x > n}} E(x) = n.$$

习题 2.4.5.6　证明 $\forall (x,y) \in \mathbb{R}^2$, $E(x) + E(y) \leqslant E(x+y) \leqslant E(x) + E(y) + 1$, 并分别给出使得两个不等式的等号成立的例子.

命题 2.4.5.7(阿基米德(Archimède)公理)　对任意 $x,y \in \mathbb{R}_+^*$, 存在 $n \in \mathbb{N}$ 使得 $x < ny$.

证明:

$$取\ n = E\left(\frac{x}{y}\right) + 1.\ 那么,\ \frac{x}{y} < n,\ 故\ x < ny(因为\ y > 0).$$ ⊠

2.4.6　$\mathbb{R}$ 的区间的刻画

定义 2.4.6.1　设 a 和 b 是两个实数使得 $a \leqslant b$. 我们定义端点为 a 和 b 的闭区间(记为 $[a,b]$)为满足 $a \leqslant x \leqslant b$ 的实数 x 的集合. 同样地, 令:

$$
\begin{aligned}
[a,b) &= \{x \in \mathbb{R} \mid a \leqslant x < b\}, \\
(a,b) &= \{x \in \mathbb{R} \mid a < x < b\}, \\
(a,b] &= \{x \in \mathbb{R} \mid a < x \leqslant b\}, \\
(-\infty,b] &= \{x \in \mathbb{R} \mid x \leqslant b\}, \\
(-\infty,b) &= \{x \in \mathbb{R} \mid x < b\}, \\
[a,+\infty) &= \{x \in \mathbb{R} \mid a \leqslant x\}, \\
(a,+\infty) &= \{x \in \mathbb{R} \mid a < x\}.
\end{aligned}
$$

注:如果 $b < a$, 那么根据定义, $[a,b] = \varnothing$.

定义 2.4.6.2　设 I 是 $\mathbb{R}$ 的一个子集. 我们称 I 是一个区间, 若

$$\forall (x,y) \in I^2,\ [x,y] \subset I.$$

注: 以后我们将看到(见《大学数学基础 2》的凸函数一章), 这个定义实际上是凸集的定义. 事实上, 我们将证明 $\mathbb{R}$ 的凸集正是 $\mathbb{R}$ 的区间, 即定义 2.4.6.1 给出的集合.

命题 2.4.6.3 设 $I \subset \mathbb{R}$. 那么, I 是一个区间当且仅当:

- 存在 $(a,b) \in \mathbb{R}^2$ 使得 $I = [a,b]$ 或 $I = [a,b)$ 或 $I = (a,b]$ 或 $I = (a,b)$;
- 或存在 $a \in \mathbb{R}$ 使得 $I = [a,+\infty)$ 或 $I = (a,+\infty)$;
- 或存在 $b \in \mathbb{R}$ 使得 $I = (-\infty,b]$ 或 $I = (-\infty,b)$.

第一次阅读本书的读者可以略过本命题的证明. 对感兴趣的读者, 我们提供如下的证明.

证明:

- 我们从显而易见的逆命题开始.

  如果 I 是上述形式的集合, 那么显然 I 是一个区间. 实际上, 以 $I = [a,b)$ 为例, 其中 $a \leqslant b$, 并设 $(x,y) \in I^2$ 使得 $x < y$. 设 $z \in [x,y]$. 那么, $x \leqslant z \leqslant y$. 又因为 $x \in I$, 故 $a \leqslant x$, 同理有 $y < b$. 由传递性知, $a \leqslant z < y$, 即 $z \in I$. 因此证得 $[x,y] \subset I$, 故 I 是一个区间.

- 现在证明 $\Longrightarrow$.

  设 I 是 $\mathbb{R}$ 的一个区间. 首先, 如果 I 是空集, 只需取 $a = b = 1$, 此时有 $[a,b) = \varnothing = I$.

  现在假设 I 是非空的. 那么, 有以下四种情况:

  (1) I 有上界且有下界;

  (2) I 有下界但无上界;

  (3) I 有上界但无下界;

  (4) I 既没有上界也没有下界.

  第一种情况: (1)

  I 是 $\mathbb{R}$ 的一个非空有上界(或有下界)的子集, 故它有上确界(或下确界). 记 $a = \inf I$ 和 $b = \sup I$. 已知 I 非空, 故 $a \leqslant b$. 这里还需要处理 $(a,b) \in I^2$, $a \in I$ 且 $b \notin I$, $a \notin I$ 且 $b \in I$, $a \notin I$ 且 $b \notin I$ 的情况.

以 $a \in I$ 且 $b \notin I$ 的情况为例. 要证明 $I = [a, b)$.

* 证明 $I \subset [a, b)$.

    设 $x \in I$. 根据定义, $a \leqslant x \leqslant b$. 此外, 由于 $b \notin I$ 且 $x \in I$, 故 $x \neq b$. 因此, $x \in [a, b)$.

* 现在证明 $[a, b) \subset I$.

    设 $x \in [a, b)$. 如果 $x = a$, 那么 $x \in I$. 下面假设 $x > a$. 由于 $x < b$, 根据 ℝ 中的上确界的刻画$\left($例如取 $\varepsilon = \dfrac{b - x}{2} > 0\right)$, 存在 $i \in I$ 使得 $b - \dfrac{b - x}{2} < i \leqslant b$. 那么有: $x < i < b$(因为 $i \neq b$).

    由 ℝ 中的下确界的刻画知, 存在 $j \in I$, 使得 $a \leqslant j < a + \dfrac{x - a}{2} < x$. 取一个这样的 j. 那么有: $x \in [j, i]$ 且 $(j, i) \in I^2$. 由 I 是一个区间知, $x \in I$.

    (1)的其他情况可以用类似的方式处理.

第二种情况: (2)

I 是非空有下界的, 故它在 ℝ 中有下确界. 取 $a = \inf I$. 根据 a 是否在 I 中, 分为两种情况.

我们来处理 $a \notin I$ 的情况, 要证明 $I = (a, +\infty)$.

* 根据下确界的定义($a = \inf I$ 是 I 的一个下界)以及 $a \notin I$, 显然有 $I \subset (a, +\infty)$.

* 证明 $(a, +\infty) \subset I$.

    设 $x \in (a, +\infty)$. I 没有上界, 故 x 不是 I 的一个上界. 因此, 存在 $i \in I$ 使得 $x < i$. 此外, $a = \inf I$, 因此对 $\varepsilon = \dfrac{x - a}{2} > 0$, 存在 $j \in I$ 使得 $a \leqslant j < a + \varepsilon < x$.

    那么, $x \in [j, i] \subset I$.

第三种情况: (3)

将 (2) 应用到集合 $-I$ 上可得 (3).

第四种情况: (4)

要证明 $I = ℝ$. 已知 $I \subset ℝ$ 成立, 只需证明 $ℝ \subset I$. 设 $x \in ℝ$. 那么

> * x 不是 I 的上界(因为 I 没有上界), 故存在 $i \in I$ 使得 $x < i$;
>
> * 同样地, x 不是 I 的下界, 故存在 $j \in I$ 使得 $j < x$.
>
> 那么有 $x \in [j, i] \subset I$, 即 $x \in I$. 所以 $I = \mathbb{R}$. $\qquad\qquad\boxtimes$

习题 2.4.6.4 设 A 是 $\mathbb{R}$ 的一个区间. 假设存在 $T > 0$ 使得 $A + T = A(A + T$ 的定义参见例 2.4.4.4). 证明 $A = \mathbb{R}$.

2.4.7 扩充实数集 $\overline{\mathbb{R}}$

定义 2.4.7.1 我们定义扩充实数集(记为 $\overline{\mathbb{R}}$)为集合 $\mathbb{R} \cup \{-\infty, +\infty\}$, 其中 $+\infty$ 和 $-\infty$ 是两个符号(它们不是实数), 使得: $-\infty = \min \overline{\mathbb{R}}$, $+\infty = \max \overline{\mathbb{R}}$. 那么有

$$\overline{\mathbb{R}} = [-\infty, +\infty] \qquad 和 \qquad \forall x \in \mathbb{R}, \ -\infty < x < +\infty.$$

<u>注:</u>

● 这个定义使得我们可以讨论在 $\overline{\mathbb{R}}$ 中的极限, 以表示极限存在但极限值未必有限;

● $\overline{\mathbb{R}}$ 可以配备序关系 $\leqslant$, 它是对 $\mathbb{R}$ 中的序关系的延拓, 正负无穷与实数的大小比较在上述定义中给出;

● 我们可以在 $\overline{\mathbb{R}}$ 中(除个别情况外)定义加法和乘法(它们都满足交换律, 且是 $\mathbb{R}$ 中加法和乘法的延拓), 其中与 $-\infty$ 或 $+\infty$ 有关的运算法则如下:

$$\forall a \in \mathbb{R}, \quad (+\infty) + a = a + (+\infty) = +\infty, \quad (-\infty) + a = a + (-\infty) = -\infty,$$

以及

$$(+\infty) + (+\infty) = +\infty, \quad (-\infty) + (-\infty) = -\infty.$$

但是, $+\infty + (-\infty)$ 没有定义.

对于乘法, 唯一的不定式是 $0 \times \infty$.

2.4.8　Q 和 R\Q 在 R 中的稠密性

定义 2.4.8.1　设 $A \subset \mathbb{R}$ 是 $\mathbb{R}$ 的一个子集. 我们称 A 在 $\mathbb{R}$ 中稠密, 若

$$\forall (a,b) \in \mathbb{R}^2,\ (a < b \Longrightarrow A \cap (a,b) \neq \varnothing).$$

注:

- 当我们研究实数列时, 我们将证明这个定义等价于说任意实数都是 A 中一个元素序列的极限. 这是稠密性的序列刻画(这是非常重要的).

- 稠密子集的概念在数学中非常重要. 这个定义将在极限和连续性一章中使用, 并将在赋范向量空间一章中得到推广(参见《大学数学进阶 1》).

定理 2.4.8.2　$\mathbb{Q}$ 和 $\mathbb{R} \backslash \mathbb{Q}$ 在 $\mathbb{R}$ 中稠密.

证明:

- 证明 $\mathbb{Q}$ 在 $\mathbb{R}$ 中稠密.

设 $(a,b) \in \mathbb{R}^2$ 使得 $a < b$. 要证明 $\mathbb{Q} \cap (a,b) \neq \varnothing$.

证明的思路很简单, 只需把 $\mathbb{R}$ "切割"成长度为 $\dfrac{1}{n}$(n 为自然数)的小区间, 并且长度足够小, 使得 a 和 b 不可能落在同一个小区间里(图 2.2):

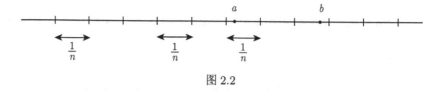

图 2.2

严格地说, 根据定义, $b - a > 0$, 且由 $\mathbb{N}$ 没有上界知, 存在 $n \in \mathbb{N}^\star$ 使得 $n > \dfrac{1}{b-a}$ (这给出我们想要的"足够小"的划分). 然后考虑集合

$$B = \{k \in \mathbb{Z} \mid k \leqslant na\}.$$

B 是 $\mathbb{Z}$ 的一个非空(因为 $\mathbb{Z}$ 没有下界)且有上界(根据 B 的定义)的子集. 因此, B 有最大元. 取 $p = \max(B) + 1$.

由最大元的定义知, $p \notin B$, 即 $p > na$, 也即 $a < \dfrac{p}{n}$(因为 $n > 0$).

另一方面, $\dfrac{p}{n} = \dfrac{p-1}{n} + \dfrac{1}{n}$. 又因为 $p - 1 \in B$, 故 $\dfrac{p-1}{n} \leqslant a$ 且 $\dfrac{1}{n} < b - a$. 加起来, 得到 $\dfrac{p}{n} < b$, 这证得 $\dfrac{p}{n} \in \mathbb{Q} \cap (a, b)$. 结论得证.

● 证明 $\mathbb{R} \setminus \mathbb{Q}$ 在 $\mathbb{R}$ 中稠密.

我们应用完全相同的推导, 除了一个细节外: 存在 $n \in \mathbb{N}^{\star}$ 使得 $\dfrac{\sqrt{2}}{b-a} < n$.

然后考虑集合 $B = \left\{ k \in \mathbb{Z} \,\middle|\, k \leqslant \dfrac{na}{\sqrt{2}} \right\}$. 接下来的推导过程是相同的. 可以证明, 如果 $p = \max B + 1$, 那么 $\dfrac{p\sqrt{2}}{n} \in (\mathbb{R} \setminus \mathbb{Q}) \cap (a, b)$. $\boxtimes$

注: 在前面的注中, 我们提到稠密性的序列刻画. 这是一种证明 $\mathbb{Q}$ (和 $\mathbb{R} \setminus \mathbb{Q}$)在 $\mathbb{R}$ 中稠密的更基本的方法. 事实上, 我们已经证得

$$\frac{E(x)}{x} \underset{x \to +\infty}{\sim} 1, \quad \text{即} \quad \lim_{x \to +\infty} \frac{E(x)}{x} = 1.$$

那么, 对任意 $x \neq 0$, 我们有

$$\lim_{n \to +\infty} \frac{E(10^n x)}{10^n} = x \quad \text{且} \quad \forall n \in \mathbb{N},\, u_n = \frac{E(10^n x)}{10^n} \in \mathbb{Q}.$$

对 $x = 0$, 只需对任意自然数 n 取 $u_n = \dfrac{1}{n}$. 在这两种情况下, 我们得到一个收敛于 x 的有理数序列.

对于无理数, 如果 $x \neq 0$,

$$\lim_{n \to +\infty} \frac{E(10^n x \sqrt{2})}{10^n \sqrt{2}} = x \quad \text{且} \quad \forall n \in \mathbb{N},\, u_n = \frac{E(10^n x \sqrt{2})}{10^n \sqrt{2}} \in \mathbb{R} \setminus \mathbb{Q}.$$

对 $x = 0$, $u_n = \dfrac{\sqrt{2}}{n}$ 是一个收敛到 x 的无理数序列.

本小节最后给出一道比较难的练习题, 它包含了许多不同的概念, 并给出对 $\mathbb{R}$ 的所有子群的描述.

习题 2.4.8.3 设 G 是 $(\mathbb{R}, +)$ 的一个子群. 我们假设 $G \neq \{0\}$.

1. 证明集合 $G^+ = G \cap (0, +\infty)$ 有下确界. 接下来记 $a = \inf G^+$.

2. 在这一问中, 假设 $a > 0$.

   (a) 用反证法证明 $a \in G$.

   (b) 由此导出 $a\mathbb{Z} \subset G$, 然后证明 $G = a\mathbb{Z}$.
       回顾: $a\mathbb{Z} = \{na \mid n \in \mathbb{Z}\}$.

3. 在这一问中, 假设 $a = 0$. 取定两个实数 x 和 y 满足 $x < y$.

   (a) 验证存在 $g \in G$ 使得 $0 < g < y - x$.

   (b) 证明集合 $\{n \in \mathbb{Z} \mid ng \leqslant x\}$ 有最大元.

   (c) 由此导出存在 $h \in G$ 使得 $x < h < y$.

   (d) 我们刚刚证明了关于群 G 的什么结论?

4. 清楚地叙述刚才证明的关于 $(\mathbb{R}, +)$ 的子群的定理.

5. 应用:

   (a) 证明对任意实数 x, 存在一个形如 $x_n = a_n + b_n\sqrt{2}$(其中 $(a_n, b_n) \in \mathbb{Z}^2$)的数列使得 (x_n) 收敛到 x.

   (b) 证明 $\mathbb{Z} + 2\pi\mathbb{Z}$ 是 $(\mathbb{R}, +)$ 的一个子群. 由此导出集合 $\{\cos(n) \mid n \in \mathbb{N}\}$ 在 $[-1, 1]$ 中稠密.

   (c) 推广: 当 $\alpha \in \mathbb{R}$ 时, 关于集合 $\alpha\mathbb{Z} + 2\pi\mathbb{Z}$ 我们可以得出什么结论?

   (d) **注意**: 做此问需已了解连续的概念. 设 f 是一个从 $\mathbb{R}$ 到 $\mathbb{R}$ 的映射.

      i. 证明函数 f 的(正的或负的)周期的集合 $T(f)$ 是 $\mathbb{R}$ 的一个子群.

      ii. 假设 f 是连续的、周期的且不是常值的. 证明存在唯一的 $T > 0$ 使得 $T(f) = T\mathbb{Z}$(这个 T 称为 f 的最小周期).

      iii. 给出一个(非连续)函数 f, 使得 $T(f)$ 是 $\mathbb{R}$ 的一个稠密子集.

      iv. 假设 f 是可导的. 证明 $T(f) = T(f')$. 可以使用以下性质: 在 $\mathbb{R}$ 上连续的周期函数是在 $\mathbb{R}$ 上有界的.

2.4.9　实数的十进制近似值

> **定义 2.4.9.1**　给定 $\varepsilon \in \mathbb{R}^{+\star}$, 我们称实数 r 是实数 x 的一个误差为 ε 的近似值, 若 $|x - r| \leqslant \varepsilon$. 并且, 如果 $x \leqslant r$, 我们称 r 为过剩近似值; 如果 $r \leqslant x$, 我们称 r 为不足近似值.

> **命题 2.4.9.2**　设 $x \in \mathbb{R}$, $n \in \mathbb{N}$. 那么, 存在唯一的整数 $z \in \mathbb{Z}$ 使得
> $$z \times 10^{-n} \leqslant x < (z+1)10^{-n}.$$
> $z \times 10^{-n}$(或 $(z+1) \times 10^{-n}$)称为 x 的误差为 10^{-n} 的不足近似值(或过剩近似值).

证明:

　　这是显然的: $z = E\left(10^n x\right)$ 是所求的唯一的整数. 　　　　$\boxtimes$

2.5　习　　题

习题 2.5.1　在 $\mathbb{R}$ 中, 考虑定义如下的关系 $\mathcal{R}$:
$$\forall (x,y) \in \mathbb{R}^2, (x\mathcal{R}y \iff x^2 - y^2 = x - y).$$

1. 验证 $\mathcal{R}$ 是一个等价关系.
2. 对任意 $x \in \mathbb{R}$, x 关于 $\mathcal{R}$ 的等价类(记为 $\mathrm{cl}_{\mathcal{R}}(x)$)定义为集合
$$\mathrm{cl}_{\mathcal{R}}(x) = \{y \in \mathbb{R}|\ x\mathcal{R}y\}.$$

对 $x \in \mathbb{R}$, 计算 $\mathrm{cl}_{\mathcal{R}}(x)$.

习题 2.5.2　在 $\mathbb{R}^{+\star}$ 上定义二元关系 $\preceq$ 如下:
$$\forall (x,y) \in (\mathbb{R}^{+\star})^2, (x \preceq y \iff \exists n \in \mathbb{N},\ y = x^n).$$

证明 $\preceq$ 是一个序关系. 它是全序吗?

习题 2.5.3 在 $H = \{z \in \mathbb{C} |\ \mathrm{Im}(z) \geqslant 0\}$ 上定义二元关系 $\preceq$ 如下:

$$\forall (z, z') \in H^2, \ \Big(z \preceq z' \Longleftrightarrow \big(|z| < |z'|\ \text{或}\ (|z| = |z'|\ \text{且}\ \mathrm{Re}(z) \leqslant \mathrm{Re}(z'))\big) \Big).$$

证明它是 H 上的一个全序关系.

习题 2.5.4 设 E 是一个集合, $A \subset \mathcal{P}(E)$, 即 A 是 $\mathcal{P}(E)$ 的一个子集. 考虑 $\mathcal{P}(E)$ 上的序关系 $\subset$.

1. A 在 $((\mathcal{P}(E), \subset)$ 中有上界和下界吗?

2. A 一定有最大元吗? 有最小元吗? 如有, 确定其最大元(或最小元).

3. A 有上确界吗? 如有, 确定其上确界.

4. A 有下确界吗? 如有, 确定其下确界.

习题 2.5.5 设 f 是从 $\mathbb{R}$ 到 $\mathbb{R}$ 的映射, 定义为

$$f(x) = \begin{cases} \arctan(x), & \text{若 } x < -1, \\[2mm] \dfrac{\pi}{4}x - \dfrac{\pi}{2}, & \text{若 } -1 \leqslant x \leqslant 0, \\[2mm] \dfrac{\pi}{2}(1 - \mathrm{th}(x)), & \text{若 } x > 0. \end{cases}$$

1. 函数 f 的性质.

   (a) 确定 f 在其定义区间端点处的极限.

   (b) 研究 f 在其定义域上的连续性.

   (c) 对 f 可导的点 x 计算 $f'(x)$ 的值, 然后研究 f 的单调区间, 再画出 f 的图像.

   (d) f 是单射吗? 是满射吗? 是双射吗? 验证你的回答.

   (e) 确定 $\mathrm{Im}(f)$, 然后求出 $f^{-1}\left(\left(-\dfrac{\pi}{2}, \dfrac{\pi}{2}\right)\right)$.

2. 考虑定义在 $\mathbb{R} \times \mathbb{R}$ 上的二元关系 $\mathcal{R}$:

$$\forall (x, y) \in \mathbb{R}^2, \ (x\mathcal{R}y \iff f(x) \leqslant f(y)).$$

   (a) 证明 $\mathcal{R}$ 是 $\mathbb{R}$ 上的一个序关系.

(b) $(\mathbb{R}, \mathcal{R})$ 是一个全序集吗? 验证你的回答.

(c) 集合 $\mathbb{R}$ 关于 $\mathcal{R}$ 有上界和下界吗? 验证你的回答.

习题 2.5.6 设 G 是一个有限群, H 是 G 的一个子群. 在 G 上定义二元关系 $\mathcal{R}$ 如下:

$$\forall(x,y) \in G^2, \ \left(x\mathcal{R}y \iff x^{-1}y \in H\right).$$

1. 证明 $\mathcal{R}$ 是 G 上的一个等价关系.

2. 对 $x \in G$, 定义 $\mathrm{cl}(x) = \{g \in G \mid x\mathcal{R}g\}$. 证明:

$$\forall(x,y) \in G^2, \ (\mathrm{cl}(x) = \mathrm{cl}(y) \iff x\mathcal{R}y).$$

3. 证明:

$$\forall(x,y) \in G^2, \ (x \ \overline{\mathcal{R}} y \iff \mathrm{cl}(x) \cap \mathrm{cl}(y) = \varnothing).$$

4. 考虑集合 $X = \{\mathrm{cl}(x) \mid x \in G\}$. 证明 X 是一个有限集.

5. 记 $X = \{P_1, \cdots, P_n\}$. 证明 $(P_i)_{1 \leqslant i \leqslant n}$ 是 G 的一个划分, 且这些 P_i 都是非空的集合.

6. 证明对任意 $i \in [\![1,n]\!]$, P_i 是一个有限集且 $|P_i| = |H|$.

7. 由此导出 $|G| = |X| \times |H|$.

8. 我们刚刚证明了什么?

比较这个习题和第 1 章中的习题 1.3.19.

习题 2.5.7 证明对任意自然数 n, $2^n \geqslant n$.

习题 2.5.8 证明对任意自然数 n,

$$1 \times 2 + 2 \times 3 + \cdots + (n-1) \times n = \frac{(n-1)n(n+1)}{3},$$

并将左边的和式用连加符号表示出来.

习题 2.5.9 证明对任意自然数 n,

$$\sum_{k=1}^{n} k^2 = \frac{n(n+1)(2n+1)}{6} \quad \text{和} \quad \sum_{k=1}^{n} k^3 = \left(\frac{n(n+1)}{2}\right)^2.$$

习题 2.5.10　证明 $\{n \in \mathbb{N} \mid 2^n > n^3\}$ 有最小元 n_0, 并确定最小元的值. 然后证明对任意自然数 $n \geqslant n_0$, $2^n > n^3$.

习题 2.5.11　设 (F_n) 是斐波那契(Fibonacci)数列, 定义为: $F_0 = 0$, $F_1 = 1$ 以及对任意自然数 n, $F_{n+2} = F_{n+1} + F_n$. 令 $\phi = \dfrac{1 + \sqrt{5}}{2}$(黄金数). 证明对任意 $n \in \mathbb{N}^*$, $\phi^{n-2} \leqslant F_n \leqslant \phi^{n-1}$.

译者注: 有些书中的黄金数是 $\dfrac{\sqrt{5} - 1}{2}$, 即 $\dfrac{1}{\phi}$.

习题 2.5.12　从 n 的哪个值开始有不等式 $\dfrac{1}{n^3} < \dfrac{1}{n^2} - \dfrac{1}{(n+1)^2}$? 由此导出

$$\forall n \in \mathbb{N}^\star, \ 1 + \frac{1}{2^3} + \frac{1}{3^3} + \cdots + \frac{1}{n^3} < \frac{5}{4}.$$

习题 2.5.13　设 $f \colon \mathbb{N} \longrightarrow \mathbb{N}$ 是一个单射使得 $\forall n \in \mathbb{N}$, $f(n) \leqslant n$. 证明 $f = \mathrm{Id}_{\mathbb{N}}$.

习题 2.5.14　设 f 是从 $\mathbb{N}$ 到 $\mathbb{N}$ 的严格单调递增的映射, 满足 $f(2) = 2$, 以及

$$\forall (n, m) \in \mathbb{N}^2, \ f(nm) = f(n) \times f(m).$$

确定满足条件的函数 f.

习题 2.5.15　我们想确定所有从 $\mathbb{N}$ 到 $\mathbb{N}$ 的满足以下条件的映射 f:

$$\forall n \in \mathbb{N}, \ f(f(n)) < f(n+1).$$

1. 用数学归纳法证明, 对任意 $p \in \mathbb{N}$, 有: $\forall n \geqslant p$, $f(n) \geqslant p$.
2. 由此导出 f 是单调递增的, 再求出 f.

习题 2.5.16　一个学生写了以下推导过程:

"设实数 $a > 0$, 那么对任意自然数 $n \neq 0$, $a^{n-1} = 1$.

用数学归纳法证明: 结论对 $n = 1$ 成立, 并且如果结论对 $1, 2, \cdots, n$ 都成立, 那么

$$a^{(n+1)-1} = a^n = \frac{a^{n-1} \times a^{n-1}}{a^{n-2}} = \frac{1 \times 1}{1} = 1.$$

这证得结论对 $n + 1$ 也成立, 归纳完成. "

你觉得这个推导过程对吗? 为什么?

习题 2.5.17　计算下列和式:

$$\sum_{k=1}^{n} k^2(n+1-k); \quad \sum_{k=1}^{n} k(k+1); \quad \sum_{1\leqslant i\leqslant j\leqslant n} ij; \quad \sum_{\substack{1\leqslant i\leqslant n \\ 1\leqslant j\leqslant n}} \inf(i,j).$$

习题 2.5.18　计算下列和式:

$$\sum_{k=0}^{n} k\binom{n}{k}; \quad \sum_{k=0}^{n} (-1)^k\binom{n}{k}; \quad \sum_{k=0}^{n} k^2\binom{n}{k}; \quad \sum_{k=0}^{n} \frac{1}{k+1}\binom{n}{k}.$$

习题 2.5.19　证明: 对任意满足 $p\leqslant n$ 的 $(n,p)\in\mathbb{N}^2$, 有 $\displaystyle\sum_{k=p}^{n}\binom{k}{p}=\binom{n+1}{p+1}$.

习题 2.5.20　设 p,q 和 n 是三个自然数, 满足 $n\leqslant p+q$.

1. 通过用两种不同的方法计算多项式 $P(x)=(1+x)^p(1+x)^q$ 中 x^n 的系数, 证明范德蒙德(Van der Monde)关系式:

$$\sum_{k=0}^{n}\binom{p}{k}\binom{q}{n-k}=\binom{p+q}{n},$$

其中, 当 $b>a$ 时 $\binom{a}{b}=0$. 由此导出: $\displaystyle\sum_{k=0}^{p}\binom{p}{k}\binom{q}{n-k}=\binom{p+q}{n}$.

2. 用计数理论解释等式中的各项, 从而得出上述关系式.

3. 我们在哪个常用的概率分布律中见过这个恒等式?

习题 2.5.21　对 $n\in\mathbb{N}^\star$ 计算下列和式:

$$S_1=\sum_{\substack{1\leqslant i\leqslant n \\ 1\leqslant j\leqslant n}} |i-j|; \quad S_2=\sum_{i=1}^{n}\sum_{j=i}^{n}\frac{i}{j+1}; \quad S_3=\sum_{k=2}^{n}\ln\left(1-\frac{1}{k}\right); \quad S_4=\prod_{i=1}^{n}\prod_{j=1}^{n} i^j.$$

习题 2.5.22　设 $(E,\leqslant)$ 是一个非空的有序集, 并且 E 的任意非空子集都有最小元和最大元.

1. 证明 $(E,\leqslant)$ 是全序的.

2. 假设 E 是无穷集.

   (a) 证明可以通过数学归纳法构造 E 的一个严格单调递增的元素序列 $(u_n)_{n \in \mathbb{N}}$.

   (b) 令 $A = \{u_n \mid n \in \mathbb{N}\}$. A 有最大元吗?

   (c) 得出结论.

3. 我们想用另一种方法来证明上一个问题的结论.

   对 $x \in E$, 令 $(\leftarrow, x] = \{y \in E \mid y \leqslant x\}$.

   (a) 设 $A = \{x \in E \mid (\leftarrow, x]$ 是有限的 $\}$. 证明 A 有最大元.

   (b) 证明 $E = (\leftarrow, \max A]$, 并导出 E 是有限集.

习题 2.5.23　阶乘分解(deécomposition en base factorielle)

1. 证明: $\forall n \in \mathbb{N}^{\star}$, $\displaystyle\sum_{k=1}^{n} k \times k! = (n+1)! - 1$.

2. 现在我们想证明任意自然数 $N \in \mathbb{N}^{\star}$ 都可以唯一分解成

$$N = \sum_{k=1}^{n} a_k k!,$$

   其中 $(\star)$　$n \in \mathbb{N}^{\star}$, $a_n \neq 0$ 且 $\forall k \in [\![1, n]\!]$, $a_k \in [\![0, k]\!]$. 这种写法称为阶乘分解.

   (a) 预备结果:

      i. 证明对给定的 $N \in \mathbb{N}^{\star}$, $\{n \in \mathbb{N} \mid n! \leqslant N\}$ 非空且有上界.

      ii. 由此导出存在唯一的自然数 n 使得 $n! \leqslant N < (n+1)!$.

      iii. 假设 $\displaystyle\sum_{k=1}^{n} a_k k! = \sum_{k=1}^{p} b_k k! ((a_k)_{1 \leqslant k \leqslant n}$ 和 $(b_k)_{1 \leqslant k \leqslant p}$ 满足假设 $(\star)$. 对于 b_k, 需将 $(\star)$ 中的 n 改为 p). 利用前面的问题, 先证明 $n = p$, 再证明 $a_n = b_n$.

   (b) 通过强数学归纳法, 证明阶乘分解若存在必唯一.

   (c) 利用问题 (a) 的结果来证明阶乘分解的存在性.

习题 2.5.24　设 A 和 B 是 $\mathbb{R}$ 的两个非空且有上界的子集.

1. 假设 $A \subset B$. 关于 $\sup A$ 和 $\sup B$ 我们可以导出什么结论?

2. 子集 $A \cup B$ 有上界吗? 如有, 关于它的上确界我们可以得到什么结论?

习题 2.5.25　设 A 和 B 是 $\mathbb{R}$ 的两个非空子集, 使得

$$\forall (a,b) \in A \times B, \quad a \leqslant b.$$

证明 $\sup A$ 和 $\inf B$ 存在且 $\sup A \leqslant \inf B$. 是否对所有这样的 A 和 B 都有 $\sup A = \inf B$?

习题 2.5.26　设 $n \in \mathbb{N}^\star$, $(x_1, \cdots, x_n) \in \mathbb{R}^n$ 使得 $\sum\limits_{k=1}^{n} x_k = \sum\limits_{k=1}^{n} x_k^2 = n$.

证明: $\forall k \in [\![1, n]\!]$, $x_k = 1$.

习题 2.5.27

1. 证明对任意 $(x,y) \in \mathbb{R}^2$, $E(x) + E(y) \leqslant E(x+y) \leqslant E(x) + E(y) + 1$. 对每个不等式, 给出使得等号成立的例子.

2. 由此导出对任意自然数 $n \geqslant 1$, $nE(x) \leqslant E(nx) \leqslant nE(x) + n - 1$.

3. 证明对任意 $(x,y) \in \mathbb{R}^2$, $E(x) + E(y) + E(x+y) \leqslant E(2x) + E(2y)$.

习题 2.5.28　证明对任意自然数 $n \geqslant 1$ 和任意 $x \in \mathbb{R}$, $E\left(\dfrac{E(nx)}{n}\right) = E(x)$.

习题 2.5.29　设 $n \in \mathbb{N}^\star$, $x \in \mathbb{R}$. 证明: $\sum\limits_{k=0}^{n-1} E\left(x + \dfrac{k}{n}\right) = E(nx)$.

习题 2.5.30　证明对任意 $n \in \mathbb{N}$, $E\left(\dfrac{n + 2 - E\left(\dfrac{n}{25}\right)}{3}\right) = E\left(\dfrac{8n + 24}{25}\right)$.

提示: 我们可以写出 n 除以 25 的欧几里得除法, 然后令 $k = E\left(\dfrac{r+2}{3}\right)$ 并写出 $r+2$ 除以 3 的欧几里得除法.

习题 2.5.31　证明: $\forall n \in \mathbb{N}^\star$, $\dfrac{1}{\sqrt{n+1}} < 2(\sqrt{n+1} - \sqrt{n}) < \dfrac{1}{\sqrt{n}}$, 并由此导出 $\sum\limits_{k=1}^{10000} \dfrac{1}{\sqrt{k}}$ 的整数部分.

习题 2.5.32　设 X 和 Y 是两个非空的集合, $f \colon X \times Y \longrightarrow \mathbb{R}$ 是一个有上界的映射(即存在 $M \in \mathbb{R}$ 使得: $\forall (x,y) \in X \times Y, f(x,y) \leqslant M$). 证明:

$$\sup_{(x,y) \in X \times Y} f(x,y) = \sup_{x \in X}\left(\sup_{y \in Y} f(x,y)\right) = \sup_{y \in Y}\left(\sup_{x \in X} f(x,y)\right).$$

习题 2.5.33 设 $n \in \mathbb{N}^{\star}, (x_1, \cdots, x_n) \in (\mathbb{R}^{+\star})^n$. 我们想证明:

$$(x_1 + \cdots + x_n)\left(\frac{1}{x_1} + \cdots + \frac{1}{x_n}\right) \geqslant n^2.$$

1. 通过展开乘积和巧妙地重组各项来得出结论.

2. 应用柯西–施瓦茨(Cauchy-Schwarz)不等式来证明该结论. 设 $(x_1, \cdots, x_n)$ 和 $(y_1, \cdots, y_n)$ 是 $\mathbb{R}^n$ 中的两个元素. 对任意实数 t, 令

$$P(t) = \sum_{k=1}^{n}(x_k + ty_k)^2.$$

   (a) 假设 $(y_1, \cdots, y_n) \neq (0, \cdots, 0)$.

       i. 证明 P 是一个二次多项式.

       ii. 关于 P 在 $\mathbb{R}$ 上的符号, 我们可以得到什么结论?

       iii. 由此导出: $\left|\sum_{k=1}^{n} x_k y_k\right| \leqslant \sqrt{\sum_{k=1}^{n} x_k^2} \times \sqrt{\sum_{k=1}^{n} y_k^2}$.

       iv. 什么情况下等号成立?

       v. 导出问题 1 的结论.

   (b) 证明当 $(y_1, \cdots, y_n) = (0, \cdots, 0)$ 时问题 (a) 中第 iii 问的不等式仍成立(且实际上是等式).

习题 2.5.34 对任意实数 x, 令 $f(x) = x - E(x)$, 考虑集合

$$F_x = \{f(nx) \mid n \in \mathbb{N}^{\star}\}.$$

1. *函数 f 的一些性质.*

   (a) 证明: $\forall x \in \mathbb{R}, 0 \leqslant f(x) < 1$.

   (b) 证明 f 是周期的, 并确定 f 的所有周期构成的集合.

   (c) 证明: $\forall x \in \mathbb{R}, \forall p \in \mathbb{N}^{\star}, f(px) = f(pf(x))$.

2. F_x 是有限集的充分必要条件.

(a) 设 $x \in \mathbb{R}$. 证明以下等价式:

$$x \in \mathbb{Q} \iff \exists q \in \mathbb{N}^{\star}, f(qx) = 0.$$

(b) 设 $x = \dfrac{p}{q}$ 是一个有理数, 其中 $p \in \mathbb{Z}$, $q \in \mathbb{N}^{\star}$.

证明 $f(nx) = f(rx)$, 其中 r 是 n 除以 q 的欧几里得除法的余数. 由此导出 F_x 是有限的.

(c) 逆命题成立吗? 验证你的回答.

3. 接下来, 我们取定一个无理数 x.

(a) 集合 F_x 是有限的吗?

(b) 证明 F_x 有下确界并将其下确界记为 a.

(c) 在这个问题中, 假设 $a > 0$. 我们定义 p 为使得 $pa \geqslant 1$ 的最小的自然数.

　i. 验证 p 的存在性, 并验证它满足 $a < \dfrac{a+1}{p}$.

　ii. 证明存在 $n \in \mathbb{N}^{\star}$ 使得 $a \leqslant f(nx) < \dfrac{a+1}{p}$.

　iii. 由此导出 $E(pf(nx)) = 1$ 以及 $f(pf(nx)) < a$.

　iv. 综上可以得出什么结论?

(d) 证明: $\forall \varepsilon > 0$, $\exists n \in \mathbb{N}^{\star}$, $0 < f(nx) < \varepsilon$.

(e) 由此导出 F_x 在 $[0,1]$ 中稠密.

2.6 本 章 附 录

2.6.1 $\mathbb{Z}$ 的构造

集合 $\mathbb{Z}$ 的构造很有意思, 它依赖于商的使用(在等价关系中讨论过商的概念). 这是一种可以适用于许多情况的方法. 本节内容是一个补充, 学生不需要掌握, 但可以满足一些读者的好奇心.

思路如下: 一个整数 z 可以由一个自然数对 $(a,b) \in \mathbb{N}^2$ 表示成 $z = b - a$. 但是, 这个自然数对不是唯一的: 我们也可以选取 $(a+1, b+1)$. 因此, 我们对自然数对进行"重新分组", 把"$a - b$"的值相同的归为同一组, 即把满足 $b - a = d - c$ 的两个自然数对 (a,b) 和 (c,d) 看作等同的. 但是运算 $-$ 没有在 $\mathbb{N}$ 中定义, 易见这个条件等价于 $a + d = b + c$.

更正式地, 考虑集合 $E = \mathbb{N} \times \mathbb{N}$, 然后定义 E 上的二元关系 $\sim$ 如下:

$$\forall((a,b),(c,d)) \in E^2,\ (a,b) \sim (c,d) \iff a+d = b+c.$$

命题 2.6.1.1　关系 $\sim$ 是 E 上的一个等价关系.

证明:

证明关系 $\sim$ 是自反的、对称的和传递的.

- 自反性.
设 $(a,b) \in E$. 那么 $a+b = b+a$(因为 $\mathbb{N}$ 中的加法满足交换律). 因此, $(a,b) \sim (a,b)$. 所以, $\sim$ 是自反的.

- 对称性.
设 $(a,b) \in E$ 和 $(c,d) \in E$ 使得 $(a,b) \sim (c,d)$.
根据定义,

$$a+d = b+c,\ \text{也即}\ c+b = d+a$$

(因为 $\mathbb{N}$ 中的加法满足交换律).
因此, $(c,d) \sim (a,b)$, 从而证得 $\sim$ 是对称的.

- 传递性.
设 (a,b), (c,d) 和 (e,f) 是 E 的三个元素使得 $(a,b) \sim (c,d)$ 且 $(c,d) \sim (e,f)$.
根据关系 $\sim$ 的定义, 我们有

$$\begin{cases} a+d = b+c, \\ c+f = d+e, \end{cases}$$

那么有

$$a+f+d = a+d+f = b+c+f = b+d+e.$$

根据 $\mathbb{N}$ 的性质, $a+f = b+e$, 即 $(a,b) \sim (e,f)$, 这证得 $\sim$ 是传递的.　　☒

定义 2.6.1.2 对 $x \in E$, 我们定义 x 的等价类为

$$\overline{x} := \mathrm{cl}(x) = \{y \in E \mid y \sim x\}.$$

令

$$\mathbb{Z} = \{\overline{x} \mid x \in E\}.$$

在这个集合 $\mathbb{Z}$ 上, 我们定义以下两个二元运算:

对 $x \in \mathbb{Z}$ 和 $y \in \mathbb{Z}$, 记 $x = \overline{(a,b)}$ 和 $y = \overline{(c,d)}$, 其中 $((a,b),(c,d)) \in E^2$,

- $x \oplus y = \overline{(a+c, b+d)}$;

- $x \otimes y = \overline{(a \times d + b \times c, a \times c + b \times d)}$.

此外, 我们定义一个二元关系 $\mathcal{R}$ 如下: 对 $x \in \mathbb{Z}$ 和 $y \in \mathbb{Z}$, 记 $x = \overline{(a,b)}$ 和 $y = \overline{(c,d)}$. 其中 $(a,b),(c,d) \in E$,

$$x \mathcal{R} y \iff b + c \leqslant a + d.$$

可以看到, 在这些定义中有一个问题, 那就是使得 $x = \overline{(a,b)}$ 的 $(a,b) \in E$ 不唯一, 对 y 也是如此. 因此, 首先我们将证明这些运算是良定义的.

命题 2.6.1.3 运算 $\oplus$ 和 $\otimes$ 是良定义的, 它们都是 $\mathbb{Z}$ 上的二元运算.

证明:

设 $(a,b) \in E$, $(a',b') \in E$, $(c,d) \in E$ 和 $(c',d') \in E$ 使得

$$(a,b) \sim (a',b') \quad \text{且} \quad (c,d) \sim (c',d').$$

因此有 $x = \overline{(a,b)} = \overline{(a',b')}$ 且 $y = \overline{(c,d)} = \overline{(c',d')}$. 为证明 $\oplus$ 和 $\otimes$ 是良定义的, 我们必须证明

$$\overline{(a+c, b+d)} = \overline{(a'+c', b'+d')}$$

和

$$\overline{(ad+bc, ac+bd)} = \overline{(a'd'+b'c', a'c'+b'd')}.$$

又因为, 根据关系 $\sim$ 的定义, 有 $a + b' = a' + b$ 和 $c + d' = c' + d$. 从而有

$$(b' + d') + (a + c) = (b' + a) + (c + d')$$
$$= (a' + b) + (c' + d)$$
$$= (a' + c') + (b + d).$$

这些计算是正确的, 因为我们知道 $\mathbb{N}$ 中的 $+$ 满足结合律和交换律. 因此,

$$(a + c, b + d) \sim (a' + c', b' + d'),$$

即 $\overline{(a + c, b + d)} = \overline{(a' + c', b' + d')}$, 这证得 $\oplus$ 是从 $\mathbb{Z}^2$ 到 $\mathbb{Z}$ 的良定义的映射.
同样的方式, 记 (1): $a + b' = a' + b$ 和 (2): $c + d' = c' + d$. 然后分别在等式 (1) 两端同乘以 c' 和同乘以 d', 得到

$$a'c' + bc' = ac' + b'c',$$
$$ad' + b'd' = a'd' + bd'.$$

把这两个等式加起来, 可以得到(由 $+$ 和 $\times$ 在 $\mathbb{N}$ 中的结合律和交换律知)

$$(3): \quad a'c' + b'd' + bc' + ad' = a'd' + b'c' + ac' + bd'.$$

现在分别将 (2) 与 a 和与 b 相乘, 得到

$$(1a): \quad ac' + ad = ac + ad',$$
$$(1b): \quad bc + bd' = bc' + bd.$$

把这两个等式加起来, 得到

$$(4): \quad ac' + bd' + ad + bc = ad' + bc' + ac + bd.$$

最后, 令 $n = bc' + ad' + ac' + bd'$, 我们有 $n \in \mathbb{N}$. 将 (3) 和 (4) 相加, 得到

$$a'c' + b'd' + ad + bc + n = a'd' + b'c' + ac + bd + n.$$

但是, 根据 $\mathbb{N}$ 中的 $+$ 的正则性($\mathbb{N}$ 中的运算法则的第 5 点(参见定理 2.2.1.1)), 有

$$a'c' + b'd' + ad + bc = a'd' + b'c' + ac + bd,$$

即 $(ad + bc, ac + bd) \sim (a'd' + b'c', a'c' + b'd')$, 也即

$$\overline{(ad + bc, ac + bd)} = \overline{(a'd' + b'c', a'c' + b'd')}.$$

这证得 $\otimes$ 是良定义的. □

注: 实际上, 以下做法简单一点. 先定义从 E^2 到 E 的映射 $\overline{\times}$ 如下:

$$(a,b)\overline{\times}(c,d) = (ad+bc, ac+bd).$$

再证明这个映射是等价类上的常值, 即如果 $(a,b) \sim (a',b')$ 且 $(c,d) \sim (c',d')$, 那么

$$(a,b)\overline{\times}(c,d) \sim (a',b')\overline{\times}(c',d').$$

这更简单些, 因为一方面 $\overline{\times}$ 满足交换律, 另一方面 $\sim$ 是传递的. 因此, 只需要证明

$$(a,b)\overline{\times}(c,d) \sim (a',b')\overline{\times}(c,d).$$

命题 **2.6.1.4** $\mathcal{R}$ 是良定义的, 且它是 $\mathbb{Z}$ 上的一个全序关系.

证明:

• 证明 $\mathcal{R}$ 是良定义的, 即如果 $(a,b), (a',b'), (c,d)$ 和 (c',d') 是 $E = \mathbb{N}^2$ 的四个元素, 使得 $(a,b) \sim (a',b')$ 且 $(c,d) \sim (c',d')$, 那么

$$\overline{(a,b)}\mathcal{R}\overline{(c,d)} \iff \overline{(a',b')}\mathcal{R}\overline{(c',d')}.$$

事实上, 因为 $(a,b), (c,d)$ 和 $(a',b'), (c',d')$ 的作用是对称的, 所以只需证明左边可以推出右边.

假设 $\overline{(a,b)}\mathcal{R}\overline{(c,d)}$. 那么, 根据定义, 有 $b+c \leqslant a+d$.

又因为, $a+b' = a'+b$ 且 $c+d' = c'+d$. 把这两个等式加起来, 得到

$b'+a+c'+d = a'+b+c+d'$, 也即 $(b'+c')+(a+d) = (a'+d')+(b+c)$.

那么, 在不等式 $b+c \leqslant a+d$ 两边加上 $b'+c'$(这是可行的, 因为在 $\mathbb{N}$ 中 $+$ 与 $\leqslant$ 兼容), 可得

$$(b'+c')+(b+c) \leqslant b'+c'+a+d = (a'+d')+(b+c).$$

根据 $\mathbb{N}$ 的性质, 我们有: $b'+c' \leqslant a'+d'$.

• 其次, 显然 $\mathcal{R}$ 是自反的, 因为对任意 $(a,b) \in \mathbb{N}^2$, $a+b \leqslant b+a$(关系 $\leqslant$ 在 $\mathbb{N}$ 中是自反的).

• 证明 $\mathcal{R}$ 是反对称的.

设 $(a,b),(c,d)\in\mathbb{N}^2$ 使得 $\overline{(a,b)}\mathcal{R}\overline{(c,d)}$ 且 $\overline{(c,d)}\mathcal{R}\overline{(a,b)}$.

那么, $b+c\leqslant a+d$ 且 $a+d\leqslant b+c$, 又因为, $\leqslant$ 是 $\mathbb{N}$ 中的一个序关系, 故它是反对称的. 因此 $b+c=a+d$, 即 $\overline{(a,b)}=\overline{(c,d)}$. 这证得 $\mathcal{R}$ 是反对称的.

- 最后, 设 $(a,b),(c,d)$ 和 (e,f) 是 E 的三个元素, 使得

$$\overline{(a,b)}\mathcal{R}\overline{(c,d)}\quad\text{且}\quad\overline{(c,d)}\mathcal{R}\overline{(e,f)}.$$

根据定义, $b+c\leqslant a+d$ 且 $d+e\leqslant f+c$. 把这些不等式加起来(可行, 因为 $\mathbb{N}$ 中的 $\leqslant$ 与加法兼容), 我们得到

$$(b+c)+(d+e)\leqslant(a+d)+(f+c),\quad\text{即}\quad(b+e)+(c+d)\leqslant(a+f)+(c+d).$$

因此, $b+e\leqslant a+f$($\mathbb{N}$ 中的 $\leqslant$ 的性质), 即 $\overline{(a,b)}\mathcal{R}\overline{(e,f)}$. 这证得 $\mathcal{R}$ 是传递的. 因此, 我们证得 $\mathcal{R}$ 是 $\mathbb{Z}$ 上的一个序关系.

- 最后, 设 $x\in\mathbb{Z}$ 且 $y\in\mathbb{Z}$. 设 $(a,b)\in E$ 和 $(c,d)\in E$ 使得 $x=\overline{(a,b)}$ 且 $y=\overline{(c,d)}$. 由于 $\leqslant$ 是 $\mathbb{N}$ 中的一个全序关系, 故 $b+c\leqslant a+d$ 或 $a+d\leqslant b+c$, 即 $\overline{(a,b)}\mathcal{R}\overline{(c,d)}$ 或 $\overline{(c,d)}\mathcal{R}\overline{(a,b)}$, 这证得 $x\mathcal{R}y$ 或 $y\mathcal{R}x$. $\boxtimes$

定理 2.6.1.5 $(\mathbb{Z},\oplus,\otimes)$ 是一个交换环. 并且, 映射

$$\varphi:\quad\begin{array}{ccc}\mathbb{N}&\longrightarrow&\mathbb{Z},\\n&\longmapsto&\overline{(0,n)}\end{array}$$

是单射, 且满足

1. $\forall(n,m)\in\mathbb{N}^2,\ \varphi(n+m)=\varphi(n)\oplus\varphi(m)$ 且 $\varphi(n\times m)=\varphi(n)\otimes\varphi(m)$;

2. $\varphi(0_\mathbb{N})=0_\mathbb{Z}$ 且 $\varphi(1_\mathbb{N})=1_\mathbb{Z}$;

3. $\forall(n,m)\in\mathbb{N}^2,\ (n\leqslant m\iff\varphi(n)\mathcal{R}\varphi(m))$;

4. $\varphi(\mathbb{N})=\{z\in\mathbb{Z}\mid 0_\mathbb{Z}\mathcal{R}z\}$ 且 $\mathbb{Z}=\varphi(\mathbb{N})\sqcup\{\ominus\varphi(n)\mid n\in\mathbb{N}^*\}$($\ominus$ 表示 $\oplus$ 的逆运算);

5. 关系 $\mathcal{R}$ 与加法兼容.

换言之, 通过将 $\mathbb{N}$ 与 $\varphi(\mathbb{N})$ 看作等同的, 我们有

- 集合 $\mathbb{Z}$ 包含 $\mathbb{N}$;

- $\oplus_{|\mathbb{N}\times\mathbb{N}}=+$ 和 $\otimes_{|\mathbb{N}\times\mathbb{N}}=\times$: 运算 $\oplus$ 和 $\otimes$ 将 $\mathbb{N}$ 中的 $+$ 和 $\times$ 延拓到 $\mathbb{Z}$ 上;

- $\mathcal{R}_{|\mathbb{N}\times\mathbb{N}}\equiv\leqslant$: $\mathbb{Z}$ 上的序关系 $\mathcal{R}$ 是对 $\mathbb{N}$ 上的序关系 $\leqslant$ 的延拓.

注：由于集合 $\mathbb{N}$ 是将存在单调递增的双射的两个集合看作等同而唯一定义的, 故我们可以将 $\mathbb{N}$ 和 $\varphi(\mathbb{N})$ 看作等同的, 因为 φ 是从 $\mathbb{N}$ 到 $\varphi(\mathbb{N})$ 的单调递增的双射.

证明：

- 证明 $(\mathbb{Z}, \oplus)$ 是一个交换群.

  * 已知 $\oplus$ 是 $\mathbb{Z}$ 上的一个二元运算.

  * 证明 $\oplus$ 满足结合律.

    设 $(x, y, z) \in \mathbb{Z}^3$. 根据定义, 存在 $(a, b, c, d, e, f) \in \mathbb{N}^6$ 使得 $x = \overline{(a, b)}$, $y = \overline{(c, d)}$ 和 $z = \overline{(e, f)}$. 那么, 根据 $\oplus$ 的定义,

    $$\begin{aligned}
    (x \oplus y) \oplus z &= \overline{(a+c, b+d)} \oplus \overline{(e, f)} \\
    &= \overline{((a+c)+e, (b+d)+f)} \\
    &= \overline{(a+(c+e), b+(d+f))} \quad (\mathbb{N} \text{ 中的 } + \text{ 满足结合律}) \\
    &= \overline{(a, b)} \oplus \overline{(c+e, d+f)} \\
    &= x \oplus (y \oplus z).
    \end{aligned}$$

    这证得 $\oplus$ 满足结合律.

  * 证明 $\oplus$ 满足交换律.

    设 $(x, y) \in \mathbb{Z}^2$ 和 $(a, b, c, d) \in \mathbb{N}^4$ 使得 $x = \overline{(a, b)}$ 且 $y = \overline{(c, d)}$. 那么

    $$\begin{aligned}
    x \oplus y &= \overline{(a+c, b+d)} \\
    &= \overline{(c+a, d+b)} \quad (\mathbb{N} \text{ 中的 } + \text{ 满足交换律}) \\
    &= \overline{(c, d)} \oplus \overline{(a, b)} \\
    &= y \oplus x.
    \end{aligned}$$

    这证得 $\oplus$ 满足交换律.

  * 证明 $0_{\mathbb{Z}} = \overline{(0_{\mathbb{N}}, 0_{\mathbb{N}})} \in \mathbb{Z}$ 是运算 $\oplus$ 的中性元.

    设 $x \in \mathbb{Z}$ 和 $(a, b) \in \mathbb{N}^2$ 使得 $x = \overline{(a, b)}$.

    $$\begin{aligned}
    x \oplus 0_{\mathbb{Z}} &= \overline{(a + 0_{\mathbb{N}}, b + 0_{\mathbb{N}})} \\
    &= \overline{(a, b)} \quad (\text{因为 } 0_{\mathbb{N}} \text{ 是 } \mathbb{N} \text{ 中的运算 } + \text{ 的中性元}) \\
    &= x.
    \end{aligned}$$

又因为, $\oplus$ 满足交换律, 故 $0_{\mathbb{Z}} \oplus x = x \oplus 0_{\mathbb{Z}} = x$, $0_{\mathbb{Z}}$ 确实是 $\oplus$ 的中性元.

* 最后, 证明 $\mathbb{Z}$ 的任意元素都有关于 $\oplus$ 的逆元.

设 $x \in \mathbb{Z}$ 和 $(a,b) \in \mathbb{N}^2$ 使得 $x = \overline{(a,b)}$. 令[①] $y = \overline{(b,a)}$. 那么 $y \in \mathbb{Z}$, 且有

$$x \oplus y = \overline{(a+b, b+a)} = \overline{(a+b, a+b)} = \overline{(0,0)} = 0_{\mathbb{Z}}.$$

实际上, $(a+b, a+b) \sim (0,0)$, 故 $\overline{(a,b)} = \overline{(0,0)}$, 由于 $\oplus$ 满足交换律, 故 y 确实是 x 在 $\mathbb{Z}$ 中关于 $\oplus$ 的逆元.

所以, 证得 $(\mathbb{Z}, \oplus)$ 是一个阿贝尔群.

● 我们已经证得, $\otimes$ 是 $\mathbb{Z}$ 上的一个二元运算. 接下来证明 $\otimes$ 满足结合律和交换律, 且服从对 $\oplus$ 的分配律, 并且有中性元.

为了叙述简便, 我们取定 $(x,y,z) \in \mathbb{Z}^3$ 和 $(a,b,c,d,e,f) \in \mathbb{N}^6$ 使得 $x = \overline{(a,b)}$, $y = \overline{(c,d)}$ 和 $z = \overline{(e,f)}$, 并且省略 $\mathbb{N}$ 中的 $\times$ 符号(即用 ab 代替 $a \times b$). 最后, 根据 $\mathbb{N}$ 中的 $+$ 和 $\times$ 的性质, 我们有

* 根据定义,
$$
\begin{aligned}
(x \otimes y) \otimes z &= \overline{(ad+bc, ac+bd)} \otimes \overline{(e,f)} \\
&= \overline{((ad+bc)e + (ac+bd)f, (ad+bc)f + (ac+bd)e)} \\
&= \overline{(a(cf+de) + b(ce+df), a(ce+df) + b(de+cf))} \\
&= \overline{(a,b)} \times \overline{(ce+df, cf+de)} \\
&= x \otimes (y \otimes z).
\end{aligned}
$$

* 类似地,
$$y \otimes x = \overline{(da+cb, ca+db)} = \overline{(ad+bc, ac+bd)} = x \otimes y.$$

* 同样地,
$$
\begin{aligned}
x \otimes (y \oplus z) &= \overline{(a,b)} \otimes \overline{(c+e, d+f)} \\
&= \overline{(a(d+f) + b(c+e), a(c+e) + b(d+f))} \\
&= \overline{((ad+bc) + (af+be), (ac+bd) + (ae+bf))} \\
&= \overline{(ad+bc, ac+bd)} \oplus \overline{(af+be, ae+bf)} \\
&= (x \otimes y) \oplus (x \otimes z).
\end{aligned}
$$

由于 $\otimes$ 满足交换律且服从对 $\oplus$ 的左分配律, 故它也服从对 $\oplus$ 的右分配律.

---

① 回顾一下, 在构造中, 我们说元素 (a,b) 对应于整数 $b - a$, 所以它的逆是 $a - b$, 对应于 (b,a).

$*$ 最后, 令 $1_\mathbb{Z} = \overline{(0_\mathbb{N}, 1_\mathbb{N})}$, 并验证

$$1_\mathbb{Z} \otimes x = x \otimes 1_\mathbb{Z} = \overline{(a, b)} = x.$$

这证得 $(\mathbb{Z}, \oplus, \otimes)$ 是一个交换环.

- 证明 φ 是单射.

设 $n \in \mathbb{N}$ 和 $p \in \mathbb{N}$ 使得 $\varphi(n) = \varphi(p)$. 那么 $\overline{(0, n)} = \overline{(0, p)}$, 即 $(0, n) \sim (0, p)$, 故 $0_\mathbb{N} + p = n + 0_\mathbb{N}$, 也即 $n = p$.

这证得 φ 是单射.

- 证明性质 1.

设 $(n, m) \in \mathbb{N}^2$. 那么根据 $\oplus$ 和 $\otimes$ 的定义, 有

$$\varphi(n) \oplus \varphi(m) = \overline{(0, n)} \oplus \overline{(0, m)} = \overline{(0, n + m)} = \varphi(n + m)$$

和

$$\begin{aligned}
\varphi(n) \otimes \varphi(m) &= \overline{(0, n)} \otimes \overline{(0, m)} \\
&= \overline{(0 \times m + n \times 0, 0 \times 0 + n \times m)} \\
&= \overline{(0, n \times m)} \\
&= \varphi(n \times m).
\end{aligned}$$

- 性质 2 是显然的, 因为 $0_\mathbb{Z} = \overline{(0_\mathbb{N}, 0_\mathbb{N})}$ 且 $1_\mathbb{Z} = \overline{(0_\mathbb{N}, 1_\mathbb{N})}$.

- 性质 3 也是显然的, 因为对任意 $(n, m) \in \mathbb{N}^2$, 有

$$\varphi(n) \mathcal{R} \varphi(m) \iff \overline{(0, n)} \mathcal{R} \overline{(0, m)} \iff n + 0 \leqslant m + 0 \iff n \leqslant m.$$

- 现在证明 $\varphi(\mathbb{N}) = \{x \in \mathbb{Z} \mid 0_\mathbb{Z} \leqslant x\}$.

根据 $\mathcal{R}$ 的定义, 对任意 $n \in \mathbb{N}$, 我们有 $\overline{(0, 0)} \mathcal{R} \overline{(0, n)}$, 即 $0_\mathbb{Z} \mathcal{R} \varphi(n)$. 因此, $\varphi(\mathbb{N}) \subset \{x \in \mathbb{Z} \mid 0_\mathbb{Z} \leqslant x\}$.

反过来, 设 $z \in \{x \in \mathbb{Z} \mid 0_\mathbb{Z} \leqslant x\}$. 存在 $(a, b) \in \mathbb{N}^2$ 使得 $z = \overline{(a, b)}$, 并且根据关系 $\mathcal{R}$ 的定义, 在 $\mathbb{N}$ 中有 $a \leqslant b$. 根据 $\mathbb{N}$ 的性质, 存在 $n \in \mathbb{N}$ 使得 $b = a + n$, 即 $(a, b) \sim (0, n)$, 因此

$$\overline{(a, b)} = \overline{(0, n)}.$$

这证得 $z = \overline{(0, n)} \in \varphi(\mathbb{N})$.

- 证明 $\mathbb{Z} = \varphi(\mathbb{N}) \sqcup \ominus \varphi(\mathbb{N}^\star)$.

由于 $\mathcal{R}$ 是一个全序关系, 故必须且只需证明

$$\{z \in \mathbb{Z} \mid z\mathcal{R}0_{\mathbb{Z}} \text{ 且 } z \neq 0_{\mathbb{Z}}\} = \ominus\varphi(\mathbb{N}^{\star}).$$

根据定义, 如果 $n \in \mathbb{N}^{\star}$, 那么 $\ominus\varphi(n) = \ominus\overline{(0,n)} = \overline{(n,0)}$. 又因为, 显然 $\overline{(n,0)}\mathcal{R}0_{\mathbb{Z}}$, 且由 $n \in \mathbb{N}^{\star}$ 知 $\overline{(n,0)} \neq 0_{\mathbb{Z}}$. 因此, 有包含关系:

$$\ominus\varphi(\mathbb{N}^{\star}) \subset \{z \in \mathbb{Z} \mid z\mathcal{R}0_{\mathbb{Z}} \text{ 且 } z \neq 0_{\mathbb{Z}}\}.$$

反过来, 如果 $z \in \mathbb{Z}$ 满足 $z \neq 0_{\mathbb{Z}}$ 且 $z\mathcal{R}0_{\mathbb{Z}}$, 则存在 $(a,b) \in \mathbb{N}^2$ 使得 $z = \overline{(a,b)}$, 并且 $b \leqslant a$(在 $\mathbb{N}$ 中), 这是因为 $z\mathcal{R}0_{\mathbb{Z}}$, 以及 $a \neq b$(因为 $(a,b) \not\sim (0,0)$). 从而存在 $n \in \mathbb{N}^{\star}$ 使得 $a = b + n$, 所以,

$$(a,b) \sim (n,0),$$

即 $\overline{(a,b)} = \overline{(n,0)}$, 也即 $z = \ominus\overline{(0,n)} = \ominus\varphi(n)$. 这证得

$$\{z \in \mathbb{Z} \mid z\mathcal{R}0_{\mathbb{Z}} \text{ 且 } z \neq 0_{\mathbb{Z}}\} \subset \ominus\varphi(\mathbb{N}^{\star}).$$

- 最后, 证明 $\mathcal{R}$ 是与 $\oplus$ (以及与 $\otimes$)兼容的(稍后会明确兼容的含义).

设 $(x,y,z,t) \in \mathbb{Z}^4$ 使得 $x\mathcal{R}y$ 和 $z\mathcal{R}t$. 证明 $(x \oplus z)\mathcal{R}(y \oplus t)$.
设 $(a,b,c,d,a',b',c',d') \in \mathbb{N}^8$ 使得 $x = \overline{(a,b)}$, $y = \overline{(c,d)}$, $z = \overline{(a',b')}$ 以及 $t = \overline{(c',d')}$. 根据关系 $\mathcal{R}$ 的定义, 我们有

$$b + c \leqslant a + d \quad \text{且} \quad b' + c' \leqslant a' + d'.$$

由于在 $\mathbb{N}$ 中 $+$ 与 $\leqslant$ 兼容, 故可以把这些不等式加起来, 由 $+$ 在 $\mathbb{N}$ 中满足结合律和交换律可得

$$(b + b') + (c + c') \leqslant (a + a') + (d + d'),$$

即 $\overline{(a+a',b+b')}\mathcal{R}\overline{(c+c',d+d')}$, 也即

$$\left(\overline{(a,b)} \oplus \overline{(a',c')}\right) \mathcal{R} \left(\overline{(c,d)} \oplus \overline{(c',d')}\right),$$

即 $(x \oplus z)\mathcal{R}(y \oplus t)$.
此外, 如果 $0_{\mathbb{Z}}\mathcal{R}x$ 且 $0_{\mathbb{Z}}\mathcal{R}y$, 那么存在 $n \in \mathbb{N}$ 和 $p \in \mathbb{N}$ 使得

$$x = \varphi(n) \text{ 且 } y = \varphi(p).$$

那么, $x \otimes y = \varphi(n) \otimes \varphi(p) = \varphi(np) \in \varphi(\mathbb{N})$, 因此, $0_{\mathbb{Z}} \mathcal{R}(x \otimes y)$.

这证得 $\mathcal{R}$ 是与加法和乘法兼容的. $\boxtimes$

注: 在这个证明中, 我们小心区分 $\mathbb{N}$ 和 $\mathbb{Z}$ 中的运算 $+$ 和 $\times$, 对 $\mathbb{N}$ 和 $\mathbb{Z}$ 中的关系 $\leqslant$ 也同样作出区分, 因此有时记号显得很繁琐. 另一方面, 当我们理解"$z = b - a$"时, 许多性质(例如 $\oplus, \otimes$ 和 $\mathcal{R}$ 的定义)就很容易理解.

2.6.2 有限集和计数

2.6.2.a 定义和基本定理

凭直觉, 我们都能猜到什么是有限集. 同样, 基数的概念, 即元素的个数, 也是相当直观的. 这一小节的目标是正式确立这些概念.

定义 2.6.2.1 我们称集合 E 是有限的, 若它是空集或存在 $n \in \mathbb{N}^\star$ 和一个从 $[\![1,n]\!]$ 到 E 的双射 φ.

注: 等价地, E 是一个有限集, 若它是空集或存在 $n \in \mathbb{N}^\star$ 和一个从 E 到 $[\![1,n]\!]$ 的双射 ψ. 实际上, 如果 $\varphi\colon [\![1,n]\!] \longrightarrow E$ 是双射, 那么 $\varphi^{-1}\colon E \longrightarrow [\![1,n]\!]$ 也是双射.

注: 直觉上这个定义很容易理解. 事实上, 我们应该把 φ 看作对 E 的元素的一种编号方式.

例 2.6.2.2 法语元音字母的集合 $V = \{a,e,i,o,u,y\}$ 是一个有限集. 实际上, 设 φ 是从 $[\![1,6]\!]$ 到 V 的映射, 定义为

$$\varphi(1) = a; \quad \varphi(2) = e; \quad \varphi(3) = i; \quad \varphi(4) = o; \quad \varphi(5) = u \quad 和 \quad \varphi(6) = y.$$

显然, 根据构造, φ 是一个双射.

注: 注意, φ 不是唯一的! 有很多种给元素"编号"的方式. 如果我们回到前面的例子, 令

$$\psi(1) = y; \quad \psi(2) = u; \quad \psi(3) = o; \quad \psi(4) = i; \quad \psi(5) = e \quad 和 \quad \psi(6) = a.$$

那么 ψ 也是一个从 $[\![1,6]\!]$ 到 V 的双射, 显然 $\varphi \neq \psi$. 稍后我们将看到, 自然数 n 若存在必唯一.

例 2.6.2.3 取定 $n \geqslant 2$. 那么 $\mathbb{U}_n$ 是一个有限集.

实际上, 设 $\omega = e^{i\frac{2\pi}{n}}$ 和

$$\varphi : \begin{aligned} [\![1,n]\!] &\longrightarrow \mathbb{U}_n, \\ k &\longmapsto \omega^{k-1}. \end{aligned}$$

首先, 注意到 φ 是良定义的, 即对任意 $k \in [\![1,n]\!]$, $\omega^{k-1} \in \mathbb{U}_n(n$ 次单位根的性质$)$.

现在证明 φ 是双射.

— 证明 φ 是单射.

设 k 和 l 是两个在 $[\![1,n]\!]$ 中的自然数, 满足 $\varphi(k) = \varphi(l)$. 那么有 $\omega^{k-1} = \omega^{l-1}$. 又因为, 两个非零复数相等当且仅当它们有相同的模和辐角(除相差 2π 的整数倍外). 因此,

$$\begin{aligned} \varphi(k) = \varphi(l) &\Longrightarrow \frac{2(k-1)\pi}{n} \equiv \frac{2(l-1)\pi}{n} \quad [2\pi] \\ &\Longrightarrow k-1 \equiv l-1 \ [n] \\ &\Longrightarrow k-l \equiv 0 \ [n]. \end{aligned}$$

从而存在 $q \in \mathbb{Z}$ 使得 $k = l + qn$. 但 $(k,l) \in [\![1,n]\!]^2$ 意味着 $-(n-1) \leqslant k-l \leqslant n-1$. 因此, $q = 0$ 且 $k = l$.

这证得 φ 是单射.

— 证明 φ 是满射.

设 $z \in \mathbb{U}_n$. 根据复数课程内容, 存在 $r \in [\![0, n-1]\!]$ 使得 $z = \omega^r$. 令 $k = r+1$. 那么, 一方面 $k \in [\![1,n]\!]$, 另一方面 $\varphi(k) = \omega^{k-1} = \omega^r = z$.

这证得 φ 是满射.

第二个例子清楚地表明, 有些结果虽然明显, 但需要一点(甚至很多)工作来严格地证明它们.

定理 2.6.2.4 (基本定理) 设 $n, p \in \mathbb{N}^\star$. 如果存在从 $[\![1,n]\!]$ 到 $[\![1,p]\!]$ 的双射, 那么 $n = p$.

证明：

考虑性质 $P(n)$：“对任意自然数 $p \in \mathbb{N}^{\star}$, 如果存在一个从 $[\![1,p]\!]$ 到 $[\![1,n]\!]$ 的双射, 那么 $p = n$”. 用数学归纳法证明：$\forall n \in \mathbb{N}^{\star}$, $P(n)$.

初始化：

对 $n = 1$, 设 $p \in \mathbb{N}^{\star}$ 使得存在一个从 $[\![1,p]\!]$ 到 $[\![1,n]\!] = \{1\}$ 的双射 φ. 那么我们有 $\varphi(1) \in \{1\}$, 故 $\varphi(1) = 1$. 同样地, $\varphi(p) = 1$.
已知 φ 是双射, 特别地它是单射, 故由 $\varphi(1) = \varphi(p)$ 可知 $p = 1$, 因此 $p = n$(因为 $n = 1$).
这证得性质对 $n = 1$ 成立.

递推：

假设性质对某个 $n \geqslant 1$ 成立, 要证明性质对 $n + 1$ 成立.
设 $p \in \mathbb{N}^{\star}$. 假设存在一个双射 $\varphi : [\![1,p]\!] \longrightarrow [\![1,n+1]\!]$. 我们想证明 $p = n + 1$. 分几个步骤进行.

- 首先, φ^{-1} 是从 $[\![1,n+1]\!]$ 到 $[\![1,p]\!]$ 的双射. 特别地, φ^{-1} 是单射. 另一方面, $n \in \mathbb{N}^{\star}$, 故 $n + 1 \neq 1$. 因此, $\varphi^{-1}(1) \neq \varphi^{-1}(n+1)$, 然后可以导出 $[\![1,p]\!]$ 包含至少两个不同的元素, 最后得到 $p \geqslant 2$.

- 已证得 $p \geqslant 2$, 故有 $p - 1 \in \mathbb{N}^{\star}$. 有两种情况.

第一种情况：$\varphi(p) = n + 1$.

在这种情况下, 考虑映射
$$\psi \quad : \quad \begin{array}{l} [\![1,p-1]\!] \longrightarrow [\![1,n]\!], \\ x \longmapsto \varphi(x). \end{array}$$

- * 首先, ψ 是良定义的. 实际上, 如果 $x \in [\![1,p-1]\!]$, 那么 $\varphi(x) \in [\![1,n+1]\!]$. 因为 $x \neq p$, 所以 $\varphi(x) \neq \varphi(p)$, 根据假设, $\varphi(x) \neq n+1$. 从而得到 $\varphi(x) \in [\![1,n]\!]$.

- * 其次, 已知 φ 是单射, 显然 ψ 是单射.

- * 最后, 设 $y \in [\![1,n]\!] \subset [\![1,n+1]\!]$. 已知 φ 是双射, 故存在(唯一的)$x \in [\![1,p]\!]$ 使得 $\varphi(x) = y$. 另一方面, 由 $y \neq n+1$ 知 $\varphi(x) \neq \varphi(p)$, 故 $x \neq p$(因为 φ 是单射).
  从而有 $x \in [\![1,p]\!]$ 且 $x \neq p$, 即 $x \in [\![1,p-1]\!]$. 最后, 得到 $y = \varphi(x) = \psi(x)$. 这证得 ψ 是满射.

因此, 我们证得如果 $\varphi(p) = n + 1$, 那么存在一个从 $[\![1, p-1]\!]$ 到 $[\![1, n]\!]$ 的双射 ψ, 其中 $p - 1 \geqslant 1$. 根据归纳假设, $p - 1 = n$, 即 $p = n + 1$.

第二种情况: $\varphi(p) \neq n + 1$.

在这种情况下, 设 $\tau\colon [\![1, n+1]\!] \longrightarrow [\![1, n+1]\!]$ 定义为

$$\forall x \in [\![1, n+1]\!], \tau(x) = \begin{cases} \varphi(p), & \text{若 } x = n + 1, \\ n + 1, & \text{若 } x = \varphi(p), \\ x, & \text{其他.} \end{cases}$$

显然 $\tau \circ \tau = \mathrm{Id}_{[\![1, n+1]\!]}$. 因此, τ 是双射. 考虑 $\psi = \tau \circ \varphi$. 那么, ψ 是从 $[\![1, p]\!]$ 到 $[\![1, n+1]\!]$ 的双射(因为它是两个双射的复合), 满足 $\psi(p) = \tau(\varphi(p)) = n + 1$. 根据第一种情况, 我们有 $p = n + 1$.

这证得性质对 $n + 1$ 成立, 归纳完成. ◻

定理 2.6.2.5 (基数的定义)　设 E 是一个非空的有限集. 那么存在唯一的自然数 n 使得 E 与 $[\![1, n]\!]$ 之间存在一一对应关系. 该自然数 n 称为 E 的基数, 记为 $\mathrm{Card}(E)$ 或 $|E|$.

证明:

设 E 是一个非空的有限集. 那么, 根据有限集的定义, 存在一个自然数 n 使得 E 与 $[\![1, n]\!]$ 之间存在一一对应关系. 剩下的就是证明自然数 n 是唯一的.

如果存在两个双射 $\psi\colon [\![1, n]\!] \longrightarrow E$ 和 $\varphi\colon [\![1, p]\!] \longrightarrow E$, 那么映射 $\psi^{-1} \circ \varphi$ 是从 $[\![1, p]\!]$ 到 $[\![1, n]\!]$ 的双射(双射的复合). 因此, 根据前一定理, $n = p$. 这证得自然数 n 的唯一性. ◻

注: 我们约定 $\mathrm{Card}(\varnothing) = 0$.

命题 2.6.2.6　两个有限集 E 和 F 有相同的基数当且仅当存在从 E 到 F 的双射.

证明:

> • 证明 $\Longrightarrow$.
> 假设 E 和 F 有相同的基数, 并记 $n = |E| = |F|$. 那么有两种情况:
>
>> * 要么 $n = 0$, 此时有 $E = \varnothing = F$, 空映射[①] $i_\varnothing$: $\varnothing \longrightarrow \varnothing$ 是从 E 到 F 的双射.
>>
>> * 要么 $n \geqslant 1$, 此时存在从 $[\![1, n]\!]$ 到 E 的双射 f 和从 $[\![1, n]\!]$ 到 F 的双射 g. 从而 $\varphi = g \circ f^{-1}$ 是从 E 到 F 的双射.
>
> • 证明 $\Longleftarrow$.
> 假设存在从 E 到 F 的双射 φ. 有两种情况:
>
>> * 如果 $E = \varnothing$, 那么 $\varphi(E) = \varphi(\varnothing) = \varnothing$. 由 φ 是满射知 $F = \varphi(E) = \varnothing$. 因此 $|E| = 0 = |F|$. 如果 $F = \varnothing$, 我们将同样的推导应用于 φ^{-1} 可得相同结论.
>>
>> * 如果 $E \neq \varnothing$ 且 $F \neq \varnothing$, 记 $n = |E|$ 和 $p = |F|$. 那么, 存在从 $[\![1, n]\!]$ 到 E 的双射 f 和从 $[\![1, p]\!]$ 到 F 的双射 g. 由此推断, 映射 $g^{-1} \circ \varphi \circ f$ 是从 $[\![1, n]\!]$ 到 $[\![1, p]\!]$ 的双射. 因此, $n = p$. $\boxtimes$

2.6.2.b ℕ 的子集和有限集的子集

> **定理 2.6.2.7** 设 A 和 B 是集合 E 的两个有限子集且互不相交. 那么, $A \cup B$ 是一个有限集, 且
> $$|A \cup B| = |A| + |B|.$$

证明:

> 有两种情况.
>
> • 第一种情况: $A = \varnothing$ 或 $B = \varnothing$.
> 此时, 不失一般性(否则交换两个集合的记号即可), 总是可以假设 $B = \varnothing$. 那么我们有 $A \cup B = A \cup \varnothing = A$, 因此, $A \cup B$ 是一个有限集, 且它的基数为 $|A \cup B| = |A| = |A| + |\varnothing| = |A| + |B|$.

[①]事实上, 由于任何以"$\forall x \in \varnothing$"开头的性质总是为真, 故有且只有一个从 $\varnothing$ 到 $\varnothing$ 的映射且这个映射既是单射又是满射.

- 第二种情况: $A \neq \varnothing$ 且 $B \neq \varnothing$.

令 $n = |A|$ 和 $p = |B|$, 其中 $n, p \in \mathbb{N}^*$. 存在双射 $[\![1, n]\!] \xrightarrow{f} A$ 和双射 $[\![1, p]\!] \xrightarrow{g} B$.

我们想用 f 对前面的项进行编号, 用 g 对后面的项进行编号. 为此, 令

$$
\begin{aligned}
[\![1, n+p]\!] &\xrightarrow{\varphi} A \cup B, \\
x &\longmapsto \begin{cases} f(x), & \text{若 } 1 \leqslant x \leqslant n, \\ g(x-n), & \text{若 } n+1 \leqslant x \leqslant n+p. \end{cases}
\end{aligned}
$$

下面证明 φ 是良定义的, 且是双射.

* 首先, φ 是良定义的, 因为如果 $n+1 \leqslant x \leqslant n+p$, 那么 $x-n \in [\![1, p]\!]$, 而 g 在 $[\![1, p]\!]$ 上有定义.

* 接下来, 证明 φ 是单射. 设 $(x, x') \in [\![1, n+p]\!]^2$ 使得 $x \neq x'$. 要证明 $\varphi(x) \neq \varphi(x')$.

   ▷ 如果 $(x, x') \in [\![1, n]\!] \times [\![n+1, n+p]\!] \cup [\![n+1, n+p]\!] \times [\![1, n]\!]$, 那么, 要么 $\varphi(x) \in A$ 且 $\varphi(x') \in B$, 要么 $\varphi(x) \in B$ 且 $\varphi(x') \in A$. 在这两种情况下, 因为 $A \cap B = \varnothing$, 所以 $\varphi(x) \neq \varphi(x')$.

   ▷ 如果 $(x, x') \in [\![1, n]\!]^2$ (或 $(x, x') \in [\![n+1, n+p]\!]^2$), 那么, 有 $\varphi(x) = f(x)$ 以及 $\varphi(x') = f(x')$ (或者 $\varphi(x) = g(x-n)$ 且 $\varphi(x') = g(x'-n)$). 又因为, 由于 f (或 g) 是单射, 故 $x \neq x'$ 意味着 $f(x) \neq f(x')$ (或 $x \neq x'$ 意味着 $x-n \neq x'-n$, 所以 $g(x-n) \neq g(x'-n)$). 所以, $\varphi(x) \neq \varphi(x')$.

   因此, 在所有情况下, 都有 $\varphi(x) \neq \varphi(x')$, 故 φ 是单射.

* 最后证明 φ 是满射.

   设 $y \in A \cup B$. 那么有两种情况:

   ▷ 如果 $y \in A$, 那么由 f 是满射知, 存在 $x \in [\![1, n]\!]$ 使得 $y = f(x)$. 因为 $x \in [\![1, n]\!]$, 所以有 $y = f(x) = \varphi(x)$, y 有关于 φ 的原像.

   ▷ 如果 $y \in B$, 那么由 g 是满射知, 存在一个自然数 $x \in [\![1, p]\!]$ 使得 $y = g(x)$. 那么有 $y = g(x+n-n)$, 其中 $x+n \in [\![n+1, n+p]\!]$, 即 $y = \varphi(x+n)$.

   这证得 φ 是满射.

因此, 我们证得 φ 是一个从 $[\![1, n+p]\!]$ 到 $A \cup B$ 的双射, 其中 $n + p \in \mathbb{N}^*$. 所以, $A \cup B$ 是一个有限集, 且 $|A \cup B| = n + p = |A| + |B|$. $\boxtimes$

命题 2.6.2.8 $\mathbb{N}$ 的任意有上界的子集 A 都是有限的; 更确切地说, 如果 $A \subset \mathbb{N}$ 且 $n \in \mathbb{N}$ 是 A 的一个上界, 那么 $|A| \leqslant n + 1$.

证明:

在 $n \in \mathbb{N}$ 上应用数学归纳法来证明.

初始化:

对 $n = 0$, 0 是 A 的一个上界. 因此, $A = \varnothing$ 或 $A = \{0\}$, 故 $|A| = 0$ 或 $|A| = 1$. 因此 $|A| \leqslant 0 + 1$, 性质对 $n = 0$ 成立.

递推:

假设 $\mathbb{N}$ 的任意以 n 为上界的子集 B 都是有限的且 $|B| \leqslant n + 1$. 设 A 是 $\mathbb{N}$ 的一个以 $n + 1$ 为上界的子集. 有两种情况.

- 如果 $n + 1 \notin A$, 那么 A 以 n 为上界, 根据归纳假设, $|A| \leqslant n + 1$, 从而 $|A| \leqslant n + 2$.

- 如果 $n + 1 \in A$, 我们令 $B = A \setminus \{n+1\}$. 那么 B 以 n 为上界. 根据归纳假设, B 是有限的, 且 $|B| \leqslant n + 1$. 那么有 $A = B \cup \{n+1\}$(两个有限子集的无交并). 根据命题 2.6.2.7, A 是一个有限集, 且 $|A| = |B| + 1 \leqslant n + 2$.

这证得性质对 $n + 1$ 也成立, 归纳完成. $\boxtimes$

命题 2.6.2.9 如果 $A \subset [\![1, n]\!]$, 那么 A 是有限的, 且 $|A| \leqslant n$.

证明:

与上一个证明相同. $\boxtimes$

推论 2.6.2.10　如果 F 是一个有限集且映射 $f: E \longrightarrow F$ 是单射, 那么 E 是有限的, 且有 $|E| \leqslant |F|$.

证明:

- 如果 $F = \varnothing$, 那么, 为使得映射 $f: E \longrightarrow F$ 存在, 需要 $E = \varnothing$. 因此 E 是有限的, 且有: $|E| = 0 = |F|$. 显然, $|E| \leqslant |F|$.

- 如果 $F \neq \varnothing$, 设 $n = |F| \in \mathbb{N}^*$, $\varphi: F \longrightarrow [\![1, n]\!]$ 是一个双射. 那么, $\varphi(f(E)) \subset [\![1, n]\!]$. 根据命题 2.6.2.9, $\varphi(f(E))$ 是一个有限集, 且 $p = |\varphi(f(E))| \leqslant n$.
  如果 $p = 0$, 那么 $\varphi(f(E)) = \varnothing$, 故 $E = \varnothing$, 结论自然成立. 否则, 存在一个双射 $\psi: \varphi(f(E)) \longrightarrow [\![1, p]\!]$. 我们定义

$$\bar{f}: \begin{array}{l} E \longrightarrow f(E), \\ x \longmapsto f(x) \end{array} \qquad 和 \qquad \bar{\varphi}: \begin{array}{l} f(E) \longrightarrow \varphi(f(E)), \\ x \longmapsto \varphi(x). \end{array}$$

  根据映射的像的定义, $\bar{f}$ 和 $\bar{\varphi}$ 都是满射. 此外, 由于 f 和 φ 都是单射, 故 $\bar{f}$ 和 $\bar{\varphi}$ 也是单射. 因此, $\bar{f}$ 和 $\bar{\varphi}$ 都是双射. 映射 $g = \psi \circ \bar{\varphi} \circ \bar{f}$ 是三个双射的复合, 故它是从 E 到 $[\![1, p]\!]$ 的双射. 因此, E 是有限的, 且 $|E| = p$. 最后, 由于 $p \leqslant n = |F|$, 故 $|E| \leqslant |F|$. $\boxtimes$

注: 在这个证明中, 有一个重要的想法或性质需要记住. 如果 $f: E \longrightarrow F$ 是单射, 那么, 将到达集限制为 $f(E) = \mathrm{Im}(f)$ 得到的映射 $\bar{f}$ 自然是双射.

推论 2.6.2.11　设 E 和 F 是两个集合, f 是一个从 E 到 F 的单射. 那么, 对 E 的任意有限子集 A, $f(A)$ 是有限的, 且 $|f(A)| = |A|$.

证明:

根据前面的注, $\overline{f_{|A}}: \begin{array}{l} A \longrightarrow f(A), \\ x \longmapsto f(x) \end{array}$ 是一个双射. 已知 A 是一个有限集, 故 $f(A)$ 也是有限的, 且 $|A| = |f(A)|$. $\boxtimes$

定理 2.6.2.12 设 A 和 B 是集合 E 的两个子集.

(i) 如果 $A \subset B$ 且 B 是有限的, 那么 A 是有限的, 且 $|A| \leqslant |B|$. 并且, 等式成立当且仅当 $A = B$.

(ii) 如果 A 和 B 是有限的, 那么 $A \cup B$ 和 $A \cap B$ 是有限集, 且有

$$|A \cup B| = |A| + |B| - |A \cap B|.$$

证明:

- 证明 (i).

包含映射 $A \xrightarrow{i} B$ 是单射(根据 i 的定义, 对任意 $x \in A$, $i(x) = x$). 根据推论 2.6.2.10, A 是有限的, 且 $|A| \leqslant |B|$. 接下来处理等式成立的情况.

* 如果 $A = B$, 那么 $|A| = |B|$.

* 接下来, 通过证明其逆否命题来证明 $|A| = |B| \Longrightarrow A = B$.
  假设 $A \neq B$, 我们要证明 $|A| < |B|$. 根据假设, 我们有 $A \subsetneq B$. 因此存在 $b \in B \setminus A$. 考虑 $B' = B \setminus \{b\}$. 由于 $A \subset B$ 且 $b \notin A$, 故 $A \subset B'$. 因此, $|A| \leqslant |B'|$. 最后, B 是 B' 和 $\{b\}$ 的无交并. 因此, $|B| = |B'| + 1$ 且 $|A| \leqslant |B| - 1 < |B|$.

- 接下来证明性质 (ii).

这个证明已经在有限概率课程中出现过(参见《大学数学入门 2》). 这里我们回顾一下主要思想.

一方面, $A \setminus B \subset A$, 故 $A \setminus B$ 是一个有限集. 同样, $B \setminus A$ 和 $A \cap B$ 都是有限集. 另一方面, 我们有以下无交并(图 2.3):

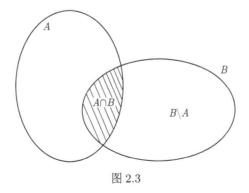

图 2.3

$$A \cup B = (B \setminus A) \sqcup A \quad \text{和} \quad B = (B \setminus A) \sqcup (B \cap A).$$

因此, $A \cup B$ 和 $A \cap B$ 都是有限集, 且有

$$|A \cup B| = |B \setminus A| + |A|$$

和

$$|B| = |B \setminus A| + |A \cap B|.$$

上述两式相减, 可得结论. $\boxtimes$

命题 2.6.2.13 子集 $A \subset \mathbb{N}$ 是有限的当且仅当它有上界.

证明:

我们已经证明了逆命题. 为了证明正命题, 我们对 $n = |A|$ 应用数学归纳法.

初始化:

对 $n = 0$, 有 $A = \varnothing$, 它以任意自然数为上界.

递推:

假设对某个 $n \in \mathbb{N}$, 有: $\mathbb{N}$ 的任意基数为 n 的子集有上界. 要证明: $\mathbb{N}$ 的任意基数为 $n+1$ 的子集有上界.

设 A 是 $\mathbb{N}$ 的一个子集, 使得 $|A| = n+1$. 特别地, $|A| \geqslant 1$, 故 $A \neq \varnothing$. 设 $a \in A$ 和 $B = A \setminus \{a\}$. 根据定理 2.6.2.12, B 是 $\mathbb{N}$ 的一个有限子集, 且 $|B| = |A| - 1 = n$.

根据归纳假设, B 是有上界的. 设 m 是 B 的一个上界. 那么, $M = \max(a, m)$ 显然是 A 的一个上界.

这证得性质对 $n+1$ 成立, 归纳完成. $\boxtimes$

命题 2.6.2.14 设 A 是 $\mathbb{N}$ 的一个非空有限子集. 那么, 存在唯一的从 $[\![1, n]\!]$ 到 A 的严格单调递增的双射, 其中 $n = |A|$.

习题 2.6.2.15 证明这个命题.

2.6.2.c 有限集之间的双射的判定准则

> **引理 2.6.2.16** 设 $f\colon E \longrightarrow F$ 是一个满射. 那么, 存在 $g\colon F \longrightarrow E$ 使得 $f \circ g = \mathrm{Id}_F$. 特别地, g 是单射.

证明:

如果 $F = \varnothing$, 这是显然的(取 $E = \varnothing$ 和空映射即可). 否则, 设 $y \in F$. 那么, 存在 $x \in E$ 使得 $y = f(x)$(f 是满射). 选取一个这样的 x, 并令 $g(y) = x$. 这定义了一个从 F 到 E 的映射 g. 根据构造, 对任意的 $y \in F, y = f(x) = f(g(y))$. 这证得引理的第一部分.

另一方面, $f \circ g = \mathrm{Id}_F$ 是单射, 因此 g 是单射. $\boxtimes$

> **定理 2.6.2.17** 设 $n \in \mathbb{N}$. 设 E 和 F 是两个有限集且 $|E| = |F| = n$, $f\colon E \longrightarrow F$ 是一个映射. 那么以下性质相互等价:
>
> (i) f 是单射;
>
> (ii) f 是满射;
>
> (iii) f 是双射.

证明:

• 证明 (i) $\Longrightarrow$ (ii).

假设 f 是单射. 要证明 f 是满射. 由于 E 是有限集且 f 是单射, 根据推论 2.6.2.11, $f(E)$ 是有限的且 $|f(E)| = |E|$. 并且, 根据假设, $|E| = |F|$. 因此, 我们有

$$\left. \begin{array}{l} f(E) \subset F, \\ |f(E)| = |F|. \end{array} \right\} \quad \text{因此, 根据定理 2.6.2.12, } f(E) = F.$$

所以, $f(E) = F$, 即 f 是满射, 故 (ii) 成立.

- 证明 (ii) $\Longrightarrow$ (iii).

假设 f 是满射. 根据引理 2.6.2.16, 存在单射的 $g\colon F \longrightarrow E$ 使得 $f \circ g = \mathrm{Id}_F$. 应用 (i) $\Longrightarrow$ (ii) 这一结论, 可以推断 g 是双射. 因此,

$$f \circ g \circ g^{-1} = \mathrm{Id}_F \circ g^{-1} = g^{-1}.$$

并且, $g \circ g^{-1} = \mathrm{Id}_E$ 且 $f \circ \mathrm{Id}_E = f$. 因此, $f = g^{-1}$, 故 f 是双射.

- (iii) $\Longrightarrow$ (i) 是显然的. $\qquad\qquad\qquad\qquad\qquad\qquad\qquad\qquad$ ⊠

习题 2.6.2.18 通过考虑一个双射 $\varphi\colon [\![1, n]\!] \longrightarrow F$ 以及集合 $E_i = f^{-1}(\{\varphi(i)\})$ ($\{\varphi(i)\}$ 在 f 下的原像)($1 \leqslant i \leqslant n$), 直接证明 (ii) $\Longrightarrow$ (iii)(即不使用引理).

推论 2.6.2.19 设 E 是一个有限集, $f\colon E \longrightarrow E$. 那么

$$f \text{ 是单射} \iff f \text{ 是双射} \iff f \text{ 是满射}.$$

当我们想证明一个映射 $f\colon\ E \longrightarrow F$ 是双射时, 一般来说单射比较容易证得, 满射的证明比较麻烦.

▶ 方法: **当 E 和 F 都是有限集时, 为证明 f 是双射, 我们常常证明**

$$f \text{ 是单射且 } |E| = |F|.$$

习题 2.6.2.20 设 $(A, +, \times)$ 是一个整环. 假设 A 是一个有限集. 证明 A 是一个除环(参见习题 1.3.16).

习题 2.6.2.21 费马(Fermat)小定理.

设 p 是一个素数, a 是一个与 p 互素的自然数, 即 p 不能整除 a. 对每个自然数 k, 分别记 q_k 和 r_k 为 ka 除以 p 的欧几里得除法的商和余数. 定义

$$f: \begin{array}{l} [\![1, p-1]\!] \longrightarrow [\![1, p-1]\!], \\ k \longmapsto r_k. \end{array}$$

1. 证明 f 是良定义的, 且它是双射.

2. 验证：$\displaystyle\prod_{k=1}^{p-1}(ka) \equiv \prod_{k=1}^{p-1} f(k) \ [p]$.

3. 由此导出 $a^{p-1} \equiv 1 \ [p]$.

在结束这一小节之前, 列出一些已经证得的结论和一些结果.

推论 2.6.2.22 设 E 和 F 是两个集合, $f: E \longrightarrow F$ 是一个映射.

1. 如果 E 和 F 都是有限集, 那么

(a) f 是单射 $\Longrightarrow |E| \leqslant |F|$, 或等价地, $|E| > |F| \Longrightarrow f$ 不是单射;

(b) f 是满射 $\Longrightarrow |E| \geqslant |F|$, 或等价地, $|F| > |E| \Longrightarrow f$ 不是满射;

(c) f 是双射 $\Longrightarrow |E| = |F|$.

2. 如果 F 是有限的且 f 是单射, 那么 E 是有限的且 $|E| \leqslant |F|$.

3. 如果 E 是有限的且 f 是满射, 那么 F 是有限的且 $|F| \leqslant |E|$.

证明：

除 1(b) 和 3 外, 其他结论我们都已经证明过.
假设 f 是满射. 根据引理 2.6.2.16, 存在 $g: F \longrightarrow E$ 是单射. 那么,

- 把 (a) 应用于 g, 可以推导出 1(b)(当 E 和 F 都有限时).

- 如果假设 E 是有限的, 那么把 (2) 应用于 g, 我们得到 3.　　□

⚠️**注意**: 如果 E 和 F 都是有限集但它们的基数不同, $f \in \mathcal{F}(E, F)$, 那么

$$f \text{ 是单射 } \not\Longleftrightarrow f \text{ 是双射}.$$

⚠️**注意**: 如果 E 是一个无穷集, $f \in \mathcal{F}(E, E)$, 那么

$$f \text{ 是单射 } \not\Longleftrightarrow f \text{ 是双射}.$$

2.6.2.d 计数

2.6.2.e 并集和补集的基数

我们已经证得, 如果 $A \subset E$, $B \subset E$ 且 E 是有限集, 那么 A, B, $A \cap B$ 和 $A \cup B$ 都是有限集, 且 $|A \cup B| = |A| + |B| - |A \cap B|$.

推论 2.6.2.23 设 E 是一个有限集, $A \subset E$. 那么, $\bar{A} = E \setminus A$ 是有限的, 且 $|\bar{A}| = |E| - |A|$.

证明:

这是显然的, 只需对 $B = \bar{A}$ 应用上面提到的结论(定理 2.6.2.12).　　⊠

推论 2.6.2.24 设 $n \in \mathbb{N}$, E 是一个有限集, $A_0, \cdots, A_n$ 是 E 的子集且两两互不相交. 那么,

$$\left| \bigcup_{i=0}^{n} A_i \right| = \sum_{i=0}^{n} |A_i|.$$

证明:

我们通过对 n 应用数学归纳法来证明这个结论(留作练习).　　⊠

2.6.2.f 笛卡儿乘积

定理 2.6.2.25 设 E 和 F 是两个有限集. 那么, E 和 F 的笛卡儿积 $E \times F$ 是有限的, 且
$$|E \times F| = |E| \times |F|.$$

证明:

对任意 $x \in E$, 令 $A_x = \{(x,y)|\ y \in F\}$. 这些集合 $A_x(x \in E)$ 是两两互不相交的, 并且它们的并集是 $E \times F$. 此外, 对任意 $x \in E$, 显然 A_x 与 F 构成双射, 故它是有限的, 且其基数为 $|F|$.

那么有
$$|E \times F| = \left|\bigcup_{x \in E} A_x\right| = \sum_{x \in E} |A_x| = \sum_{x \in E} |F| = |E| \times |F|. \qquad \boxtimes$$

推论 2.6.2.26 如果 $E_1, E_2, \cdots, E_n$ 是有限集, 那么, $\prod\limits_{k=1}^{n} E_k$ 是一个有限集, 其基数为
$$\prod_{i=1}^{n} |E_i| = |E_1| \times |E_2| \times \cdots \times |E_n|.$$

证明:

注意到
$$\prod_{i=1}^{n+1} E_i \quad \text{与} \quad \left(\prod_{i=1}^{n} E_i\right) \times E_{n+1} \ \text{构成双射},$$

并应用数学归纳法可得结论. $\qquad \boxtimes$

推论 2.6.2.27 设 $n \in \mathbb{N}^\star$, E 是一个有限集. 那么, E^n 是有限集, 且 $|E^n| = |E|^n$.

证明:

这是前一推论的直接结果, 其中 $E_i = E(1 \leqslant i \leqslant n)$. $\boxtimes$

2.6.2.g 从 E 到 F 的映射的集合

命题 2.6.2.28 设 E 和 F 是两个有限集. 那么, $\mathcal{F}(E,F)$ 是有限集, 且 $|\mathcal{F}(E,F)| = |F|^{|E|}$.

注: 直觉上这是显然的, 因为 $f \in \mathcal{F}(E,F)$ 是由它作用到每个 $x \in E$ 的像 $f(x)$ 刻画的. 对 E 中的每个 x, $f(x)$ 的取值存在 $|F|$ 种可能. 所以映射的像集共有 $|F|^{|E|}$ 种选择.

证明:

- 如果 $F = \varnothing$, 那么, 若 $E \neq \varnothing$, 则 $\mathcal{F}(E,F)$ 是空的; 若 $E = \varnothing$, 则 $\mathcal{F}(E,F)$ 只包含空映射这一个映射. 约定 $0^0 = 1$, 故当 $F = \varnothing$ 时这个命题成立.

- 现在假设 $F \neq \varnothing$. 同样地, 如果 $E = \varnothing$, 那么 $\mathcal{F}(E,F)$ 包含唯一一个元素: 空映射. 因此有

$$|\mathcal{F}(E,F)| = 1 = |F|^0 = |F|^{|E|},$$

该性质仍然成立.

- 现在我们考虑 E 和 F 都是非空有限集的情况. 设 $n = |E|$, 则 $n \geqslant 1$. 设 $\varphi \colon [\![1,n]\!] \longrightarrow E$ 是一个双射. 考虑以下映射:

$$\psi \colon \begin{array}{l} \mathcal{F}(E,F) \longrightarrow \mathcal{F}([\![1,n]\!],F), \\ f \longmapsto f \circ \varphi \end{array}$$

和

$$\pi \colon \begin{array}{l} \mathcal{F}([\![1,n]\!],F) \longrightarrow F^n, \\ f \longmapsto (f(1),f(2),\cdots,f(n)). \end{array}$$

显然 ψ 和 π 都是双射(因为 φ 是双射). 那么我们可以依次得到:

* F^n 是有限的且 π 是双射, 因此, $\mathcal{F}([\![1,n]\!],F)$ 是有限集且基数为 $|\mathcal{F}([\![1,n]\!],F)| = |F^n|$;

* $\mathcal{F}(\llbracket 1,n\rrbracket, F)$ 是有限的且 ψ 是双射, 故 $\mathcal{F}(E,F)$ 是有限的, 且和 $\mathcal{F}(\llbracket 1,n\rrbracket, F)$ 有相同的基数.

因此, $\mathcal{F}(E,F)$ 确实是有限集, 且

$$|\mathcal{F}(E,F)| = |\mathcal{F}(\llbracket 1,n\rrbracket, F)| = |F^n| = |F|^n = |F|^{|E|}. \qquad \boxtimes$$

2.6.2.h $\mathcal{P}(E)$ 的基数

定义 2.6.2.29 设 $A \in \mathcal{P}(E)$. 我们定义 A 的特征函数(记为 χ_A)为映射

$$\chi_A: \begin{array}{l} E \longrightarrow \{0,1\}, \\ x \longmapsto \begin{cases} 1, & \text{若 } x \in A, \\ 0, & \text{其他}. \end{cases} \end{array}$$

命题 2.6.2.30 把 A 映为 χ_A 的映射 $\varphi\colon \mathcal{P}(E) \longrightarrow \mathcal{F}(E,\{0,1\})$ 是双射.

证明:

● 证明 φ 是单射.

设 A 和 B 是 E 的两个子集, 使得 $\varphi(A) = \varphi(B)$. 要证明 $A = B$. 设 $x \in E$. 由特征函数的定义, 有

$$x \in A \iff \chi_A(x) = 1 \iff \varphi(A)(x) = 1,$$

故

$$x \in A \iff \varphi(B)(x) = 1 \iff \chi_B(x) = 1 \iff x \in B.$$

因此, $x \in A \iff x \in B$, 即 $A = B$, φ 确实是单射.

● 证明 φ 是满射.

设 $f \in \mathcal{F}(E,\{0,1\})$. 考虑

$$A = \{x \in E \mid f(x) = 1\} = f_r^{-1}(\{1\}).$$

那么, 显然 $A \subset E$, 即 $A \in \mathcal{P}(E)$. 根据定义, 有: $f(x) = 1 \iff x \in A$. 已知 f 的函数值只有 0 和 1, 故有 $f = \chi_A$. 因此, φ 是满射.

因此, φ 既是单射又是满射, 即 φ 是双射.　　　　　　□

命题 2.6.2.31　设 E 是一个有限集. 那么, $\mathcal{P}(E)$ 是有限集, 且 $|\mathcal{P}(E)| = 2^{|E|}$.

证明:

实际上, 根据命题 2.6.2.30, $\mathcal{P}(E)$ 与 $\mathcal{F}(E, \{0,1\})$ 构成双射. 已知 E 是有限集, $\{0,1\}$ 也是有限集, 故 $\mathcal{F}(E, \{0,1\})$ 是有限集. 因此, $\mathcal{P}(E)$ 也是有限集, 且

$$|\mathcal{P}(E)| = |\mathcal{F}(E, \{0,1\})| = 2^{|E|}.$$　　□

注: 稍后我们将看到使用二项式系数的另一种证明.

2.6.2.i　排列, 从一个集合到另一个集合的单射和双射的数量

命题 2.6.2.32　设 E 和 F 是两个有限集, $n = |F|$, $p = |E|$. 假设 $0 \leqslant p \leqslant n$. 那么, 从 E 到 F 的单射的集合 $I(E, F)$ 是有限集(我们也称这是 n 元集的 p 元排列的集合), 且

$$|I(E, F)| := \mathrm{A}_n^p = \frac{n!}{(n-p)!}.$$

注: 直觉上这很容易理解. 实际上, 如果记 $x_1, \cdots, x_p$ 是 E 的元素, 并且 f 是从 E 到 F 的单射. 那么,

- 对 $f(x_1)$, 有 n 种可能的选择(F 的 n 个元素);
- 对 $f(x_2)$, 有 $n-1$ 种可能的选择($F \setminus \{f(x_1)\}$ 的元素);

$$\vdots$$

- 对 $f(x_p)$, 有 $n-(p-1)$ 种可能的选择($F \setminus \{f(x_1), \cdots, f(x_{p-1})\}$ 的元素).

因此, 总共有 $n \times (n-1) \times (n-(p-1))$ 种可能性, 即 $\dfrac{n!}{(n-p)!}$.

证明:

设 $n \in \mathbb{N}$ 是取定的. 我们通过对 $p \in [\![0, n]\!]$ 进行有限数学归纳来证明这个命题.

初始化:

对 $p = 0$, 我们有 $E = \varnothing$ 和 $\mathcal{F}(\varnothing, F) = \{i_{\varnothing, F}\}$ (空映射). 空映射是单射, 故 $|I(E, F)| = 1$. 同样地, $A_n^0 = \dfrac{n!}{n!} = 1$. 当 $p = 0$ 时性质成立.

递推:

如果 $n = 0$, 则性质成立. 否则, 假设性质对 $p < n$ 成立. 我们要证明性质对 $p + 1$ 也成立.

设 E 是一个基数为 $p+1$ 的集合, 其中 $p+1 \leqslant n$. 那么, $E \neq \varnothing$, 故存在 $a \in E$. 取定一个这样的 a, 令 $E' = E \setminus \{a\}$, 并考虑映射

$$\varphi: \begin{aligned} I(E, F) &\longrightarrow I(E', F), \\ f &\longmapsto f_{|E'}. \end{aligned}$$

- 一方面, φ 是良定义的. 实际上, 如果 $f\colon E \longrightarrow F$ 是单射, 那么 $f_{|E'}$ 仍是单射.

- 另一方面, 如果 $g \in I(E', F)$, 那么 $\varphi_r^{-1}(\{g\})$ 是从 E 到 F 使得 $f_{|E'} = g$ 的单射 f 的集合. 显然, 这些映射 f 满足 $f(a) \notin g(E')$, 即 $|\varphi_r^{-1}(\{g\})| = n - p$. 由此推断:

$$\begin{aligned} |I(E, F)| &= \left| \bigsqcup_{g \in I(E', F)} \varphi_r^{-1}(\{g\}) \right| \\ &= \sum_{g \in I(E', F)} |\varphi_r^{-1}(\{g\})| \\ &= \sum_{g \in I(E', F)} (n - p) \\ &= (n - p) \times |I(E', F)| \\ &= (n - p) \frac{n!}{(n - p)!} \\ &= \frac{n!}{(n - (p+1))!}. \end{aligned}$$

这证得性质对 $p + 1$ 也成立, 归纳完成. $\boxtimes$

注: 命题的假设是 $0 \leqslant p \leqslant n$. 当 $|E| > |F|$ 时, 关于 $I(E,F)$ 有什么结论?

推论 2.6.2.33 如果 $|E| = n$, 那么, E 的置换的集合(即 E 到自身的双射的集合, 记为 $\sigma(E)$)是一个有限集, 且其基数为 $n!$.

证明:

如果 E 是一个基数为 n 的有限集, 那么, 映射 $f: E \longrightarrow E$ 是单射当且仅当它是双射. 因此, $\sigma(E) = I(E,E)$ 是有限集, 它的基数为

$$|\sigma(E)| = |I(E,E)| = \frac{n!}{(n-n)!} = n!.$$ ⊠

2.6.2.j 组合以及二项式系数

命题 2.6.2.34 设 E 是一个基数为 n 的有限集. 设 $p \in \mathbb{N}$ 使得 $p \leqslant n$. 记 $\mathcal{P}_p(E)$ 为 E 的基数为 p 的子集的集合, 即

$$\mathcal{P}_p(E) = \{A \in \mathcal{P}(E) \mid |A| = p\}.$$

那么, $\mathcal{P}_p(E)$ 是有限集, 且

$$|\mathcal{P}_p(E)| = \frac{n!}{p!(n-p)!} = \binom{n}{p}.$$

注: 关于此命题的直观解释和更多相关的性质, 可以回顾《大学数学入门 2》中的概率一章.

证明:

- 首先, 因为 E 是有限的, 根据命题 2.6.2.31, $\mathcal{P}(E)$ 也是有限的, 因此, $\mathcal{P}_p(E) \subset \mathcal{P}(E)$ 也是有限集.

- 设 I 是从 $[\![1,p]\!]$ 到 E 的单射的集合, 设 φ 是映射:

$$\varphi: \begin{aligned} I &\longrightarrow \mathcal{P}_p(E), \\ f &\longmapsto f([\![1,p]\!]). \end{aligned}$$

* 首先, φ 是良定义的, 因为如果 $f \in I$, 则 f 是单射, 从而

$$|f(\llbracket 1, p \rrbracket)| = |\llbracket 1, p \rrbracket| = p.$$

* 此外, 如果 $A \in \mathcal{P}_p(E)$, 那么,

$$\varphi_r^{-1}(\{A\}) = \{f \in \mathcal{F}(\llbracket 1, p \rrbracket, E) \mid f \text{ 是单射且 } f(\llbracket 1, p \rrbracket) = A\}.$$

并且, $|A| = p$, 故从 $\llbracket 1, p \rrbracket$ 到 A 的映射是单射当且仅当它是双射. 从而, $\varphi_r^{-1}(\{A\})$ 与集合

$$S = \{f \in \mathcal{F}(\llbracket 1, p \rrbracket, A) \mid f \text{ 是双射}\}$$

构成双射. 那么, 根据 2.6.2.i 节的内容,

$$|\varphi_r^{-1}(\{A\})| = |S| = p!.$$

因此,

$$|I| = \left| \bigsqcup_{A \in \mathcal{P}_p(E)} \varphi_r^{-1}(\{A\}) \right| = \sum_{A \in \mathcal{P}_p(E)} |\varphi_r^{-1}(\{A\})| = \sum_{A \in \mathcal{P}_p(E)} p!,$$

即 $|I| = p! \times |\mathcal{P}_p(E)|$. $\boxtimes$

2.6.2.k 二项式系数的性质

命题 2.6.2.35 设 n 和 p 是两个自然数, 使得 $0 \leqslant p \leqslant n$. 那么,

(i) $\dbinom{n}{p} = \dbinom{n}{n-p}$;

(ii) $\displaystyle\sum_{p=0}^{n} \binom{n}{p} = 2^n$;

(iii) 如果 $n \geqslant 1$ 且 $p \geqslant 1$, 那么 $\dbinom{n-1}{p-1} + \dbinom{n-1}{p} = \dbinom{n}{p}$ (帕斯卡(Pascal)公式).

证明:

> 设 E 是一个基数为 n 的集合.
>
> • 证明 (i).
>
> 我们知道, 对 E 的任意子集 A, $\overline{\overline{A}} = A$ 且 $|\overline{A}| = n - |A|$. 由此可得, 映射
>
> $$\varphi: \begin{array}{rcl} \mathcal{P}_p(E) & \longrightarrow & \mathcal{P}_{n-p}(E), \\ A & \longmapsto & \overline{A} \end{array}$$
>
> 是一个双射(它的逆映射是 $\psi: \mathcal{P}_{n-p}(E) \longrightarrow \mathcal{P}_p(E)$, 将集合 A 映为其补集 $\complement_E(A) = \overline{A}$). 由此推断 $|\mathcal{P}_p(E)| = |\mathcal{P}_{n-p}(E)|$.
>
> • 证明 (ii).
>
> 我们有 $\mathcal{P}(E) = \bigsqcup_{p=0}^{n} \mathcal{P}_p(E)$. 这是有限个集合的无交并, 故有
>
> $$2^n = 2^{|E|} = |\mathcal{P}(E)| = \sum_{p=0}^{n} |\mathcal{P}_p(E)| = \sum_{p=0}^{n} \binom{n}{p}.$$
>
> • 证明 (iii).
>
> 取定 E 的一个元素 x. 那么, E 的基数为 p 的子集的集合是以下两个部分的无交并: E 的有 p 个元素且不包含 x 的集合 $\left(\text{共有 } \binom{n-1}{p} \text{ 个}\right)$ 和 E 的有 p 个元素且包含 x 的集合 $\left(\text{共有 } \binom{n-1}{p-1} \text{ 个}\right)$. $\boxtimes$

<u>注</u>: 当然, 这些公式也可以通过直接计算得到.

二项式系数还有许多其他性质. 例如, 帕斯卡迭代公式和范德蒙德关系式(见习题 2.5.20). 建议阅读《大学数学入门 2》的概率章节, 了解这些关系式, 以及它们的证明.

第 3 章　实或复数列

预备知识　学习本章之前, 需已熟悉以下内容:

- 逻辑基础课程(蕴涵、等价、谓词).

- 集合的概念.

- 等价关系; 序关系、下确界和上确界.

- 集合 $\mathbb{N}$ 及其性质; 集合 $\mathbb{Z}$.

- 集合 $\mathbb{R}$ 及其性质.

- 单调映射; 单射、满射和双射.

- 常用的代数结构——群、环、除环; 群同态和环同态.

- 复数; 模、实部和虚部.

- 函数的小 o 记号和大 O 记号.

不要求已了解关于序列的具体知识.

3.1 实 数 列

3.1.1 概述

定义 3.1.1.1 我们定义实数列为映射 $u: \mathbb{N} \longrightarrow \mathbb{R}$. 对任意自然数 n, 令 $u(n) = u_n$, 并用 $u = (u_n)_{n \in \mathbb{N}}$ 来表示该序列. 我们也称 u_n 为序列 $(u_n)_{n \in \mathbb{N}}$ 的通项(或一般项), 或者, 对给定的 $n \in \mathbb{N}$, 称 u_n 为序列 $(u_n)_{n \in \mathbb{N}}$ 的第 n 项或下标为 n 的项.

例 3.1.1.2 我们定义序列 $(u_n)_{n \in \mathbb{N}}$ 如下: 对任意自然数 n, $u_n = \cos(n)$. 也可以通过递推关系来定义一个序列. 例如, $u_0 = 1$ 且对任意自然数 n, $u_{n+1} = 3u_n$ 定义了一个序列.

注:

- 等价地, 一个实数列是一个下标集为 $\mathbb{N}$ 的实数族;

- 我们可以把序列的概念推广到映射 $u: [\![n_0, +\infty[\![\longrightarrow \mathbb{R}$ 或 $u: \mathbb{Z} \longrightarrow \mathbb{R}$, 其中 $[\![n_0, +\infty[\![$ 表示大于等于 n_0 的整数. 在第一种情况下, 我们讨论的是从 n_0 起有定义的实数列. 在第二种情况下, 我们讨论的是以 $\mathbb{Z}$ 为下标集的实数族.

定义 3.1.1.3 设 $(u_n)_{n \in \mathbb{N}}$ 是一个实数列. 我们称 $(u_n)_{n \in \mathbb{N}}$ 是

- 单调递增的, 若 $\forall(n,p) \in \mathbb{N}^2$, $(n \leqslant p \Longrightarrow u_n \leqslant u_p)$;
- 严格单调递增的, 若 $\forall(n,p) \in \mathbb{N}^2$, $(n < p \Longrightarrow u_n < u_p)$;
- 单调递减的, 若 $\forall(n,p) \in \mathbb{N}^2$, $(n \leqslant p \Longrightarrow u_n \geqslant u_p)$;
- 严格单调递减的, 若 $\forall(n,p) \in \mathbb{N}^2$, $(n < p \Longrightarrow u_n > u_p)$;
- 单调的(或者严格单调的), 若它是单调递增的或单调递减的(或者严格单调递增的或严格单调递减的).

命题 3.1.1.4 设 $(u_n)_{n \in \mathbb{N}}$ 是一个实数列. 那么, $(u_n)_{n \in \mathbb{N}}$ 是单调递增的(或单调递减的)当且仅当 $\forall n \in \mathbb{N}$, $u_n \leqslant u_{n+1}$(或: 当且仅当 $\forall n \in \mathbb{N}$, $u_n \geqslant u_{n+1}$).

证明:

我们证明单调递增序列的情况. 通过把结果应用到 $(-u_n)_{n\in\mathbb{N}}$ 中可以得到单调递减序列的相应结果.

- $\Longrightarrow$ 是显然的.

- 证明 $\Longleftarrow$.

假设: $\forall n \in \mathbb{N}, u_n \leqslant u_{n+1}$. 证明序列 $(u_n)_{n\in\mathbb{N}}$ 是单调递增的. 设 $n \in \mathbb{N}$. 用简单的数学归纳法可以证明: $\forall k \in \mathbb{N}, u_n \leqslant u_{n+k}$. 设 $p \in \mathbb{N}$ 使得 $p \geqslant n$. 取 $k = p - n \in \mathbb{N}$, 可得 $u_n \leqslant u_p$. $\boxtimes$

例 3.1.1.5 考虑序列 $(u_n)_{n\in\mathbb{N}}$ 定义为: $\forall n \in \mathbb{N}, u_n = n^2$. 那么, $(u_n)_{n\in\mathbb{N}}$ 是一个严格单调递增的序列. 实际上, 对任意自然数 n,

$$u_{n+1} - u_n = 2n + 1 > 0.$$

例 3.1.1.6 考虑序列 $(u_n)_{n\in\mathbb{N}}$ 定义为: $u_0 = \pi$ 且 $\forall n \in \mathbb{N}, u_{n+1} = -u_n^2 + 3u_n - 4$. 那么,

$$\forall n \in \mathbb{N}, u_{n+1} - u_n = -u_n^2 + 2u_n - 4 < 0.$$

因此, $(u_n)_{n\in\mathbb{N}}$ 是严格单调递减的.

下面, 我们来看一个习题, 这个习题可以避免大家犯常见的严重错误.

习题 3.1.1.7 考虑由 $u_0 = 1$ 和 $\forall n \in \mathbb{N}, u_{n+1} = \sin(u_n)$ 定义的序列. (稍后我们将验证这个序列是良定义的.)

1. 证明对任意 $n \in \mathbb{N}, u_n \in \left[0, \frac{\pi}{2}\right]$.

2. 证明对任意实数 $x \geqslant 0, \sin(x) \leqslant x$.

3. 由此导出序列 $(u_n)_{n\in\mathbb{N}}$ 的单调性.

4. 正弦函数在 $\left[0, \frac{\pi}{2}\right]$ 上的单调性是怎样的?

5. 结论是什么?

⚠️ **注意:** 对形如 $u_{n+1} = f(u_n)$ 的序列, $(u_n)_{n\in\mathbb{N}}$ 的单调性不一定与函数 f 的单调性相同!!!

定义 3.1.1.8 设 $(u_n)_{n\in\mathbb{N}}$ 是一个实数列. 我们称 $(u_n)_{n\in\mathbb{N}}$ 是

- 有上界的, 若存在实数 M 使得: $\forall n \in \mathbb{N}$, $u_n \leqslant M$;

- 有下界的, 若存在实数 m 使得: $\forall n \in \mathbb{N}$, $m \leqslant u_n$;

- 有界的, 若它既有上界又有下界.

例 3.1.1.9 考虑以下序列:

- $\forall n \in \mathbb{N}$, $u_n = n$. 那么, $(u_n)_{n\in\mathbb{N}}$ 有下界(因为对任意自然数 n, $0 \leqslant u_n$)但无上界.

- 设序列 v 定义如下: $\forall n \in \mathbb{N}$, $v_n = -\ln(n+1)$. $(v_n)_{n\in\mathbb{N}}$ 有上界但无下界.

- 通项为 $w_n = 3 + \cos(n)$ 的序列 $(w_n)_{n\in\mathbb{N}}$ 是有界的, 因为: $\forall n \in \mathbb{N}$, $2 \leqslant w_n \leqslant 4$.

命题 3.1.1.10 设 $(u_n)_{n\in\mathbb{N}}$ 是一个实数列. 那么, 序列 $(u_n)_{n\in\mathbb{N}}$ 是有界的当且仅当

$$\exists M \geqslant 0, \forall n \in \mathbb{N}, |u_n| \leqslant M.$$

证明:

- 证明 $\Longleftarrow$.

如果存在 $M \geqslant 0$ 使得 $\forall n \in \mathbb{N}$, $|u_n| \leqslant M$, 那么, $\forall n \in \mathbb{N}$, $-M \leqslant u_n \leqslant M$, 故 $(u_n)_{n\in\mathbb{N}}$ 是有界的.

- 证明 $\Longrightarrow$.

如果 $(u_n)_{n\in\mathbb{N}}$ 是有界的, 那么, 根据定义, 存在实数 m 和实数 M 使得

$$\forall n \in \mathbb{N}, m \leqslant u_n \leqslant M.$$

令 $K = \max\{|m|, |M|\}$. 显然 $K \geqslant 0$, 且 $\forall n \in \mathbb{N}$, $|u_n| \leqslant K$. $\boxtimes$

习题 3.1.1.11 设序列 $(u_n)_{n\in\mathbb{N}}$ 定义为

$$u_0 \in [-1,1] \quad \text{且} \quad \forall n \in \mathbb{N}, u_{n+1} = \frac{1}{(n+1)^2}\sum_{k=0}^{n}(k+1)u_k u_{n-k}.$$

证明 $(u_n)_{n\in\mathbb{N}}$ 是有界的.

3.1 实 数 列

3.1.2 序列的运算

定义 **3.1.2.1** 我们在实数列集合 $\mathbb{R}^{\mathbb{N}}$ 上配备三种运算和一个二元关系:

- 加法, 记为 +, 定义为: $\forall (u,v) \in \mathbb{R}^{\mathbb{N}} \times \mathbb{R}^{\mathbb{N}}, \forall n \in \mathbb{N}, (u+v)_n = u_n + v_n$;

- 内部乘法, 记为 $\times$, 定义为: $\forall (u,v) \in \mathbb{R}^{\mathbb{N}} \times \mathbb{R}^{\mathbb{N}}, \forall n \in \mathbb{N}, (u \times v)_n = u_n \times v_n$;

- 外部乘法(也称为数乘) $\mathbb{R} \times \mathbb{R}^{\mathbb{N}} \longrightarrow \mathbb{R}^{\mathbb{N}}$, 记为 $\cdot$, 定义为

$$\forall \lambda \in \mathbb{R}, \forall u \in \mathbb{R}^{\mathbb{N}}, \forall n \in \mathbb{N}, (\lambda \cdot u)_n = \lambda \times u_n;$$

- 二元关系, 记为 $\leqslant$, 定义为: $\forall (u,v) \in \mathbb{R}^{\mathbb{N}} \times \mathbb{R}^{\mathbb{N}}, (u \leqslant v \iff \forall n \in \mathbb{N}, u_n \leqslant v_n)$.

命题 **3.1.2.2** $(\mathbb{R}^{\mathbb{N}}, +, \times)$ 是一个交换环, 且 $(\mathbb{R}^{\mathbb{N}}, \leqslant)$ 是一个偏序集.

命题 **3.1.2.3** 更一般地, 如果 E 是任意一个集合, 那么, 配备以下运算和关系的 $\mathcal{F}(E, \mathbb{R})$ 是一个交换环和有序集:

- $\mathcal{F}(E, \mathbb{R})$ 中的加法: 对 $f, g \in \mathcal{F}(E, \mathbb{R})$, 我们定义 $f + g$ 为

$$E \xrightarrow{f+g} \mathbb{R},$$
$$x \longmapsto f(x) + g(x);$$

- $\mathcal{F}(E, \mathbb{R})$ 中的内部乘法: 对 $f, g \in \mathcal{F}(E, \mathbb{R})$, 我们定义 $f \times g$ 为

$$E \xrightarrow{f \times g} \mathbb{R},$$
$$x \longmapsto f(x) \times g(x);$$

- $\mathcal{F}(E, \mathbb{R})$ 中的比较关系: 对 $f, g \in \mathcal{F}(E, \mathbb{R})$, 我们定义 $f \leqslant g$ 为

$$\forall x \in E, f(x) \leqslant g(x).$$

证明:

证明 $(\mathcal{F}(E,\mathbb{R}),+,\times)$ 是一个交换环, 即:

1. $(\mathcal{F}(E,\mathbb{R}),+)$ 是一个阿贝尔群;
2. $\times$ 满足结合律, 有中性元且满足交换律;
3. $\times$ 对 $+$ 服从分配律.

- 证明 (1).

  * 证明 $+$ 满足结合律.

    设 $f,g,h \in \mathcal{F}(E,\mathbb{R})$. 那么, 对任意 $x \in E$,

    $$\begin{aligned}
    (f+(g+h))(x) &= f(x) + (g+h)(x) \\
    &= f(x) + g(x) + h(x) \quad (\mathbb{R} \text{ 中的 } + \text{ 满足结合律}) \\
    &= (f+g)(x) + h(x) \\
    &= ((f+g)+h)(x).
    \end{aligned}$$

    这对任意 $x \in E$ 都成立, 故有 $f+(g+h) = (f+g)+h$, 即 $+$ 满足结合律.

  * 记 $0_{\mathcal{F}(E,\mathbb{R})}$ 为取值是 0 的常值映射: $\begin{array}{c} E \xrightarrow{0_{\mathcal{F}(E,\mathbb{R})}} \mathbb{R}, \\ x \longmapsto 0. \end{array}$ 那么, $0_{\mathcal{F}(E,\mathbb{R})}$ 显然是 $+$ 的中性元.

  * 最后证明所有元素都有负元.

    设 $f \in \mathcal{F}(E,\mathbb{R})$.

    显然, 映射 $\begin{array}{c} E \xrightarrow{g} \mathbb{R}, \\ x \longmapsto -f(x) \end{array}$ 满足 $f+g = g+f = 0_{\mathcal{F}(E,\mathbb{R})}$.

  * 最后, 显然 $+$ 满足交换律, 因为 $\mathbb{R}$ 中的加法满足交换律.

- 证明 (2).

  * $\times$ 满足结合律; 证明与加法一样, 因为 $\mathbb{R}$ 中的乘法也满足结合律.

  * 记 $1_{\mathcal{F}(E,\mathbb{R})}$ 为取值为 1 的常值映射: $\begin{array}{c} E \xrightarrow{1_{\mathcal{F}(E,\mathbb{R})}} \mathbb{R}, \\ x \longmapsto 1. \end{array}$ 那么, $1_{\mathcal{F}(E,\mathbb{R})}$ 显然是 $\times$ 的中性元.

  * 显然 $\times$ 满足交换律, 因为 $\mathbb{R}$ 中的乘法满足交换律.

• 证明 (3).

这是由于 $\mathbb{R}$ 中的乘法对 $\mathbb{R}$ 中的加法服从分配律. 设 $f,g,h \in \mathcal{F}(E,\mathbb{R})$, 那么, 对任意 $x \in E$, 我们有

$$(f \times (g+h))(x) = f(x) \times ((g+h)(x))$$
$$= f(x) \times (g(x)+h(x)),$$

因此

$$(f \times (g+h))(x) = f(x) \times g(x) + f(x) \times h(x)$$
$$= (f \times g)(x) + (f \times h)(x)$$
$$= (f \times g + f \times h)(x).$$

因此, $f \times (g+h) = f \times g + f \times h$, $\times$ 对 $+$ 服从左分配律. 因为 $\times$ 满足交换律, 所以它也对 $+$ 服从右分配律.

• 证明 $(\mathcal{F}(E,\mathbb{R}), \leqslant)$ 是一个有序集.

* 首先, 显然 $\leqslant$ 是 $\mathcal{F}(E,\mathbb{R})$ 上的一个二元关系.

* 自反性:

设 $f \in \mathcal{F}(E,\mathbb{R})$. 那么对任意 $x \in E$, $f(x) \leqslant f(x)$, 故 $f \leqslant f$, 从而 $\leqslant$ 是自反的.

* 反对称性:

设 $f,g \in \mathcal{F}(E,\mathbb{R})$ 使得 $f \leqslant g$ 且 $g \leqslant f$. 那么, 对任意 $x \in E$, $f(x) \leqslant g(x)$ 且 $g(x) \leqslant f(x)$. $\mathbb{R}$ 中的关系 $\leqslant$ 是一个序关系, 故对任意 $x \in E$, $f(x) = g(x)$. 因此映射 f 和 g 相等, 从而 $\leqslant$ 是反对称的.

* 传递性:

设 $f,g,h \in \mathcal{F}(E,\mathbb{R})$ 使得 $f \leqslant g$ 且 $g \leqslant h$. 设 $x \in E$. 那么, $f(x) \leqslant g(x)$ 且 $g(x) \leqslant h(x)$. 又因为, $\mathbb{R}$ 上的关系 $\leqslant$ 是一个序关系, 故它是传递的. 因此, $f(x) \leqslant h(x)$. 这对 E 的任意元素 x 成立, 故有 $f \leqslant h$, 从而 $\leqslant$ 是传递的.

这证得 $(\mathcal{F}(E,\mathbb{R}), \leqslant)$ 是一个有序集. $\boxtimes$

注:

- $(\mathbb{R}^{\mathbb{N}}, +, \times)$ 不是整环(因此不是除环), 因为

$$\exists u, v \in \mathbb{R}^{\mathbb{N}}, u \neq 0_{\mathbb{R}^{\mathbb{N}}} \text{ 且 } v \neq 0_{\mathbb{R}^{\mathbb{N}}} \text{ 且 } u \times v = 0_{\mathbb{R}^{\mathbb{N}}}.$$

例如, 如果定义序列 u 和 v 如下:

$$\begin{cases} \text{对任意自然数 } n, u_{2n} = 0 \text{ 且 } u_{2n+1} = 1; \\ \text{对任意自然数 } n, v_{2n} = 1 \text{ 且 } v_{2n+1} = 0. \end{cases}$$

那么, $\forall n \in \mathbb{N}, u_n \times v_n = 0$, 即 $u \times v = 0$, 然而, u 和 v 都不是零序列.

- $(\mathbb{R}^{\mathbb{N}}, \leqslant)$ 是一个偏序集, 即这个序关系不是全序. 实际上, 如果对任意自然数 $n \in \mathbb{N}$, 令 $u_n = n$ 和 $v_n = 1$, 那么

  * $u_0 < v_0$, 故 $v \not\leqslant u$;

  * 同样地, $v_2 < u_2$, 故 $u \not\leqslant v$.

  这证明 $\mathbb{R}^{\mathbb{N}}$ 中存在两个元素无法用 $\leqslant$ 来比较.

- $\mathcal{F}(\mathbb{N}, \mathbb{R})$ 上的关系 $\leqslant$ 与 $+$ 和 $\times$ 兼容(正如对实数那样):

$$\forall u, v, w, q \in \mathbb{R}^{\mathbb{N}}, \begin{cases} u \leqslant v \\ w \leqslant q \end{cases} \implies u + w \leqslant v + q \text{ 和 } \begin{cases} 0 \leqslant u \leqslant v \\ 0 \leqslant w \leqslant q \end{cases} \implies u \times w \leqslant v \times q.$$

- 如果 $u \in \mathbb{R}^{\mathbb{N}}$, 我们可以定义序列 $|u|$ 如下:

$$\forall n \in \mathbb{N}, |u|(n) = |u_n|.$$

显然, u 是有界的当且仅当 $|u|$ 是有上界的.

命题 3.1.2.4　集合 $(\mathbb{R}^{\mathbb{N}}, +, \cdot)$ 是一个向量空间, 即 $(\mathbb{R}^{\mathbb{N}}, +)$ 是一个阿贝尔群, 并且对任意 $(\lambda, \mu) \in \mathbb{R}^2$ 和任意 $(u, v) \in \mathbb{R}^{\mathbb{N}} \times \mathbb{R}^{\mathbb{N}}$, 有

$$(\lambda + \mu) \cdot u = \lambda \cdot u + \mu \cdot v; \quad \lambda \cdot (u + v) = \lambda \cdot u + \lambda \cdot v; \quad \lambda \cdot (\mu \cdot u) = (\lambda \times \mu) \cdot u; \quad 1_{\mathbb{R}} \cdot u = u.$$

证明:

这是因为 $\mathbb{R}$ 中的乘法满足结合律且对加法服从分配律, 并且 $1_{\mathbb{R}}$ 是乘法的中性元. 这些性质的验证留作练习. 向量空间的概念将在第 4 章中讨论, 所以我们目前不需要关注相关术语. $\boxtimes$

命题 3.1.2.5 我们记 $\mathcal{B}(\mathbb{N}, \mathbb{R})$ 为有界实数列的集合. 那么, $(\mathcal{B}(\mathbb{N}, \mathbb{R}), +, \times)$ 是 $\mathbb{R}^{\mathbb{N}}$ 的一个子环, 并且对线性组合封闭, 即

$$\forall (u, v) \in \mathcal{B}(\mathbb{N}, \mathbb{R})^2, \forall (\lambda, \mu) \in \mathbb{R}^2, (\lambda \cdot u + \mu \cdot v) \in \mathcal{B}(\mathbb{N}, \mathbb{R}).$$

证明:

- 证明 $\mathcal{B}(\mathbb{N}, \mathbb{R})$ 是 $\mathbb{R}^{\mathbb{N}}$ 的一个子环, 即

  (i) $1_{\mathbb{R}^{\mathbb{N}}} \in \mathcal{B}(\mathbb{N}, \mathbb{R})$;

  (ii) $\forall (u, v) \in \mathcal{B}(\mathbb{N}, \mathbb{R})^2, (u - v) \in \mathcal{B}(\mathbb{N}, \mathbb{R})$;

  (iii) $\forall (u, v) \in \mathcal{B}(\mathbb{N}, \mathbb{R})^2, (u \times v) \in \mathcal{B}(\mathbb{N}, \mathbb{R})$.

性质 (i) 是显然的, 因为 $\forall n \in \mathbb{N}, |1_{\mathbb{R}^{\mathbb{N}}}(n)| \leqslant 1$.

证明 (ii) 和 (iii).

设 $u = (u_n)_{n \in \mathbb{N}}$ 和 $v = (v_n)_{n \in \mathbb{N}}$ 是两个有界的实数列. 根据定义, 存在 $M \in \mathbb{R}^+$ 和 $M' \in \mathbb{R}^+$ 使得

$$\forall n \in \mathbb{N}, |u_n| \leqslant M \quad 和 \quad \forall n \in \mathbb{N}, |v_n| \leqslant M'.$$

那么, 对任意自然数 $n \in \mathbb{N}$,

$$|(u - v)_n| = |u_n - v_n| \leqslant |u_n| + |v_n| \leqslant M + M'.$$

这证得 $u - v$ 是有界的, 即 $(u - v) \in \mathcal{B}(\mathbb{N}, \mathbb{R})$. 同样地, 对任意 $n \in \mathbb{N}$,

$$|(u \times v)_n| = |u_n \times v_n| = |u_n| \times |v_n| \leqslant M \times M'.$$

这证得 $u \times v \in \mathcal{B}(\mathbb{N}, \mathbb{R})$.

- 最后证明 $\mathcal{B}(\mathbb{N}, \mathbb{R})$ 对线性组合封闭.

使用与上面相同的符号, 并取定两个实常数 λ 和 μ, 我们有

$$\forall n \in \mathbb{N},\ |(\lambda \cdot u + \mu \cdot v)_n| = |\lambda \times u_n + \mu \times v_n|$$
$$\leqslant |\lambda| \times |u_n| + |\mu| \times |v_n|$$
$$\leqslant |\lambda| \times M + |\mu| \times M'.$$

这证得 $(\lambda \cdot u + \mu \cdot v)$ 是有界的. ⊠

注: 这个命题只是说明两个有界序列的和是有界的, 以及两个有界序列的乘积仍是有界序列.

3.1.3　子列

定义 3.1.3.1　设 $(u_n)_{n\in\mathbb{N}} \in \mathbb{R}^{\mathbb{N}}$ 是一个序列. 我们称序列 $(v_n)_{n\in\mathbb{N}}$ 是 $(u_n)_{n\in\mathbb{N}}$ 的一个子列, 若存在一个严格单调递增的映射 $\varphi\colon \mathbb{N} \longrightarrow \mathbb{N}$ 使得

$$\forall n \in \mathbb{N},\ v_n = u_{\varphi(n)}.$$

例 3.1.3.2 (重要)　经典例子是偶数项子列和奇数项子列. 如果对任意 $n \in \mathbb{N}$, $\varphi(n) = 2n$, $\psi(n) = 2n+1$, 那么, φ 和 ψ 是从 $\mathbb{N}$ 到 $\mathbb{N}$ 的严格单调递增的映射, 故 $(u_{\varphi(n)})$ 和 $(u_{\psi(n)})$ 是 $(u_n)_{n\in\mathbb{N}}$ 的两个子列.

例 3.1.3.3　序列 $(u_{4n^2})_{n\in\mathbb{N}}$ 是 (u_n) 的一个子列, 同时它也是 $(u_{n^2})_{n\in\mathbb{N}}$ 的一个子列.

例 3.1.3.4　$(u_{n!})_{n\in\mathbb{N}}$ 不是 $(u_n)_{n\in\mathbb{N}}$ 的一个子列, 因为映射 $n \longmapsto n!$ 不是从 $\mathbb{N}$ 到 $\mathbb{N}$ 严格单调递增的$(0! = 1!)$. 同样地, $(u_{2E(\frac{n}{2})})_{n\in\mathbb{N}}$ 不是 $(u_n)_{n\in\mathbb{N}}$ 的一个子列, 因为映射 $n \longmapsto 2E(\frac{n}{2})$ 不是严格单调递增的.

注: 稍后我们将看到子列的用处:

- 它是证明一个序列没有极限的重要工具(参见 3.3 节);

- 我们将在本章(3.4 节)中看到, 一个有界实数列至少存在一个收敛的子列(波尔查诺–魏尔斯特拉斯(Bolzano-Weierstrass)定理);

- 更一般地说, 子列是分析学的一个基本概念, 通过它可以定义紧性的概念(参见《大学数学进阶 1》).

命题 3.1.3.5 $(u_n)_{n \in \mathbb{N}}$ 的子列的子列还是 $(u_n)_{n \in \mathbb{N}}$ 的子列.

证明:

设 $(v_n)_{n \in \mathbb{N}}$ 是 $(u_n)_{n \in \mathbb{N}}$ 的一个子列, 设 $(w_n)_{n \in \mathbb{N}}$ 是 $(v_n)_{n \in \mathbb{N}}$ 的一个子列. 根据定义, 存在严格单调递增的映射 φ: $\mathbb{N} \longrightarrow \mathbb{N}$ 使得

$$\forall n \in \mathbb{N}, \ v_n = u_{\varphi(n)}.$$

同样, 存在严格单调递增的映射 ψ: $\mathbb{N} \longrightarrow \mathbb{N}$ 使得

$$\forall n \in \mathbb{N}, \ w_n = v_{\psi(n)}.$$

那么有

$$\forall n \in \mathbb{N}, \ w_n = v_{\psi(n)} = u_{\varphi(\psi(n))} = u_{(\varphi \circ \psi)(n)}.$$

此外, $\varphi \circ \psi$ 是严格单调递增的, 因为它是两个严格单调递增映射的复合. ⊠

注: 重要的是要理解复合的顺序. $(u_{\varphi \circ \psi(n)})_{n \in \mathbb{N}}$ 是 $(u_{\varphi(n)})_{n \in \mathbb{N}}$ 的一个子列!

3.2 由递推关系定义的序列

命题 3.2.0.1 设 E 是一个集合, $a \in E$, $(f_n)_{n \in \mathbb{N}}$ 是一个从 E 到 E 的映射族. 那么, 存在唯一一个由 E 的元素构成的序列 $(u_n)_{n \in \mathbb{N}}$ 满足

$$u_0 = a \quad 且 \quad \forall n \in \mathbb{N}, \ u_{n+1} = f_n(u_n).$$

这样的序列 $(u_n)_{n \in \mathbb{N}}$ 称为一阶递归序列.

证明:

> 这是显然的. 要正式证明这一点, 只需应用数学归纳法.　　　　　　　□

注: 更一般地, 我们可以用以下方式定义 p 阶递归序列 (其中 $p \geqslant 1$). 给定一个从 E^p 到 E 的映射族 $(f_n)_{n \in \mathbb{N}}$ 以及 $(a_0, \cdots, a_{p-1}) \in E^p$. 存在唯一的 E 的元素序列 $(u_n)_{n \in \mathbb{N}}$ 满足

$$\forall k \in [\![0, p-1]\!], u_k = a_k \quad 且 \quad \forall n \in \mathbb{N}, u_{n+p} = f_n(u_n, u_{n+1}, \cdots, u_{n+p-1}).$$

3.2.1　算术(等差)序列和几何(等比)序列

定义 3.2.1.1　　我们称一个实或复数列 $(u_n)_{n \in \mathbb{N}}$ 是

- 算术(或等差)序列若存在 $r \in \mathbb{C}$ 使得

$$\forall n \in \mathbb{N}, u_{n+1} = u_n + r.$$

  此时, 数字 r 称为该序列的公差.

- 几何(或等比)序列若存在 $q \in \mathbb{C}$ 使得

$$\forall n \in \mathbb{N}, u_{n+1} = q u_n.$$

  此时, 数字 q 称为该序列的公比.

⚠ **注意:** 在证明一个序列是几何序列时, 不要再证得 $u_n \neq 0$ 之前计算 $\dfrac{u_{n+1}}{u_n}$ 的值!

以下是必须熟记的表达式. 证明留作练习.

命题 3.2.1.2　设 $(u_n)_{n \in \mathbb{N}}$ 是一个实或复数列.

- 如果 $(u_n)_{n \in \mathbb{N}}$ 是一个公差为 $r \in \mathbb{C}$ 的算术序列, $p \in \mathbb{N}$, 那么,

$$\forall n \in \mathbb{N}, u_n = u_p + (n-p)r.$$

- 如果 $(v_n)_{n \in \mathbb{N}}$ 是一个公比为 $q \in \mathbb{C}^\star$ 的几何序列, $p \in \mathbb{N}$, 那么,

$$\forall n \in \mathbb{N}, v_n = q^{n-p}v_p.$$

例 3.2.1.3 考虑序列定义为 $u_0 \in (0, +\infty)$ 且 $\forall n \in \mathbb{N}$, $u_{n+1} = u_n^4$.
用简单数学归纳法可以证明: 对任意自然数 n, $u_n > 0$. 我们令 $v_n = \ln(u_n)$. 设 $n \in \mathbb{N}$, 我们有

$$v_{n+1} = \ln(u_{n+1}) = 4\ln(u_n) = 4v_n.$$

因此, $(v_n)_{n \in \mathbb{N}}$ 是一个几何序列, 并且对任意自然数 n, $v_n = v_0 \times 4^n$. 因此,

$$\forall n \in \mathbb{N}, u_n = e^{v_n} = u_0^{4^n}.$$

注: 在上一个例子中, 我们还可以猜测[①] u_n 的表达式, 并用数学归纳法证明它. 尽管如此, 考虑到严谨书写数学归纳法所需的时间, 应用例题中的方法会更快.

习题 3.2.1.4 考虑序列 $(u_n)_{n \in \mathbb{N}}$ 定义如下: $u_0 \in \mathbb{R}$, 且

$$\forall n \in \mathbb{N}, u_{n+1} = -2u_n + 3.$$

1. 证明存在唯一的 $\ell \in \mathbb{R}$(需求出其值)使得 $(v_n) = (u_n - \ell)$ 是一个几何序列.
2. 对 $n \in \mathbb{N}$, 将 u_n 表示成 u_0 和 n 的函数.

习题 3.2.1.5 考虑序列 $(u_n)_{n \in \mathbb{N}}$ 定义如下: $u_0 = 2$, $u_1 = 5$, 以及如下递推关系:

$$\forall n \in \mathbb{N}, u_{n+2} = 5u_{n+1} - 6u_n.$$

1. 证明存在(至少)两个值不同的 $\ell_1 \in \mathbb{R}$ 和 $\ell_2 \in \mathbb{R}$ 使得序列 $(u_{n+1} - \ell_i u_n)(1 \leqslant i \leqslant 2)$ 是几何序列.
2. 对 $n \in \mathbb{N}$, 将 u_n 表示成 n 的函数.

稍后我们将学习这种形式的序列 $(u_n)_{n \in \mathbb{N}}$, 可以直接求出 u_n 的表达式, 而不必使用这种"人为"的方法.

---

① 即猜想或提出假设.

3.2.2 记号 Σ 和 Π

> **定义 3.2.2.1** 设 $(a_n)_{n\in\mathbb{N}}$ 是一个实或复数列. 我们通过递推关系
>
> $$\begin{cases} S_0 = a_0, \\ \forall n \in \mathbb{N},\ S_{n+1} = S_n + a_{n+1} \end{cases} \quad \text{和} \quad \begin{cases} P_0 = a_0, \\ \forall n \in \mathbb{N},\ P_{n+1} = a_{n+1} \times P_n \end{cases}$$
>
> 分别定义
>
> $$S_n = \sum_{k=0}^{n} a_k \quad \text{和} \quad P_n = \prod_{k=0}^{n} a_k.$$

注: 具体地说, $S_n = a_0 + a_1 + \cdots + a_n$, $P_n = a_0 \times a_1 \times \cdots \times a_n$. 但是当需要"严谨地"书写时, 我们不能使用省略号! 可以在草稿纸上用"$\cdots$"进行推导, 但在卷面上, 需要换成 Σ (或 Π).

重要的注: 也可以从某一项开始定义一个和式(或乘积). 例如, 如果 $p \in \mathbb{N}^{*}$ 是给定的, 序列 (S_n') 定义为

$$S_n' = \sum_{k=p}^{n} a_k. \qquad \text{实际上, 它的定义是} \quad \begin{cases} \forall n \in [\![0, p-1]\!],\ S_n' = 0, \\ S_p = a_p, \\ \forall n \in \mathbb{N},\ (n \geqslant p \Longrightarrow S_{n+1}' = a_{n+1} + S_n'). \end{cases}$$

> **命题 3.2.2.2** 设 $(a_n)_{n\in\mathbb{N}}$ 和 $(b_n)_{n\in\mathbb{N}}$ 是两个实或复数列, $\lambda \in \mathbb{K}$ 是一个标量, $p \in \mathbb{N}$ 是取定的. 那么, 对任意自然数 $n \geqslant p$, 有
>
> $$\sum_{k=p}^{n} \lambda a_k = \lambda \sum_{k=p}^{n} a_k \quad \text{和} \quad \sum_{k=p}^{n} (a_k + b_k) = \sum_{k=p}^{n} a_k + \sum_{k=p}^{n} b_k.$$
>
> 同样地, 有
>
> $$\prod_{k=p}^{n} (\lambda a_k) = \lambda^{n+1-p} \prod_{k=p}^{n} a_k \quad \text{和} \quad \prod_{k=p}^{n} (a_k b_k) = \prod_{k=p}^{n} a_k \times \prod_{k=p}^{n} b_k.$$

证明:

以乘积的性质的证明为例. 对 $n \in \mathbb{N}$, 令

$$A_n = \prod_{k=p}^{n} a_k; \quad B_n = \prod_{k=p}^{n} b_k; \quad P_n = \prod_{k=p}^{n} (\lambda a_k); \quad Q_n = \prod_{k=p}^{n} (a_k \times b_k).$$

对 $n \in \mathbb{N}$(且 $n \geqslant p$)应用数学归纳法, 证明:

$$\forall n \geqslant p, \ P_n = \lambda^{n+1-p} A_n \ \text{且} \ Q_n = A_n \times B_n.$$

初始化:

对 $n = p$, 根据乘积的定义, 有

$$Q_p = a_p \times b_p = A_p \times B_p \quad \text{以及} \quad P_p = (\lambda a_p) = \lambda \times a_p = \lambda A_p = \lambda^{p+1-p} a_p.$$

这证得性质对 $n = p$ 成立.

递推:

假设性质对某个 $n \geqslant p$ 成立, 要证明性质对 $n+1$ 成立. 我们有

$$P_{n+1} = (\lambda a_{n+1}) \times P_n = (\lambda a_{n+1}) \times \lambda^{n+1-p} A_n = \lambda \times \lambda^{n+1-p} \times a_{n+1} \times A_n,$$

因此

$$P_{n+1} = \lambda^{n+2-p} \times A_{n+1}.$$

同样地, 有

$$Q_{n+1} = (a_{n+1} \times b_{n+1}) \times Q_n = a_{n+1} \times b_{n+1} \times A_n \times B_n = A_{n+1} \times B_{n+1}.$$

这证得性质对 $n+1$ 也成立, 归纳完成. $\boxtimes$

注: 我们称求和算子是一个线性算子(线性映射的定义见第 4 章).

约定: 我们约定

$$\sum_{i \in \varnothing} a_i = 0 \quad \text{和} \quad \prod_{i \in \varnothing} a_i = 1.$$

注: 特别地, 我们定义 n 的阶乘(记为 $n!$)为 $n! = \prod_{k=1}^{n} k$. 使用前面的约定, 得到 $0! = 1$.

下标变换技巧: 原理很简单, $\mathbb{C}$ 中的加法和乘法都满足交换律. 因此, 在有限项的和式(或有限项的乘积)中调整计算顺序不会改变计算结果. 具体地说, 这意味着可以变换和式中的下标, 只要这些变换是双射(以避免忘记某些项(满射)或将其重复计算两次甚至三次(单射)). 此外, 和式中的变量 "k" 是一个"哑"变量, 也就是说, 我们可以用任何(尚未使用的)符号替换"k". 我们来看几个例子.

例 3.2.2.3 对 $n \in \mathbb{N}^{\star}$, 设 $S_n = \sum\limits_{k=1}^{n} k$. 如果对 $k \in [\![1,n]\!]$, 令 $i = n-k$, 那么当 k 取值在 1 和 n 之间时, i 取值在 0 和 $n-1$ 之间. 并且, 显然 $k \longmapsto n-k$ 是从 $[\![1,n]\!]$ 到 $[\![0,n-1]\!]$ 的双射. 因此,

$$\sum_{k=1}^{n} k = \sum_{i=0}^{n-1}(n-i) = \sum_{k=0}^{n-1}(n-k).$$

在实践中, 当下标变换是"简单的", 我们直接进行下标变换而不作出解释.

习题 3.2.2.4 通过下标变换 $i = n-k$, 直接证明 $\sum\limits_{k=1}^{n} k = \dfrac{n(n+1)}{2}$.

例 3.2.2.5 类似地, 对任意自然数 n 和任意实数 x, 我们有

$$\sum_{k=0}^{n} \cos((k+1)x) = \sum_{p=1}^{n+1} \cos(px) = \sum_{k=1}^{n+1} \cos(kx).$$

有一个非常重要的特殊情况, 即叠缩和(或伸缩和).

命题 3.2.2.6 设 $(a_n)_{n \in \mathbb{N}}$ 是 $E \subset \mathbb{C}$ 中的元素构成的一个序列. 那么, 对任意自然数 n,

$$\sum_{k=0}^{n}(a_{k+1} - a_k) = a_{n+1} - a_0.$$

这样的和式称为**叠缩和**(或**叠缩级数**).

证明:

设 $n \in \mathbb{N}$. 那么有

$$\sum_{k=0}^{n}(a_{k+1} - a_k) = \sum_{k=0}^{n} a_{k+1} - \sum_{k=0}^{n} a_k \quad \text{(求和的线性性)}$$

$$= \sum_{i=1}^{n+1} a_i - \sum_{k=0}^{n} a_k \quad \text{(下标变换 } i = k+1\text{)}$$

$$= \sum_{k=1}^{n+1} a_k - \sum_{k=0}^{n} a_k \quad \text{(下标是哑变量)}$$

$$= a_{n+1} + \sum_{k=1}^{n} a_k - \sum_{k=1}^{n} a_k - a_0$$

$$= a_{n+1} - a_0.$$

⊠

⚠ **注意:** 不是什么下标变换都可以. 例如, 在和式 $\sum_{k=0}^{n} 2^{k^2}$ 中, 我们不能令 $i = k^2$ 而得到 $\sum_{i=0}^{n^2} 2^i$. 为什么?

习题 3.2.2.7 对 $n \geqslant 1$ 计算和式 $S_n = \sum_{k=1}^{n} \dfrac{1}{k(k+1)}$.

习题 3.2.2.8 使用叠缩和, 对 $n \geqslant 1$ 计算和式 $S_n = \sum_{k=0}^{n} \cos\left(k + \dfrac{1}{2}\right)$.

我们可以用类似的方法处理双下标的有限和. 只要不添加或删除任何项, 可以以任何方式分组或排列和式中的项.

习题 3.2.2.9 对 $n \geqslant 1$ 和 $x \in \mathbb{R}$, 计算 $T_n = \displaystyle\sum_{1 \leqslant i,j \leqslant n} x^{i+j}$.

命题 3.2.2.10 设 $(u_n)_{n \in \mathbb{N}}$ 是一个公差为 r 的算术序列. 那么, 对任意 $(p,n) \in \mathbb{N}^2$ 且 $p \leqslant n$, 有

$$\sum_{k=p}^{n} u_k = (n+1-p) \times \frac{u_p + u_n}{2}.$$

设 $(v_n)_{n \in \mathbb{N}}$ 是一个公比为 $q \neq 1$ 的几何序列, 那么, 对任意 $(p,n) \in \mathbb{N}^2$ 且 $p \leqslant n$, 有

$$\sum_{k=p}^{n} v_k = \frac{v_p - v_{n+1}}{1-q}.$$

证明：

根据命题的假设, 我们有

$$2\sum_{k=p}^{n} u_k = \sum_{k=p}^{n}(u_p + (k-p)r) + \sum_{k=p}^{n}(u_n + (k-n)r)$$

$$= \sum_{k=p}^{n}(u_p + u_n) + r\left(\sum_{k=p}^{n}(k-p) - \sum_{k=p}^{n}(n-k)\right)$$

$$= (n+1-p) \times (u_p + u_n) + r\left(\sum_{i=0}^{n-p} i - \sum_{j=0}^{n-p} j\right)$$

$$= (n+1-p) \times (u_p + u_n).$$

另一方面,

$$(1-q)\sum_{k=p}^{n} v_k = \sum_{k=p}^{n} v_k - \sum_{k=p}^{n} q v_k$$

$$= \sum_{k=p}^{n} v_k - \sum_{k=p}^{n} v_{k+1}$$

$$= v_p - v_{n+1}.$$

最后的等式是一个叠缩和. ◻

注： 这些公式可以用下面的句子来记住：

- 对于算术序列的连续项之和, "和式的第一项和最后一项的平均值乘以求和的项数";

- 对于几何序列的连续项之和, "和式中的第一项减去和式中最后一项的下一项, 所得结果再除以 1 减去公比".

常用的特殊情况： 使用前面的符号, 并且假设 $q \neq 1$,

$$\sum_{k=0}^{n} u_k = (n+1)u_0 + \frac{n(n+1)}{2}r \quad \text{和} \quad \sum_{k=0}^{n} q^k = \frac{1-q^{n+1}}{1-q}.$$

3.2.3 常系数的二阶线性递归序列

在这一小节中, $(a,b,c) \in \mathbb{K}^3$ 且 $a \neq 0$ (其中 $\mathbb{K} = \mathbb{R}$ 或 $\mathbb{K} = \mathbb{C}$), 并且 $(d_n)_{n\in\mathbb{N}}$ 是一个给定的序列. 我们想研究满足以下关系的序列 $(u_n)_{n\in\mathbb{N}}$:

$$(E): \quad \forall n \in \mathbb{N}, \, au_{n+2} + bu_{n+1} + cu_n = d_n.$$

和微分方程一样, 我们记

$$(E_H): \quad \forall n \in \mathbb{N}, \, au_{n+2} + bu_{n+1} + cu_n = 0.$$

命题 3.2.3.1 设 $\mathcal{S}$ 和 $\mathcal{S}_H$ 分别是满足 (E) 和 (E_H) 的序列的集合. 那么,

(i) $\mathcal{S}_H$ 是非空的, 且对线性组合封闭:

$$\forall (u_n)_{n\in\mathbb{N}}, (v_n)_{n\in\mathbb{N}} \in \mathcal{S}_H, \quad \forall \lambda, \mu \in \mathbb{K}, (\lambda u_n + \mu v_n) \in \mathcal{S}_H.$$

特别地, $\mathcal{S}_H$ 是一个阿贝尔群.

(ii) 如果 $(v_n)_{n\in\mathbb{N}}$ 是 (E) 的一个解, 那么 $\mathcal{S} = \{(v_n + u_n) \mid (u_n)_{n\in\mathbb{N}} \in \mathcal{S}_H\}$.

注： 希望你们能注意到与二阶常系数线性微分方程的相似之处. 如果你们还记得微分方程的课程内容, 会看到这个关于解的结构的定理对任何线性方程都成立.

齐次方程的解集总是一个"向量空间", 线性方程的解集要么是空的, 要么是一个"仿射空间". 所有这些将在下一章中详细讨论.

命题的证明：

> • 证明 (i).
> 显然, 各项等于 0 的常数序列是 (E_H) 的一个解. 因此, $\mathcal{S}_H \neq \varnothing$.
> 此外, 设 $(u_n)_{n\in\mathbb{N}}, (v_n)_{n\in\mathbb{N}} \in \mathcal{S}_H$, λ, μ 是 $\mathbb{K}$ 中的两个数. 考虑序列:
>
> $$(w_n)_{n\in\mathbb{N}} = \lambda(u_n)_{n\in\mathbb{N}} + \mu(v_n)_{n\in\mathbb{N}},$$

即该序列定义为：$\forall n \in \mathbb{N},\ w_n = \lambda u_n + \mu v_n$.

设 $n \in \mathbb{N}$. 记 $x_n = aw_{n+2} + bw_{n+1} + cw_n$. 我们有

$$
\begin{aligned}
x_n &= a(\lambda u_{n+2} + \mu v_{n+2}) + b(\lambda u_{n+1} + \mu v_{n+1}) + c(\lambda u_n + \mu v_n) \\
&= \lambda(au_{n+2} + bu_{n+1} + cu_n) + \mu(av_{n+2} + bv_{n+1} + cv_n) \\
&= \lambda \times 0 + \mu \times 0 \quad (\text{因为 } (u_n)_{n \in \mathbb{N}}, (v_n)_{n \in \mathbb{N}} \in \mathcal{S}_H) \\
&= 0.
\end{aligned}
$$

因此, $(w_n)_{n \in \mathbb{N}} \in \mathcal{S}_H$.

- 证明 (ii).

设 $(v_n)_{n \in \mathbb{N}}$ 是 (E) 的一个解. 设 $(x_n)_{n \in \mathbb{N}}$ 是 $\mathbb{K}$ 中的任意一个序列. 我们记

$$
(z_n)_{n \in \mathbb{N}} = (x_n)_{n \in \mathbb{N}} - (v_n)_{n \in \mathbb{N}}.
$$

那么,

$$
\begin{aligned}
(x_n)_{n \in \mathbb{N}} \in \mathcal{S} &\iff \forall n \in \mathbb{N},\ ax_{n+2} + bx_{n+1} + cx_n = d_n \\
&\iff \forall n \in \mathbb{N},\ ax_{n+2} + bx_{n+1} + cx_n = av_{n+2} + bv_{n+1} + cv_n \\
&\iff \forall n \in \mathbb{N},\ az_{n+2} + bz_{n+1} + cz_n = 0 \\
&\iff (z_n)_{n \in \mathbb{N}} \in \mathcal{S}_H.
\end{aligned}
$$

这证得第二点. $\boxtimes$

注：这意味着要确定 (E) 的解, 就像微分方程一样：

- 首先求解相应的齐次方程；

- 然后, 确定原方程的一个特解；

- 最后, 通过将求得的特解和 (E_H) 的解集相加得到原方程的解集.

接下来学习如何确定相应齐次方程的解.

引理 3.2.3.2　定义如下的映射 φ：

$$
\begin{aligned}
\mathcal{S}_H &\xrightarrow{\ \varphi\ } \mathbb{K}^2, \\
(u_n) &\longmapsto (u_0, u_1)
\end{aligned}
$$

是一个线性双射. 特别地, φ 是一个加法群的同构.

证明:

- 首先证明 φ 是线性的.

设 $(u_n)_{n\in\mathbb{N}}, (v_n)_{n\in\mathbb{N}} \in \mathcal{S}_H, (\lambda, \mu) \in \mathbb{K}^2$. 那么,

$$\varphi\left(\lambda(u_n)_{n\in\mathbb{N}} + \mu(v_n)_{n\in\mathbb{N}}\right) = (\lambda u_0 + \mu v_0, \lambda u_1 + \mu v_1)$$
$$= \lambda(u_0, u_1) + \mu(v_0, v_1)$$
$$= \lambda\varphi((u_n)_{n\in\mathbb{N}}) + \mu\varphi((v_n)_{n\in\mathbb{N}}).$$

因此, φ 是一个线性映射.

- 现在证明 φ 是双射.

  * 单射.

    设 $(u_n)_{n\in\mathbb{N}}, (v_n)_{n\in\mathbb{N}} \in \mathcal{S}_H$ 使得 $\varphi((u_n)_{n\in\mathbb{N}}) = \varphi((v_n)_{n\in\mathbb{N}})$, 即 $u_0 = v_0$ 且 $u_1 = v_1$. 可以通过二阶数学归纳法证明, 对任意自然数 n, $u_n = v_n$, 即 $(u_n)_{n\in\mathbb{N}} = (v_n)_{n\in\mathbb{N}}$.

    这证得 φ 是单射.

  * 满射.

    设 $(\alpha, \beta) \in \mathbb{K}^2$. 根据假设, $a \neq 0$.

    我们定义序列 $(u_n)_{n\in\mathbb{N}}$ 如下:

    $$u_0 = \alpha \quad \text{且} \quad u_1 = \beta \quad \text{且} \quad \forall n \in \mathbb{N}, u_{n+2} = -\frac{b}{a}u_{n+1} - \frac{c}{a}u_n.$$

    显然, 由上述关系定义的序列 $(u_n)_{n\in\mathbb{N}}$ 满足 (E_H), 即 $(u_n)_{n\in\mathbb{N}} \in \mathcal{S}_H$, 并且根据构造,

    $$\varphi((u_n)_{n\in\mathbb{N}}) = (\alpha, \beta).$$

    这证得 φ 是满射. $\boxtimes$

推论 3.2.3.3 集合 $\mathcal{S}$ 总是非空的, 并且映射 ψ:

$$\mathcal{S} \xrightarrow{\psi} \mathbb{K}^2,$$
$$(u_n) \longmapsto (u_0, u_1)$$

是一个双射.

证明:

- 首先, 定义序列 $(v_n)_{n \in \mathbb{N}}$ 如下:

$$v_0 = v_1 = 0 \quad \text{且} \quad \forall n \in \mathbb{N}, \; v_{n+2} = -\frac{b}{a} v_{n+1} - \frac{c}{a} v_n + \frac{1}{a} d_n.$$

显然, 这定义了一个序列 $(v_n)_{n \in \mathbb{N}}$, 且 $(v_n)_{n \in \mathbb{N}} \in \mathcal{S}$. 因此, $\mathcal{S} \neq \varnothing$.

- 现在证明 ψ 是双射.

设 $(\alpha, \beta) \in \mathbb{K}^2$. 要证明方程 $\psi((u_n)_{n \in \mathbb{N}}) = (\alpha, \beta)$ 有唯一解 $(u_n)_{n \in \mathbb{N}} \in \mathcal{S}$.

设 $(u_n)_{n \in \mathbb{N}} \in \mathcal{S}$. 前述序列 $(v_n)_{n \in \mathbb{N}}$ 属于 $\mathcal{S}$, 根据解的结构定理(即命题 3.2.3.1), 存在 $(x_n)_{n \in \mathbb{N}} \in \mathcal{S}_H$ 使得 $(u_n)_{n \in \mathbb{N}} = (v_n)_{n \in \mathbb{N}} + (x_n)_{n \in \mathbb{N}}$, 且有

$$
\begin{aligned}
\psi((u_n)_{n \in \mathbb{N}}) = (\alpha, \beta) &\iff (x_0, x_1) = (\alpha - v_0, \beta - v_1) \\
&\iff \varphi((x_n)_{n \in \mathbb{N}}) = (\alpha - v_0, \beta - v_1) \\
&\iff (x_n)_{n \in \mathbb{N}} = \varphi^{-1}(\alpha - v_0, \beta - v_1) \\
&\iff (u_n)_{n \in \mathbb{N}} = (v_n)_{n \in \mathbb{N}} + \varphi^{-1}(\alpha - v_0, \beta - v_1).
\end{aligned}
$$

因此, 对任意 $(\alpha, \beta) \in \mathbb{K}^2$, 方程 $\psi((u_n)_{n \in \mathbb{N}}) = (\alpha, \beta)$ 在 $\mathcal{S}$ 中有唯一解, 即 ψ 是双射. $\boxtimes$

⚠️ **注意:** 另一方面, 映射 ψ 不是线性的, 也不是群同态! 一般来说, 集合 $\mathcal{S}$ 关于加法不构成一个群(除非 $0 \in \mathcal{S}$).

与微分方程类似, 我们定义特征多项式(或特征方程).

定义 3.2.3.4　方程 $P(z) = 0$(其中 $P(z) = az^2 + bz + c$)称为相应于 (E) 的特征方程. P 称为相应的特征多项式.

接下来我们将确定 (E_H) 的解的显式表达式. 为了避免在非常特殊的情况下书写解的表达式时出现技术问题, 我们将排除 $c = 0$ 的情况. 当 $c = 0$ 时, 对任意 $n \in \mathbb{N}$, (E_H) 写为 $au_{n+2} + bu_{n+1} = 0$. 观察可知, 序列 $(u_{n+1})_{n \in \mathbb{N}}$ 是几何序列, 其公比为 $q = \dfrac{-b}{a}$. 因此, 对 $n \in \mathbb{N}$, $u_{n+1} = q^n u_1$, 并且没有关于 u_0 的任何条件. 因此, 我们可以直接给出序列的显式表达式, 而不必使用特征多项式.

命题 3.2.3.5 对任意 $(a,b,c) \in \mathbb{K}^3$(其中 $a \neq 0$ 且 $c \neq 0$), $\mathcal{S}_H$ 是一个向量平面. 更确切地,

- 如果多项式 P 有两个不同的根 r_1 和 $r_2(\Delta \neq 0)$, 那么 $((r_1^n)_{n \in \mathbb{N}}, (r_2^n)_{n \in \mathbb{N}})$ 是 $\mathcal{S}_H$ 的一组基. 换言之,

$$(u_n) \in \mathcal{S}_H \iff \exists!(\lambda, \mu) \in \mathbb{K}^2, \forall n \in \mathbb{N}, u_n = \lambda r_1^n + \mu r_2^n.$$

- 如果 P 有一个二重根 $r_0 \neq 0$, 那么 $((r_0^n)_{n \in \mathbb{N}}, (nr_0^n)_{n \in \mathbb{N}})$ 是 $\mathcal{S}_H$ 的一组基. 换言之,

$$(u_n) \in \mathcal{S}_H \iff \exists!(\lambda, \mu) \in \mathbb{K}^2, \forall n \in \mathbb{N}, u_n = \lambda r_0^n + \mu n r_0^n.$$

证明:

首先, 注意到如果 r 是 P 的一个根, 那么 $(r^n)_{n \in \mathbb{N}} \in \mathcal{S}_H$. 实际上, 对任意自然数 n, 我们有

$$ar^{n+2} + br^{n+1} + cr^n = r^n \times P(r) = 0.$$

- 假设 P 有两个不同的根 r_1 和 r_2.

  * 证明 $\impliedby$.

    综上所述, $(r_1^n)_{n \in \mathbb{N}} \in \mathcal{S}_H$, $(r_2^n)_{n \in \mathbb{N}} \in \mathcal{S}_H$. 那么, 根据命题 3.2.3.1(集合 $\mathcal{S}_H$ 的结构), 可以推断,

    $$\forall(\lambda, \mu) \in \mathbb{K}^2, \lambda(r_1^n)_{n \in \mathbb{N}} + \mu(r_2^n)_{n \in \mathbb{N}} \in \mathcal{S}_H.$$

  * 证明 $\implies$.

    设 $(u_n)_{n \in \mathbb{N}} \in \mathcal{S}_H$. 以下线性系统(未知量为 λ 和 μ)

    $$\begin{cases} u_0 = \lambda + \mu, \\ u_1 = \lambda r_1 + \mu r_2 \end{cases}$$

    的系数矩阵的行列式 $r_2 - r_1 \neq 0$, 故有唯一解 (λ_0, μ_0)[1]. 考虑序列 $(v_n)_{n \in \mathbb{N}}$ 定义为: 对任意自然数 n, $v_n = \lambda_0 r_1^n + \mu_0 r_2^n$. 那么, 一方面, $(v_n)_{n \in \mathbb{N}} \in \mathcal{S}_H$(根据已经证得的逆命题 $\impliedby$), 而另一方面,

    $$\varphi((u_n)_{n \in \mathbb{N}}) = \varphi((v_n)_{n \in \mathbb{N}}),$$

---

[1]如果对线性系统的行列式不熟悉, 可以直接求解该方程组.

即 $(u_n)_{n\in\mathbb{N}} = (v_n)_{n\in\mathbb{N}}$(因为 φ 是单射). 这证得 $\implies$ 成立.

- 第二种情况的证明几乎是相同的, 不同之处如下:

  * 如果对 $n \in \mathbb{N}$, 令 $s_n = nr_0^n$, 那么对任意自然数 $n \in \mathbb{N}$, 有

$$
\begin{aligned}
as_{n+2} + bs_{n+1} + cs_n &= (n+2)r_0^n ar_0^2 + (n+1)r_0^n br_0 + cnr_0^n \\
&= nr_0^n(ar_0^2 + br_0 + c) + r_0^{n+1}(2ar_0 + b) \\
&= nr_0^n P(r_0) + r_0^{n+1} P'(r_0) \\
&= 0
\end{aligned}
$$

  (因为 r_0 是一个二重根, 故 $P(r_0) = P'(r_0) = 0$).

  * 对 $(u_n)_{n\in\mathbb{N}} \in \mathcal{S}_H$, 线性系统(未知量为 λ 和 μ)变成

$$
\begin{cases}
u_0 = \lambda, \\
u_1 = \lambda r_0 + \mu r_0.
\end{cases}
$$

  该方程组有唯一解(因为 $r_0 \neq 0$). $\boxtimes$

例 3.2.3.6 考虑序列 $(u_n)_{n\in\mathbb{N}}$ 定义为 $u_0 = 1$, $u_1 = -2$ 且满足递推关系:

$$\forall n \in \mathbb{N}, u_{n+2} = 4u_{n+1} - 4u_n.$$

相应的特征多项式是 $P = X^2 - 4X + 4$. 这个多项式有一个二重根 $r = 2$. 由此推断, 存在 $(\lambda, \mu) \in \mathbb{R}^2$(这组数是唯一的)使得

$$\forall n \in \mathbb{N}, u_n = (\lambda n + \mu) \times 2^n.$$

又因为, $u_0 = 1$ 且 $u_1 = -2$, 将这两个数代入上式, 得到 $\mu = 1$ 和 $\lambda + \mu = -1$, 即 $\lambda = -2$. 因此,

$$\forall n \in \mathbb{N}, u_n = (1 - 2n)2^n.$$

当寻找一个"特解"时, 对右端项形如 $Q(n)r^n$(其中 Q 为多项式, r 为常数)的情况, 我们可以使用与求微分方程特解相同的方法.

例 3.2.3.7 确定满足以下条件的实数列的集合 $\mathcal{S}$:

$$\forall n \in \mathbb{N}, u_{n+2} - 4u_{n+1} + 4u_n = 2^n + n3^n.$$

我们刚刚证得, 相应齐次方程的解形如 $((\lambda n + \mu)2^n)_{n\in\mathbb{N}}$. 因此, 只需确定一个特解.

- 对序列 $(n3^n)_{n\in\mathbb{N}}$, $r = 3$ 不是特征多项式的根. 因此, 寻求形如 $(v_n)_{n\in\mathbb{N}} = ((\alpha n + \beta) 3^n)_{n\in\mathbb{N}}$ 的特解, 其中 α, β 是两个实数. 设 $n \in \mathbb{N}$. 我们有

$$v_{n+2} - 4v_{n+1} + 4v_n = 3^n \left(\alpha n + (6\alpha + \beta)\right).$$

因此,

$$\forall n \in \mathbb{N}, v_{n+2} - 4v_{n+1} + 4v_n = n3^n \iff \forall n \in \mathbb{N}, \alpha n + (6\alpha + \beta) = n$$
$$\iff \begin{cases} \alpha = 1, \\ \beta = -6. \end{cases}$$

由此推断, 与右端项 $(n3^n)_{n\in\mathbb{N}}$ 对应的一个特解为

$$\forall n \in \mathbb{N}, v_n = (n-6) \times 3^n.$$

- 对序列 $(2^n)_{n\in\mathbb{N}}$, $r = 2$ 是特征多项式的二重根. 因此, 寻求形如 $(w_n) = (\gamma n^2 2^n)$ 的特解, 其中 $\gamma \in \mathbb{R}$. 又因为, 对任意自然数 n,

$$w_{n+2} - 4w_{n+1} + 4w_n = \gamma 2^n \left(4(n+2)^2 - 8(n+1)^2 + 4n^2\right) = 8\gamma 2^n.$$

选取 $\gamma = \dfrac{1}{8}$, 得到一个特解.

因此, 我们推断, $(u_n)_{n\in\mathbb{N}} \in \mathcal{S}$ 当且仅当存在 $(\lambda, \mu) \in \mathbb{R}^2$ 使得

$$\forall n \in \mathbb{N}, u_n = \frac{n^2}{8}2^n + (n-6)3^n + (\lambda n + \mu)2^n.$$

习题 3.2.3.8 确定满足以下条件的序列的集合:

$$\forall n \in \mathbb{N}, u_{n+2} - 5u_{n+1} + 6u_n = 1 + n + 3^n.$$

习题 3.2.3.9 确定满足以下条件的复数列: $u_0 = u_1 = 1 + i$, 并且对任意自然数 n,

$$u_{n+2} + (i - 5)u_{n+1} + (8 - 4i)u_n = 0.$$

推论 3.2.3.10 假设 $\mathbb{K} = \mathbb{R}$, $(a, b, c) \in \mathbb{R}^3$, $a \neq 0$. 如果 P 没有实根(即 $\Delta < 0$), 设 $r_1 \in \mathbb{C}$ 是 P 的一个复根. 记 $r_1 = re^{i\theta}$, 其中 $r > 0$, $\theta \in \mathbb{R}$. 那么,

$$(u_n)_{n\in\mathbb{N}} \in \mathcal{S}_H \iff \exists!(A, B) \in \mathbb{R}^2, \forall n \in \mathbb{N}, u_n = r^n \left(A\cos(n\theta) + B\sin(n\theta)\right).$$

证明：

> 如果 $\Delta < 0$, 那么, P 有两个复根 r_1 和 $\overline{r_1}$. 记 (A) 为以下性质：$(u_n)_{n\in\mathbb{N}}$ 是 (E_H) 的解且 $(u_n)_{n\in\mathbb{N}}$ 是一个实数列, 我们有
>
> $$(A) \Longleftrightarrow \begin{cases} \exists!(\lambda,\mu) \in \mathbb{C}^2, \forall n \in \mathbb{N}, u_n = \lambda r_1^n + \mu\overline{r_1}^n, \\ \forall n \in \mathbb{N}, u_n = \overline{u_n} \end{cases}$$
>
> $$\Longleftrightarrow \begin{cases} \exists!(\lambda,\mu) \in \mathbb{C}^2, \forall n \in \mathbb{N}, u_n = \lambda r_1^n + \mu\overline{r_1}^n, \\ \mu = \overline{\lambda} \end{cases}$$
>
> $$\Longleftrightarrow \exists!\lambda \in \mathbb{C}, \forall n \in \mathbb{N}, u_n = \lambda r_1^n + \overline{\lambda}\overline{r_1}^n$$
>
> $$\Longleftrightarrow \exists!\lambda \in \mathbb{C}, \forall n \in \mathbb{N}, u_n = 2\mathrm{Re}\left(\lambda r^n e^{in\theta}\right)$$
>
> $$\Longleftrightarrow \exists!(A,B) \in \mathbb{R}^2, \forall n \in \mathbb{N}, u_n = r^n\left(A\cos(n\theta) + B\sin(n\theta)\right). \qquad \boxtimes$$

⚠ **注意**：不要把这个结果与常系数线性微分方程的结果混淆！如果特征多项式 P 的判别式小于零, 并且 r_1 是它的一个复根, 记

$$r_1 = \alpha + i\beta = re^{i\theta},$$

那么

- 方程 $ay'' + by' + cy = 0$ 的(实数)解是在 $\mathbb{R}$ 上定义如下的函数：

$$\forall t \in \mathbb{R},\ y(t) = e^{\alpha t}\left(A\cos(\beta t) + B\sin(\beta t)\right), \quad (A,B) \in \mathbb{R}^2.$$

- 方程 $\forall n \in \mathbb{N},\ au_{n+2} + bu_{n+1} + cu_n = 0$ 的解是定义如下的序列：

$$\forall n \in \mathbb{N},\ u_n = r^n\left(A\cos(n\theta) + B\sin(n\theta)\right), \quad (A,B) \in \mathbb{R}^2.$$

在第一种情况下, 解是通过取 r_1 的代数形式得到的, 在第二种情况下, 解是通过取 r_1 的指数形式得到的.

习题 3.2.3.11 确定满足以下条件的序列 $(u_n)_{n\in\mathbb{N}}$：$u_0 = 1$, $u_1 = \sqrt{3} - 1$, 并且

$$\forall n \in \mathbb{N}, u_{n+2} + 2u_{n+1} + 4u_n = 0.$$

3.3 序列的极限

3.3.1 收敛到实数 ℓ：定义及性质

我们学过极限的非正式定义. 对一个序列 $(u_n)_{n\in\mathbb{N}}$, 说这个序列的极限是 ℓ 意味着"从某项开始, 序列中的所有项都变得任意接近 ℓ". 这意味着, u_n 和 ℓ 之间的"距离"变得任意小. 又

因为, 在 $\mathbb{R}$ 中, 两个实数 x 和 y 之间的距离是由 $|x-y|$ 确定的. "任意接近"意味着, 对任意大于零的间距(记为 ε), 从某一项起, 所有项都满足 $|u_n - \ell| \leqslant \varepsilon$. 这就引出了一个更正式的极限定义.

定义 3.3.1.1　设 $(u_n)_{n\in\mathbb{N}}$ 是一个实数列, $\ell \in \mathbb{R}$. 我们称 $(u_n)_{n\in\mathbb{N}}$ 以 ℓ 为极限, 若

$$\forall \varepsilon > 0,\ \exists N \in \mathbb{N},\ \forall n \in \mathbb{N},\ (n \geqslant N \implies |u_n - \ell| \leqslant \varepsilon).$$

重要的注: 另一种可能的写法是

$$(u_n)_{n\in\mathbb{N}} \text{ 以 } \ell \text{ 为极限} \iff \forall \varepsilon > 0,\ \exists N \in \mathbb{N},\ \forall n \geqslant N,\ |u_n - \ell| \leqslant \varepsilon.$$

我们经常使用这个写法(它隐含着 $n \in \mathbb{N}$), 而不是前面的定义. 因此, $(u_n)_{n\in\mathbb{N}}$ 以 ℓ 为极限的图形解释如图 3.1 所示.

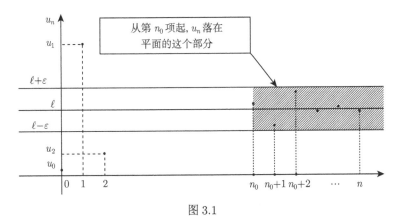

图 3.1

定理 3.3.1.2 (定义)　我们称一个实数列 $(u_n)_{n\in\mathbb{N}}$ 是收敛的(或有有限的极限)若存在实数 ℓ 使得 $(u_n)_{n\in\mathbb{N}}$ 以 ℓ 为极限. 此时, 实数 ℓ 是唯一的, 我们称 ℓ 为该序列的极限. 记 $\ell = \lim\limits_{n \to +\infty} u_n$, 并称序列 $(u_n)_{n\in\mathbb{N}}$ 收敛到 ℓ.

证明：

> 假设序列 $(u_n)_{n \in \mathbb{N}}$ 以 $\ell \in \mathbb{R}$ 和 $\ell' \in \mathbb{R}$ 为极限. 要证明 $\ell = \ell'$.
>
> 设 $\varepsilon > 0$. 根据假设, $(u_n)_{n \in \mathbb{N}}$ 以 ℓ 为极限, 因此, 根据定义,
>
> $$\exists n_1 \in \mathbb{N}, \forall n \geqslant n_1, |u_n - \ell| \leqslant \frac{\varepsilon}{2}.$$
>
> 取定一个这样的 n_1. 同理, $(u_n)_{n \in \mathbb{N}}$ 以 ℓ' 为极限, 故
>
> $$\exists n_2 \in \mathbb{N}, \forall n \geqslant n_2, |u_n - \ell'| \leqslant \frac{\varepsilon}{2}.$$
>
> 取定一个这样的 n_2. 我们取[①] $N = \max(n_1, n_2)$. 设 $n \geqslant N$, 那么, $n \geqslant n_1$ 且 $n \geqslant n_2$, 从而有
>
> $$\begin{aligned} |\ell - \ell'| &= |\ell - u_n + u_n - \ell'| \\ &\leqslant |\ell - u_n| + |u_n - \ell'| \\ &\leqslant \varepsilon. \end{aligned}$$
>
> 因此, 证得 $\forall \varepsilon > 0$, $|\ell - \ell'| \leqslant \varepsilon$, 即 $|\ell - \ell'| = 0$, 也即 $\ell = \ell'$. $\boxtimes$

<u>注</u>：事实上, 证明的思路非常简单. 如果 $(u_n)_{n \in \mathbb{N}}$ 有 ℓ 和 ℓ' 两个极限, 其中 $\ell \leqslant \ell'$, 那么对任意 $\varepsilon > 0$, 有图 3.2.

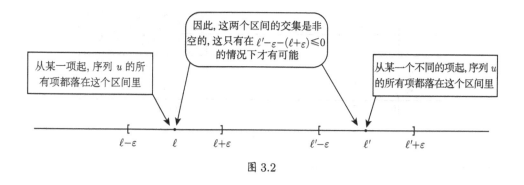

图 3.2

习题 3.3.1.3 用反证法给出另一种证明.

---

① 这样选取是为了使两个不等式都成立.

例 3.3.1.4 证明 $(u_n) = \left(\dfrac{1}{n+1}\right)$ 收敛到 0, 即

$$\forall \varepsilon > 0, \exists n_0 \in \mathbb{N}, \forall n \geqslant n_0, |u_n| \leqslant \varepsilon.$$

设 $\varepsilon > 0$. 令 $n_0 = E\left(\dfrac{1}{\varepsilon}\right)$. 那么 $n_0 \in \mathbb{N}$, 且对任意自然数 $n \geqslant n_0$, 有

$$n + 1 \geqslant n_0 + 1 \geqslant E\left(\frac{1}{\varepsilon}\right) + 1 > \frac{1}{\varepsilon} > 0.$$

因此, $0 \leqslant \dfrac{1}{n+1} < \varepsilon$, 故 $|u_n - 0| \leqslant \varepsilon$. 所以 $\lim\limits_{n \to +\infty} \dfrac{1}{n} = 0$.

例 3.3.1.5 证明 $\lim\limits_{n \to +\infty} \ln\left(1 + \dfrac{1}{n+1}\right) = 0$. 设 $\varepsilon > 0$. 我们想求一个 $n_0 \in \mathbb{N}$ 使得

$$\forall n \geqslant n_0, \left|\ln\left(1 + \frac{1}{n+1}\right) - 0\right| \leqslant \varepsilon.$$

设 $n \in \mathbb{N}$. 为了使得上述不等式成立, (必须且)只需有

$$\ln\left(1 + \frac{1}{n+1}\right) \leqslant \varepsilon, \quad \text{即} \quad 1 + \frac{1}{n+1} \leqslant e^\varepsilon,$$

也即 $\dfrac{1}{n+1} \leqslant e^\varepsilon - 1$. 由于它们都大于零, 故(必须且)只需有: $n + 1 \geqslant \dfrac{1}{e^\varepsilon - 1}$. 令 $n_0 = E\left(\dfrac{1}{e^\varepsilon - 1}\right)$. 那么 $n_0 \in \mathbb{N}$, 且由构造知

$$\forall n \geqslant n_0, \left|\ln\left(1 + \frac{1}{n+1}\right) - 0\right| \leqslant \varepsilon.$$

这证得 $\lim\limits_{n \to +\infty} \ln\left(1 + \dfrac{1}{n+1}\right) = 0$.

注: 在极限的定义中, 对给定的 $\varepsilon > 0$, 存在一个自然数 n_0 使得对任意 $n \geqslant n_0$, $|u_n - \ell| \leqslant \varepsilon$. 有四点需要注意.

- 首先, 应该记为 $n_0(\varepsilon)$ 而不是 n_0, 因为该自然数 n_0 依赖于 ε. 按照惯例, 我们不这么写(这有助于简化记号), 但考虑 n_0 依赖于什么"变量"是一个好习惯.

- 自然数 n_0 不是唯一的! 实际上, 如果 n_0 适用, 那么任意 $n_1 \geqslant n_0$ 也适用, 我们有: $\forall n \geqslant n_1, |u_n - \ell| \leqslant \varepsilon$.

- 在前面的推导中, 请注意, 我们并不一定要寻找"最优的"n_0, 即满足条件的最小自然数 n_0. 我们寻找关于 n_0 的一个充分条件, 而不是充分必要条件.

- 最后, 在书写方面, 用正式的数学语言书写和用文字描述之间有一个重要的区别:

  * $\forall \varepsilon > 0, \exists n_0 \in \mathbb{N}, \forall n \geqslant n_0, |u_n - \ell| \leqslant \varepsilon$.

  * 设 $\varepsilon > 0$. 存在 $n_0 \in \mathbb{N}$ 使得: $\forall n \geqslant n_0, |u_n - \ell| \leqslant \varepsilon$.

  在第一种情况下, 既没有确定的 $\varepsilon > 0$, 那些 n_0 也不是取定的. 在第二种情况下, 文字描述"存在 $n_0 \in \mathbb{N}$ 使得"实际上意味着"存在并且选取一个 $n_0 \in \mathbb{N}$ 使得".

注: 有时很难用定义来证明收敛性! 例如, 对于由 $u_0 = 1$ 和 $u_{n+1} = \sin(u_n)$ 定义的序列, 稍后我们将看到这个序列收敛于 0, 但几乎不可能直接由极限的定义来证明这一点. 由于这个原因(但不仅仅是这个原因), 我们将在之后(3.4 节)建立极限的存在性定理. 在实践中, 我们将用这些定理而不是定义来证明收敛性.

重要的注: 对于 $x \in \mathbb{R}$, 显然有

$$\forall \varepsilon > 0, |x| \leqslant \varepsilon \iff \exists k > 0, \forall \varepsilon > 0, |x| \leqslant k \times \varepsilon.$$

由于这个原因, 通常在收敛性的证明中, 当我们证得(比如说)

$$\forall \varepsilon > 0, \exists n_0 \in \mathbb{N}, \forall n \geqslant n_0, |u_n - \ell| \leqslant 2\varepsilon$$

时, 就说我们证得收敛性.

习题 3.3.1.6 证明 $\displaystyle\lim_{n \to +\infty} \frac{1}{2^n} = 0$.

习题 3.3.1.7 证明 $\displaystyle\lim_{n \to +\infty} \frac{n^2 - n + 1}{n^2 + n + 1} = 1$.

命题 3.3.1.8 设 $(u_n)_{n \in \mathbb{N}}$ 是一个实数列, $\ell \in \mathbb{R}$. 那么, (u_n) 收敛到 ℓ 当且仅当序列 $(u_n - \ell)$ 收敛到 0.

证明：

这是显然的！ ⊠

命题 3.3.1.9 收敛序列是有界的.

证明：

设 $(u_n)_{n\in\mathbb{N}}$ 是一个收敛的序列, 并设 $\ell = \lim\limits_{n\to+\infty} u_n$.

设 $\varepsilon = 1 > 0$. 根据极限的定义, 存在一个自然数 n_0 使得

$$\forall n \geqslant n_0, |u_n - \ell| \leqslant 1.$$

令 $m = \max\{|u_n|, n \in [\![0, n_0]\!]\}$(或不那么正式地, $m = \max\{|u_0|, \cdots, |u_{n_0}|\}$) 和 $M = \max\{m, |\ell| + 1\}$.

证明对任意自然数 n, $|u_n| \leqslant M$. 设 $n \in \mathbb{N}$. 有两种情况：

- 如果 $n < n_0$, 那么根据 m 的定义, $|u_n| \leqslant m \leqslant M$;
- 如果 $n \geqslant n_0$, 那么: $|u_n| = |u_n - \ell + \ell| \leqslant |u_n - \ell| + |\ell| \leqslant |\ell| + 1 \leqslant M$.

这证得 $(u_n)_{n\in\mathbb{N}}$ 是有界的. ⊠

⚠️ **注意**：逆命题是错误的！有界的序列未必是收敛的！稍后我们将看到, 序列 $((-1)^n)_{n\in\mathbb{N}}$ 是一个不收敛的有界序列.

3.3.2 收敛性和符号

命题 3.3.2.1 如果实数列 $(u_n)_{n\in\mathbb{N}}$ 收敛到 $\ell > 0$, 那么 $(u_n)_{n\in\mathbb{N}}$ 有下界, 从某项起所有项都大于等于一个大于零的数. 特别地, 从某项起, 序列的所有项都是大于零的.

证明：

我们可以从图 3.3 开始研究.

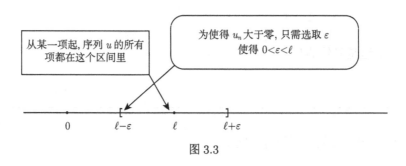

图 3.3

设 $\varepsilon = \dfrac{\ell}{2} > 0$. 序列 $(u_n)_{n \in \mathbb{N}}$ 收敛到 ℓ, 故

$$\exists n_0 \in \mathbb{N}, \quad \forall n \geqslant n_0, \quad |u_n - \ell| \leqslant \varepsilon.$$

取定一个这样的 n_0. 那么, 对任意自然数 $n \geqslant n_0$, 有 $u_n \geqslant \ell - \varepsilon \geqslant \dfrac{\ell}{2} > 0$.

因此, 从第 n_0 项起, 序列 $(u_n)_{n \geqslant n_0}$ 以 $\dfrac{\ell}{2} > 0$ 为下界. ⊠

推论 3.3.2.2　如果实数列 $(u_n)_{n \in \mathbb{N}}$ 收敛到 $\ell < 0$, 那么 $(u_n)_{n \in \mathbb{N}}$ 有上界, 从某项起所有项都小于等于一个小于零的数. 特别地, 从某项起, 序列的所有项都小于零.

证明:

将前面的命题应用于 $-(u_n)_{n \in \mathbb{N}}$ 即可. ⊠

⚠注意: 如果 $\ell = 0$, 这些结果是严重错误的!!! 如果 $(u_n)_{n \in \mathbb{N}}$ 收敛到 0, 那么我们无法推断, 从某项起有 $u_n \geqslant 0$ 或从某项起有 $u_n \leqslant 0$. 例如, 序列 $\left(\dfrac{(-1)^n}{n+1} \right)$ 收敛到 0, 但它不是从某项起符号恒定的.

3.3.3 实数列的发散

定义 3.3.3.1　我们称一个实数列是发散的若它不是收敛的, 即若它满足

$$\forall \ell \in \mathbb{R}, \exists \varepsilon > 0, \forall N \in \mathbb{N}, \exists n \geqslant N, |u_n - \ell| > \varepsilon.$$

对于实数列, 我们将看到, 实际上有两种不同的发散模式: 要么序列趋于无穷(正无穷或负无穷), 要么序列根本没有极限. 此外, 我们必须非常注意术语的含义: 序列收敛意味着它有一个有限的极限. 序列有极限意味着它要么收敛, 要么其极限为无穷.

译者注: 很多数学书中, "数列有极限"指的是数列有有限的极限, 不包括数列趋于(正或负)无穷的情况.

3.3.3.a 发散到 $+\infty$ 或 $-\infty$

非正式地说, (u_n) 趋于 $+\infty$ 意味着从某项开始 u_n 变得任意大. 换言之, 如果给定一个实数 A, 从某项开始序列的所有项都比 A 大. 这就引出了以下正式定义.

定义 3.3.3.2　我们称序列 (u_n) 以 $+\infty$ 为极限(或趋于 $+\infty$), 若它满足

$$\forall A \in \mathbb{R}, \exists N \in \mathbb{N}, \forall n \geqslant N, u_n \geqslant A.$$

此时记 $\lim\limits_{n \to +\infty} u_n = +\infty$.

我们称序列 $(u_n)_{n \in \mathbb{N}}$ 趋于 $-\infty$(或以 $-\infty$ 为极限), 若

$$\forall A \in \mathbb{R}, \exists N \in \mathbb{N}, \forall n \geqslant N, u_n \leqslant A.$$

此时记 $\lim\limits_{n \to +\infty} u_n = -\infty$.

习题 3.3.3.3　用图形解释这些定义.

例 3.3.3.4　序列 $(u_n) = (n)$ 趋于 $+\infty$. 实际上, 设 $A \in \mathbb{R}$. 令 $n_0 = \max(E(A)+1, 0)$, 则 $n_0 \in \mathbb{N}$ 且对任意自然数 $n \geqslant n_0$, $u_n = n \geqslant n_0 \geqslant E(A) + 1 \geqslant A$.

命题 3.3.3.5　趋于 $+\infty$(或 $-\infty$)的序列是发散的序列. 我们也称 (u_n) 发散到 $+\infty$(或 $-\infty$).

证明:

我们证明序列趋于 $+\infty$ 的情况. 我们要证明:

$$\forall \ell \in \mathbb{R},\ \exists \varepsilon > 0,\ \forall N \in \mathbb{N},\ \exists n \geqslant N,\ |u_n - \ell| > \varepsilon.$$

设 $\ell \in \mathbb{R}$. 取 $\varepsilon = 1 > 0$ 和 $A = \ell + 2$.

根据 $\displaystyle\lim_{n \to +\infty} u_n = +\infty$ 的定义, 存在自然数 n_0 使得对任意自然数 $n \geqslant n_0$, $u_n \geqslant \ell + 2$.

那么, 对任意自然数 N, 有 $n = \max(n_0, N) \geqslant N$ 且 $|u_n - \ell| \geqslant 2 > \varepsilon$. 这证得 $(u_n)_{n \in \mathbb{N}}$ 发散. $\boxtimes$

命题 3.3.3.6　设 $(u_n)_{n \in \mathbb{N}}$ 是一个实数列. 我们有

(i) 如果 $(u_n)_{n \in \mathbb{N}}$ 发散到 $+\infty$, 那么 $(u_n)_{n \in \mathbb{N}}$ 有下界但无上界;

(ii) 如果 $(u_n)_{n \in \mathbb{N}}$ 发散到 $-\infty$, 那么 $(u_n)_{n \in \mathbb{N}}$ 有上界但无下界.

最后, 两个逆命题都是错误的.

证明:

- (i) 设 $(u_n)_{n \in \mathbb{N}}$ 是一个发散到 $+\infty$ 的序列. 首先,

$$(u_n)_{n \in \mathbb{N}} \text{ 没有上界} \iff \rceil (\exists M \in \mathbb{R},\ \forall n \in \mathbb{N},\ u_n \leqslant M)$$
$$\iff \forall M \in \mathbb{R},\ \exists n \in \mathbb{N},\ u_n > M.$$

设 $M \in \mathbb{R}$. 应用发散到 $+\infty$ 的定义(取 $A = M + 1$), 可得

$$\exists n_0 \in \mathbb{N},\ \forall n \geqslant n_0,\ u_n \geqslant M + 1 > M.$$

这证得 $(u_n)_{n \in \mathbb{N}}$ 没有上界. 另一方面, 设自然数 n_0 满足上面的性质, 并设

$$K = \min\{u_n, n \in [\![0, n_0]\!]\} \quad \text{和} \quad m = \min\{K, M+1\}.$$

那么, 显然 m 是序列 $(u_n)_{n\in\mathbb{N}}$ 的一个下界.

- 将 (i) 应用到序列 $-(u_n)_{n\in\mathbb{N}}$, 可得 (ii).

- 逆命题的反例:

  * 定义为 $\forall n \in \mathbb{N}$, $v_n = (1 + (-1)^n)n$ 的序列没有上界(因为对任意自然数 n, $v_{2n} = 4n$), 但是它并不是发散到 $+\infty$ 的, 因为对任意 $n \in \mathbb{N}$, 有 $v_{2n+1} = 0$.

  * 取 $(w_n)_{n\in\mathbb{N}} = -(v_n)_{n\in\mathbb{N}}$, 这就是一个没有下界但不发散到 $-\infty$ 的 序列. $\boxtimes$

⚠️ **注意**: 请记住, 没有上界的序列不一定会发散到 $+\infty$! 认为"没有上界的序列一定发散 到 $+\infty$"是一个严重的错误, 不幸的是这个错误经常发生!

3.3.3.b 其他发散模式

发散序列不一定趋于 $+\infty$ 或 $-\infty$, 它可能只是没有极限.

例如, 考虑序列 $(u_n)_{n\in\mathbb{N}}$ 定义为: 对任意自然数 n, $u_n = (-1)^n$. 证明序列 $(u_n)_{n\in\mathbb{N}}$ 发 散, 即证明

$$\forall \ell \in \mathbb{R}, \exists \varepsilon > 0, \forall N \in \mathbb{N}, \exists n \geqslant N, |u_n - \ell| > \varepsilon.$$

设 $\ell \in \mathbb{R}$. 令 $\varepsilon = \dfrac{1}{2}$, 设 $N \in \mathbb{N}$. 那么, 有两种可能性:

  * 要么 $|u_N - \ell| > \varepsilon$(此时, 存在 $n = N \geqslant N$ 使得 $|u_n - \ell| > \varepsilon$).

  * 要么 $|u_N - \ell| \leqslant \varepsilon$. 此时有

  $$|u_{N+1} - \ell| = |u_{N+1} - u_N + u_N - \ell| \geqslant |u_{N+1} - u_N| - |u_N - \ell| \geqslant 2 - \varepsilon > \varepsilon.$$

  在这种情况下, 存在 $n = N + 1 \geqslant N$ 使得 $|u_n - \ell| > \varepsilon$.

这证得 $(u_n)_{n\in\mathbb{N}}$ 发散.

注: 稍后我们将使用子序列来证明这个序列的发散性, 那种方法更简单.

3.3.4　收敛序列的运算

3.3.4.a　收敛到 0 的序列构成的向量空间

命题 3.3.4.1　收敛到 0 的序列的集合 $\mathcal{S}_0$ 是一个向量空间: 它是实数列集合的一个子空间. 换言之, $\mathcal{S}_0$ 非空, 且对线性组合封闭:

$$\forall (u_n)_{n\in\mathbb{N}}, (v_n)_{n\in\mathbb{N}} \in \mathcal{S}_0, \ \forall(\lambda,\mu)\in\mathbb{R}^2, \ \lambda(u_n)_{n\in\mathbb{N}} + \mu(v_n)_{n\in\mathbb{N}} \in \mathcal{S}_0.$$

证明:

证明 $(\mathcal{S}_0, +, \cdot)$ 是 $(\mathbb{R}^{\mathbb{N}}, +, \cdot)$ 的一个向量子空间.

- $\mathcal{S}_0$ 非空, 因为它包含了收敛到 0 的零序列.

- 证明 $\mathcal{S}_0$ 对线性组合封闭. 设 $u = (u_n)_{n\in\mathbb{N}}$ 和 $v = (v_n)_{n\in\mathbb{N}}$ 是两个收敛到 0 的序列, 并设 $\lambda \in \mathbb{R}$. 要证明:

  (i)　$(u+v)$ 收敛到 0;

  (ii)　$(\lambda \cdot u)$ 收敛到 0.

  证得这两点之后, 根据 (ii) 可得, 如果 $(\lambda,\mu) \in \mathbb{R}^2$, 那么 $\lambda \cdot u$ 和 $\mu \cdot v$ 收敛到 0; 从而根据 (i) 可得, $\lambda \cdot u + \mu \cdot v$ 收敛到 0.

  (i)　证明 $u+v$ 收敛到 0.
  设 $\varepsilon > 0$. 那么,

  $$\exists n_1 \in \mathbb{N}, \forall n \geqslant n_1, |u_n| \leqslant \frac{\varepsilon}{2}, \quad (u \text{ 收敛到 } 0)$$

  $$\exists n_2 \in \mathbb{N}, \forall n \geqslant n_2, |v_n| \leqslant \frac{\varepsilon}{2}. \quad (v \text{ 收敛到 } 0)$$

  设 n_1 和 n_2 是两个这样的自然数. 那么, 对任意自然数 $n \geqslant \max(n_1, n_2)$, 有 $|u_n + v_n| \leqslant |u_n| + |v_n| \leqslant \varepsilon$. 由此得到结论: $(u+v) \in \mathcal{S}_0$.

(ii) 证明 $\lambda \cdot u$ 收敛到 0.

如果 $\lambda = 0$, 那么 $\lambda \cdot u = 0$(零序列), 故 $\lambda \cdot u$ 收敛到 0. 现在假设 $\lambda \neq 0$. 设 $\varepsilon > 0$. 根据收敛性的定义, 存在自然数 $n_1 \in \mathbb{N}$ 使得

$$\forall n \geqslant n_1,\ |u_n| \leqslant \frac{\varepsilon}{|\lambda|}. \quad (u \text{ 收敛到 } 0)$$

那么, 对任意自然数 $n \geqslant n_1$, $|\lambda u_n| = |\lambda| \times |u_n| \leqslant \varepsilon$, 因此证得 $\lambda \cdot u$ 也收敛到 0. $\boxtimes$

注: 事实上, 我们已证得, 收敛序列都是有界的. 因此我们也可以证明 $\mathcal{S}_0$ 是 $\mathcal{B}(\mathbb{N}, \mathbb{R})$ 的向量子空间.

命题 3.3.4.2 如果 $(u_n)_{n \in \mathbb{N}}$ 收敛到 0 且 $(v_n)_{n \in \mathbb{N}}$ 是有界的, 那么 $(u_n v_n)$ 收敛到 0.

证明:

根据假设, 序列 $(v_n)_{n \in \mathbb{N}}$ 是有界的. 设 $M \in \mathbb{R}^+$ 使得: $\forall n \in \mathbb{N}, |v_n| \leqslant M$. 设 $\varepsilon > 0$. $(u_n)_{n \in \mathbb{N}}$ 收敛到 0, 故存在 $n_0 \in \mathbb{N}$ 使得: $\forall n \geqslant n_0, |u_n| \leqslant \frac{\varepsilon}{M+1}$. 那么,

$$\forall n \geqslant n_0,\ |u_n v_n| = |u_n| \times |v_n| \leqslant M \times \frac{\varepsilon}{M+1} \leqslant \varepsilon.$$

这证得序列 $(u_n v_n)_{n \in \mathbb{N}}$ 收敛到 0. $\boxtimes$

例 3.3.4.3 设 $(u_n)_{n \in \mathbb{N}}$ 定义为: $\forall n \geqslant 1, u_n = \frac{\sin(n)}{n}$.

对任意自然数 $n \geqslant 1$, $u_n = \frac{1}{n} \times \sin(n)$. 又因为, $\left(\frac{1}{n}\right)_{n \geqslant 1}$ 收敛到 0 且 $(\sin(n))_{n \geqslant 1}$ 有界, 所以, $(u_n)_{n \geqslant 1}$ 收敛到 0.

注: 注意, 序列 $(\sin(n))_{n \in \mathbb{N}}$ 没有极限(严格证明参见习题), 因此我们不能应用极限乘积的运算法则(见3.3.4.b节).

3.3.4.b　极限的代数运算

命题 3.3.4.4　收敛序列集合是有界序列集合的子环和向量子空间. 我们有以下运算法则 (表 3.1—表 3.4).

表 3.1　和的极限

$\lim\limits_{n \to +\infty} u_n$	ℓ	ℓ 或 $+\infty$	ℓ 或 $-\infty$	$+\infty$
$\lim\limits_{n \to +\infty} v_n$	ℓ'	$+\infty$	$-\infty$	$-\infty$
$\lim\limits_{n \to +\infty} (u_n + v_n)$	$\ell + \ell'$	$+\infty$	$-\infty$	???

表 3.2　乘积的极限

$\lim\limits_{n \to +\infty} u_n$	ℓ	$\ell > 0$ 或 $+\infty$	$\ell < 0$ 或 $-\infty$	$\ell > 0$ 或 $+\infty$	$\ell < 0$ 或 $-\infty$	0
$\lim\limits_{n \to +\infty} v_n$	ℓ'	$+\infty$	$+\infty$	$-\infty$	$-\infty$	$\pm\infty$
$\lim\limits_{n \to +\infty} (u_n v_n)$	$\ell \times \ell'$	$+\infty$	$-\infty$	$-\infty$	$+\infty$	???

表 3.3　倒数的极限

$\lim\limits_{n \to +\infty} u_n$	$\ell \neq 0$	$\ell = 0$ 且 $u_n > 0$	$\ell = 0$ 且 $u_n < 0$	$\pm\infty$
$\lim\limits_{n \to +\infty} \dfrac{1}{u_n}$	$\dfrac{1}{\ell}$	$+\infty$	$-\infty$	0

表 3.4 商的极限

$\lim\limits_{n \to +\infty} u_n$	ℓ	ℓ	$+\infty$	$+\infty$	$-\infty$	$-\infty$
$\lim\limits_{n \to +\infty} v_n$	$\ell' \neq 0$	$\pm\infty$	$\ell' > 0$	$\ell' < 0$	$\ell' > 0$	$\ell' < 0$
$\lim\limits_{n \to +\infty} \dfrac{u_n}{v_n}$	$\dfrac{\ell}{\ell'}$	0	$+\infty$	$-\infty$	$-\infty$	$+\infty$

$\lim\limits_{n \to +\infty} u_n$	$\pm\infty$	$\ell > 0$ 或 $+\infty$	$\ell > 0$ 或 $+\infty$	$\ell < 0$ 或 $-\infty$	$\ell < 0$ 或 $-\infty$	0
$\lim\limits_{n \to +\infty} v_n$	$\pm\infty$	0^+	0^-	0^+	0^-	0
$\lim\limits_{n \to +\infty} \dfrac{u_n}{v_n}$	???	$+\infty$	$-\infty$	$-\infty$	$+\infty$	???

在这些表格中, 符号 ??? 表示它是一个不定式, 即我们不能直接判断序列有没有极限.

证明:

- 首先证明, 如果序列 $(u_n)_{n\in\mathbb{N}}$ 收敛到 ℓ 且序列 $(v_n)_{n\in\mathbb{N}}$ 收敛到 ℓ', 其中 $(\ell, \ell') \in \mathbb{R}^2$, 那么, 序列 $(u_n)_{n\in\mathbb{N}} + (v_n)_{n\in\mathbb{N}}$ 收敛到 $\ell + \ell'$.

设 $(u'_n) = (u_n - \ell)$ 和 $(v'_n) = (v_n - \ell')$. 根据假设, $(u'_n)_{n\in\mathbb{N}}$ 和 $(v'_n)_{n\in\mathbb{N}}$ 收敛到 0. 又因为, 已证得收敛到 0 的序列的集合 $\mathcal{S}_0$ 是一个向量空间. 因此, $(u'_n)_{n\in\mathbb{N}} + (v'_n)_{n\in\mathbb{N}}$ 收敛到 0, 这相当于 $(u_n)_{n\in\mathbb{N}} + (v_n)_{n\in\mathbb{N}}$ 收敛到 $\ell + \ell'$.

- 证明如果 $(u_n)_{n\in\mathbb{N}}$ 发散到 $+\infty$ 且 $(v_n)_{n\in\mathbb{N}}$ 收敛到 ℓ', 那么, 序列 $(u_n)_{n\in\mathbb{N}} + (v_n)_{n\in\mathbb{N}}$ 发散到 $+\infty$.

首先, $(v_n)_{n\in\mathbb{N}}$ 收敛, 因此 $(v_n)_{n\in\mathbb{N}}$ 有界. 设 $M\in\mathbb{R}^+$ 使得 $|v|\leqslant M$(序列之间的关系, 即: $\forall n\in\mathbb{N}, |v_n|\leqslant M$). 此外, 设 $A\in\mathbb{R}$. 序列 $(u_n)_{n\in\mathbb{N}}$ 发散到 $+\infty$, 故有

$$\exists n_0\in\mathbb{N}, \forall n\geqslant n_0, u_n\geqslant A+M.$$

取定一个这样的 n_0. 那么有

$$\forall n\geqslant n_0, u_n+v_n\geqslant A+M-M\geqslant A.$$

这证得 $(u_n)_{n\in\mathbb{N}}+(v_n)_{n\in\mathbb{N}}$ 发散到 $+\infty$.

- 现在证明, 如果 $(u_n)_{n\in\mathbb{N}}$ 收敛到 $\ell\in\mathbb{R}$ 且 $(v_n)_{n\in\mathbb{N}}$ 收敛到 $\ell'\in\mathbb{R}$, 那么 $(u_nv_n)_{n\in\mathbb{N}}$ 收敛到 $\ell\ell'$. 为此, 注意到

$$\forall n\in\mathbb{N}, u_nv_n-\ell\ell'=u_nv_n-u_n\ell'+u_n\ell'-\ell\ell'=u_n(v_n-\ell')+\ell'(u_n-\ell).$$

根据假设, $(v_n-\ell')_{n\in\mathbb{N}}$ 收敛到 0, 且由于 $(u_n)_{n\in\mathbb{N}}$ 收敛, 故 $(u_n)_{n\in\mathbb{N}}$ 有界. 因此, $(u_n)_{n\in\mathbb{N}}\times(v_n-\ell')_{n\in\mathbb{N}}$ 是一个有界序列和一个收敛到 0 的序列的乘积. 根据命题 3.3.4.2, 这个序列收敛到 0.
同理, $\ell'(u_n-\ell)_{n\in\mathbb{N}}$ 收敛到 0. 由 $\mathcal{S}_0$ 是一个向量空间知 $(u_nv_n-\ell\ell')_{n\in\mathbb{N}}\in\mathcal{S}_0$, 即 $(u_nv_n)_{n\in\mathbb{N}}$ 收敛到 $\ell\ell'$.

- 证明如果 $(u_n)_{n\in\mathbb{N}}$ 发散到 $-\infty$ 且 $(v_n)_{n\in\mathbb{N}}$ 收敛到 $\ell'<0$, 那么 $(u_nv_n)_{n\in\mathbb{N}}$ 发散到 $+\infty$.
首先, $(v_n)_{n\in\mathbb{N}}$ 收敛到 $\ell'<0$. 那么, 序列 $(v_n)_{n\in\mathbb{N}}$ 从某项起以一个小于零的数为上界, 即

$$\exists n_0\in\mathbb{N}, \exists M<0, \forall n\geqslant n_0, v_n\leqslant M.$$

取定一个这样的自然数 n_0 和一个这样的实数 $M<0$. 设 $A>0$. 由于序列 $(u_n)_{n\in\mathbb{N}}$ 发散到 $-\infty$, 故存在自然数 n_1 使得: $\forall n\geqslant n_1, u_n\leqslant\dfrac{A}{M}<0$.
从而有

$$\forall n\geqslant\max(n_0,n_1), u_nv_n\geqslant A.$$

这证得 $(u_n v_n)$ 发散到 $+\infty$.

- 最后证明如果 $(u_n)_{n\in\mathbb{N}}$ 收敛到 $\ell \neq 0$, 那么 $\left(\dfrac{1}{u_n}\right)_{n\in\mathbb{N}}$ 收敛到 $\dfrac{1}{\ell}$.

假设 $\ell > 0$, 否则用 $(-u_n)$ 代替 (u_n). 由于序列 $(u_n)_{n\in\mathbb{N}}$ 收敛到 $\ell > 0$, 故存在自然数 n_0 和实数 $M > 0$ 使得 $(u_n)_{n\geqslant n_0}$ 以 M 为下界. 注意到

$$\forall n \geqslant n_0, \quad \frac{1}{u_n} - \frac{1}{\ell} = \frac{1}{u_n\ell} \times (\ell - u_n).$$

又因为, 对任意自然数 $n \geqslant n_0$, $0 \leqslant \dfrac{1}{\ell u_n} \leqslant \dfrac{1}{\ell M}$, 即序列 $\left(\dfrac{1}{\ell u_n}\right)_{n\geqslant n_0}$ 有界.

并且, 序列 $(\ell - u_n)_{n\geqslant n_0}$ 收敛到 0. 因此, 它们的乘积收敛到 0, 即 $\left(\dfrac{1}{u_n}\right)_{n\geqslant n_0}$ 收敛到 $\dfrac{1}{\ell}$. $\boxtimes$

注： 该命题的大多数其他结果都可由已证明的性质推导出来(将 u 替换为 $-u$ 和/或将 v 替换为 $-v$, 并注意到商是一个序列与另一个序列的倒数的乘积).

习题 3.3.4.5 事实上, 并不是所有的性质都可以从已证得的性质中推导出来! 哪些性质还有待证明? 证明这些性质.

习题 3.3.4.6 确定下列序列的极限:

$$u_n = \frac{n^2 + 3n - 1}{n^2 - 3n + 1732}; \qquad v_n = \sqrt{n+1} - \sqrt{n};$$

$$w_n = \frac{\ln n}{n^\alpha}, \text{ 其中 } \alpha \in \mathbb{R} \text{ 是取定的}; \qquad z_n = 2^{n^2} - \pi^{3n};$$

$$a_n = \frac{\cos(n)}{n} + e^n \sin(e^{-n}); \qquad b_n = n^2 \ln\left(\cos\left(\frac{1}{n}\right)\right).$$

我们可以使用常用函数的等价表达式将待求极限的表达式转换成我们可以计算极限的表达式.

3.3.5　取极限与序关系的兼容性

命题 3.3.5.1　设 $(u_n)_{n\in\mathbb{N}}$ 和 $(v_n)_{n\in\mathbb{N}}$ 是两个实数列, 使得从第 n_0 项起 $u_n \leqslant v_n$.

(i)　如果 $\lim\limits_{n\to+\infty} u_n$ 和 $\lim\limits_{n\to+\infty} v_n$ 在 $\overline{\mathbb{R}}$ 中存在, 那么 $\lim\limits_{n\to+\infty} u_n \leqslant \lim\limits_{n\to+\infty} v_n$ (我们称取极限运算保持不严格的不等式).

(ii)　如果 $\lim\limits_{n\to+\infty} u_n = +\infty$, 那么 $\lim\limits_{n\to+\infty} v_n = +\infty$.

(iii)　如果 $\lim\limits_{n\to+\infty} v_n = -\infty$, 那么 $\lim\limits_{n\to+\infty} u_n = -\infty$.

证明：

- 首先证明 (ii).

假设 $\lim\limits_{n\to+\infty} u_n = +\infty$, 要证明 $\lim\limits_{n\to+\infty} v_n = +\infty$.

设 $A \in \mathbb{R}$. 根据发散到 $+\infty$ 的定义, 有

$$\exists n_1 \in \mathbb{N},\ \forall n \geqslant n_1,\ u_n \geqslant A.$$

取一个这样的自然数 n_1. 另一方面, 根据假设, $\forall n \geqslant n_0,\ u_n \leqslant v_n$.
令 $N = \max(n_0, n_1)$. 那么有

$$\forall n \geqslant N,\ v_n \geqslant u_n \geqslant A.$$

由此证得 (ii).

- 将 (ii) 应用到序列 $(-v_n)$ 和 $(-u_n)$ 可得 (iii).

- 最后, 证明 (i). 首先, 注意到

  * 如果 $\lim\limits_{n\to+\infty} u_n = -\infty$ 或 $\lim\limits_{n\to+\infty} v_n = +\infty$, 没有什么需要证明的;

  * 如果 $\lim\limits_{n\to+\infty} u_n = +\infty$ 或 $\lim\limits_{n\to+\infty} v_n = -\infty$, 应用 (ii) 或 (iii) 可得结论.

因此只剩下 $\lim\limits_{n\to+\infty} u_n = \ell \in \mathbb{R}$ 且 $\lim\limits_{n\to+\infty} v_n = \ell' \in \mathbb{R}$ 的情况.

设 $\varepsilon > 0$. 序列 $(u_n)_{n\in\mathbb{N}}$ 收敛到 ℓ, 故

$$\exists n_1 \in \mathbb{N}, \forall n \geqslant n_1, \ell - \varepsilon \leqslant u_n \leqslant \ell + \varepsilon.$$

取一个这样的自然数 n_1. 同理, 存在自然数 n_2 使得

$$\forall n \geqslant n_2, \ell' - \varepsilon \leqslant v_n \leqslant \ell' + \varepsilon.$$

另一方面, 根据假设, $\forall n \geqslant n_0, u_n \leqslant v_n$. 设 $n = \max(n_0, n_1, n_2)$. 那么有

$$\ell - \varepsilon \leqslant u_n \leqslant v_n \leqslant \ell' + \varepsilon, \quad \text{因此} \quad \ell \leqslant \ell' + 2\varepsilon.$$

因此, 我们证得: $\forall \varepsilon > 0, \ell \leqslant \ell' + 2\varepsilon$. 所以, $\ell \leqslant \ell'$. ◻

例 3.3.5.2 考虑序列定义为: $\forall n \in \mathbb{N}, u_n = n + \sin(n)$. 对任意自然数 $n \in \mathbb{N}$, 我们有 $u_n \geqslant n - 1$ 且 $\lim\limits_{n \to +\infty} (n-1) = +\infty$. 因此, $\lim\limits_{n \to +\infty} u_n = +\infty$.

注: 在上述例子中, 我们也可以简单地用 n 进行分解, 并证明 $(u_n) = (n) \times (v_n)$, 其中 $\lim\limits_{n \to +\infty} v_n = 1$. 然后用极限的代数运算得出结论.

⚠ **注意:** 取极限的运算保持不严格的不等式, 但不保持严格的不等式!

$$\begin{cases} (u_n) \text{ 和 } (v_n) \text{ 收敛,} \\ \forall n \in \mathbb{N}, u_n < v_n \end{cases} \not\Longrightarrow \lim\limits_{n \to +\infty} u_n < \lim\limits_{n \to +\infty} v_n.$$

特别地, 必须绝对避免以下这个严重(且经典)的错误:

$$\begin{cases} (u_n)_{n \in \mathbb{N}} \text{ 收敛到 } \ell, \\ \forall n \in \mathbb{N}, 0 < u_n < 1 \end{cases} \not\Longrightarrow 0 < \ell < 1.$$

习题 3.3.5.3 给出一个非常简单的例子: 序列 $(u_n)_{n \in \mathbb{N}}$ 收敛于 0, 其中, $\forall n \in \mathbb{N}, u_n > 0$.

推论 3.3.5.4 设 $(u_n)_{n \in \mathbb{N}}$ 和 $(v_n)_{n \in \mathbb{N}}$ 是两个序列. 如果 $\lim\limits_{n \to +\infty} u_n = +\infty$ 且 $(v_n)_{n \in \mathbb{N}}$ 有下界, 那么 $\lim\limits_{n \to +\infty} (u_n + v_n) = +\infty$.

证明:

这是命题 3.3.5.1 的直接结果. 实际上, 如果 $m \in \mathbb{R}$ 是 $(v_n)_{n \in \mathbb{N}}$ 的一个下界, 那么对任意自然数 n, $u_n + v_n \geqslant u_n + m$. 根据极限的代数运算,
$$\lim_{n \to +\infty} (u_n + m) = +\infty. \qquad \boxtimes$$

定理 3.3.5.5 (两边夹定理) 设 (u_n), (v_n) 和 (w_n) 是三个实数列. 假设:

(i) 存在 $n_0 \in \mathbb{N}$ 使得 $\forall n \geqslant n_0, u_n \leqslant v_n \leqslant w_n$;

(ii) $(u_n)_{n \in \mathbb{N}}$ 和 $(w_n)_{n \in \mathbb{N}}$ 收敛到相同的极限 ℓ.

那么, $(v_n)_{n \in \mathbb{N}}$ 收敛, 且 $\displaystyle\lim_{n \to +\infty} v_n = \lim_{n \to +\infty} u_n = \lim_{n \to +\infty} w_n = \ell.$

证明:

我们写出极限的正式定义. 设 $\varepsilon > 0$. 由于 $(u_n)_{n \in \mathbb{N}}$ 和 $(w_n)_{n \in \mathbb{N}}$ 收敛到 ℓ, 故存在两个自然数 n_1 和 n_2 使得

$$\forall n \geqslant n_1, |u_n - \ell| \leqslant \varepsilon \text{ 以及 } \forall n \geqslant n_2, |w_n - \ell| \leqslant \varepsilon.$$

令 $N = \max(n_0, n_1, n_2)$. 那么, 对任意自然数 $n \geqslant N$, 我们有

$$\ell - \varepsilon \leqslant u_n \leqslant v_n \leqslant w_n \leqslant \ell + \varepsilon,$$

因此, $|v_n - \ell| \leqslant \varepsilon$. 这证得 $(v_n)_{n \in \mathbb{N}}$ 收敛且 $\displaystyle\lim_{n \to +\infty} v_n = \ell$. $\qquad \boxtimes$

习题 3.3.5.6 一个学生给出了以下简单得多的证明:

"由于 $u_n \leqslant v_n \leqslant w_n$ 且取极限与序关系兼容, 故 $\displaystyle\lim_{n \to +\infty} u_n \leqslant \lim_{n \to +\infty} v_n \leqslant \lim_{n \to +\infty} w_n$. 又因为 $\displaystyle\lim_{n \to +\infty} u_n = \lim_{n \to +\infty} w_n = \ell$, 故 $\displaystyle\lim_{n \to +\infty} v_n = \ell$, 即 $(v_n)_{n \in \mathbb{N}}$ 收敛且其极限为 ℓ. "

这个推导过程有什么错误?

例 3.3.5.7 考虑序列 (v_n) 定义为: $\forall n \in \mathbb{N}^{\star}, v_n = \dfrac{E(\ln(n))}{\ln(2n+1)}.$

我们想证明 (v_n) 收敛并确定其极限.

在这里, 引起"问题"的项是取整函数(不能显式计算). 因此, 我们将给出序列 (v_n) 的上下界. 根据取整函数的性质, 有

$$\forall n \in \mathbb{N}^{\star}, \ \ln(n) - 1 \leqslant E(\ln(n)) \leqslant \ln(n).$$

因此, 对任意自然数 $n \geqslant 1$,

$$\frac{\ln(n) - 1}{\ln(2n + 1)} \leqslant v_n \leqslant \frac{\ln(n)}{\ln(2n + 1)}.$$

又因为, 对 $n \in \mathbb{N}$ 且 $n \geqslant 2$,

$$\frac{\ln(2n + 1)}{\ln(n)} = \frac{\ln(n) + \ln\left(2 + \dfrac{1}{n}\right)}{\ln(n)} = 1 + \frac{\ln\left(2 + \dfrac{1}{n}\right)}{\ln(n)}.$$

从而 $\displaystyle\lim_{n \to +\infty} \frac{\ln(2n + 1)}{\ln(n)} = 1$(极限的代数运算), 故 $\displaystyle\lim_{n \to +\infty} \frac{\ln(n)}{\ln(2n + 1)} = 1$.
同理, $\displaystyle\lim_{n \to +\infty} \frac{\ln(n) - 1}{\ln(2n + 1)} = 1$.

根据两边夹定理, 序列 (v_n) 收敛且 $\displaystyle\lim_{n \to +\infty} v_n = 1$.

当我们不能把 v_n 显式地表示成 n 的函数, 但可以用相同数量级的项来框住 v_n 时, 两边夹定理特别有效[1] .

例 3.3.5.8 考虑序列 (v_n) 定义为: 对任意自然数 $n \geqslant 1$,

$$v_n = \int_{2n\pi}^{2n\pi + \frac{\pi}{4}} \frac{x \ln(x)}{\cos^2(x)} \, \mathrm{d}x.$$

首先, 注意到 (v_n) 是良定义的, 因为 $x \longmapsto \dfrac{x \ln(x)}{\cos^2(x)}$ 在每个闭区间 $\left[2n\pi, 2n\pi + \dfrac{\pi}{4}\right] (n \in \mathbb{N}^{\star})$ 上连续.

在这个例子中, 我们不知道被积函数的原函数, 因此我们不能显式地计算该积分的值. 另一方面, 对 $n \in \mathbb{N}^{\star}$, 我们有

$$\forall x \in \left[2n\pi, 2n\pi + \frac{\pi}{4}\right], \ \frac{2n\pi \ln(2n\pi)}{\cos^2(x)} \leqslant \frac{x \ln(x)}{\cos^2(x)} \leqslant \frac{\left(2n\pi + \dfrac{\pi}{4}\right) \ln\left(2n\pi + \dfrac{\pi}{4}\right)}{\cos^2(x)}.$$

---

[1]参见 3.5 节: 序列的比较关系.

根据积分的性质, 我们有

$$\int_{2n\pi}^{2n\pi+\frac{\pi}{4}} \frac{2n\pi\ln(2n\pi)}{\cos^2(x)}\,\mathrm{d}x \leqslant \int_{2n\pi}^{2n\pi+\frac{\pi}{4}} \frac{x\ln(x)}{\cos^2(x)}\,\mathrm{d}x \leqslant \int_{2n\pi}^{2n\pi+\frac{\pi}{4}} \frac{\left(2n\pi+\frac{\pi}{4}\right)\ln\left(2n\pi+\frac{\pi}{4}\right)}{\cos^2(x)}\,\mathrm{d}x,$$

也即

$$2n\pi\ln(2n\pi)\Big[\tan(x)\Big]_{2n\pi}^{2n\pi+\frac{\pi}{4}} \leqslant v_n \leqslant \left(2n\pi+\frac{\pi}{4}\right)\ln\left(2n\pi+\frac{\pi}{4}\right)\Big[\tan(x)\Big]_{2n\pi}^{2n\pi+\frac{\pi}{4}},$$

即

$$2n\pi\ln(2n\pi) \leqslant v_n \leqslant \left(2n\pi+\frac{\pi}{4}\right)\ln\left(2n\pi+\frac{\pi}{4}\right).$$

由此可以推断, 对任意自然数 $n \geqslant 2$,

$$2n\pi\ln(n)\left(1+\frac{\ln(2\pi)}{\ln(n)}\right) \leqslant v_n \leqslant 2n\pi\ln(n)\left(1+\frac{1}{8n}\right)\left(1+\frac{\ln\left(2\pi+\frac{\pi}{4n}\right)}{\ln(n)}\right).$$

又因为, 直接计算可得

$$\lim_{n\to+\infty}\left(1+\frac{\ln(2\pi)}{\ln(n)}\right)=1,$$

而根据 $\ln$ 在点 2π 处的连续性[①],

$$\lim_{n\to+\infty}\left(1+\frac{1}{8n}\right)\left(1+\frac{\ln\left(2\pi+\frac{\pi}{4n}\right)}{\ln(n)}\right)=1.$$

根据两边夹定理, 序列 $\left(\dfrac{v_n}{2n\pi\ln(n)}\right)$ 收敛且它的极限为 1.

因此, 我们证得 $\displaystyle\lim_{n\to+\infty}\dfrac{v_n}{2n\pi\ln(n)}=1$(即 $v_n \underset{n\to+\infty}{\sim} 2n\pi\ln(n)$, 但是我们还没有学习序列等价的概念).

注: 两边夹定理在求等价表达式的问题中有广泛的应用. 我们将在本章中看到它应用于隐式定义的序列, 它还可应用于正项发散级数的部分和, 在《大学数学进阶 1》和《大学数学进阶 2》中还将看到它在研究函数项级数或含参积分的等价表达式中的应用.

---

①参见第 6 章, 6.2.5 小节连续性的序列刻画部分.

推论 3.3.5.9 如果从某项起有 $|u_n - \ell| \leqslant \alpha_n$ 且 $\lim\limits_{n \to +\infty} \alpha_n = 0$, 那么 $(u_n)_{n \in \mathbb{N}}$ 收敛于 ℓ.

证明:

设 $n \in \mathbb{N}$. $|u_n - \ell| \leqslant \alpha_n$ 等价于 $-\alpha_n \leqslant u_n - \ell \leqslant \alpha_n$, 然后应用两边夹定理即可得证. ⊠

习题 3.3.5.10 在不使用两边夹定理的情况下, 直接证明这一推论.

习题 3.3.5.11 从这个推论出发, 可以直接得到什么其他定理或性质？

习题 3.3.5.12 确定序列 $u_n = \dfrac{\ln(n) + 5\cos(n)}{n}$ 的极限.

3.3.6 收敛性与子列

让我们以一个技巧较强但有用的引理开始这一小节.

引理 3.3.6.1 设 $\varphi: \mathbb{N} \longrightarrow \mathbb{N}$ 是严格单调递增的. 那么, $\forall n \in \mathbb{N}, \varphi(n) \geqslant n$.

证明:

我们对 n 应用数学归纳法来证明这个结论.

初始化:
根据定义, $\varphi(0) \in \mathbb{N}$, 故 $\varphi(0) \geqslant 0$. 性质对 $n = 0$ 成立.

递推:
假设性质对某个 $n \in \mathbb{N}$ 成立, 要证明性质对 $n+1$ 也成立. 因为 $n+1 > n$ 且 φ 严格单调递增, 所以, $\varphi(n+1) > \varphi(n) \geqslant n$(根据归纳假设). 因此, $\varphi(n+1) > n$ 且 $\varphi(n+1) \in \mathbb{N}$, 从而有 $\varphi(n+1) \geqslant n+1$.
这证得性质对 $n+1$ 也成立, 归纳完成. ⊠

命题 3.3.6.2 设 $(u_n)_{n\in\mathbb{N}}$ 是一个收敛到 $\ell\in\mathbb{R}$ 的序列. 那么, $(u_n)_{n\in\mathbb{N}}$ 的任意子列都收敛到 ℓ.

证明:

设 $(v_n)_{n\in\mathbb{N}}$ 是 $(u_n)_{n\in\mathbb{N}}$ 的一个子列. 根据定义, 存在一个严格单调递增的映射 $\varphi\colon \mathbb{N}\longrightarrow\mathbb{N}$ 使得
$$\forall n\in\mathbb{N},\ v_n=u_{\varphi(n)}.$$
下面证明 $(v_n)_{n\in\mathbb{N}}$ 收敛到 ℓ. 设 $\varepsilon>0$. 我们知道, $(u_n)_{n\in\mathbb{N}}$ 收敛到 ℓ. 因此, 存在自然数 n_0 使得
$$\forall n\geqslant n_0,\ |u_n-\ell|\leqslant\varepsilon.$$
根据上述引理, 如果 $n\geqslant n_0$, 那么 $\varphi(n)\geqslant n\geqslant n_0$, 因此,
$$\forall n\geqslant n_0,\ |u_{\varphi(n)}-\ell|\leqslant\varepsilon.$$
这证得序列 $(v_n)_{n\in\mathbb{N}}$ 也收敛到 ℓ. $\boxtimes$

注: 上述命题可推广到极限在 $\overline{\mathbb{R}}$ 中(即极限值有限或无穷)的序列.

习题 3.3.6.3 证明这个注的结论! 换言之, 证明: 如果 $\lim\limits_{n\to+\infty}u_n=+\infty$, 那么 $(u_n)_{n\in\mathbb{N}}$ 的任意子列发散到 $+\infty$.

推论 3.3.6.4 设 $(u_n)_{n\in\mathbb{N}}$ 是一个实数列. 如果存在 $(u_n)_{n\in\mathbb{N}}$ 的两个子列有不同极限, 那么序列 $(u_n)_{n\in\mathbb{N}}$ 发散(且没有极限).

证明:

假设存在两个从 $\mathbb{N}$ 到 $\mathbb{N}$ 的严格单调递增的映射 φ 和 ψ 使得 $(u_{\varphi(n)})$ 和 $(u_{\psi(n)})$ 的极限分别为 ℓ_1 和 ℓ_2, 其中 $\ell_1\neq\ell_2$(且 ℓ_1 和 ℓ_2 都在 $\overline{\mathbb{R}}$ 中). 用反证法证明 $(u_n)_{n\in\mathbb{N}}$ 没有极限. 如果 $(u_n)_{n\in\mathbb{N}}$ 有极限 ℓ(有限或无穷), 那么根据上述命题(以及注释), $(u_{\varphi(n)})$ 和 $(u_{\psi(n)})$ 也以 ℓ 为极限. 由极限的唯一性知, $\ell_1=\ell=\ell_2$, 矛盾. $\boxtimes$

▶ 方法：

为证明序列 $(u_n)_{n\in\mathbb{N}}$ 发散, 只需：

— 证明序列 $(u_n)_{n\in\mathbb{N}}$ 不是有界的, 或存在不是有界的子列；

— 或者, 证明 $(u_n)_{n\in\mathbb{N}}$ 有两个子列收敛于不同极限.

例 3.3.6.5 再次考虑如下定义的序列：对任意自然数 n, $u_n = (-1)^n$. 子列 (u_{2n}) 收敛到 1(这是每项值为 1 的常数列), 子列 (u_{2n+1}) 收敛到 -1. 因此, $(u_n)_{n\in\mathbb{N}}$ 有两个子列有不同极限, 故 $(u_n)_{n\in\mathbb{N}}$ 是发散的.

例 3.3.6.6 设 (u_n) 定义为：$\forall n \in \mathbb{N}^\star, u_n = \sum_{k=1}^{n} \frac{1}{k}$. 对任意自然数 $n \geqslant 1$, 有

$$u_{2n} - u_n = \frac{1}{n+1} + \frac{1}{n+2} + \cdots + \frac{1}{2n} \geqslant n \times \frac{1}{2n} = \frac{1}{2}.$$

如果序列 (u_n) 收敛, 那么 (u_{2n}) 也收敛, 且 $\lim\limits_{n\to+\infty} u_{2n} = \lim\limits_{n\to+\infty} u_n$, 从而 $(u_{2n} - u_n)$ 收敛到 0, 然而对任意 $n \geqslant 1$, $u_{2n} - u_n \geqslant \frac{1}{2}$. 矛盾, 因此序列 (u_n) 发散.

<u>注：</u>在上述例子中,

- 我们也可以用数学归纳法证明：$\forall n \geqslant 1, u_{2^n} \geqslant 1 + \frac{n}{2}$. 因此, (u_n) 没有上界从而不是有界的, 所以它不是收敛的.
- 稍后会看到(单调极限定理), 由于 (u_n) 是单调递增的且不收敛的, 必然有 $\lim\limits_{n\to+\infty} u_n = +\infty$.
- 稍后(3.4.2 小节和 3.5.4 小节)将看到如何求 u_n 的等价表达式.
- 最后, 序列 $(u_n)_{n\geqslant 1}$ 常常记为 (H_n), 并称为调和级数.

关于偶数项子列和奇数项子列, 下面的命题经常用到.

命题 3.3.6.7 设 $(u_n)_{n\in\mathbb{N}}$ 是一个实数列. 假设序列 (u_{2n}) 和 (u_{2n+1}) 收敛到同一个极限 ℓ. 那么, 序列 $(u_n)_{n\in\mathbb{N}}$ 收敛到 ℓ.

证明：

> 这在直觉上是显然的, 因为偶数项和奇数项一样, 都可以任意接近 ℓ. 设 $\varepsilon > 0$. 由于 (u_{2n}) 和 (u_{2n+1}) 都收敛到 ℓ, 故存在两个自然数 n_1 和 n_2 使得
>
> $$\forall n \geqslant n_1, |u_{2n} - \ell| \leqslant \varepsilon \quad \text{且} \quad \forall n \geqslant n_2, |u_{2n+1} - \ell| \leqslant \varepsilon.$$
>
> 令 $n_0 = \max(2n_1, 2n_2 + 1)$. 设 $n \in \mathbb{N}$ 使得 $n \geqslant n_0$.
>
> - 若 n 是偶数, 则存在 $k \in \mathbb{N}$ 使得 $n = 2k$. 根据假设, $2k = n \geqslant n_0 \geqslant 2n_1$, 即 $k \geqslant n_1$. 从而, 根据上述关系, $|u_{2k} - \ell| \leqslant \varepsilon$, 即 $|u_n - \ell| \leqslant \varepsilon$.
> - 同理可证, 如果 n 是奇数, 那么 $|u_n - \ell| \leqslant \varepsilon$.
>
> 因此, 对任意自然数 $n \geqslant n_0$, $|u_n - \ell| \leqslant \varepsilon$. 这证得 $(u_n)_{n \in \mathbb{N}}$ 收敛到 ℓ. ⊠

⚠ **注意**: 不要忘记, 在这个命题中, 我们假设 (u_{2n}) 和 (u_{2n+1}) 收敛<u>且</u>有相同的极限! 确实有可能 (u_{2n}) 和 (u_{2n+1}) 都收敛, 但 (u_n) 发散! 例如, 序列 $((-1)^n)$ 就是这样.

习题 3.3.6.8　设 (u_n) 是一个实数列. 假设 (u_{3n}), (u_{3n+1}) 和 (u_{3n+2}) 都收敛.

1. 证明：如果这三个子列有相同的极限, 那么 (u_n) 收敛.
2. 用反例证明序列 (u_n) 不一定收敛.

习题 3.3.6.9　我们可以怎么推广上述命题或上述习题的结论?

<u>注</u>: 让我们用一些简短的注释来结束对序列收敛性与其子列收敛性之间关系的讨论.

- 一个序列可能没有收敛的子列. 例如, 如果 (u_n) 发散到 $+\infty$, 那么 (u_n) 的任意子列都发散(到 $+\infty$).
- 当序列 (u_n) 没有极限时, 有可能 (u_n) 的任意子列都不收敛. 例如, (u_n) 定义为

$$\forall n \in \mathbb{N}, u_n = (-1)^n \times n.$$

这个序列没有极限(因为 (u_{2n}) 和 (u_{2n+1}) 有不同的极限), 并且 (u_n) 的子列要么发散(没有极限), 要么发散到 $+\infty$(这是从某项起 φ 只取偶数值的情况), 要么发散到 $-\infty$(这是从某项起 φ 只取奇数值的情况).

- 稍后我们将看到, 一个实数列至少有一个有极限的子列: 要么序列 (u_n) 没有上界, 那么可以证明存在一个子列趋于 $+\infty$(参见本章末尾的习题), 要么 (u_n) 没有下界, 那么可以证明存在一个子列趋于 $-\infty$; 或者 (u_n) 有界, 那么存在一个收敛的子列(波尔查诺–魏尔斯特拉斯定理, 参见 3.4.4 小节).

- 序列 (u_n) 可以有收敛于不同值的子列. 可以有任意有限个(即这个有限的数可以任意大)收敛于不同极限的子列, 甚至是无穷个. 例如,

  * 如果 $p \in \mathbb{N}^\star$ 是取定的, 序列 (u_n) 定义为: $\forall n \in \mathbb{N}, u_n = \cos\left(\dfrac{n\pi}{p}\right)$. 那么, 对 $r \in [\![0, 2p-1]\!]$, 序列 $(u_{2np+r})_{n \in \mathbb{N}}$ 收敛$\left($这是取值恒为 $\ell_r = \cos\left(\dfrac{r\pi}{p}\right)$ 的常数列$\right)$. $\ell_r(0 \leqslant r \leqslant p)$ 的值两两不同(可以证明这些是收敛子列的所有可能的极限).

  * 对序列 $(u_n) = (\cos(n))$, 我们在习题 2.4.8.3 中看到, $[-1, 1]$ 的任意元素都是它的一个子列的极限.

3.3.7 稠密性的序列刻画

定理 3.3.7.1 设 A 是 $\mathbb{R}$ 的一个子集. 那么, 以下叙述相互等价:

(i) A 在 $\mathbb{R}$ 中稠密;

(ii) 任意实数都是 A 中一个序列的极限, 即

$$\forall x \in \mathbb{R}, \exists (a_n) \in A^{\mathbb{N}}, \lim_{n \to +\infty} a_n = x.$$

我们称 (ii) 是稠密性的序列刻画.

证明:

- (i) $\Longrightarrow$ (ii).

假设 A 在 $\mathbb{R}$ 中稠密.

设 $x \in \mathbb{R}$. 根据 A 在 $\mathbb{R}$ 中稠密的定义, 有

$$\forall n \in \mathbb{N}, \left(x - \frac{1}{n+1}, x + \frac{1}{n+1}\right) \cap A \neq \varnothing.$$

取 $a_n \in \left(x - \frac{1}{n+1}, x + \frac{1}{n+1}\right) \cap A$. 这定义了 A 中的一个元素序列 $(a_n)_{n \in \mathbb{N}}$, 满足

$$\forall n \in \mathbb{N}, \ |x - a_n| \leqslant \frac{1}{n+1}.$$

根据两边夹定理, $\lim\limits_{n \to +\infty} a_n = x$, 这证得 (ii).

- (ii) $\implies$ (i).

假设 (ii) 成立. 要证明 A 在 $\mathbb{R}$ 中稠密.

设 a 和 b 是两个实数, 使得 $a < b$. 取 $x = \dfrac{a+b}{2}$.

根据 (ii), 存在序列 $(a_n)_{n \in \mathbb{N}} \in A^{\mathbb{N}}$ 使得 $\lim\limits_{n \to +\infty} a_n = x$.

取 $\varepsilon = \dfrac{b-a}{4}$, 则 $\varepsilon > 0$. 由收敛性的定义知, 存在自然数 n_0 使得

$$\forall n \geqslant n_0, \ |a_n - x| \leqslant \varepsilon.$$

那么有

$$a < \frac{a+b}{2} - \frac{b-a}{4} \leqslant a_{n_0} \leqslant \frac{a+b}{2} + \frac{b-a}{4} < b.$$

因此, $a_{n_0} \in A \cap (a, b)$, 故 $A \cap (a, b) \neq \varnothing$. 这证得 A 在 $\mathbb{R}$ 中稠密. $\boxtimes$

<u>注:</u> 我们知道(参见 2.4.8 小节), 利用这个刻画, 可以很容易证明 $\mathbb{Q}$ 和 $\mathbb{R} \setminus \mathbb{Q}$ 在 $\mathbb{R}$ 中稠密.

习题 3.3.7.2 证明集合 $\mathbb{D}_2 = \left\{ \dfrac{p}{2^n} \ \middle| \ (n, p) \in \mathbb{N} \times \mathbb{Z} \right\}$ 在 $\mathbb{R}$ 中稠密.

3.4 极限的存在性定理

3.4.1 单调极限定理

定理 3.4.1.1 设 $(u_n)_{n\in\mathbb{N}}$ 是一个单调递增的序列. 那么, 我们有以下等价:

$$(u_n)_{n\in\mathbb{N}} \text{ 收敛} \iff (u_n)_{n\in\mathbb{N}} \text{ 有上界} ;$$

$$\lim_{n\to+\infty} u_n = +\infty \iff (u_n)_{n\in\mathbb{N}} \text{ 没有上界}.$$

并且, 如果 $(u_n)_{n\in\mathbb{N}}$ 收敛, 那么 $\lim\limits_{n\to+\infty} u_n = \sup\{u_n \mid n \in \mathbb{N}\} = \sup\limits_{n\in\mathbb{N}} u_n$.

类似地, 如果 $(v_n)_{n\in\mathbb{N}}$ 是单调递减的, 那么

$$(v_n)_{n\in\mathbb{N}} \text{ 收敛} \iff (v_n)_{n\in\mathbb{N}} \text{ 有下界};$$

$$\lim_{n\to+\infty} v_n = -\infty \iff (v_n)_{n\in\mathbb{N}} \text{ 没有下界}.$$

并且, 如果 $(v_n)_{n\in\mathbb{N}}$ 收敛, 那么 $\lim\limits_{n\to+\infty} v_n = \inf\{v_n \mid n \in \mathbb{N}\} = \inf\limits_{n\in\mathbb{N}} v_n$.

证明:

首先, 注意到我们只需处理 $(u_n)_{n\in\mathbb{N}}$ 单调递增的情况(然后通过引入 $(-v_n)$ 来导出单调递减序列的结果).

此外, 两个正命题($\Longrightarrow$)是显然的. 因此, 剩下的就是证明两个逆命题.

- 假设 $(u_n)_{n\in\mathbb{N}}$ 有上界.

此时, $A = \{u_n \mid n \in \mathbb{N}\}$ 是 $\mathbb{R}$ 的一个非空有上界的子集, 故它有上确界.
设 $\ell = \sup A$. 下面证明 $(u_n)_{n\in\mathbb{N}}$ 收敛到 ℓ.
设 $\varepsilon > 0$. 根据 $\mathbb{R}$ 中上确界的刻画, 存在 $a \in A$ 使得 $\ell - \varepsilon < a \leqslant \ell$. 根据集合 A 的定义, 存在自然数 n_0 使得 $a = u_{n_0}$.
那么, 对任意自然数 $n \geqslant n_0$, 我们有

$$u_{n_0} \leqslant u_n \quad \text{(因为 } (u_n)_{n\in\mathbb{N}} \text{ 是单调递增的)}$$

和

$$u_n \leqslant \ell. \quad (\text{因为 } u_n \in A \text{ 且 } \ell = \sup A)$$

因此,

$$\forall n \geqslant n_0, \ \ell - \varepsilon \leqslant u_{n_0} \leqslant u_n \leqslant \ell.$$

这证得 $(u_n)_{n \in \mathbb{N}}$ 收敛到 ℓ.

- 现在假设序列 $(u_n)_{n \in \mathbb{N}}$ 没有上界. 要证明 $\lim\limits_{n \to +\infty} u_n = +\infty$.

设 $M \in \mathbb{R}$. 因为 $(u_n)_{n \in \mathbb{N}}$ 没有上界, 所以 M 不是序列的上界, 即存在自然数 n_0 使得 $u_{n_0} \geqslant M$. 由于 $(u_n)_{n \in \mathbb{N}}$ 是单调递增的, 故有

$$\forall n \geqslant n_0, \ u_n \geqslant u_{n_0} \geqslant M.$$

这证得 $(u_n)_{n \in \mathbb{N}}$ 发散到 $+\infty$. $\boxtimes$

注: 我们可以立即推导出以下两个性质.

- 如果 $(u_n)_{n \in \mathbb{N}}$ 单调递增且收敛到 ℓ, 那么 $\forall n \in \mathbb{N}, u_n \leqslant \ell$.
- 如果 $(u_n)_{n \in \mathbb{N}}$ 单调递减且收敛到 ℓ, 那么 $\forall n \in \mathbb{N}, u_n \geqslant \ell$.

注: 我们也可以重新表述这个定理(并将其称为序列的单调极限定理)如下: "设 $(u_n)_{n \in \mathbb{N}}$ 是一个单调的实数列, 那么 $(u_n)_{n \in \mathbb{N}}$ 有极限(有限或无穷)". 为了更精确, 我们加上前面的叙述, 它清楚地说明了何时极限是有限的, 何时极限是无穷的.

例 3.4.1.2 考虑序列 $(u_n)_{n \in \mathbb{N}}$ 定义为: $u_0 > 0$, 且 $\forall n \in \mathbb{N}$, $u_{n+1} = \ln(1 + u_n)$.

- 首先, 用简单数学归纳法证明: 序列 $(u_n)_{n \in \mathbb{N}}$ 是良定义的, 并且, 对任意 $n \in \mathbb{N}, u_n > 0$.

- 函数 $\ln$ 是一个参考函数, 我们知道: $\forall x \in (-1, +\infty)$, $\ln(1 + x) \leqslant x$. 从而有

$$\forall n \in \mathbb{N}, u_{n+1} = \ln(1 + u_n) \leqslant u_n,$$

换言之, 序列 $(u_n)_{n \in \mathbb{N}}$ 是单调递减的.

- 因此, 序列 $(u_n)_{n \in \mathbb{N}}$ 单调递减且有下界, 因此, 根据单调极限定理, $(u_n)_{n \in \mathbb{N}}$ 收敛.

- 设 $\ell = \lim\limits_{n \to +\infty} u_n$(我们刚刚验证了在 $\mathbb{R}$ 中极限的存在性). 由于 $(u_n)_{n \in \mathbb{N}}$ 以 0 为下界, 故 $\ell \geqslant 0$. 并且,

  ＊ 一方面, $(u_{n+1})_{n \in \mathbb{N}}$ 收敛到 ℓ, 因为这是 $(u_n)_{n \in \mathbb{N}}$ 的一个子列;

* 另一方面, 由 ln 在 $1+\ell$ 处的连续性知[1], $\lim\limits_{n\to+\infty}\ln(1+u_n)=\ln(1+\ell)$, 即

$$\lim_{n\to+\infty}u_{n+1}=\ln(1+\ell).$$

由极限的唯一性知, $\ell=\ln(1+\ell)$, 因此 $\ell=0$.

<u>注</u>: 上述例子中的推导是"典型的". 换言之, 这是一种经常使用的推导方式. 必须理解, 有两个"独立"的步骤: 第一步是证明极限的存在性(经常通过应用单调极限定理得到), 第二步是计算该极限值.

习题 3.4.1.3 设 $(u_n)_{n\in\mathbb{N}}$ 定义为: $u_0\in\left[0,\dfrac{\pi}{2}\right]$, 且 $\forall n\in\mathbb{N}$, $u_{n+1}=\sin(u_n)$. 证明 $(u_n)_{n\in\mathbb{N}}$ 收敛, 然后确定其极限.

例 3.4.1.4 对 $n\geqslant 1$, 设 $H_n=\sum\limits_{k=1}^{n}\dfrac{1}{k}$. 序列 (H_n) 是单调递增的, 并且我们已经看到, 对任意 $n>0$, $H_{2^n}\geqslant 1+\dfrac{n}{2}$. 因此, 序列 $(H_n)_{n\in\mathbb{N}}$ 单调递增且没有上界. 所以, 它发散到 $+\infty$.

例 3.4.1.5 考虑序列 $(W_n)_{n\in\mathbb{N}}$ 定义为

$$\forall n\in\mathbb{N}, W_n=\int_0^{\frac{\pi}{2}}(\cos(x))^n\,\mathrm{d}x.$$

这个序列称为沃利斯(Wallis)积分序列. 我们想证明 $(W_n)_{n\in\mathbb{N}}$ 收敛.

• 首先, 注意到对任意 $n\in\mathbb{N}$, W_n 是良定义的, 因为函数 $x\longmapsto(\cos(x))^n$ 在 $\left[0,\dfrac{\pi}{2}\right]$ 上连续.

• 其次, 设 $n\in\mathbb{N}$. 对任意 $x\in\left[0,\dfrac{\pi}{2}\right]$, $\cos(x)\in[0,1]$. 因此,

$$\forall x\in\left[0,\dfrac{\pi}{2}\right], 0\leqslant(\cos(x))^{n+1}\leqslant(\cos(x))^n.$$

由积分的单调性知

$$0\leqslant\int_0^{\frac{\pi}{2}}(\cos(x))^{n+1}\,\mathrm{d}x\leqslant\int_0^{\frac{\pi}{2}}(\cos(x))^n\,\mathrm{d}x.$$

由此导出:

---

① 参见连续性的序列刻画(6.2.5 小节).

∗ 序列 $(W_n)_{n\in\mathbb{N}}$ 是单调递减的；

∗ 序列 $(W_n)_{n\in\mathbb{N}}$ 有下界(0 是它的一个下界).

根据单调收敛定理, $(W_n)_{n\in\mathbb{N}}$ 收敛.

● 极限的计算, 或者更准确地说, 极限值的论证, 稍微复杂一些. 从图 3.4 上看, 我们有以下表示:

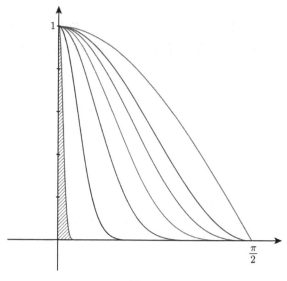

图 3.4

对 $n \in \mathbb{N}$, W_n 是 $x \longmapsto (\cos(x))^n$ 的表示曲线与 x 轴之间的面积$\left(\text{其中 } x \text{ 取值在区间 } \left[0, \dfrac{\pi}{2}\right]\right.$
$\left.\text{中}\right)$. 从图像看, 我们可以"猜测"面积变得越来越小, 即序列 $(W_n)_{n\in\mathbb{N}}$ 收敛到 0.

我们用极限的定义来证明这一点. 设 $\varepsilon \in \left(0, \dfrac{\pi}{2}\right)$, $n \in \mathbb{N}$.

$$\int_0^{\frac{\pi}{2}} (\cos(x))^n \,\mathrm{d}x = \int_0^{\varepsilon} (\cos(x))^n \,\mathrm{d}x + \int_{\varepsilon}^{\frac{\pi}{2}} (\cos(x))^n \,\mathrm{d}x$$

$$\leqslant \int_0^{\varepsilon} 1 \,\mathrm{d}x + \int_{\varepsilon}^{\frac{\pi}{2}} (\cos(\varepsilon))^n \,\mathrm{d}x$$

$$\leqslant \varepsilon + \left(\frac{\pi}{2} - \varepsilon\right) (\cos(\varepsilon))^n.$$

又因为 $|\cos(\varepsilon)| < 1$, 故 $\displaystyle\lim_{n\to+\infty} \left(\left(\frac{\pi}{2} - \varepsilon\right) (\cos(\varepsilon))^n\right) = 0$. 存在自然数 $n_0 \in \mathbb{N}$ 使得

$$\forall n \geqslant n_0, \ \left|\left(\frac{\pi}{2} - \varepsilon\right) (\cos(\varepsilon))^n\right| \leqslant \varepsilon.$$

那么, 对任意自然数 $n \geqslant n_0$, $0 \leqslant W_n \leqslant 2\varepsilon$. 因此, $(W_n)_{n\in\mathbb{N}}$ 收敛到 0.

<u>注</u>: 我们将在积分课程中(《大学数学基础 2》和《大学数学进阶 2》)再次看到沃利斯积分. 使用高级一点的工具, 易证这个序列收敛到 0, 还可以找到它的等价表达式.

3.4.2 单调极限定理在正项级数上的应用

设 $(u_n)_{n\in\mathbb{N}}$ 是一个实数列. 我们令

$$\forall n \in \mathbb{N}, \; S_n = \sum_{k=0}^{n} u_k = u_0 + u_1 + \cdots + u_n.$$

定义 3.4.2.1 设 $(u_n)_{n\in\mathbb{N}}$ 是一个实数列. 我们定义以 u_n 为通项的级数(或实数项级数)为序列 $(S_n)_{n\in\mathbb{N}}$, 并记为 $\sum u_n$. 对给定的 $n \in \mathbb{N}$, 数字 S_n 称为该级数的 n 阶部分和.

重要的注: 知道序列 $(u_n)_{n\in\mathbb{N}}$ 和知道以 u_n 为通项的级数是等价的. 事实上, 使用前面的记号, 有

$$S_0 = u_0 \quad \text{且} \quad \forall n \geqslant 1, u_n = S_n - S_{n-1}.$$

定义 3.4.2.2 我们称级数 $\sum u_n$ 收敛, 若序列 $(S_n)_{n\in\mathbb{N}}$ 是收敛的. 此时, 序列 $(S_n)_{n\in\mathbb{N}}$ 的(有限的)极限称为该级数的和, 并且记

$$\sum_{n=0}^{+\infty} u_n = \lim_{n\to+\infty} S_n.$$

我们称级数 $\sum u_n$ 是发散的(或 $\sum u_n$ 发散), 若 $(S_n)_{n\in\mathbb{N}}$ 是发散的.

⚠ **注意**: 在证得级数 $\sum u_n$ 的收敛性(即部分和序列 $(S_n)_{n\in\mathbb{N}}$ 的收敛性)之前, 严禁使用记号 $\sum\limits_{n=0}^{+\infty} u_n$.

例 3.4.2.3　我们已证得 (H_n) 发散到 $+\infty$. 用级数的术语来说, 这意味着以 $u_n = \dfrac{1}{n+1}$ 为通项的级数是一个发散的级数.

例 3.4.2.4　设 $q \in (-1, 1)$. 那么, 以 q^n 为通项的级数是收敛的, 且其和为 $\dfrac{1}{1-q}$. 事实上, 对任意自然数 n, 其 n 阶部分和是

$$S_n = \sum_{k=0}^{n} q^k = \frac{1 - q^{n+1}}{1 - q}. \quad \text{(因为 } q \neq 1)$$

由于 $|q| < 1$, 故 $\lim\limits_{n \to +\infty} q^n = 0$. 因此, $\lim\limits_{n \to +\infty} S_n = \dfrac{1}{1-q}$. 因此, 我们有

$$\sum_{n=0}^{\infty} q^n = \frac{1}{1 - q}.$$

我们称 $\sum q^k$ 为公比为 q 的几何级数.

例 3.4.2.5　级数 $\sum (-1)^n$ 是一个发散的级数. 实际上, 如果记 (S_n) 为它的部分和序列, 那么对任意自然数 $n \in \mathbb{N}$, $S_{2n} = 1$ 且 $S_{2n+1} = 0$. 子列 (S_{2n}) 和 (S_{2n+1}) 收敛到不同的极限, 故 (S_n) 发散.

在本书中, 我们不打算研究一般级数, 甚至不打算建立某些类型级数的一般(且简单)的性质. 我们只给出一个结果. 因此, 这只是对级数的简短介绍, 详细内容将在《大学数学基础 2》和《大学数学进阶 1》中进一步学习.

命题 3.4.2.6　设 $\sum u_n$ 是一个<u>正项</u>级数(即对任意自然数 n, $u_n \geqslant 0$). 那么,

$$\sum u_n \text{收敛} \iff (S_n)_{n \in \mathbb{N}} \text{ 有上界}.$$

证明:

事实上, 对任意自然数 n, $S_{n+1} - S_n = u_{n+1} \geqslant 0$(因为根据假设 (u_n) 是正的), 故序列 $(S_n)_{n \in \mathbb{N}}$ 是单调递增的.

根据单调收敛定理, $(S_n)_{n \in \mathbb{N}}$ 收敛当且仅当它有上界. ⊠

⚠️ **注意:** 如果去掉"正项"的假设, 这个结果就是错误的. 实际上, 如果 $u_n = (-1)^n$, 那么序列 $(S_n)_{n\in\mathbb{N}}$ 显然以 1 为上界, 但 $(S_n)_{n\in\mathbb{N}}$ 发散.

例 3.4.2.7 考虑级数 $\sum \dfrac{1}{(n+1)^2}$. 对任意自然数 $n \in \mathbb{N}^\star$,

$$\frac{1}{(n+1)^2} \leqslant \frac{1}{n(n+1)} = \frac{1}{n} - \frac{1}{n+1}.$$

因此, 对 $n \in \mathbb{N}^\star$,

$$\sum_{k=0}^{n} \frac{1}{(k+1)^2} = 1 + \sum_{k=1}^{n} \frac{1}{(k+1)^2} \leqslant 1 + \sum_{k=1}^{n}\left(\frac{1}{k} - \frac{1}{(k+1)}\right) = 2 - \frac{1}{n+1}.$$

因此, 可以推断: $\forall n \in \mathbb{N}^\star, \sum_{k=0}^{n} \dfrac{1}{(k+1)^2} \leqslant 2$, 这证得该级数的部分和序列有上界(2 就是它的一个上界). 由此可以得出这个级数收敛.

<u>注:</u> 形如 $\sum \dfrac{1}{n^\alpha}(\alpha \in \mathbb{R})$ 的级数称为黎曼(Riemann)级数. 当该级数收敛时, 级数的和记为 $\zeta(\alpha)$, 函数 $\alpha \longmapsto \zeta(\alpha)$ 称为黎曼 ζ 函数.

上述例子说明, $\zeta(2)$ 是良定义的, 且 $\zeta(2) \leqslant 2$. 稍后我们将看到 $\zeta(2) = \dfrac{\pi^2}{6}$, 必须记住这个参考值.

研究级数的一个基本方法是级数积分比较法. 在这一小节中, 我们不会给出相关定理(将在《大学数学基础 2》的级数章节中学习). 我们的目标仅仅是引入这种方法并通过实例研究如何将该技巧应用于研究级数的收敛性, 以及在很多情况下如何更好地把握部分和序列的变化情况, 即当级数发散时寻求 S_n 的等价表达式, 当级数收敛时寻求 $S_n - \lim\limits_{n\to+\infty} S_n$ 的等价表达式.

级数积分比较方法

背景: 我们想研究形如 $\sum u_n$ 的级数, 其中 $u_n = f(n)$, f 是一个函数.

原理: 比较 $f(n)$ 和 $\displaystyle\int_n^{n+1} f(x)\,\mathrm{d}x$.

应用该方法的条件: f 是单调的.

假设 f 单调只是为了确保第二步(即比较 $f(n)$ 和 f 在 $[n, n+1]$ 上的积分)容易做到,图 3.5—图 3.7 可帮助理解(f 单调递减的情况).

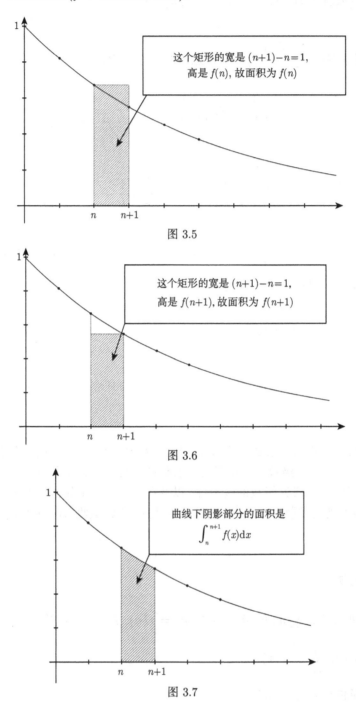

这个矩形的宽是 $(n+1)-n=1$,高是 $f(n)$, 故面积为 $f(n)$

图 3.5

这个矩形的宽是 $(n+1)-n=1$,高是 $f(n+1)$, 故面积为 $f(n+1)$

图 3.6

曲线下阴影部分的面积是 $\int_n^{n+1} f(x)\mathrm{d}x$

图 3.7

因此, 我们可以用积分框住 $f(n)$, 并通过求和, 将部分和 S_n 与函数 f 的积分进行比较.

假设 f 单调的原因是: 否则不能比较 $\int_n^{n+1} f(x)\,\mathrm{d}x$ 和 $f(n)$ (以及 $f(n+1)$) 的大小.

我们在调和级数 $\left(\text{即} \sum \dfrac{1}{n}\right)$ 的例子(例 3.3.6.6)中使用这个方法. 对 $n \geqslant 1$, 令 $u_n = \dfrac{1}{n}$, 我们称 $(S_n)_{n\in\mathbb{N}}$ 为以 u_n 为通项的级数.

考虑倒数函数 $f\colon x \longmapsto \dfrac{1}{x}$. 设 $k \in \mathbb{N}^\star$. f 在 $(0,+\infty)$ 上(严格)单调递减, 故有

$$\forall x \in [k, k+1]\,, \ \frac{1}{k+1} \leqslant \frac{1}{x} \leqslant \frac{1}{k}.$$

根据积分的单调性, 我们有

$$\int_k^{k+1} \frac{\mathrm{d}x}{k+1} \ \leqslant \ \int_k^{k+1} \frac{\mathrm{d}x}{x} \ \leqslant \ \int_k^{k+1} \frac{\mathrm{d}x}{k}.$$

由于 k 和 $k+1$ 是常数, 我们得到

$$\frac{1}{k+1}\left((k+1)-k\right) \leqslant \int_k^{k+1} \frac{\mathrm{d}x}{x} \leqslant \frac{1}{k}\left((k+1)-k\right),$$

即

$$\forall k \in \mathbb{N}^\star,\ \frac{1}{k+1} \leqslant \int_k^{k+1} \frac{\mathrm{d}x}{x} \leqslant \frac{1}{k}, \quad \text{也即} \quad \forall k \in \mathbb{N}^\star,\ u_{k+1} \leqslant \int_k^{k+1} \frac{\mathrm{d}x}{x} \leqslant u_k.$$

设 $n \geqslant 2$. 将上述不等式对 k 从 1 到 $n-1$ 求和, 得到

$$\sum_{k=1}^{n-1} u_{k+1} \ \leqslant \ \sum_{k=1}^{n-1} \int_k^{k+1} \frac{\mathrm{d}x}{x} \ \leqslant \sum_{k=1}^{n-1} u_k.$$

根据积分的沙勒(Chasles)关系 $\left(\text{即} \displaystyle\int_a^b f + \int_b^c f = \int_a^c f\right)$, 我们有

$$\sum_{j=2}^{n} u_j \leqslant \int_1^n \frac{\mathrm{d}x}{x} \leqslant \sum_{k=1}^{n-1} u_k,$$

也即

$$S_n - 1 \leqslant \ln(n) \leqslant S_n - \frac{1}{n}.$$

从而有

$$\ln(n) + \frac{1}{n} \leqslant S_n \leqslant \ln(n) + 1.$$

这使得我们可以立即确定 (S_n) 的极限, 但最重要的是, 它使得我们可以精确地估计 (S_n) 的变化. 应用两边夹定理, 我们得到

$$\lim_{n \to +\infty} \frac{S_n}{\ln(n)} = 1, \quad \text{即} \quad S_n \underset{n \to +\infty}{\sim} \ln(n).$$

<u>记住:</u> 获得形如 $\sum f(n)$ 的正项级数信息的一种方法是比较部分和与积分. 这个方法适用于 f 在某个区间 $[A, +\infty)(A \geqslant 0)$ 上单调递增(或单调递减)的情况.

<u>方法:</u>

1. 将 $\displaystyle\int_n^{n+1} f(x)\,\mathrm{d}x$ 的上界和下界用 $f(n)$ 和 $f(n+1)$ 表示出来;

2. 将这些不等式求和(当然是有限项的和);

3. 利用 $\displaystyle\int_1^n f(x)\,\mathrm{d}x$ 给出 S_n 的上界和下界;

4. 计算 $\displaystyle\int_1^n f(x)\,\mathrm{d}x$;

5. 确定 S_n 的性质(收敛或发散)(要么得到 S_n 的一个上界从而级数收敛, 要么得到某个小于等于 S_n 的序列且该序列趋于 $+\infty$, 故 (S_n) 发散到 $+\infty$);

6. 如果级数发散, 我们尝试应用两边夹定理来得到 S_n 的等价表达式;

7. 如果级数收敛, 我们用积分给出 $S_n - \displaystyle\lim_{n \to +\infty} S_n$ 的上界和下界并尝试应用两边夹定理来得出其等价表达式.

<u>注:</u> 显然, 这种方法并不适用于所有正项级数.

例 3.4.2.8 考虑级数 $\displaystyle\sum \frac{1}{\sqrt{n}}$. 记 f 为函数 $x \longmapsto \dfrac{1}{\sqrt{x}}$, 因此 $\displaystyle\sum \frac{1}{\sqrt{n}} = \sum f(n)$.

<u>步骤 1:</u> 用积分给出部分和的上下界.

函数 $x \longmapsto \dfrac{1}{\sqrt{x}}$ 在 $[1, +\infty)$ 上连续且单调递减. 设 $k \in \mathbb{N}^{\star}$.

$$\forall x \in [k, k+1], \ f(k+1) \leqslant f(x) \leqslant f(k).$$

由此可以推断:

$$f(k+1) \leqslant \int_k^{k+1} f(x)\,\mathrm{d}x \leqslant f(k).$$

步骤 2 和 3: 对上述不等式求和并用积分给出 S_n 的上界和下界.

设 $n \in \mathbb{N}$ 使得 $n \geqslant 2$. 将上述不等式对 $k \in [\![1, n-1]\!]$ 求和, 得到

$$\sum_{k=1}^{n-1} f(k+1) \leqslant \sum_{k=1}^{n-1} \int_k^{k+1} f(x)\,\mathrm{d}x \leqslant \sum_{k=1}^{n-1} f(k),$$

也即

$$\sum_{j=2}^{n} f(j) \leqslant \int_1^n f(x)\,\mathrm{d}x \leqslant \sum_{k=1}^{n} f(k) - f(n).$$

记 $S_n = \displaystyle\sum_{k=1}^{n} \dfrac{1}{\sqrt{k}} = \sum_{k=1}^{n} f(k)$ 为级数的 n 阶部分和, 那么有

$$S_n - f(1) \leqslant \int_1^n f(x)\,\mathrm{d}x \leqslant S_n - f(n),$$

因此,

$$\forall n \geqslant 2, \ \int_1^n f(x)\,\mathrm{d}x + f(n) \leqslant S_n \leqslant \int_1^n f(x)\,\mathrm{d}x + f(1).$$

步骤 4: 计算所得的积分.

对 $n \in \mathbb{N}^{\star}$, $\displaystyle\int_1^n f(x)\,\mathrm{d}x = \int_1^n \dfrac{\mathrm{d}x}{\sqrt{x}} = 2\sqrt{n} - 2$. 因此,

$$\forall n \geqslant 2, \ 2\sqrt{n} - 2 + \dfrac{1}{\sqrt{n}} \leqslant S_n \leqslant 2\sqrt{n} - 1.$$

步骤 5: 确定级数的性质(收敛/发散).

由于 $\lim\limits_{n\to+\infty}\left(2\sqrt{n}-2+\dfrac{1}{\sqrt{n}}\right)=+\infty$, 根据序列比较法则,

$$\lim_{n\to+\infty}S_n=+\infty.$$

这证得级数 $\sum\dfrac{1}{\sqrt{n}}$ 发散.

步骤 6/7: 求 S_n 的等价表达式 (因为级数发散).

综上所述,

$$\forall n\geqslant 2,\ 1-\frac{1}{\sqrt{n}}+\frac{1}{2n}\leqslant\frac{S_n}{2\sqrt{n}}\leqslant 1-\frac{1}{2\sqrt{n}}.$$

又因为 $\lim\limits_{n\to+\infty}\left(1-\dfrac{1}{\sqrt{n}}+\dfrac{1}{2n}\right)=\lim\limits_{n\to+\infty}\left(1-\dfrac{1}{2\sqrt{n}}\right)=1$, 根据两边夹定理, 序列 $\left(\dfrac{S_n}{2\sqrt{n}}\right)$ 收敛, 且

$$\lim_{n\to+\infty}\frac{S_n}{2\sqrt{n}}=1.$$

注: 事实上这个级数显然是发散的, 因为对任意自然数 $n\geqslant 1$,

$$\sum_{k=1}^{n}\frac{1}{\sqrt{k}}\geqslant n\times\frac{1}{\sqrt{n}}=\sqrt{n}$$

(用和式中最小的项乘以项数作为下界). 我们将在《大学数学进阶 1》中看到更快求出部分和的等价表达式的方法.

例 3.4.2.9 考虑级数 $\sum\dfrac{1}{n(\ln(n))^2}$ (从 $n=2$ 起定义).

函数 $x\longmapsto\dfrac{1}{x(\ln(x))^2}$ 在 $[2,+\infty)$ 上连续, 并且可以验证该函数在 $[2,+\infty)$ 上单调递减.

步骤 1: 通项的上下界.

设 $n\in\mathbb{N}$ 使得 $n\geqslant 2$. 那么有

$$\forall x\in[n,n+1],\ \frac{1}{(n+1)(\ln(n+1))^2}\leqslant\frac{1}{x(\ln(x))^2}\leqslant\frac{1}{n(\ln(n))^2}.$$

根据积分的单调性, 我们有

$$\frac{1}{(n+1)(\ln(n+1))^2} \leqslant \int_n^{n+1} \frac{\mathrm{d}x}{x(\ln(x))^2} \leqslant \frac{1}{n(\ln(n))^2}.$$

步骤 2 和 3: 部分和的上下界.

设 $N \in \mathbb{N}$ 且 $N \geqslant 3$. 将上述不等式对 $n \in [\![2, N-1]\!]$ 求和, 得到

$$\sum_{n=3}^N \frac{1}{n(\ln(n))^2} \leqslant \int_2^N \frac{\mathrm{d}x}{x(\ln(x))^2} \leqslant \sum_{n=2}^{N-1} \frac{1}{n(\ln(n))^2},$$

也即

$$\int_2^N \frac{\mathrm{d}x}{x(\ln(x))^2} + \frac{1}{N(\ln(N))^2} \leqslant \sum_{n=2}^N \frac{1}{n(\ln(n))^2} \leqslant \int_2^N \frac{\mathrm{d}x}{x(\ln(x))^2} + \frac{1}{2(\ln(2))^2}.$$

步骤 4: 计算积分.

对 $x \geqslant 2$, 记 $u(x) = \ln(x)$. 函数 u 是在 $[2, +\infty)$ 上 $\mathcal{C}^1$ 的, 且对任意 $x \geqslant 2$,

$$\frac{1}{x(\ln(x))^2} = \frac{u'(x)}{u(x)^2} = \left(-\frac{1}{u}\right)'(x).$$

由此可得

$$\int_2^N \frac{\mathrm{d}x}{x(\ln(x))^2} = \left[-\frac{1}{\ln(x)}\right]_2^N = \frac{1}{\ln(2)} - \frac{1}{\ln(N)}.$$

步骤 5: 确定级数的性质.

综上所述, 对任意自然数 $N \geqslant 3$,

$$\sum_{n=2}^N \frac{1}{n(\ln(n))^2} \leqslant \frac{1}{\ln(2)} - \frac{1}{\ln(N)} + \frac{1}{2(\ln(2))^2} \leqslant \frac{1}{\ln(2)} + \frac{1}{2(\ln(2))^2}.$$

因此, 级数 $\sum \dfrac{1}{n(\ln(n))^2}$ 是一个正项级数且其部分和序列有上界, 所以 $\sum \dfrac{1}{n(\ln(n))^2}$ 收敛. 我们记 $\ell = \displaystyle\sum_{n=2}^{+\infty} \frac{1}{n(\ln(n))^2}$.

步骤 6/7: 确定 $(\ell - S_n)$ 的等价表达式.

设 N 是一个大于等于 3 的自然数, $p \geqslant N$. 将第一步得到的不等式对 $n \in [\![N, p]\!]$ 求和, 得到

$$\sum_{n=N+1}^{p+1} \frac{1}{n(\ln(n))^2} \leqslant \int_N^{p+1} \frac{\mathrm{d}x}{x(\ln(x))^2} \leqslant \sum_{n=N}^{p} \frac{1}{n(\ln(n))^2},$$

也即

$$\sum_{n=2}^{p+1} \frac{1}{n(\ln(n))^2} - \sum_{n=2}^{N} \frac{1}{n(\ln(n))^2} \leqslant \frac{1}{\ln(N)} - \frac{1}{\ln(p+1)} \leqslant \sum_{n=2}^{p} \frac{1}{n(\ln(n))^2} - \sum_{n=2}^{N-1} \frac{1}{n(\ln(n))^2}.$$

记 $(S_n)_{n \geqslant 2}$ 为部分和序列, 我们有

$$S_{p+1} - S_N \leqslant \frac{1}{\ln(N)} - \frac{1}{\ln(p+1)} \leqslant S_p - S_{N-1}.$$

又因为, $\lim\limits_{p \to +\infty} \dfrac{1}{\ln(N)} - \dfrac{1}{\ln(p+1)} = \dfrac{1}{\ln(N)}$, 且我们刚证得 $(S_p)_{p \geqslant 2}$ 收敛. 所以, 当 p 趋于 $+\infty$ 时上述不等式的每一项都有有限的极限. 因此可以在不等式中对 p 趋于 $+\infty$ 取极限, 得到

$$\ell - S_N \leqslant \frac{1}{\ln(N)} \leqslant \ell - S_{N-1}.$$

由此可以推断, 对任意自然数 $N \geqslant 3$,

$$\ell - S_N \leqslant \frac{1}{\ln(N)} \leqslant \ell - \left(S_N - \frac{1}{N(\ln(N))^2} \right),$$

即

$$\frac{1}{\ln(N)} - \frac{1}{N(\ln(N))^2} \leqslant \ell - S_N \leqslant \frac{1}{\ln(N)}.$$

因此, 对任意自然数 $N \geqslant 3$,

$$1 - \frac{1}{N \ln(N)} \leqslant \ln(N) \times (\ell - S_N) \leqslant 1.$$

又因为 $\lim\limits_{N \to +\infty} \left(1 - \dfrac{1}{N \ln(N)} \right) = 1$, 因此由两边夹定理可得

$$\lim_{N \to +\infty} \ln(N) \times (\ell - S_N) = 1.$$

注:

- 稍后我们将看到, 上一个例题的结论是 $\ell - S_n \underset{n \to +\infty}{\sim} \dfrac{1}{\ln(n)}$.

- 在实践中, 当我们应用这个方法时, 不写"步骤1""步骤2"等.

- 当应用这种(实际上是相对简单的)方法时, 唯一可能有问题的是"步骤4", 即积分的计算, 因为通常我们不知道如何确定函数 f 的原函数. 在《大学数学进阶2》中, 我们将看到一些比较高级的技巧, 可以计算这个积分, 或者求得该积分的等价表达式.

- 级数积分比较方法也常用于求函数项级数的和函数在其定义区间边界处的等价表达式.

- 最后, 请注意, 严谨地书写这个方法通常需要较长篇幅. 特别是, 在证得其存在性之前, 我们不可以求极限(或求无限项的和)!

3.4.3 邻接序列定理和闭区间套定理

定义 3.4.3.1 我们称序列 $(u_n)_{n \in \mathbb{N}}$ 和 $(v_n)_{n \in \mathbb{N}}$ 是邻接的, 若它们一个单调递增、一个单调递减且 $\lim\limits_{n \to +\infty}(v_n - u_n) = 0$.

定理 3.4.3.2 如果 $(u_n)_{n \in \mathbb{N}}$ 和 $(v_n)_{n \in \mathbb{N}}$ 是邻接的, 那么 $(u_n)_{n \in \mathbb{N}}$ 和 $(v_n)_{n \in \mathbb{N}}$ 收敛到同一个极限. 并且, 如果 $(u_n)_{n \in \mathbb{N}}$ 是单调递增的, 那么

$$\forall (n, p) \in \mathbb{N}^2, \, u_n \leqslant v_p.$$

证明:

不失一般性(否则交换两个序列的记号), 可以假设 $(u_n)_{n \in \mathbb{N}}$ 是单调递增的而 $(v_n)_{n \in \mathbb{N}}$ 是单调递减的.

- 首先, 序列 $(v_n - u_n)_{n \in \mathbb{N}}$ 单调递减且收敛到 0. 根据单调收敛定理, 序列 $(v_n - u_n)_{n \in \mathbb{N}}$ 恒正, 即

$$\forall n \in \mathbb{N}, \, u_n \leqslant v_n.$$

- 综上所述, $\forall n \in \mathbb{N}$, $u_n \leqslant v_n \leqslant v_0$, 第二个不等号成立因为序列 $(v_n)_{n \in \mathbb{N}}$ 是单调递减的. 因此, $(u_n)_{n \in \mathbb{N}}$ 单调递增且有上界(v_0 是它的一个上界). 所以, $(u_n)_{n \in \mathbb{N}}$ 收敛.

- 同理, $\forall n \in \mathbb{N}$, $u_0 \leqslant u_n \leqslant v_n$. 因此, $(v_n)_{n \in \mathbb{N}}$ 单调递减且有下界(u_0 是它的一个下界). 由此推断, $(v_n)_{n \in \mathbb{N}}$ 收敛.

- 已证得这两个序列是收敛的, 故有

$$\lim_{n \to +\infty} u_n - \lim_{n \to +\infty} v_n = \lim_{n \to +\infty} (u_n - v_n) = 0,$$

即两个序列收敛到相同的极限.

- 最后, 设 $(n, p) \in \mathbb{N}^2$. 根据单调序列极限定理(定理 3.4.1.1)的注, 我们有

$$u_n \leqslant \lim_{N \to +\infty} u_N = \lim_{N \to +\infty} v_N \leqslant v_p. \qquad \boxtimes$$

习题 3.4.3.3 对 $n \geqslant 1$, 设 $u_n = \displaystyle\sum_{k=0}^{n} \frac{1}{k!}$ 和 $v_n = \displaystyle\sum_{k=0}^{n} \frac{1}{k!} + \frac{1}{n \times n!}$.

1. 证明序列 $(u_n)_{n \in \mathbb{N}}$ 和 $(v_n)_{n \in \mathbb{N}}$ 收敛到相同的极限 ℓ.

2. 假设 $\ell = \dfrac{p}{q}$, 其中 $p, q \in \mathbb{N}^\star$. 证明 $u_q < \ell < v_q$.

   然后证明存在自然数 N 使得 $N < p \times q! < N + 1$.

3. 稍后我们将看到 $\ell = e$. 我们刚刚证明了什么?

注: 这个定理将是交错级数的莱布尼茨(Leibniz)判别法的基础(将在《大学数学基础 2》中看到). 另一方面, 这个定理是实数列特有的(因为我们用到 $\mathbb{R}$ 中的序关系), 不能推广到复数列(或赋范向量空间中的序列(参见《大学数学进阶 1》)).

定理 3.4.3.4 (闭区间套定理)　设 $(I_n)_{n \in \mathbb{N}}$ 是一个闭区间序列, 其中区间的长度趋于 0, 即满足

1. $\forall n \in \mathbb{N}$, $I_{n+1} \subset I_n$;

2. $\displaystyle\lim_{n \to +\infty} \mathrm{diam}(I_n) = 0$, 其中, 如果 $I = [a, b]$ 且 $a < b$, 则 $\mathrm{diam}(I) = b - a$.

那么, $\displaystyle\bigcap_{n \in \mathbb{N}} I_n$ 是一个单元素集.

证明:

对 $n \in \mathbb{N}$, 令 $a_n = \inf I_n$ 和 $b_n = \sup I_n$, 即 $I_n = [a_n, b_n]$.

- 首先证明 $\bigcap_{n \in \mathbb{N}} I_n \neq \varnothing$.

由于这些闭区间是嵌套的, 我们有

$$\forall n \in \mathbb{N}, \ [a_{n+1}, b_{n+1}] \subset [a_n, b_n],$$

也即

$$\forall n \in \mathbb{N}, \ a_n \leqslant a_{n+1} \leqslant b_{n+1} \leqslant b_n.$$

由此推断, $(a_n)_{n \in \mathbb{N}}$ 单调递增, 而 $(b_n)_{n \in \mathbb{N}}$ 单调递减. 另一方面, 根据假设 2, 我们有 $\lim\limits_{n \to +\infty} (b_n - a_n) = 0$.

这证得序列 $(a_n)_{n \in \mathbb{N}}$ 和 $(b_n)_{n \in \mathbb{N}}$ 是邻接的. 因此, 它们收敛到同一个极限 ℓ, 且有

$$\forall n \in \mathbb{N}, \ a_n \leqslant \ell \leqslant b_n, \quad \text{即} \quad \forall n \in \mathbb{N}, \ell \in I_n.$$

因此, 可以推断 $\ell \in \bigcap_{n \in \mathbb{N}} I_n$.

- 现在证明 $\bigcap_{n \in \mathbb{N}} I_n = \{\ell\}$.

设 $x \in \bigcap_{n \in \mathbb{N}} I_n$. 那么, 对任意自然数 $n \in \mathbb{N}$, $(x, \ell) \in I_n \times I_n$, 故

$$\forall n \in \mathbb{N}, \ |x - \ell| \leqslant \operatorname{diam}(I_n) \ \text{且} \ \lim\limits_{n \to +\infty} \operatorname{diam}(I_n) = 0.$$

根据两边夹定理, $|x - \ell| = 0$, 即 $x = \ell$. $\boxtimes$

注: 稍后会看到, 这个定理可以推广为闭集套定理(théorème des fermés emboîtés).

3.4.4 波尔查诺–魏尔斯特拉斯定理

定理 3.4.4.1(波尔查诺–魏尔斯特拉斯定理) 有界实数列必有收敛子列.

证明:

设 $(u_n)_{n\in\mathbb{N}}$ 是一个有界的实数列. 记 a_0 为序列 $(u_n)_{n\in\mathbb{N}}$ 的一个下界, b_0 为 $(u_n)_{n\in\mathbb{N}}$ 的一个上界. 由对 $(u_n)_{n\in\mathbb{N}}$ 的假设知, 存在这样的实数.

对两个实数 (α,β) 使得 $a_0 \leqslant \alpha \leqslant \beta \leqslant b_0$, 记 $N(\alpha,\beta)$ 为使得 u_k 在 α 和 β 之间的下标 $k\in\mathbb{N}$ 的集合, 即 $N(\alpha,\beta) = \{k\in\mathbb{N} \mid \alpha \leqslant u_k \leqslant \beta\}$.

- 通过数学归纳法构造序列 $(a_n)_{n\in\mathbb{N}}$ 和 $(b_n)_{n\in\mathbb{N}}$ 使得对任意 $n\in\mathbb{N}$,

    1. 集合 $N(a_n,b_n)$ 是无限的;
    2. 记 $I_n = [a_n,b_n]$ 和 $I_{n+1} = [a_{n+1},b_{n+1}]$, 我们有 $I_{n+1} \subset I_n$;
    3. $\mathrm{diam}(I_{n+1}) = \dfrac{1}{2}\mathrm{diam}(I_n)$.

令 $I_0 = [a_0,b_0]$. 由构造知, 序列 $(u_n)_{n\in\mathbb{N}}$ 的所有项都在 I_0 中, 故 $N(a_0,b_0)$ 是无限的.

令 $c_0 = \dfrac{a_0 + b_0}{2}$.

由于 $N(a_0,b_0) = N(a_0,c_0) \cup N(c_0,b_0)$, 故集合 $N(a_0,c_0)$ 和 $N(c_0,b_0)$ 中至少有一个是无限的.

如果 $N(a_0,c_0)$ 是无限的, 我们令 $a_1 = a_0$ 和 $b_1 = c_0$.

否则, $N(c_0,b_0)$ 是无限的, 我们令 $a_1 = c_0$ 和 $b_1 = b_0$.

在这两种情况下, 都有 $\mathrm{diam}(I_1) = \dfrac{1}{2}\mathrm{diam}(I_0)$, 因为 $b_1 - a_1 = \dfrac{1}{2}(b_0 - a_0)$.

设 $n\in\mathbb{N}$ 是给定的, 假设已经构造了 $I_n = [a_n,b_n]$ 使得 $N(a_n,b_n)$ 是无限的, 我们重复上述过程:

令 $c_n = \dfrac{a_n + b_n}{2}$.

由于 $N(a_n,b_n) = N(a_n,c_n) \cup N(c_n,b_n)$, 故集合 $N(a_n,c_n)$ 和 $N(c_n,b_n)$ 中至少有一个是无限的.

如果 $N(a_n,c_n)$ 是无限的, 令 $a_{n+1} = a_n$ 和 $b_{n+1} = c_n$.

否则, $N(c_n,b_n)$ 是无限的, 则令 $a_{n+1} = c_n$ 和 $b_{n+1} = b_n$.

我们构造了 $I_{n+1} = [a_{n+1},b_{n+1}]$ 使得 $N(a_{n+1},b_{n+1})$ 是无限的、I_{n+1} 包含于 I_n 中, 且和之前一样有 $\mathrm{diam}(I_{n+1}) = \dfrac{1}{2}\mathrm{diam}(I_n)$.

- 因此, 对任意 $n \in \mathbb{N}$, $\mathrm{diam}(I_n) = \dfrac{b_0 - a_0}{2^n}$ 且 $I_{n+1} \subset I_n$. 因此, 我们可以将闭区间套定理应用于 $(I_n)_{n \in \mathbb{N}}$, 故存在 $\ell \in \mathbb{R}$ 使得 $\bigcap_{n \in \mathbb{N}} I_n = \{\ell\}$.

- 最后, 我们通过强数学归纳法构造一个严格单调递增的映射 $\varphi \colon \mathbb{N} \longrightarrow \mathbb{N}$ 使得对任意 $n \in \mathbb{N}$, $\varphi(n) \in N(a_n, b_n)$.

初始化:

令 $\varphi(0) = 0$. 那么 $a_0 \leqslant u_0 \leqslant b_0$, 性质对 0 成立.

递推:

取定 $n \in \mathbb{N}$, 假设对 $k \in [\![0, n]\!]$ 已经构造出 $\varphi(k)$. 由于集合 $N(a_{n+1}, b_{n+1})$ 是 $\mathbb{N}$ 的一个无穷子集, 故集合 $E = \{k \in N(a_{n+1}, b_{n+1}) \mid k > \varphi(n)\}$ 非空, 因此可以令 $\varphi(n + 1) = \min(E)$.

那么, 一方面 $\varphi(n + 1) > \varphi(n)$, 另一方面, 因为 $\varphi(n + 1) \in N(a_{n+1}, b_{n+1})$, 所以, 我们有 $a_{n+1} \leqslant u_{\varphi(n+1)} \leqslant b_{n+1}$.

这证得性质对 $n + 1$ 也成立, 归纳完成.

- 那么, 对任意 $n \in \mathbb{N}$, 有 $a_n \leqslant u_{\varphi(n)} \leqslant b_n$, 故由闭区间套定理的证明可知, $(a_n)_{n \in \mathbb{N}}$ 和 $(b_n)_{n \in \mathbb{N}}$ 是邻接序列且它们收敛到同一个极限 ℓ.

因此, 根据两边夹定理, $(u_{\varphi(n)})_{n \in \mathbb{N}}$ 收敛到 ℓ. $\boxtimes$

习题 3.4.4.2 我们也可以通过构造 $(u_n)_{n \in \mathbb{N}}$ 的单调子列来证明这个结果. 设 $(u_n)_{n \in \mathbb{N}}$ 是一个实数列. 考虑集合

$$A = \{n \in \mathbb{N} \mid \forall k \geqslant n,\, u_k \geqslant u_n\}.$$

1. 假设 A 是无限的. 证明存在 $(u_n)_{n \in \mathbb{N}}$ 的一个单调递增的子列.

2. 假设 A 是有限的. 证明存在 $(u_n)_{n \in \mathbb{N}}$ 的一个单调递减的子列.

3. 由此导出波尔查诺–魏尔斯特拉斯定理的另一个证明.

⚠ **注意:** 波尔查诺–魏尔斯特拉斯定理并没有说有界实数列一定收敛! 它说的是我们可以找到一个收敛的子列!

习题 3.4.4.3 (困难的) 设 $(u_n)_{n \in \mathbb{N}}$ 是一个有界的实数列, 满足: 如果 (v_n) 和 (w_n) 是 (u_n) 的两个收敛的子列, 那么它们有相同的极限. 证明 $(u_n)_{n \in \mathbb{N}}$ 收敛.

3.5　比 较 关 系

3.5.1　序列的大 O 和小 o 关系

定义 3.5.1.1　设 $(u_n)_{n\in\mathbb{N}}$ 和 $(v_n)_{n\in\mathbb{N}}$ 是两个实数列. 我们称:

- 序列 $(v_n)_{n\in\mathbb{N}}$ 可以由 $(u_n)_{n\in\mathbb{N}}$ 控制(或 $(v_n)_{n\in\mathbb{N}}$ 是 $(u_n)_{n\in\mathbb{N}}$ 的大 O), 并记为 $(v_n) = O(u_n)$, 若

$$\exists M \in \mathbb{R}, \exists N \in \mathbb{N}, \forall n \geqslant N, |v_n| \leqslant M|u_n|.$$

- 序列 $(v_n)_{n\in\mathbb{N}}$ 相对 $(u_n)_{n\in\mathbb{N}}$ 是可忽略的(或 $(v_n)_{n\in\mathbb{N}}$ 是 $(u_n)_{n\in\mathbb{N}}$ 的小 o), 并记为 $v_n = o(u_n)$, 若

$$\forall \varepsilon > 0, \exists N \in \mathbb{N}, \forall n \geqslant N, |v_n| \leqslant \varepsilon|u_n|.$$

<u>注</u>: 在序列的框架内, 记号 $(v_n) = O(u_n)$ 隐含着参数 n 趋于 $+\infty$, 这与函数不同(参见《大学数学入门 2》), 对于函数必须指明在哪个点的邻域进行比较.

命题 3.5.1.2　在实践中, 我们使用以下准则: 如果对任意自然数 $n \geqslant n_0$, $u_n \neq 0$, 那么

$$v_n = O(u_n) \iff \left(\frac{v_n}{u_n}\right)_{n \geqslant n_0} \text{ 有界 },$$

$$v_n = o(u_n) \iff \left(\frac{v_n}{u_n}\right)_{n \geqslant n_0} \text{ 收敛到 } 0.$$

<u>证明</u>:

这是显然的, 因为如果对任意自然数 $n \geqslant n_0$ 有 $u_n \neq 0$, 就可以除以 u_n, 从而定义一个收敛到 0 的序列(小 o 的情况)或一个有界的序列(大 O 的情况).　⊠

习题 3.5.1.3　通过使用大 O 和/或小 o, 可以得到关于序列 $\sin(n)$, $n^2 + 3n - 1$, $\ln(n)$, $\dfrac{\sin n}{n}$ 的什么结果?

习题 3.5.1.4 可以说 $\sin(n) = O(2)$ 吗？$\dfrac{\ln(1+4n)}{n} = O(1)$ 成立吗？

推论 3.5.1.5 特别地, 我们有

$$v_n = O(1) \iff (v_n)_{n\in\mathbb{N}} \text{ 有界} \qquad \text{以及} \qquad v_n = o(1) \iff (v_n)_{n\in\mathbb{N}} \text{ 收敛到 } 0.$$

证明：

> 这是显然的. $\boxtimes$

注：

- 和函数一样, 我们将使用记号 $u_n = O(v_n)$(而不是 $(u_n) = O((v_n))$). 这是对记号的滥用, 因为小 o 和大 O 是序列之间的关系, 而不是数之间的关系. 但这么写可以简化记号, 提高效率.

- 例如, 当我们写 $v_n = o(u_n)$ 时, 它是两个序列之间的严格相等. 记号 $o(u_n)$ 表示一个序列, 它相对 u_n 是可忽略的. 因此, 我们可以这样写:

$$\frac{n}{1+n} = 1 - \frac{1}{n} + o\left(\frac{1}{n}\right).$$

- 对这样的等式可以进行通常的计算, 就像极限展开式一样. 例如, $u_n = n + 4 + o(1)$ 且 $v_n = n + o(\sqrt{n})$, 那么,

$$u_n + v_n = 2n + 4 + o(1) + o(\sqrt{n}) = 2n + o(\sqrt{n}),$$

$$u_n v_n = n^2 + 4n + o(n) + o(n\sqrt{n}) + o(4n) + o(1) \times o(n) = n^2 + o(n\sqrt{n}).$$

  这里用到如果 (w_n) 是 $o(1)$, 则它也是 $o(\sqrt{n})$, 以及如果 $(a_n) = o(1)$ 且 $(b_n) = o(n)$, 那么 $(a_n b_n) = o(n)$.

- 为了避免错误, 特别是在开始时, 最好写出所有的项(例如在做乘积的展开时), 只在给出最终答案之前的最后一步进行化简.

- $(u_n) = o(0)$(或 $(u_n) = O(0)$)当且仅当序列 (u_n) 从某项起恒为零.

3.5.2 等价的序列

定义 3.5.2.1 设 $(u_n)_{n\in\mathbb{N}}$ 和 $(v_n)_{n\in\mathbb{N}}$ 是两个序列. 我们称 $(u_n)_{n\in\mathbb{N}}$ 和 $(v_n)_{n\in\mathbb{N}}$ 是等价的, 并记为 $(u_n)\sim(v_n)$ 或 $(u_n) \underset{n\to+\infty}{\sim} (v_n)$, 若这两个序列满足 $(u_n - v_n) = o(v_n)$.

注: 在滥用符号的情况下, 我们也记 $u_n \sim v_n$ 或 $u_n \underset{n\to+\infty}{\sim} v_n$.

这个相当正式的定义可以转化为以下实用的表述:

命题 3.5.2.2 设 $(u_n)_{n\in\mathbb{N}}$ 和 $(v_n)_{n\in\mathbb{N}}$ 是两个序列. 假设对任意自然数 n(或从某一项起), 有 $v_n \neq 0$. 那么,

$$u_n \sim v_n \iff \lim_{n\to+\infty}\left(\frac{u_n}{v_n}\right) = 1.$$

证明:

> 假设存在自然数 n_0 使得对任意 $n \geqslant n_0$, 有 $v_n \neq 0$. 那么, 序列 $\left(\dfrac{u_n}{v_n}\right)_{n\geqslant n_0}$ 是良定义的.
>
> • 证明蕴涵关系 $u_n \sim v_n \implies \lim\limits_{n\to+\infty}\left(\dfrac{u_n}{v_n}\right) = 1.$
>
> 假设 $u_n \sim v_n$. 要证明 $\lim\limits_{n\to+\infty}\left(\dfrac{u_n}{v_n}\right) = 1.$
>
> 设 $\varepsilon > 0$. 根据 $u_n \sim v_n$ 的定义, 存在自然数 N 使得
>
> $$\forall n \geqslant N, \ |u_n - v_n| \leqslant \varepsilon|v_n|.$$
>
> 令 $n_1 = \max(n_0, N)$. 那么有
>
> $$\forall n \geqslant n_1, \ \left|\frac{u_n}{v_n} - 1\right| \leqslant \varepsilon.$$
>
> 这证得序列 $\left(\dfrac{u_n}{v_n}\right)_{n\geqslant n_0}$ 收敛到 1.

- 证明 $\lim_{n\to+\infty}\left(\dfrac{u_n}{v_n}\right)=1 \Longrightarrow u_n\sim v_n$.

假设序列 $\left(\dfrac{u_n}{v_n}\right)$ 收敛到 1.

设 $\varepsilon>0$. 存在 $N\in\mathbb{N}$ 使得: $\forall n\geqslant\max(N,n_0),\ \left|\dfrac{u_n}{v_n}-1\right|\leqslant\varepsilon$.

又因为, 对 $n\geqslant n_0$, 有 $|v_n|>0$, 故有

$$\forall n\geqslant\max(N,n_0),\ |u_n-v_n|\leqslant\varepsilon|v_n|.$$

这证得 $u_n\sim v_n$. $\boxtimes$

例 3.5.2.3 下面的例子是常用的等价式, 可从常用的极限导出. 如果 (u_n) 收敛到 0, 那么

$$\ln(1+u_n)\sim u_n;\quad \sin(u_n)\sim u_n;\quad \exp(u_n)-1\sim u_n.$$

命题 3.5.2.4 关系 $\sim$ 是序列集合上的一个等价关系, 即它是自反的、对称的且传递的. 此外, 如果 $u_n\sim v_n$, 那么 $u_n=O(v_n)$ 且 $v_n=O(u_n)$.

证明:

- 自反性是显然的.

- 证明 $\sim$ 是对称的.

设 $(u_n)_{n\in\mathbb{N}}$ 和 $(v_n)_{n\in\mathbb{N}}$ 是两个序列使得 $u_n\sim v_n$. 要证明 $v_n\sim u_n$.

设 $\varepsilon>0$ 且 $\varepsilon'=\dfrac{\varepsilon}{1+\varepsilon}$. 那么, $\varepsilon'\in(0,1)$ 且 $u_n\sim v_n$, 故存在自然数 n_0 使得

$$\forall n\geqslant n_0,\quad |u_n-v_n|\leqslant\varepsilon'|v_n|.$$

设 $n\geqslant n_0$. 那么有: $|v_n|-|u_n|\leqslant|v_n-u_n|\leqslant\varepsilon'|v_n|$. 因此, $|v_n|\leqslant\dfrac{|u_n|}{1-\varepsilon'}$.

由此可以推断: $|v_n-u_n|\leqslant\varepsilon'|v_n|\leqslant\dfrac{\varepsilon'}{1-\varepsilon'}|u_n|\leqslant\varepsilon|u_n|$.

这证得 $v_n\sim u_n$.

● 传递性.

设 (u_n), (v_n) 和 (w_n) 是三个序列, 满足 $u_n \sim v_n$ 且 $v_n \sim w_n$.

设 $\varepsilon > 0$. 令 $\varepsilon' = \dfrac{\varepsilon}{1 + \varepsilon}$, 则 $\varepsilon' > 0$. 取定自然数 n_1 和 n_2 使得

$$\forall n \geqslant n_1, |w_n - v_n| \leqslant \varepsilon' |v_n| \quad 和 \quad \forall n \geqslant n_2, |v_n - u_n| \leqslant \varepsilon |u_n|.$$

设 $n_0 = \max(n_1, n_2)$, $n \geqslant n_0$. 那么,

$$|w_n - u_n| \leqslant |w_n - v_n| + |v_n - u_n| \leqslant \varepsilon' |v_n| + \varepsilon |u_n| \leqslant \varepsilon |u_n| + \varepsilon |u_n|,$$

即

$$|w_n - u_n| \leqslant 2\varepsilon |u_n|.$$

因此, $w_n \underset{n \to +\infty}{\sim} u_n$, 由对称性知 $u_n \underset{n \to +\infty}{\sim} w_n$. ⊠

注: 如果我们假设序列从某一项开始都是非零的, 那么这些性质都是显然的, 因为它们可以由极限的代数性质导出.

命题 3.5.2.5 设 $(u_n)_{n \in \mathbb{N}}$ 和 $(v_n)_{n \in \mathbb{N}}$ 是两个等价的实数列. 那么, 从某一项起, u_n 和 v_n 严格同号(即 $u_n v_n > 0$). 特别地, 从某一项起, $u_n = 0$ 当且仅当 $v_n = 0$.

证明:

实际上, 设 $\varepsilon = \dfrac{1}{2} > 0$. 根据等价的定义, 存在自然数 N 使得

$$\forall n \geqslant N, |u_n - v_n| \leqslant \varepsilon |v_n|.$$

那么, 对任意自然数 $n \geqslant N$, $v_n - \dfrac{1}{2}|v_n| \leqslant u_n \leqslant v_n + \dfrac{1}{2}|v_n|$, 且有

● 如果 $v_n > 0$, 那么 $|v_n| = v_n$ 且 $u_n \geqslant \dfrac{1}{2} v_n > 0$;

● 如果 $v_n = 0$, 那么 $u_n = 0$;

● 如果 $v_n < 0$, 那么 $|v_n| = -v_n$ 且 $u_n \leqslant \dfrac{1}{2} v_n < 0$. ⊠

命题 3.5.2.6 序列等价式可以相乘和相除(除以 0 除外), 但不一定可以相加. 我们有

$$\begin{cases} u_n \sim v_n \\ \quad\text{且} \\ a_n \sim b_n \end{cases} \Longrightarrow \begin{cases} u_n a_n \sim v_n b_n, \quad (\text{无附加条件}) \\ \\ \dfrac{u_n}{a_n} \sim \dfrac{v_n}{b_n}. \quad (\text{如果从某项起 } a_n \neq 0) \end{cases}$$

⚠ **注意:** 这里有一些我们不能直接操作的反例. $u_n = n+1$ 且 $v_n = -n+1$, 那么 $u_n \sim n$ 且 $v_n \sim -n$, 但 $u_n + v_n \sim 2$, 并不等价于 0.

⚠ **注意:** 我们不能直接进行等价的复合. 这种情况必须一步一步地重新验证. 例如,

$$u_n = n+1 \text{ 且 } v_n = n, \quad \text{那么 } u_n \sim v_n, \quad \text{但 } e^{u_n} \not\sim e^{v_n}.$$

例 3.5.2.7 用一个简单的例子来看看几种推导过程是正确的还是错误的. 考虑序列 (u_n) 定义如下: $\forall n \in \mathbb{N}^\star$, $u_n = \left(\ln \cos \left(\dfrac{1}{n}\right)\right)$. 我们想求 (u_n) 的等价表达式.

- 推导 1

$$\begin{aligned} u_n &\underset{n\to+\infty}{\sim} \cos\left(\frac{1}{n}\right) - 1 &&\text{因为} && \ln(x) \underset{x\to 1}{\sim} (x-1) \\ &\underset{n\to+\infty}{\sim} -\frac{1}{2n^2}. &&\text{因为} && \cos(u) - 1 \underset{u\to 0}{\sim} -\frac{1}{2}u^2 \end{aligned}$$

- 推导 2

$$\begin{aligned} u_n &\underset{n\to+\infty}{\sim} \ln\left(1 - \frac{1}{2}n^2\right) &&\text{因为} && \cos\left(\frac{1}{n}\right) \underset{n\to+\infty}{\sim} 1 - \frac{1}{2n^2} \\ &\underset{n\to+\infty}{\sim} -\frac{1}{2n^2}. &&\text{因为} && \ln(1-x) \underset{x\to 0}{\sim} -x \end{aligned}$$

- 推导 3

$$u_n = \ln\left(1 - \frac{1}{2n^2} + o\left(\frac{1}{n^2}\right)\right)$$

$$= \left(-\frac{1}{2n^2} + o\left(\frac{1}{n^2}\right)\right) + o\left(-\frac{1}{2n^2} + o\left(\frac{1}{n^2}\right)\right)$$

$$= -\frac{1}{2n^2} + o\left(\frac{1}{n^2}\right) + o\left(\frac{1}{n^2}\right)$$

$$\underset{n\to+\infty}{\sim} -\frac{1}{2n^2}.$$

这三种推导给出了相同的结果. 然而,

- 推导 1 和 3 是完全正确的;

- 另一方面, **推导 2 是不正确和不符合逻辑的**. 事实上, 一方面, 它做了等价的复合: $a_n \sim b_n$ 不意味着 $\ln(a_n) \sim \ln(b_n)$! 另一方面, 第一个等价式不符合逻辑, 因为

$$\cos\left(\frac{1}{n}\right) \underset{n\to+\infty}{\sim} 1 \underset{n\to+\infty}{\sim} \left(1 - \frac{1}{2n^2}\right) \underset{n\to+\infty}{\sim} \left(1 + \frac{1}{n}\right).$$

因此, 我们必须小心地验证和书写, 不能使用等价的复合.

例 3.5.2.8　设 $u_n = \dfrac{n^2 + n + 1}{n + 1}$ 和 $v_n = \dfrac{e^{u_n}}{e^n} - 1$. 那么, 我们有

$$u_n = n + \frac{1}{n} + o\left(\frac{1}{n}\right) \quad 和 \quad \frac{e^{u_n}}{e^n} - 1 = \exp\left(\frac{1}{n} + o\left(\frac{1}{n}\right)\right) - 1 = \frac{1}{n} + o\left(\frac{1}{n}\right).$$

<u>注</u>: 例如, 可以证明以下小 o 和大 O 的运算规则: $O(o(u_n)) = o(u_n)$; 如果 $u_n \sim v_n$ 且 $(w_n) = o(u_n)$, 那么 $(w_n) = o(v_n)$.

习题 3.5.2.9　根据 b 和 c 的值$((b,c) \in \mathbb{R}^2)$, 确定 $\sqrt{n^2 + n + 1} - \sqrt{n^2 + bn + c}$ 的极限和等价表达式.

3.5.3 参考序列的比较

定理 3.5.3.1 (对数比较定理) 设 (u_n) 和 (v_n) 是两个(从某项起)各项大于零的实数列. 那么,

$$\left(\exists N \in \mathbb{N}, \forall n \geqslant N, \frac{u_{n+1}}{u_n} \leqslant \frac{v_{n+1}}{v_n} \right) \Longrightarrow u_n = O(v_n).$$

证明:

实际上, 对足够大的 n, $\dfrac{u_{n+1}}{v_{n+1}} \leqslant \dfrac{u_n}{v_n}$, 故序列 $\left(\dfrac{u_n}{v_n} \right)$ 是(从某项起)单调递减的. 由于 0 是它的一个下界, 故它是收敛从而有界的. 因此, $u_n = O(v_n)$. ⊠

注: 函数的对数比较是比较 $(\ln f)'$ 和 $(\ln g)'$, 即 $\dfrac{f'}{f}$ 和 $\dfrac{g'}{g}$. 对于序列, $(u_{n+1} - u_n) = (\Delta u_n)$ "相当于" (u_n) 的"导数". $\dfrac{u_{n+1}}{u_n}$ 等于 $\dfrac{\Delta u_n}{u_n} + 1$. 因此, 从定理的假设可以发现 $\dfrac{\Delta u_n}{u_n} \leqslant \dfrac{\Delta v_n}{v_n}$. 这就是我们称之为对数比较的原因之一.

习题 3.5.3.2 给出使用 $(\ln u_n)$ 和 $(\ln v_n)$ 的另一种证明, 从而给出"对数比较"这个名称的另一个来由.

命题 3.5.3.3 我们有以下比较关系:

(1) 对任意 $(\alpha, \beta) \in \mathbb{R}^2$ 且 $\alpha < \beta$, $n^\alpha = o(n^\beta)$.

(2) 对任意 $\alpha \in \mathbb{R}$ 和任意 $a > 1$, $n^\alpha = o(a^n)$.

(3) 对任意 $(a, b) \in \mathbb{R}^2$ 且 $0 < a < b$, $a^n = o(b^n)$.

(4) 对任意 $\alpha > 0$ 和任意 $\beta \in \mathbb{R}$, $(\ln n)^\beta = o(n^\alpha)$.

(5) 对任意 $a > 1$(甚至对 $a > 0$ 也成立), $a^n = o(n!)$.

(6) $n! = o(n^n)$.

证明:

除了(5)和(6), 其他的结论都已经证过了(通过直接计算或比较增长率).

● 证明 (5). 设 u 是以 $u_n = \dfrac{a^n}{n!}$ 为通项的序列, 其中 $n \in \mathbb{N}$. 显然, 对任意 $n \in \mathbb{N}, u_n > 0$, 并且

$$\forall n \in \mathbb{N}, \frac{u_{n+1}}{u_n} = \frac{a}{n+1}.$$

我们有 $\displaystyle\lim_{n \to +\infty} \left(\frac{a}{n+1} \right) = 0$. 因此, 存在自然数 N 使得, 当 $n \geqslant N$ 时有 $\left| \dfrac{a}{n+1} \right| \leqslant \dfrac{1}{2}$. 令 $v_n = \dfrac{1}{2^n}$, 则有

$$\forall n \geqslant N, \frac{u_{n+1}}{u_n} \leqslant \frac{1}{2} \leqslant \frac{v_{n+1}}{v_n}.$$

$(u_n)_{n \in \mathbb{N}}$ 和 $(v_n)_{n \in \mathbb{N}}$ 的各项都大于零, 根据对数比较法则, 我们有 $(u_n) = O(v_n)$. 又因为 $\displaystyle\lim_{n \to +\infty} v_n = 0$, 故由两边夹定理知, $\displaystyle\lim_{n \to +\infty} u_n = 0$, 即 $(a^n) = o(n!)$.

● 为证明 (6), 我们应用相同的方法. 令 $u_n = \dfrac{n!}{n^n}$. 可以证明

$$\lim_{n \to +\infty} \frac{u_{n+1}}{u_n} = \frac{1}{e} < \frac{1}{2}.$$

然后与 (5) 的证明同理可得结论. $\boxtimes$

<u>注</u>: 我们需要记住的是 "大小" 的量级

$$(\ln n)^\beta \longrightarrow n^\alpha \longrightarrow a^n \longrightarrow n! \longrightarrow n^n.$$

如果需要比较的序列的项太 "大" 而无法进行比较, 则计算其对数(必要时进行多次)以进行比较.

习题 3.5.3.4 考虑序列 (u_n) 和 (v_n) 定义为

$$\forall n \in \mathbb{N}^\star, u_n = 2^{(\ln n)^{\sqrt{n}}} \ \text{且} \ v_n = (\sqrt{n})^{(\ln n)^2}.$$

(用小 o)比较序列 (u_n) 和 (v_n).

3.5.4　序列的渐近展开

这里不讨论一般的理论. 序列的渐近展开类似于函数的渐近展开. 这相当于在给定的精度下使用极限展开来描述序列的变化.

例 3.5.4.1 设对任意自然数 n, $u_n = \sqrt{n+1} - \sqrt{n}$. 我们想确定 u_n 的误差为 $o\left(\dfrac{1}{n^2}\right)$ 的渐近展开式. 对任意自然数 n, 我们有

$$
\begin{aligned}
u_n &= \sqrt{n}\left(\sqrt{1+\frac{1}{n}}-1\right) \\
&= \sqrt{n}\left(1+\frac{1}{2n}-\frac{1}{8n^2}+\frac{1}{16n^3}+o\left(\frac{1}{n^3}\right)-1\right) \\
&= \frac{1}{2\sqrt{n}}-\frac{1}{8n\sqrt{n}}+\underbrace{\frac{1}{16n^2\sqrt{n}}+o\left(\frac{1}{n^2\sqrt{n}}\right)}_{o\left(\frac{1}{n^2}\right)} \\
&= \frac{1}{2\sqrt{n}}-\frac{1}{8n\sqrt{n}}+o\left(\frac{1}{n^2}\right).
\end{aligned}
$$

因此, 我们求得 $(u_n)_{n\in\mathbb{N}}$ 的误差为 $o\left(\dfrac{1}{n^2}\right)$ 的渐近展开式.

例 3.5.4.2 证明对任意 $n \in \mathbb{N}$, 方程 $x^5 + nx = 1$ 有唯一的实数解并记为 x_n, 然后确定 (x_n) 的三项渐近展开式.

- 设 $n \in \mathbb{N}$. 函数 f_n: $x \longmapsto x^5 + nx$ 在 $\mathbb{R}$ 上连续且严格单调递增. 因此, 它是从 $\mathbb{R}$ 到像集 $f_n(\mathbb{R}) = \mathbb{R}$ 的一个双射. 所以, 方程 $f_n(x) = 1$ 有唯一的实数解. 我们将这个唯一解记为 x_n.

- 因此, 我们可以定义一个序列 $(x_n)_{n\in\mathbb{N}}$. 下面求 (x_n) 的三项渐近展开式. 一般来说, "最难的"是求等价表达式. 一旦找到了等价表达式, 求后面的项通常容易得多.

  * 设 $n \in \mathbb{N}^\star$. $f_n(0) = 0 < 1 = f_n(x_n) < 1 + \dfrac{1}{n^5} = f_n\left(\dfrac{1}{n}\right)$. 因为函数 f_n 在 $\mathbb{R}$ 上严格单调递增, 所以有

  $$
  \forall n \in \mathbb{N}^\star,\ 0 < x_n < \frac{1}{n}.
  $$

  又因为 $\lim\limits_{n\to+\infty} \dfrac{1}{n} = 0$, 所以根据两边夹定理, $\lim\limits_{n\to+\infty} x_n = 0$.

  ⚠️**注意**: 这第一步根本没有给出渐近展开式的第一项! 只能说明序列趋于 0.

  对任意 $n \in \mathbb{N}$, $nx_n = 1 - x_n^5$, 又因为刚刚证得 $\lim\limits_{n\to+\infty} x_n = 0$, 由此可以推断

  $$
  \lim_{n\to+\infty} nx_n = 1, \quad \text{即} \quad x_n \underset{n\to+\infty}{\sim} \frac{1}{n}.
  $$

因此有 $x_n = \dfrac{1}{n} + o\left(\dfrac{1}{n}\right)$ (一项渐近展开).

* 对 $n \in \mathbb{N}^\star$, 令 $y_n = x_n - \dfrac{1}{n}$. 综上所述, $(y_n) = o\left(\dfrac{1}{n}\right)$. 现在我们想求 (y_n) 的等价表达式. 又因为, 对任意 $n \in \mathbb{N}^\star$,

$$\left(\frac{1}{n} + y_n\right)^5 + n\left(\frac{1}{n} + y_n\right) = 1,$$

即

$$ny_n = -\left(\frac{1}{n} + y_n\right)^5 = -\frac{1}{n^5}(1 + ny_n)^5.$$

又因为 $(y_n) = o\left(\dfrac{1}{n}\right)$, 故 $\lim\limits_{n \to +\infty} ny_n = 0$, 因此

$$\lim_{n \to +\infty}(1 + ny_n)^5 = 1, \qquad \text{所以} \qquad ny_n \underset{n \to +\infty}{\sim} -\frac{1}{n^5}.$$

这证得 $y_n \underset{n \to +\infty}{\sim} -\dfrac{1}{n^6}$ (这个符号与这个例子的开头一致: 序列 (y_n) 从某项起小于零, 即从某项起有 $x_n < \dfrac{1}{n}$), 故 $x_n = \dfrac{1}{n} - \dfrac{1}{n^6} + o\left(\dfrac{1}{n^6}\right)$ (因此, 我们得到 (x_n) 的两项渐近展开式).

* 最后, 对 $n \in \mathbb{N}^\star$, 令 $z_n = y_n + \dfrac{1}{n^6}$. 根据假设, $(z_n) = o\left(\dfrac{1}{n^6}\right)$, 并且对任意自然数 $n \geqslant 1$, 有

$$n\left(-\frac{1}{n^6} + z_n\right) = -\frac{1}{n^5}\left(1 + n\left(-\frac{1}{n^6} + z_n\right)\right)^5,$$

也即

$$\begin{aligned}
nz_n &= -\frac{1}{n^5}\left[\left(1 - \frac{1}{n^5} + nz_n\right)^5 - 1\right] \\
&= -\frac{1}{n^5}\left[\left(1 - \frac{1}{n^5} + o\left(\frac{1}{n^5}\right)\right)^5 - 1\right] \\
&= -\frac{1}{n^5}\left(1 - \frac{5}{n^5} + o\left(\frac{1}{n^5}\right) - 1\right) \\
&\underset{n \to +\infty}{\sim} \frac{5}{n^{10}}.
\end{aligned}$$

这证得 $z_n \underset{n \to +\infty}{\sim} \dfrac{5}{n^{11}}$, 因此最终得到

$$x_n = \frac{1}{n} - \frac{1}{n^6} + \frac{5}{n^{11}} + o\left(\frac{1}{n^{11}}\right).$$

习题 3.5.4.3 考虑定义在 $\mathcal{D}_f = \mathbb{R} \setminus \left\{ \dfrac{\pi}{2} + n\pi \,\middle|\, n \in \mathbb{Z} \right\}$ 上的函数 f, 其表达式如下:

$$\forall x \in \mathcal{D}_f, f(x) = \tan(x) - x.$$

1. 证明对每个 $n \in \mathbb{N}$, f 限制在区间 $I_n = \left(-\dfrac{\pi}{2} + n\pi, \dfrac{\pi}{2} + n\pi\right)$ 上是从 I_n 到 $\mathbb{R}$ 的双射.

2. 由此导出, 对任意 $n \in \mathbb{N}$, 存在唯一的实数 $x_n \in I_n$ 使得 $\tan(x_n) = x_n$.

3. 确定 x_n 的等价表达式.

4. 确定 $(x_n)_{n \in \mathbb{N}}$ 的三项渐近展开式.

习题 3.5.4.4 考虑序列 $(u_n)_{n \in \mathbb{N}}$ 定义为: $u_0 > 0$, 且

$$\forall n \in \mathbb{N}, u_{n+1} = \ln(1 + u_n).$$

1. 证明序列 $(u_n)_{n \in \mathbb{N}}$ 收敛到 0.

2. 对 $\alpha \in \mathbb{R}$, 确定 $u_{n+1}^\alpha - u_n^\alpha$ 的等价表达式(只用 α 和 u_n 表示).

3. 由此导出, 存在唯一的 α 的值使得序列 $(u_{n+1}^\alpha - u_n^\alpha)$ 收敛到 $\ell \neq 0$, 并确定这个 α 的值.

4. 使用切萨罗(Césaro)定理[①], 确定 (u_n) 的等价表达式.

3.6　复　数　列

3.6.1　复数列的定义和收敛

定义 3.6.1.1　　一个复数列是一个映射 $u: \mathbb{N} \longrightarrow \mathbb{C}$, 或等价地, 一个下标集为 $\mathbb{N}$ 的复数族.

[①]参见本章末习题 3.7.7.

定义 3.6.1.2 设 $(z_n)_{n \in \mathbb{N}}$ 是一个复数列. 定义序列:

$$(u_n) = \mathrm{Re}(z_n) = (\mathrm{Re}(z_n))_{n \in \mathbb{N}}; \qquad (v_n) = \mathrm{Im}(z_n) = (\mathrm{Im}(z_n))_{n \in \mathbb{N}}$$

$$\text{以及} \qquad \overline{(z_n)_{n \in \mathbb{N}}} = (\overline{z}_n)_{n \in \mathbb{N}}.$$

注意, 我们可以把所有不涉及 $\mathbb{R}$ 中的序关系的定义推广到复数列的情况.

例如, 说一个复数列单调递增或有上界是没有意义的. 另一方面, $\mathbb{R}$ 中的距离可以替换成 $\mathbb{C}$ 中的模. 因此我们可以定义有界的复数列: 复数列 $(z_n)_{n \in \mathbb{N}}$ 是有界的, 若存在实数 $M \geqslant 0$ 使得: $\forall n \in \mathbb{N}, |z_n| \leqslant M$.

定义 3.6.1.3 我们称复数列 $(z_n)_{n \in \mathbb{N}}$ 收敛到 $\ell \in \mathbb{C}$, 若

$$\forall \varepsilon > 0, \exists N \in \mathbb{N}, \forall n \geqslant N, |z_n - \ell| \leqslant \varepsilon.$$

如果序列 $(z_n)_{n \in \mathbb{N}}$ 收敛到 $\ell \in \mathbb{C}$, 那么 ℓ 是唯一的, 称为序列 $(z_n)_{n \in \mathbb{N}}$ 的极限.

下列性质对复数列也成立:

1. 收敛序列是有界的.

2. 收敛序列的子列都是收敛的, 其极限与原序列的极限相同.

3. 两个收敛序列的和与乘积都是收敛的, 运算法则与极限的运算法则相同.

4. 关于两个收敛序列的商: 如果分母序列的极限是非零复数, 那么商序列是收敛的, 且其极限是两个序列极限的商.

5. 波尔查诺–魏尔斯特拉斯定理对复数列也成立.

6. 序列的等价关系、大 O 关系和小 o 关系的概念及其性质仍然成立.

另一方面, 下列性质对复数列没有意义.

1. 单调性.

2. 有上界或有下界.

3. 两边夹定理和单调极限定理.

4. 邻接序列定理.

5. 关于符号的结论.

3.6.2 与实部和虚部的联系

定理 3.6.2.1 复数列 $(z_n)_{n \in \mathbb{N}}$ 收敛到 $\ell \in \mathbb{C}$ 当且仅当 $\operatorname{Re}(z_n)$ 收敛到 $\operatorname{Re}(\ell)$ 且 $\operatorname{Im}(z_n)$ 收敛到 $\operatorname{Im}(\ell)$.

证明:

这是将 $\mathbb{C}$ 与 $\mathbb{R}^2$ 看作等同后, 从向量值函数的极限导出来的结果(参见《大学数学入门 2》参数曲线与极曲线一章).

如果对 $n \in \mathbb{N}$, 记 $z_n = x_n + iy_n$, 其中, $(x_n, y_n) \in \mathbb{R}^2$ 且 $\ell = a + ib, (a, b) \in \mathbb{R}^2$, 那么

$$\forall n \in \mathbb{N},\ \max(|x_n - a|, |y_n - b|) \leqslant |z_n - \ell| \leqslant \sqrt{2} \max(|x_n - a|, |y_n - b|).$$

可以推断:

$$\lim_{n \to +\infty} |z_n - \ell| = 0 \iff \left(\lim_{n \to +\infty} |x_n - a| = 0 \ \text{且} \ \lim_{n \to +\infty} |y_n - b| = 0 \right). \boxtimes$$

习题 3.6.2.2 研究定义如下的序列 (z_n): $z_{n+1} = \dfrac{1+i}{2} z_n$ 且 $z_0 \in \mathbb{C}$.

习题 3.6.2.3 研究定义如下的序列 $(z_n)_{n \in \mathbb{N}}$: $z_n = \dfrac{n^2 + 3n - 1}{-3n^2 + 4} + i\dfrac{n!}{n^n}$.

习题 3.6.2.4 确定定义如下的序列 $(z_n)_{n \in \mathbb{N}}$ 的等价表达式:

$$\forall n \in \mathbb{N},\ z_n = \frac{\arctan(n) + ie^{-n}}{n^2 + in + 1}.$$

3.7 习　　题

习题 3.7.1 设 $(x_n)_{n\in\mathbb{N}}$ 是一个实数列使得 (x_{2n}), (x_{2n+1}) 和 (x_{3n}) 都收敛. 证明 $(x_n)_{n\in\mathbb{N}}$ 收敛.

习题 3.7.2 证明序列 $(\cos(n))_{n\in\mathbb{N}}$ 和 $(\sin(n))_{n\in\mathbb{N}}$ 发散.

习题 3.7.3 设 $(u_n)_{n\in\mathbb{N}}$ 是一个整数列. 证明 $(u_n)_{n\in\mathbb{N}}$ 收敛当且仅当 $(u_n)_{n\in\mathbb{N}}$ 是定常的, 即 $(u_n)_{n\in\mathbb{N}}$ 从某项起取常数值.

习题 3.7.4 设 (u_n) 是一个各项大于零的实数列. 假设 $\left(\dfrac{u_{n+1}}{u_n}\right)$ 有极限, 并记 $\displaystyle\lim_{n\to+\infty}\dfrac{u_{n+1}}{u_n}=\ell$ 且 $\ell\in[0,+\infty]$.

   1. 证明: 如果 $\ell<1$, 那么 $\displaystyle\lim_{n\to+\infty}u_n=0$; 如果 $\ell>1$, 那么 $\displaystyle\lim_{n\to+\infty}u_n=+\infty$.

   2. 如果 $\ell=1$, 我们有什么结论?

习题 3.7.5 设 $(u_n)_{n\in\mathbb{N}}$ 是一个没有上界的实数列. 证明存在 $(u_n)_{n\in\mathbb{N}}$ 的一个子列趋于 $+\infty$.

习题 3.7.6 设 $(u_n)_{n\in\mathbb{N}}$ 是一个实数列, 满足

$$\forall(m,n)\in(\mathbb{N}^\star)^2,\ 0\leqslant u_{m+n}\leqslant\frac{m+n}{mn}.$$

证明 (u_n) 收敛到 0.

习题 3.7.7 (切萨罗定理) 设 $(u_n)_{n\in\mathbb{N}}$ 是一个实数列. 假设 $\displaystyle\lim_{n\to+\infty}u_n=\ell\in\overline{\mathbb{R}}$. 证明:

$$\lim_{n\to+\infty}\frac{1}{n+1}\sum_{k=0}^n u_k=\ell.$$

证明结论对收敛到 $\ell\in\mathbb{C}$ 的复数列也成立.

习题 3.7.8 下列断言是对的还是错的? 用证明或反例验证你的回答.

1. "如果 (u_n) 是一个序列使得 (u_n^2) 收敛, 那么序列 (u_n) 收敛".

2. "如果 (u_n) 是正项的(即 $u_n \geqslant 0$), 且 (u_n^2) 收敛, 那么序列 (u_n) 收敛".

3. "如果 (u_n) 是一个序列使得 (u_n^2) 和 (u_n^3) 都收敛, 那么序列 (u_n) 收敛".

4. "设 (a_n) 是一个有界的序列, (ε_n) 是一个收敛到 0 的序列. 那么, 通项为 $u_n = \varepsilon_n a_n$ 的序列收敛到 0".

5. "设 (a_n) 是一个有界的序列, (ε_n) 是一个收敛的序列. 那么, 通项为 $u_n = \varepsilon_n a_n$ 的序列收敛".

6. "设 (a_n) 是一个有上界的序列, (ε_n) 是一个没有上界的序列. 那么, 通项为 $u_n = \varepsilon_n a_n$ 的序列没有上界".

7. "如果 (u_n) 收敛, 那么 $(u_{n+1} - u_n)$ 收敛到 0".

8. "如果 $(u_{n+1} - u_n)$ 收敛到 0, 那么 (u_n) 收敛".

9. "如果 $u_n \sim v_n$, 那么 $(u_n - v_n)$ 收敛到 0".

10. "如果 $(u_n - v_n)$ 收敛到 0, 那么 $u_n \sim v_n$".

11. "如果 (u_n) 和 (v_n) 收敛, 且 $u_n \leqslant w_n \leqslant v_n$, 那么 (w_n) 收敛".

12. "如果 (u_n) 的各项都大于零且它收敛到 0, 那么 (u_n) 从某项起是单调递减的".

习题 3.7.9　证明 $\forall n \in \mathbb{N}$, $(3 + \sqrt{5})^n + (3 - \sqrt{5})^n \in 2\mathbb{Z}$. 由此导出序列 $(\sin((3 + \sqrt{5})^n \pi))$ 收敛.

习题 3.7.10　研究序列 $(u_n)_{n \in \mathbb{N}}$ 的收敛性, 它定义如下:

$$u_0 = u_1 = 1 \quad 且 \quad \forall n \in \mathbb{N}, u_{n+2} = -u_{n+1} - \frac{1}{4}u_n.$$

习题 3.7.11　研究定义如下的序列: $u_0 = 1$, $u_1 = 2$, 且对任意 $n \in \mathbb{N}$, $u_{n+2} = \sqrt{u_n u_{n+1}}$.

习题 3.7.12　根据 u_0 和 $k \in \mathbb{C}$ 的值, 研究序列 $(u_n)_{n \in \mathbb{N}}$ 的收敛性, 其中

$$\forall n \in \mathbb{N}, u_{n+1} - u_n = k^n.$$

习题 3.7.13　考虑序列 $(u_n)_{n \in \mathbb{N}}$ 定义为: $u_0 = \dfrac{3}{2}$, 且对任意自然数 n, $u_{n+1} = u_n^2 - 2u_n + 2$.

1. 用数学归纳法证明: 对任意自然数 n, $1 \leqslant u_n \leqslant 2$.
   提示: 可以研究函数 $f: x \mapsto x^2 - 2x + 2$ 的单调区间.

2. 研究 $(u_n)_{n\in\mathbb{N}}$ 的单调性. 从中可以得出什么结论?

3. 确定 $(u_n)_{n\in\mathbb{N}}$ 的极限.

习题 3.7.14 根据实数 a 的值, 研究定义如下的序列 (u_n):

$$u_0 = a \quad 且 \quad \forall n \in \mathbb{N}, u_{n+1} = u_n^2 + \frac{3}{16}.$$

习题 3.7.15 设 $a>0$. 考虑序列 $(u_n)_{n\in\mathbb{N}}$ 定义如下: $u_0>0$ 且 $\forall n \in \mathbb{N}, u_{n+1} = \frac{1}{2}\left(u_n + \frac{a}{u_n}\right)$.

1. 研究序列 $(u_n)_{n\in\mathbb{N}}$ 的收敛性. 如果收敛, 确定其极限值.

2. 对任意自然数 n, 令 $v_n = \dfrac{u_n - \sqrt{a}}{u_n + \sqrt{a}}$.

   (a) 对 $n \in \mathbb{N}$, 将 v_{n+1} 表示成 v_n 的函数.

   (b) 由此导出, 如果 $u_0 > \sqrt{a}$, 那么对任意自然数 n, $|u_n - \sqrt{a}| < 2u_0 v_0^{2^n}$.

   (c) 应用: 求一个近似 $\sqrt{2}$ 的有理分式, 误差不超过 10^{-11}.

习题 3.7.16 设 $(u_n)_{n\in\mathbb{N}}$ 定义为: $u_0 = 1$, 且 $\forall n \in \mathbb{N}$, $u_{n+1} = \dfrac{u_n + 2u_n^2}{1 + 3u_n}$.

1. 证明: $\forall n \in \mathbb{N}$, $u_n > 0$.

2. 证明 $(u_n)_{n\in\mathbb{N}}$ 收敛, 并确定其极限 ℓ.

3. 我们想求 $u_n - \ell$ 的等价表达式.

   (a) 先证明 $\dfrac{1}{1+3u_n} = 1 - 3u_n + o(u_n)$, 然后证明 $u_{n+1} = u_n - u_n^2 + o(u_n^2)$.

   (b) 取定 $\alpha \in \mathbb{R}^{\star}$. 证明: $u_{n+1}^{\alpha} - u_n^{\alpha} \underset{n \to +\infty}{\sim} -\alpha u_n^{\alpha+1}$.

   (c) 应该选择什么 α 值来得到一个简单的等价表达式? 说明理由.

   (d) 接下来假设 $\alpha = -1$. 证明 $u_n \underset{n \to +\infty}{\sim} \dfrac{1}{n}$.

   提示: 我们可以不加证明地使用切萨罗定理(参见习题 3.7.7), 在过程中会发现一个叠缩级数.

习题 3.7.17 考虑序列定义为: $u_0 = 1$, 且 $\forall n \in \mathbb{N}$, $u_{n+1} = \dfrac{u_n}{u_n^2 + 1}$.

1. 证明 $(u_n)_{n\in\mathbb{N}}$ 收敛, 并确定其极限.

2. 证明序列 $(u_{n+1}^{-2} - u_n^{-2})$ 收敛到 2.

3. 使用切萨罗定理(参见习题 3.7.7), 确定 $(u_n)_{n\in\mathbb{N}}$ 的等价表达式.

习题 3.7.18 考虑定义如下的序列 $(x_n)_{n\in\mathbb{N}}$: $x_0 > 0$, 且对任意自然数 n, $x_{n+1} = x_n + \dfrac{1}{x_n^2}$.

1. 证明序列 $(x_n)_{n\in\mathbb{N}}$ 是良定义的.

2. 研究序列 $(x_n)_{n\in\mathbb{N}}$, 证明 $(x_n)_{n\in\mathbb{N}}$ 有极限并确定其极限.

3. 证明存在 $\alpha \in \mathbb{R}$ 使得 $x_{n+1}^{\alpha} - x_n^{\alpha} \underset{n\to+\infty}{\sim} 3$, 并确定这样的 α 的值.

4. 由此导出 x_n 的等价表达式.

习题 3.7.19 对 $n \in \mathbb{N}$, 令 $u_n = \displaystyle\int_0^1 (1-t)^n e^t \, \mathrm{d}t$.

1. 计算 u_0, u_1 和 u_2.

2. 研究序列 $(u_n)_{n\in\mathbb{N}}$ 的单调性, 并证明 $(u_n)_{n\in\mathbb{N}}$ 收敛.

3. 证明对任意自然数 n, $0 \leqslant u_n \leqslant \dfrac{e}{n+1}$. 由此导出 $(u_n)_{n\in\mathbb{N}}$ 的极限值.

4. 证明: 对任意 $n \in \mathbb{N}$, $u_{n+1} = (n+1)u_n - 1$.

5. 使用积分表或借助于 MATLAB, 根据 $u_0 = e-1$ 和递推关系计算序列 $(u_n)_{n\in\mathbb{N}}$ 前15项的值. 可以观察到什么? 如何解释这个现象?

6. 现在考虑满足以下递推关系的序列 $(v_n)_{n\in\mathbb{N}}$ 的集合 $\mathcal{S}$:

$$\forall n \in \mathbb{N}, \, v_{n+1} = (n+1)v_n - 1.$$

   (a) $\mathcal{S}$ 关于 $+$ 构成群吗? 它是序列集合的一个子环吗? 它是序列集合的一个向量子空间吗?

   (b) 设 $(v_n)_{n\in\mathbb{N}} \in \mathcal{S}$. 证明: $\forall n \in \mathbb{N}$, $v_{n+1} - u_{n+1} = (n+1)(v_n - u_n)$.

   (c) 利用前面的问题, 将 v_n 表示成 n, u_n 和 v_0 的函数.

   (d) 由此得出序列 $(v_n)_{n\in\mathbb{N}} \in \mathcal{S}$ 收敛的充分必要条件.

习题 3.7.20 考虑序列 $(u_n)_{n\in\mathbb{N}}$ 和 $(v_n)_{n\in\mathbb{N}}$ 定义为: $u_0 = 1$, $v_0 = 1$, 并且

$$\forall n \in \mathbb{N}, \quad \begin{cases} u_{n+1} &=& 6u_n + 5v_n, \\ v_{n+1} &=& -3u_n - 2v_n. \end{cases}$$

证明 $(u_n)_{n\in\mathbb{N}}$ 和 $(v_n)_{n\in\mathbb{N}}$ 满足一个常系数的二阶线性递推关系, 并由此将 u_n 和 v_n 表示成只依赖于 n 的函数.

习题 3.7.21 对任意非零的自然数 n, 令 $S_n = \sum_{k=1}^{n} \dfrac{(-1)^k}{k}$.

1. 证明序列 (S_{2n}) 和 (S_{2n+1}) 是邻接的. 序列 $(S_n)_{n\in\mathbb{N}}$ 收敛吗?

2. 设 $x \in [0,1]$, $n \in \mathbb{N}^\star$.

   (a) 证明: $\forall t \in [0,x]$, $\dfrac{1}{1+t} = \sum_{k=0}^{n}(-1)^k t^k + (-1)^{n+1}\dfrac{t^{n+1}}{1+t}$.

   (b) 由此导出, 对 $x \in [0,1]$, $\ln(1+x) = \sum_{k=0}^{n}\dfrac{(-1)^k}{k+1}x^{k+1} + (-1)^{n+1}\int_0^x \dfrac{t^{n+1}}{1+t}\,\mathrm{d}t$, 并得

   出结论: $\ln 2 = \lim_{n\to+\infty}\sum_{k=0}^{n}\dfrac{(-1)^k}{k+1}$.

   (c) 对 $(S_n)_{n\in\mathbb{N}}$, 我们可以得出什么结论?

习题 3.7.22 设 (S_n) 定义为: 对任意自然数 $n \geqslant 1$, $S_n = \sum_{k=1}^{n}\dfrac{(-1)^k}{k^3}$.

1. 证明序列 (S_{2n}) 和 (S_{2n+1}) 是邻接的.

2. 由此导出 (S_n) 收敛, 并确定一个与其极限值相差不超过 10^{-2} 的近似值.

习题 3.7.23 考虑序列定义如下:

$$u_0 = 1, \quad v_0 = 2, \quad \text{且} \ \forall n \in \mathbb{N}, \frac{2}{u_{n+1}} = \frac{1}{u_n} + \frac{1}{v_n}, \quad v_{n+1} = \frac{u_n + v_n}{2}.$$

1. 证明序列 $(u_n)_{n\in\mathbb{N}}$ 和 $(v_n)_{n\in\mathbb{N}}$ 是有理数列.

2. 证明这两个序列收敛到相同的极限, 并确定该极限值.

习题 3.7.24　考虑序列 $(u_n)_{n\in\mathbb{N}}$ 和 $(v_n)_{n\in\mathbb{N}}$ 定义为

$$0 < u_0 < v_0 \quad \text{且} \quad \forall n \in \mathbb{N}, \ u_{n+1} = \frac{u_n^2}{u_n + v_n}, \quad v_{n+1} = \frac{v_n^2}{u_n + v_n}.$$

证明这两个序列是良定义的, 并研究它们的收敛性.

习题 3.7.25　设 $0 < a < b$, 序列 (u_n) 和 (v_n) 定义为: $u_0 = a$, $v_0 = b$, 且对任意自然数 n,

$$u_{n+1} = \frac{u_n + v_n}{2} \quad \text{且} \quad v_{n+1} = \sqrt{u_{n+1} v_n}.$$

证明序列 (u_n) 和 (v_n) 收敛到相同的极限, 然后利用实数 $\alpha \in (0, \pi)$ 将极限值表示出来, 其中 α 由关系式 $b\cos\alpha = a$ 定义.

习题 3.7.26　利用级数积分比较方法, 证明定义为 $\forall n \geqslant 2$, $S_n = \displaystyle\sum_{k=2}^{n} \frac{1}{k\sqrt{\ln k}}$ 的序列发散到 $+\infty$, 并确定 S_n 的等价表达式.

习题 3.7.27　确定级数 $\displaystyle\sum E(\ln n)$ 的敛散性, 然后确定其部分和的等价表达式.

习题 3.7.28　考虑定义如下的序列 (S_n): 对任意非零的自然数 n,

$$S_n = \sum_{k=1}^{n} \frac{1}{k}.$$

1. 研究序列 (S_n) 的收敛性.

2. 利用级数积分比较方法, 确定 S_n 的等价表达式.

3. 对 $n \in \mathbb{N}^\star$, 令 $u_n = S_n - \ln n$.

   (a) 研究 (u_n) 的单调性.

   (b) 证明序列 (u_n) 收敛, 且其极限值 γ 是区间 $[0, 1]$ 中的一个实数.

4. 类似地, 令 $v_1 = 0$, 以及对 $n \geqslant 2$, 令 $v_n = S_{n-1} - \ln n$.

   (a) 通过类似的推导, 证明 (v_n) 收敛.

   (b) 由此导出 γ 的一个误差不超过 10^{-1} 的近似值.

5. 从上述结果中可以得到什么渐近展开式?

习题 3.7.29　设 (u_n) 是一个正项序列(即 $u_n \geqslant 0$)使得：$\forall n \geqslant 1, u_n + u_{2n} = \dfrac{3}{2n}$.

1. 证明 (u_n) 收敛到 0.

2. 设 $n \geqslant 1$. 对任意自然数 k，令 $v_k = u_{2^k n} + u_{2^{k+1} n}$.

   (a) 对 $k \in \mathbb{N}$，将 v_k 表示成只依赖于 n 和 k 的表达式.

   (b) 对任意 $N \in \mathbb{N}$，将 $u_n - u_{2^{2N+2}n}$ 表示成 $v_k (k \in \mathbb{N})$ 的函数.

   (c) 由此导出：$\forall n \in \mathbb{N}^{\star}, u_n = \dfrac{1}{n}$.

习题 3.7.30　使用简单的等价式来计算下列极限:

$$\lim_{n \to +\infty} \left(1 + \frac{x}{n}\right)^n; \quad \lim_{n \to +\infty} \left(\frac{n-1}{n+1}\right)^n; \quad \lim_{n \to +\infty} \left(\frac{n}{n-x}\right)^n; \quad \lim_{n \to +\infty} \left(\frac{n^2 + 3n + 1}{n^2 - 2n + 1}\right)^n.$$

其中, 对第一个序列, 假设 $x \in \mathbb{R}$.

习题 3.7.31　确定以下序列的简单等价表达式:

$$u_n = \sqrt{n+1} - \sqrt{n-1}; \quad v_n = \frac{1}{n-2} - \frac{1}{n+1}; \quad w_n = n \sin\left(\frac{1}{\sqrt{n}}\right); \quad x_n = n^{\frac{1}{n}} - 1;$$

$$y_n = \ln(n+1) - \ln(n); \quad z_n = \tan\left(\frac{\pi}{4} + \frac{1}{n}\right); \quad s_n = \left(\tan\left(\frac{\pi}{4} + \frac{1}{n}\right)\right)^n.$$

习题 3.7.32　研究下列序列的极限存在性, 若存在, 确定其极限值.

1. $u_n = \sqrt{n^2 + n + 1} - \sqrt{n^2 - n + 1}$ 和 $v_n = \sqrt{n + \sqrt{n^2 + 1}} - \sqrt{n + \sqrt{n^2 - 1}}$.

2. $w_n = \dfrac{n - \sqrt{n^2 + 1}}{n - \sqrt{n^2 - 1}}$ 和 $a_n = \dfrac{E\left(\left(n + \frac{1}{2}\right)^2\right)}{E\left(\left(n - \frac{1}{4}\right)^2\right)}$.

3. $b_n = n^{\frac{1}{\ln n}}$ 和 $c_n = (\ln n)^{\frac{1}{n}}$.

4. $d_n = n^{\frac{\sin n}{n}}$ 和 $e_n = \left(\sin\left(\frac{1}{n}\right)\right)^{\frac{1}{\ln n}}$.

5. $f_n = \dfrac{1}{n^2} \displaystyle\sum_{k=1}^{n} E(kx)$, 其中 $x \in \mathbb{R}$, E 表示取整函数.

习题 3.7.33　证明 $\displaystyle\sum_{k=1}^{n} k! \leqslant n \times n!$, 并导出 $\displaystyle\sum_{k=1}^{n} k! \sim n!$.

习题 3.7.34　设 $(u_n)_{n\in\mathbb{N}}$ 和 $(v_n)_{n\in\mathbb{N}}$ 是两个收敛到 0 的实数列. 证明

$$\left(e^{u_n} - e^{v_n}\right) \underset{n\to+\infty}{\sim} (u_n - v_n).$$

如果这两个序列是收敛到 0 的复数列, 结论是否仍然成立?

习题 3.7.35　设 $(\alpha_n)_{n\in\mathbb{N}} \in \mathbb{C}^{\mathbb{N}}$, $(\beta_n)_{n\in\mathbb{N}} \in \mathbb{C}^{\mathbb{N}}$ 和 $(u_n)_{n\in\mathbb{N}} \in \mathbb{R}^{\mathbb{N}}$.

1. 假设 $\alpha_n \underset{n\to+\infty}{\sim} \beta_n$, 对任意 $n \in \mathbb{N}$, $\mathrm{Re}(\alpha_n) \neq 0$ 且 $\mathrm{Re}(\beta_n) \neq 0$. 是否有 $\mathrm{Re}(\alpha_n) \underset{n\to+\infty}{\sim} \mathrm{Re}(\beta_n)$?

2. 假设 $u_{n+1} \underset{n\to+\infty}{\sim} u_n$. 是否有 $u_{2n} \underset{n\to+\infty}{\sim} u_n$?

3. 设 ℓ 是一个实数. 假设 $u_n \underset{n\to+\infty}{\sim} \ell$. 是否有 $u_n^n \underset{n\to+\infty}{\sim} \ell^n$?

习题 3.7.36　对 $n \in \mathbb{N}^{\star}$, 考虑函数 $P_n : x \longmapsto x^n + x^{n-1} + \cdots + x - 1$.

1. 证明多项式 P_n 有唯一的正根. 记为 x_n.

2. 证明对任意 $n \in \mathbb{N}^{\star}$, $P_n(x_{n+1}) < 0$. 由此导出 $(x_n)_{n\in\mathbb{N}}$ 的单调性.

3. 证明 $(x_n)_{n\in\mathbb{N}}$ 收敛并确定其极限 ℓ.

4. 确定 $x_n - \ell$ 的等价表达式. 提示: 可以令 $y_n = x_n - \ell$, 并从证明 $y_n = O(x_2^n)$ 入手.

习题 3.7.37

1. 证明对任意 $n \in \mathbb{N}$, 方程 $x + 3\ln x = n$ 有唯一解. 记 x_n 为这个解.

2. 确定序列 (x_n) 的极限.

3. 确定 (x_n) 的一个简单的等价表达式.

4. 证明存在三个非零实数 a, b, c(并求出这些数的值)使得

$$x_n = an + b\ln n + c\frac{\ln n}{n} + o\left(\frac{\ln n}{n}\right).$$

习题 3.7.38

1. 证明对任意 $n \in \mathbb{N}^*$, 多项式 $P_n = X^n + X - 1$ 在 $(0,1)$ 中有唯一的根.

2. 对 $n \in \mathbb{N}^*$, 记 x_n 为 P_n 在 $(0,1)$ 中的唯一的根.

   (a) 证明 (x_n) 收敛并确定其极限 ℓ.

   (b) 我们想确定 $x_n - \ell$ 的等价表达式. 令 $x_n = \ell - y_n$.

      (i) 证明: $-\dfrac{\ln y_n}{y_n} \underset{n \to +\infty}{\sim} n$.

      (ii) 证明 $\ln y_n \underset{n \to +\infty}{\sim} -\ln n$ 并导出 y_n 的等价表达式.

习题 3.7.39 设 $z = x + iy$, 其中 $(x, y) \in \mathbb{R}^2$. 证明 $\lim\limits_{n \to +\infty} \left(1 + \dfrac{z}{n}\right)^n = e^z$.

习题 3.7.40 设 $(z_n)_{n \in \mathbb{N}}$ 定义为: $z_0 \in \mathbb{C}$, 且 $\forall n \in \mathbb{N}$, $z_{n+1} = \dfrac{1}{2}(z_n + |z_n|)$. 序列 $(z_n)_{n \in \mathbb{N}}$ 收敛吗? 如果收敛, 确定其极限.

习题 3.7.41 (困难的) 设 $u = (u_n)_{n \in \mathbb{N}}$ 是一个实数列. 我们称 $\ell \in \mathbb{R}$ 是序列 u 的**聚点**, 若存在 $(u_n)_{n \in \mathbb{N}}$ 的一个子列收敛到 ℓ.

1. 假设 u 有界. 它的聚点集可能是空集吗?

2. 假设 u 是有界的, 且序列 $(u_{n+1} - u_n)_{n \in \mathbb{N}}$ 收敛到 0. 证明 u 的聚点集是一个闭区间.

3. 给出一个聚点集为 $\mathbb{R}$ 的实数列的例子.

习题 3.7.42 记 $\mathcal{S}$ 为满足以下递推关系的实数列的集合:

$$\forall n \geqslant 1, \ u_{n+1} = (4n+2)u_n + u_{n-1}.$$

第 1 部分: $\mathcal{S}$ 的结构

1. 证明 $(\mathcal{S}, +)$ 是一个阿贝尔群, 并且 $\mathcal{S}$ 对外部乘法(即数乘)封闭. 换言之, 证明 $(\mathcal{S}, +, \cdot)$ 是一个 $\mathbb{R}$-向量空间.

2. 证明映射 ϕ: $\begin{array}{c} \mathcal{S} \longrightarrow \mathbb{R}^2, \\ (u_n) \longmapsto (u_0, u_1) \end{array}$ 是从 $(\mathcal{S}, +)$ 到 $(\mathbb{R}^2, +)$ 的同构.

3. 证明 ϕ 保数乘运算, 即: $\forall \lambda \in \mathbb{R}, \ \forall u \in \mathcal{S}, \ \phi(\lambda u) = \lambda \phi(u)$.

第 2 部分：研究收敛性

1. 设 $(u_n) \in \mathcal{S}$. 假设 $(u_n)_{n \in \mathbb{N}}$ 收敛. 关于其极限有什么结论？

2. 设 $(a_n)_{n \in \mathbb{N}} \in \mathcal{S}$ 和 $(b_n)_{n \in \mathbb{N}} \in \mathcal{S}$ 满足：$a_0 = b_1 = 1$ 和 $a_1 = b_0 = 0$.

   (a) 证明 (b_n) 是单调递增的, 且 $\forall n \geqslant 1$, $b_n \geqslant 6^{n-1}$. 我们能从中得出什么结论？

   (b) 定义序列 (w_n) 如下：$w_n = a_n b_{n+1} - a_{n+1} b_n$. 证明 (w_n) 是几何序列，并由此将 w_n 表示成只依赖于 n 的表达式.

   (c) 最后考虑序列 (t_n) 定义为：$\forall n \geqslant 1$, $t_n = \dfrac{a_n}{b_n}$.

      (i) 证明序列 (t_{2n}) 和 (t_{2n+1}) 收敛于同一个极限 ℓ, 不必尝试计算极限值.

      (ii) 由此可以导出关于 (t_n) 的什么结论？

3. 我们想要确定使得 $\mathcal{S}$ 中的序列 (u_n) 收敛的关于 u_0 和 u_1 的充分必要条件.

   (a) 假设 $(u_n) \in \mathcal{S}$ 收敛.

      (i) 证明：$\forall n \in \mathbb{N}$, $u_n = u_0 a_n + u_1 b_n$.

      (ii) 由此导出 $u_0 \ell + u_1 = 0$.

   (b) 反过来, 假设 $u_0 \ell + u_1 = 0$.

      (i) 证明：对任意自然数 $n \geqslant 1$, $\left| l - \dfrac{a_n}{b_n} \right| \leqslant \dfrac{1}{b_n b_{n+1}}$.

      (ii) 由此导出 $(a_n - l b_n)$ 收敛并确定其极限.

      (iii) 给出结论.

习题 3.7.43 对一个著名的计算, 阿基米德考虑了以下递推关系：

$$c_{n+1} = \sqrt{\frac{1 + c_n}{2}} \quad \text{和} \quad \lambda_{n+1} = \frac{\lambda_n}{c_{n+1}}.$$

1. 简要回顾阿基米德是谁、他生活的时代以及他在科学领域取得的主要成果.

2. 证明：对 $c_1 = 0$ 和 $\lambda_1 = 2$, 上述关系定义了两个序列 $(c_n)_{n \geqslant 1}$ 和 $(\lambda_n)_{n \geqslant 1}$, 并且存在另外两个序列 $(\theta_n)_{n \geqslant 1}$ 和 $(\alpha_n)_{n \geqslant 1}$ 使得

$$\forall n \in \mathbb{N}^\star, \ \theta_n \in \left[0, \frac{\pi}{2}\right], \ \alpha_n > 0, \ c_n = \cos(\theta_n), \ \lambda_n = \alpha_n \sin(\theta_n).$$

3. 研究序列 $(\lambda_n)_{n \geqslant 1}$.

(a) 证明序列 (λ_n) 收敛到 π.

(b) 利用对任意 $x \geqslant 0,\ |\sin x - x| \leqslant \dfrac{x^3}{6}$ 这个性质, 证明:

$$\forall n \in \mathbb{N}^{\star},\ |\lambda_n - \pi| \leqslant \frac{\pi^3}{6 \times 4^n}.$$

(c) 确定一个自然数 n_1 使得 $|\lambda_{n_1} - \pi| \leqslant 10^{-6}$.

4. 定义一个新序列 $(\lambda'_n)_{n \geqslant 1}$ 如下: $\forall n \geqslant 1,\ \lambda'_n = \dfrac{4\lambda_{n+1} - \lambda_n}{3}$.

(a) 证明 (λ'_n) 也收敛到 π.

(b) 证明 $\lambda'_n - \pi = o\left(\dfrac{1}{4^n}\right)$, 并由此导出 $\lambda'_n - \pi = o(\lambda_n - \pi)$. 提示: 可以使用正弦函数在 0 处的 3 阶极限展开式.

(c) 如何用一句话来解释前一个问题的结果?

(d) 利用正弦函数在 0 处的 5 阶极限展开式, 确定 $\lambda'_n - \pi$ 的等价表达式.

5. 对 $\alpha \in \mathbb{R}$, 定义序列 (λ''_n) 如下: $\forall n \in \mathbb{N}^{\star},\ \lambda''_n = \alpha\lambda'_n + (1-\alpha)\lambda'_{n+1}$.

(a) 证明存在唯一的 $\alpha \in \mathbb{R}$ 使 $\lambda''_n - \pi = o\left(\dfrac{1}{4^{2n}}\right)$.

(b) 对 α 的这个值, 将 λ''_n 表示成 $\lambda_n,\ \lambda_{n+1}$ 和 λ_{n+2} 的函数.

(c) 我们承认, 对任意自然数 $n \geqslant 1$, 存在 $x_n \in (0, \theta_n)$ 使得

$$\lambda_n = \pi - \frac{\pi^3}{3!} \times \frac{1}{4^n} + \frac{\pi^5}{5!} \times \frac{1}{4^{2n}} - \frac{\pi^7}{7!} \times \frac{1}{4^{3n}}\cos(x_n).$$

证明对任意 $n \geqslant 1,\ |\lambda''_n - \pi| \leqslant \dfrac{17\pi^7}{576 \times 7!} \times \dfrac{1}{4^{3n}}$.

(d) 确定一个自然数 n_2 使得 $|\lambda''_{n_2} - \pi| \leqslant 10^{-6}$.

6. 我们可以给出什么评论?

第 4 章 向量空间和线性映射

预备知识 学习本章之前, 需已熟悉以下内容:

- 逻辑基础课程(特别是蕴涵和等价);

- 集合的概念以及集合的常用运算(交集、并集和笛卡儿积);

- 一个子集在一个映射下的像和原像;

- 常见结构——群、环和除环;

- 群同态;

- 单射、满射、双射以及它们的性质.

4.1　向量空间

在本章中, 字母 $\mathbb{K}$ 表示一个域(即交换除环). 实践中 $\mathbb{K} = \mathbb{R}$ 或 $\mathbb{K} = \mathbb{C}$.

4.1.1　定义和常见例子

定义 4.1.1.1　设 E 是一个集合, $\mathbb{K}$ 是一个域(此处 $\mathbb{K} = \mathbb{R}$ 或 $\mathbb{K} = \mathbb{C}$). 我们称 E 是 $\mathbb{K}$ 上的一个向量空间(或一个 $\mathbb{K}$-向量空间)当 E 配备:

- 一个内部二元运算, 记为 +, 使得 $(E, +)$ 是一个阿贝尔群;

- 一个外部运算 $\mathbb{K} \times E \longrightarrow E$, 记为 ·, 满足下列性质

    P1　$\forall (\lambda, \mu) \in \mathbb{K}^2, \forall u \in E, (\lambda + \mu) \cdot u = \lambda \cdot u + \mu \cdot u$;

    P2　$\forall \lambda \in \mathbb{K}, \forall (u, v) \in E^2, \lambda \cdot (u + v) = \lambda \cdot u + \lambda \cdot v$;

    P3　$\forall (\lambda, \mu) \in \mathbb{K}^2, \forall u \in E, (\lambda \times \mu) \cdot u = \lambda \cdot (\mu \cdot u)$;

    P4　$\forall u \in E, 1_{\mathbb{K}} \cdot u = u$.

E 的元素称为向量, $\mathbb{K}$ 的元素称为标量.

例 4.1.1.2　平面(或空间)中的向量的集合是一个 $\mathbb{R}$-向量空间: 这是我们用来定义向量空间概念的范例.

<u>注:</u>　通常我们必须明确指出 $(E, +, \cdot)$ 是一个 $\mathbb{K}$-向量空间(即明确给出相应的内部运算和外部运算). 在实践中, 就像群或环一样, 我们可以简单地说"设 E 是一个 $\mathbb{K}$-向量空间".

命题 4.1.1.3　设 $n \in \mathbb{N}^\star$. 我们给集合 $\mathbb{K}^n$ 配备两个运算: 对 $\lambda \in \mathbb{K}$ 和 $(u, v) \in \mathbb{K}^n \times \mathbb{K}^n$, 其中 $u = (u_1, \cdots, u_n), v = (v_1, \cdots, v_n)$, 我们令

$$u + v = (u_1 + v_1, \cdots, u_n + v_n) \quad 和 \quad \lambda \cdot u = (\lambda \times u_1, \cdots, \lambda \times u_n).$$

那么, $(\mathbb{K}^n, +, \cdot)$ 是一个 $\mathbb{K}$-向量空间.

证明:

- 我们已经证得 $(\mathbb{K}^n, +)$ 是一个交换群(参见命题 1.1.2.5).

- 运算 $\cdot$ 是一个从 $\mathbb{K} \times \mathbb{K}^n$ 到 $\mathbb{K}^n$ 的映射.

  * 证明 P1.

    设 $u = (u_k)_{1 \leqslant k \leqslant n} \in \mathbb{K}^n$ 和 $(\lambda, \mu) \in \mathbb{K}^2$. 那么有

    $$(\lambda + \mu) \cdot u = ((\lambda + \mu) \times u_1, \cdots, (\lambda + \mu) \times u_n) \quad (\text{根据} \cdot \text{的定义})$$
    $$= (\lambda \times u_1 + \mu \times u_1, \cdots, \lambda \times u_n + \mu \times v_n),$$

    这是因为在 $\mathbb{K}$ 中 $\times$ 对加法服从分配律. 那么, 根据 $\mathbb{K}^n$ 中的 $+$ 的定义,

    $$(\lambda + \mu) \cdot u = (\lambda \times u_1, \cdots, \lambda \times u_n) + (\mu \times u_1, \cdots, \mu \times u_n)$$
    $$= \lambda \cdot u + \mu \cdot u.$$

  * 证明 P2.

    设 $u = (u_1, \cdots, u_n)$ 和 $v = (v_1, \cdots, v_n)$ 是 $\mathbb{K}^n$ 中的两个元素, $\lambda \in \mathbb{K}$. 那么,

    $$\lambda \cdot (u + v) = \lambda \cdot (u_1 + v_1, \cdots, u_n + v_n)$$
    $$= (\lambda \times (u_1 + v_1), \cdots, \lambda \times (u_n + v_n))$$
    $$= (\lambda \times u_1 + \lambda \times v_1, \cdots, \lambda \times u_n + \lambda \times v_n)$$
    $$= (\lambda \times u_1, \cdots, \lambda \times u_n) + (\lambda \times v_1, \cdots, \lambda \times v_n)$$
    $$= \lambda \cdot u + \lambda \cdot v.$$

  * 证明 P3.

    设 $u = (u_1, \cdots, u_n) \in \mathbb{K}^n$, $(\lambda, \mu) \in \mathbb{K}^2$. 我们有

    $$\lambda \cdot (\mu \cdot u) = \lambda \cdot (\mu \times u_1, \cdots, \mu \times u_n)$$
    $$= (\lambda \times (\mu \times u_1), \cdots, \lambda \times (\mu \times u_n))$$
    $$= ((\lambda \times \mu) \times u_1, \cdots, (\lambda \times \mu) \times u_n) \quad (\times \text{ 在 } \mathbb{K} \text{ 上满足结合律})$$
    $$= (\lambda \times \mu) \cdot (u_1, \cdots, u_n)$$
    $$= (\lambda \times \mu) \cdot u.$$

  * 证明 P4.

    由于 $1_{\mathbb{K}}$ 是 $\mathbb{K}$ 中的乘法中性元, 故对任意 $u = (u_1, \cdots, u_n) \in \mathbb{K}^n$, 有

    $$1_{\mathbb{K}} \cdot u = (1_{\mathbb{K}} \times u_1, \cdots, 1_{\mathbb{K}} \times u_n) = (u_1, \cdots, u_n) = u.$$

这证得 $(\mathbb{K}^n, +, \cdot)$ 确实是一个 $\mathbb{K}$-向量空间. $\boxtimes$

注:

- 特别地, $\mathbb{K}$ 是一个 $\mathbb{K}$-向量空间(相应于 $n = 1$);

- 因此, $\mathbb{C}$ 是一个 $\mathbb{C}$-向量空间, 但也是一个 $\mathbb{R}$-向量空间! 这两个向量空间不一样. 因此, 明确它指的是 $\mathbb{R}$-向量空间还是 $\mathbb{C}$-向量空间很重要.

事实上, 我们有一个更普遍的结果, 由以下命题给出.

命题 4.1.1.4　设 X 是任意一个集合, F 是一个 $\mathbb{K}$-向量空间. 那么, 集合 $\mathcal{F}(X, F)$ 配备定义如下的两个运算后是一个 $\mathbb{K}$-向量空间: 对任意 $(f, g) \in \mathcal{F}(X, F)^2$ 和 $\lambda \in \mathbb{K}$,

$$f + g: \begin{array}{ccc} X & \longrightarrow & F, \\ x & \longmapsto & f(x) + g(x) \end{array} \quad \text{和} \quad \lambda \cdot f: \begin{array}{ccc} X & \longrightarrow & F, \\ x & \longmapsto & \lambda \cdot f(x). \end{array}$$

⚠ **注意:**　有两组 $+$ 和 $\cdot$: 定义在集合 $\mathcal{F}(X, F)$ 上的, 以及给定的 F 的运算. 我们用同样的记号来表示它们, 以避免增加符号的复杂性, 但严格来说, 应该写为 $(F, +, \cdot)$ 和 $(\mathcal{F}(X, F), \oplus, \odot)$. 在这些记号下, $\forall x \in X$, $(f \oplus g)(x) = f(x) + g(x)$, $(\lambda \odot f)(x) = \lambda \cdot f(x)$. 往后, 我们不再做这种区分, 而把它们都记为 $+$ 和 $\cdot$, 但要小心不要混淆它们.

证明:

证明与前一个证明相同. 以下是证明的基本步骤:

- 为证明 $(\mathcal{F}(X, F), +)$ 是一个群, 我们证明

  * 这是一个非空的集合, 因为 F 是非空的;
  * $+$ 满足结合律和交换律, 因为 F 中的加法满足结合律和交换律;
  * 零映射(即取值为 0_F 的常值映射)显然是 $+$ 的中性元;
  * 如果 $f \in \mathcal{F}(X, F)$, 那么定义为 $\forall x \in X$, $g(x) = -f(x)$ 的映射 $g \in \mathcal{F}(X, F)$ 是 f 关于 $+$ 的逆元.

- $\mathcal{F}(X, F)$ 的性质 P1, P2, P3 和 P4 是 $(F, +, \cdot)$ 的相同性质的直接结果.

证明的详细过程留作练习.　　　　　　　　　　　　　　　　　　⊠

推论 4.1.1.5 设 I 是一个实区间(或者 $\mathbb{R}$ 或 $\mathbb{C}$ 的任意一个子集). 集合 $\mathbb{R}^{\mathbb{N}}$, $\mathbb{R}^{\mathbb{R}}$ 和 $\mathcal{F}(I,\mathbb{R})$ 是 $\mathbb{R}$-向量空间. $\mathbb{C}^{\mathbb{N}}$, $\mathbb{C}^{\mathbb{R}}$ 和 $\mathcal{F}(I,\mathbb{C})$ 是 $\mathbb{C}$-向量空间.

<u>注:</u> 熟悉参考向量空间是很重要的. 稍后我们会看到, 和群或环一样, 为证明 E 是一个向量空间, 我们通常会证明它是某个参考向量空间的子空间.

⚠ **注意:** 我们在关于群和环的章节中看到, $(\mathbb{Z}^n, +, \times)$(逐项相加和逐项相乘)是一个环. 另一方面, $\mathbb{Z}^n$ 不是一个 $\mathbb{R}$-向量空间! $\mathbb{Z}^n$ 也不是一个 $\mathbb{Z}$-向量空间, 因为 $\mathbb{Z}$ 不是一个除环, 因此 $\mathbb{Z}$-向量空间的概念没有定义.

习题 4.1.1 我们给 $\mathbb{Z}$ 配备常用的加法. 证明不存在从 $\mathbb{R} \times \mathbb{Z}$ 到 $\mathbb{Z}$ 的外部运算 $\cdot$ 使得 $(\mathbb{Z}, +, \cdot)$ 是一个 $\mathbb{R}$-向量空间.

4.1.2 向量空间中的运算法则

基本上, 几乎所有的运算法则都与环中的相同.

命题 4.1.2.1 设 $(E, +, \cdot)$ 是一个 $\mathbb{K}$-向量空间. 那么

(i) "运算 $\cdot$ 对 $+$ 服从分配律". 也就是说, 对任意的 $(n,p) \in \mathbb{N}^2$, $(\lambda, \lambda_0, \cdots, \lambda_p) \in \mathbb{K}^{p+1}$ 和 $(u, u_0, \cdots, u_n) \in E^{n+1}$, 我们有

$$\lambda \cdot \left(\sum_{i=0}^{n} u_i \right) = \sum_{i=0}^{n} (\lambda \cdot u_i) \quad \text{和} \quad \left(\sum_{k=0}^{p} \lambda_k \right) \cdot u = \sum_{k=0}^{p} (\lambda_k \cdot u).$$

(ii) $\forall u \in E, 0_{\mathbb{K}} \cdot u = 0_E$.

(iii) $\forall \lambda \in \mathbb{K}, \lambda \cdot 0_E = 0_E$.

(iv) $\forall (\lambda, u) \in \mathbb{K} \times E, \lambda \cdot u = 0_E \iff \lambda = 0_{\mathbb{K}}$ 或 $u = 0_E$.

(v) $\forall u \in E, -u = (-1) \cdot u$.

(vi) "$\cdot$ 对 $-$ 服从分配律":

$$\forall (\lambda, \mu) \in \mathbb{K}^2, \forall (u,v) \in E^2, (\lambda - \mu) \cdot u = \lambda \cdot u - \mu \cdot u \text{ 和 } \lambda \cdot (u-v) = \lambda \cdot u - \lambda \cdot v.$$

证明:

- (i) 是向量空间定义的直接结果, 可以通过对 n (或 p) 进行数学归纳来严格证明. 练习: 写清楚数学归纳的过程.

- 证明 (ii).
照搬环的情况下的证明:

$$0_{\mathbb{K}} \cdot u = (0_{\mathbb{K}} + 0_{\mathbb{K}}) \cdot u = 0_{\mathbb{K}} \cdot u + 0_{\mathbb{K}} \cdot u.$$

在群 $(E, +)$ 中, 任意元素都有逆元. 因此, $0_{\mathbb{K}} \cdot u = 0_E$.

- 通过计算 $\lambda \cdot (0_E + 0_E)$ 可证 (iii), 证明过程与 (ii) 的相同.

- 证明 (iv).
可以注意到, 刚刚证得 $\Longleftarrow$ (结合 (ii) 和 (iii) 可得). 反过来, 我们注意到

$$\left(\lambda \cdot u = 0_E \Longrightarrow \lambda = 0_{\mathbb{K}} \text{ 或 } u = 0_E \right) \Longleftrightarrow \left(\lambda \cdot u = 0_E \text{ 且 } \lambda \neq 0_{\mathbb{K}} \Longrightarrow u = 0_E \right).$$

设 λ 是一个非零的标量, u 是 E 的一个向量使得 $\lambda \cdot u = 0_E$. $\mathbb{K}$ 是一个除环且 $\lambda \neq 0_{\mathbb{K}}$, 故 λ 在 $\mathbb{K}$ 中有关于 $\times$ 的逆元. 从而有

$$0_E = \lambda^{-1} \cdot 0_E = \lambda^{-1} \cdot (\lambda \cdot u) = (\lambda^{-1} \times \lambda) \cdot u = 1_{\mathbb{K}} \cdot u = u.$$

- 证明 (v).
设 $u \in E$. 那么, $u + (-1_{\mathbb{K}}) \cdot u = 1_{\mathbb{K}} \cdot u + (-1_{\mathbb{K}}) \cdot u = (1_{\mathbb{K}} + (-1_{\mathbb{K}})) \cdot u = 0_{\mathbb{K}} \cdot u = 0_E$.
又因为, $+$ (在 E 中) 满足交换律, 故 $(-1_{\mathbb{K}}) \cdot u + u = u + (-1_{\mathbb{K}}) \cdot u = 0_E$, 这证得 $-u = (-1_{\mathbb{K}}) \cdot u$.

- 性质 (vi) 是 (v) 和性质 P1, P2 和 P3 的直接结果. 严格的证明留作练习. ⊠

⚠ **注意**: 注意向量空间和环之间的规则的基本区别:

$$\begin{array}{lll} \text{在向量空间中,} & \lambda \cdot u = 0 & \Longleftrightarrow \quad \lambda = 0 \text{ 或 } u = 0; \\ \text{在环中,} & a \times b = 0 & \not\Longleftrightarrow \quad a = 0 \text{ 或 } b = 0. \end{array}$$

注: 什么样的环 A 满足对任意 $(a, b) \in A^2$ 都有 $a \times b = 0 \Longrightarrow (a = 0 \text{ 或 } b = 0)$ 成立?

定义 4.1.2.2 设 $n \in \mathbb{N}^\star$, E 是一个 $\mathbb{K}$-向量空间, $(u_1, \cdots, u_n) \in E^n$. 我们称形如

$$v = \sum_{k=1}^{n} \lambda_k \cdot u_k$$

的向量 $v \in E$ 为向量 $u_1, \cdots, u_n$ 的线性组合, 其中, $\lambda_1, \cdots, \lambda_n$ 是标量, 即对任意 $k \in [\![1, n]\!]$, $\lambda_k \in \mathbb{K}$.

例 4.1.2.3 在配备了基 $(\vec{i}, \vec{j}, \vec{k})$ 的常用空间中, 一个向量 $\vec{v}$ 是 $\vec{i}$ 和 $\vec{j}$ 的线性组合, 若它可以写成以下形式:

$$\vec{u} = \lambda \vec{i} + \mu \vec{j}, \quad \text{其中 } (\lambda, \mu) \in \mathbb{R}^2.$$

可以注意到, $\vec{i}$ 和 $\vec{j}$ 的所有线性组合的集合是以 $(\vec{i}, \vec{j})$ 为基的平面. 这就是由 $\vec{i}$ 和 $\vec{j}$ 生成的向量子空间. 我们稍后再讨论这个问题.

例 4.1.2.4 设 $E = \mathcal{F}(\mathbb{R}, \mathbb{R})$. 我们知道, 这是一个 $\mathbb{R}$-向量空间. 对给定的 $n \in \mathbb{N}$, 如果对 $k \in [\![0, n]\!]$, 令 $f_k : x \longmapsto x^k$, 那么 $f_k \in E$, 函数 f 是向量 $(f_k)_{0 \leqslant k \leqslant n}$ 的线性组合当且仅当它可以写成以下形式:

$$f = \sum_{k=0}^{n} \lambda_k f_k, \quad \text{其中 } (\lambda_k)_{0 \leqslant k \leqslant n} \in \mathbb{R}^{n+1}, \quad \text{也即 } \forall x \in \mathbb{R}, \ f(x) = \sum_{k=0}^{n} \lambda_k x^k.$$

也就是说, f 是向量 $(f_k)_{0 \leqslant k \leqslant n}$ 的线性组合当且仅当 f 是一个次数不超过 n 的多项式函数.

例 4.1.2.5 考虑 $E = \mathbb{R}^{\mathbb{N}}$(这是一个 $\mathbb{R}$-向量空间), 并记

$$\mathcal{S} = \{(u_n) \in E \mid \forall n \in \mathbb{N}, \ u_{n+2} - 5u_{n+1} + 10u_n = 0\}.$$

设 $(u_n)_{n \in \mathbb{N}} \in \mathbb{R}^{\mathbb{N}}$. 那么, 由第 3 章的内容可知, $(u_n)_{n \in \mathbb{N}} \in \mathcal{S}$ 当且仅当 $(u_n)_{n \in \mathbb{N}}$ 是 $(2^n)_{n \in \mathbb{N}}$ 和 $(5^n)_{n \in \mathbb{N}}$ 的线性组合.

4.1.3 向量子空间

定义 4.1.3.1 设 E 是一个 $\mathbb{K}$-向量空间, $F \subset E$. 我们称 F 是 E 的一个 $\mathbb{K}$-向量子空间(或简称为 E 的向量子空间), 若

(i) $0_E \in F$;

(ii) F 对 $+$ 封闭, 即 $\forall (u, v) \in F^2, \ u + v \in F$;

(iii) F 对 $\cdot$ 封闭, 即 $\forall \lambda \in \mathbb{K}, \forall u \in F, \ \lambda \cdot u \in F$.

注：

- 性质 (ii) 和 (iii) 等价于

$$(\text{ii})': \quad \forall(\lambda,\mu)\in\mathbb{K}^2,\ \forall(u,v)\in F^2,\ \lambda\cdot u+\mu\cdot v\in F,$$

即 F 对线性组合封闭. 实际上, 如果 (ii)' 成立, 那么通过选取 $\lambda=\mu=1_{\mathbb{K}}$, 可以得到 (ii). 然后通过选取 $\mu=0$, 可以得到 (iii). 反过来, 如果 (ii) 和 (iii) 成立, 那么对 $(u,v)\in F^2$ 和 $(\lambda,\mu)\in\mathbb{K}^2$, 由 (iii) 可知 $\lambda\cdot u\in F$ 和 $\mu\cdot v\in F$, 然后由 (ii) 可得 $\lambda\cdot u+\mu\cdot v\in F$.

- 在法语数学中, 为了书写简便, 会用"un $\mathbb{K}$-ev"来表示"一个 $\mathbb{K}$-向量空间", 用"un sev de E"来表示"E 的一个向量子空间".

命题 4.1.3.2　设 E 是一个 $\mathbb{K}$-向量空间, F 是 E 的一个向量子空间. 那么, $(F,+,\cdot)$ 是一个 $\mathbb{K}$-向量空间.

证明：

- 首先, 证明 $(F,+)$ 是 $(E,+)$ 的一个子群.

  * 根据向量子空间的定义, $F\subset E$, 由定义中的 (i) 知, $0_E\in F$;

  * 根据定义中的 (ii), F 对 $+$ 封闭;

  * 证明 F 对求加法逆元封闭.
    设 $u\in F$. 那么由定义中的 (iii) 知, $(-1)\cdot u\in F$. 而在向量空间 E 中, $(-1)\cdot u=-u$, 因此 $-u\in F$.

  这证得 $(F,+)$ 是 $(E,+)$ 的一个子群, 故它是一个群.

- 由定义中的 (iii) 可知, $\cdot$ 确实是一个外部运算, 它是把 $\mathbb{K}\times F$ 映到 F 的.

- 性质 P1, P2, P3 和 P4 在 E 上成立, 从而它们必然在 F 上成立. ⊠

> ► 方法:
>
> 为证明 F 是一个向量空间, 我们常常证明它是某个已知向量空间 E 的子空间.
>
> 为此, 我们通常使用以下刻画:
>
> (i) $0_E \in F$;
> (ii) $\forall (\lambda, \mu) \in \mathbb{K}^2, \forall (u, v) \in F^2, \lambda \cdot u + \mu \cdot v \in F$.

例 4.1.3.3 如果 I 是 $\mathbb{R}$ 的一个非空区间, 那么在 I 上连续的复值函数的集合 $\mathcal{C}^0(I, \mathbb{C})$ 是一个 $\mathbb{C}$-向量空间, 它是 $\mathcal{F}(I, \mathbb{C})$ 的一个向量子空间. 实际上,

- 零函数在 I 上连续, 故 $0_{\mathcal{F}(I,\mathbb{C})} \in \mathcal{C}^0(I, \mathbb{C})$;

- 如果 $(f, g) \in \mathcal{C}^0(I, \mathbb{C})^2$ 且 $(\lambda, \mu) \in \mathbb{C}^2$, 那么 $\lambda f + \mu g$ 也在 I 上连续(因为 f 和 g 都是连续的), 即 $\lambda f + \mu g \in \mathcal{C}^0(I, \mathbb{C})$.

例 4.1.3.4 收敛序列集合是有界序列集合的一个向量子空间, 后者本身是 $\mathbb{R}^{\mathbb{N}}$ 的一个子空间. 实际上,

- $\mathcal{B}(\mathbb{N}, \mathbb{R}) \subset \mathbb{R}^N$;

- 零序列是有界的, 故 $0_{\mathbb{R}^{\mathbb{N}}} \in \mathcal{B}(\mathbb{N}, \mathbb{R})$;

- 在第 3 章中已经证明, 如果 u, v 是有界序列, $\lambda \in \mathbb{R}$, 那么 $u + v$ 和 $\lambda \cdot u$ 都是有界序列, 即 $\mathcal{B}(\mathbb{N}, \mathbb{R})$ 对线性组合封闭.

这证得 $\mathcal{B}(\mathbb{N}, \mathbb{R})$ 确实是 $\mathbb{R}^{\mathbb{N}}$ 的一个向量子空间.

同样地, 记 $\mathcal{S}$ 为收敛的实数列的集合, 已经证得:

- $\mathcal{S} \subset \mathcal{B}(\mathbb{N}, \mathbb{R})$(收敛序列是有界的);

- 零序列是收敛的, 故 $0_{\mathcal{B}(\mathbb{N}, \mathbb{R})} \in \mathcal{S}$;

- 如果 $u = (u_n)_{n \in \mathbb{N}}$ 和 $v = (v_n)_{n \in \mathbb{N}}$ 是两个收敛的序列, λ 和 μ 是两个实数, 那么 $\lambda \cdot u + \mu \cdot v$ 收敛, 即 $\lambda \cdot u + \mu \cdot v \in \mathcal{S}$.

这证得 $\mathcal{S}$ 确实是 $\mathcal{B}(\mathbb{N}, \mathbb{R})$ 的一个向量子空间.

例 4.1.3.5 记 $E = \mathcal{C}^0([0, 1], \mathbb{R})$ 和 $F = \left\{ f \in E \ \middle| \ \int_0^1 f(x) \, \mathrm{d}x = 0 \right\}$. 证明 F 是 E 的一个向量子空间.

- 由定义知 $F \subset E$;

- 定义在 $[0,1]$ 上的零函数在 $[0,1]$ 上的积分为零, 故 $0_E \in F$;

- 设 $(f,g) \in F^2$, $(\lambda, \mu) \in \mathbb{R}^2$. 因为 E 是一个向量空间, 所以函数 $\lambda f + \mu g$ 在 $[0,1]$ 上连续, 根据积分的线性性, 可得

$$\int_0^1 (\lambda f + \mu g)(x)\, \mathrm{d}x = \int_0^1 (\lambda f(x) + \mu g(x))\, \mathrm{d}x = \lambda \int_0^1 f(x)\, \mathrm{d}x + \mu \int_0^1 g(x)\, \mathrm{d}x = 0,$$

即 $\lambda f + \mu g \in F$.

这证得 F 是 E 的一个向量子空间.

注: 稍后我们将看到一种证明 F 是 E 的一个向量子空间(甚至是超平面)的更快的方法, 即证明它是一个线性映射的核.

习题 4.1.3.6 证明方程 $y'' + y = 0$ 的解集是 $\mathcal{C}^0(\mathbb{R}, \mathbb{R})$ 的一个向量子空间.

例 4.1.3.7 设 $E = \mathbb{R}^3$. 我们记 $(u|v)$ 为 $\mathbb{R}^3$ 中的向量 u 和 v 的内积. 回顾: 如果 $u = (x, y, z)$, $v = (x', y', z')$, 那么 $(u|v) = xx' + yy' + zz'$. 设 u 是 $\mathbb{R}^3$ 的一个向量.
证明集合 $u^\perp = \{v \in \mathbb{R}^3 \mid (u|v) = 0\}$(与 u 正交的向量的集合, 即与 u 的内积为零的向量的集合)是一个向量空间.

- 首先, $u^\perp \subset \mathbb{R}^3$.

- 其次, $(u|0) = 0$, 故 $0_{\mathbb{R}^3} \in u^\perp$.

- 最后, 设 $(v_1, v_2) \in (u^\perp)^2$, $(\lambda, \mu) \in \mathbb{R}^2$. 那么, 根据内积的性质[①], 有

$$(u|\lambda v_1 + \mu v_2) = \lambda(u|v_1) + \mu(u|v_2) = \lambda \times 0_{\mathbb{R}} + \mu \times 0_{\mathbb{R}} = 0,$$

故 $\lambda v_1 + \mu v_2 \in u^\perp$.

例 4.1.3.8 $F = \left\{ f \in \mathcal{C}^0([0,1], \mathbb{R}) \,\middle|\, \int_0^1 f(x)\, \mathrm{d}x = 1 \right\}$ 和 $\mathcal{P} = \{(x, y, z) \in \mathbb{R}^3 \mid x + y + z = 1\}$ 不是向量空间. 集合 $\mathcal{P}$ 是一个"仿射"平面, 但不是一个"向量"平面.

习题 4.1.3.9 集合 $F = \{(u_n)_{n \in \mathbb{N}} \in \mathbb{R}^{\mathbb{N}} \mid (u_n^2)_{n \in \mathbb{N}} \text{ 收敛} \}$ 是 $\mathbb{R}^{\mathbb{N}}$ 的一个向量子空间吗?

---

①参见《大学数学入门 2》的"$\mathbb{R}^2$ 和 $\mathbb{R}^3$ 的向量"一章.

习题 4.1.3.10 集合 $\mathcal{B} = \{(x, y) \in \mathbb{R}^2 \mid x^2 + y^2 < 1\}$ 是 $\mathbb{R}^2$ 的一个向量子空间吗？它对加法封闭吗？它对外部乘法(即数乘)封闭吗？

定义 4.1.3.11 设 E 是一个向量空间, u 是 E 中的一个非零向量. 记

$$\mathbb{K} \cdot u = \{\lambda \cdot u \mid \lambda \in \mathbb{K}\}.$$

我们称 $\mathbb{K} \cdot u$ 是 由 u 导出的向量直线, 称 u 为 $\mathbb{K} \cdot u$ 的一个方向向量.

命题 4.1.3.12 设 $u \in E \setminus \{0_E\}$. 那么, $\mathbb{K} \cdot u$ 是 E 的一个向量子空间. 并且, $\mathbb{K} \cdot u$ 的任意非零向量是 $\mathbb{K} \cdot u$ 的一个方向向量.

证明:

- 首先证明 $\mathbb{K}u$ 是 E 的一个向量子空间.

  * 取 $\lambda = 0$, 我们有 $0_{\mathbb{K}} \cdot u \in \{\lambda \cdot u \mid \lambda \in \mathbb{K}\}$, 即 $0_E \in \mathbb{K}u$.

  * 设 $(\lambda, \mu) \in \mathbb{K}^2$, $(v, w) \in (\mathbb{K}u)^2$.

    根据定义, 存在 $\lambda_1 \in \mathbb{K}$ 和 $\lambda_2 \in \mathbb{K}$ 使得 $v = \lambda_1 \cdot u$ 和 $w = \lambda_2 \cdot u$. 那么有

    $$\begin{aligned}
    \lambda \cdot v + \mu \cdot w &= \lambda \cdot (\lambda_1 \cdot u) + \mu \cdot (\lambda_2 \cdot u) \\
    &= (\lambda \times \lambda_1) \cdot u + (\mu \times \lambda_2) \cdot u \\
    &= (\lambda \times \lambda_1 + \mu \times \lambda_2) \cdot u.
    \end{aligned}$$

    又因为 $(\lambda \times \lambda_1 + \mu \times \lambda_2) \in \mathbb{K}$, 故 $\lambda \cdot v + \mu \cdot w \in \mathbb{K}u$.

  这证得 $\mathbb{K}u$ 是 E 的一个向量子空间.

- 现在证明 $\mathbb{K}u$ 的任意非零向量是 $\mathbb{K}u$ 的一个方向向量, 实际上我们将证明

$$v \in \mathbb{K}u \setminus \{0_E\} \iff \mathbb{K}u = \mathbb{K}v.$$

* 证明 $\Longrightarrow$.

设 $v \in \mathbb{K}u \setminus \{0_E\}$. 那么, 存在 $\mu \in \mathbb{K}^\star$ 使得 $v = \mu \cdot u$. 从而有

$$
\begin{aligned}
x \in \mathbb{K}u &\iff \exists \lambda \in \mathbb{K},\, x = \lambda \cdot u \\
&\iff \exists \lambda \in \mathbb{K},\, x = (\lambda \times \mu^{-1}) \cdot v \\
&\iff \exists \lambda' \in \mathbb{K},\, x = \lambda' \cdot v \\
&\iff x \in \mathbb{K}v.
\end{aligned}
$$

因此, $\mathbb{K}u = \mathbb{K}v$.

* 证明 $\Longleftarrow$.

假设 $\mathbb{K}u = \mathbb{K}v$. 那么, 一方面, $v \in \mathbb{K}v = \mathbb{K}u$, 另一方面, $u \in \mathbb{K}u = \mathbb{K}v$, 因此, 存在 $\lambda \in \mathbb{K}$ 使得 $u = \lambda \cdot v$. 根据假设, $u \neq 0_E$, 故 $\lambda \neq 0_{\mathbb{K}}$ 且 $v \neq 0_E$. 所以, $v \in \mathbb{K}u \setminus \{0_E\}$. $\boxtimes$

4.2　向量空间的运算

4.2.1　子空间的交以及由一个子集生成的子空间

命题 4.2.1.1 设 E 是一个 $\mathbb{K}$-向量空间, $(F_i)_{i \in I}$ 是 E 的任意一个向量子空间族. 那么, $\bigcap\limits_{i \in I} F_i$ 是 E 的一个向量子空间.

证明:

我们应用定义来证明.

- 设 $i \in I$. F_i 是 E 的一个子空间, 故 $0_E \in F_i$. 这对任意 $i \in I$ 成立, 故 $0_E \in \bigcap\limits_{i \in I} F_i$.

- 设 $\lambda, \mu \in \mathbb{K}$, $u, v \in \bigcap_{i \in I} F_i$. 设 $i \in I$. 由于 F_i 是 E 的一个子空间, 故 $\lambda \cdot u + \mu \cdot v \in F_i$. 这对任意 $i \in I$ 成立, 由此推断

$$\lambda \cdot u + \mu \cdot v \in \bigcap_{i \in I} F_i.$$

这证得 $\bigcap_{i \in I} F_i$ 是 E 的一个向量子空间. $\boxtimes$

例 4.2.1.2　集合 $F = \{f \in \mathcal{C}^0(\mathbb{R}, \mathbb{R}) \mid \forall n \in \mathbb{Z}, f(n) = 0\}$ 是 $E = \mathcal{C}^0(\mathbb{R}, \mathbb{R})$ 的一个向量子空间. 实际上, 对 $n \in \mathbb{Z}$, $F_n = \{f \in E \mid f(n) = 0\}$ 是 E 的一个向量子空间, 故 $F = \bigcap_{n \in \mathbb{Z}} F_n$ 是 E 的一个向量子空间.

例 4.2.1.3　在 $\mathbb{R}^3$ 中, $\mathcal{P}_1 = \{(x, y, z) \in \mathbb{R}^3 \mid x + y + z = 0\}$ 和 $\mathcal{P}_2 = \{(x, y, z) \in \mathbb{R}^3 \mid x - y + z = 0\}$ 是 $\mathbb{R}^3$ 的子空间(参见例 4.1.3.7). 因此,

$$\mathcal{D} = \mathcal{P}_1 \cap \mathcal{P}_2 = \{(x, y, z) \in \mathbb{R}^3 \mid x + y + z = x - y + z = 0\}$$

是 $\mathbb{R}^3$ 的一个子空间.

<u>注:</u>　*在前面的例子中, 我们还可以直接证明 $\mathcal{D}$ 是一条向量直线. 实际上, 设 $(x, y, z) \in \mathbb{R}^3$. 我们有*

$$
\begin{aligned}
(x, y, z) \in \mathcal{D} &\iff \begin{cases} 0 = x + y + z, & L_1 \\ 0 = x - y + z & L_2 \end{cases} \\
&\iff \begin{cases} y = 0, & L_1 \longleftarrow L_1 - L_2 \\ z = -x & L_2 \end{cases} \\
&\iff (x, y, z) = x(1, 0, -1) \\
&\iff (x, y, z) \in \mathbb{R}(1, 0, -1).
\end{aligned}
$$

这证得 $\mathcal{D} = \mathbb{R}u$, 其中 $u = (1, 0, -1)$, 故 $\mathcal{D}$ 是 $\mathbb{R}^3$ 的一个向量子空间. 在本例中, 我们使用了 $\mathcal{D}$ 的笛卡儿方程组, 而在注释中, 我们给出了 $\mathcal{D}$ 的参数表示(参见《大学数学入门 2》中的"$\mathbb{R}^2$ 和 $\mathbb{R}^3$ 中的向量"一章).

⚠ **注意:**　另一方面, 一个非常严重且典型的错误是说两个向量子空间的并集是一个向量子空间. 一般来说, <u>两个向量子空间的并集不是一个向量子空间</u>.

例 4.2.1.4　例如, 在平面中, $F = \mathbb{R}\vec{i}$ 和 $G = \mathbb{R}\vec{j}$ 都是 $\vec{\mathcal{P}}$ 的子空间. 然而, $F \cup G$ 不是一个向量空间, 因为我们有 $\vec{i} \in F \cup G$ 且 $\vec{j} \in F \cup G$, 但 $\vec{i} + \vec{j} \notin F \cup G$(因 $\vec{i}$ 和 $\vec{j}$ 不共线).

定义 4.2.1.5　设 E 是一个 $\mathbb{K}$-向量空间, $X \subset E$ 是 E 的任意一个子集. 我们称集合

$$\bigcap_{\substack{X \subset F \\ F \text{是} E \text{的子空间}}} F$$

为由 X 生成的向量空间, 记为 $\mathrm{Vect}(X)$ 或 $< X >$, 即

$$\mathrm{Vect}(X) \;=\; < X > \;=\; \bigcap_{\substack{X \subset F \\ F \text{是} E \text{的子空间}}} F.$$

命题 4.2.1.6　对任意子集 $X \subset E$, $< X >$ 是 E 的一个向量子空间, 并且它是 E 的包含 X 的(在集合的包含意义下)最小的子空间.

证明:

> 根据命题 4.2.1.1, $< X >$ 确实是一个向量子空间, 因为它是 E 的向量子空间的交集.
>
> 此外, 如果 G 是 E 的一个包含 X 的向量子空间, 那么, G 在集合 $\{F$ 是 E 的子空间 $\mid X \subset F\}$ 中. 因此, $\displaystyle\bigcap_{\substack{X \subset F \\ F \text{ 是 } E \text{ 的子空间}}} F \subset G$, 即 $< X > \subset G$.　　　$\boxtimes$

例 4.2.1.7　设 E 是一个 $\mathbb{K}$-向量空间, $X = \varnothing$. 确定 $< X >$.

- 一方面, $\{0_E\}$ 是 E 的一个包含 X 的子空间, 故 $< X > \subset \{0_E\}$.

- 另一方面, 因为 $< X >$ 是 E 的一个向量子空间, 所以它包含 0_E, 故 $\{0_E\} \subset < X >$.

因此, 由两边包含关系得, $< \varnothing > = \{0_E\}$.

例 4.2.1.8　设 E 是一个 $\mathbb{K}$-向量空间, $u \in E \setminus \{0_E\}$. 那么 $< \{u\} > = \mathbb{K}u$.

- 已证得 $\mathbb{K}u$ 是 E 的一个向量子空间, 并且根据定义, $u \in \mathbb{K}u$. 因此, $< \{u\} > \subset \mathbb{K}u$.
- 反过来, 如果 F 是 E 的一个包含 $\{u\}$ 的向量子空间, 即 $u \in F$, 那么对任意 $\lambda \in \mathbb{K}$, $\lambda \cdot u \in F$(因为 F 是一个向量子空间). 从而 $\mathbb{K}u \subset F$. 因此, $\mathbb{K}u \subset < \{u\} >$.

命题 4.2.1.9 设 E 是一个 $\mathbb{K}$-向量空间, X 是 E 的任意一个子集. 那么, X 是 E 的一个向量子空间当且仅当 $< X > = X$.

证明:

- 证明必要性.
如果 X 是 E 的一个向量子空间, 那么, 一方面 $X \subset < X >$(根据由子集生成的向量空间的定义), 另一方面 X 是 E 的一个包含 X 的向量子空间, 因此 $< X > \subset X$. 所以, $X = < X >$.
- 反过来, 如果 $X = < X >$, 那么, 因为 $< X >$ 是 E 的一个向量子空间, 所以 X 也是. $\boxtimes$

注释和记号:

- 根据定义 4.2.1.5, 在实践中我们使用以下性质: "如果 F 是 E 的一个包含 X 的向量子空间, 那么 $< X > \subset F$".
- 我们不加区分地记 $< \{u\} > = < u >$. 更一般地, 如果 X 是 E 的一个非空有限子集, $X = \{x_1, \cdots, x_n\}$, 我们不加区分地记

$$\text{Vect}(X) = < X > = < x_1, \cdots, x_n > = \text{Vect}(x_1, \cdots, x_n).$$

定义的唯一"问题"是, 通常无法通过定义显式地确定 $< X >$. 为此, 我们给出以下基本定理.

定理 4.2.1.10 设 E 是一个 $\mathbb{K}$-向量空间, $X \subset E$, 且 $X \neq \varnothing$. 那么, 由 X 生成的向量空间是 X 的元素的线性组合的集合. 换言之, $u \in \text{Vect}(X)$ 当且仅当

$$\exists n \in \mathbb{N}, \exists (x_0, \cdots, x_n) \in X^{n+1}, \exists (\lambda_0, \cdots, \lambda_n) \in \mathbb{K}^{n+1}, u = \sum_{k=0}^{n} \lambda_k \cdot x_k.$$

> ▶ 记住：
>
> 必须记住：
> $$< X > = \left\{ \sum_{k=0}^{n} \lambda_k x_k \,\middle|\, n \in \mathbb{N} \text{ 且 } \forall k \in [\![0, n]\!],\ \lambda_k \in \mathbb{K} \text{ 且 } x_k \in X \right\}.$$

证明：

为了简化符号, 下面给出 X 是 E 的非空**有限**子集情况下的证明. 对 X 是无限子集的情况, 证明的原理是相同的.

因此, 我们记 $X = \{x_k \mid 0 \leqslant k \leqslant n\}$, 其中 n 是一个给定的自然数.

记 G 是 X 的元素的线性组合的集合, 即

$$G = \left\{ \sum_{k=0}^{n} \lambda_k x_k \,\middle|\, \forall k \in [\![0, n]\!],\ \lambda_k \in \mathbb{K} \right\}.$$

● 证明 $G \subset < X >$.

根据上一命题, $< X >$ 是 E 的一个含有 X 的所有元素的向量子空间. 因此, 它含有 X 的元素的任意线性组合, 即 $G \subset < X >$.

● 现在证明 $< X > \subset G$.

为此, 我们证明 G 是 E 的一个向量子空间. 由于 $X \subset G$, 故有 $< X > \subset G$ (因为 $< X >$ 是 E 的包含 X 的最小的向量子空间).

* 根据假设, $X \neq \varnothing$. 设 $x \in X$. 那么 $0_{\mathbb{K}} \cdot x \in G$, 即 $0_E \in G$.

* 设 $(u, v) \in G^2$, $(\lambda, \mu) \in \mathbb{K}^2$. 根据集合 G 的定义, 存在 $(\lambda'_k)_{0 \leqslant k \leqslant n} \in \mathbb{K}^{n+1}$ 和 $(\lambda''_k)_{0 \leqslant k \leqslant n} \in \mathbb{K}^{n+1}$ 使得

$$u = \sum_{k=0}^{n} \lambda'_k \cdot x_k \quad \text{和} \quad v = \sum_{k=0}^{n} \lambda''_k \cdot x_k.$$

对任意 $k \in [\![0, n]\!]$, 取 $\lambda_k = \lambda \lambda'_k + \mu \lambda''_k \in \mathbb{K}$. 那么有

$$\lambda \cdot u + \mu \cdot v = \sum_{k=0}^{n} \lambda_k \cdot x_k \in G.$$

这证得 G 是 E 的一个向量子空间, 命题得证. $\boxtimes$

注：当 X 是一个无限子集时, 证明中唯一的区别是 G 对线性组合封闭的证明. 实际上, 如果有两个元素 $u \in G$ 和 $v \in G$, 那么 u 和 v 可写为以下形式：

$$u = \sum_{k=0}^{n} \lambda'_k x'_k \quad \text{和} \quad v = \sum_{k=0}^{p} \lambda''_k x''_k,$$

其中, $n \in \mathbb{N}$, $p \in \mathbb{N}$(但 n 和 p 不一定相等), $(x'_0, \cdots, x'_n) \in X^{n+1}$, $(x''_0, \cdots, x''_p) \in X^{p+1}$, $(\lambda'_0, \cdots, \lambda'_n) \in \mathbb{K}^{n+1}$ 和 $(\lambda''_0, \cdots, \lambda''_p) \in \mathbb{K}^{p+1}$. 换言之, 这些线性组合不一定包含相同数量的向量, 甚至不一定包含相同的向量. 因此, 写法稍微麻烦一些, 但思路是一样的. 对 $(\lambda, \mu) \in \mathbb{K}^2$, 我们令

$$\forall k \in [\![0, n+p+1]\!], \; x_k = \begin{cases} x'_k, & \text{若 } 0 \leqslant k \leqslant n, \\ x''_{k-(n+1)}, & \text{若 } n+1 \leqslant k \leqslant n+p+1 \end{cases}$$

和

$$\forall k \in [\![0, n+p+1]\!], \; \lambda_k = \begin{cases} \lambda \lambda'_k, & \text{若 } 0 \leqslant k \leqslant n, \\ \mu \lambda''_{k-(n+1)}, & \text{若 } n+1 \leqslant k \leqslant n+p+1. \end{cases}$$

这样, 我们有

$$\lambda \cdot u + \mu \cdot v = \sum_{k=0}^{n+p+1} \lambda_k x_k.$$

以后(在《大学数学进阶 1》中), 我们将看到一个可以简化书写方式的记号. 但对于本章, 只需要掌握当 X 是 E 的一个非空有限子集时的写法(以及证明).

例 4.2.1.11 如果 u 是 E 的一个向量, 则 $\mathrm{Vect}(u) = \mathbb{K} \cdot u$. 注意, 如果 $u = 0_E$, 那么 $\mathbb{K}u = \{0_E\}$, 这是合乎逻辑的, 因为 E 的包含 0_E 的最小向量子空间就是 $\{0_E\}$.

例 4.2.1.12 如果 u 和 v 是两个不共线的向量, 那么, $<u, v>$ 是由 u 和 v 生成的向量平面, 即 u 和 v 的线性组合的集合. 我们也写为 $<u, v> = \mathbb{K}u + \mathbb{K}v$. 或更确切地, 当 u 和 v 不共线时, 记为 $<u, v> = \mathbb{K}u \oplus \mathbb{K}v$ (见以下各小节).

例 4.2.1.13 满足递推关系

$$\forall n \in \mathbb{N}, \; u_{n+2} - 5u_{n+1} + 6u_n = 0$$

的实数列 $(u_n)_{n \in \mathbb{N}}$ 的集合是 $\mathcal{S} = \mathrm{Vect}((2^n)_{n \in \mathbb{N}}, (3^n)_{n \in \mathbb{N}})$. 实际上, 相应特征多项式的根是 2 和 3. 我们证得, 如果 $(u_n)_{n \in \mathbb{N}} \in \mathbb{R}^{\mathbb{N}}$, 那么

$$(u_n)_{n \in \mathbb{N}} \in \mathcal{S} \iff \exists (\lambda, \mu) \in \mathbb{R}^2, \; (u_n)_{n \in \mathbb{N}} = \lambda (2^n)_{n \in \mathbb{N}} + \mu (3^n)_{n \in \mathbb{N}}.$$

例 4.2.1.14   方程 $y'' + y = 0$ 的解集是 $< \sin, \cos >$. 这也验证了这个集合是一个向量空间, 因为它是由 $\{\cos, \sin\} \subset \mathcal{F}(\mathbb{R}, \mathbb{R})$ 生成的向量空间.

例 4.2.1.15   根据定义, $\mathbb{R}$ 上的多项式函数的集合是 $\mathcal{P} = \mathrm{Vect}(\{x \mapsto x^n \mid n \in \mathbb{N}\})$. 实际上, 根据定义, f 是($\mathbb{R}$ 上的)一个多项式函数当且仅当存在 $n \in \mathbb{N}$, $(a_0, \cdots, a_n) \in \mathbb{R}^{n+1}$ 使得

$$\forall x \in \mathbb{R},\ f(x) = \sum_{k=0}^{n} a_k x^k,$$

即当且仅当存在 $n \in \mathbb{N}$, $(a_0, \cdots, a_n) \in \mathbb{R}^{n+1}$ 使得

$$f = \sum_{k=0}^{n} a_k (x \longmapsto x^k),$$

也即当且仅当 f 是集合 $\{x \mapsto x^n \mid n \in \mathbb{N}\}$ 的元素的线性组合.

例 4.2.1.16   根据定义, 2π-周期的三角多项式的集合为

$$\mathrm{Vect}(\{x \mapsto \cos(nx) \mid n \in \mathbb{N}\} \cup \{x \mapsto \sin(nx) \mid n \in \mathbb{N}^{\star}\}).$$

这是从 $\mathbb{R}$ 到 $\mathbb{R}$ 的 2π-周期函数集合的一个向量子空间.

⚠️ **注意:** 根据定义, 线性组合总是**有限和**! 线性组合的和式中的项数可以任意大, 但它总是有限的! 主要有两个原因.

- 首先, 如果我们写 $\sum\limits_{n=0}^{+\infty} \lambda_n \cdot x_n$, 这只是一个记号! 它表示序列 $(S_n) = \left(\sum\limits_{k=0}^{n} \lambda_k \cdot x_k \right)$ 的极限. 又因为, 我们还没有学过当 E 是任意一个向量空间时, E 的元素序列的极限的概念. 事实上, 我们将看到(正如在 3.4.2 小节中那样), 使用这个记号需假设序列是收敛的, 而在做任意线性组合时都是没有理由这么假设的.

- 其次, 向量空间对两项求和封闭. 然后我们证得, 这意味着向量空间对有限项求和封闭. 但是没有理由说其极限(即无限项的和)仍然属于这个空间. 例如, 我们将在积分课程(《大学数学基础 2》)中证明

$$\forall x \in \mathbb{R},\ \exp(x) = \sum_{n=0}^{+\infty} \frac{1}{n!} x^n.$$

换个写法, $\exp = \sum\limits_{n=0}^{+\infty} \dfrac{1}{n!}(x \longmapsto x^n)$, 但是指数函数不是多项式函数(因为它的各阶导函数都不是零函数), 即

$$\sum_{n=0}^{+\infty} \frac{1}{n!}(x \longmapsto x^n) \notin \mathrm{Vect}\left(\{x \longmapsto x^n \mid n \in \mathbb{N}\}\right).$$

<u>注:</u> 在本书中, 我们不会受这个问题的困扰, 因为我们总是(或几乎总是)在 X 是一个非空有限子集的情况下, 而且, 因为我们还没有学习一般的级数, 所以目前不应试图写无限项的和. 但上述提醒对于以后的课程(特别是《大学数学进阶1》和《大学数学进阶2》)是必不可少的.

4.2.2 向量子空间的和

定义 4.2.2.1 设 E 是一个 $\mathbb{K}$-向量空间, F 和 G 是 E 的两个向量子空间. 我们定义 F 和 G 的和(记为 $F+G$)为

$$F+G = \{u \in E \mid \exists (x,y) \in F \times G, u = x+y\}.$$

⚠️ **注意:** $u \in F+G \iff \exists (x,y) \in F \times G, u = x+y$, 但 x 和 y 未必是唯一的! 例如, 在空间中, 如果 $F = <\vec{i},\vec{j}>$, $G = <\vec{i}+\vec{j},\vec{k}>$, 那么有

$$\vec{u} = \underbrace{\vec{0}}_{\text{在 } F \text{ 中}} + \underbrace{\vec{i}+\vec{j}}_{\text{在 } G \text{ 中}} = \underbrace{\vec{i}+\vec{j}}_{\text{在 } F \text{ 中}} + \underbrace{\vec{0}}_{\text{在 } G \text{ 中}}.$$

命题 4.2.2.2 在定义的假设下, $F+G$ 是 E 的一个向量子空间. 并且, 它是 E 的包含 F 和 G 的最小的子空间, 即 $F+G = \mathrm{Vect}(F \cup G)$.

证明:

我们直接证明 $F+G = \mathrm{Vect}(F \cup G)$, 这也将证得 $F+G$ 是 E 的一个向量子空间.

- 证明 $F + G \subset \mathrm{Vect}(F \cup G)$.

设 $u \in F + G$. 根据定义, 存在 $x \in F$ 和 $y \in G$ 使得 $u = x + y$. 那么, 我们有 $u = 1_{\mathbb{K}} \cdot x + 1_{\mathbb{K}} \cdot y$, 其中 $(x, y) \in (F \cup G)^2$, 并且 $(1_{\mathbb{K}}, 1_{\mathbb{K}}) \in \mathbb{K}^2$, 故 $u \in\, <F \cup G>$. 这证得第一个包含关系.

- 现在证明 $<F \cup G> \subset F + G$.

设 $u \in\, <F \cup G>$. 根据由子集生成的向量空间的定义, 存在 $n \in \mathbb{N}$, $(x_i)_{0 \leqslant i \leqslant n} \in (F \cup G)^{n+1}$ 和 $(\lambda_i)_{0 \leqslant i \leqslant n} \in \mathbb{K}^{n+1}$ 使得

$$u = \sum_{i=0}^{n} \lambda_i x_i.$$

令 $I = \{i \in [\![0, n]\!] \mid x_i \in F\}$ 和 $J = [\![0, n]\!] \setminus I$. 我们有

$$u = \sum_{i \in I} \lambda_i x_i \;+\; \sum_{j \in J} \lambda_j x_j.$$

又因为, 对任意 $i \in I$, $x_i \in F$, I 是一个有限集, F 是 E 的一个向量子空间, 所以,

$$x = \sum_{i \in I} \lambda_i x_i \in F.$$

同理, 对任意 $j \in J$, $x_j \in G \setminus F \subset G$ 且 G 是 E 的一个子空间, 故有

$$y = \sum_{j \in J} \lambda_j x_j \in G.$$

注意到若 $I = \varnothing$ 或 $J = \varnothing$, 结论仍成立, 因为 $\sum_{i \in \varnothing} \lambda_i x_i = 0_E$ 确实属于 F(也属于 G). 因此, $u = x + y$, 其中 $x \in F$ 且 $y \in G$, 即 $u \in F + G$. 第二个包含关系得证. $\boxtimes$

例 4.2.2.3 如果 u 和 v 是两个不共线的向量, 那么 $\mathbb{K}u + \mathbb{K}v$ 是由 u 和 v 生成的向量平面.

⚠ **注意**: 不要被记号愚弄!! 我们有 $F + F = F$ 和 $F - F = F$!!

⚠ **注意**: 再次提醒, $F \cup G$ 通常不是一个向量空间.

我们可以将这个定义推广到 E 的有限个向量子空间的和.

定义 4.2.2.4 设 E 是一个 $\mathbb{K}$-向量空间, $n \in \mathbb{N}^\star$, 对任意 $i \in [\![1,n]\!]$, F_i 是 E 的一个向量子空间. 我们定义 $F_i(1 \leqslant i \leqslant n)$ 的和 $\left(\text{记为} \sum\limits_{i=1}^{n} F_i\right)$ 为如下定义的集合:

$$\sum_{i=1}^{n} F_i = F_1 + F_2 + \cdots + F_n$$

$$= \left\{ \sum_{i=1}^{n} u_i \;\middle|\; \forall i \in [\![1,n]\!], u_i \in F_i \right\}$$

$$= \left\{ u_1 + u_2 + \cdots + u_n \mid \forall i \in [\![1,n]\!], u_i \in F_i \right\}.$$

换言之, 对任意 $x \in E$,

$$x \in \sum_{i=1}^{n} F_i \iff \exists (u_i)_{1 \leqslant i \leqslant n} \in \prod_{i=1}^{n} F_i, \; x = \sum_{i=1}^{n} u_i.$$

注: 这个定义是有意义的, 并且在定义中没有歧义, 因为 E 中的加法满足交换律和结合律. 换言之, 对 $[\![1,n]\!]$ 的任意置换 σ, $\sum\limits_{i=1}^{n} F_i = \sum\limits_{i=1}^{n} F_{\sigma(i)}$, 且没有必要说明求和的顺序, 此外, 如果 $I \sqcup J = [\![1,n]\!]$, 那么有

$$\left(\sum_{i \in I} F_i\right) + \left(\sum_{i \in J} F_i\right) = \sum_{i=1}^{n} F_i.$$

例 4.2.2.5 如果记 $\vec{\mathcal{E}}$ 为常用的空间, 我们有: $\mathbb{R}\vec{i} + \mathbb{R}\vec{j} + \mathbb{R}\vec{k} = \vec{\mathcal{E}}$.

例 4.2.2.6 对 $n \in \mathbb{N}$, 记 $F_n = <x \longmapsto x^n>$, 那么, $\sum\limits_{i=0}^{n} F_i$ 是次数小于等于 n 的多项式函数的集合.

习题 4.2.2.7 记 $u = (1,0,0)$, $v = (1,1,0)$ 和 $w = (1,1,1)$. 用两种方法证明 $\mathbb{R}u + \mathbb{R}v + \mathbb{R}w = \mathbb{R}^3$. 我们可以在其中一种方法中使用在《大学数学入门 2》中学过的行列式.

命题 **4.2.2.8**　设 E 是一个 $\mathbb{K}$-向量空间, $n \in \mathbb{N}^\star$, 以及对任意 $i \in [\![1,n]\!]$, F_i 是 E 的一个向量子空间. 那么, $\displaystyle\sum_{i=1}^{n} F_i$ 是 E 的一个向量子空间, 并且 $\displaystyle\sum_{i=1}^{n} F_i = \mathrm{Vect}\left(\bigcup_{i=1}^{n} F_i\right)$, 即 $\displaystyle\sum_{i=1}^{n} F_i$ 是 E 的包含所有 $F_i(1 \leqslant i \leqslant n)$ 的最小的向量子空间.

证明:

- 证明 $F = \displaystyle\sum_{i=1}^{n} F_i$ 是 E 的一个向量子空间, 并且它包含每个 $F_i(1 \leqslant i \leqslant n)$.

  * 对任意 $i \in [\![1,n]\!]$, $0_E \in F_i$ (因为 F_i 是 E 的一个向量子空间). 因此, 取 $u_i = 0_E$, 我们有 $u_i \in F_i$, 故
  $$\sum_{i=1}^{n} u_i \in \sum_{i=1}^{n} F_i, \quad \text{即} \quad 0_E \in \sum_{i=1}^{n} F_i.$$

  * 设 $(x,y) \in F^2$, $(\lambda,\mu) \in \mathbb{K}^2$. 因为 $x \in F$ 且 $y \in F$, 所以, 存在 $(u_i)_{1\leqslant i\leqslant n} \in \displaystyle\prod_{i=1}^{n} F_i$ 和 $(v_i)_{1\leqslant i\leqslant n} \in \displaystyle\prod_{i=1}^{n} F_i$ 使得
  $$x = \sum_{i=1}^{n} u_i \quad \text{和} \quad y = \sum_{i=1}^{n} v_i.$$
  那么有
  $$\begin{aligned}\lambda \cdot x + \mu \cdot y &= \lambda \cdot \left(\sum_{i=1}^{n} u_i\right) + \mu \cdot \left(\sum_{i=1}^{n} v_i\right) \\ &= \sum_{i=1}^{n} \lambda \cdot u_i + \sum_{i=1}^{n} \mu \cdot v_i \\ &= \sum_{i=1}^{n} (\lambda \cdot u_i + \mu \cdot v_i).\end{aligned}$$

  又因为, 对任意 $i \in [\![1,n]\!]$, $\lambda \cdot u_i + \mu \cdot v_i \in F_i$ (因为 F_i 是 E 的一个向量子空间). 因此, $\lambda \cdot x + \mu \cdot y \in F$.

  这证得 $F = \displaystyle\sum_{i=1}^{n} F_i$ 是 E 的一个向量子空间.

  此外, 设 $i \in [\![1,n]\!]$, $x \in F_i$, 当 $j \neq i$ 时令 $u_j = 0_E$, 并令 $u_i = x$, 那么有
  $$x = \sum_{j=1}^{n} u_j \quad \text{和} \quad \forall j \in [\![1,n]\!], u_j \in F_j.$$

这证得 $x \in F$, 因此最终得到 $F_i \subset F$.

- 接下来, 由于 $F = \sum_{i=1}^{n} F_i$ 是 E 的包含每个 $F_i (1 \leqslant i \leqslant n)$ 的向量子空间, 故它也包含 $\bigcup_{i=1}^{n} F_i$. 因此, 包含关系 $\mathrm{Vect}\left(\bigcup_{i=1}^{n} F_i\right) \subset \sum_{i=1}^{n} F_i$ 是显然的.

反过来, 设 $x \in F$. 那么, 存在 $(u_1, \cdots, u_n) \in \prod_{i=1}^{n} F_i$ 使得 $x = \sum_{i=1}^{n} u_i$. 又因为, 对任意 $i \in [\![1, n]\!]$, $x_i \in F_i \subset \mathrm{Vect}\left(\bigcup_{i=1}^{n} F_i\right)$. 因此, 我们有

$$\sum_{i=1}^{n} x_i \in \mathrm{Vect}\left(\bigcup_{i=1}^{n} F_i\right).$$

因为后者是 E 的一个向量子空间, 故对线性组合封闭. 所以, $x \in \mathrm{Vect}\left(\bigcup_{i=1}^{n} F_i\right)$, 即 $\sum_{i=1}^{n} F_i \subset \mathrm{Vect}\left(\bigcup_{i=1}^{n} F_i\right)$. $\boxtimes$

4.2.3 子空间的直和以及补子空间

定义 4.2.3.1 设 E 是一个 $\mathbb{K}$-向量空间, F 和 G 是 E 的两个向量子空间. 我们称 F 和 G 的和是直和, 若 $F \cap G = \{0_E\}$. 此时, F 和 G 的和记为 $F \oplus G$.

⚠️ **注意:** 在没有证得 F 和 G 的和是直和的情况下, 即没有证得 $F \cap G = \{0_E\}$ 时, 不能写 $F \oplus G$!!!

命题 4.2.3.2 设 E 是一个 $\mathbb{K}$-向量空间, F 和 G 是 E 的两个向量子空间. 那么下列性质相互等价:

(i) F 和 G 的和是直和;

(ii) $F + G$ 的任意元素 u 可以唯一地分解为 $u = x + y$, 其中 $x \in F$ 且 $y \in G$, 即

$$\forall u \in F + G, \exists!(x, y) \in F \times G, u = x + y.$$

证明:

> • 证明 (i) $\Longrightarrow$ (ii).
>
> 假设 F 和 G 的和是直和, 即有 $F \cap G = \{0_E\}$.
>
> > * 首先, 根据集合 $F + G$ 的定义, 显然有
> >
> > $$\forall u \in F + G, \exists (x, y) \in F \times G, u = x + y.$$
> >
> > * 因此, 我们必须证明唯一性. 假设 $x+y = x'+y'$, 其中 $(x,y) \in F \times G$, $(x', y') \in F \times G$. 那么, $x - x' = y' - y$. 又因为, $x, x' \in F$, 且 F 是 E 的一个向量子空间, 故 $x - x' \in F$. 同理可证, $y' - y \in G$. 因此, $(x - x') \in F \cap G = \{0_E\}$. 从而有 $x = x'$, 故 $y = y'$, 由此证得分解的唯一性.
>
> • 证明 (ii) $\Longrightarrow$ (i).
>
> 假设 (ii) 成立. 设 $x \in F \cap G$. 那么, $(-x) \in G$. 从而有 $0_E = x + (-x)$, 其中 $x \in F$ 且 $(-x) \in G$. 又因为, 我们也有 $0_E \in F \cap G$, 因此有 $0_E = 0_E + 0_E$, 其中 $(0_E, 0_E) \in F \times G$. 由 (ii) 可知, 分解是唯一的, 这意味着 $x = 0_E$, 从而证得 $F \cap G = \{0_E\}$. $\boxtimes$

定义 4.2.3.3 设 E 是一个 $\mathbb{K}$-向量空间, F 和 G 是 E 的两个向量子空间. 我们称 F 和 G 是互补的(或在 E 中互补), 若 E 的任意元素可以唯一地分解成 F 的一个向量和 G 的一个向量的和. 换言之, F 和 G 是互补的, 若

$$\forall u \in E, \exists! (x, y) \in F \times G, u = x + y.$$

例 4.2.3.4 在向量平面中, $\mathbb{K}\vec{i}$ 和 $\mathbb{K}\vec{j}$ 是互补的, $\mathbb{K}\vec{i}$ 和 $\mathbb{K}(\vec{i} + \vec{j})$ 也是互补的.

定理 4.2.3.5 两个向量子空间 F 和 G 是在 E 中互补的当且仅当

$$F + G = E \quad \text{且} \quad F \cap G = \{0\},$$

即当且仅当 $F \oplus G = E$.

证明:

> ● 证明 $\Longrightarrow$.
> 假设 F 和 G 是互补的. 那么, 对 $u \in E$, 存在 $x \in F$ 和 $y \in G$ 使得 $u = x + y$, 故 $F + G = E$. 此外, 根据互补的向量子空间的定义, 这个分解是唯一的, 从而由命题 4.2.3.2 知, F 和 G 的和是直和, 即 $F \cap G = \{0_E\}$.
>
> ● 证明 $\Longleftarrow$.
> 假设 $F \oplus G = E$. 那么, 一方面, $F + G = E$, 这证明 E 的任意元素都可以写成 F 的一个元素和 G 的一个元素的和. 另一方面, 由于 F 和 G 的和是直和, 故根据命题 4.2.3.2, 这个写法是唯一的. $\qquad\qquad\boxtimes$

例 4.2.3.6 在 $E = \mathbb{R}^3$ 中考虑 $u = (1,0,1)$, $v = (1,1,-1)$ 和 $w = (1,-1,0)$. 令 $F = <u,v>$, $G = <w>$. 证明 F 和 G 在 $\mathbb{R}^3$ 中是互补的.

● 第一种方法.
我们想证明 $\mathbb{R}^3$ 的任意元素都可以唯一地写成 F 的一个元素和 G 的一个元素的和. 设 $(x,y,z) \in \mathbb{R}^3$.

$$
\begin{aligned}
(x,y,z) \in F + G &\Longleftrightarrow \exists (a,b) \in F \times G, (x,y,z) = a + b \\
&\Longleftrightarrow \exists (\lambda, \mu, \gamma) \in \mathbb{R}^3, (x,y,z) = \lambda u + \mu v + \gamma w \\
&\Longleftrightarrow \exists (\lambda, \mu, \gamma) \in \mathbb{R}^3, \begin{cases} x = \lambda + \mu + \gamma, \\ y = \mu - \gamma, \\ z = \lambda - \mu \end{cases} \\
&\Longleftrightarrow \exists (\lambda, \mu, \gamma) \in \mathbb{R}^3, \begin{cases} x = \lambda + \mu + \gamma, \\ \gamma = \mu - y, \\ \lambda = \mu + z \end{cases} \\
&\Longleftrightarrow \exists (\lambda, \mu, \gamma) \in \mathbb{R}^3, \begin{cases} 3\mu = x + y - z, \\ \gamma = \mu - y, \\ \lambda = \mu + z \end{cases} \\
&\Longleftrightarrow \exists (\lambda, \mu, \gamma) \in \mathbb{R}^3, \begin{cases} \mu = \dfrac{1}{3}x + \dfrac{1}{3}y - \dfrac{1}{3}z, \\ \gamma = \dfrac{1}{3}x - \dfrac{2}{3}y - \dfrac{1}{3}z, \\ \lambda = \dfrac{1}{3}x + \dfrac{1}{3}y + \dfrac{2}{3}z. \end{cases}
\end{aligned}
$$

这证得任意 $(x, y, z) \in \mathbb{R}^3$ 可以唯一地写成

$$(x, y, z) = \left(\left(\frac{1}{3}x + \frac{1}{3}y + \frac{2}{3}z \right) u + \left(\frac{1}{3}x + \frac{1}{3}y - \frac{1}{3}z \right) v \right) + \left(\frac{1}{3}x - \frac{2}{3}y - \frac{1}{3}z \right) w.$$

因此, $F \oplus G = \mathbb{R}^3$.

- 第二种方法.

  有时要在整个推导过程中保持等价有点棘手(或不便书写). 在这种情况下, 一般用分析–综合法来做. 分析部分证明, 在假定分解式存在的情况下, 分解是唯一的, 而综合部分证明存在性.

  分析

  设 $(x, y, z) \in \mathbb{R}^3$. 假设存在 $(a, b) \in F \times G$ 使得 $(x, y, z) = a + b$. 由于 $a \in F$(或 $b \in G$), 故存在 $(\lambda, \mu) \in \mathbb{R}^2$(或 $\gamma \in \mathbb{R}$)使得 $a = \lambda u + \mu v$ (或 $b = \gamma w$). 那么有

  $$\begin{cases} x = \lambda + \mu + \gamma, \\ y = \mu - \gamma, \\ z = \lambda - \mu. \end{cases}$$

  由此我们可以推断(通常情况下, 必须进行计算, 但因为我们已在第一种方法中计算过, 在此不重复计算过程):

  $$a = \left(\frac{1}{3}x + \frac{1}{3}y + \frac{2}{3}z \right) u + \left(\frac{1}{3}x + \frac{1}{3}y - \frac{1}{3}z \right) v \quad 和 \quad b = \left(\frac{1}{3}x - \frac{2}{3}y - \frac{1}{3}z \right) w.$$

  综合

  取 $a = \left(\frac{1}{3}x + \frac{1}{3}y + \frac{2}{3}z \right) u + \left(\frac{1}{3}x + \frac{1}{3}y - \frac{1}{3}z \right) v$ 和 $b = \left(\frac{1}{3}x - \frac{2}{3}y - \frac{1}{3}z \right) w.$

  那么, $a \in <u, v> = F, b \in <w> = G$, 直接计算可得 $(x, y, z) = a + b$.

- 第三种方法.

  根据 $\mathbb{R}^3$ 的向量的性质(参见《大学数学入门 2》中的 "$\mathbb{R}^2$ 和 $\mathbb{R}^3$ 的向量" 一章),

  $$\det(u, v, w) = \begin{vmatrix} 1 & 1 & 1 \\ 0 & 1 & -1 \\ 1 & -1 & 0 \end{vmatrix} = -3 \neq 0.$$

  由此可得, (u, v, w) 是 $\mathbb{R}^3$ 的一组基, 因此空间 $\mathbb{R}^3$ 的任意向量可以唯一地写成 u, v 和 w 的线性组合.

这种方法要快得多, 但目前还不能推广(向量空间的基的概念将在《大学数学基础2》中学习), 而且也不可能适用于所有情况(当 E 不是"有限维的"时不适用).

例 4.2.3.7 考虑 $E = \mathcal{F}(\mathbb{R}, \mathbb{R})$ 以及集合

$$\mathcal{P} = \{f \in \mathcal{F}(\mathbb{R}, \mathbb{R}) \mid f \text{ 是偶函数}\} \quad \text{和} \quad \mathcal{I} = \{f \in \mathcal{F}(\mathbb{R}, \mathbb{R}) \mid f \text{ 是奇函数}\}.$$

我们知道, $P \oplus I = \mathcal{F}(\mathbb{R}, \mathbb{R})$.

习题 4.2.3.8 考虑从 $\mathbb{R}$ 到 $\mathbb{R}$ 的 $2T$-周期$(T > 0)$的映射的集合 E.

1. 证明 E 是 $\mathcal{F}(\mathbb{R}, \mathbb{R})$ 的一个向量子空间.
2. 记 F 和 G 分别为 T-周期的和反 T-周期的函数的集合, 即

$$F = \{f \in \mathcal{F}(\mathbb{R}, \mathbb{R}) \mid \forall x \in \mathbb{R},\ f(x + T) = f(x)\},$$
$$G = \{f \in \mathcal{F}(\mathbb{R}, \mathbb{R}) \mid \forall x \in \mathbb{R},\ f(x + T) = -f(x)\}.$$

证明 F 和 G 是在 E 中互补的两个向量子空间.

注:

- 我们不应该混淆"子空间互补"和"子集互补"的概念! F 和 G 在 E 中互补, 并不意味着 E 中的向量属于 F 或属于 G!

- F 和 G 的和是直和不意味着 F 和 G 是互补的! 换言之,

$$F \oplus G = E \Longrightarrow F \oplus G \quad \text{但} \quad F \oplus G \not\Longrightarrow F \oplus G = E.$$

- 永远不要忘记应先证明 F 和 G 是 E 的向量子空间, 然后再尝试证明它们是互补的! 例如, 如果 $E = \mathcal{F}(\mathbb{R}, \mathbb{R})$, $F = \{f \in E \mid f(0) = 1\}$ 和 $G = <\cos>$, 请证明:任意 $f \in E$ 可以唯一地写成 $f = u + v$, 其中 $u \in F$ 且 $v \in G$, 然而 F 和 G 不是在 E 中互补的, 因为 F 不是 E 的向量子空间.

- 注意, 如果 F 是 E 的一个向量子空间, 那么通常 F 有"无穷"个补空间(至少当 $\mathbb{K} \subset \mathbb{C}$ 时是这样的). 例如, 在 $\mathbb{R}^3$ 中, 如果 $\mathcal{P}$ 是由方程 $z = 0$ 确定的向量平面, 那么 $\mathbb{R}(0, 0, 1)$ 是 F 在 $\mathbb{R}^3$ 中的一个补空间, 对任意 $(a, b) \in \mathbb{R}^2$, $\mathbb{R}(a, b, 1)$ 也是 F 在 $\mathbb{R}^3$ 中的补空间. 直觉上这很容易理解, 因为对一个平面来说, 必须添加一个方向来得到整个空间, 这个方向可以是任何方向, 但不能"在平面中".

- 最后, 一个自然的问题是"向量子空间是否至少有一个补空间". 这个问题的答案实际上相当复杂:它取决于我们承认的关于集合的公理. 简单地说, 答案是"这不重要". 如果补空间的存在性是必要的, 那么在实践中总会明确指出我们承认它是存在的. 否则, 我们就不需要它了. 好奇(和勇敢)的人可以去看看佐恩(Zorn)引理, 补空间的存在性源于佐恩引理, 它等价于选择公理, 但这些知识远远超出了本书的范围.

4.2.4　两个向量空间的笛卡儿积

命题 4.2.4.1　设 E 和 F 是两个 $\mathbb{K}$-向量空间. 在 $E \times F$ 中配备以下两个运算:
$$\forall (u,v),(u',v') \in E \times F,\ (u,v)+(u',v') = (u+u', v+v')$$
和
$$\forall \lambda \in \mathbb{K},\ \forall (u,v) \in E \times F,\ \lambda \cdot (u,v) = (\lambda \cdot u, \lambda \cdot v).$$
那么, $(E \times F, +, \cdot)$ 是一个向量空间.

更一般地, 我们也可以对(有限个空间的)笛卡儿积做同样的事情.

命题 4.2.4.2　设 $n \geqslant 1$, 对任意 $i \in [\![1,n]\!]$, F_i 是一个 $\mathbb{K}$-向量空间. 我们在 $E = \prod\limits_{i=1}^{n} F_i$ 上分别定义一个内部二元运算 $+$ 和一个外部运算 $\cdot$ 如下:
$$\forall (u_1,\cdots,u_n) \in E,\ \forall (v_1,\cdots,v_n) \in E,\ (u_1,\cdots,u_n)+(v_1,\cdots,v_n)=(u_1+v_1,\cdots,u_n+v_n)$$
和
$$\forall (u_1,\cdots,u_n) \in E,\ \forall \lambda \in \mathbb{K},\ \lambda \cdot (u_1,\cdots,u_n) = (\lambda \cdot u_1,\cdots,\lambda \cdot u_n).$$
那么, $(E,+,\cdot)$ 是一个 $\mathbb{K}$-向量空间.

证明:

- 首先, $+$ 确实是 E 中的一个内部二元运算, 而 $\cdot$ 确实是 E 上的一个外部运算.
- 证明 $(E,+)$ 是一个阿贝尔群.
  * 证明 $+$ 满足结合律和交换律.
    设 $u=(u_1,\cdots,u_n)$, $v=(v_1,\cdots,v_n)$ 和 $w=(w_1,\cdots,w_n)$ 是 E 中的三个元素. 我们有
    $$\begin{aligned}(u+v)+w &= (u_1+v_1,\cdots,u_n+v_n)+(w_1,\cdots,w_n)\\&=((u_1+v_1)+w_1,\cdots,(u_n+v_n)+w_n)\\&=(u_1+(v_1+w_1),\cdots,u_n+(v_n+w_n)).\end{aligned}$$

这是因为每个 $F_i(1 \leqslant i \leqslant n)$ 都是一个向量空间, 故 F_i 中的加法满足结合律. 因此,

$$(u+v)+w = (u_1, \cdots, u_n) + (v_1+w_1, \cdots, v_n+w_n)$$
$$= u + (v+w).$$

这证得 $+$ 满足结合律.

此外, 对任意 $i \in [\![1,n]\!]$, $(F_i, +)$ 是一个阿贝尔群. 因此 $+$ 满足交换律.

* 证明 $+$ 有中性元.

对 $i \in [\![0,n]\!]$, 记 0_{F_i} 为 $(F_i, +)$ 的中性元. 那么, 显然零元素 $0_E = (0_{F_1}, \cdots, 0_{F_n}) \in E$ 是 $+$ 的中性元.

* 证明 E 的任意元素在 E 中有加法逆元.

设 $u = (u_1, \cdots, u_n) \in E$. 那么, $v = (-u_1, \cdots, -u_n) \in E$ 满足 $u+v = v+u = 0_E$.

这证得 $(E, +)$ 是一个阿贝尔群.

● 现在证明性质 P1, P2, P3 和 P4. 实际上, 这些性质是显然的, 因为每个 $F_i(1 \leqslant i \leqslant n)$ 是一个 $\mathbb{K}$-向量空间, 故满足公理 P1, P2, P3 和 P4, 从而 $(E, +, \cdot)$ 也满足这些公理. 话虽如此, 我们还是给出其中一些公理的详细证明.

* 证明 P1.

设 $(\lambda, \mu) \in \mathbb{K}^2$ 和 $u = (u_1, \cdots, u_n) \in E$. 那么,

$$(\lambda+\mu) \cdot u = ((\lambda+\mu) \cdot u_1, \cdots, (\lambda+\mu) \cdot u_n)$$
$$= (\lambda \cdot u_1 + \mu \cdot u_1, \cdots, \lambda \cdot u_n + \mu \cdot u_n)$$
$$= (\lambda \cdot u_1, \cdots, \lambda \cdot u_n) + (\mu \cdot u_1, \cdots, \mu \cdot u_n)$$
$$= \lambda \cdot u + \mu \cdot v.$$

第一个和第四个等式源于 E 中的 $\cdot$ 的定义, 第三个等式源于 E 中的 $+$ 的定义, 第二个等式成立是因为对每个 $1 \leqslant i \leqslant n$, F_i 都是一个向量空间, 故 F_i 中的加法和外部乘法满足性质 P1.

* 性质 P2, P3 和 P4 可类似证明. 最好自己写一下证明过程. $\boxtimes$

注: 注意以下几点是很重要的.

- 所有向量空间 F_i 都是对同一个除环 $\mathbb{K}$ 而言的 $\mathbb{K}$-向量空间! 否则, 我们不能将每个分量都乘以 $\mathbb{K}$ 中的标量.

- 在 $\prod\limits_{i=1}^{n} F_i$ 中的加法的定义中, 注意第 i 个分量的加法是在 F_i 中进行的. 严格说来, 应该这样写: $(F_i, +_i, \cdot_i)$ 是一个 $\mathbb{K}$-向量空间, 并且此时有

$$(u_1, \cdots, u_n) + (v_1, \cdots, v_n) = (u_1 +_1 v_1, u_2 +_2 v_2, \cdots, u_n +_n v_n).$$

- 严谨的读者不会同意在上述证明中使用 $\cdots$, 你们是对的! 严谨的写法是"设 $u = (u_i)_{1 \leqslant i \leqslant n} \in E$ ", 并在计算过程中也使用这种书写方式. 这种严谨的证明过程留作练习.

- 最后, 注意一个事实: $\mathbb{K}^n$ 是一个 $\mathbb{K}$-向量空间(只需对任意 $i \in [\![1, n]\!]$ 选取 $F_i = \mathbb{K}$).

4.3 仿射子空间

4.3.1 向量空间的平移和平移群

定义 4.3.1.1 设 E 是一个向量空间.

- 设 $u \in E$. 我们称映射

$$t_u : \begin{array}{l} E \longrightarrow E, \\ x \longmapsto x + u \end{array}$$

为 E 的以 u 为方向的平移(或平移变换).

- 我们称映射 $T : E \longrightarrow E$ 是 E 的一个平移(或平移变换), 若存在 $u \in E$ 使得 $T = t_u$.

命题 4.3.1.2 E 的平移变换的集合 $\tau(E)$ 是 E 上的双射的集合 $(\sigma(E), \circ)$ 的一个子群. 并且, 这个群 $\tau(E)$ 与 $(E, +)$ 同构.

证明:

> 容易验证(留作练习): 对于任意 $(u,v) \in E^2$, 有
>
> $$(1)\ \operatorname{Id}_E = t_{0_E}; \qquad (2)\ t_u \circ t_v = t_{u+v}; \qquad (3)\ t_{-u} = t_u^{-1}.$$
>
> 实际上, 由 (1) 和 (2) 知, $t_u \circ t_{-u} = t_{0_E} = \operatorname{Id}_E = t_{-u} \circ t_u$. 这证得 t_u 是双射, 并且它的逆映射是 t_{-u}.
>
> - 由上述推导可知, $\tau(E) \subset \sigma(E)$.
> - 接下来,
>   * 由 (1) 知, $\operatorname{Id}_E \in \tau(E)$;
>   * 由 (2) 知, $\tau(E)$ 对复合封闭;
>   * 由 (3) 知, $\tau(E)$ 对求逆封闭.
>
>   因此, $\tau(E)$ 是 $(\sigma(E), \circ)$ 的一个子群.
>
> - 最后, 映射 $\varphi:\ \begin{aligned}(E,+) &\longrightarrow (\tau(E), \circ), \\ u &\longmapsto t_u\end{aligned}$ 是
>   * 一个群同态(由 (2) 可知);
>   * 满射(根据平移的定义);
>   * 单射, 因为
>
> $$\begin{aligned}\ker \varphi &= \{u \in E \mid t_u = \operatorname{Id}_E\} \\ &= \{u \in E \mid \forall x \in E,\, u + x = x\} \\ &= \{0_E\}.\end{aligned}$$
>
> 这证得 φ 是一个群同构. $\boxtimes$

4.3.2 仿射子空间的定义

> **定义 4.3.2.1** 设 E 是一个 $\mathbb{K}$-向量空间, $\mathcal{A} \subset E$. 我们称 $\mathcal{A}$ 是 E 的一个仿射子空间, 若存在 E 的一个向量子空间 F 和一个元素 $u \in E$ 使得
>
> $$\mathcal{A} = t_u(F).$$
>
> 根据定义, 我们有

$$a \in \mathcal{A} \iff \exists x \in F, a = u + x.$$

在这种情况下, 我们记 $\mathcal{A} = u + F$.

注:

- 根据定义, $0_E \in F$, 从而 $\mathcal{A}$ 必定非空, 且 $u \in \mathcal{A}$.

- E 是 E 的一个仿射子空间, 因为 $E = t_{0_E}(E)$, 同理, E 的任意向量子空间 F 也是 E 的一个仿射子空间, 因为 $F = t_{0_E}(F)$.

- 设 $\mathcal{A}$ 是 E 的一个仿射子空间, 一般来说,

  * $\mathcal{A}$ 中的元素称为点;

  * 而 F 的元素是向量.

例 4.3.2.2　在 $\mathbb{R}^2$ 中, 集合 $\mathcal{D} = \{(x, y) \in \mathbb{R}^2 \mid x + y = 1\}$ 是 $\mathbb{R}^2$ 的一个仿射子空间, 但不是一个向量子空间. 实际上,

- $(0, 0) \notin \mathcal{D}$, 故 $\mathcal{D}$ 不是一个向量子空间;

- 如果记 $\vec{\mathcal{D}} = \{(x, y) \in \mathbb{R}^2 \mid x + y = 0\} = \mathbb{R}(1, -1)$, 那么 $\vec{\mathcal{D}}$ 是 $\mathbb{R}^2$ 的一个向量子空间, 并且对任意 $(x, y) \in \mathbb{R}^2$,

$$(x, y) \in \mathcal{D} \iff (x - 1, y) \in \vec{\mathcal{D}} \iff (x, y) \in (1, 0) + \vec{\mathcal{D}}.$$

例 4.3.2.3　同样地, 在 $\mathbb{R}^3$ 中, 任意仿射平面, 即任意由笛卡儿方程 $ax + by + cz = d$ 确定的集合 $\mathcal{P}$ 是 $\mathbb{R}^3$ 的一个仿射子空间, 其中, $(a, b, c) \neq (0, 0, 0)$ 且 $d \in \mathbb{R}$.
事实上, 如果取定平面 $\mathcal{P}$ 中的一个"点"(x_0, y_0, z_0), 那么对任意 $(x, y, z) \in \mathbb{R}^3$,

$$(x, y, z) \in \mathcal{P} \iff (x - x_0, y - y_0, z - z_0) \in \vec{\mathcal{P}},$$

其中 $\vec{\mathcal{P}}$ 是由方程 $ax + by + cz = 0$ 确定的"向量"平面.

例 4.3.2.4　方程 $y'' + y = 2e^t$ 的解集 $\mathcal{S}$ 是 $\mathcal{C}^0(\mathbb{R}, \mathbb{R})$ 的一个仿射子空间. 实际上,

$$
\begin{aligned}
y \in \mathcal{S} &\iff \exists(\lambda, \mu) \in \mathbb{R}^2, \forall t \in \mathbb{R}, y(t) = e^t + \lambda \cos(t) + \mu \sin(t) \\
&\iff y - \exp \in\; <\cos, \sin>
\end{aligned}
$$

$$\Longleftrightarrow \ y \in \exp + < \cos, \sin > .$$

因此, $\mathcal{S} = \exp + < \cos, \sin >$, 其中 $\exp \in \mathcal{C}^0(\mathbb{R}, \mathbb{R})$, 且 $< \cos, \sin >$ 是 $\mathcal{C}^0(\mathbb{R}, \mathbb{R})$ 的一个向量子空间.

习题 4.3.2.5 证明满足递推关系

$$\forall n \in \mathbb{N}, \ u_{n+2} = 4u_{n+1} - 3u_n + 2^n$$

的实数列 $(u_n)_{n \in \mathbb{N}}$ 的集合是 $\mathbb{R}^{\mathbb{N}}$ 的一个仿射子空间.

命题 4.3.2.6 如果 $\mathcal{A} = u + F$ 是 E 的一个仿射子空间(其中 F 是 E 的一个向量子空间, $u \in E$), 那么:

(i) F 是唯一的. 我们称 F 是仿射子空间 $\mathcal{A}$ 的方向, 记为 $F = \overrightarrow{\mathcal{A}}$;

(ii) 元素 u 可以在 $\mathcal{A}$ 中任意选择, 即

$$\forall v \in \mathcal{A}, \mathcal{A} = v + \overrightarrow{\mathcal{A}}.$$

证明:

● 证明 (i).

假设 $u + F = v + G$, 其中 u 和 v 是 E 的两个向量, F 和 G 是 E 的两个向量子空间. 首先证明 $F \subset G$. 然后由 F 和 G 的作用是对称的可得 $F = G$.

设 $x \in F$. 那么 $u + x \in u + F$, 因此, 根据假设有 $u + x \in v + G$. 根据定义, 存在 $y \in G$ 使得

$$u + x = v + y, \quad 即 \quad x = (v - u) + y = -(u - v) + y.$$

又因为, $0_E \in F$(因为 F 是 E 的一个向量子空间). 所以有

$$u + 0_E \in v + G, \quad 即 \quad u - v \in G.$$

因此, $y \in G$, $u - v \in G$ 且 G 是 E 的一个向量子空间. 从而 $x = -(u - v) + y \in G$. 由此证得 $F \subset G$.

● 证明 (ii).

我们已经注意到, 如果 $\mathcal{A} = u + \overrightarrow{\mathcal{A}}$, 那么 $u \in \mathcal{A}$.

下面证明如果 $(u,v) \in \mathcal{A}^2$, 那么 $\mathcal{A} = u + \vec{\mathcal{A}} = v + \vec{\mathcal{A}}$.

设 u 和 v 是 $\mathcal{A}$ 的任意两个元素. 综上所述, 存在 $x \in \vec{\mathcal{A}}$ 使得

$$v = u + x.$$

那么对任意 $y \in \vec{\mathcal{A}}$, $v + y = u + (x + y) \in u + \vec{\mathcal{A}}$, 这证得 $v + \vec{\mathcal{A}} \subset u + \vec{\mathcal{A}}$. 因为 u 和 v 的作用是对称的, 所以等式成立. ◻

注: 如果 $\mathcal{A}$ 是 E 的一个仿射子空间, 那么 $\mathcal{A}$ 的方向是

$$\vec{\mathcal{A}} = \{x - y \mid (x,y) \in \mathcal{A}^2\}.$$

习题 4.3.2.7　设 $\mathcal{A}$ 是 E 的一个仿射子空间. $\mathcal{A}$ 是 E 的一个向量子空间的充分必要条件是什么?

习题 4.3.2.8　确定空间中由 $x + 2y + z = 3$ 定义的平面 P 的方向.

习题 4.3.2.9　记 $\mathcal{S}$ 为微分方程 $ay'' + by' + cy = f(t)$ 的解集, 其中 $(a,b,c) \in \mathbb{R}^3 (a \neq 0)$ 且 $f \in \mathcal{C}^0(\mathbb{R}, \mathbb{R})$. 我们知道, 这个方程至少有一个解.

1. 证明 $\mathcal{S}$ 是 $\mathcal{C}^0(\mathbb{R}, \mathbb{R})$ 的一个仿射子空间.
2. 确定 $\mathcal{S}$ 的方向, 即确定 $\vec{\mathcal{S}}$. 回答这个问题不需要知道如何解该方程.

命题 4.3.2.10　如果 $\mathcal{A}$ 和 $\mathcal{B}$ 是 E 的仿射子空间, 且 $\mathcal{A} \subset \mathcal{B}$, 那么 $\vec{\mathcal{A}} \subset \vec{\mathcal{B}}$.

证明:

设 $u \in \mathcal{A}$. 那么, $u \in \mathcal{B}$, 故有 $\mathcal{A} = u + \vec{\mathcal{A}}$ 和 $\mathcal{B} = u + \vec{\mathcal{B}}$.

下面证明 $\vec{\mathcal{A}} \subset \vec{\mathcal{B}}$.

设 $x \in \vec{\mathcal{A}}$. 那么 $u + x \in \mathcal{A} \subset \mathcal{B}$, 故 $u + x \in u + \vec{\mathcal{B}}$. 因此, $x \in \vec{\mathcal{B}}$. ◻

4.3.3 平行

> **定义 4.3.3.1** 设 E 是一个 $\mathbb{K}$-向量空间, $\mathcal{A}$ 和 $\mathcal{B}$ 是 E 的两个仿射子空间. 我们称 $\mathcal{A}$ 平行于 $\mathcal{B}$, 若 $\vec{\mathcal{A}} \subset \vec{\mathcal{B}}$.

⚠️ **注意:** 这个概念完全不是对称的, 与平行直线的概念不一样.

例 4.3.3.2 考虑空间 $\mathbb{R}^3$. 记 $(\vec{i}, \vec{j}, \vec{k})$ 为 $\mathbb{R}^3$ 常用的基. 考虑由 $(A; \vec{i})$ 确定的直线 $\mathcal{D}$(换言之, $\mathcal{D} = A + \mathbb{R}(1, 0, 0)$), 其中 $A = (1, 1, 1)$, 以及由笛卡儿方程 $y + z = 2$ 确定的平面 $\mathcal{P}$. 那么,

- 直线 $\mathcal{D}$ 平行于平面 $\mathcal{P}$, 因为

$$\vec{\mathcal{D}} = \mathbb{R}\vec{i} \subset \mathrm{Vect}(\vec{i}, \vec{j} - \vec{k}) = \vec{\mathcal{P}}.$$

- 另一方面, 说平面 $\mathcal{P}$ 平行于直线 $\mathcal{D}$ 是错误的, 因为包含关系 $\vec{\mathcal{P}} \subset \vec{\mathcal{D}}$ 不成立.

> **定义 4.3.3.3** 我们称向量空间 E 的两个仿射子空间 $\mathcal{A}$ 和 $\mathcal{B}$ 是平行的, 若 $\mathcal{A}$ 平行于 $\mathcal{B}$ 且 $\mathcal{B}$ 平行于 $\mathcal{A}$, 即若 $\vec{\mathcal{A}} = \vec{\mathcal{B}}$. 记为 $\mathcal{A} \parallel \mathcal{B}$.

习题 4.3.3.4 证明关系 $\parallel$ 是 E 的仿射子空间集合上的一个等价关系.

4.3.4 两个仿射子空间的交集

> **定理 4.3.4.1** 设 E 是一个 $\mathbb{K}$-向量空间, $\mathcal{A}$ 和 $\mathcal{B}$ 是 E 的两个仿射子空间. 那么, $\mathcal{A} \cap \mathcal{B}$ 要么是空集, 要么是 E 的一个方向为 $\vec{\mathcal{A}} \cap \vec{\mathcal{B}}$ 的仿射子空间.

证明:

 假设 $\mathcal{A} \cap \mathcal{B} \neq \varnothing$. 证明 $\mathcal{A} \cap \mathcal{B}$ 是 E 的一个方向为 $\vec{\mathcal{A}} \cap \vec{\mathcal{B}}$ 的仿射子空间.

设 $u \in A \cap B$. 那么有

$$
\begin{aligned}
x \in A \cap B &\Longleftrightarrow x \in A \text{ 且 } x \in B \\
&\Longleftrightarrow x - u \in \overrightarrow{A} \text{ 且 } x - u \in \overrightarrow{B} \\
&\Longleftrightarrow x - u \in \overrightarrow{A} \cap \overrightarrow{B} \\
&\Longleftrightarrow x \in u + \overrightarrow{A} \cap \overrightarrow{B}.
\end{aligned}
$$

因此, $A \cap B = u + \overrightarrow{A} \cap \overrightarrow{B}$. 又因为, $\overrightarrow{A} \cap \overrightarrow{B}$ 是 E 的一个向量子空间(向量子空间的交集), 故 $A \cap B$ 是 E 的一个方向为 $\overrightarrow{A \cap B} = \overrightarrow{A} \cap \overrightarrow{B}$ 的仿射子空间.

最后, 还需验证 $A \cap B = \varnothing$ 的情况确实可能出现. 例如, 如果 $(x, y) \in E^2$ 且 $x \neq y$(从而 $E \neq \{0\}$), 那么 $\{x\}$ 和 $\{y\}$ 是 E 的仿射子空间且它们的交集为空集. $\boxtimes$

习题 4.3.4.2　验证对任意 $x \in E$, $\{x\}$ 是 E 的一个仿射子空间. 这个结果可以推广为 E 的任意有限子集都是 E 的一个仿射子空间吗?

注:　事实上, 这个命题推广了空间几何的相关知识(参见《大学数学入门 2》). 我们知道, 两个不平行的平面 $\mathcal{P}_1$ 和 $\mathcal{P}_2$ 的交集是一条直线, 并且这条直线以一个非零向量为方向向量. 这个向量正是 $\overrightarrow{\mathcal{P}_1} \cap \overrightarrow{\mathcal{P}_2}$ 的一个方向向量.

事实上, 前面的命题可以推广到仿射子空间的任意交集.

习题 4.3.4.3　设 E 是一个 $\mathbb{K}$-向量空间, $(A_i)_{i \in I}$ 是 E 的一个仿射子空间族. 证明: $\bigcap_{i \in I} A_i$ 要么是空集, 要么是一个方向为 $\bigcap_{i \in I} \overrightarrow{A_i}$ 的仿射子空间.

4.4　线 性 映 射

4.4.1　定义和例子

定义 4.4.1.1　设 E 和 F 是两个 $\mathbb{K}$-向量空间. 我们称映射 $f: E \longrightarrow F$ 是线性的(或一个 $\mathbb{K}$-向量空间的同态), 若它满足

(i)　$\forall (x, y) \in E^2, f(x + y) = f(x) + f(y)$;

(ii)　$\forall x \in E, \forall \lambda \in \mathbb{K}, f(\lambda \cdot x) = \lambda \cdot f(x)$.

例 4.4.1.2 求导映射 D : $\begin{array}{ccc} \mathcal{C}^1 & \longrightarrow & \mathcal{C}^0, \\ f & \longmapsto & f' \end{array}$ 是一个线性映射, 因为

$$\forall (f, g) \in \mathcal{C}^1(\mathbb{R}, \mathbb{R})^2,\, D(f + g) = (f + g)' = f' + g' = D(f) + D(g)$$

且

$$\forall f \in \mathcal{C}^1(\mathbb{R}, \mathbb{R}),\, \forall \lambda \in \mathbb{R},\, D(\lambda f) = (\lambda f)' = \lambda f' = \lambda D(f).$$

例 4.4.1.3 定义为 $\forall (x, y) \in \mathbb{R}^2,\, f(x, y) = (x + y, x - y)$ 的映射 f 是一个从 $\mathbb{R}^2$ 到 $\mathbb{R}^2$ 的线性映射. 实际上,

- 对任意 $(x, y), (x', y') \in \mathbb{R}^2$,

$$\begin{aligned} f((x, y) + (x', y')) &= f(x + x', y + y') \\ &= ((x + x') + (y + y'), (x + x') - (y + y')) \\ &= ((x + y) + (x' + y'), (x - y) + (x' - y')) \\ &= (x + y, x - y) + (x' + y', x' - y') \\ &= f(x, y) + f(x', y'). \end{aligned}$$

- 对任意 $(x, y) \in \mathbb{R}^2$ 和任意 $\lambda \in \mathbb{R}$,

$$\begin{aligned} f(\lambda(x, y)) &= f(\lambda x, \lambda y) \\ &= (\lambda x + \lambda y, \lambda x - \lambda y) \\ &= (\lambda(x + y), \lambda(x - y)) \\ &= \lambda(x + y, x - y) \\ &= \lambda f(x, y). \end{aligned}$$

⚠ **注意:** 首先, 它们是同一个除环 $\mathbb{K}$ 上的向量空间! 其次, 在某些情况下, 有必要指明映射是 $\mathbb{R}$-线性的还是 $\mathbb{C}$-线性的, 即指明所考虑的空间是 $\mathbb{R}$-向量空间还是 $\mathbb{C}$-向量空间.

例 4.4.1.4 考虑 $E = \mathbb{C}$, c 是复数的取共轭的映射, 即 $z \longmapsto \bar{z}$.

- 如果我们考虑 E 为 $\mathbb{R}$-向量空间, 那么 c 是一个线性映射, 因为

$$\forall (z, z') \in \mathbb{C}^2,\, \overline{z + z'} = \bar{z} + \bar{z'},$$

以及

$$\forall z \in \mathbb{C},\, \forall \lambda \in \mathbb{R},\, \overline{\lambda z} = \bar{\lambda} \times \bar{z} = \lambda \times \bar{z} = \lambda \bar{z}.$$

257

- 然而, 如果我们考虑 $E = \mathbb{C}$ 为 $\mathbb{C}$-向量空间, 那么取共轭的映射就不是线性映射, 因为我们有

$$\overline{i \cdot 1_{\mathbb{C}}} = \overline{i} = -i \neq i = i \cdot \overline{1_{\mathbb{C}}}.$$

因此, 取共轭的映射是 $\mathbb{R}$-线性的, 但不是 $\mathbb{C}$-线性的.

例 4.4.1.5　考虑 $E = \mathbb{R}^3$, 取定一个向量 $v \in \mathbb{R}^3$. 那么, 映射

$$f : \begin{array}{l} \mathbb{R}^3 \longrightarrow \mathbb{R}^3, \\ u \longmapsto u \wedge v \end{array}$$

是一个线性映射(参见《大学数学入门 2》). 另一方面, 如果选择 $E = \mathbb{R}^3 \times \mathbb{R}^3$ (这是一个向量空间, 因为它是向量空间的笛卡儿积), 考虑

$$\varphi : \begin{array}{l} \mathbb{R}^3 \times \mathbb{R}^3 \longrightarrow \mathbb{R}^3, \\ (u, v) \longmapsto u \wedge v. \end{array}$$

那么, φ 是"双线性的", 即既是右线性的又是左线性的(稍后会再看到), 但 φ 不是一个线性映射, 因为我们有

$$\varphi(2\vec{i}, 2\vec{j}) = (2\vec{i}) \wedge (2\vec{j}) = 4(\vec{i} \wedge \vec{j}) = 4\vec{k} \neq 2\vec{k} = 2(\vec{i} \wedge \vec{j}) = 2\varphi(\vec{i}, \vec{j}).$$

例 4.4.1.6　设 Ω 是一个非空的有限样本空间, $E = \mathcal{F}(\Omega, \mathbb{R})$ 是 Ω 上的实随机变量的集合. 那么,

- 把 $X \in E$ 映为 X 的期望(记为 $\mathbb{E}(X)$)的映射 $\mathbb{E}$ 是一个从 E 到 $\mathbb{R}$ 的线性映射.

- 把 $X \in E$ 映为 X 的方差(记为 $\mathbb{V}(X)$)的映射 $\mathbb{V}$ 不是线性的.

习题 4.4.1.7　假设 $\mathbb{K} = \mathbb{Q}$ 和 $E = \mathbb{R}$(换言之, 把 $\mathbb{R}$ 看作一个 $\mathbb{Q}$-向量空间). 我们记 f 为定义如下的映射:

$$\forall x \in \mathbb{R}, f(x) = \begin{cases} x, & \text{若 } x \in \mathbb{Q}, \\ 0, & \text{其他.} \end{cases}$$

1. 证明: $\forall x \in \mathbb{R}, \forall \lambda \in \mathbb{Q}, f(\lambda \cdot x) = \lambda \cdot f(x)$.

2. f 是一个从 $\mathbb{R}$ 到 $\mathbb{R}$ 的 $\mathbb{Q}$-线性映射吗?

注: 在前面的例子(和习题)中, 我们证明了线性映射定义中的条件 (i) 和 (ii) 是"独立的", 即一个映射可能满足 (i) 但不满足 (ii), 或者满足 (ii) 但不满足 (i), 或者二者都不满足.

习题 4.4.1.8 设 $f : \mathbb{R} \longrightarrow \mathbb{R}$.

1. 假设存在 $a \in \mathbb{R}$ 使得: $\forall x \in \mathbb{R}, f(x) = ax$. 证明 f 是 $\mathbb{R}$-线性的.

2. 证明逆命题.

习题 4.4.1.9 设 E 是从 $\mathbb{R}$ 到 $\mathbb{R}$ 的 $2T$-周期函数的集合. 对 $a \in \mathbb{R}$, 考虑映射

$$\varphi_a : \begin{array}{l} E \longrightarrow E, \\ f \longmapsto (x \longmapsto f(x+a)) . \end{array}$$

1. 映射 φ_a 是良定义的吗? 它是线性的吗?

2. 映射 $\varphi : a \longmapsto \varphi_a$ 是线性的吗?

如果 f 是一个从 E 到 F 的线性映射, 那么, 特别地, f 是一个从 $(E, +)$ 到 $(F, +)$ 的群同态. 从而有以下命题, 这是在群的一章中学过的.

命题 4.4.1.10 如果 f 是一个从 E 到 F 的线性映射, 那么

$$f(0_E) = 0_F \qquad \text{且} \qquad \forall x \in E, f(-x) = -f(x).$$

命题 4.4.1.11 设 E 和 F 是两个 $\mathbb{K}$-向量空间, f 是一个从 E 到 F 的映射. 那么下列叙述相互等价:

(i) f 是一个线性映射;

(ii) $\forall (x, y) \in E^2, \forall (\lambda, \mu) \in \mathbb{K}^2, f(\lambda \cdot x + \mu \cdot y) = \lambda \cdot f(x) + \mu \cdot f(y)$;

(iii) $\forall (x, y) \in E^2, \forall \lambda \in \mathbb{K}, f(\lambda \cdot x + y) = \lambda \cdot f(x) + f(y)$.

证明:

> ● 证明 (i) $\Longrightarrow$ (ii).
> 假设 f 是线性的. 设 $(x,y) \in E^2$, $(\lambda,\mu) \in \mathbb{K}^2$. 那么,
>
> $$f(\lambda \cdot x + \mu \cdot y) = f(\lambda \cdot x) + f(\mu \cdot y) \qquad (\text{"线性的"的性质1})$$
> $$= \lambda \cdot f(x) + \mu \cdot f(y). \qquad (\text{"线性的"的性质2})$$
>
> ● 蕴涵关系 (ii) $\Longrightarrow$ (iii) 是显然的, 因为只需选取 $\mu = 1_{\mathbb{K}}$(我们知道, 对 $y \in E$, $1_{\mathbb{K}} \cdot y = y$ 且 $1_{\mathbb{K}} \cdot f(y) = f(y)$).
>
> ● 蕴涵关系 (iii) $\Longrightarrow$ (i) 也是显然的, 因为
>
> > * 在 (iii) 中取 $\lambda = 1_{\mathbb{K}}$, 可以得到线性映射定义中的第一个性质;
> > * 在 (iii) 中取 $y = 0_E$, 可以得到第二个性质. $\boxtimes$

习题 4.4.1.12 对 $(a,b,c) \in \mathbb{C}^3$, 映射 φ : $\begin{array}{l} \mathcal{C}^2(\mathbb{R},\mathbb{C}) \longrightarrow \mathcal{C}^0(\mathbb{R},\mathbb{C}), \\ y \longmapsto ay'' + by' + cy \end{array}$ 是一个 $\mathbb{C}$-线性映射吗?

习题 4.4.1.13 证明从 $\mathbb{R}^{\mathbb{N}}$ 到自身把序列 (u_n) 映为序列 $(u_{n+1} - u_n)$ 的映射是一个线性映射.

定义 4.4.1.14 一个从 E 到 $\mathbb{K}$ 的线性映射称为 E 上的一个线性型.

例 4.4.1.15 如果 $\vec{u}$ 是空间中一个取定的向量, 定义为 $\forall \vec{x} \in \mathbb{R}^3$, $f(\vec{x}) = \vec{u} \cdot \vec{x} = (\vec{u}|\vec{x})$(常用内积)的映射 f: $\mathbb{R}^3 \longrightarrow \mathbb{R}$ 是一个线性型.

例 4.4.1.16 设 E 为收敛实数列的集合. 从 E 映到 $\mathbb{R}$、把收敛的序列 $(u_n)_{n \in \mathbb{N}}$ 映为它的极限值的映射是一个线性型(由收敛序列的代数运算可知).

例 4.4.1.17 φ : $\begin{array}{l} \mathcal{C}^0([0,1],\mathbb{R}) \longrightarrow \mathbb{R}, \\ f \longmapsto \int_0^1 f(x)\,\mathrm{d}x \end{array}$ 是一个线性型.

例 4.4.1.18 把 $(x,y) \in \mathbb{R}^2$ 映为其常用范数即 $\sqrt{x^2+y^2} = \|(x,y)\|$ 的映射是一个从 $\mathbb{R}^2$ 到 $\mathbb{R}$ 的映射, 但它不是 $\mathbb{R}^2$ 上的一个线性型(因为我们有 $\|-1 \cdot (1,0)\| = \|(1,0)\| \neq -\|(1,0)\|$).

习题 4.4.1.19 证明取值映射是线性型. 换言之, 证明: 如果 X 是任意一个非空集合, $E = \mathcal{F}(X,\mathbb{R})$, 那么对任意 $a \in X$, 映射 $f \longmapsto f(a)$ 是 $E = \mathcal{F}(X,\mathbb{R})$ 上的一个线性型.

记号和术语:

- 我们记 $\mathcal{L}_{\mathbb{K}}(E,F)$ 为从 E 到 F 的 $\mathbb{K}$-线性映射的集合. 在不会引起混淆的情况下, 也记为 $\mathcal{L}(E,F)$.

- 如果 E 是一个 $\mathbb{K}$-向量空间, 我们记 $\mathcal{L}_{\mathbb{K}}(E)$ 为从 E 到 E 的 $\mathbb{K}$-线性映射的集合. 在不会引起混淆的情况下, 也记为 $\mathcal{L}(E)$.

- 如果 E 是一个 $\mathbb{K}$-向量空间, E 上的线性型的集合称为 E 的对偶空间(或 E 的代数对偶. 一般记为 $E^\star = \mathcal{L}_{\mathbb{K}}(E,\mathbb{K})$.

4.4.2 线性映射的核与像

定义 4.4.2.1 设 $f \in \mathcal{L}(E,F)$. 我们定义:

- f 的核(记为 $\ker(f)$)为 $\ker(f) = \{x \in E \mid f(x) = 0_F\} = f^{-1}(\{0_F\})$;

- f 的像(记为 $\mathrm{Im}(f)$)为 $\mathrm{Im}(f) = \{y \in F \mid \exists x \in E, y = f(x)\}$.

⚠️ **注意:** $f^{-1}(\{0_F\})$ 是 $\{0_F\}$ 在 f 下的原像. 这个原像总是有定义的, 这个写法不需要假设 f 是双射!

定理 4.4.2.2 设 E 和 F 是两个 $\mathbb{K}$-向量空间, f 是一个从 E 到 F 的线性映射. 那么,

(i) $\ker(f)$ 是 E 的一个向量子空间;

(ii) $\mathrm{Im}(f)$ 是 F 的一个向量子空间;

(iii) f 是单射当且仅当 $\ker(f) = \{0_E\}$；

(iv) f 是满射当且仅当 $\operatorname{Im}(f) = F$.

证明：

- 证明 (i).

因为 $f \in \mathcal{L}(E, F)$，所以 f 也是一个从 $(E, +)$ 到 $(F, +)$ 的群同态. 由此推断，$(\ker(f), +)$ 是 $(E, +)$ 的一个子群. 特别地，

* $0_E \in \ker(f)$；

* $\forall (x, x') \in (\ker(f))^2$, $x + x' \in \ker(f)$.

另外，如果 $x \in \ker(f)$，$\lambda \in \mathbb{K}$，那么 $f(\lambda \cdot x) = \lambda \cdot f(x) = \lambda \cdot 0_F = 0_F$. 这证得 $\lambda \cdot x \in \ker(f)$，从而由以上两点可知，$\ker(f)$ 是 E 的一个向量子空间.

- (ii) 的证明是相同的(留作练习).

- 证明 (iii).

我们知道，一个线性映射也是一个群同态. 因此，f 是单射当且仅当 f 的核 $\ker(f) = \{0_E\}$.

- 性质 (iv) 对任意映射都成立, 不管是不是线性的！　　　　　　$\boxtimes$

例 4.4.2.3　设 $f: \mathbb{R}^3 \longrightarrow \mathbb{R}^2$ 定义为 $f((x, y, z)) = (x + z, x - y)$.

- 证明 f 是一个线性映射.

设 $u = (x, y, z)$ 和 $v = (x', y', z')$ 是 $\mathbb{R}^3$ 的两个元素，λ 和 μ 是两个实数.

$$
\begin{aligned}
f(\lambda \cdot u + \mu \cdot v) &= f((\lambda x + \mu x', \lambda y + \mu y', \lambda z + \mu z')) \\
&= ((\lambda x + \mu x') + (\lambda z + \mu z'), (\lambda x + \mu x') - (\lambda y + \mu y')) \\
&= (\lambda(x + z) + \mu(x' + z'), \lambda(x - y) + \mu(x' - y')) \\
&= (\lambda(x + z), \lambda(x - y)) + (\mu(x' + z'), \mu(x' - y')) \\
&= \lambda \cdot (x + z, x - y) + \mu \cdot (x' + z', x' - y') \\
&= \lambda \cdot f(u) + \mu \cdot f(v).
\end{aligned}
$$

这证得 $f \in \mathcal{L}(\mathbb{R}^3, \mathbb{R}^2)$.

- 确定 f 的核.

  设 $(x, y, z) \in \mathbb{R}^3$.

$$
\begin{aligned}
(x, y, z) \in \ker(f) &\iff f(x, y, z) = 0 \\
&\iff \begin{cases} 0 = x + z, \\ 0 = x - y \end{cases} \\
&\iff \begin{cases} y = x, \\ z = -x \end{cases} \\
&\iff (x, y, z) = x(1, 1, -1) \\
&\iff (x, y, z) \in \mathrm{Vect}((1, 1, -1)).
\end{aligned}
$$

  因此, $\ker(f) = \mathbb{R}(1, 1, -1)$. 由此可以推断, f 不是单射, 因为 $\ker(f) \neq \{0_{\mathbb{R}^3}\}$.

- 确定 f 的像.

  设 $(a, b) \in \mathbb{R}^2$, $(x, y, z) \in \mathbb{R}^3$.

$$
\begin{aligned}
f(x, y, z) = (a, b) &\iff \begin{cases} a = x + z, \\ b = x - y \end{cases} \\
&\iff \begin{cases} z = a - x, \\ y = b + x \end{cases} \\
&\iff (x, y, z) = (x, b + x, a - x).
\end{aligned}
$$

  因此, 我们证得, 对任意 $(a, b) \in \mathbb{R}^2$, 方程 $f(x, y, z) = (a, b)$ 总是有解(事实上这个方程有无穷个解). 这证得 $\mathrm{Im}(f) = \mathbb{R}^2$, 故 f 是满射.

注: 我们还可以证明

$$
\begin{aligned}
\mathrm{Im}(f) &= < f(1, 0, 0), f(0, 1, 0), f(0, 0, 1) > \\
&= < (1, 1), (0, -1), (1, 0) > \\
&= < (1, 0), (0, 1) > \\
&= \mathbb{R}^2.
\end{aligned}
$$

我们将在《大学数学基础 2》中学习基的正式概念, 届时会再看到这一点.

习题 4.4.2.4 设 $\vec{\mathcal{E}}$ 是常用的空间, $\vec{u} \in \vec{\mathcal{E}}$ 是空间中的一个向量. 我们知道, $f(\vec{x}) = \vec{u} \cdot \vec{x}$ 是一个线性型.

1. 因此它的核是 $\overrightarrow{\mathcal{E}}$ 的一个向量子空间, 我们可以得到什么结果?
2. f 的像是什么?

例 4.4.2.5　考虑 $E = \mathcal{C}^0\left([0,1]\,,\mathbb{R}\right)$, 映射 $\varphi : E \longrightarrow E$ 定义为

$$\forall f \in E, \forall x \in [0,1]\,, \varphi(f)(x) = f(x) - \int_0^x f(t)\,\mathrm{d}t.$$

证明 φ 是线性的, 并确定它的核与像.

- 首先, 注意到 φ 确实是一个映射.

  实际上, 如果 f 是在 $[0,1]$ 上连续的, 那么根据分析学基本定理①, $F : x \longmapsto \displaystyle\int_0^x f(t)\,\mathrm{d}t$ 是 f 的一个原函数. 这个函数是可导的(其导函数是 f), 故必然是连续的. 从而, $\varphi(f) = f - F$ 在 $[0,1]$ 上是连续的, 即 $\varphi(f) \in E$.

- 此外, 根据课本知识, E 是一个 $\mathbb{R}$-向量空间. 下面证明 φ 确实是一个线性映射.
  设 $(f,g) \in E^2$, $(\lambda,\mu) \in \mathbb{R}^2$. 我们想证明

  $$\varphi(\lambda \cdot f + \mu \cdot g) = \lambda \cdot \varphi(f) + \mu \cdot \varphi(g).$$

  这是 E 中的等式(因此是映射之间的等式). 因此, 我们要证明

  $$\forall x \in [0,1]\,, \varphi(\lambda \cdot f + \mu \cdot g)(x) = (\lambda \cdot \varphi(f) + \mu \cdot \varphi(g))\,(x) = \lambda\varphi(f)(x) + \mu\varphi(g)(x).$$

  设 $x \in [0,1]$. 根据函数加法的定义和积分的线性性, 我们有

  $$\begin{aligned}
  \varphi(\lambda \cdot f + \mu \cdot g)(x) &= (\lambda \cdot f + \mu \cdot g)(x) - \int_0^x (\lambda \cdot f + \mu \cdot g)(t)\,\mathrm{d}t \\
  &= \lambda f(x) + \mu g(x) - \int_0^x (\lambda \cdot f(t) + \mu \cdot g(t))\,\mathrm{d}t \\
  &= \lambda f(x) + \mu g(x) - \lambda \int_0^x f(t)\,\mathrm{d}t - \mu \int_0^x g(t)\,\mathrm{d}t \\
  &= \lambda \left(f(x) - \int_0^x f(t)\,\mathrm{d}t \right) + \mu \left(g(x) - \int_0^x g(t)\,\mathrm{d}t \right) \\
  &= \lambda\varphi(f)(x) + \mu\varphi(g)(x).
  \end{aligned}$$

  这对任意实数 $x \in [0,1]$ 都是成立的, 我们有

  $$\varphi(\lambda \cdot f + \mu \cdot g) = \lambda \cdot \varphi(f) + \mu \cdot \varphi(g).$$

①参见《大学数学入门 1》(中文版).

这证得 φ 是线性的.

* 然后确定 φ 的核.

设 $f \in E$. 根据定义,

$$f \in \ker(\varphi) \iff \forall x \in [0,1], \, f(x) - \int_0^x f(t)\,dt = 0.$$

记 $F : x \longmapsto \displaystyle\int_0^x f(t)\,dt$. 那么, F 是 f 在 0 处值为零的原函数, 因此,

$$
\begin{aligned}
f \in \ker(\varphi) &\iff \begin{cases} -F + f = 0, \\ F(0) = 0 \end{cases} \\
&\iff \begin{cases} F' - F = 0, \\ F(0) = 0 \end{cases} \\
&\iff F = 0 \\
&\iff f = 0.
\end{aligned}
$$

这证得 $\ker(\varphi) = \{0_E\}$, 故 φ 是单射.

注: 如果使用等价有问题(也就是说, 如果不确定等价式是否成立), 最好是用分析–综合来写. 这里, 在分析中, 我们得到 $F' - F = 0$, 故 $F = \lambda \exp$, 其中 $\lambda \in \mathbb{R}$. 又因为, $F(0) = 0$, 故 $\lambda = 0$, 从而 $F = 0$. 因此, $f = F' = 0$. 在这个例子中, 另一边包含关系(即综合)无需证明, 因为 $0_E \in \ker(\varphi)$.

* 现在来确定 φ 的像.

设 $g \in E$, $f \in E$. 保留与之前相同的记号, 我们有

$$\varphi(f) = g \iff \begin{cases} -F' + F = g, \\ F(0) = 0 \end{cases}$$

又因为, g 在 $[0,1]$ 上是连续的, 故根据一阶线性微分方程的课程, 方程 $-y' + y = g$ 有唯一满足 $y(0) = 0$ 的解. 记 y 为这个唯一解. 那么, $f = y'$ 是 $\varphi(f) = g$ 的解(且是唯一的).

这证得 $\mathrm{Im}(\varphi) = E$, 故 φ 是满射.

注: 在这个例子中, 我们可以用确定 g 的原像的方法直接证明 φ 是双射, 从而得到 φ 的像. 这样做更快, 但只有当 φ 是双射时才能这么做. 这就比一般情况更棘手了. 通常确定核要比确定像简单得多.

习题 4.4.2.6　设 $\vec{v} \in \vec{\mathcal{E}}$. 确定 $\vec{u} \longmapsto \vec{u} \wedge \vec{v}$ 的核与像.

习题 4.4.2.7　设 $E = \{(u_n)_{n\in\mathbb{N}} \in \mathbb{R}^{\mathbb{N}} \mid (u_n)_{n\in\mathbb{N}}$ 收敛 $\}$. 记 f 为定义如下的映射:

$$\forall (u_n)_{n\in\mathbb{N}} \in E, \; f((u_n)_{n\in\mathbb{N}}) = (u_{n+1} - u_n)_{n\in\mathbb{N}}.$$

我们知道, f 是线性的(参见习题 4.4.1.13). 确定 f 的核与像.

为证明 F 是一个向量空间, 我们可以:

▶ 方法:

1. 证明它是一个已知向量空间的子空间;
2. 证明它是一个线性映射的核;
3. 证明它是一个线性映射的像;
4. 证明它是一些已知向量空间的笛卡儿积或交集;
5. 用向量空间的定义来证明.

4.4.3　线性方程

定义 4.4.3.1　设 E 和 F 是两个向量空间. 我们称未知量为 $x \in E$ 的方程 $(\mathcal{E})$ 是线性的, 若存在 $\varphi \in \mathcal{L}(E, F)$ 和 $b \in F$ 使得

$$x \text{ 是方程 } (\mathcal{E}) \text{ 的解 } \iff \varphi(x) = b.$$

例 4.4.3.2　设 $\vec{u} \in \vec{\mathcal{E}}$. $\vec{\mathcal{E}}$ 中的方程 $\vec{x} \wedge \vec{u} = \vec{v}$ 是一个线性方程.

例 4.4.3.3　一阶和二阶线性微分方程都是线性方程.

例 4.4.3.4　$\mathbb{R}^{\mathbb{N}}$ 中的方程 $(\mathcal{E})$: $\forall n \in \mathbb{N}, au_{n+2} + bu_{n+1} + cu_n = d_n$(其中 $(a, b, c) \in \mathbb{R}^3$ 和 $(d_n)_{n\in\mathbb{N}} \in \mathbb{R}^{\mathbb{N}}$ 是给定的)是一个线性方程.

例 4.4.3.5　$E = \mathcal{C}^1$ 中的方程 $y' = 1 + y^2$ 不是线性方程.

命题 4.4.3.6 如果 $(\mathcal{E})$ 是一个线性方程, 那么 $(\mathcal{E})$ 的解集要么是空集, 要么是 E 的一个方向为 $\ker(\varphi)$ 的仿射子空间.

证明:

如果 $\mathcal{S} \neq \varnothing$, 我们选取 $x_0 \in \mathcal{S}$, 那么, 对任意 $x \in E$, 有

$$\varphi(x) = b \iff \varphi(x) = \varphi(x_0) \iff \varphi(x - x_0) = 0,$$

即 $\varphi(x) = b \iff x - x_0 \in \ker(\varphi)$. 因此 $\mathcal{S} = x_0 + \ker(\varphi)$.　　□

4.4.4 线性映射的集合 $\mathcal{L}(E, F)$

命题 4.4.4.1 设 E 和 F 是两个 $\mathbb{K}$-向量空间. 那么, 集合 $\mathcal{L}_{\mathbb{K}}(E, F)$ 是 $\mathcal{F}(E, F)$ 的一个向量子空间.

证明:

- 首先, 注意到 $\mathcal{L}_{\mathbb{K}}(E, F) \subset \mathcal{F}(E, F)$.

- 从 E 到 F 的零映射, 即 $0_{\mathcal{F}(E,F)}$ 是一个线性映射, 因为对任意 $(x, y) \in E^2$ 和任意 $(\lambda, \mu) \in \mathbb{K}^2$, 有

$$\begin{aligned}
0_{\mathcal{F}(E,F)}(\lambda \cdot x + \mu \cdot y) &= 0_F \\
&= \lambda \cdot 0_F + \mu \cdot 0_F \\
&= \lambda 0_{\mathcal{F}(E,F)}(x) + \mu 0_{\mathcal{F}(E,F)}(y).
\end{aligned}$$

- 对线性组合的封闭性.
设 $(f, g) \in \mathcal{L}_{\mathbb{K}}(E, F)^2$, $(\lambda, \mu) \in \mathbb{K}^2$. 要证 $h = \lambda \cdot f + \mu \cdot g$ 是一个线性映射.
设 $(x, y) \in E^2$, $\alpha \in \mathbb{K}$. 那么有

$$h(\alpha \cdot x + y) = (\lambda \cdot f + \mu \cdot g)(\alpha \cdot x + y)$$
$$= \lambda \cdot f(\alpha x + y) + \mu \cdot g(\alpha x + y),$$

因为 f 和 g 都是线性的, 且 $\mathbb{K}$ 是一个域(即交换除环), 所以

$$h(\alpha \cdot x + y) = \lambda \cdot (\alpha \cdot f(x) + f(y)) + \mu \cdot (\alpha \cdot g(x) + g(y))$$
$$= (\lambda \times \alpha) \cdot f(x) + \lambda \cdot f(y) + (\mu \times \alpha) \cdot g(x) + \mu \cdot g(y)$$
$$= (\alpha \times \lambda) \cdot f(x) + \lambda \cdot f(y) + (\alpha \times \mu) \cdot g(x) + \mu \cdot g(y).$$

最后, 合并同类项可得

$$h(\alpha \cdot x + y) = \alpha \cdot (\lambda \cdot f(x) + \mu \cdot g(x)) + \lambda \cdot f(y) + \mu \cdot g(y)$$
$$= \alpha \cdot h(x) + h(y).$$

这证得 h 是线性的, 即 $\lambda \cdot f + \mu \cdot g \in \mathcal{L}_{\mathbb{K}}(E, F)$. ⊠

定义 4.4.4.2　当 $F = E$ 时, 集合 $\mathcal{L}_{\mathbb{K}}(E, F)$ 记为 $\mathcal{L}_{\mathbb{K}}(E)$(或者在不会引起混淆的情况下, 简单地记为 $\mathcal{L}(E)$). $\mathcal{L}(E)$ 的元素称为 E 的自同态.

定理 4.4.4.3　设 E, F 和 G 是三个 $\mathbb{K}$-向量空间.

1. 设 $f \in \mathcal{L}(E, F)$, $g \in \mathcal{L}(F, G)$. 那么,

   (i)　$g \circ f \in \mathcal{L}(E, G)$. 换言之, 在可以进行复合的情况下, 线性映射的复合仍然是线性的.

   (ii)　$g \circ f = 0$ 当且仅当 $\operatorname{Im}(f) \subset \ker(g)$.

2. 映射 φ : $\begin{aligned} \mathcal{L}(F, G) \times \mathcal{L}(E, F) &\longrightarrow \mathcal{L}(E, G), \\ (g, f) &\longmapsto g \circ f \end{aligned}$ 是双线性的, 即

$$\forall g \in \mathcal{L}(F, G), \forall (f_1, f_2) \in \mathcal{L}(E, F)^2, \forall \lambda \in \mathbb{K},\ g \circ (\lambda \cdot f_1 + f_2) = \lambda \cdot (g \circ f_1) + g \circ f_2,$$

$$\forall f \in \mathcal{L}(E, F), \forall (g_1, g_2) \in \mathcal{L}(F, G)^2, \forall \lambda \in \mathbb{K},\ (\lambda \cdot g_1 + g_2) \circ f = \lambda \cdot (g_1 \circ f) + g_2 \circ f.$$

证明:

- 证明 1.

设 $f \in \mathcal{L}_{\mathbb{K}}(E,F)$, $g \in \mathcal{L}_{\mathbb{K}}(F,G)$.

(i) 设 $(x,y) \in E^2$, $\lambda \in \mathbb{K}$. 那么, 依次使用 f 和 g 的线性性, 我们有

$$
\begin{aligned}
(g \circ f)(\lambda \cdot x + y) &= g(f(\lambda \cdot x + y)) \\
&= g(\lambda \cdot f(x) + f(y)) \\
&= \lambda \cdot g(f(x)) + g(f(y)) \\
&= \lambda \cdot (g \circ f)(x) + g \circ f(y).
\end{aligned}
$$

这证得 $g \circ f \in \mathcal{L}_{\mathbb{K}}(E,G)$.

(ii) 证明 $g \circ f = 0 \iff \operatorname{Im}(f) \subset \ker(g)$.

$$
\begin{aligned}
g \circ f = 0 &\iff \forall x \in E,\, g(f(x)) = 0 \\
&\iff \forall y \in f(E),\, g(y) = 0 \\
&\iff \forall y \in \operatorname{Im}(f),\, g(y) = 0 \\
&\iff \forall y \in \operatorname{Im}(f),\, y \in \ker(g) \\
&\iff \operatorname{Im}(f) \subset \ker(g).
\end{aligned}
$$

- 证明 2.

首先, 我们刚刚证明了 $\mathcal{L}_{\mathbb{K}}(E,F)$, $\mathcal{L}_{\mathbb{K}}(F,G)$ 和 $\mathcal{L}_{\mathbb{K}}(E,G)$ 都是 $\mathbb{K}$-向量空间. 因此, 谈论从 $\mathcal{L}_{\mathbb{K}}(E,F) \times \mathcal{L}_{\mathbb{K}}(F,G)$ 到 $\mathcal{L}_{\mathbb{K}}(E,G)$ 的线性映射或双线性映射是有意义的.

根据性质 1, 映射 φ 是良定义的, 因为对任意 $(g,f) \in \mathcal{L}_{\mathbb{K}}(F,G) \times \mathcal{L}_{\mathbb{K}}(E,F)$, $\varphi(g,f) = g \circ f \in \mathcal{L}_{\mathbb{K}}(E,G)$. 因此, 我们还需证明 φ 是双线性的.

证明 φ 是右线性的, 即

$\forall g \in \mathcal{L}(F,G)$, $\forall (f_1, f_2) \in \mathcal{L}(E,F)^2$, $\forall \lambda \in \mathbb{K}$, $g \circ (\lambda \cdot f_1 + f_2) = \lambda \cdot (g \circ f_1) + g \circ f_2$.

设 $g \in \mathcal{L}(F,G)$, $(f_1, f_2) \in \mathcal{L}(E,F)^2$, $\lambda \in \mathbb{K}$. 那么,

$$
\begin{aligned}
\forall x \in E,\, \varphi(g, \lambda \cdot f_1 + f_2)(x) &= \Big(g \circ (\lambda \cdot f_1 + f_2)\Big)(x) \\
&= g\big((\lambda \cdot f_1 + f_2)(x)\big) \\
&= g\big(\lambda \cdot f_1(x) + f_2(x)\big),
\end{aligned}
$$

其中, 由 $+$ 和 $\cdot$ 的定义知, 最后一个等式成立. 由于 g 是线性的, 我们有

$$\forall x \in E, \varphi(g, \lambda \cdot f_1 + f_2)(x) = \lambda \cdot g(f_1(x)) + g(f_2(x))$$
$$= (\lambda \cdot (g \circ f_1) + g \circ f_2)(x)$$
$$= \Big(\lambda \cdot \varphi(g, f_1) + \varphi(g, f_2)\Big)(x).$$

所以, 对任意 $x \in E$, $\varphi(g, \lambda \cdot f_1 + f_2)(x) = (\lambda \cdot \varphi(g, f_1) + \varphi(g, f_2))(x)$, 即 $\varphi(g, \lambda \cdot f_1 + f_2) = \lambda \cdot \varphi(g, f_1) + \varphi(g, f_2)$. 因此, φ 是右线性的.

证明 φ 是左线性的, 即

$$\forall f \in \mathcal{L}(E, F), \forall (g_1, g_2) \in \mathcal{L}(F, G)^2, \forall \lambda \in \mathbb{K}, (\lambda \cdot g_1 + g_2) \circ f = \lambda \cdot (g_1 \circ f) + g_2 \circ f.$$

左线性性是显然的, 并且总是成立的, 因为我们根本不需要用到 g_1, g_2 或 f 的线性性. ⊠

⚠ **注意:** 通常 $(\mathcal{F}(E, E), +, \circ)$ 不是环. 上述证明表明, $\circ$ 对 $+$ 服从右分配律, 但不服从左分配律!

例 4.4.4.4 设 $E = \mathbb{R}$, $\forall x \in \mathbb{R}$, $f(x) = x$, 以及 $\forall x \in \mathbb{R}$, $g(x) = x^2$. 那么,

$$\forall x \in \mathbb{R}, \Big(g \circ (f + f)\Big)(x) = g(f(x) + f(x)) = g(2x) = 4x^2,$$

但是

$$\forall x \in \mathbb{R}, \Big(g \circ f + g \circ f\Big)(x) = g(f(x)) + g(f(x)) = 2x^2.$$

定理 4.4.4.5 设 E 是一个 $\mathbb{K}$-向量空间. 那么,

(i)　$(\mathcal{L}(E), +, \circ)$ 是一个环(非交换的若 $E \neq \{0\}$ 且 E 不是一条向量直线);

(ii)　$(\mathcal{L}(E), +, \cdot)$ 是一个 $\mathbb{K}$-向量空间;

(iii)　$\forall (f, g) \in \mathcal{L}(E)^2, \forall \lambda \in \mathbb{K}, \lambda \cdot (g \circ f) = (\lambda \cdot g) \circ f = g \circ (\lambda \cdot f)$.

我们称 $(\mathcal{L}(E), +, \circ, \cdot)$ 是一个 $\mathbb{K}$-代数.

证明:

- 根据命题 4.4.4.1(其中 $F = E$), $(\mathcal{L}_{\mathbb{K}}(E,E), +, \cdot)$, 即 $(\mathcal{L}(E), +, \cdot)$ 是一个 $\mathbb{K}$-向量空间.

- 证明 $(\mathcal{L}(E), +, \circ)$ 是一个环.

  * $(\mathcal{L}(E), +)$ 是一个阿贝尔群(因为 $(\mathcal{L}(E), +, \cdot)$ 是一个向量空间);

  * 由定理 4.4.4.3 知, $\circ$ 是一个内部二元运算(即两个线性映射的复合仍是线性的);

  * $\circ$ 对 $+$ 服从(左和右)分配律(还是根据定理 4.4.4.3);

  * $\circ$ 是在 $\mathcal{L}(E)$ 上满足结合律的, 因为它在 $\mathcal{F}(E,E)$ 上满足结合律(映射复合的性质);

  * 最后, Id_E 显然是一个从 E 到 E 的线性映射, 并且它是 $\circ$ 的中性元.

  这证得 $(\mathcal{L}(E), +, \circ)$ 是一个环.

- 最后, 性质 (iii) 是定理 4.4.4.3 的结果(双线性性). $\boxtimes$

注: 如果 $E \neq \{0\}$ 且 E 不是一条向量直线, 我们选取不共线的 $(x, y) \in E^2$, 记 $F = <x, y>$, 取定 F 在 E 中的一个补空间 G. 如果 f 是唯一满足 $f(x) = f(y) = y$ 和 $f_{|G} = 0$ 的线性映射[①], g 是唯一满足 $g(x) = g(y) = x$ 和 $g_{|G} = 0$ 的线性映射, 那么 $g \circ f \neq f \circ g$.

习题 4.4.4.6 证明: 如果 $E = \mathbb{K}u$(其中 $u \in E \setminus \{0_E\}$), 那么 $\mathcal{L}_{\mathbb{K}}(E) = \mathbb{K}\mathrm{Id}_E$.

4.4.5 同构、自同构和线性群

定义 4.4.5.1 设 E 和 F 是两个 $\mathbb{K}$-向量空间, $f \in F^E$. 我们称:

- f 是一个向量空间的同构, 若 $f \in \mathcal{L}(E, F)$ 且 f 是双射;
- f 是 E 的一个自同构, 若 $E = F$ 且 f 是一个从 E 到 E 的同构.

[①]参见关于线性映射的归并的 4.4.6 小节.

例 4.4.5.2　如果 E 是一个向量空间, 那么 Id_E 是 E 的一个自同构.

例 4.4.5.3　定义为 $\forall (x, y) \in \mathbb{R}^2$, $f(x, y) = (x + y, x - y)$ 的映射 f 是 $\mathbb{R}^2$ 的一个自同构. 实际上, 容易验证 f 是线性的双射$\left(\text{其逆映射由 } (a, b) \longmapsto \left(\dfrac{a+b}{2}, \dfrac{a-b}{2}\right) \text{ 给出}\right)$.

例 4.4.5.4　设 $(a, b, c) \in \mathbb{C}^3$(其中 $a \neq 0$), $\mathcal{S}_H$ 是微分方程 (E) : $ay'' + by' + cy = 0$ 的解集. 那么, 映射

$$\varphi: \begin{array}{l} \mathcal{S}_H \longrightarrow \mathbb{C}^2, \\ y \longmapsto (y(0), y'(0)) \end{array}$$

是一个向量空间的同构. 实际上,

- φ 是线性的, 因为如果 $(y_1, y_2) \in \mathcal{S}_H^2$, $(\lambda, \mu) \in \mathbb{C}^2$, 那么

$$\begin{aligned} \varphi(\lambda \cdot y_1 + \mu \cdot y_2) &= \big((\lambda \cdot y_1 + \mu \cdot y_2)(0), (\lambda \cdot y_1 + \mu \cdot y_2)'(0)\big) \\ &= (\lambda y_1(0) + \mu y_2(0), \lambda y_1'(0) + \mu y_2'(0)) \\ &= \lambda \cdot (y_1(0), y_1'(0)) + \mu \cdot (y_2(0), y_2'(0)) \\ &= \lambda \cdot \varphi(y_1) + \mu \cdot \varphi(y_2). \end{aligned}$$

- φ 是双射, 因为根据微分方程课程内容, 对任意 $(\alpha, \beta) \in \mathbb{C}^2$, (E) 有唯一满足 $y(0) = \alpha$ 和 $y'(0) = \beta$ 的解.

例 4.4.5.5　下列线性映射不是同构:

- 将 f 映为 $D(f) = f'$ 的映射 $D: \mathcal{C}^1(\mathbb{R}, \mathbb{R}) \longrightarrow \mathcal{C}^0(\mathbb{R}, \mathbb{R})$(它是满射但不是单射);
- 从 $\mathbb{R}$ 到 $\mathbb{R}^2$ 将 x 映为 (x, x) 的映射(它是单射但不是满射).

命题 4.4.5.6　设 E 和 F 是两个向量空间, f 是一个从 E 到 F 的(向量空间的)同构. 那么, f 的逆映射 $f^{-1} \in \mathcal{L}(F, E)$ 且 f^{-1} 是双射, 即 f^{-1} 是一个从 F 到 E 的同构.

证明：

- 因为 f 是一个从 $(E,+)$ 到 $(F,+)$ 的群同构, 所以, f^{-1} 是一个从 $(F,+)$ 到 $(E,+)$ 的群同构, 即

  * f^{-1} 是一个从 F 到 E 的双射;

  * $\forall (y_1, y_2) \in F^2, f^{-1}(y_1 + y_2) = f^{-1}(y_1) + f^{-1}(y_2)$.

- 因此, 我们还需证明: $\forall y \in F, \forall \lambda \in \mathbb{K}, f^{-1}(\lambda \cdot y) = \lambda \cdot f^{-1}(y)$.

  设 $(\lambda, y) \in \mathbb{K} \times F$. 因为 f 是线性的, 我们有

  $$f\left(\lambda \cdot f^{-1}(y)\right) = \lambda \cdot f(f^{-1}(y)) = \lambda \cdot y.$$

  对上式两端取 f^{-1} 的像, 可得结论. $\boxtimes$

推论 4.4.5.7 环 $\mathcal{L}(E)$ 的可逆元素的集合关于运算 $\circ$ 构成一个群. 这个群称为 E 的线性群, 记为 $\mathcal{GL}(E)$.

证明：

我们证明 $\mathcal{GL}(E)$ 是 $(\sigma(E), \circ)$(从 E 到 E 的双射构成的参考群)的一个子群.

- 首先, $\mathcal{GL}(E) \subset \sigma(E)$ 且 $\mathrm{Id}_E \in \mathcal{GL}(E)$;

- 如果 $(f, g) \in \mathcal{GL}(E)^2$, 那么 $f \circ g \in \mathcal{L}(E)$, 从而 $f \circ g \in \mathcal{GL}(E)$(因为两个双射的复合仍是双射);

- 最后, 根据上述命题, 如果 $f \in \mathcal{GL}(E)$, 那么 f^{-1}(f 的逆映射)也是线性的双射. 因此 $f^{-1} \in \mathcal{GL}(E)$.

这证得 $(\mathcal{GL}(E), \circ)$ 是 $(\sigma(E), \circ)$ 的一个子群, 因此它是一个群. $\boxtimes$

习题 4.4.5.8 利用习题 1.2.3.7 重新证明这个结果.

⚠ **注意**：$\mathcal{GL}(E)$ 不是 $\mathcal{L}(E)$ 的子空间, 它不是对加法封闭的!

4.4.6 限制和归并

以下两个命题是显而易见的.

命题 4.4.6.1　设 E 和 F 是两个 $\mathbb{K}$-向量空间, A 是 E 的一个向量子空间, $f \in \mathcal{L}(E, F)$. 那么, $f_{|A} \in \mathcal{L}(A, F)$, 并且 $\ker(f_{|A}) = \ker(f) \cap A$.

命题 4.4.6.2　设 E 和 F 是两个 $\mathbb{K}$-向量空间, $f \in \mathcal{L}(E, F)$. 那么, 映射

$$\tilde{f} : \begin{array}{l} E \longrightarrow \operatorname{Im}(f), \\ x \longmapsto f(x) \end{array}$$

是线性的.

定理 4.4.6.3　设 E 和 F 是两个 $\mathbb{K}$-向量空间, $f \in \mathcal{L}(E, F)$. 假设 $\ker(f)$ 在 E 中有补空间, 取定 $\ker(f)$ 在 E 中的一个补空间 G. 那么, 映射

$$\overline{f} : \begin{array}{l} G \longrightarrow \operatorname{Im}(f), \\ x \longmapsto f(x) \end{array}$$

是一个向量空间的同构.

证明:

- 根据命题 4.4.6.2, $\tilde{f} \in \mathcal{L}(E, \operatorname{Im}(f))$.
- 根据命题 4.4.6.1, $\overline{f} = \tilde{f}_{|G} \in \mathcal{L}(G, \operatorname{Im}(f))$, 并且

$$\ker(\overline{f}) = \ker(\tilde{f}) \cap G = \ker(f) \cap G = \{0\}$$

(因为 $G \oplus \ker(f)$). 因此, $\overline{f}$ 是单射.

- 最后证明 $\overline{f}$ 是满射.

设 $y \in \operatorname{Im}(f)$. 根据定义, 存在 $x \in E$ 使得 $y = f(x)$. 又因为, 根据假设, $\ker(f) \oplus G = E$, 故存在(唯一的)$(a, b) \in \ker(f) \times G$ 使得 $x = a + b$. 那么有

$$y = f(x) = f(a + b) = f(a) + f(b) = f(b) = \overline{f}(b)$$

(因为由 $a \in \ker(f)$ 知 $f(a) = 0$, 且由 $b \in G$ 知 $\overline{f}(b) = f(b)$). 这证得 $\overline{f}$ 是满射. $\boxtimes$

定理 4.4.6.4 (归并定理(théorème de recollement)) 设 E 和 F 是两个 $\mathbb{K}$-向量空间, G 和 H 是在 E 中互补的两个子空间. 那么, 映射

$$\varphi\colon \begin{aligned} \mathcal{L}(E,F) &\longmapsto \mathcal{L}(G,F) \times \mathcal{L}(H,F), \\ f &\longmapsto (f_{|G}, f_{|H}) \end{aligned}$$

是一个 $\mathbb{K}$-向量空间的同构. 换言之, 知道一个线性映射在两个互补的子空间上的限制映射, 就可以唯一地确定这个线性映射.

证明:

- 首先, 根据上述情况, $\mathcal{L}(E,F)$, $\mathcal{L}(G,F)$ 和 $\mathcal{L}(H,F)$ 都是 $\mathbb{K}$-向量空间. 因此, $\mathcal{L}(G,F) \times \mathcal{L}(H,F)$ 也是一个 $\mathbb{K}$-向量空间.

- 其次, 根据命题 4.4.6.1, 对任意 $f \in \mathcal{L}(E,F)$, 有 $f_{|G} \in \mathcal{L}(G,F)$ 和 $f_{|H} \in \mathcal{L}(H,F)$. 因此, φ 是良定义的.

- 此外, 对任意 $(f,g) \in \mathcal{L}(E,F)^2$, 任意 $(\lambda, \mu) \in \mathbb{K}^2$, 以及 E 的任意向量子空间 A, $(\lambda \cdot f + \mu \cdot g)_{|A} = \lambda \cdot (f_{|A}) + \mu \cdot (g_{|A})$. 因此, φ 是线性的.

- 最后证明 φ 是双射.

  ∗ 单射.

    设 $f \in \ker(\varphi)$. 证明 $f = 0$. 由 φ 的定义知, $f_{|G} = 0$ 且 $f_{|H} = 0$. 设 $x \in E$. 由于 G 和 H 在 E 中互补, 故存在唯一的二元组 $(a,b) \in G \times H$ 使得 $x = a + b$. 那么有

    $$\begin{aligned} f(x) &= f(a+b) \\ &= f(a) + f(b) \qquad &&(\text{因为 } f \in \mathcal{L}(E,F)) \\ &= f_{|G}(a) + f_{|H}(b) \qquad &&(\text{因为 } a \in G \text{ 且 } b \in H) \\ &= 0 + 0 \qquad &&(\text{因为 } f_{|G} = 0 \text{ 且 } f_{|H} = 0) \\ &= 0. \end{aligned}$$

    因此, 对任意 $x \in E$, 有 $f(x) = 0$, 即 $f = 0$(零映射), 故 $\ker(\varphi) = \{0\}$, 即 φ 是单射.

* 满射.

设 $g \in \mathcal{L}(G,F), h \in \mathcal{L}(H,F)$. 证明存在一个映射 $f \in \mathcal{L}(E,F)$ 使得 $f_{|G} = g$ 且 $f_{|H} = h$.

设 $x \in E$. 存在唯一的二元组 $(a,b) \in G \times H$ 使得 $x = a + b$. 我们令 $f(x) = g(a) + h(b)$. 这定义了一个从 E 到 F 的映射 f, 因为对每个 $x \in E$, 二元组 $(a,b) \in G \times H$ 是唯一的. 下面证明 f 满足条件.

▷ 如果 $x \in G$, 那么, 因为满足 $x = a + b$ 的 $(a,b) \in G \times H$ 是唯一的, 所以 $a = x$ 且 $b = 0$. 从而得到

$$f(x) = g(a) + h(b) = g(x) + h(0) = g(x) + 0 = g(x).$$

因此, $f_{|G} = g$.

▷ 同理可证 $f_{|H} = h$.

▷ 最后证明 $f \in \mathcal{L}(E,F)$.

设 $(x,x') \in E^2, \lambda \in \mathbb{K}$. 那么, 存在唯一的 $(a,b) \in G \times H$ 和唯一的 $(a',b') \in G \times H$ 使得 $x = a + b$ 和 $x' = a' + b'$. 我们有

$$\lambda \cdot x + x' = (\lambda \cdot a + a') + (\lambda \cdot b + b').$$

因为 G 和 H 是 E 的向量子空间, 所以 $(\lambda \cdot a + a', \lambda \cdot b + b') \in G \times H$.

因此,

$$\begin{aligned}
f(\lambda \cdot x + x') &= g(\lambda \cdot a + a') + h(\lambda \cdot b + b') \\
&= \lambda \cdot g(a) + g(a') + \lambda \cdot h(b) + h(b') \\
&= \lambda \cdot (g(a) + h(b)) + g(a') + h(b') \\
&= \lambda \cdot f(x) + f(x').
\end{aligned}$$

这证得 f 是一个线性映射.

因此, 证得对任意 $(g,h) \in \mathcal{L}(G,F) \times \mathcal{L}(H,F)$, 存在 $f \in \mathcal{L}(E,F)$ 使得 $f_{|G} = g$ 且 $f_{|H} = h$, 即 $\varphi(f) = (g,h)$. 所以, φ 是满射. ⊠

例 4.4.6.5　在平面 $\vec{\mathcal{P}}$ 中配备常用的正向规范正交基 $(\vec{i}, \vec{j})$, 考虑 $G = <\vec{i}> = \mathbb{R}\vec{i}$ 和 $H = <\vec{j}> = \mathbb{R}\vec{j}$. 那么, G 和 H 是 $\vec{\mathcal{P}}$ 的两个互补的向量子空间. 因此, 存在唯一的 $\vec{\mathcal{P}}$ 的自同态 p 使得 $p_{|G} = i_{G,\vec{\mathcal{P}}}$ (包含映射) 且 $p_{|H} = 0$. p 是什么映射?

注:

- 这证明了(在定理 4.4.4.5 之后的)注释中给出的映射 f 和 g 的存在性(和唯一性), 可以证明, 如果 E 包含至少两个不共线的向量, 那么 $\mathcal{L}(E)$ 是一个非交换环;

- 这个定理使得我们可以用一种"简单"的方式定义投影和对合的线性变换(或线性对合映射)的概念(参见 4.4.8 小节).

4.4.7 向量空间的超平面以及线性型

定义 4.4.7.1 设 E 是一个 $\mathbb{K}$-向量空间. 我们定义 E 的超平面为 E 的任意以一条向量直线为补空间的子空间 H. 换言之, E 的一个向量子空间 H 是 E 的一个超平面, 若

$$\exists u \in E \setminus \{0_E\}, H \oplus \mathbb{K}u = E.$$

例 4.4.7.2 在常用平面 $\overrightarrow{\mathcal{P}}$ 中, 一个超平面是一条向量直线.

例 4.4.7.3 在空间 $\overrightarrow{\mathcal{E}}$ 中, 一个超平面是一个向量平面.

例 4.4.7.4 在 $\mathbb{R}^4$ 中, 集合 $H = \{(x,y,z,t) \in \mathbb{R}^4 \mid t = 0\}$ 是一个超平面. 事实上, 我们可以验证(留作练习)$H \oplus \mathbb{R}(0,0,0,1) = \mathbb{R}^4$. 注意, 我们也可以选择其他向量直线. 例如, $H \oplus \mathbb{R}(1,0,0,1) = \mathbb{R}^4$.

习题 4.4.7.5 证明 $H = \{(u_n)_{n \in \mathbb{N}} \in \mathbb{R}^{\mathbb{N}} \mid u_0 = 0\}$ 是 $\mathbb{R}^{\mathbb{N}}$ 的一个超平面.

命题 4.4.7.6 设 E 是一个 $\mathbb{K}$-向量空间, H 是 E 的一个超平面, $x \in E$. 那么,

$$H \oplus \mathbb{K}x = E \iff x \notin H.$$

证明:

> 显然, 如果 $H \oplus \mathbb{K}x = E$, 那么 $x \notin H$. 反过来, 如果 $x \notin H$, 那么 $H \oplus \mathbb{K}x$(即这两个向量子空间的和是直和). 要证明其和为 E.
>
> 根据超平面的定义, 存在 $u \in E \setminus \{0\}$ 使得 $H \oplus \mathbb{K}u = E$, 而由于 $x \in E$, 故存在唯一的 $h \in H$ 和 $\lambda \in \mathbb{K}$ 使得 $x = h + \lambda u$. 又因为 $x \notin H$, 故 $\lambda \neq 0$, 从而有
>
> $$u = \frac{1}{\lambda} \cdot x - \frac{1}{\lambda} \cdot h \in \mathbb{K}x + H.$$
>
> 由此导出 $\mathbb{K}u \subset (\mathbb{K}x + H)$, 同样地, 有 $H \subset (\mathbb{K}x + H)$. 因此,
>
> $$E = H + \mathbb{K}u \subset H + \mathbb{K}x \subset E. \qquad \boxtimes$$

定理 4.4.7.7　设 E 是一个 $\mathbb{K}$-向量空间, $H \subset E$. 那么, 下列叙述相互等价:

(i)　H 是 E 的一个超平面;

(ii)　存在 E 上的一个非零线性型 f 使得 $H = \ker(f)$.

此外, 如果 $f, g \in \mathcal{L}_\mathbb{K}(E, \mathbb{K}) \setminus \{0\}$(即 f 和 g 是 E 上的两个非零线性型), 那么

$$\ker(f) = \ker(g) \iff \exists \lambda \in \mathbb{K}^\star, \, g = \lambda f.$$

证明:

> • 证明 (i) $\implies$ (ii).
>
> 假设 H 是 E 的一个超平面. 那么, 存在 $u \in E \setminus \{0\}$ 使得 $H \oplus <u> = E$. 根据归并定理, 存在唯一的线性映射 $f \in \mathcal{L}(E, \mathbb{K})$ 使得
>
> $$\forall x \in H, \, f(x) = 0_\mathbb{K} \quad 且 \quad \forall \lambda \in \mathbb{K}, \, f(\lambda \cdot u) = \lambda.$$
>
> 显然, $H = \ker(f)$, 且 f 是一个非零线性型(因为 $f(u) = 1_\mathbb{K} \neq 0_\mathbb{K}$).
>
> • 反过来, 假设 $H = \ker(f)$, 其中 f 是 E 上的一个非零线性型. 要证明 H 是一个超平面.
>
> 根据假设, f 不恒为零. 因此, 存在 $u \in E$ 使得 $f(u) \neq 0_\mathbb{K}$. 已知 f 是线性的, 故必然有 $u \neq 0_E$.

证明 $E = \ker(f) \oplus \mathbb{K}u$.

* 证明 $\ker(f) \cap \mathbb{K}u = \{0_E\}$.

设 $x \in \ker(f) \cap \mathbb{K}u$. 一方面, $x \in \mathbb{K}u$, 故存在 $\lambda \in \mathbb{K}$ 使得 $x = \lambda \cdot u$. 此外, $x \in \ker(f)$, 故 $0_{\mathbb{K}} = f(x)$. 从而有

$$0 = f(x) = f(\lambda \cdot u) = \lambda \cdot f(u) = \lambda \times f(u).$$

又因为, $f(u) \neq 0_{\mathbb{K}}$, 故 $\lambda = 0_{\mathbb{K}}$(因为 $\mathbb{K}$ 是一个除环, 故它必是整环), $x = 0_{\mathbb{K}} \cdot u = 0_E$.

* 证明 $E = \ker(f) + <u>$.

设 $x \in E$. 已知 $f(u) \neq 0_{\mathbb{K}}$, 故 $f(u)$ 是在 $\mathbb{K}$ 中可逆的. 可以写为

$$x = \left(x - f(x)f(u)^{-1}u\right) + f(x)f(u)^{-1}u.$$

由定义知, $f(x)f(u)^{-1}u \in \mathbb{K}u$. 因此, 令 $h = x - f(x)f(u)^{-1}u$, 则有

$$f(h) = f(x) - f(x)f(u)^{-1}f(u) = f(x) - f(x) = 0_{\mathbb{K}},$$

即 $h \in \ker(f)$. 因此证得存在 $h \in \ker(f)$ 和 $\lambda \in \mathbb{K}$ 使得 $x = h + \lambda u$. 这证得 $E = \ker(f) + \mathbb{K}u$.

● 最后, 证明如果 f 和 g 是两个非零线性型, 那么 $\ker(f) = \ker(g)$ 当且仅当存在 $\lambda \in \mathbb{K}^\star$ 使得 $g = \lambda f$.

* 蕴涵关系 $\Longleftarrow$ 是显然的.

事实上, 如果 $g = \lambda f$ 且 $\lambda \neq 0$, 那么 $f(x) = 0 \iff g(x) = 0$.

* 证明 $\Longrightarrow$.

假设 $\ker(f) = \ker(g) = H$. 综上所述, H 是 E 的一个超平面, 故存在 $u \in E \setminus \{0_E\}$ 使得 $H \oplus \mathbb{K}u = E$. 那么有 $f(u) \neq 0_{\mathbb{K}}$ 和 $g(u) \neq 0_{\mathbb{K}}$. 令 $\lambda = g(u)f(u)^{-1}$. 要证明 $g = \lambda \cdot f$.

如果 $x \in H$, 那么 $g(x) = 0_{\mathbb{K}} = f(x) = \lambda \cdot f(x)$.

如果 $\alpha \in \mathbb{K}$, 那么

$$g(\alpha \cdot u) = \alpha \cdot g(u) = \alpha \times g(u) = g(u) \times f(u)^{-1} \times \alpha \times f(u) = \lambda \cdot f(\alpha \cdot u).$$

因此, $g_{|H} = \lambda \cdot f_{|H}$ 且 $g_{|<u>} = \lambda \cdot f_{|<u>}$. 根据归并定理, $g = \lambda \cdot f$. $\boxtimes$

注：

- 不要忘记所考虑的线性型非零的假设.

- 在证明过程中, 为证明 $H = \ker(f)$ 是一个超平面, 我们知道应该选取 $u \in E \setminus \ker(f)$, 而由命题 4.4.7.6 可知, 如果 H 是一个超平面, 应该有 $E = \ker(f) \oplus \mathbb{K}u$. 其次, 为了得到分解式, 也可以通过分析–综合法来证明 $x = \left(x - \dfrac{f(x)}{f(u)} u \right) + \dfrac{f(x)}{f(u)} u$.

- 同样地, 在证明 f 和 g 成比例时, 可以通过分析–综合法来求得系数.

- 直觉上这个定理很容易理解. 在 $\mathbb{R}^3$ 中, 一个超平面只是一个向量平面, 我们知道, 超平面的笛卡儿方程是 $ax + by + cz = 0$ (其中 $(a, b, c) \neq (0, 0, 0)$), 这对应于线性型 $f: (x, y, z) \longmapsto ax + by + cz$ 的核. 在更一般的框架中, 正是线性型 "f" 给出了 "超平面的方程". 此外, 显然在 $\mathbb{R}^3$ 中两个平面相等当且仅当它们的笛卡儿方程是成比例的. 因此, 推广到一般框架中, 就有: 两个超平面相等当且仅当 f 和 g 是成比例的.

- 我们将在关于向量空间维数的一章(《大学数学基础 2》)中看到其他简单的解释.

4.4.8　重要的线性映射

在本小节中, E 是一个 $\mathbb{K}$-向量空间, 其中 $\mathbb{K}$ 是一个域(即交换除环).

4.4.8.a　位似变换

定义 4.4.8.1　　我们称一个映射 $h \in \mathcal{F}(E, E)$ 是一个位似变换(homothétie), 若存在 $\lambda \in \mathbb{K}$ 使得 $h = \lambda \cdot \mathrm{Id}_E$.

命题 4.4.8.2　E 的位似变换的集合 $\mathcal{H}(E)$ 是 $\mathcal{L}(E)$ 的一个交换子代数, 即它既是 $\mathcal{L}(E)$ 一个向量子空间又是 $\mathcal{L}(E)$ 的一个交换子环. 此外, 非零位似变换的集合是 $\mathcal{GL}(E)$ 的一个交换子群, 同构于 $(\mathbb{K}^*, \times)$.

证明:

> 对 $\lambda \in \mathbb{K}$, 我们记 $h_\lambda = \lambda \cdot \mathrm{Id}_E$. 容易证明, 对任意 $(\lambda, \mu) \in \mathbb{K}^2$, 有以下关系:
>
> $$h_\lambda + h_\mu = h_{\lambda+\mu}, \quad h_\lambda \circ h_\mu = h_\mu \circ h_\lambda = h_{\lambda \times \mu} \quad \text{和} \quad \lambda \cdot h_\mu = h_{\lambda \times \mu}.$$
>
> 由此可以推断, $\mathcal{H}(E)$ 是 $\mathcal{L}(E)$ 的一个交换子代数. 详细证明留作练习.
>
> 此外, 我们还有: $h_{1_\mathbb{K}} = \mathrm{Id}_E$ 以及 $\forall \lambda \in \mathbb{K}^\star$, $h_\lambda^{-1} = h_{\lambda^{-1}}$.
>
> 因此, $\mathcal{H}'(E) = \mathcal{H}(E) \setminus \{0\} = \mathbb{K}^\star \mathrm{Id}_E$ 是 $\mathcal{GL}(E)$ 的一个交换子群, 映射
>
> $$\varphi: \begin{array}{c} (\mathbb{K}^\star, \times) \longrightarrow (\mathcal{H}'(E), \circ), \\ \lambda \longmapsto h_\lambda \end{array}$$
>
> 是一个群同构. $\boxtimes$

注: 这是非常特殊的情况! 正如在本章中看到的, 集合 $\mathcal{L}(E)$ 通常不是交换的.

习题 4.4.8.3 如何从几何角度解释 λ 的符号? 如何解释 $|\lambda|$ 相对于 1 的位置?

4.4.8.b 投影

> 定义 4.4.8.4 设 E 是一个 $\mathbb{K}$-向量空间, F 和 G 是两个在 E 中互补的向量子空间. 我们定义到 F 上平行于 G 的投影映射(或投影)为从 E 映到 E 满足
>
> $$p_{|F} = \mathrm{Id}_F \quad \text{且} \quad p_{|G} = 0$$
>
> 的唯一的线性映射. 到 F 上平行于 G 的投影映射记为 $p_{F//G}$.

注:

- 由线性映射的归并定理知这个定义是有意义的. 换言之, 确实存在一个且只有一个 E 的自同态满足 $p_{|F} = \mathrm{Id}_F$ 且 $p_{|G} = 0$.
- 在前面的定义中, 我们滥用了符号, 因为 p 的到达集是 E. 严格说来, 应该写为 $p_{|F}$ 是从 F 到 E 的包含映射.
- 还可以注意到, 如果 $x \in E$, 那么 x 可唯一写成 $x = x_F + x_G$, 其中 $x_F \in F$ 且 $x_G \in G$. 在这种情况下, 根据定义, $p_{F//G}(x) = x_F$.

例 4.4.8.5　在 $\mathbb{R}^3$ 中考虑平面 $F = \{(x,y,z) \in \mathbb{R}^3 \mid z = 0\}$ 和直线 $G = F^{\perp} = \mathbb{R} < 0,0,1 >$. 那么, 到 F 上平行于 G 的投影映射是到平面 F 上的"常用的"正交投影.

例 4.4.8.6　设映射 $p : \mathcal{F}(\mathbb{R}, \mathbb{R}) \longrightarrow \mathcal{F}(\mathbb{R}, \mathbb{R})$ 把 f 映为 $p(f) : x \longmapsto \dfrac{f(x) + f(-x)}{2}$, $\mathcal{P}$ 是偶函数的集合, $\mathcal{I}$ 是奇函数的集合. 那么, p 是到 $\mathcal{P}$ 上平行于 $\mathcal{I}$ 的投影映射. 实际上,

$$\mathcal{P} \oplus \mathcal{I} = \mathcal{F}(\mathbb{R}, \mathbb{R}) \text{ 且 } p_{|\mathcal{P}} = \mathrm{Id}_{\mathcal{P}} \text{ 且 } p_{|\mathcal{I}} = 0.$$

定义 4.4.8.7　设 E 是一个 $\mathbb{K}$-向量空间. 我们定义 E 的投影为 E 的任意满足以下条件的自同态 p: 存在两个在 E 中互补的子空间 F 和 G 使得 $p = p_{F//G}$.

根据定义, 投影的识别并不那么容易, 因为我们需要"知道 F 和 G". 下面的性质将给出"F 和 G"的明确描述, 并提供一个简单的判据以识别投影及其特征元素, 即"F 和 G".

命题 4.4.8.8　设 E 是一个 $\mathbb{K}$-向量空间, F 和 G 是两个在 E 中互补的子空间, $p = p_{F//G}$ 是到 F 上平行于 G 的投影映射. 那么,

(i)　$\ker(p) = G$ 且 $\mathrm{Im}(p) = F$;

(ii)　$\forall x \in E,\ (x \in \mathrm{Im}(p) \iff p(x) = x)$, 换言之 $\mathrm{Im}(p) = \ker(\mathrm{Id}_E - p)$.

证明:

- 证明 $\ker(p) = G$.

设 $x \in E$. 由于 F 和 G 在 E 中互补, 故存在唯一的 $(x_F, x_G) \in F \times G$ 使得 $x = x_F + x_G$. 那么有

$$
\begin{aligned}
x \in \ker(p) &\iff p(x_F + x_G) = 0 \\
&\iff p(x_F) + p(x_G) = 0 \\
&\iff x_F = 0 \\
&\iff x \in G.
\end{aligned}
$$

因此, $\ker(p) = G$.

- 通过两边包含关系证明 $\mathrm{Im}(p) = F$.

  * $\mathrm{Im}(p) \subset F$

    设 $y \in \mathrm{Im}(p)$. 存在 $x \in E$ 使得 $y = p(x)$. 此外, 存在 $(x_F, x_G) \in F \times G$ 使得 $x = x_F + x_G$. 那么有 $y = p(x) = x_F \in F$.

  * $F \subset \mathrm{Im}(p)$

    设 $x_F \in F$. 那么, $p(x_F) = x_F$, 故 $x_F \in \mathrm{Im}(p)$.

- 最后, 设 $x \in E$.

  * 如果 $x \in \mathrm{Im}(p)$, 那么因为 $F = \mathrm{Im}(p)$ 且 $p = p_{F//G}$, 所以 $p(x) = x$ (事实上, 在证明 $\mathrm{Im}(p) = F$ 时已证得这一点).

  * 反过来, 如果 $x = p(x)$, 那么, 根据定义有 $p(x) \in \mathrm{Im}(p)$, 因此 $x = p(x) \in \mathrm{Im}(p)$. $\boxtimes$

由此可以立即推导出以下推论.

推论 4.4.8.9 如果 p 是 E 的一个投影, 那么 $\mathrm{Im}(p) \oplus \ker(p) = E$.

⚠ **注意:** 逆命题是严重错误的! 例如, 在 $\mathbb{R}^2$ 中, 如果 $p((x,y)) = (2x, 0)$, 那么, p 是线性的, 我们有 $\ker(p) = \mathbb{R}(0,1)$ 且 $\mathrm{Im}(p) = \mathbb{R}(1,0)$. 因此, 我们有 $\mathrm{Im}(p) \oplus \ker(p) = \mathbb{R}^2$, 然而 p 不是一个投影, 因为 $p_{|\mathrm{Im}(p)} = 2\mathrm{Id}_{\mathrm{Im}(p)} \neq \mathrm{Id}_{\mathrm{Im}(p)}$.

习题 4.4.8.10 如果 $p \in \mathcal{L}(E)$ 满足 $\mathrm{Im}(p) \oplus \ker(p) = E$, 那么 p 是一个投影的充分必要条件是什么?

定理 4.4.8.11 (投影的刻画) 设 $p \in \mathcal{L}(E)$. 那么下列叙述相互等价:

(i) p 是 E 的一个投影;

(ii) $p \circ p = p$.

证明：

- 证明 (i) $\Longrightarrow$ (ii).

假设 p 是 E 的一个投影. 那么, 根据命题 4.4.8.8, $\mathrm{Im}(p) = \ker(\mathrm{Id}_E - p)$, 从而 $\mathrm{Im}(p) \subset \ker(\mathrm{Id}_E - p)$. 由此推断(定理 4.4.4.3), $(\mathrm{Id}_E - p) \circ p = 0$, 即 $p \circ p = p$.

- 证明 (ii) $\Longleftarrow$ (i).

假设 $p^2 = p$. 要证明 $p = p_{\mathrm{Im}(p) // \ker(p)}$.

* 首先, 已知 p 是一个线性映射, 故 $\ker(p)$ 和 $\mathrm{Im}(p)$ 都是 E 的向量子空间.

* 接下来, 证明 $\ker(p) \oplus \mathrm{Im}(p) = E$.

  ▷ 证明 $\mathrm{Im}(p) + \ker(p) = E$.
  设 $x \in E$. 那么 $x = p(x) + (x - p(x))$. 又因为 $p(x) \in \mathrm{Im}(p)$, 且有

  $$p(x - p(x)) = p(x) - p(p(x)) = p(x) - p(x) = 0.$$

  由此可得, $(x - p(x)) \in \ker(p)$, 从而 $x \in \ker(p) + \mathrm{Im}(p)$. 所以 $\mathrm{Im}(p) + \ker(p) = E$.

  ▷ 证明 $\mathrm{Im}\,(p) \cap \ker(p) = \{0\}$.
  设 $x \in \ker(p) \cap \mathrm{Im}(p)$. 那么, 存在 $t \in E$ 使得 $x = p(t)$. 我们也有 $p(x) = 0$, 即 $p^2(t) = 0$. 又因为, 根据假设, $p^2 = p$, 故 $p(t) = 0$, 即 $x = 0$.

  这证得 $\ker(p) \oplus \mathrm{Im}(p) = E$.

* 最后, 等式 $p_{|\ker(p)} = 0$ 是显然的, 并且如果 $y \in \mathrm{Im}(p)$, 那么存在 $x \in E$ 使得 $y = p(x)$, 在这种情况下, $p(y) = p^2(x) = p(x) = y$. 因此, $p_{|\mathrm{Im}(p)} = \mathrm{Id}_{\mathrm{Im}(p)}$. $\boxtimes$

命题 4.4.8.12 设 E 是一个 $\mathbb{K}$-向量空间, p 是 E 的一个投影. 那么,

(i) $q = \mathrm{Id}_E - p$ 是 E 的一个投影. q 称为 p 的关联投影(projecteur associé à p) ;

(ii) $\ker(q) = \mathrm{Im}(p)$ 且 $\mathrm{Im}(q) = \ker(p)$.

证明:

- 因为 $p \in \mathcal{L}(E)$, 所以 $q \in \mathcal{L}(E)$, 并且, 已知 $p^2 = p$, 我们有

$$q^2 = (\mathrm{Id}_E - p)^2 = \mathrm{Id}_E - 2p + p^2 = \mathrm{Id}_E - p = q.$$

这证得 q 是一个投影.

- 由于 q 是一个投影, 故 $\mathrm{Im}(q) = \ker(\mathrm{Id}_E - q) = \ker(p)$, 又因为 p 和 q 的作用对称, 所以 $\ker(q) = \mathrm{Im}(p)$. $\boxtimes$

注:

- 简单地说, 命题 4.4.8.12 表明, 如果 $p = p_{F//G}$, 那么 p 的关联投影是 $q = p_{G//F}$;
- 这让我们想起归并定理的证明. 为证明满射性, 引入了 $f = g \circ p_{G//H} + h \circ p_{H//G}$.

习题 4.4.8.13 利用投影的定义, 给出命题 4.4.8.12 的另一种证明.

习题 4.4.8.14 设 p 是一个从 $\mathbb{R}^2$ 到自身的映射, 定义为

$$\forall (x,y) \in \mathbb{R}^2, \, p((x,y)) = \left(\frac{2x + 2y}{3}, \frac{x + y}{3} \right).$$

证明 p 是 $\mathbb{R}^2$ 的一个投影, 并确定其特征元素(即 p 的核与像).

习题 4.4.8.15 设 $E = <\mathrm{ch}, \mathrm{sh}>$, p 是定义如下的映射:

$$\forall y \in E, \, p(y) = y' + y.$$

1. 证明 p 是 E 的一个自同态.
2. 证明 p 是一个投影, 并确定其特征元素.

4.4.8.c 对合的线性变换(或线性对合映射)

定义 4.4.8.16 设 E 是一个 $\mathbb{K}$-向量空间, F 和 G 是两个在 E 中互补的向量子空间. 我们定义关于 F 且平行于 G 的对合的线性变换(symétrie par rapport à F parallèlement à G)(或线性对合映射, 可简称为线性对合)为唯一满足

$$s_{|F} = \mathrm{Id}_F \quad \text{且} \quad s_{|G} = -\mathrm{Id}_G$$

的线性映射 s. 关于 F 且平行于 G 的线性对合映射记为 $s_{F//G}$.

注:

- 由定义知, 如果 $x = x_F + x_G$, 其中 $(x_F, x_G) \in F \times G$, 那么 $s(x) = x_F - x_G$;
- 与在投影定义中一样, 我们滥用了记号.

命题 4.4.8.17　设 s 是关于 F 且平行于 G 的线性对合映射, p 是到 F 上平行于 G 的投影. 那么,

$$\ker(s - \mathrm{Id}_E) = F; \qquad \ker(s + \mathrm{Id}_E) = G \quad 且 \quad s = 2p - \mathrm{Id}_E.$$

特别地, 我们有 $\ker(s - \mathrm{Id}_E) \oplus \ker(s + \mathrm{Id}_E) = E$.

证明:

- 设 $x \in E$. 存在唯一的 $(x_F, x_G) \in F \times G$ 使得 $x = x_F + x_G$. 那么有

$$s(x) = x \iff x_F - x_G = x_F + x_G \iff x_G = 0 \iff x \in F.$$

这证得 $\ker(s - \mathrm{Id}_E) = F$.
- 类似可证, $\ker(s + \mathrm{Id}_E) = G$.
- 最后, 对于等式 $s = 2p - \mathrm{Id}_E$, 只需先在 F 上验证, 然后在 G 上验证. ◻

定义 4.4.8.18　设 E 是一个 $\mathbb{K}$-向量空间. 我们定义 E 的线性对合(symétrie)为 E 的任意满足以下条件的自同态: 存在两个在 E 中互补的子空间 F 和 G 使得 $s = s_{F//G}$.

定理 4.4.8.19　设 $s \in \mathcal{L}(E)$. 那么, s 是 E 的一个线性对合当且仅当 $s \circ s = \mathrm{Id}_E$.

证明:

- 如果 $s = s_{F//G}$ 是一个线性对合, 那么 $s_{|F}^2 = \mathrm{Id}_F$ 且 $s_{|G}^2 = \mathrm{Id}_G$, 故根据归并定理, $s^2 = \mathrm{Id}_E$.

● 反过来, 假设 $s^2 = \mathrm{Id}_E$.

　　∗ 证明 $\ker(s - \mathrm{Id}_E) \oplus \ker(s + \mathrm{Id}_E) = E$.

　　设 $x \in E$. 通过分析–综合法证明 x 可以唯一地写成 $x = x_1 + x_2$, 其中 $x_1 \in \ker(s - \mathrm{Id}_E)$ 且 $x_2 \in \ker(s + \mathrm{Id}_E)$.

　　<u>分析</u>
　　假设这样的 x_1 和 x_2 存在. 那么, $s(x) = s(x_1) + s(x_2)$, 故 $s(x) = x_1 - x_2$. 又因为, $x = x_1 + x_2$. 因此(通过求和与作差),

$$x_1 = \frac{1}{2}(x + s(x)) \quad \text{且} \quad x_2 = \frac{1}{2}(x - s(x)).$$

　　这证得这样的 x_1 和 x_2 若存在必唯一.

　　<u>综合</u>
　　令 $x_1 = \frac{1}{2}(x + s(x))$ 和 $x_2 = \frac{1}{2}(x - s(x))$. 那么,

$$s(x_1) = \frac{1}{2}(s(x) + s^2(x)) = \frac{1}{2}(s(x) + x) = x_1.$$

　　因此, $x_1 \in \ker(s - \mathrm{Id}_E)$. 同理可证 $x_2 \in \ker(s + \mathrm{Id}_E)$. 最后, 显然有 $x = x_1 + x_2$.

　　这证得 $\ker(s - \mathrm{Id}_E) \oplus \ker(s + \mathrm{Id}_E) = E$.

　　∗ 由定义知, $s_{|\ker(s - \mathrm{Id}_E)} = \mathrm{Id}_E$ 和 $s_{|\ker(s + \mathrm{Id}_E)} = -\mathrm{Id}_E$.

因此, s 是关于 $\ker(s - \mathrm{Id}_E)$ 且平行于 $\ker(s + \mathrm{Id}_E)$ 的线性对合. ⊠

<u>注:</u>　我们也可以从证明(留作练习)$p = p_{F//G}$ 当且仅当 $2p - \mathrm{Id}_E = s_{F//G}$ 开始, 然后导出投影的刻画. 实际上, 如果 $s \in \mathcal{L}(E)$ 且 $p = \frac{1}{2} \cdot (s + \mathrm{Id}_E)$, 那么,

$$s^2 = \mathrm{Id}_E \iff p^2 = p.$$

推论 4.4.8.20　E 的线性对合是 E 的自同构.

证明：

> 我们刚刚看到, 线性对合满足 $s \circ s = \mathrm{Id}_E$. 因此, s 是 E 的一个对合, 故它是双射. □

习题 4.4.8.21 设 $E = \mathcal{F}(\mathbb{R}, \mathbb{R})$. 考虑映射

$$\varphi: \begin{array}{l} E \longrightarrow E, \\ f \longmapsto \varphi(f), \end{array}$$

其中, 对 $f \in E$, 我们有: $\forall x \in \mathbb{R},\ \varphi(f)(x) = f(-x)$.

1. 证明 φ 是 E 的一个线性对合.

2. 由此可以得到什么已知的结果？

习题 4.4.8.22 通过考虑把 f 映为 $x \longmapsto f(x + T)$ 的映射 ψ, 用非常简单的方式证得习题 4.2.3.8 的结果.

习题 4.4.8.23 设 $\mathcal{P}$ 是由笛卡儿方程 $x + y - z = 0$ 确定的平面, $\mathcal{D} = \mathbb{R}(1, 1, 1)$.

1. 证明 $\mathcal{P} \oplus \mathcal{D} = \mathbb{R}^3$.

2. 设 $s = s_{\mathcal{P}//\mathcal{D}}$. 对 $(x, y, z) \in \mathbb{R}^3$, 将 $s(x, y, z)$ 表示成 x, y 和 z 的函数.

4.5 习　　题

习题 4.5.1 在 $\mathbb{R}^n$ 中, 记 $x_i (1 \leqslant i \leqslant n)$ 为一个向量的各个分量. 下列集合是向量空间吗？

$E_1 = \{x \in \mathbb{R}^2 \mid x_1 \in \mathbb{Z}\}; \quad E_2 = \{x \in \mathbb{R}^3 \mid \sin x_2 = x_1\}; \quad E_3 = \{x \in \mathbb{R}^4 \mid x_1 = 0\};$

$E_4 = \{x \in \mathbb{R}^4 \mid x_1 x_2 = 0\}; \quad E_5 = \{x \in \mathbb{R}^3 \mid x_1 - x_2 = 1\}; \quad E_6 = \{x \in \mathbb{R}^3 \mid x_1 \neq x_2\}.$

习题 4.5.2 下列集合是 $E = \mathcal{F}(\mathbb{R}, \mathbb{R})$ 的向量子空间吗？

$E_1 = \{f \in E \mid f(1) = 0\}; \quad E_2 = \{f \in E \mid f(-1) = 1\}; \quad E_3 = \{f \in E \mid f \text{ 是单调递增的}\};$

$E_4 = \{f \in E \mid f \text{ 有上界}\}; \quad E_5 = \{f \in E \mid f(1) = f(2) = f(3) = 0\};$

$E_6 = \{f \in E \mid f \text{ 是单调的}\}; \quad E_7 = \{f \in E \mid \exists a \in \mathbb{R},\ \forall x > a,\ f(x) = 0\}.$

习题 4.5.3　下列集合是 $\mathbb{R}^{\mathbb{N}}$ 的向量子空间吗？

$$E_1 = \{u \in \mathbb{R}^{\mathbb{N}} \mid u \text{ 是单调的}\}; \quad E_2 = \{u \in \mathbb{R}^{\mathbb{N}} \mid u \text{ 收敛}\}; \quad E_3 = \{u \mid u \text{ 是有界的}\};$$

$$E_4 = \{u \in \mathbb{R}^{\mathbb{N}} \mid u \text{ 是等比序列}\}; \quad E_5 = \{u \in \mathbb{R}^{\mathbb{N}} \mid u \text{ 收敛到 } \ell\};$$

$$E_6 = \{u \in \mathbb{R}^{\mathbb{N}} \mid u \text{ 是等差序列}\}; \quad E_7 = \{u \in \mathbb{R}^{\mathbb{N}} \mid \textstyle\sum u_n^2 \text{ 收敛}\}.$$

习题 4.5.4　证明 $\{f \in \mathcal{F}(\mathbb{R}, \mathbb{R}) \mid \exists k_f \in \mathbb{R}^+, \forall x \in \mathbb{R}, |f(x)| \leqslant k_f |x|\}$ 是一个 $\mathbb{R}$-向量空间.

习题 4.5.5　设 F 和 G 是 E 的两个向量子空间. 证明

$$F \cup G \text{ 是 } E \text{ 的一个子空间} \iff F \subset G \text{ 或 } G \subset F.$$

习题 4.5.6　设 E 是一个 $\mathbb{K}$-向量空间, A 和 B 是 E 的两个向量子空间. 证明:

$$A \cap B = A + B \iff A = B.$$

习题 4.5.7　设 A, B 和 C 是 E 的三个向量子空间. 证明:

$$A \cap B + A \cap C \subset A \cap (B + C).$$

给出一个使得严格包含关系成立的例子.

习题 4.5.8　设 E 是一个 $\mathbb{R}$-向量空间. 对 $(x, y) \in \mathbb{R}^2$ 和 $(u, v) \in E^2$, 令

$$(x + iy) \cdot (u, v) = (xu - yv, xv + yu).$$

证明 E^2 配备常用的 $+$ 和如上定义的 $\cdot$ 是一个 $\mathbb{C}$-向量空间.

习题 4.5.9　设 $c \colon x \longmapsto \cos(x), s \colon x \longmapsto \sin(x)$. 对 $\varphi \in \mathbb{R}$, 考虑函数 $f_\varphi \colon x \longmapsto 3\cos(x - \varphi)$. 是否有 $f_\varphi \in \mathrm{Vect}(c, s)$?

习题 4.5.10　设 u, v 和 w 是 $\mathbb{R}^4$ 中的向量, 它们的坐标分别为 $(1, 2, 1, 1)$, $(-1, 1, 2, 1)$ 和 $(5, 4, -1, 1)$. 是否有 $w \in <u, v>$?

习题 4.5.11　对 $n \in \mathbb{N}$, 记 $c_n : x \longmapsto \cos(nx)$, $X = \{c_n \mid n \in \mathbb{N}\}$.

1. 确定使得 $x \longmapsto \cos(ax) \in <X>$ 的关于 $a \in \mathbb{R}$ 的充分必要条件.

2. 对 $n \in \mathbb{N}$, 是否有 $x \longmapsto \cos^n(x) \in <X>$? (记 $\cos^n = (\cos)^n$.)

3. $n \in \mathbb{N}$ 的哪些值使得 $x \longmapsto \sin^n(x) \in <X>$ 成立?

4. 记 $E = \{f \in \mathcal{C}^0(\mathbb{R}) \mid f$ 是 2π-周期的偶函数$\}$.

   (a) 证明 E 是一个向量空间, 且 $<X>$ 是 E 的一个子空间.

   (b) 是否有 $<X> = E$?

习题 4.5.12   设 A 和 B 是 E 的两个向量子空间, C 是 $A \cap B$ 在 B 中的一个补空间. 证明 $A + B = A \oplus C$.

习题 4.5.13   记 $E = \mathcal{F}(\mathbb{R}, \mathbb{R})$, 考虑下列集合:

$$A = \{f \in E \mid f(1) = 0\} \quad 和 \quad B = \{f \in E \mid \exists a \in \mathbb{R}, \forall x \in \mathbb{R}, f(x) = ax\}.$$

证明 A 和 B 是在 E 中互补的子空间.

习题 4.5.14   考虑下列集合:

$$E = \{(u_n) \in \mathbb{R}^{\mathbb{N}} \mid \forall n \in \mathbb{N}, u_{n+3} - u_{n+2} - u_{n+1} + u_n = 0\},$$
$$F = \{(u_n) \in \mathbb{R}^{\mathbb{N}} \mid \forall n \in \mathbb{N}, u_{n+1} + u_n = 0\},$$
$$G = \{(u_n) \in \mathbb{R}^{\mathbb{N}} \mid \forall n \in \mathbb{N}, u_{n+2} - 2u_{n+1} + u_n = 0\}.$$

1. 证明 E, F 和 G 是 $\mathbb{R}^{\mathbb{N}}$ 的向量子空间.

2. 确定 F 和 G 的元素的显式表达式.

3. 证明 $F \subset E$ 和 $G \subset E$.

4. 证明 $E = F \oplus G$.

习题 4.5.15   考虑以下集合:

$$F = \left\{ y \in \mathcal{C}^2(\mathbb{R}, \mathbb{R}) \mid \forall x \in \mathbb{R}, y''(x) = (1 + x^2)y(x) \right\}.$$

1. 证明 F 是一个 $\mathbb{R}$-向量空间.

2. 考虑定义如下的两个函数:

$$\forall x \in \mathbb{R}, f(x) = \exp\left(\frac{x^2}{2}\right); \quad \forall x \in \mathbb{R}, g(x) = f(x) \int_0^x e^{-t^2} \, \mathrm{d}t.$$

(a) 证明 f 和 g 属于 F.

(b) 证明：如果 u 和 v 是 F 中的两个函数，那么函数 $W = uv' - u'v$ 是常函数①.

(c) 如果 h 属于 F，比较 $\dfrac{h}{f}$ 和 $\dfrac{g}{f}$ 的导函数.

(d) 由此导出 $F = \mathrm{Vect}(f,g)$.

习题 4.5.16 考虑向量空间 $E = \mathcal{F}(\mathbb{R},\mathbb{R})$ 以及集合：

$$F = \{f \in E \mid f \text{ 是 } 1 \text{ 周期的 }\} \quad \text{和} \quad G = \left\{f \in E \mid \lim_{x \to +\infty} f(x) = 0\right\}.$$

1. 证明 F 和 G 是 E 的子空间.

2. 证明 F 和 G 的和是直和(提示：可以考虑使用一个趋于无穷的序列).

3. F 和 G 在 E 中互补吗？

习题 4.5.17 下列从 $\mathbb{R}^2$ 到 $\mathbb{R}^2$ 的映射中，哪些是线性的？

$$f_1\colon (x,y) \mapsto (2x+y, -2x-y); \quad f_2\colon (x,y) \mapsto (x+1,y); \quad f_3\colon (x,y) \mapsto (0,x);$$

$$f_4\colon (x,y) \mapsto (x^2,y); \quad f_5\colon (x,y) \mapsto (y,x); \quad f_6\colon (x,y) \mapsto (|x|,y).$$

习题 4.5.18 对下列映射中的每一个，判断它是否是线性的. 如果是，确定它的核与像. 然后推断该映射是否为单射或满射.

1. 从 $\mathbb{R}^2$ 到 $\mathbb{R}^2$ 把 (x,y) 映为 $(-x+2y, x+y)$ 的映射 f.

2. 从 $\mathcal{C}^\infty(R)$ 到自身把 y 映为 $y' + xy$ 的映射 g.

3. 从 $\mathcal{B}(\mathbb{N},R)$ 到 $\mathbb{R}$ 把 (u_n) 映为 $\sup\limits_{n \in \mathbb{N}} u_n$ 的映射 h.

4. 从 $\mathbb{R}^3$ 到 $\mathbb{R}^2$ 把 (x,y,z) 映为 $(x-z, y-z)$ 的映射 T.

5. 从 $\mathbb{R}$ 到 $\mathbb{R}^3$ 把 x 映为 $(x, 1+x, 2x)$ 的映射 P.

习题 4.5.19 设 $E = \mathbb{R}^3$ 配备了标准基 $(\vec{i}, \vec{j}, \vec{k})$.

1. 证明存在唯一的 E 的自同态 u 使得

$$u(\vec{i}) = -\sqrt{2}\vec{i} + \vec{k} \quad \text{且} \quad u(\vec{j}) = \sqrt{2}\vec{j} + \vec{k} \quad \text{且} \quad u(\vec{k}) = \vec{i} + \vec{j}.$$

①以下信息供参考：函数 W 是 u 和 v 的朗斯基行列式.

2. 确定 u 的核.

3. 确定 E 的满足 $u(\vec{x}) = 2\vec{x}$ 的向量 $\vec{x}$ 的集合 F.

4. 确定满足 $u(\vec{x}) = -2\vec{x}$ 的向量 $\vec{x}$ 的集合 G.

习题 4.5.20　考虑 $E = \mathbb{R}^3$. 记 $(\vec{i}, \vec{j}, \vec{k})$ 为 E 的标准基. 记 $\vec{v} = \vec{i} - \vec{j} + \vec{k}$, 定义映射 f 如下：对坐标为 (x, y, z) 的向量 $\vec{x}$,

$$f(\vec{x}) = \vec{x} - 2(x + y + z)\vec{v}.$$

1. 证明 f 是 E 的一个自同态.

2. 确定 f^2.

3. 由此导出 f 是双射, 并确定 f^{-1}, $\ker(f)$ 和 $\operatorname{Im}(f)$.

4. 证明 $\ker(f - \operatorname{Id}_E) \oplus \ker(f + \operatorname{Id}_E) = E$, 并分别确定 $\ker(f - \operatorname{Id}_E)$ 和 $\ker(f + \operatorname{Id}_E)$ 的一组基.

5. 确定 $\operatorname{Im}(f - \operatorname{Id}_E)$ 和 $\operatorname{Im}(f + \operatorname{Id}_E)$.

习题 4.5.21　考虑集合 F 和 G 如下：

$$
\begin{aligned}
F &= \{(x, y, z) \in \mathbb{R}^3 \mid y = z\}, \\
G &= \{(x, y, z) \in \mathbb{R}^3 \mid x - y = 0 \text{ 且 } z - 2y = 0\}.
\end{aligned}
$$

1. 证明 F 和 G 是 $\mathbb{R}^3$ 的向量子空间.

2. 证明 F 是一个平面, 并确定 F 的一组基.

3. 证明 G 是一条向量直线, 并给出 G 的一个方向向量.

4. 证明 F 和 G 在 $\mathbb{R}^3$ 中互补.

5. 设 p 是到 F 上平行于 G 的投影. 对 $(x, y, z) \in \mathbb{R}^3$, 确定 $p(x, y, z)$ 的表达式.

6. 设 q 是 $\mathbb{R}^3$ 的一个自同态, 定义如下：

$$
q\colon \begin{array}{ccc} \mathbb{R}^3 & \longrightarrow & \mathbb{R}^3, \\ (x, y, z) & \longrightarrow & (x + y - z, y, y). \end{array}
$$

我们承认 q 是 $\mathbb{R}^3$ 的一个自同态. 证明 q 是一个投影映射.

7. 证明 $\ker(q)$ 是一条向量直线.

8. 验证 $\ker(q)$ 和 G 的和是直和.

9. 证明 $\mathrm{Im}(q) = F$.

10. 由此导出 $p \circ q = q$ 以及 $q \circ p = p$. (回答这个问题和下面的问题, 不需要先确定问题 5 中的 $p(x,y,z)$ 的表达式.)

11. 令 $r = p + q$. r 是一个投影映射吗?

12. 对任意自然数 $n \geqslant 2$, 计算 r^n, 并把它表示成 r 的函数.

13. 证明两个包含关系:

$$\text{(a)} \ \ \mathrm{Im}(r - 2\mathrm{Id}_{\mathbb{R}^3}) \subset \ker(r) \quad 和 \quad \text{(b)} \ \ \mathrm{Im}(r) \subset \ker(r - 2\mathrm{Id}_{\mathbb{R}^3}).$$

14. 证明 $\mathbb{R}^3 = \ker(r) \oplus \ker(r - 2\mathrm{Id}_{\mathbb{R}^3})$.

15. 给出关于 $\ker(r)$ 且平行于 $\ker(r - 2\mathrm{Id}_{\mathbb{R}^3})$ 的线性对合 s 的表达式(表示成 $(x,y,z) \in \mathbb{R}^3$ 的函数).

习题 4.5.22 设 E, F 和 G 是三个 $\mathbb{K}$-向量空间. 假设 $f \in \mathcal{L}(E,F)$, f 是满射, $g : F \longrightarrow G$ 是一个映射且 $g \circ f$ 是线性的. 证明 g 是线性的.

习题 4.5.23 设 E 是一个向量空间, $f \in \mathcal{L}(E)$. 证明下列等价式:

1. $E = \ker(f) + \mathrm{Im}(f) \iff \mathrm{Im}(f) = \mathrm{Im}(f^2)$.
2. $\mathrm{Im}(f) \cap \ker(f) = \{0\} \iff \ker(f) = \ker(f^2)$.

习题 4.5.24 设 E, F 和 G 是三个 $\mathbb{K}$-向量空间, $f \in \mathcal{L}(E,F)$, $g \in \mathcal{L}(F,G)$.

1. 证明: $\ker(g \circ f) = \ker(f) \iff \ker(g) \cap \mathrm{Im}(f) = \{0\}$.
2. 证明: $\mathrm{Im}(g \circ f) = \mathrm{Im}(g) \iff \ker(g) + \mathrm{Im}(f) = F$.

习题 4.5.25 设 E, F 和 G 是三个 $\mathbb{K}$-向量空间, $f \in \mathcal{L}(E,F)$ 以及 $(g,h) \in \mathcal{L}(F,G)^2$. 证明:

$$\ker(g \circ f) = \ker(h \circ f) \iff \mathrm{Im}(f) \cap \ker(g) = \mathrm{Im}(f) \cap \ker(h).$$

习题 4.5.26 设 E 是一个 $\mathbb{K}$-向量空间, p 是 E 的一个投影. 假设 $\lambda \in \mathbb{K} \setminus \{0,1\}$. 通过以下两种方法证明 $p - \lambda \mathrm{Id}_E$ 是 E 的一个自同构:

1. 寻求一个形如 $ap + b\mathrm{Id}_E$ 的逆映射, 其中 $(a,b) \in \mathbb{K}^2$;
2. 直接证明 $p - \lambda \mathrm{Id}_E$ 是双射.

习题 4.5.27　设 E 是一个 $\mathbb{K}$-向量空间, p 和 q 是 E 的两个投影. 证明

$$p + q \text{ 是一个投影} \iff p \circ q = q \circ p = 0.$$

提示: 对于正向推出部分(即左推右), 我们可以先证明 $pq + qp = 0$, 然后证明 $pq = qp$.
然后, 证明 $\operatorname{Im}(p + q) = \operatorname{Im}(p) \oplus \operatorname{Im}(q)$ 以及 $\ker(p + q) = \ker(p) \cap \ker(q)$.

习题 4.5.28　设 E 是一个 $\mathbb{K}$-向量空间, $(f, g) \in \mathcal{L}(E)^2$. 证明下列两个性质是等价的:

(i) $f \circ g = g$ 且 $g \circ f = f$;

(ii) f 和 g 是 E 的投影, 且 $\operatorname{Im}(f) = \operatorname{Im}(g)$.

习题 4.5.29　设 E 是一个 $\mathbb{K}$-向量空间. 此外, 设 A 和 B 是在 E 中互补的两个向量子空间. 令

$$G = \{f \in \mathcal{L}(E) \mid \ker(f) = A \text{ 且 } \operatorname{Im}(f) = B\}.$$

1. 设 $f \in G$. 证明 B 关于 f 稳定, 即: $\forall x \in B, f(x) \in B$.

2. 证明: 如果 $f \in G$, 那么 $f_{|B}$ 是 B 的一个自同构.

3. 证明 G 关于运算 $\circ$ 构成一个群, 且它同构于 $\mathcal{GL}(B)$.

4. G 是 $\mathcal{GL}(E)$ 的一个子群吗?

习题 4.5.30　在本题中, 我们研究以可完全分解成单根的二次多项式为零化多项式的自同态及其应用.

第 1 部分: 一般性质

设 E 是一个 $\mathbb{K}$-向量空间. 考虑 $\mathbb{K}$ 的两个不同的元素 α, β 和 $f \in \mathcal{L}_{\mathbb{K}}(E)$ 使得

$$(f - \alpha \operatorname{Id}_E) \circ (f - \beta \operatorname{Id}_E) = 0.$$

1. 证明: $(f - \beta \operatorname{Id}_E) \circ (f - \alpha \operatorname{Id}_E) = 0$.

   接下来, 令 $F_\alpha = \ker(f - \alpha \operatorname{Id}_E)$ 和 $F_\beta = \ker(f - \beta \operatorname{Id}_E)$.

2. 证明 F_α 和 F_β 是 $\mathbb{K}$-向量空间.

3. 证明: $\operatorname{Im}(f - \beta \operatorname{Id}_E) \subset F_\alpha$ 和 $\operatorname{Im}(f - \alpha \operatorname{Id}_E) \subset F_\beta$.

4. 证明 F_α 和 F_β 是在 E 中互补的.

5. 记 p 为到 F_α 上平行于 F_β 的投影, q 为 p 的关联投影. 证明:

$$p + q = \mathrm{Id}_E \quad 和 \quad p \circ q = q \circ p = 0.$$

6. 证明 $f = \alpha p + \beta q$, 并由此导出 $n \in \mathbb{N}$ 时 f^n 的表达式, 用 α, β, p 和 q 的函数来表示.

7. 假设 $f \notin\ <\mathrm{Id}_E>$. 证明 f 是双射当且仅当 $\alpha\beta \neq 0$, 并且在这种情况下把 f^{-1} 表示成 α, β, p 和 q 的函数, 然后更一般地, 把 $f^n(n \in \mathbb{Z})$ 表示成 α, β, p 和 q 的函数.

第 2 部分: 研究一个例子

考虑从 $\mathbb{R}^2$ 到自身的映射 f 定义为

$$\forall(x, y) \in \mathbb{R}^2, \quad f(x, y) = (-2x + y, x - 2y).$$

1. 证明 f 是 $\mathbb{R}^2$ 的一个自同态.

2. f 是 $\mathbb{R}^2$ 的一个自同构吗?

3. 对 $(x, y) \in \mathbb{R}^2$, 计算 $(f \circ f)(x, y)$.

4. 由此导出存在两个实数 $\alpha < \beta$ 使得(需确定这两个实数的值)

$$(f - \alpha\mathrm{Id}_{\mathbb{R}^2}) \circ (f - \beta\mathrm{Id}_{\mathbb{R}^2}) = 0.$$

5. 确定向量子空间 F_α 和 F_β. 对这两个子空间, 给出它们各自的一个笛卡儿方程和一组基.

6. 对 $(x, y) \in \mathbb{R}^2$, 求出 $p(x, y)$ 和 $q(x, y)$ 的显式表达式(其中, p 和 q 是在第一部分中定义的投影, 但是对这个 f 定义的).

7. 验证 $p + q = \mathrm{Id}_{\mathbb{R}^2}$ 和 $p \circ q = q \circ p = 0$.

8. 对 $n \in \mathbb{Z}$, 确定自同态 f^n(即对 $(x, y) \in \mathbb{R}^2$, 给出 $f^n(x, y)$ 的显式表达式).

第 3 部分: 应用

两个相同的质点通过刚度系数为 k_0 的三个弹簧固定在两个点上 (图 4.1). k_0 和 m 满足 $\dfrac{k_0}{m} = 1\ (\mathrm{s}^{-2})$:

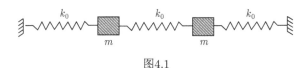

图4.1

分别记 x_1 和 x_2 为两个质点相对于它们各自的平衡位置的坐标. 假设它们是以下微分方程组的解:

$$\begin{cases} \ddot{x}_1 = -2x_1 + x_2, \\ \ddot{x}_2 = x_1 - 2x_2. \end{cases}$$

1. 证明: 对任意实数 t, $(\ddot{x}_1(t), \ddot{x}_2(t)) = f(x_1(t), x_2(t))$, 其中 f 是在第 2 部分中定义的自同态.

2. 分别记 $\vec{u}$ 和 $\vec{v}$ 为 F_α 和 F_β (参见第 2 部分)的方向向量.

    (a) 验证存在两个函数 a 和 b 使得

    $$\forall t \in \mathbb{R}, (x_1(t), x_2(t)) = a(t)\vec{u} + b(t)\vec{v}.$$

    (b) 证明函数 a 和 b 是在 $\mathbb{R}$ 上二阶可导的.

    (c) 证明:

    $$\forall t \in \mathbb{R}, \ddot{a}(t)\vec{u} + \ddot{b}(t)\vec{v} = \alpha a(t)\vec{u} + \beta b(t)\vec{v}.$$

    (d) 由此导出 a 和 b 是一个二阶常系数线性微分方程的解.

    (e) 解这个方程, 并由此导出所给微分方程组的解集.

3. 确定该微分方程组满足以下初始条件的解:

$$x_1(0) = 0; \quad \dot{x}_1(0) = 1; \quad x_2(0) = 1; \quad \dot{x}_2(0) = 0.$$

第 5 章　ℤ 中的算术

预备知识　学习本章之前, 需已熟悉以下内容:

- 逻辑基础课程(蕴涵、等价、谓词).

- 等价关系 ; 序关系, 最小元和最大元.

- 集合 ℕ 及其性质.

- 环 $(\mathbb{Z}, +, \times)$ 的结构以及有序集 $(\mathbb{Z}, \leqslant)$ 的性质.

- 群、环和除环 ; 群同态和环同态.

不要求已了解关于算术的具体知识.

5.1　ℤ 中的算术

5.1.1　因数和同余

定义 5.1.1.1　设 $(a,b) \in \mathbb{Z}^2$. 我们称 a 整除 b(记为 $a|b$), 若存在 $c \in \mathbb{Z}$, 使得 $b = ac$.

注释和记号:

- 我们也称 b 是 a 的一个倍数, 或 a 是 b 的一个因数. 我们将 a 的倍数的集合记为 $a\mathbb{Z}$, 即 $a\mathbb{Z} = \{na \mid n \in \mathbb{Z}\}$.

- $\forall b \in \mathbb{Z}, 1|b$, 因为对任意 $b \in \mathbb{Z}$, 存在 $c = b \in \mathbb{Z}$ 使得 $b = 1 \times b = 1 \times c$.

- $\forall a \in \mathbb{Z}, a|0$ 且 $a|a$.

- 对任意 $a \in \mathbb{Z}, (0|a \iff a = 0)$.

- 如果 $n|a$ 且 $n|b$, 那么对任意 $(u,v) \in \mathbb{Z}^2, n|ua + vb$.

- $a|b$ 当且仅当 $b\mathbb{Z} \subset a\mathbb{Z}$.

命题 5.1.1.2　关系 | 是自反的和传递的, 但不是反对称的. 更确切地说,

$$\forall (a,b) \in \mathbb{Z}^2, \left((a|b \text{ 且 } b|a) \iff |a| = |b| \right).$$

证明:

- 我们知道, 对任意 $a \in \mathbb{Z}, a|a$. 因此, | 是自反的.

- 设 $(a,b,c) \in \mathbb{Z}^3$ 使得 $a|b$ 且 $b|c$. 由整除的定义知, 存在 $(n,p) \in \mathbb{Z}^2$ 使得 $b = na$ 且 $c = pb$. 那么, $c = pna = (np)a$, 其中 $np \in \mathbb{Z}$. 因此, $a|c$, 关系 | 是传递的.

- 如果 $(a,b) \in \mathbb{Z}^2$ 满足 $a|b$ 且 $b|a$, 那么存在两个整数 n 和 p 使得 $a = nb$ 且 $b = pa$. 从而有 $a = npa$, 也即 $a(np - 1) = 0$. 已知 $\mathbb{Z}$ 是整环, 有两种情况:

  * 要么 $a = 0$, 此时有 $b = pa = 0$, 故 $|a| = |b| = 0$;

* 要么 $np = 1$, 由于 $(n, p) \in \mathbb{Z}^2$, 故 $n = p = 1$ 或 $n = p = -1$, 即 $a = b$ 或 $a = -b$, 也即 $|a| = |b|$.

反过来, 如果 $|a| = |b|$, 那么显然有 $a|b$ 且 $b|a$. $\boxtimes$

定义 5.1.1.3 设 $n \in \mathbb{N}^\star$ 且 $(a, b) \in \mathbb{Z}^2$. 我们称 a 与 b 模 n 同余, 并记为 $a \equiv b \ [n]$, 若 $n|(b - a)$.

注: 根据定义, 如果 $n \in \mathbb{N}^\star$, 那么 $(a \equiv b \ [n] \iff \exists k \in \mathbb{Z}, b = a + kn)$.

命题 5.1.1.4 对取定的 $n \in \mathbb{N}^\star$, 模 n 同余关系 $\equiv$ 是一个等价关系. 并且, 它与加法和乘法都兼容:

$$\forall (a, b, c, d) \in \mathbb{Z}^4, (a \equiv b \ [n] \ \text{且} \ c \equiv d \ [n] \implies a + c \equiv b + d \ [n] \ \text{且} \ ac \equiv bd \ [n]).$$

证明:

* 首先证明 $\equiv$ 是一个等价关系.

  * 证明 $\equiv$ 是自反的.
    对任意 $a \in \mathbb{Z}$, $n|0$, 即 $n|(a - a)$. 因此 $a \equiv a \ [n]$, 故 $\equiv$ 是自反的.

  * 证明 $\equiv$ 是对称的.
    设 $a \in \mathbb{Z}$ 和 $b \in \mathbb{Z}$ 使得 $a \equiv b \ [n]$. 根据定义, $n|(b - a)$, 即存在 $c \in \mathbb{Z}$ 使得 $b - a = cn$. 由此导出 $a - b = (-c) \times n$, 故 $n|(a - b)$, 即 $b \equiv a \ [n]$. 这证得 $\equiv$ 是对称的.

  * 最后, 证明 $\equiv$ 是传递的.
    设 $(a, b, c) \in \mathbb{Z}^3$ 使得 $a \equiv b \ [n]$ 且 $b \equiv c \ [n]$. 那么, n 整除 $b - a$ 且 n 整除 $c - b$. 因此, 存在 $(k, l) \in \mathbb{Z}^2$ 使得: $b - a = kn$ 且 $c - b = ln$. 把这两式加起来, 得到: $c - a = (k + l)n$, 因此 $a \equiv c \ [n]$. 传递性得证.

这证得 $\equiv$ 确实是 $\mathbb{Z}$ 上的一个等价关系.

- 现在证明它与加法和乘法兼容.

设 $(a,b,c,d) \in \mathbb{Z}^4$ 使得 $a \equiv b \ [n]$ 且 $c \equiv d \ [n]$. 那么, 存在 $(k,l) \in \mathbb{Z}^2$ 使得 $b = a + kn$ 和 $d = c + ln$. 对这两式求和得 $b + d = a + c + (k+l)n$, 即 $a + c \equiv b + d \ [n]$.

对于乘法, 注意到

$$ac - bd = ac - bc + bc - bd = (a-b)c + b(c-d).$$

又因为, $n|(a-b)$ 且 $n|(c-d)$, 故 $n|((a-b)c + b(c-d))$, 即 $ac \equiv bd \ [n]$. $\boxtimes$

⚠ **注意:**　一般来说, 我们不能作除法或化简! 例如,

$$2 \times 6 \equiv 2 \times 2 \ [8] \quad 但 \quad 6 \not\equiv 2 \ [8].$$

因此, 必须小心处理同余(即 $\equiv$ 符号). 我们稍后将看到哪些情况可以化简. 当有疑虑时, 把同余式写成等式, 看看在等式中是否可以化简.

推论 5.1.1.5　设 $n \in \mathbb{N}^\star$, $(a,b) \in \mathbb{Z}^2$. 那么

$$a \equiv b \ [n] \Longrightarrow \left(\forall k \in \mathbb{N}, a^k \equiv b^k \ [n] \right).$$

证明:

假设 $a \equiv b \ [n]$.

- 根据常用的约定, $a^0 = b^0 = 1$, 故 $a^0 \equiv b^0 \ [n]$. 因此性质对 0 成立.

- 用数学归纳法证明: $\forall k \in \mathbb{N}^\star$, $a^k \equiv b^k \ [n]$.

初始化:

对 $k = 1$, 由假设知 $a \equiv b \ [n]$. 故性质对 $k = 1$ 成立.

递推:

假设性质对某个 $k \geqslant 1$ 成立. 要证明它对 $k + 1$ 成立. 根据归纳假设, $a^k \equiv b^k \ [n]$ 且 $a \equiv b \ [n]$. 已知同余关系和乘法兼容, 故有

$$a \times a^k \equiv b \times b^k \ [n], \quad 即 \quad a^{k+1} \equiv b^{k+1} \ [n].$$

这证得性质对 $k + 1$ 成立, 归纳完成. $\boxtimes$

习题 5.1.1.6 自然数 $N = 106 \times 2011^{2011} - 59 \times 2006^{2011}$ 的 4 进制写法的最后一个数字(即个位数)是什么？10 进制的呢？

习题 5.1.1.7 利用 $b^k - a^k$ 的分解式给出另一个直接的证明(参见命题 1.2.3.9).

5.1.2 素数和素因数分解

定义 5.1.2.1 一个自然数 p 称为素数(或质数), 若它在 $\mathbb{N}$ 中只有 1 和 p 这两个因数. 不是素数且大于等于 2 的自然数称为合数.

例 5.1.2.2 $2, 3, 5, 7, 11, 13, 17, 19, 23, 29$ 是素数.

例 5.1.2.3 $4, 121, 221$ 是合数.

⚠ **注意**：1 不是素数, 因为它在 $\mathbb{N}$ 中只有一个因数.

定理 5.1.2.4 任意自然数 $n \geqslant 2$ 至少有一个素因数.

证明：

我们用强数学归纳法来证明这个结果.

初始化：

对 $n = 2$, n 可被 2 这个素数整除. 因此结论对 $n = 2$ 成立.

递推：

假设对某个自然数 $n \geqslant 2$, 结论对任意 $k \in [\![2, n]\!]$ 成立. 要证明结论对 $n + 1$ 也成立. 有两种情况：

- 如果 $n + 1$ 是素数, 那么 $n + 1$ 可被 $n + 1$ 这个素数整除.

- 如果 $n+1$ 不是素数, 那么 $n+1$ 有一个与 1 和 $n+1$ 不同的因数 a, 即存在自然数 b 使得 $n+1 = ab$, 其中 $2 \leqslant a \leqslant n$. 根据归纳假设, a 至少有一个素因数 p. 那么, 这个素数 p 也是 $n+1$ 的一个因数.

这证得结论对 $n+1$ 成立, 归纳完成. ☒

命题 5.1.2.5 自然数 $n \geqslant 2$ 是合数当且仅当它有一个素因数 p 满足 $p \leqslant \sqrt{n}$.

证明:

- 证明 $\Longrightarrow$.

设 $n \geqslant 2$ 是一个合数. 那么, 存在两个自然数 a 和 b 使得 $n = ab$, $1 < a < n$ 且 $1 < b < n$. 此外, 显然有 $a \leqslant \sqrt{n}$ 或 $b \leqslant \sqrt{n}$. 实际上, 如果 $a > \sqrt{n}$ 且 $b > \sqrt{n}$, 那么 $ab > n$, 矛盾.

不失一般性(否则交换记号), 可以假设 $a \leqslant \sqrt{n}$. 由于 $a \geqslant 2$, 应用上一定理知, a 有一个素因数 p. 那么, 显然 $p|n$ 且 $p \leqslant \sqrt{n}$.

- 证明 $\Longleftarrow$.

反过来, 如果 $n \geqslant 2$ 有一个素因数 p 使得 $p \leqslant \sqrt{n}$, 那么这个素因数 p 大于 1 (因为 1 不是素数)且小于 n(因为对 $n \geqslant 2$ 有 $\sqrt{n} < n$). 因此, n 不是素数, 因为它有除 1 和 n 外的因数. ☒

▶ **方法:** 为证明一个自然数 $n \geqslant 2$ 是素数, 必须且只需证明它不能被任意小于等于 $\sqrt{n}$ 的素数整除.

例 5.1.2.6 证明 1009 是素数. 因为 $31 < \sqrt{1009} < 32$, 必须且只需证明 1009 不能被小于 32 的素数整除, 即不能被 2, 3, 5, 7, 11, 13, 17, 19, 23, 29 和 31 整除. 对于 2, 3 和 5, 我们知道实用的判断方法, 因此很容易验证它们不能整除 1009. 对于其他的, 可以进行欧几里得除法(见 5.1.3 小节)或使用同余计算. 例如,

$$1009 \equiv 1009 - 31 \times 30 \ [31] \equiv 79 \ [31] \equiv 79 - 31 \times 2 \ [31] \equiv 17 \ [31] \not\equiv 0 \ [31].$$

定理 5.1.2.7 素数的集合是无限的.

证明:

参见《大学数学入门 2》. ⊠

定理 5.1.2.8 (素因数分解) 任意自然数 $n \geqslant 2$ 可以(除因数的顺序外)唯一地分解为素数的乘积. 换言之, 大于等于 2 的自然数 n 可以写成以下形式:

$$n = \prod_{i=1}^{r} p_i^{\alpha_i},$$

其中 $r \in \mathbb{N}^*$, 并且对任意 $i \in [\![1, r]\!]$, p_i 是素数, $\alpha_i \in \mathbb{N}^*$, 且这些 p_i 两两不同. 并且, 这种写法除因数的顺序外是唯一的.

证明:

我们已经证明了存在性(见例 2.2.2.8). 我们将在稍后的课程中证明唯一性(除因数的顺序外). ⊠

注:

- 根据空乘积(即下标集为空集的乘积)等于 1 的约定, 对于 $n = 1$(即素数的空乘积), 定理仍然成立;
- 在实践中, 求素因数分解是一个困难的问题, 这是许多密码学方法的基础.

定义 5.1.2.9 我们称 $p \in \mathbb{Z}$ 是素数, 若 $|p|$ 是一个自然数且是素数.

注: 等价地说, $p \in \mathbb{Z}$ 是素数当且仅当 p 在 $\mathbb{Z}$ 中只有 1, -1, p 和 $-p$ 四个因数.

推论 5.1.2.10 任意整数 $n \notin \{-1, 0, 1\}$ 可以写成以下形式:

$$n = \pm \prod_{i=1}^{r} p_i^{\alpha_i},$$

其中, $r \in \mathbb{N}^*$, 对任意 $i \in [\![1, n]\!]$, $p_i \in \mathbb{N}$ 是素数, $\alpha_i \in \mathbb{N}^*$, 且这些 p_i 两两不同. 并且, 这种写法除因数的顺序外是唯一的.

5.1.3　欧几里得除法

定理 5.1.3.1　(欧几里得(Euclide)除法)　设 $a \in \mathbb{Z}$, $b \in \mathbb{N}^{\star}$. 那么, 存在唯一的 $(q, r) \in \mathbb{Z}^2$ 使得

$$a = qb + r \quad 且 \quad 0 \leqslant r < b.$$

q 称为 a 除以 b 的欧几里得除法的商, r 称为余数.

证明:

- 证明存在性.

考虑 $A = \{n \in \mathbb{Z} \mid nb \leqslant a\}$. A 是 $\mathbb{Z}$ 的一个子集, 它是:

　　* 非空的(若 $a \geqslant 0$, 它包含 0; 若 $a < 0$, 它包含 a);

　　* 有上界的(若 $a \geqslant 0$, 则 a 是它的一个上界, 否则 0 是它的一个上界).

因此, A 有最大元. 记它的最大元为 q, 并令 $r = a - qb$. 由定义知, $q \in A$, 故 $qb \leqslant a$, 即 $r \geqslant 0$. 最后, $(q+1) \notin A$, 故 $(q+1)b > a$, 即 $r < b$.

- 证明唯一性.

设 (q, r) 和 (q', r') 是两个这样的二元组. 那么, $qb + r = q'b + r'$, 即 $r' - r = b(q - q')$. 又因为, $0 \leqslant r' < b$ 且 $-b < -r \leqslant 0$. 所以, $r' - r \in b\mathbb{Z}$ 且 $-b < r' - r < b$. 因此, $r' - r = 0$, 即 $r = r'$, 代入可得 $q = q'$. 唯一性得证. ⊠

注:

- 我们也可以利用有理数和取整函数直接求出 q 的显式表达式. 实际上, $q = E\left(\dfrac{a}{b}\right)$.

- 欧几里得除法是计算最大公因数的重要工具(参见 5.1.6 小节).

- 我们还将在多项式一章中看到, 欧几里得除法可以推广到 $\mathbb{Z}$ 以外的环(但不是所有的环).

- 在定理的假设和记号下, $b \mid a$ 当且仅当 a 除以 b 的欧几里得除法的余数是零.

- 在实践中, 当 a 和 b 的数值较大时, 我们进行逐次相除法(divisions successives)(但不是欧几里得除法)直到得到一个在 $[\![0, b-1]\!]$ 中的余数.

- 余数 r 由 $a \equiv r \ [b]$ 和 $r \in [\![0, b-1]\!]$ 刻画. 余数的计算通常比商的计算简单.

5.1.4 $(\mathbb{Z}, +)$ 的子群

定理 5.1.4.1 $(\mathbb{Z}, +)$ 的子群是 $n\mathbb{Z}$, 其中 $n \geqslant 0$.

证明:

- 证明对任意 $n \in \mathbb{N}$, $n\mathbb{Z}$ 是 $(\mathbb{Z}, +)$ 的一个子群.

设 $n \in \mathbb{N}$, $\varphi_n \colon \mathbb{Z} \longrightarrow \mathbb{Z}$ 定义为: $\forall x \in \mathbb{Z}$, $\varphi_n(x) = nx$.
由于 $\mathbb{Z}$ 中的乘法对加法服从分配律, 故 φ_n 是一个群同态. 因此, $n\mathbb{Z} = \mathrm{Im}(\varphi_n)$ 是 $\mathbb{Z}$ 的一个子群.

- 反过来, 设 H 是 $(\mathbb{Z}, +)$ 的一个子群.

如果 $H = \{0\}$, 那么 $H = 0\mathbb{Z}$, 结论得证.

假设 $H \neq \{0\}$. 那么, 存在 $x \in H$ 使得 $x \neq 0$. 已知 H 是一个子群, 故它对求逆封闭, 所以 $-x \in H$. 因此, $\{-x, x\} \subset H$, 故 $|x| \in H \cap \mathbb{N}^\star$.

所以, $H \cap \mathbb{N}^\star$ 是 $\mathbb{N}$ 的一个非空子集, 故它有最小元. 设 $n = \min(H \cap \mathbb{N}^\star)$. 要证明 $H = n\mathbb{Z}$.

* 由最小元的定义知, $n \in H$. 由于 H 是 $\mathbb{Z}$ 的一个子群, 故 $n\mathbb{Z} \subset H$(可以用简单数学归纳法证明对任意 $k \in \mathbb{N}$ 都有 $kn \in H$, 然后通过对求逆封闭得到 $k \in \mathbb{Z}$ 时的结果).

* 反过来, 设 $h \in H$. 做 h 除以 n 的欧几里得除法(可行, 因为 $n \in \mathbb{N}^\star$). 那么, 存在唯一的 $(q, r) \in \mathbb{Z}^2$ 使得 $h = qn + r$ 且 $0 \leqslant r < n$.
又因为, 我们知道 $h \in H$, 以及综上所述得到, $qn \in n\mathbb{Z} \subset H$. 已知 H 是 $\mathbb{Z}$ 的一个子群, 故 $h - nq \in H$, 即 $r \in H$.
最后,

$$\begin{cases} r \in H, \\ 0 \leqslant r < n, \\ n = \min(H \cap \mathbb{N}^\star) \end{cases} \implies r = 0.$$

因此, $h = qn \in n\mathbb{Z}$.

因此, 我们通过两边包含证得 $H = n\mathbb{Z}$. $\boxtimes$

我们将在下面各节中看到这个定理非常重要, 它使我们能够建立算术中的基本关系!

5.1.5　最大公因数和最小公倍数

命题 5.1.5.1(定义)　设 a 和 b 是两个整数.

(i) 假设 $(a,b) \neq (0,0)$. 那么, a 和 b 的公因数的集合有最大元. 这个最大元称为 a 和 b 的最大公因数(或最大公约数), 记为 $\mathrm{pgcd}(a,b)$, 有时也记为 $a \wedge b$.

(ii) 假设 a 和 b 都非零. 那么, a 和 b 的大于零的公倍数的集合有最小元. 这个最小元称为 a 和 b 的最小公倍数, 记为 $\mathrm{ppcm}(a,b)$, 有时也记为 $a \vee b$.

证明:

(i) 记 $D(a,b) = \{n \in \mathbb{Z} \mid n|a \text{ 且 } n|b\}$. $D(a,b)$ 是 $\mathbb{Z}$ 的一个非空(因为 $1 \in D(a,b)$)且有上界($|a|$ 是它的一个上界)的子集. 因此, 它有最大元.

(ii) 同样地, 记 $M(a,b) = \{n \in \mathbb{Z} \mid a|n \text{ 且 } b|n\}$. 那么, $M(a,b) \cap \mathbb{N}^\star$ 是 $\mathbb{N}$ 的一个非空(它包含 $|ab|$)子集. 因此, 它有最小元.　　$\boxtimes$

注:

- 按照惯例, 令 $\mathrm{pgcd}(0,0) = 0$, 并且对任意 $a \in \mathbb{Z}$, $\mathrm{ppcm}(a,0) = 0$.
- 由定义知, $\mathrm{pgcd}(a,b) \in \mathbb{N}^\star$, 即 $\mathrm{pgcd}(a,b) > 0$. 实际上, $1 \in D(a,b)$, 故 $\max D(a,b) \geqslant 1$.
- $\forall a \in \mathbb{Z}$, $\mathrm{pgcd}(a,0) = |a|$.
- $\forall (a,b) \in \mathbb{Z}^2$, $\mathrm{pgcd}(a,b) \leqslant \min(|a|,|b|)$ 且 $\mathrm{ppcm}(a,b) \leqslant |a| \times |b|$.

我们暂且承认以下命题.

命题 5.1.5.2　设 $a,b \in \mathbb{Z} \setminus \{-1,0,1\}$. 假设

$$|a| = \prod_{i=1}^{n} p_i^{\alpha_i} \quad \text{且} \quad |b| = \prod_{i=1}^{n} p_i^{\beta_i},$$

其中 $n \in \mathbb{N}^\star$, 这些 p_i 都是素数且两两不同, $(\alpha_i, \beta_i) \in \mathbb{N}^2 (\alpha_i$ 和 β_i 都可能为零$)$. 那么,

$$\mathrm{pgcd}(a,b) = \prod_{i=1}^{n} p_i^{\min(\alpha_i,\beta_i)} \quad \text{且} \quad \mathrm{ppcm}(a,b) = \prod_{i=1}^{n} p_i^{\max(\alpha_i,\beta_i)}.$$

> **定理 5.1.5.3** 设 $(a,b) \in \mathbb{Z}^2$. 那么有
> $$a\mathbb{Z} + b\mathbb{Z} = \operatorname{pgcd}(a,b)\mathbb{Z} \quad \text{以及} \quad a\mathbb{Z} \cap b\mathbb{Z} = \operatorname{ppcm}(a,b)\mathbb{Z}.$$

证明:

- 如果 $ab = 0$, 性质是显然的. 下面假设 $a \neq 0$ 且 $b \neq 0$.

- 证明 $a\mathbb{Z} \cap b\mathbb{Z} = \operatorname{ppcm}(a,b)\mathbb{Z}$.

首先, $a\mathbb{Z}$ 和 $b\mathbb{Z}$ 是 $\mathbb{Z}$ 的子群. 因此, $a\mathbb{Z} \cap b\mathbb{Z}$ 是 $\mathbb{Z}$ 的一个子群, 存在 $n \in \mathbb{N}$ 使得 $a\mathbb{Z} \cap b\mathbb{Z} = n\mathbb{Z}$, 从而有 $n \neq 0$(因为 $|ab| \neq 0$). 下面证明 $n = \operatorname{ppcm}(a,b)$.

  * 首先, $n \in a\mathbb{Z}$, 故 $a|n$, 同理可得 $b|n$. 使用前面的记号, 我们证得 $n \in M(a,b) \cap \mathbb{N}^{\star}$.

  * 另一方面, 如果 $p \in M(a,b) \cap \mathbb{N}^{\star}$, 那么 $a|p$ 且 $b|p$. 因此, $p \in a\mathbb{Z}$ 且 $p \in b\mathbb{Z}$. 从而有: $p \in a\mathbb{Z} \cap b\mathbb{Z} = n\mathbb{Z}$. 因此, $n|p$. 又因为, $p \in \mathbb{N}^{\star}$ 且 $n \in \mathbb{N}$, 故由 $n|p$ 可知 $n \leqslant p$.

因此, 我们证得: $\forall p \in M(a,b) \cap \mathbb{N}^{\star}, n \leqslant p$ 且 $n \in M(a,b) \cap \mathbb{N}^{\star}$, 即 n 是 $M(a,b) \cap \mathbb{N}^{\star}$ 的最小元, 也即 $n = \operatorname{ppcm}(a,b)$.

- 现在证明 $a\mathbb{Z} + b\mathbb{Z} = \operatorname{pgcd}(a,b)\mathbb{Z}$.

首先, 证明 $a\mathbb{Z} + b\mathbb{Z} = \{an + bp \mid (n,p) \in \mathbb{Z}^2\}$ 是 $\mathbb{Z}$ 的一个子群.

  * $0 \in a\mathbb{Z} + b\mathbb{Z}$, 因为 $0 = a \times 0 + b \times 0$ 且 $(0,0) \in \mathbb{Z}^2$.

  * 设 $x, y \in a\mathbb{Z} + b\mathbb{Z}$. 根据定义, 存在 $(n,n',p,p') \in \mathbb{Z}^4$ 使得 $x = na + pb$ 且 $y = n'a + p'b$. 那么, $x - y = (n - n')a + (p - p')b$, 故 $x - y \in a\mathbb{Z} + b\mathbb{Z}$.

这证得 $a\mathbb{Z} + b\mathbb{Z}$ 是 $\mathbb{Z}$ 的一个子群, 故存在 $d \in \mathbb{N}$ 使得 $a\mathbb{Z} + b\mathbb{Z} = d\mathbb{Z}$.

接下来证明 $d = \operatorname{pgcd}(a,b)$.

  * 首先, $a \in a\mathbb{Z} + b\mathbb{Z} = d\mathbb{Z}$, 因此 $d|a$. 同理可得 $d|b$. 从而有 $d \in D(a,b)$.

  * 另一方面, 设 $p \in D(a,b)$. 由定义知, $p|a$ 且 $p|b$. 因此, 存在两个整数 k 和 l 使得 $a = kp$ 和 $b = lp$. 并且, $d \in d\mathbb{Z} = a\mathbb{Z} + b\mathbb{Z}$, 故存在 $(u,v) \in \mathbb{Z}^2$ 使得 $ua + vb = d$. 将 a 和 b 的值代入, 得 $d = (uk + vl)p$, 即 $p|d$. 因此, $p \leqslant |p| \leqslant |d| = d$.

这证得 $d \in D(a,b)$ 且 $\forall p \in D(a,b), p \leqslant d$, 即 $d = \max D(a,b) = \operatorname{pgcd}(a,b)$. ☒

事实上, 在上述证明过程中, 我们证得关于两个整数的公因数和公倍数的一些更精确的结论.

命题 5.1.5.4 设 $(a, b, n) \in \mathbb{Z}^3$. 那么有

$$\begin{cases} n|a \\ n|b \end{cases} \iff n|\mathrm{pgcd}(a, b) \quad \text{以及} \quad \begin{cases} a|n \\ b|n \end{cases} \iff \mathrm{ppcm}(a, b)|n.$$

最后, 下面的命题是显而易见的, 它的证明留作练习.

命题 5.1.5.5 设 $(a, b) \in \mathbb{Z}^2$. 那么, 对任意 $k \in \mathbb{Z}$, 有

$$\mathrm{pgcd}(ka, kb) = |k| \times \mathrm{pgcd}(a, b) \quad \text{以及} \quad \mathrm{ppcm}(ka, kb) = |k| \times \mathrm{ppcm}(a, b).$$

<u>注:</u> 事实上, 我们可以将最大公因数和最小公倍数的概念推广到 n $(n \geqslant 2)$ 个自然数的情况. 定义和性质是相同的, 证明也是相同的.

5.1.6 贝祖定理和欧几里得算法

我们已经看到一种通过对两个自然数进行素因数分解来确定它们的最大公因数的方法. 唯一的不便之处是: 需要知道这两个数的素因数分解, 而这并不总是容易得到的.

另一种方法是欧几里得算法, 它基于以下注释和引理.

<u>注:</u> 对任意 $(a, b) \in \mathbb{Z}^2$,

$$\mathrm{pgcd}(a, b) = \mathrm{pgcd}(a, |b|) = \mathrm{pgcd}(|a|, |b|).$$

引理 5.1.6.1 设 $(a, b, q, r) \in \mathbb{Z}^4$ 使得 $a = qb + r$. 那么,

$$\mathrm{pgcd}(a, b) = \mathrm{pgcd}(b, r).$$

证明：

我们证明 $D(a,b) = D(b,r)$, 从而证得引理.

- 证明 $D(a,b) \subset D(b,r)$.

设 $d \in D(a,b)$. 如果 $d = 0$, 那么 $a = b = 0$, 故 $r = 0$, 因此, $d|r$. 否则, $d|a$ 且 $d|b$, 即 $a \equiv 0 \ [d]$ 且 $b \equiv 0 \ [d]$. 由此可得

$$r = a - qb \equiv 0 \ [d], \quad 即 \quad d|r.$$

因此, $d|b$ 且 $d|r$, 故 $d \in D(b,r)$.

- 证明另一边包含关系: $D(b,r) \subset D(a,b)$.

设 $d \in D(b,r)$. 如果 $d = 0$, 那么 $b = r = 0$, 故 $a = 0$. 因此, $d|a$. 否则, $b \equiv 0 \ [d]$ 且 $r \equiv 0 \ [d]$. 所以, $a \equiv 0 \ [d]$, 即 $d|a$, 故 $d \in D(a,b)$. $\boxtimes$

定理 5.1.6.2 (欧几里得算法) 设 $a \in \mathbb{Z}$ 和 $b \in \mathbb{N}^\star$. 我们令:

- $x_0 = a$, $y_0 = b$, 且 q_0 和 r_0 分别是 a 除以 b 的欧几里得除法的商和余数.

- 如果 $r_0 = 0$, 我们就停下来; 否则, 我们令: $x_1 = b$, $y_1 = r_0$, 以及 q_1 和 r_1 分别是 x_1 除以 y_1 的欧几里得除法的商和余数.

- 然后, 对 $n \in \mathbb{N}$, 如果 $r_{n+1} = 0$, 我们停下来; 否则, 当 $r_{n+1} \neq 0$ 时, 令 $x_{n+2} = r_n$, $y_{n+2} = r_{n+1}$, 并记 q_{n+2} 和 r_{n+2} 分别是 x_{n+2} 除以 y_{n+2} 的欧几里得除法的商和余数.

根据上述定义, 有两种可能的情况:

1. 要么 $r_0 = 0$, 算法终止. 此时, $\mathrm{pgcd}(a,b) = b$;
2. 要么 $r_0 \neq 0$. 此时, 存在一个自然数 p 使得 $r_p \neq 0$ 且 $r_{p+1} = 0$. 并且, 我们有

$$\mathrm{pgcd}(a,b) = r_p.$$

证明：

$r_0 = 0$ 的情况是显然的.

因此, 我们假设 $r_0 \neq 0$, 即 $0 < r_0 < b$. 由定义知, 对给定的自然数 n, 如果 $r_n \neq 0$, 那么 r_{n+1} 是 x_{n+1} 除以 $y_{n+1} = r_n$ 的欧几里得除法的余数, 故 $0 \leqslant r_{n+1} < r_n$.

如果对任意自然数 n, $r_n \neq 0$, 那么序列 $(r_n)_{n \in \mathbb{N}}$ 是包含在 $[\![1, b]\!]$ 中的严格单调递减的自然数序列. 这是不可能的, 因为 $[\![1, b]\!]$ 是一个有限集.

因此, 存在一个自然数 n 使得 $r_n = 0$. 此外, 根据假设, $r_0 \neq 0$, 故存在一个自然数 p 使得 $r_{p+1} = 0$. 由算法的定义知, $r_p \neq 0$.

如果 $p = 0$, 即 $r_1 = 0$, 那么 $\mathrm{pgcd}(b, r_0) = r_0$, 根据前面的引理,

$$\mathrm{pgcd}(a, b) = \mathrm{pgcd}(b, r_0) = r_0 = r_p.$$

同理, 如果 $p = 1$, 那么 $r_2 = 0$, 并且

$$\mathrm{pgcd}(a, b) = \mathrm{pgcd}(b, r_0) = \mathrm{pgcd}(r_0, r_1) = r_1 = r_p.$$

否则, 通过引理 5.1.6.1, 我们有

$$\forall k \in [\![1, p-1]\!], \mathrm{pgcd}(r_{k-1}, r_k) = \mathrm{pgcd}(r_k, r_{k+1}).$$

因此,

$$\mathrm{pgcd}(a, b) = \mathrm{pgcd}(b, r_0) = \mathrm{pgcd}(r_0, r_1) = \mathrm{pgcd}(r_{p-1}, r_p) = r_p,$$

因为 $r_{p+1} = 0$ 意味着 r_p 整除 r_{p-1}. $\boxtimes$

例 5.1.6.3　我们用欧几里得算法确定 6468 和 1547 的最大公因数:

$$
\begin{aligned}
6468 &= 4 \times 1547 + 280 \\
1547 &= 5 \times 280 + 147 \\
280 &= 1 \times 147 + 133 \\
147 &= 1 \times 133 + 14 \\
133 &= 9 \times 14 + 7 \\
14 &= 2 \times 7 + 0.
\end{aligned}
$$

因此, 最后一个非零的余数是 $r_4 = 7$, 故 $\mathrm{pgcd}(6468, 1547) = 7$.

定义 5.1.6.4　我们称两个整数 a 和 b 是互素的, 若 $\mathrm{pgcd}(a, b) = 1$.

例 5.1.6.5 2 和 3 是互素的, 24 和 35 也是. 21 和 33 不是互素的.

定理 5.1.6.6 (贝祖(Bézout)定理) 设 a 和 b 是两个整数. 那么,

$$a \wedge b = 1 \iff \exists (u,v) \in \mathbb{Z}^2, au + bv = 1.$$

证明:

设 $d = \mathrm{pgcd}(a,b)$. 我们已经看到, $a\mathbb{Z} + b\mathbb{Z} = d\mathbb{Z}$. 那么有

$$\begin{aligned}
\mathrm{pgcd}(a,b) = 1 &\iff a\mathbb{Z} + b\mathbb{Z} = \mathbb{Z}\\
&\iff 1 \in a\mathbb{Z} + b\mathbb{Z}\\
&\iff \exists (u,v) \in \mathbb{Z}^2, au + bv = 1. \qquad \boxtimes
\end{aligned}$$

注: 等式 $au + bv = 1$ 称为贝祖等式.

⚠️ 注意: 如果最大公因数不等于 1, 这个结果是严重错误的!!!

$$\exists (u,v) \in \mathbb{Z}^2, au + bv = d \iff \mathrm{pgcd}(a,b)|d.$$

从逻辑上讲, 现在有两个问题需要关注.

1. 在实践中如何确定 (u,v)?

2. (u,v) 是唯一的吗?

对于第二个问题, 答案是平平无奇的"不是"! 实际上, 如果 (u_0, v_0) 是满足贝祖等式的二元组, 那么显然对任意 $k \in \mathbb{Z}$, $(u_0 - kb, v_0 + ka)$ 也满足贝祖等式.

对于第一个问题, 可以通过"简单"的欧几里得算法求得 (u,v). 我们回到前面的例子.

例 5.1.6.7 我们已经看到, $\mathrm{pgcd}(6468, 1547) = 7$. 让我们回到欧几里得算法的步骤, 但是从尾到头.

$$\begin{aligned}
7 &= 133 - 9 \times 14\\
&= 133 - 9 \times (147 - 1 \times 133)
\end{aligned}$$

$$= 10 \times 133 - 9 \times 147$$
$$= 10 \times (280 - 147) - 9 \times 147$$
$$= 10 \times 280 - 19 \times (1547 - 5 \times 280)$$
$$= 105 \times (6468 - 4 \times 1547) - 19 \times 1547$$
$$= 105 \times 6468 - 439 \times 1547.$$

<u>注:</u> 以下信息供参考: 形如 $ax + by = c$(其中 $(a, b, c) \in \mathbb{Z}^3$, 未知量 $(x, y) \in \mathbb{Z}^2$)的方程称为丢番图方程. 此外, 我们知道如何求解这种丢番图方程, 即确定方程的所有解.

丢番图方程通常是一个系数为整数的代数方程, 我们寻找整数解. 例如, $y^2 = x^3 + 17$ 是一个丢番图方程. 最著名的是: $x^n + y^n = z^n$, 其中 n 是大于等于 3 的自然数.

一般来说, 这些问题很难解决, 需要更高级的数学"工具".

5.1.7 欧几里得引理和高斯定理

定理 5.1.7.1 (高斯(Gauss)定理) 设 $(a, b, c) \in \mathbb{Z}^3$. 我们有

$$\left\{ \begin{array}{l} a | bc \\ \mathrm{pgcd}(a, b) = 1 \end{array} \right. \implies a | c.$$

证明:

假设 $a | bc$ 且 $a \wedge b = 1$. 由定义知, 存在 $n \in \mathbb{Z}$ 使得 $bc = na$. 另一方面, 根据贝祖定理, 存在 $(u, v) \in \mathbb{Z}^2$ 使得 $au + bv = 1$. 由此可以得出

$$c = c \times 1 = auc + bvc = auc + vna = a(uc + vn).$$

因此, $a | c$. ⊠

推论 5.1.7.2 设 $(a, c) \in \mathbb{Z}^2$, $n \in \mathbb{N}^*$, $(b_1, \cdots, b_n) \in \mathbb{Z}^n$. 那么

$$\left\{ \begin{array}{l} a \left| \left(c \times \prod_{i=1}^{n} b_i \right) \right. \\ \forall i \in [\![1, n]\!], a \wedge b_i = 1 \end{array} \right. \implies a | c.$$

证明:

对 $n \geqslant 1$ 用数学归纳法证明结论.

初始化:

对 $n = 1$, 这就是刚才证明的高斯定理. 因此, 性质对 $n = 1$ 成立.

递推:

假设性质对某个 $n \geqslant 1$ 成立, 即对任意 $c \in \mathbb{Z}$ 和任意 $(b_1, \cdots, b_n) \in \mathbb{Z}^n$ 使得 $a \,|\, c \times \prod_{i=1}^{n} b_i$ 且对任意 $i \in [\![1, n]\!]$, $a \wedge b_i = 1$, 有 $a \,|\, c$.

要证明性质对 $n + 1$ 也成立.

设 $c \in \mathbb{Z}$ 和 $(b_1, \cdots, b_{n+1}) \in \mathbb{Z}^{n+1}$ 使得 a 整除 $c \times \prod_{i=1}^{n+1} b_i$, 并且对任意自然数 $i \in [\![1, n+1]\!]$, $a \wedge b_i = 1$. 令

$$c' = c \times \prod_{i=1}^{n} b_i.$$

那么, $a \,|\, (c' \times b_{n+1})$ 且 $a \wedge b_{n+1} = 1$. 根据高斯定理, $a \,|\, c'$. 根据归纳假设, $a \,|\, c$. 这证得性质对 $n + 1$ 也成立, 归纳完成. $\boxtimes$

注: 我们也可以用欧几里得引理(见下文)和以下关系式直接证明这个推论:

$$\forall i \in [\![1, n]\!],\ a \wedge b_i = 1 \Longrightarrow a \wedge \left(\prod_{i=1}^{n} b_i \right) = 1.$$

习题 5.1.7.3 用欧几里得引理证明推论 5.1.7.2, 然后利用贝祖等式给出上述注释所给关系式的另一种证明.

推论 5.1.7.4 设 $a \in \mathbb{Z}$, $n \in \mathbb{N}^\star$, $(b_1, \cdots, b_n) \in \mathbb{Z}^n$. 假设

(i) 这些 b_i 是两两互素的, 即对任意 $(i, j) \in [\![1, n]\!]^2$, $(i \neq j \Longrightarrow \mathrm{pgcd}(b_i, b_j) = 1)$;

(ii) 对任意 $i \in [\![1, n]\!]$, $b_i \,|\, a$.

那么 $\prod_{i=1}^{n} b_i \,|\, a$.

证明:

> 我们用有限数学归纳法证明: $\forall k \in [\![1,n]\!]$, $\prod\limits_{i=1}^{k} b_i | a$.
>
> *初始化:*
>
> 由假设知, $b_1|a$, 故性质对 $k=1$ 成立.
>
> *递推:*
>
> 假设性质对某个 $1 \leqslant k < n$ 成立. 要证明它对 $k+1$ 成立. 根据归纳假设,
> $d_k = \prod\limits_{i=1}^{k} b_i$ 整除 a. 因此, 存在 $c \in \mathbb{Z}$ 使得
>
> $$a = c \times \prod_{i=1}^{k} b_i.$$
>
> 又因为 $b_{k+1}|a$, 即 $b_{k+1}|cd_k$, 且对任意 $i \in [\![1,k]\!]$, $b_{k+1} \wedge b_i = 1$. 根据推论 5.1.7.2, $b_{k+1}|c$.
> 这证得性质对 $k+1$ 也成立, 归纳完成. ⊠

推论 5.1.7.5(欧几里得引理) 设 p 是一个素数. 那么, 对任意 $(a,b) \in \mathbb{Z}^2$, 有

$$p|ab \implies (p|a \ \text{或} \ p|b).$$

证明:

> 假设 $p|ab$ 且 $p \nmid a$. 要证明 $p|b$. 已知 p 是一个素数, 故 p 的因数只有 $-1, 1, p$ 和 $-p$. 因此, 如果 $p \nmid a$, 那么 a 和 p 的公因数就只有 ± 1. 因此, $a \wedge p = 1$. 那么有 $p|ab$ 且 $a \wedge p = 1$, 根据高斯定理, 有 $p|b$. ⊠

推论 5.1.7.6 设 p 是一个素数, $n \in \mathbb{N}$, $a_0, \cdots, a_n$ 是整数. 那么,

$$p \left| \left(\prod_{i=0}^{n} a_i \right) \right. \implies \exists i \in [\![0,n]\!], p|a_i.$$

习题 5.1.7.7　在不使用高斯定理的情况下证明欧几里得引理(我们可以使用贝祖等式).

<u>注:</u>　我们可以用同余来解释欧几里得引理: 如果 p 是一个素数, 那么

$$a \times b \equiv 0 \ [p] \implies (a \equiv 0 \ [p] \text{ 或 } b \equiv 0 \ [p]).$$

根据定义, 这是环 $\mathbb{Z}/p\mathbb{Z}$ 的整性(即没有零因子), 我们不打算研究这个性质. 有兴趣的读者可以参考附录或任何与大学的代数课程相关的著作.

我们现在可以证明素因数分解的唯一性(除素因数的顺序外).

素因数分解的唯一性(除素因数的顺序外)的证明:

用数学归纳法证明, 对 $r \in \mathbb{N}^\star$, 以下性质 $P(r)$ 成立: 对任意两两不同的素数 $p_1, \cdots, p_r$ 和任意非零的自然数 $\alpha_1, \cdots, \alpha_r$, 如果

$$\prod_{i=1}^r p_i^{\alpha_i} = \prod_{j=1}^s q_j^{\beta_j},$$

其中 q_j 是两两不同的素数, 且 $\beta_j \in \mathbb{N}^\star$, 那么

- $s = r$;
- 存在 $[\![1,r]\!]$ 的一个置换 σ 使得

$$\forall i \in [\![1,n]\!], q_i = p_{\sigma(i)} \text{ 且 } \beta_i = \alpha_{\sigma(i)}.$$

初始化:

对 $r = 1$, 假设 $p_1^{\alpha_1} = \prod_{j=1}^s q_j^{\beta_j}$, 其中, p_1 是素数, $\alpha_1 \in \mathbb{N}^\star$, $s \in \mathbb{N}^\star$, q_j $(1 \leqslant j \leqslant s)$ 是两两不同的素数, $\beta_j \in \mathbb{N}^\star$.

那么, p_1 整除 $a = \prod_{j=1}^s q_j^{\beta_j}$. 已知 p_1 是素数, 根据欧几里得引理(或其推论), 存在 $j \in [\![1,s]\!]$ 使得 $p_1 | q_j$. 又因为 q_j 也是素数, 所以它的因数只有 1 和自身. 因此, $p_1 = q_j$.

如果 $s \neq 1$, 设 $i \in [\![1,s]\!]$ 使得 $i \neq j$. 那么 $q_i | a$ 且 $a = p_1^{\alpha_1}$, 故由欧几里得引理知, $q_i | p_1$. 已知 p_1 是素数, 故 $q_i = p_1 = q_j$, 这是矛盾的(因为我们假设这些 q_j 两两不同). 因此, $s = 1 = r$. 从而有 $j = 1$ 且 $p_1^{\alpha_1} = q_1^{\beta_1} = p_1^{\beta_1}$.

如果 $\alpha_1 \neq \beta_1$, 设 $\alpha_1 < \beta_1$, 那么, 由于 $\mathbb{Z}$ 没有零因子, 故 $p_1^{\beta_1 - \alpha_1} = 1$. 但在这种情况下, $\beta_1 - \alpha_1 > 0$, 故 p_1 整除 1, 矛盾.

因此得到, $\alpha_1 = \beta_1$, 取 $\sigma = \mathrm{Id}_{[\![1,1]\!]}$, 性质对 $r = 1$ 成立.

递推:

假设性质对某个 $r \geqslant 1$ 成立, 要证明它对 $r+1$ 也成立.

考虑两两不同的素数 $p_1, \cdots, p_{r+1}$, 非零的自然数 $\alpha_1, \cdots, \alpha_{r+1}$, $s \in \mathbb{N}^\star$, 两两不同的素数 $q_1, \cdots, q_s$, 以及非零的自然数 $\beta_1, \cdots, \beta_s$ 使得

$$(E): \qquad \prod_{i=1}^{r+1} p_i^{\alpha_i} = \prod_{j=1}^{s} q_j^{\beta_j} := a.$$

那么有 $p_{r+1} | a$. 已知 p_{r+1} 是素数, 根据欧几里得引理, 存在 $j \in [\![1, s]\!]$ 使得 $p_{r+1} | q_j$. 同样, q_j 也是素数, 故 $p_{r+1} = q_j$.

如果 $\alpha_{r+1} < \beta_j$, 那么在 (E) 两边同时除以 $p_{r+1}^{\alpha_{r+1}}$ (可以做到, 因为 $\mathbb{Z}$ 没有零因子), 我们得到

$$\prod_{i=1}^{r} p_i^{\alpha_i} = \prod_{\substack{k=1 \\ k \neq j}}^{s} q_k^{\beta_k} \times p_{r+1}^{\beta_j - \alpha_{r+1}}.$$

此时有, p_{r+1} 整除 $\prod_{i=1}^{r} p_i^{\alpha_i}$ 且 p_{r+1} 是素数, 故存在 $i \in [\![1, r]\!]$ 使得 $p_{r+1} | p_i$. 由此我们得到 $p_{r+1} = p_i$, 矛盾.

类似地, 如果 $\alpha_{r+1} > \beta_j$, 那么 $q_j = p_{r+1}$ 整除 $\prod_{\substack{k=1 \\ k \neq j}}^{s} q_k^{\beta_k}$, 故存在 $i \in [\![1, s]\!] \setminus \{j\}$ 使得 $q_j | q_i$. q_i 是素数, 故 $q_i = q_j$, 但 $i \neq j$, 这是不可能的. 因此, $\alpha_{r+1} = \beta_j$.

从而, 我们证得, 存在 $j \in [\![1, s]\!]$ 使得 $q_j = p_{r+1}$ 且 $\alpha_{r+1} = \beta_j$.

如果 $s = 1$, 我们得到

$$\prod_{i=1}^{r} p_i^{\alpha_i} = 1.$$

这是不可能的, 因为 $r \geqslant 1$. 所以, $s \geqslant 2$, 由此可得

$$\prod_{i=1}^{r} p_i^{\alpha_i} = \prod_{\substack{k=1 \\ k \neq j}}^{s} q_k^{\beta_k}.$$

考虑映射

$$\psi: \quad \begin{array}{ccl} [\![1, s]\!] \setminus \{j\} & \longrightarrow & [\![1, s-1]\!], \\ k & \longmapsto & \begin{cases} k, & \text{若 } k < j, \\ k-1, & \text{若 } k > j, \end{cases} \end{array}$$

显然 ψ 是双射. 我们令

$$\forall i \in [\![1, s-1]\!], q_i' = q_{\psi^{-1}(i)} \quad \text{以及} \quad \beta_i' = \beta_{\psi^{-1}(i)}.$$

换言之, 对 $k \in [\![1, s-1]\!]$, 有

$$q_k' = \begin{cases} q_k, & \text{若 } 1 \leqslant k < j, \\ q_{k+1}, & \text{若 } j \leqslant k \leqslant s-1. \end{cases}$$

那么有

$$\prod_{i=1}^{r} p_i^{\alpha_i} = \prod_{\substack{k=1 \\ k \neq j}}^{s} q_k^{\beta_k} = \prod_{k=1}^{s-1} q_{\psi^{-1}(k)}^{\beta_{\psi^{-1}(k)}} = \prod_{k=1}^{s-1} q_k'^{\beta_k'}.$$

这些 q_k' 是两两不同的素数(因为 ψ^{-1} 是单射), 且这些 β_k' 都是非零的自然数. 于是我们可以应用归纳假设:

- $s-1 = r$, 即 $s = r+1$;

- 存在 $[\![1, r]\!] = [\![1, s-1]\!]$ 的一个置换 σ 使得

$$\forall i \in [\![1, r]\!], q_i' = p_{\sigma(i)} \quad \text{且} \quad \beta_i' = \alpha_{\sigma(i)}.$$

最后, 考虑以下映射

$$\tau: \begin{array}{l} [\![1, r+1]\!] \longrightarrow [\![1, r+1]\!], \\ i \longmapsto \begin{cases} r+1, & \text{若 } i = j, \\ \sigma \circ \psi(i), & \text{其他.} \end{cases} \end{array}$$

容易看到, τ 是 $[\![1, r+1]\!]$ 的一个置换, 因为 σ 和 ψ 是单射, 且 $r+1 \notin \text{Im}(\sigma \circ \psi)$, 并且有

$$\forall k \in [\![1, r+1]\!] \setminus \{j\}, q_k = q_{\psi(k)}' = p_{\sigma(\psi(k))} = p_{\tau(k)}$$

和

$$\forall k \in [\![1, r+1]\!], \beta_k = \beta_{\psi(k)}' = \alpha_{\sigma(\psi(k))} = \alpha_{\tau(k)},$$

以及 $q_j = p_{r+1} = p_{\tau(j)}$ 和 $\beta_j = \alpha_{r+1} = \alpha_{\tau(j)}$.

这证得性质对 $r+1$ 也成立, 归纳完成. $\boxtimes$

注：　我们还可以证明命题 5.1.5.2. 如果

$$|a| = \prod_{i=1}^{n} p_i^{\alpha_i} \quad 且 \quad |b| = \prod_{i=1}^{n} p_i^{\beta_i},$$

那么，容易验证 $d = \prod_{i=1}^{n} p_i^{\mathrm{Min}(\alpha_i, \beta_i)}$ 是 a 和 b 的一个公因数. 并且, 如果 N 整除 a(和 b), 那么, 欧几里得引理表明, N 的素因数就在这些 p_i 中, 且 N 的分解式中 p_i 的次数(如果 p_i 出现在分解式中)一定小于等于 α_i(和 β_i), 即小于等于 $\mathrm{Min}(\alpha_i, \beta_i)$. 因此, $N|d$.

5.2　习　　题

习题 5.2.1　7^{7^7} 的十进制写法的最后一个数字是什么？

习题 5.2.2　证明：

$$\forall n \in \mathbb{Z},\, 6 \,|\, 5n^3 + n, \quad \forall n \in \mathbb{Z},\, 120 \,|\, n^5 - 5n^3 + 4n \quad 和 \quad \forall n \in \mathbb{N},\, n^2 \,|\, (n+1)^n - 1.$$

习题 5.2.3　设 $n \in \mathbb{N}$, 且 $n \geqslant 2$. 证明 $\mathcal{P} \cap [\![n! + 2, n! + n]\!] = \varnothing$ ($\mathcal{P}$ 表示素数的集合).

习题 5.2.4　确定满足 $\mathrm{pgcd}(2n + 8, 3n + 15) = 6$ 的所有自然数 n.

习题 5.2.5　分别用 a 和 b 除以它们的差 $a - b$. 比较得到的商和余数.

习题 5.2.6　确定所有同时满足以下两个条件的自然数 $n \in \mathbb{N}$: 1)$1 \leqslant n \leqslant 105$; 2)$n$ 除以 3, 5 和 7 的欧几里得除法的余数分别为 1, 2 和 3.

习题 5.2.7　在 $\mathbb{Z}^2$ 中解方程 $9x + 15y = 18$.

习题 5.2.8　证明：对任意自然数 $n > 1$, $\displaystyle\sum_{k=1}^{n} \frac{1}{k} \notin \mathbb{N}$(为此, 可以考虑唯一满足 $2^p \leqslant n < 2^{p+1}$ 的自然数 $p \geqslant 1$).

习题 5.2.9　设 p 是一个素数.

1. 证明：对任意自然数 k 使得 $1 \leqslant k \leqslant p-1$, 都有 p 整除 $\dbinom{p}{k}$.

2. 由此导出：对任意自然数 a, $a^p \equiv a \ [p]$.

3. 导出费马小定理：如果 p 是素数且 a 与 p 互素, 那么 $p|(a^{p-1}-1)$.

习题 5.2.10　设 a 和 n 是两个大于等于 2 的自然数.

1. 证明：如果 a^n-1 是素数, 那么 $a=2$ 且 n 是素数. 逆命题成立吗？

2. 证明：如果 a^n+1 是素数, 那么 a 是偶数, 且 n 是 2 的幂.

习题 5.2.11　证明 $4\mathbb{N}+3$ 中有无穷个素数.

习题 5.2.12　证明方程 $15x^2-4y^2=3^z$ 在 $\mathbb{N}^3$ 中无解.

习题 5.2.13　设 $n \in \mathbb{N} \setminus \{0,1\}$, $n = \displaystyle\prod_{k=1}^{s} p_k^{\alpha_k}$ 是它的素因数分解. $\mathbb{N}^\star$ 中有多少个 n 的因数？

习题 5.2.14　证明：没有素数可以写成 $p = \dfrac{a^3+b^3}{2}$ 的形式, 其中 $(a,b) \in \mathbb{N}^2$.

习题 5.2.15　设 n 是一个自然数, 其十进制写法形如 $n = \overline{aabb}$. 确定这些自然数 n 中的完全平方数.

习题 5.2.16　这道习题的目标是证明存在一个 2012 的倍数, 其十进制写法中不包含数字 4.

1. 中间结果：费马小定理.

   设 p 是一个素数, a 是一个与 p 互素的数, 即 p 不能整除 a. 对每个自然数 k, 我们记 q_k 和 r_k 分别是 ka 除以 p 的欧几里得除法的商和余数. 定义

   $$f: \quad \begin{aligned} [\![1, p-1]\!] &\longrightarrow [\![1, p-1]\!], \\ k &\longmapsto r_k. \end{aligned}$$

   (a) 证明 f 是良定义的, 且是双射.

(b) 验证：$\displaystyle\prod_{k=1}^{p-1}(ka) \equiv \prod_{k=1}^{p-1} f(k) \ [p]$.

(c) 由此导出 $a^{p-1} \equiv 1 \ [p]$.

2. 将 2012 分解成素因数的乘积. 要清楚证明所得的因数是素数.

3. 在前两个问题的帮助下，证明 $\underbrace{444\cdots44}_{502\text{ 项}}$ 是 2012 的倍数.

习题 5.2.17(很难的 ***)　设 $f\colon \mathbb{N}^* \longrightarrow \mathbb{N}$ 是一个映射, 满足

$$
\begin{cases}
f(1) = 0; \\
\text{对任意素数 } p, \ f(p) = 1; \\
\forall n, m \in \mathbb{N}^*, \ f(mn) = mf(n) + f(m)n.
\end{cases}
$$

1. 对任意自然数 $n \geqslant 2$, 用 n 的素因数分解来表示 $f(n)$.

2. 求解方程 $f(n) = n$.

3. 证明：$\forall n \in \mathbb{N}$, $\left(\begin{cases} 4 < n \\ 4 \mid n \end{cases} \Longrightarrow \begin{cases} n < f(n) \\ 4 \mid f(n) \end{cases} \right)$.

4. 导出当 k 趋于 $+\infty$ 时 $f^k(63)$ 的极限.

5.3　附　　录

5.3.1　环 $\mathbb{Z}/n\mathbb{Z}$ 以及一些性质

定义 5.3.1.1　设 $n \in \mathbb{N}^*$. 对 $x \in \mathbb{Z}$, 记 $\bar{x} = \{y \in \mathbb{Z} \mid y \equiv x \ [n]\}$, 即 $\bar{x} = x + n\mathbb{Z}$, 并定义

$$
\mathbb{Z}/n\mathbb{Z} = \{\bar{x} \mid x \in \mathbb{Z}\}.
$$

注:

- 我们发现与 $\mathbb{Z}$ 的构造相同的记号和想法. 集合 $\mathbb{Z}/n\mathbb{Z}$ 是(模 n)同余关系下的等价类的集合.

- 容易验证, 对 $(x, y) \in \mathbb{Z}^2$, $\bar{x} = \bar{y} \iff x \equiv y \ [n] \iff y \in \bar{x}$.

命题 5.3.1.2 $\mathbb{Z}/n\mathbb{Z}$ 是一个有限集, 且 $|\mathbb{Z}/n\mathbb{Z}| = n$.

证明:

证明 $\mathbb{Z}/n\mathbb{Z} = \{\bar{0}, \cdots, \overline{n-1}\}$.

设 $a \in \mathbb{Z}/n\mathbb{Z}$. 由定义知, 存在 $x \in \mathbb{Z}$ 使得 $a = \bar{x}$. 记 r 为 x 除以 n 的欧几里得除法的余数. 那么 $x \equiv r \ [n]$, 根据注释, $\bar{x} = \bar{r}$, 其中 $r \in [\![0, n-1]\!]$. 这证得

$$\mathbb{Z}/n\mathbb{Z} \subset \{\bar{0}, \cdots, \overline{n-1}\}.$$

另一边包含关系是显然的. $\boxtimes$

定义 5.3.1.3 在 $\mathbb{Z}/n\mathbb{Z}$ 上定义两个内部二元运算如下: 对 $a, b \in \mathbb{Z}/n\mathbb{Z}$, 取定 $(x, y) \in \mathbb{Z}^2$ 使得 $a = \bar{x}$ 且 $b = \bar{y}$, 令

$$a \oplus b = \overline{x+y} \quad \text{和} \quad a \otimes b = \overline{x \times y}.$$

命题 5.3.1.4 $\mathbb{Z}/n\mathbb{Z}$ 上的内部二元运算 $\oplus$ 和 $\otimes$ 是良定义的.

证明:

这是 $\equiv$ 与加法和乘法兼容的直接结果. 实际上, 要证明的是, 定义不依赖于 "代表元素" 的选取. 换言之, 如果选取 $(x, x', y, y') \in \mathbb{Z}^4$ 使得 $a = \bar{x} = \bar{x'}$ 且 $b = \bar{y} = \bar{y'}$, 我们想证明

$$\overline{x+y} = \overline{x'+y'} \quad \text{和} \quad \overline{x \times y} = \overline{x' \times y'}.$$

这相当于说, 如果 $x \equiv x' \ [n]$ 且 $y \equiv y' \ [n]$, 那么

$$x + y \equiv x' + y' \ [n] \quad \text{且} \quad x \times y \equiv x' \times y' \ [n].$$

我们见过这个性质(命题 5.1.1.4). $\boxtimes$

定理 5.3.1.5　$(\mathbb{Z}/n\mathbb{Z}, \oplus, \otimes)$ 是一个交换环, 映射

$$\pi : \begin{array}{ccc} \mathbb{Z} & \longrightarrow & \mathbb{Z}/n\mathbb{Z}, \\ x & \longmapsto & \bar{x} \end{array}$$

是一个满射的环同态, 它的核为 $n\mathbb{Z}$. 映射 π 称为典范满射.

证明：

注意到, 根据运算 $\oplus$ 和 $\otimes$ 的定义, 我们有

$$\forall (x, y) \in \mathbb{Z}^2, \pi(x+y) = \pi(x) \oplus \pi(y) \ \text{且} \ \pi(x \times y) = \pi(x) \otimes \pi(y).$$

由于 $(\mathbb{Z}, +, \times)$ 是一个交换环, 容易推断 $(\mathbb{Z}/n\mathbb{Z}, \oplus, \otimes)$ 是一个交换环, $\otimes$ 的中性元为 $\pi(1_{\mathbb{Z}})$, 结合以上两个等式, 可以得出结论：π 确实是一个环同态.

最后, 根据定义, 这是一个满射, 并且有

$$\ker(\pi) = \{x \in \mathbb{Z} \mid \pi(x) = \pi(0)\} = \{x \in \mathbb{Z} \mid x \equiv 0 \ [n]\},$$

即 $\ker(\pi) = n\mathbb{Z}$. $\boxtimes$

注：　如果觉得证明中的推导过程太快, 可以自行"手动"验证 $(\mathbb{Z}/n\mathbb{Z}, \oplus, \otimes)$ 是一个交换环.

5.3.2　除环 $\mathbb{Z}/p\mathbb{Z}$ 以及 $\mathbb{Z}/n\mathbb{Z}$ 的可逆元素

定理 5.3.2.1　设 $n \geqslant 2$ 是一个自然数. 那么以下叙述相互等价：

(i)　$\mathbb{Z}/n\mathbb{Z}$ 是一个除环；

(ii)　$\mathbb{Z}/n\mathbb{Z}$ 是一个整环；

(iii)　n 是素数.

当 $n = p$ 是素数时, 除环 $\mathbb{Z}/p\mathbb{Z}$ 记为 $\mathbb{F}_p$, 这是一个元素个数为 p 的有限除环.

证明：

我们知道, 一个有限环是整环当且仅当它是一个除环(参见习题 1.3.16). 另一方面,

- 如果 n 是素数, 那么欧几里得引理表明, $\overline{x} \otimes \overline{y} = \overline{0}$ 意味着 $\overline{x} = \overline{0}$ 或 $\overline{y} = \overline{0}$, 故 $\mathbb{Z}/n\mathbb{Z}$ 是整环.

- 如果 n 是合数, 那么 $n = ab$, 其中 $1 < a < n$ 且 $1 < b < n$, 因此我们有 $\overline{a} \otimes \overline{b} = \overline{0}$, 其中 $\overline{a} \neq \overline{0}$ 且 $\overline{b} \neq \overline{0}$. 这证得 $\mathbb{Z}/n\mathbb{Z}$ 不是整环. $\boxtimes$

命题 5.3.2.2 设 $n \geqslant 2$ 是一个自然数, $x \in \mathbb{Z}$. 那么下列叙述相互等价:

(i) $\overline{x}$ 在 $\mathbb{Z}/n\mathbb{Z}$ 中可逆;

(ii) $x \wedge n = 1$.

证明：

- 证明 (i) $\Longrightarrow$ (ii).
假设 $\overline{x}$ 在环 $(\mathbb{Z}/n\mathbb{Z}, \oplus, \otimes)$ 中可逆. 那么, 存在 $y \in \mathbb{Z}$ 使得 $\overline{x} \otimes \overline{y} = \overline{1}$, 即 $\overline{x \times y} = \overline{1}$(由 $\otimes$ 的定义知). 因此, $x \times y - 1 \in n\mathbb{Z}$, 存在 $u \in \mathbb{Z}$ 使得 $xy - 1 = un$. 由此可以推断 $yx + (-u)n = 1$, 故根据贝祖定理, $x \wedge n = 1$.

- 反过来, 如果 $x \wedge n = 1$, 则存在 $(u, v) \in \mathbb{Z}^2$ 使得 $ux + vn = 1$. 那么,
$$1_{\mathbb{Z}/n\mathbb{Z}} = \overline{1} = \overline{ux + vn} = (\overline{u} \otimes \overline{x}) \oplus (\overline{v} \otimes \overline{n}) = \overline{u} \otimes \overline{x}.$$

这证得存在 $\overline{u} \in \mathbb{Z}/n\mathbb{Z}$ 使得 $\overline{u} \otimes \overline{x} = 1_{\mathbb{Z}/n\mathbb{Z}}$. 由于 $\mathbb{Z}/n\mathbb{Z}$ 是交换的, 故证得 $\overline{x}$ 是可逆的. $\boxtimes$

第 6 章　单实变量的实值或复值函数

预备知识　学习本章之前, 需已熟悉以下内容:

- 常见的代数结构——群、环和除环; 群同态和环同态.

- 向量空间的结构, 向量子空间以及线性映射.

- 等价关系, 序关系, 下确界和上确界.

- 实数集 $\mathbb{R}$, $\overline{\mathbb{R}}$ 中的上确界及其刻画.

- 实数列——收敛、发散、波尔查诺–魏尔斯特拉斯定理.

- 复数——模、实部和虚部.

- $\mathcal{C}^n$ 函数的一些 "非正式" 性质.

- 小 o、大 O 和等价的一些 "非正式" 性质.

- 积分的基本性质 (用于某些例子).

不要求已了解关于连续性或极限概念的具体知识.

6.1 单实变量函数的一般性质

在本章中, I 表示一个非空且不退化为一点的实区间, $\mathbb{K}$ 表示 $\mathbb{R}$ 或 $\mathbb{C}$. 当使用 $\mathbb{K}$ 时, 意味着定义或性质在两种情况 (即实数集和复数集) 中都是成立的.

基本上, 所有用到 $\mathbb{R}$ 中的序关系的定义或性质都不能推广到 $\mathbb{C}$ 中 (如序列一样).

6.1.1 集合 $\mathcal{F}(I, \mathbb{K})$ 和序关系

我们在序列一章中看到以下命题 (参见命题 3.1.2.3):

命题 6.1.1.1 集合 $\mathcal{F}(I, \mathbb{K})$ 配备两个内部二元运算和一个外部二元运算, 这些运算定义如下: 对任意 $(f, g) \in \mathcal{F}(I, \mathbb{K})^2$ 和任意 $\lambda \in \mathbb{K}$,

$$f+g: \begin{array}{ccc} I & \longrightarrow & \mathbb{K}, \\ x & \longmapsto & f(x) + g(x); \end{array} \quad f \times g: \begin{array}{ccc} I & \longrightarrow & \mathbb{K}, \\ x & \longmapsto & f(x) \times g(x); \end{array} \quad \lambda \cdot f: \begin{array}{ccc} I & \longrightarrow & \mathbb{K}, \\ x & \longmapsto & \lambda f(x). \end{array}$$

那么, $(\mathcal{F}(I, \mathbb{K}), +, \times)$ 是一个交换环, $(\mathcal{F}(I, \mathbb{K}), +, \cdot)$ 是一个 $\mathbb{K}$-向量空间. 此外, 如果 $\mathbb{K} = \mathbb{R}$, 我们在 $\mathcal{F}(I, \mathbb{R})$ 上配备关系: $f \leqslant g \iff \forall x \in I, f(x) \leqslant g(x)$. 那么 $(\mathcal{F}(I, \mathbb{R}), \leqslant)$ 是一个偏序集.

定义 6.1.1.2 设 $(f, g) \in \mathcal{F}(I, \mathbb{R})^2$. 我们定义函数:

$$\sup(f, g): \begin{array}{ccc} I & \longrightarrow & \mathbb{R}, \\ x & \longmapsto & \max(f(x), g(x)); \end{array} \quad \inf(f, g): \begin{array}{ccc} I & \longrightarrow & \mathbb{R}, \\ x & \longmapsto & \min(f(x), g(x)) \end{array}$$

和

$$|f|: \begin{array}{ccc} I & \longrightarrow & \mathbb{R}, \\ x & \longmapsto & |f(x)|. \end{array}$$

注: 特别地, 我们有 $|f| = \sup(-f, f)$.

习题 6.1.1.3 设 f 和 g 在 $\mathbb{R}$ 上定义为: $\forall x \in \mathbb{R}, f(x) = x$ 和 $g(x) = 2 - x$. 画出 f, g, $\sup(f, g)$ 和 $\inf(f, g)$ 的图像.

注: $\sup(f,g)$ 在 $\mathcal{F}(I,\mathbb{R})$ 中具有上确界的性质, 即 $\sup(f,g)$ 是集合 $\{f,g\}$ 的最小的上界.

注: 定义函数 f 的正部和负部也很有用:

$$f_+ = \sup(f,0); \quad f_- = \sup(-f,0); \quad f = f_+ - f_- \quad 和 \quad |f| = f_+ + f_-.$$

注意到, f_+ (f 的正部) 和 f_- (f 的负部) 都是取非负值的函数.

6.1.2　集合 $\mathcal{B}(I,\mathbb{K})$

定义 **6.1.2.1**　我们称映射 $f\colon I \longrightarrow \mathbb{R}$ 是

- 有上界的, 若存在 $M \in \mathbb{R}$ 使得 $f \leqslant M$, 即 $\exists M \in \mathbb{R}, \forall x \in I, f(x) \leqslant M$;
- 有下界的, 若存在 $m \in \mathbb{R}$ 使得 $m \leqslant f$, 即 $\exists m \in \mathbb{R}, \forall x \in I, m \leqslant f(x)$;
- (在 I 上) 有界的, 若它既有上界又有下界.

我们称函数 $f\colon I \longrightarrow \mathbb{C}$ 是有界的, 若: $\exists M \geqslant 0, \forall x \in I, |f(x)| \leqslant M$.

注: 与序列一样, 有界函数有另一种刻画. 实际上, f 在 I 上有界当且仅当 $|f|$ 在 I 上有界. 从而得到复值函数有界的定义.

例 **6.1.2.2**　函数 $\cos$, $\sin$, $\arctan$ 和 th 是在 $\mathbb{R}$ 上有界的. Argch 在 $[1,+\infty)$ 上有下界但无上界, Argsh 在 $\mathbb{R}$ 上既没有上界也没有下界.

命题 **6.1.2.3**　在 I 上有界的函数的集合 $\mathcal{B}(I,\mathbb{K})$ 是 $\mathcal{F}(I,\mathbb{K})$ 的一个子代数, 即既是向量子空间又是子环.

证明:

证明与在序列中看到的相同. 记住, 为了证明它是子代数, 我们必须验证 (或证明):

- $\mathcal{B}(I,\mathbb{K}) \subset \mathcal{F}(I,\mathbb{K})$;
- $1_{\mathcal{F}(I,\mathbb{K})} \in \mathcal{B}(I,\mathbb{K})$;

- $\forall (f,g) \in \mathcal{B}(I,\mathbb{K})^2, \forall (\lambda,\mu) \in \mathbb{K}^2, \lambda \cdot f + \mu \cdot g \in \mathcal{B}(I,\mathbb{K})$;
- $\forall (f,g) \in \mathcal{B}(I,\mathbb{K})^2, f \times g \in \mathcal{B}(I,\mathbb{K})$. ☒

注: 具体地说, 这个命题意味着有界函数的线性组合与乘积仍然是有界函数.

定义 6.1.2.4 设 $f \in \mathcal{F}(I,\mathbb{R})$. 我们定义 (在这些值存在的前提下):

$$\max_I f = \max_{x \in I} f(x) = \max(f(I)) \quad 和 \quad \min_I f = \min_{x \in I} f(x) = \min(f(I));$$

$$\sup_I f = \sup_{x \in I} f(x) = \sup(f(I)) \quad 和 \quad \inf_I f = \inf_{x \in I} f(x) = \inf(f(I)).$$

注意, $\max f$ 和 $\min f$ 不一定存在. 另一方面, 我们总是可以在 $\overline{\mathbb{R}}$ 中定义 $\sup f$ 和 $\inf f$.

例 6.1.2.5 设 $f: x \longmapsto \dfrac{1}{1+x^2}$. 那么, $\max_{\mathbb{R}} f = 1$, $\sup_{\mathbb{R}} f = \max f$, $\min_{\mathbb{R}} f$ 没有定义, 但 $\inf_{\mathbb{R}} f = 0$.

⚠️**注意:** 永远不要在没有证得存在性的情况下写 $\max_I f$ 和 $\min_I f$! 同样, 严格说来, 我们应该清楚地说明是在 $\mathbb{R}$ 中还是 $\overline{\mathbb{R}}$ 中的上确界. 为了避免这种混淆 (以及随之而来的严重错误), 我们只考虑 $\mathbb{R}$ 中的上确界或下确界, 因此必须验证它们的存在性.

习题 6.1.2.6 如果存在的话, 确定 $\max_{\mathbb{R}} \text{th}$, $\min_{\mathbb{R}} \text{th}$, $\sup_{\mathbb{R}} \text{th}$ 和 $\inf_{\mathbb{R}} \text{th}$.

定义 6.1.2.7 设 $f: I \longrightarrow \mathbb{R}$ 是一个函数. 我们称:

- f 在 a 处有最大值, 若 $\max_{x \in I} f(x) = f(a)$;
- f 在 a 处有最小值, 若 $\min_{x \in I} f(x) = f(a)$;
- f 在 a 处有最值若 f 在 a 处有最大值或最小值.

注: 如果 f 在 I 上有最大值, 那么最大值是唯一的! 根据定义, f 在 I 上的最大值是 $\max\{f(x)\mid x\in I\}$. 另一方面, f 取得最大值的点不一定是唯一的! 例如, 余弦函数在 $\mathbb{R}$ 上有一个最大值, 值为 1, 这个最大值在 $x_n = 2n\pi$ $(n\in\mathbb{Z})$ 处取得.

命题 6.1.2.8 由定义知, 对任意 $f\in\mathcal{F}(I,\mathbb{R})$, 有

$$f \text{ 在 } I \text{ 上有上界} \iff \sup_I f\in\mathbb{R}; \quad f \text{ 在 } I \text{ 上有下界} \iff \inf_I f\in\mathbb{R}.$$

特别地, f 在 I 上有界当且仅当 $\sup_I f$ 和 $\inf_I f$ 都是有限的 (即都是实数).

证明:

> 这是显然的. 以上确界为例, 我们有 $\sup_I f = \sup\{f(x)\mid x\in I\}$. 又因为集合 $A = \{f(x)\mid x\in I\} = f(I)$ 是 $\mathbb{R}$ 的一个非空子集. 因此, 它在 $\mathbb{R}$ 中有上确界当且仅当它有上界. $\boxtimes$

注: 在实践中, 我们通过证明 f 在 I 上有上界来验证 $\sup_I f$ 的存在性 (换言之, 我们只考虑 $\mathbb{R}$ 中的上确界).

6.1.3 周期函数

定义 6.1.3.1 我们称函数 f 是周期的, 若存在实数 $T > 0$ 使得

   (i) $\forall x\in I, (x+T)\in I$;

   (ii) $\forall x\in I, f(x+T) = f(x)$.

此时, T 称为 f 的一个周期, 我们称 f 是一个 T-周期的函数 (或以 T 为周期的周期函数).

例 6.1.3.2 设 $T > 0$. 那么, 对任意 $n\in\mathbb{N}$, 在 $\mathbb{R}$ 上定义为

$$\forall x\in\mathbb{R}, c_n(x) = \cos\left(\frac{2n\pi}{T}x\right) \quad \text{和} \quad \forall x\in\mathbb{R}, s_n(x) = \sin\left(\frac{2n\pi}{T}x\right)$$

的函数 c_n 和 s_n 是两个 T-周期的函数.

注: 在例 6.1.3.2 中, 我们清楚地看到一个函数可以有多个周期. 这就是我们说 T 是函数的<u>一个</u>周期的原因.

习题 6.1.3.3 确定函数 $f = \chi_{\mathbb{Q}}$ ($\mathbb{Q}$ 的特征函数) 的所有 (正的) 周期.

命题 6.1.3.4 设 $T > 0$. T-周期函数的集合是 $\mathcal{F}(I, \mathbb{K})$ 的一个向量子空间和一个子环. 换言之, 它是 $\mathcal{F}(I, \mathbb{K})$ 的一个子代数. 此外, 我们可以将 T-周期函数的研究限制在一个长度为 T 的区间内.

证明:

- 为了证明 T-周期函数的集合是 $\mathcal{F}(I, \mathbb{K})$ 的一个子代数, 我们必须证明:

  (i) I 上取值为 1 的常函数是 T-周期的 (显然).

  (ii) 如果 f 和 g 是两个 T-周期的函数, λ 和 μ 是 $\mathbb{K}$ 中的两个数, 那么

   * $f \times g$ 是 T-周期的 (也是显然的);

   * $\lambda \cdot f + \mu \cdot g$ 是 T-周期的 (仍是显然的).

- 最后, 很明显, 知道 f 在一个长度为 T 的区间上的性态就足以掌握函数 f 的性态. $\boxtimes$

注:

- 当然, 我们不应该忘记, 周期函数不一定定义在整个 $\mathbb{R}$ 上, 例如函数 $\tan$;
- 有关周期函数的周期集合的更多信息, 请参见习题 2.4.8.3 (问题 5 (d)).

6.1.4 偶函数和奇函数

定义 6.1.4.1 我们称函数 $f: I \longrightarrow \mathbb{K}$ 为

- 偶函数, 若 $\forall x \in I, (-x) \in I$ 且 $\forall x \in I, f(-x) = f(x)$;
- 奇函数, 若 $\forall x \in I, (-x) \in I$ 且 $\forall x \in I, f(-x) = -f(x)$.

回顾： 如果 $\mathbb{K} = \mathbb{R}$, 即如果 f 是实值函数, 记 $\mathcal{C}_f$ 为 f 在一个直角坐标系中的表示曲线, 那么有

$$f \text{ 是偶函数} \iff \mathcal{C}_f \text{ 关于纵轴对称,}$$

$$f \text{ 是奇函数} \iff \mathcal{C}_f \text{ 关于原点对称.}$$

命题 6.1.4.2　假设 I 关于 0 对称. 设 $\mathcal{P}$ (或 $\mathcal{I}$) 为偶函数 (或奇函数) 的集合. 那么,

(i)　$\mathcal{P}$ 是 $\mathcal{F}(I, \mathbb{K})$ 的一个子代数；

(ii)　$\mathcal{I}$ 是 $\mathcal{F}(I, \mathbb{K})$ 的一个向量子空间, 但不是一个子环；

(iii)　$\mathcal{P}$ 和 $\mathcal{I}$ 是在 $\mathcal{F}(I, \mathbb{K})$ 中互补的子空间, 即 $\mathcal{P} \oplus \mathcal{I} = \mathcal{F}(I, \mathbb{K})$.

换言之, 任意函数 $f\colon I \longrightarrow \mathbb{K}$ 可以唯一分解成 $f = p + i$, 其中 p 是一个偶函数, i 是一个奇函数. 我们称 p 是 f 的偶部, i 是 f 的奇部. p 和 i 的表达式如下：

$$\forall x \in I, p(x) = \frac{f(x) + f(-x)}{2} \quad \text{和} \quad \forall x \in I, i(x) = \frac{f(x) - f(-x)}{2}.$$

证明：

- 证明 (i), 即证明

  * I 上取值为 1 的常函数是偶函数 (显然)；

  * $\forall (f, g) \in \mathcal{P}^2, \forall (\lambda, \mu) \in \mathbb{K}^2, f \times g \in \mathcal{P}$ 且 $(\lambda \cdot f + \mu \cdot g) \in \mathcal{P}$ (显然).

- 证明 (ii), 即证明

  — 零函数在 $\mathcal{I}$ 中 (显然)；

  — $\forall (f, g) \in \mathcal{I}^2, \forall (\lambda, \mu) \in \mathbb{K}^2, \lambda \cdot f + \mu \cdot g \in \mathcal{I}$ (仍是显然).

  此外, 很明显, 值为 1 的常函数不是奇函数, 故 $\mathcal{I}$ 不是 $\mathcal{F}(I, \mathbb{K})$ 的子环.

- 我们证明过 (iii) 两次：一次是在逻辑基础课上 (作为分析–综合法的例子), 一次是在向量空间课上 (利用线性对合的性质). ◻

例 6.1.4.3　设 $f\colon x \longmapsto e^{ix}$. 那么, f 的偶部是 $x \longmapsto \cos(x)$, f 的奇部是 $x \longmapsto i\sin(x)$ (注意, 奇部不是虚部, 因为有 i).

习题 6.1.4.4 借助一个线性映射直接证明 $\mathcal{I}$ 和 $\mathcal{P}$ 是向量子空间.

习题 6.1.4.5 函数 $x \longmapsto e^x$ 的偶部和奇部是什么?

注:

- 可以证明两个奇函数的乘积是一个偶函数;
- 利用函数 f 的偶部和奇部的表达式可以证明, f 是 $\mathcal{C}^n$ 的当且仅当其偶部和奇部都是 $\mathcal{C}^n$ 的.

6.1.5 利普希茨函数

定义 6.1.5.1 设 $f: I \longrightarrow \mathbb{K}$ 是一个映射.

- 设 $k \in \mathbb{R}^+$. 我们称 f 是 k-利普希茨的, 若

$$\forall (x, y) \in I^2, |f(y) - f(x)| \leqslant k|y - x|.$$

- 我们称 f 是利普希茨的, 若存在 $k \geqslant 0$ 使得 f 是 k-利普希茨的.
- 如果 f 是 k-利普希茨的, 其中 $0 \leqslant k < 1$, 那么我们称 f 是 k-压缩的.

习题 6.1.5.2 证明仿射函数在 $\mathbb{R}$ 上是利普希茨的.

例 6.1.5.3 正弦函数和余弦函数是 1-利普希茨的. 实际上, 设 x 和 y 是两个实数, 我们有

$$
\begin{aligned}
|\cos(y) - \cos(x)| &= \left| \int_x^y \cos'(t)\, \mathrm{d}t \right| \\
&= \left| \int_x^y -\sin(t)\, \mathrm{d}t \right| \\
&\leqslant \int_I |\sin(t)|\, \mathrm{d}t \quad \text{(其中, 若 } x \leqslant y \text{ 则 } I = [x, y] \text{, 否则 } I = [y, x]) \\
&\leqslant \int_I \mathrm{d}t \\
&\leqslant |y - x|.
\end{aligned}
$$

注: 暂且记住这个证明 C^1 类的函数是利普希茨函数的技巧. 我们将在《大学数学基础 2》中看到, 当 f 在 I 上可导时, f 在 I 上是利普希茨的当且仅当 f' 在 I 上有界.

例 6.1.5.4　函数 $x \longmapsto x^2$ 在 $\mathbb{R}$ 上不是利普希茨的. 然而, 它在每个闭区间上是利普希茨的.

实际上, 可以用反证法来证明. 假设平方函数在 $\mathbb{R}$ 上是利普希茨的. 那么, 存在 $k \geqslant 0$ 使得

$$\forall (x,y) \in \mathbb{R}^2, |y^2 - x^2| \leqslant k|y-x|.$$

特别地, 取 $x=0$, 得到: $\forall y \in \mathbb{R}, y^2 \leqslant k|y|$. 取 $y = k+1$, 得到 $k \leqslant -1$, 矛盾.

另一方面, 假设 a 和 b 是两个实数且 $a \leqslant b$, $I = [a,b]$, 我们有

$$\forall (x,y) \in [a,b]^2, |y^2 - x^2| = |y+x| \times |y-x| \leqslant \underbrace{(2 \times \max(|a|, |b|))}_{k} |y-x|.$$

习题 6.1.5.5　证明 th 在 $\mathbb{R}$ 上是利普希茨的.

习题 6.1.5.6　$x \longmapsto \sqrt{x}$ 在 $[0, +\infty)$ 上是利普希茨的吗? 在 $(0, +\infty)$ 上呢? 在 $[a, +\infty)$ $(a>0)$ 上呢?

命题 6.1.5.7　设 $\mathrm{Lip}(I, \mathbb{K})$ 是从 I 到 $\mathbb{K}$ 的利普希茨函数的集合. 那么, $\mathrm{Lip}(I, \mathbb{K})$ 是 $\mathcal{F}(I, \mathbb{K})$ 的一个向量子空间.

证明:

- 首先, 显然 $\mathrm{Lip}(I, \mathbb{K}) \subset \mathcal{F}(I, \mathbb{K})$, 且零函数是利普希茨的 (我们知道, 仿射函数都是利普希茨的).

- 现在证明 $\mathrm{Lip}(I, \mathbb{K})$ 对线性组合封闭.
设 $(f,g) \in \mathrm{Lip}(I, \mathbb{K})^2$, $(\lambda, \mu) \in \mathbb{K}^2$. 由 $f \in \mathrm{Lip}(I, \mathbb{K})$ 知, 存在 $k \geqslant 0$ 使得 f 是 k-利普希茨的. 同理, 存在 $k' \geqslant 0$ 使得 g 是 k'-利普希茨的. 记 $h = \lambda \cdot f + \mu \cdot g$.
那么, 对任意 $(x,y) \in I^2$, 我们有

$$\begin{aligned}|h(y) - h(x)| &= |\lambda \times (f(y) - f(x)) + \mu \times (g(y) - g(x))| \\ &\leqslant |\lambda| \times |f(y) - f(x)| + |\mu| \times |g(y) - g(x)|\end{aligned}$$

$$\leqslant |\lambda| \times k|y - x| + |\mu| \times k'|y - x|$$

$$\leqslant (|\lambda|k + |\mu|k') |y - x|.$$

令 $K = |\lambda|k + |\mu|k'$, 则有 $K \geqslant 0$, 故 $h = \lambda \cdot f + \mu \cdot g$ 是 K-利普希茨的. 因此, $\lambda \cdot f + \mu \cdot g \in \mathrm{Lip}(I, \mathbb{K})$. ◻

⚠️ **注意**: 两个利普希茨函数的乘积不一定是利普希茨函数. 从刚才看到的例子出发, 可以给出什么反例?

6.1.6 单调函数

定义 6.1.6.1 设 $f \colon I \longrightarrow \mathbb{R}$ 是一个映射. 我们称:

- f 在 I 上单调递增 (或在 I 上严格单调递增), 若

$$\forall (x, y) \in I^2, (x \leqslant y \Longrightarrow f(x) \leqslant f(y)) \,(\text{或}\, \forall (x, y) \in I^2, (x < y \Longrightarrow f(x) < f(y)));$$

- f 在 I 上单调递减 (或在 I 上严格单调递减), 若

$$\forall (x, y) \in I^2, (x \leqslant y \Longrightarrow f(x) \geqslant f(y)) \,(\text{或}\, \forall (x, y) \in I^2, (x < y \Longrightarrow f(x) > f(y)));$$

- f 在 I 上单调 (或: 在 I 上严格单调), 若它在 I 上单调递增或在 I 上单调递减 (或: 在 I 上严格单调递增或在 I 上严格单调递减).

注: 在实践中, 我们应用在《大学数学入门 1》(中文版) 中学到的方法来研究在 I 上可导的函数 f 的单调区间. 该方法涉及的性质将在《大学数学基础 2》中证明.

命题 6.1.6.2 设 $f \colon I \longrightarrow \mathbb{R}$ 和 $g \colon J \longrightarrow \mathbb{R}$ 是两个映射. 假设:

(i) f 和 g 分别在 I 和 J 上单调;

(ii) 可以定义复合函数 $g \circ f$, 即 $f(I) \subset J$.

那么, 函数 $g \circ f$ 在 I 上单调, 其单调性可由 "符号规则" (递增: +, 递减: −) 给出. 换言之, 如果 f 和 g 的单调性相同, 那么 $g \circ f$ 单调递增; 如果 f 和 g 的单调性相反, 那么 $g \circ f$ 单调递减.

此外, 如果 f 和 g 都严格单调, 那么 $g \circ f$ 也严格单调.

证明:

在此我们只证明 f 在 I 上单调递减, 且 g 在 J 上单调递增的情况.

设 x 和 y 是 I 的两个元素, 且 $x \leqslant y$. 那么, 由 f 单调递减知 $f(y) \leqslant f(x)$, 而由于 g 在 J 上单调递增, $f(x) \in J$ 且 $f(y) \in J$, 故 $g(f(y)) \leqslant g(f(x))$, 即 $(g \circ f)(y) \leqslant (g \circ f)(x)$. $\boxtimes$

6.2 函数的局部研究

框架: 接下来, 我们只研究定义在至少包含两个点的实区间 I 上的函数, 即

$$-\infty \leqslant \inf I < \sup I \leqslant +\infty.$$

也就是研究从 I 到 $\mathbb{K}$ 的映射.

我们定义:

- I 的内部, 记为 $\mathring{I}$, 定义为 $\mathring{I} = (\inf I, \sup I)$ (因此, 在我们的框架内, $\underline{\mathring{I} \neq \varnothing}$);

- I 的闭包, 记为 $\overline{I}$, 定义为 $\overline{I} = [\inf I, \sup I] \subset \overline{\mathbb{R}}$.

6.2.1 点的邻域

定义 6.2.1.1 设 $a \in \mathbb{R}$. 我们定义:
- 以 a 为中心、以 $\alpha > 0$ 为半径的开球 (或闭球) 为

$$B(a, \alpha) = \{x \in \mathbb{R} \mid |x - a| < \alpha\} = (a - \alpha, a + \alpha)$$
$$(\text{或 } B_f(a, \alpha) = \{x \in \mathbb{R} \mid |x - a| \leqslant \alpha\} = [a - \alpha, a + \alpha]).$$

集合 $B(a,\alpha)$ $(\alpha > 0)$ 称为 a (在 $\mathbb{R}$ 中) 的开邻域, 集合 $B_f(a,\alpha)$ $(\alpha > 0)$ 称为 a 的闭邻域.

- $+\infty$ 的开邻域 (或闭邻域) 为形如 $(A, +\infty)$ (或 $[A, +\infty)$) 的区间, 其中 $A \in \mathbb{R}$.
- $-\infty$ 的开邻域 (或闭邻域) 为形如 $(-\infty, A)$ (或 $(-\infty, A]$) 的区间, 其中 $A \in \mathbb{R}$.

本章记号: 记 $\mathcal{V}_f(a)$ 为 a 的闭邻域的集合.

习题 6.2.1.2 证明: $a \in \overline{I} \iff \forall V \in V_f(a), I \cap V \neq \varnothing$.

定义 6.2.1.3 设 $f: I \longrightarrow \mathbb{K}, a \in \overline{I}$. 我们称一个关于 f 的性质在 a 的邻域内 (或在 a 局部) 成立, 若存在 a 的一个开邻域 B 使得该性质在 $I \cap B$ 上成立.

注: 可以证明, 在前面定义中, 用**闭的**替换**开的**会得到与之等价的定义.

例 6.2.1.4 性质 "f 在 1 的邻域内恒不为零" 意味着
$$\exists \alpha > 0, \forall x \in I \cap (1-\alpha, 1+\alpha), f(x) \neq 0,$$
或等价地, $\exists \alpha > 0, \forall x \in I \cap [1-\alpha, 1+\alpha], f(x) \neq 0$.

例 6.2.1.5 f 在 $+\infty$ 的邻域内有界意味着存在 $A \in \mathbb{R}$ 使得 f 在 $[A, +\infty)$ 上有界.

例 6.2.1.6 设 $f: I \longrightarrow \mathbb{R}, a \in I$. f 在 a 的邻域内单调递增, 若
$$\exists \alpha > 0, \forall x, y \in I \cap (a-\alpha, a+\alpha), (x < y \implies f(x) \leqslant f(y)).$$

定义 6.2.1.7 设 $f: I \longrightarrow \mathbb{R}$ 是一个函数, $a \in I$. 我们称

- f 在 a 处有局部最大值, 若存在 $\alpha > 0$ 使得 $f_{|I\cap(a-\alpha,a+\alpha)}$ 在 a 处有最大值;

- f 在 a 处有局部最小值, 若存在 $\alpha > 0$ 使得 $f(a)$ 是 f 在 $(a-\alpha, a+\alpha) \cap I$ 上的最小值;

- f 在 a 处有局部最值, 若 f 在 a 处有局部最大值或局部最小值.

例 6.2.1.8 我们给出一个函数的表示曲线如图 6.1 所示:

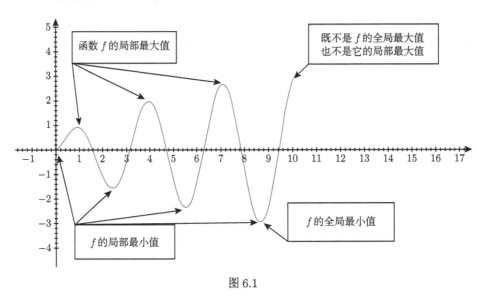

图 6.1

6.2.2 函数在一点处的极限和连续性

定义 6.2.2.1 设 $a \in \overline{I}, \ell \in \overline{\mathbb{R}}, f: I \longrightarrow \mathbb{R}.$ 我们称 f 在 a 处的极限为 ℓ, 若

$$\forall U \in \mathcal{V}_f(l), \exists V \in \mathcal{V}_f(a), \forall x \in I \cap V, f(x) \in U.$$

可以更明确地表述为:

(i)　当 $(a, \ell) \in \mathbb{R}^2$ 时, f 在 a 处的极限为 ℓ, 若

$$\forall \varepsilon > 0, \exists \alpha > 0, \forall x \in I, (|x-a| \leqslant \alpha \implies |f(x) - \ell| \leqslant \varepsilon).$$

(ii) 当 $a \in \mathbb{R}$ 且 $\ell = +\infty$ 时, f 在 a 处的极限为 $+\infty$, 若

$$\forall A \in \mathbb{R}, \exists \alpha > 0, \forall x \in I, (|x - a| \leqslant \alpha \Longrightarrow f(x) \geqslant A).$$

(iii) 当 $a \in \mathbb{R}$ 且 $\ell = -\infty$ 时, f 在 a 处的极限为 $-\infty$, 若

$$\forall A \in \mathbb{R}, \exists \alpha > 0, \forall x \in I, (|x - a| \leqslant \alpha \Longrightarrow f(x) \leqslant A).$$

(iv) 当 $a = +\infty$ 且 $\ell \in \mathbb{R}$ 时, f 在 $+\infty$ 处的极限为 ℓ, 若

$$\forall \varepsilon > 0, \exists A \in \mathbb{R}, \forall x \in I, (x \geqslant A \Longrightarrow |f(x) - \ell| \leqslant \varepsilon).$$

(v) 当 $a = -\infty$ 且 $\ell \in \mathbb{R}$ 时, f 在 $-\infty$ 处的极限为 ℓ, 若

$$\forall \varepsilon > 0, \exists A \in \mathbb{R}, \forall x \in I, (x \leqslant A \Longrightarrow |f(x) - \ell| \leqslant \varepsilon).$$

(vi) 当 $a = +\infty$ 且 $\ell = -\infty$ 时, f 在 $+\infty$ 处的极限为 $-\infty$, 若

$$\forall A \in \mathbb{R}, \exists B \in \mathbb{R}, \forall x \in I, (x \geqslant B \Longrightarrow f(x) \leqslant A).$$

(vii) 当 $a = +\infty$ 且 $\ell = +\infty$ 时, f 在 $+\infty$ 处的极限为 $+\infty$, 若

$$\forall A \in \mathbb{R}, \exists B \in \mathbb{R}, \forall x \in I, (x \geqslant B \Longrightarrow f(x) \geqslant A).$$

(viii) 当 $a = -\infty$ 且 $\ell = -\infty$ 时, f 在 $-\infty$ 处的极限为 $-\infty$, 若

$$\forall A \in \mathbb{R}, \exists B \in \mathbb{R}, \forall x \in I, (x \leqslant B \Longrightarrow f(x) \leqslant A).$$

(ix) 当 $a = -\infty$ 且 $\ell = +\infty$ 时, f 在 $-\infty$ 处的极限为 $+\infty$, 若

$$\forall A \in \mathbb{R}, \exists B \in \mathbb{R}, \forall x \in I, (x \leqslant B \Longrightarrow f(x) \geqslant A).$$

注:

- 必须学会如何把不同情况下的极限定义写清楚 ($a \in \mathbb{R}$, $a = +\infty$, $a = -\infty$, ℓ 也分相同的三种情况). 通过邻域来表示的极限定义有其独特的优势 (不需要处理不同的

情况), 且可以推广到赋范向量空间中 (参见《大学数学进阶 1》).

- 等价地, f 在 $a \in \mathbb{R}$ 处的极限为 $\ell \in \mathbb{R}$, 若

$$\forall \varepsilon > 0, \exists \alpha > 0, \forall x \in I \cap [a - \alpha, a + \alpha], |f(x) - \ell| \leqslant \varepsilon.$$

在实践中, 我们使用的正是这种表述形式 (在其他情况下也是如此).

定义 6.2.2.2　设 $f: I \longrightarrow \mathbb{C}, a \in \overline{I}, \ell \in \mathbb{C}$. 我们称 f 在 a 处以 ℓ 为极限, 若

$$\forall \varepsilon > 0, \exists V \in \mathcal{V}_f(a), \forall x \in I \cap V, |f(x) - \ell| \leqslant \varepsilon.$$

注: 因此, 复值函数的极限定义与实值函数的极限定义基本相同, 只有两个小区别:

(i) 当 f 是复值函数时, $|f(x) - \ell|$ 表示模长 (而不是绝对值);

(ii) 当 f 是复值函数时, 谈论无穷极限是没有意义的.

此外, 我们还可以在 $\mathbb{C}$ 中定义中心为 ℓ、半径为 $\varepsilon > 0$ 的开球 (或闭球), 如下所示:

$$B(\ell, \varepsilon) = \{z \in \mathbb{C} \mid |z - \ell| < \varepsilon\} \quad \text{和} \quad B_f(\ell, \varepsilon) = \{z \in \mathbb{C} \mid |z - \ell| \leqslant \varepsilon\}.$$

一般来说, 在 $\mathbb{C}$ 中, 我们记 $B(\ell, \varepsilon) = D(\ell, \varepsilon)$, 并称之为开圆盘 (闭球称为闭圆盘), 但这只是记号和术语的不同, 表示的是相同的集合.

引理 6.2.2.3　设 $\ell \in \overline{\mathbb{R}}, \ell' \in \overline{\mathbb{R}}$ (或 $(\ell, \ell') \in \mathbb{C}^2$). 假设 $\ell \neq \ell'$. 那么, 存在 $U \in \mathcal{V}_f(\ell)$ 和 $V \in \mathcal{V}_f(\ell')$ 使得 $U \cap V = \varnothing$.

证明:

如果 $(\ell, \ell') \in \mathbb{C}^2$ (包含它们都是实数的情况), 那么, 选取 $\alpha = \dfrac{|\ell' - \ell|}{3}$, $U = B_f(\ell, \alpha)$ 和 $V = B_f(\ell', \alpha)$ 可得结论. 其他情况留作练习. ⊠

定理 6.2.2.4　设 $a \in \overline{I}, \ell \in \overline{\mathbb{R}}, f \colon I \longrightarrow \mathbb{R}$.

如果 f 在 a 处以 ℓ 为极限, 那么 ℓ 是唯一的, 记为 $\ell = \lim\limits_{x \to a} f(x)$. 并且, 当 $\ell \in \mathbb{R}$ 时, 我们称 f 在 a 处有有限的极限.

证明:

用反证法. 假设 f 在 a 处有两个不同的极限 ℓ 和 ℓ', 其中 $(\ell, \ell') \in \overline{\mathbb{R}}^2$, 由定义知

$$\forall U \in \mathcal{V}_f(\ell), \exists V \in \mathcal{V}_f(a), \forall x \in I \cap V, f(x) \in U,$$
$$\forall U' \in \mathcal{V}_f(\ell'), \exists V' \in \mathcal{V}_f(a), \forall x \in I \cap V', f(x) \in U'.$$

根据假设, $\ell \neq \ell'$, 故由引理 6.2.2.3 知, 存在 ℓ 的一个闭邻域 U 和 ℓ' 的一个闭邻域 U' 使得 $U \cap U' = \varnothing$.

然后对这两个邻域应用极限的定义. 存在 a 的一个闭邻域 V, 使得对任意 $x \in I \cap V$, 有 $f(x) \in U$.

同理, 存在 a 的一个闭邻域 V', 使得对任意 $x \in I \cap V'$, 有 $f(x) \in U'$.

但是, $V \cap V'$ 也是 a 的一个闭邻域, 由定义知, $I \cap V \cap V' \neq \varnothing$. 取 $x_0 \in I \cap V \cap V'$. 对这样的 x_0, 我们有 $x_0 \in I \cap V$, 故 $f(x_0) \in U$, 同理有 $x_0 \in I \cap V'$, 故 $f(x_0) \in U'$.

因此, $f(x_0) \in U \cap U'$, 这与 $U \cap U' = \varnothing$ 矛盾. $\boxtimes$

习题 6.2.2.5　本题是让大家熟悉对显式的极限定义的操作. 从带 "ε" 和 "A" 的定义出发, 证明:

1. 如果 f 在 $a \in \mathbb{R}$ 处有两个有限的极限, 那么这两个极限值相等.

2. 如果 f 在 $-\infty$ 处以 $+\infty$ 为极限, 那么 f 在 $-\infty$ 处不可能以 $\ell \in \mathbb{R}$ 为极限.

3. 如果 f 在 $+\infty$ 处以 $-\infty$ 为极限, 那么 f 在 $+\infty$ 处不可能以 $+\infty$ 为极限.

定理 6.2.2.6　设 $a \in \overline{I}, \ell \in \mathbb{C}, f \colon I \longrightarrow \mathbb{C}$. 如果 f 在 a 处以 ℓ 为极限, 那么 ℓ 是唯一的, 记为 $\ell = \lim\limits_{x \to a} f(x)$.

证明：

> 证明与实值的情况相同. ⊠

例 6.2.2.7　用极限的正式定义证明 $\lim\limits_{x\to-\infty} x^2 = +\infty$.

对 $x \in \mathbb{R}$, 令 $f(x) = x^2$. 我们想证明

$$\forall A \in \mathbb{R}, \exists B \in \mathbb{R}, \forall x \leqslant B, f(x) \geqslant A.$$

设 $A \in \mathbb{R}$. 令 $B = -\sqrt{|A|}$. 那么, 由函数 f 在 $(-\infty, 0]$ 上单调递减知, 对任意 $x \leqslant B \leqslant 0$, $f(x) \geqslant B^2$, 即 $f(x) \geqslant |A| \geqslant A$.

因此, 证得：$\lim\limits_{x\to-\infty} f(x) = +\infty$.

例 6.2.2.8　对 $x > 0$, 设 $g(x) = \dfrac{1}{x}$. 证明 $\lim\limits_{x\to 0} g(x) = +\infty$, 即

$$\forall A \in \mathbb{R}, \exists \alpha > 0, \forall x \in [-\alpha, \alpha] \cap (0, +\infty), g(x) \geqslant A.$$

设 $A \in \mathbb{R}^{+\star}$. 令 $\alpha = \dfrac{1}{A}$. 显然有

$$\forall x \in (0, \alpha], g(x) \geqslant A.$$

结论得证.

<u>注</u>：可以注意到, 在前面的例子中, 我们只证明了 $A > 0$ 的结果. 为什么这样就足够了？

例 6.2.2.9　证明 $\lim\limits_{x\to 1} \ln(x) = 0$, 即

$$\forall \varepsilon > 0, \exists \alpha > 0, \forall x \in (0, +\infty) \cap [1-\alpha, 1+\alpha], |\ln(x)| \leqslant \varepsilon.$$

设 $\varepsilon > 0$. 我们想求一个 $\alpha > 0$ (且 $\alpha < 1$ 满足 $[1-\alpha, 1+\alpha] \subset (0, +\infty)$) 使得

$$1 - \alpha \leqslant x \leqslant 1 + \alpha \Longrightarrow -\varepsilon \leqslant \ln(x) \leqslant \varepsilon,$$

也即使得

$$1 - \alpha \leqslant x \leqslant 1 + \alpha \Longrightarrow e^{-\varepsilon} \leqslant x \leqslant e^{\varepsilon}.$$

为了使得上述蕴涵关系成立, 只需有 $e^{-\varepsilon} \leqslant 1 - \alpha$ 且 $1 + \alpha \leqslant e^{\varepsilon}$, 即只需有

$$0 < \alpha \leqslant 1 - e^{-\varepsilon} \quad \text{且} \quad 0 < \alpha \leqslant e^{\varepsilon} - 1.$$

取 $\alpha = \min\left(\dfrac{1}{2}, 1 - e^{-\varepsilon}, e^{\varepsilon} - 1\right)$. 由构造知, $\alpha > 0$ (因为 $e^{\varepsilon} - 1 > 0$ 且 $1 - e^{-\varepsilon} > 0$), $\alpha < 1$, 并且

$$\forall x \in [1 - \alpha, 1 + \alpha], |\ln(x)| \leqslant \varepsilon.$$

这证得 $\lim\limits_{x \to 1} \ln(x) = 0$.

注: 我们注意到, 即使是关于极限的 "简单结果" 也可能很不容易证明. 因此在实践中我们直接使用参考极限!

例 6.2.2.10 证明 $\lim\limits_{x \to 0} e^{ix} = 1$.

设 $\varepsilon > 0$. 我们要求一个 $\alpha > 0$ 使得: $|x| \leqslant \alpha \Longrightarrow |e^{ix} - 1| \leqslant \varepsilon$. 又因为, 对任意实数 x,

$$|e^{ix} - 1| = |e^{\frac{ix}{2}}| \times |e^{\frac{ix}{2}} - e^{-\frac{ix}{2}}| = 1 \times \left|2i \sin\left(\frac{x}{2}\right)\right| = 2\left|\sin\left(\frac{x}{2}\right)\right| \leqslant |x|,$$

所以, 如果选取 $\alpha = \varepsilon > 0$, 就有

$$\forall x \in [-\alpha, \alpha], |e^{ix} - 1| \leqslant \varepsilon.$$

与序列 (或参数曲线) 一样, 我们有以下刻画, 它使得我们可以把复值函数的极限问题归结为实值函数的极限问题.

命题 6.2.2.11 设 $f\colon I \longrightarrow \mathbb{C}, a \in \overline{I}$. 那么,

$$f \text{ 在 } a \text{ 处有极限} \iff \operatorname{Re}(f) \text{ 和 } \operatorname{Im}(f) \text{ 都在 } a \text{ 处有}\underline{\text{有限的}}\text{极限}.$$

这种情况下, $\lim\limits_{x \to a} f(x) = \lim\limits_{x \to a} \operatorname{Re}(f(x)) + i \lim\limits_{x \to a} \operatorname{Im}(f(x))$.

证明:

这个性质源于这样一个事实: 对于任意复数 z 和 ℓ,

$$|\operatorname{Re}(z) - \operatorname{Re}(\ell)| \leqslant |z - \ell| \leqslant |\operatorname{Re}(z) - \operatorname{Re}(\ell)| + |\operatorname{Im}(z) - \operatorname{Im}(\ell)|.$$

同理, 对虚部可得同样的不等式. 我们用定义对 $a \in \mathbb{R}$ 的情况给出证明.

- 假设 f 在 a 处的极限为 $\ell \in \mathbb{C}$. 要证明 $\lim\limits_{x \to a} \operatorname{Re}(f(x)) = \operatorname{Re}(\ell)$ 和 $\lim\limits_{x \to a} \operatorname{Im}(f(x)) = \operatorname{Im}(\ell)$.

设 $\varepsilon > 0$. 由于 $\lim\limits_{x \to a} f(x) = \ell$, 故存在 $\alpha > 0$ 使得

$$\forall x \in I \cap [a - \alpha, a + \alpha], |f(x) - \ell| \leqslant \varepsilon.$$

因此, 根据上述不等式, 我们有

$$\forall x \in I \cap [a - \alpha, a + \alpha], |\mathrm{Re}(f(x)) - \mathrm{Re}(\ell)| \leqslant |f(x) - \ell| \leqslant \varepsilon.$$

同理, 对虚部有相同结果. 这证得 $\mathrm{Re}(f)$ 有有限的极限 (极限值为 $\mathrm{Re}(\ell)$) 且 $\mathrm{Im}(f)$ 有有限的极限 (极限值为 $\mathrm{Im}(\ell)$).

● 反过来, 假设 $\mathrm{Re}(f)$ 在 a 处有有限的极限 ℓ_1, $\mathrm{Im}(f)$ 在 a 处有有限的极限 ℓ_2. 要证明 f 在 a 处有极限且 $\lim\limits_{x \to a} f(x) = \ell_1 + i\ell_2$.

设 $\varepsilon > 0$. 由极限的定义知, 对 $\dfrac{\varepsilon}{2} > 0$, 存在 $\alpha_1 > 0$ 和 $\alpha_2 > 0$ 使得

$$\forall x \in I \cap [a - \alpha_1, a + \alpha_1], |\mathrm{Re}(f(x)) - \ell_1| \leqslant \frac{\varepsilon}{2}$$

和

$$\forall x \in I \cap [a - \alpha_2, a + \alpha_2], |\mathrm{Im}(f(x)) - \ell_2| \leqslant \frac{\varepsilon}{2}.$$

取 $\alpha = \min(\alpha_1, \alpha_2)$. 那么 $\alpha > 0$. 由构造知, 对任意实数 $x \in I \cap [a - \alpha, a + \alpha]$,

$$\begin{aligned}
|f(x) - (\ell_1 + i\ell_2)| &\leqslant |\mathrm{Re}(f(x)) - \ell_1| + |\mathrm{Im}(f(x)) - \ell_2| \\
&\leqslant \frac{\varepsilon}{2} + \frac{\varepsilon}{2} \\
&\leqslant \varepsilon.
\end{aligned}$$

这证得 $\lim\limits_{x \to a} f(x) = \ell_1 + i\ell_2$. $\boxtimes$

注:

● 为了避免使用有时看起来太"抽象"的邻域, 我们只给出 $a \in \mathbb{R}$ 情况下的证明. 试着用邻域来证明, 这样就不必区分三种情况: $a \in \mathbb{R}$, $a = +\infty$ 和 $a = -\infty$;

● 我们将看到, 这个命题也可由极限的代数运算得到. 实际上, 如果 f 在 a 处以 ℓ 为极限, 那么 $\bar{f}$ 在 a 处以 $\bar{\ell}$ 为极限, 因此 $\mathrm{Re}(f) = \dfrac{1}{2}f + \dfrac{1}{2}\bar{f}$ 也有极限, 其极限为 $\dfrac{1}{2}\ell + \dfrac{1}{2}\bar{\ell} = \mathrm{Re}(\ell)$ (同理可得虚部的结果).

命题 6.2.2.12 设 $f\colon I \longrightarrow \mathbb{K}$, $a \in \overline{I}$, $\ell \in \mathbb{K}$ (或 $\ell \in \overline{\mathbb{R}}$ 若 $\mathbb{K} = \mathbb{R}$). 我们有以下性质:

- 当 $\ell \in \mathbb{K}$ 时, $\displaystyle\lim_{x \to a} f(x) = \ell \iff \displaystyle\lim_{x \to a} (f(x) - \ell) = 0$;

- 当 $a \in \mathbb{R}$ 时, $\displaystyle\lim_{x \to a} f(x) = \ell \iff \displaystyle\lim_{h \to 0} f(a + h) = \ell$.

证明:

这是显而易见的, 证明过程留作练习. ◻

定义 6.2.2.13 设 $a \in I$. 我们称 f 在 a 处连续, 若 $\displaystyle\lim_{x \to a} f(x)$ 存在.

⚠ **注意**: 记住, 对于实值函数而言, 极限存在意味着它有有限的极限或无穷的极限!

命题 6.2.2.14 设 $f\colon I \longrightarrow \mathbb{K}$, $a \in I$. 那么,

$$f \text{ 在 } a \text{ 处连续} \iff \lim_{x \to a} f(x) = f(a).$$

证明:

- $\Longleftarrow$ 是显然的.

- 反过来, 假设 f 在 a 处连续, 即 f 在 a 处有极限.

  * 首先, 证明如果 $\mathbb{K} = \mathbb{R}$, 那么 f 在 a 处的极限一定是有限的 (如果 $\mathbb{K} = \mathbb{C}$, 由复值函数极限的定义知, 这个结论自然成立).

    用反证法. 假设 $\displaystyle\lim_{x \to a} f(x) = +\infty$. 令 $A = f(a) + 1$. 那么, 存在 a 的一个闭邻域 V 使得

    $$\forall x \in I \cap V, f(x) \geqslant A.$$

    又因为 $a \in I \cap V$, 故 $f(a) \geqslant f(a) + 1$, 矛盾. 我们用同样的方式证明 (或者用 $-f$ 替换 f, 但还需证明 $\displaystyle\lim_{x \to a} (-f(x)) = -\lim_{x \to a} f(x)$), 不可能有 $\displaystyle\lim_{x \to a} f(x) = -\infty$.

* 因此, 存在 $\ell \in \mathbb{K}$ 使得 $\lim\limits_{x \to a} f(x) = \ell$.

接下来证明 $\ell = f(a)$. 设 $\varepsilon > 0$. 由于 $a \in I$, 故 $a \in \mathbb{R}$, 根据函数在一个实数点处的极限的定义, 存在实数 $\alpha > 0$ 使得

$$\forall x \in I \cap [a - \alpha, a + \alpha], |f(x) - \ell| \leqslant \varepsilon.$$

又因为 $a \in I$, 故 $a \in I \cap [a - \alpha, a + \alpha]$. 因此, $|f(a) - \ell| \leqslant \varepsilon$.

所以, 我们证得: $\forall \varepsilon > 0, |f(a) - \ell| \leqslant \varepsilon$, 故 $f(a) = \ell$. $\boxtimes$

⚠ **注意**: 说 "f 在 $+\infty$ 处连续" 是没有意义的! 连续的概念是对点 $a \in I$ 定义的, 即只有对函数定义域中的点才能定义函数的连续性. 而 $+\infty$ 一定不在定义域中!

定义 6.2.2.15 设 $f\colon I \longrightarrow \mathbb{K}$, $a \in \bar{I} \cap \mathbb{R}$.

- 如果 $a \neq \sup I$, 我们定义 f 在 a 处的右极限如下 (在此极限存在的前提下):

$$\lim_{x \to a^+} f(x) = \lim_{\substack{x \to a \\ x > a}} f(x) = \lim_{x \to a} f_{|I \cap (a, +\infty)}(x).$$

- 如果 $a \neq \inf I$, 我们定义 f 在 a 处的左极限如下 (在此极限存在的前提下):

$$\lim_{x \to a^-} f(x) = \lim_{\substack{x \to a \\ x < a}} f(x) = \lim_{x \to a} f_{|I \cap (-\infty, a)}(x).$$

如果 $a \in I$, 我们称 f 在 a 处右连续 (或左连续), 若

$$\lim_{\substack{x \to a \\ x > a}} f(x) = f(a) \quad \left(\text{或} \ \lim_{\substack{x \to a \\ x < a}} f(x) = f(a) \right).$$

命题 6.2.2.16 设 $f\colon I \longrightarrow \mathbb{K}$, $a \in \overset{\circ}{I}$. 那么, 函数 f 在 a 处连续当且仅当 $\lim\limits_{\substack{x \to a \\ x > a}} f(x) = \lim\limits_{\substack{x \to a \\ x < a}} f(x) = f(a)$.

证明:

- 证明 $\Longrightarrow$.

假设 f 在 a 处连续. 设 $\varepsilon > 0$. 那么, 存在 $\alpha > 0$ 使得, 对任意 $x \in I \cap [a-\alpha, a+\alpha]$, $|f(x) - f(a)| \leqslant \varepsilon$. 从而显然有

$$\forall x \in (I \cap (a, +\infty)) \cap [a-\alpha, a+\alpha], \, |f(x) - f(a)| \leqslant \varepsilon,$$

即 $\lim\limits_{\substack{x \to a \\ x > a}} f(x) = f(a)$. 同理可证 $\lim\limits_{\substack{x \to a \\ x < a}} f(x) = f(a)$.

- 证明 $\Longleftarrow$.

假设 $\lim\limits_{\substack{x \to a \\ x > a}} f(x) = \lim\limits_{\substack{x \to a \\ x < a}} f(x) = f(a)$.

设 $\varepsilon > 0$. 由左右极限的定义知, 存在 $\alpha_1 > 0$ 和 $\alpha_2 > 0$ 使得

$$\forall x \in I \cap (a, a+\alpha_1], \, |f(x) - f(a)| \leqslant \varepsilon$$

和

$$\forall x \in I \cap [a-\alpha_2, a), \, |f(x) - f(a)| \leqslant \varepsilon.$$

取 $\alpha = \min\{\alpha_1, \alpha_2\}$. 那么, $\alpha > 0$, 并且对任意 $x \in I \cap [a-\alpha, a+\alpha]$, 有

* 如果 $x < a$, 那么 $x \in I \cap [a-\alpha, a) \subset I \cap [a-\alpha_2, a)$, 故 $|f(x) - f(a)| \leqslant \varepsilon$;
* 如果 $x = a$, 那么 $|f(x) - f(a)| = 0 \leqslant \varepsilon$;
* 如果 $x > a$, 那么 $x \in I \cap (a, a+\alpha] \subset I \cap (a, a+\alpha_1]$, 故 $|f(x) - f(a)| \leqslant \varepsilon$.

因此, 我们证得

$$\forall \varepsilon > 0, \exists \alpha > 0, \forall x \in I \cap [a-\alpha, a+\alpha], \, |f(x) - f(a)| \leqslant \varepsilon.$$

这证得 $\lim\limits_{x \to a} f(x) = f(a)$. $\boxtimes$

我们发现了许多与序列类似的结果. 唯一的微小差异是, 这些性质都是局部的, 即在计算极限的点附近才成立. 下面引述两个重要性质.

命题 6.2.2.17 设 $f: I \longrightarrow \mathbb{K}$, $a \in \overline{I}$. 如果函数 f 在 a 处有有限的极限, 那么 f 在 a 的邻域内有界.

证明:

> 假设 $\ell = \lim\limits_{x \to a} f(x)$ 存在, $\ell \in \mathbb{K}$ (即若 $\mathbb{K} = \mathbb{R}$ 则极限是有限的). 令 $\varepsilon = 1 > 0$.
> 由极限的定义知, 存在 a 的一个邻域 V 使得
>
> $$\forall x \in I \cap V, |f(x) - \ell| \leqslant 1.$$
>
> 那么, $\forall x \in I \cap V, |f(x)| \leqslant |\ell| + 1$, 其中 V 是 a 的一个邻域. 因此, f 在 a 的
> 邻域内有界. ⊠

⚠ **注意**: 就像序列一样, 逆命题是错误的!! f 在 a 的邻域内有界不意味着 f 在 a 处有有限的极限! 例如, 正弦函数在 $+\infty$ 的邻域内有界, 但它在 $+\infty$ 处没有极限 (我们将在学习极限的序列刻画后证明这一点).

命题 6.2.2.18 设 $f : I \longrightarrow \mathbb{R}, a \in \overline{I}$. 假设 $\lim\limits_{x \to a} f(x) = \ell, \ell > 0$. 那么, f 在 a 的邻域内有大于零的下界.

证明:

> 我们证明 $a = -\infty$ 的情况.
> - 假设 $\ell \in \mathbb{R}^{+*}$. 取 $\varepsilon = \dfrac{\ell}{2} > 0$. 对这个 $\varepsilon > 0$, 存在 $B \in \mathbb{R}$ 使得
>
> $$\forall x \in I \cap (-\infty, B], |f(x) - \ell| \leqslant \varepsilon.$$
>
> 那么, 对任意 $x \in I \cap (-\infty, B]$,
>
> $$f(x) \geqslant \ell - \varepsilon, \quad \text{即} \quad f(x) \geqslant \frac{\ell}{2} > 0.$$
>
> 这证得 f 在 $-\infty$ 的邻域内以 $\dfrac{\ell}{2} > 0$ 为下界.
> - 如果 $\ell = +\infty$, 对 $A = 1$ 应用极限的定义可得, 在 $-\infty$ 的邻域内有 $f \geqslant 1$. ⊠

注: 使用邻域可以避免处理多种情况. 但是正如多次提到的, 知道如何显式表示这些邻域也很重要, 并且跟使用邻域相比, 这样没那么抽象. 由于这个原因, 在 $a \in \mathbb{R}, a = +\infty$ 和 $a = -\infty$ 的情况下, 证明交替使用邻域和显式描述. 对此不满意的读者可以都用邻域来重新证明.

习题 6.2.2.19 设 $f\colon \mathbb{R} \longrightarrow \mathbb{Z}$.

1. 假设 f 在 $+\infty$ 处有有限的极限. 证明 f 在 $+\infty$ 的邻域内取常值.

2. 如果 f 在 $+\infty$ 处的极限为无穷, 上述结果是否仍然成立?

习题 6.2.2.20 给出一个在 $+\infty$ 的邻域内没有上界但在 $+\infty$ 处没有极限的函数的例子.

习题 6.2.2.21 设 $f\colon I \longrightarrow \mathbb{C}, a \in \overline{I}$. 假设 f 在 a 处有非零的极限. 证明存在 a 的一个邻域使得 f 在该邻域内恒不为零.

习题 6.2.2.22 证明取整函数 E 在 $\mathbb{R}$ 的任意点处右连续, 且在任意点处有有限的左极限.

6.2.3 极限的代数运算

命题 6.2.3.1 设 $a \in \overline{I}$, A 是从 I 到 $\mathbb{K}$ 的在 a 处有有限极限的映射的集合, 以及

$$\phi\colon \begin{array}{ccc} A & \longrightarrow & \mathbb{K}, \\ f & \longmapsto & \lim_{x \to a} f(x). \end{array}$$

(i) A 是 $\mathcal{F}(I,\mathbb{K})$ 的一个向量子空间, ϕ 是 A 上的一个线性型;

(ii) 在 a 处极限为零的函数的集合 A_0 是 A 的一个向量子空间;

(iii) 如果 $f \in A_0$ $\left(\text{即} \lim_{x \to a} f(x) = 0\right)$, g 在 a 的邻域内有界, 那么 $f \times g \in A_0$;

(iv) A 是 $\mathcal{F}(I,\mathbb{K})$ 的一个子环, ϕ 是一个环同态.

证明:

在此我们只证明 $a \in \mathbb{R}$ 的情况.

- 证明 (i).
- * 首先, $A \subset \mathcal{F}(I,\mathbb{K})$, 注意到零函数实际上在 A 中 (也在 A_0 中).
- * 接下来, 证明 A 对线性组合封闭.

▷ 设 $(f,g) \in A^2$. 记 $\ell \in \mathbb{K}$ 和 $\ell' \in \mathbb{K}$ 分别为 f 和 g 在 a 处的极限. 取定 $\varepsilon > 0$. 那么, 由极限的定义知

$$\exists \alpha_1 > 0, \forall x \in I, |x - a| \leqslant \alpha_1 \Longrightarrow |f(x) - l| \leqslant \frac{\varepsilon}{2},$$

$$\exists \alpha_2 > 0, \forall x \in I, |x - a| \leqslant \alpha_2 \Longrightarrow |g(x) - l| \leqslant \frac{\varepsilon}{2}.$$

取定一个这样的 $\alpha_1 > 0$ 和一个这样的 $\alpha_2 > 0$, 并令 $\alpha = \min(\alpha_1, \alpha_2)$. 那么, $\alpha > 0$, 并且对任意 $x \in I$ 使得 $|x - a| \leqslant \alpha$, 有

$$\begin{aligned} |(f+g)(x) - (\ell + \ell')| &\leqslant |f(x) - \ell| + |g(x) - \ell'| \\ &\leqslant \frac{\varepsilon}{2} + \frac{\varepsilon}{2} \\ &\leqslant \varepsilon. \end{aligned}$$

这证得 $\lim\limits_{x \to a} ((f+g)(x)) = \ell + \ell'$, 即

$$(f + g) \in A \quad \text{且} \quad \phi(f + g) = \phi(f) + \phi(g).$$

▷ 设 $f \in A$, $\lambda \in \mathbb{K}$. 记 $\ell = \lim\limits_{x \to a} f(x) \in \mathbb{K}$.

如果 $\lambda = 0$, 那么 $\lambda \cdot f = 0$ (零函数), 从而有 $\lambda \cdot f \in A$, 并且 $\lim\limits_{x \to a} ((\lambda \cdot f)(x)) = 0 = \lambda \times \lim\limits_{x \to a} f(x)$.

现在假设 $\lambda \neq 0$. 设 $\varepsilon > 0$. 对 $\varepsilon' = \dfrac{\varepsilon}{|\lambda|} > 0$ 应用极限的定义. 存在 $\alpha > 0$ 使得

$$\forall x \in I \cap [a - \alpha, a + \alpha], |f(x) - \ell| \leqslant \varepsilon'.$$

从而有

$$\forall x \in I \cap [a - \alpha, a + \alpha], |\lambda f(x) - \lambda \ell| \leqslant |\lambda||f(x) - \ell| \leqslant \varepsilon.$$

这证得 $\lambda \cdot f \in A$ 且 $\phi(\lambda \cdot f) = \lambda \times \phi(f) = \lambda \cdot \phi(f)$.

因此, 我们证得 A 是 $\mathcal{F}(I, \mathbb{K})$ 的一个向量子空间, 并且

$$\forall (f,g) \in A^2, \forall \lambda \in \mathbb{K}, \phi(f + g) = \phi(f) + \phi(g) \quad \text{且} \quad \phi(\lambda \cdot f) = \lambda \cdot \phi(f).$$

因此, ϕ 是一个从 A 到 $\mathbb{K}$ 的 $\mathbb{K}$-线性映射, 即 A 上的一个线性型.

- 证明 (ii).

根据定义, $A_0 = \ker(\phi)$, 其中 ϕ 是一个线性映射, 故 A_0 是 A 的一个向量子空间.

<u>注</u>: 事实上, ϕ 是一个非零线性型, 故 A_0 是 A 的一个超平面.

- 证明 (iii).

设 $f \in A_0$, g 是一个在 a 的邻域内有界的函数. 由定义知, 存在 $\alpha_1 > 0$ 和实数 $M > 0$ 使得

$$\forall x \in I \cap [a - \alpha_1, a + \alpha_1], |g(x)| \leqslant M.$$

此外, $\lim\limits_{x \to a} f(x) = 0$. 设 $\varepsilon > 0$, 存在 $\alpha_2 > 0$ 使得

$$\forall x \in I \cap [a - \alpha_2, a + \alpha_2], |f(x)| \leqslant \frac{\varepsilon}{M}.$$

令 $\alpha = \min(\alpha_1, \alpha_2)$. 那么, $\alpha > 0$, 且

$$\forall x \in I \cap [a - \alpha, a + \alpha], |(f \times g)(x)| \leqslant M|f(x)| \leqslant \varepsilon.$$

因此, $\lim\limits_{x \to a} (f \times g)(x) = 0$, 即 $f \times g \in A_0$.

- 证明 (iv).

∗ 取值为 1 的常函数 $1_{\mathcal{F}(I, \mathbb{K})}$ 显然在 A 中, 且 $\phi(1_{\mathcal{F}(I, \mathbb{K})}) = 1_{\mathbb{K}}$.

∗ 已证得 A 是一个 $\mathbb{K}$-向量空间, 以及 ϕ 是线性的. 因此,

　　▷ $\forall (f, g) \in A^2, (f - g) \in A$;

　　▷ $\forall (f, g) \in A^2, \phi(f + g) = \phi(f) + \phi(g)$.

∗ 设 $(f, g) \in A^2$. 要证明 $f \times g \in A$ 和 $\phi(f \times g) = \phi(f) \times \phi(g)$.
设 $\ell = \lim\limits_{x \to a} f(x)$ 和 $\ell' = \lim\limits_{x \to a} g(x)$. 观察到, 对任意 $x \in I$,

$$(f \times g)(x) - \ell \times \ell' = f(x) \times (g(x) - \ell') + \ell' \times (f(x) - \ell).$$

又因为, $(g - \ell') \in A_0$ 且 f 在 a 的邻域内有界 (因为 f 在 a 处有有限的极限), 故由 (iii) 知, $f \times (g - \ell') \in A_0$. 同理, $\ell' \times (f - \ell) \in A_0$.

又因为, 由 (ii) 可知, A_0 是一个向量空间. 因此, $(f \times g - \ell \times \ell') \in A_0$, 即

$$f \times g \in A \quad \text{且} \quad \lim\limits_{x \to a} (f(x) \times g(x)) = \ell \times \ell',$$

所以
$$\lim_{x \to a} (f(x) \times g(x)) = \lim_{x \to a} f(x) \times \lim_{x \to a} g(x).$$
这证得 $\phi(f \times g) = \phi(f) \times \phi(g)$.　　　　　　　　　　　　　　　　⊠

注:

- 换言之, 这个命题表明, 在 a 处有有限极限的函数的乘积或线性组合在 a 处仍有有限极限, 且其极限值分别由各函数极限的乘积或线性组合得到. 这个命题还说明, 一个在 a 的邻域内有界的函数和一个在 a 处极限为 0 的函数的乘积, 在 a 处有极限且极限值为 0.

- 稍后我们将看到用极限的序列刻画来证明这些性质更"简单". 实际上, 利用这个刻画, 我们可以从序列的性质推导出函数的相同性质.

命题 6.2.3.2　设 $f: I \longrightarrow \mathbb{K}, a \in \overline{I}$. 如果 f 在 a 处有非零的有限极限 ℓ, 那么 $\dfrac{1}{f}$ 在 a 处有有限的极限, 且 $\displaystyle\lim_{x \to a} \dfrac{1}{f(x)} = \dfrac{1}{\ell}$.

证明:

我们证明 $a = -\infty$ 的情况. 首先证明 $\dfrac{1}{f}$ 在 a 的邻域内有定义.

取 $\varepsilon = \dfrac{|\ell|}{2} > 0$ (因为 $\ell \neq 0$). 由于 $\displaystyle\lim_{x \to -\infty} f(x) = \ell$, 故存在 $B \in \mathbb{R}$ 使得
$$\forall x \in I \cap (-\infty, B], |f(x) - \ell| \leqslant \varepsilon.$$

设 $x \in I \cap (-\infty, B]$. 那么有
$$|\ell| - |f(x)| \leqslant |\ell - f(x)| \leqslant \varepsilon,$$

即 $|f(x)| \geqslant |\ell| - \varepsilon > 0$. 这证得 $\dfrac{1}{|f|}$ 对 $x \in I \cap (-\infty, B]$ 有定义, 且 $\dfrac{1}{|f|}$ 在 $-\infty$ 的邻域内有界. 那么, $\left| \dfrac{1}{f} - \dfrac{1}{\ell} \right| = \dfrac{|f - \ell|}{|\ell| \times |f|}$ 是在 a 的邻域内有界的函数 $\dfrac{1}{|\ell| \times |f|}$ 和在 a 处极限为 0 的函数 $|f - \ell|$ 的乘积. 根据命题 6.2.3.1,
$$\lim_{x \to a} \left| \dfrac{1}{f(x)} - \dfrac{1}{\ell} \right| = 0.$$　　　⊠

推论 6.2.3.3 设 f 和 g 在 a 处有有限的极限, 且 $\lim\limits_{x\to a} g(x) \neq 0$. 那么, $\dfrac{f}{g}$ 在 a 处有有限的极限, 且

$$\lim_{x\to a}\left(\frac{f(x)}{g(x)}\right) = \frac{\lim\limits_{x\to a} f(x)}{\lim\limits_{x\to a} g(x)}.$$

我们总结一下极限的运算法则, 并把这些法则推广到 $\overline{\mathbb{R}}$ 中: 对 $f, g\colon I \longrightarrow \mathbb{R}$ 和 $a \in \overline{I}$, 有表 6.1—表 6.3.

表 6.1 和的极限

$\lim\limits_{x\to a} f(x)$	ℓ	ℓ 或 $+\infty$	ℓ 或 $-\infty$	$+\infty$
$\lim\limits_{x\to a} g(x)$	ℓ'	$+\infty$	$-\infty$	$-\infty$
$\lim\limits_{x\to a} (f+g)(x)$	$\ell+\ell'$	$+\infty$	$-\infty$	???

表 6.2 乘积的极限

$\lim\limits_{x\to a} f(x)$	ℓ	$\ell>0$ 或 $+\infty$	$\ell<0$ 或 $-\infty$	$\ell>0$ 或 $+\infty$	$\ell<0$ 或 $-\infty$	0
$\lim\limits_{x\to a} g(x)$	ℓ'	$+\infty$	$+\infty$	$-\infty$	$-\infty$	$\pm\infty$
$\lim\limits_{x\to a} (f\times g)(x)$	$\ell\times\ell'$	$+\infty$	$-\infty$	$-\infty$	$+\infty$	???

表 6.3 函数倒数的极限

$\lim\limits_{x\to a} f(x)$	$\ell\neq 0$	$\ell=0$ 且 $f>0$	$\ell=0$ 且 $f<0$	$\pm\infty$
$\lim\limits_{x\to a} \dfrac{1}{f(x)}$	$\dfrac{1}{\ell}$	$+\infty$	$-\infty$	0

注:

- 在表格中, ??? 表示它是一种不定式, 也就是说, 我们无法得出一般性的结论, 它取决于函数的具体情况;
- 通过把两个函数的商写成 $\dfrac{f}{g} = f \times \dfrac{1}{g}$, 并应用函数倒数和乘积的极限法则, 可以得到函数的商的极限法则.

复值函数的情况更简单, 因为没有无穷的极限! 如果一个复值函数有极限, 那么极限必然是一个确定的复数. 因此, 对 $f,g\colon I\longrightarrow \mathbb{C}$ 和 $a\in \overline{I}$:

$$
\begin{cases}
\lim\limits_{x\to a} f(x)=\ell\in\mathbb{C},\\
\lim\limits_{x\to a} g(x)=\ell'\in\mathbb{C}
\end{cases}
\Longrightarrow
\begin{cases}
\lim\limits_{x\to a}(f+g)(x)=\ell+\ell',\\
\lim\limits_{x\to a}(f\times g)(x)=\ell\times\ell',\\
\lim\limits_{x\to a}\left(\dfrac{f(x)}{g(x)}\right)=\dfrac{\ell}{\ell'},\ \text{若}\ \ell'\neq 0.
\end{cases}
$$

<u>注:</u> 表中给出的结果还没有全部得到证明. 作为例子, 我们将证明其中一个. 其他的留作练习.

例 6.2.3.4　证明: 如果 $\lim\limits_{x\to a} f(x)=\ell\in\mathbb{R}$ 且 $\lim\limits_{x\to a} g(x)=-\infty$, 那么

$$\lim_{x\to a}(f+g)(x)=-\infty.$$

设 $A\in\mathbb{R}$. 由于 $\lim\limits_{x\to a} g(x)=-\infty$, 故存在 a 的一个邻域 V_1 使得

$$\forall x\in I\cap V_1, g(x)\leqslant A-\ell-1.$$

此外, 因为 $\lim\limits_{x\to a} f(x)=\ell$, 所以存在 a 的一个邻域 V_2 使得

$$\forall x\in I\cap V_2, |f(x)-\ell|\leqslant 1.$$

从而, 对任意 $x\in I\cap(V_1\cap V_2)$, 有

$$(f+g)(x)=f(x)+g(x)\leqslant \ell+1+g(x)\leqslant \ell+1+A-\ell-1\leqslant A.$$

这证得 $\lim\limits_{x\to a}(f+g)(x)=-\infty$.

习题 6.2.3.5　我们知道, 如果 $\lim\limits_{x\to a} f(x)=+\infty$ 且 $\lim\limits_{x\to a} g(x)=-\infty$, 那么, $f+g$ 和 $\dfrac{f}{g}$ 的极限都是不定式.

给出函数 f 和 g 使得 $\lim\limits_{x\to a} f(x)=+\infty$, $\lim\limits_{x\to a} g(x)=-\infty$, 且

1. $f+g$ 没有极限;
2. $f+g$ 的极限为 $+\infty$ (或 $-\infty$);
3. $f+g$ 的极限为 $\ell\in\mathbb{R}$;
4. $\dfrac{f}{g}$ 没有极限.

推论 6.2.3.6 在 a 处连续的函数的集合是 A 的一个子环和向量子空间. 并且, 如果 $g(a) \neq 0$ 且 f 和 g 都在 a 处连续, 那么 f/g 也在 a 处连续.

证明:

这是极限的代数性质和连续的定义的直接结果. ⊠

6.2.4 取极限与 $\mathbb{R}$ 中的序关系的兼容性

定理 6.2.4.1 设 f 和 g 是两个从 I 到 $\mathbb{R}$ 的映射, $a \in \bar{I}$. 假设在 a 的邻域内 $f \leqslant g$.

(i) 如果 $\lim\limits_{x \to a} f(x) = +\infty$, 那么 g 在 a 处有极限, 且 $\lim\limits_{x \to a} g(x) = +\infty$.

(ii) 如果 $\lim\limits_{x \to a} g(x) = -\infty$, 那么 f 在 a 处有极限, 且 $\lim\limits_{x \to a} f(x) = -\infty$.

(iii) 如果 f 和 g 在 a 处有极限, 那么 $\lim\limits_{x \to a} f(x) \leqslant \lim\limits_{x \to a} g(x)$ (在 $\overline{\mathbb{R}}$ 中).

证明:

- 证明 (i).

假设 $\lim\limits_{x \to a} f(x) = +\infty$. 要证明 $\lim\limits_{x \to a} g(x) = +\infty$.

* 首先, 我们知道在 a 的邻域内 $f \leqslant g$, 即存在 a 的一个邻域 V_1 使得

$$\forall x \in I \cap V_1, f(x) \leqslant g(x).$$

* 设 $A \in \mathbb{R}$. 由于 $\lim\limits_{x \to a} f(x) = +\infty$, 故存在 a 的一个邻域 V_2 使得

$$\forall x \in I \cap V_2, A \leqslant f(x).$$

令 $V = V_1 \cap V_2$. 那么, V 是 a 的一个邻域, 且

$$\forall x \in I \cap V, g(x) \geqslant f(x) \geqslant A.$$

这证得 $\lim\limits_{x \to a} g(x) = +\infty$.

- 通过对 $(-g, -f)$ 应用 (i) 可得性质 (ii).

● 最后证明 (iii).

假设 f 和 g 在 a 处有有限或无穷的极限.

记 $\lim\limits_{x \to a} f(x) = \ell \in \overline{\mathbb{R}}$ 和 $\lim\limits_{x \to a} g(x) = \ell' \in \overline{\mathbb{R}}$.

* 如果 $\ell = -\infty$ 或 $\ell' = +\infty$, 那么不等式 $\ell \leqslant \ell'$ 在 $\overline{\mathbb{R}}$ 中总是成立的.

* 如果 $\ell = +\infty$ (或 $\ell' = -\infty$), 那么由 (i) (或 (ii)) 知 $\ell' = +\infty$ (或 $\ell = -\infty$), 故 $\ell \leqslant \ell'$.

* 因此, 需要处理的是 $(\ell, \ell') \in \mathbb{R}^2$ 的情况, 即 f 和 g 都在 a 处有有限极限的情况.

  我们给出 $a = +\infty$ 的情况下的证明. 设 $\varepsilon > 0$.

  ▷ 在 $a = +\infty$ 的邻域内 $f \leqslant g$, 故存在 $A_1 \in \mathbb{R}$ 使得
  $$\forall x \in I \cap [A_1, +\infty), f(x) \leqslant g(x).$$

  ▷ $\lim\limits_{x \to a} f(x) = \ell \in \mathbb{R}$, 故存在 $A_2 \in \mathbb{R}$ 使得
  $$\forall x \in I \cap [A_2, +\infty), \ell - \varepsilon \leqslant f(x) \leqslant \ell + \varepsilon.$$

  ▷ $\lim\limits_{x \to a} g(x) = \ell' \in \mathbb{R}$, 故存在 $A_3 \in \mathbb{R}$ 使得
  $$\forall x \in I \cap [A_3, +\infty), \ell' - \varepsilon \leqslant g(x) \leqslant \ell' + \varepsilon.$$

  选取 $x_0 \in I$ 使得 $x_0 \geqslant \max(A_1, A_2, A_3)$ (可以做到, 因为 $\sup I = +\infty$ 且 I 是一个内部非空的区间). 那么, $\ell - \varepsilon \leqslant f(x_0) \leqslant g(x_0) \leqslant \ell' + \varepsilon$.

  因此, 我们证得: $\forall \varepsilon > 0, \ell \leqslant \ell' + 2\varepsilon$. 所以, $\ell \leqslant \ell'$. $\boxtimes$

注:

● 为了避免混淆, 最好在 f 和 g 都有有限极限的情况下应用 (iii);

● 在应用 (iii) 时, 不要忘记先证明极限的存在性;

● 答题或证明时, 我们常常这么写: "$f \leqslant g$. 又因为, f 和 g 在 a 处有有限的极限, 故可以在不等式两边取极限, 得到……".

例 6.2.4.2 设 $g: \mathbb{R} \longrightarrow \mathbb{R}$ 定义为: $\forall x \in \mathbb{R}, g(x) = x + \sin(x)$.
对任意实数 x, $x - 1 \leqslant g(x)$ 且 $\lim\limits_{x \to +\infty} (x - 1) = +\infty$. 比较可得, $\lim\limits_{x \to +\infty} g(x) = +\infty$.

⚠ **注意**: 就像序列一样, 取极限不能保持严格的不等式! 换言之,

$$\left(f < g \text{ 且} f \text{ 和 } g \text{ 都在 } a \text{ 处有有限的极限}\right) \not\Longrightarrow \lim_{x \to a} f(x) < \lim_{x \to a} g(x).$$

例如, 对任意 $x \in \mathbb{R}$, $0 < \dfrac{1}{1+x^2}$, $f\colon x \longmapsto 0$ 在 $+\infty$ 处有有限的极限, $g\colon x \longmapsto \dfrac{1}{1+x^2}$ 在 $+\infty$ 处有有限的极限, 但 $\lim\limits_{x \to +\infty} f(x) = \lim\limits_{x \to +\infty} g(x)$.

定理 6.2.4.3 (两边夹定理) 设 f, g 和 h 是三个从 I 到 $\mathbb{R}$ 的函数, $a \in \overline{I}$. 假设:

(1) 在 a 的邻域内, $f \leqslant g \leqslant h$;

(2) f 和 h 都在 a 处有有限的极限;

(3) $\lim\limits_{x \to a} f(x) = \lim\limits_{x \to a} h(x) = \ell$.

那么,

(i) g 在 a 处有有限的极限;

(ii) $\lim\limits_{x \to a} g(x) = \ell$.

证明:

我们在 $a \in \mathbb{R} \cap \overline{I}$ 的情况下证明这一点 (在一般情况下使用邻域来证明). 设 $\varepsilon > 0$.

- 根据假设, $\lim\limits_{x \to a} f(x) = \ell$, 故有

$$\exists \alpha_1 > 0, \forall x \in I \cap [a - \alpha_1, a + \alpha_1], |f(x) - \ell| \leqslant \varepsilon.$$

- 同理, $\lim\limits_{x \to a} h(x) = \ell$, 故有

$$\exists \alpha_2 > 0, \forall x \in I \cap [a - \alpha_2, a + \alpha_2], |h(x) - \ell| \leqslant \varepsilon.$$

- 最后, 在 a 的邻域内 $f \leqslant g \leqslant h$, 故有

$$\exists \alpha_3 > 0, \forall x \in I \cap [a - \alpha_3, a + \alpha_3], f(x) \leqslant g(x) \leqslant h(x).$$

取这样的三个实数 α_1，α_2 和 α_3. 令 $\alpha = \min(\alpha_1, \alpha_2, \alpha_3)$（确保当 $x \in I \cap [a - \alpha, a + \alpha]$ 时这三个不等式都成立）. 那么，$\alpha > 0$，且

$$\forall x \in I \cap [a - \alpha, a + \alpha], \ell - \varepsilon \leqslant f(x) \leqslant g(x) \leqslant h(x) \leqslant \ell + \varepsilon.$$

这证得 $\lim\limits_{x \to a} g(x) = \ell$. ☒

<u>注</u>: 虽然当 $\ell = +\infty$ 或 $\ell = -\infty$ 时，这个定理的结论仍然成立，但它不再是两边夹定理！这只是我们之前看到的比较定理.

例 6.2.4.4　我们知道[①]，对任意 $x > 0$，$x - \dfrac{x^3}{6} \leqslant \sin(x) \leqslant x$. 那么，对任意 $x > 0$，

$$1 - \frac{x^2}{6} \leqslant \frac{\sin(x)}{x} \leqslant 1.$$

又因为 $\lim\limits_{\substack{x \to 0 \\ x > 0}} \left(1 - \dfrac{x^2}{6}\right) = \lim\limits_{\substack{x \to 0 \\ x > 0}} 1 = 1$，根据两边夹定理，$x \longmapsto \dfrac{\sin(x)}{x}$ 在 0 处有有限的右极限，并且

$$\lim_{\substack{x \to 0 \\ x > 0}} \frac{\sin(x)}{x} = 1.$$

与序列一样，两边夹定理是研究函数的极限和/或等价表达式的一个非常重要的工具.

例 6.2.4.5　考虑在 $(0, +\infty)$ 上定义如下的函数 f：

$$\forall x \in (0, +\infty), f(x) = \int_0^{\frac{\pi}{2}} \frac{\cos(t)}{t^2 + x^2} \, \mathrm{d}t.$$

- 注意到 f 在 $(0, +\infty)$ 上良定义，因为对任意 $x > 0$，函数 $t \longmapsto \dfrac{\cos(t)}{t^2 + x^2}$ 在闭区间 $\left[0, \dfrac{\pi}{2}\right]$ 上连续[②].

- 还可以注意到，我们不知道 $t \longmapsto \dfrac{\cos(t)}{t^2 + x^2}$ 的原函数，因此无法通过 f 的显式表达式来计算它在定义区间边界处的极限. 因此，我们将尝试以足够精确的方式估计函数 f 的上下界，以便求得极限，然后求等价表达式.

- 研究当 x 趋于 $+\infty$ 时.

[①] 否则，我们可以通过研究函数来证明这一点.

[②] 在这里，我们承认在《大学数学入门 1》（中文版）中看到的连续性和积分的简单性质.

* 首先, 对 $x > 0$, 我们有

$$\forall t \in \left[0, \frac{\pi}{2}\right], 0 \leqslant \frac{\cos(t)}{t^2 + x^2} \leqslant \frac{1}{x^2}.$$

由积分的单调性知

$$\int_0^{\frac{\pi}{2}} 0 \, dt \leqslant \int_0^{\frac{\pi}{2}} \frac{\cos(t)}{t^2 + x^2} \, dt \leqslant \int_0^{\frac{\pi}{2}} \frac{1}{x^2} \, dt,$$

即

$$0 \leqslant f(x) \leqslant \frac{\pi}{2x^2}.$$

又因为 $\lim\limits_{x \to +\infty} \dfrac{\pi}{2x^2} = 0$, 故根据两边夹定理, 有

$$\lim_{x \to +\infty} f(x) = 0.$$

* 现在我们想确定 f 在 $+\infty$ 处的等价表达式 (如果忘记了等价的非正式概念, 可以先阅读 6.3 节, 然后回到这个例子, 但不需要掌握理论来理解这个例子的步骤).

前面的不等式可以帮助我们求得极限, 但无法帮助我们求得等价表达式, 因为框住 f 的两项并不是同阶的. 所以, 我们要做一个更精确的估计. 采用与之前相同的方法, 对任意 $x > 0$, 我们依次得到

$$\forall t \in \left[0, \frac{\pi}{2}\right], \frac{\cos(t)}{\dfrac{\pi^2}{4} + x^2} \leqslant \frac{\cos(t)}{x^2 + t^2} \leqslant \frac{\cos(t)}{x^2},$$

因此,

$$\frac{1}{\dfrac{\pi^2}{4} + x^2} \int_0^{\frac{\pi}{2}} \cos(t) \, dt \leqslant f(x) \leqslant \frac{1}{x^2} \int_0^{\frac{\pi}{2}} \cos(t) \, dt.$$

考虑到 $\displaystyle\int_0^{\frac{\pi}{2}} \cos(t) \, dt = [\sin(t)]_0^{\frac{\pi}{2}} = 1$, 由上式可得

$$\frac{1}{\dfrac{\pi^2}{4} + x^2} \leqslant f(x) \leqslant \frac{1}{x^2}.$$

从而有

$$\forall x > 0, \frac{1}{1 + \dfrac{\pi^2}{4x^2}} \leqslant x^2 f(x) \leqslant 1.$$

又因为 $\displaystyle\lim_{x\to+\infty}\dfrac{1}{1+\dfrac{\pi^2}{4x^2}}=1$, 故根据两边夹定理,

$$\lim_{x\to+\infty}x^2f(x)=1,\quad 即\quad f(x)\underset{x\to+\infty}{\sim}\frac{1}{x^2}.$$

● 现在研究 f 在 0 的邻域内的性态.

* 首先确定 f 的极限. 请自行验证, 前面所得的不等式, 不能帮助我们得到 f 在 0 处的极限 (因为在各个不等式中, 下界在 0 处有有限的极限而上界趋于 $+\infty$).

为了了解 f 的性态, 我们画出当 x 越来越小时 $t\longmapsto\dfrac{\cos(t)}{t^2+x^2}$ 的表示曲线如图 6.2 所示.

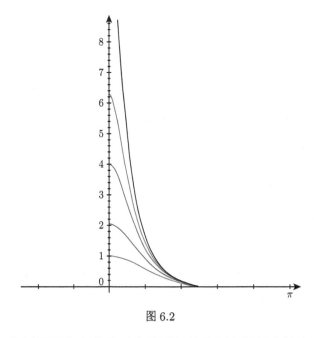

图 6.2

从图像上看, $t=0$ 附近的面积占曲线下方总面积的比例变得越来越大, 当 x 趋于 0 时, 它似乎趋向于 $+\infty$. 因此, 我们尝试估计 f 的下界. 为此, 我们必须估计 $\cos$ 的下界. 在区间 $\left[0,\dfrac{\pi}{2}\right]$ 上, 唯一可能的下界是 0, 显然, 这并不能得出结论. 又因为, 我们猜测在 $t=0$ 附近的面积是主要部分, 我们可以简单地在一个 "接近 0" 的更小的区间上观察积分.

对任意 $x>0$, $t\longmapsto\dfrac{\cos(t)}{t^2+x^2}$ 在 $\left[0,\dfrac{\pi}{2}\right]$ 上非负, 因此,

$$f(x)=\int_0^{\frac{\pi}{2}}\frac{\cos(t)}{t^2+x^2}\,\mathrm{d}t\geqslant\int_0^{\frac{\pi}{3}}\frac{\cos(t)}{t^2+x^2}\,\mathrm{d}t.$$

现在, 在区间 $\left[0, \dfrac{\pi}{3}\right]$ 上, 余弦函数的一个下界为 $\dfrac{1}{2}$, 由此可得

$$f(x) \geqslant \frac{1}{2} \int_0^{\frac{\pi}{3}} \frac{1}{t^2 + x^2}\,\mathrm{d}t = \frac{1}{2}\left[\frac{1}{x}\arctan\left(\frac{t}{x}\right)\right]_0^{\frac{\pi}{3}},$$

即有

$$f(x) \geqslant \frac{1}{2x}\arctan\left(\frac{\pi}{3x}\right).$$

又因为 $\displaystyle\lim_{\substack{x \to 0 \\ x > 0}} \arctan\left(\frac{\pi}{3x}\right) = \frac{\pi}{2} > 0$ 且 $\displaystyle\lim_{\substack{x \to 0 \\ x > 0}} \frac{1}{2x} = +\infty$, 根据比较关系可得

$$\lim_{\substack{x \to 0 \\ x > 0}} f(x) = +\infty.$$

* 为找到一个等价表达式, 我们需要更精确的估计. 我们知道, 在 $t = 0$ 的邻域内 $\cos(t) \sim 1$. 因此, 我们来比较 f 和 $x \longmapsto \displaystyle\int_0^{\frac{\pi}{2}} \frac{1}{t^2 + x^2}\,\mathrm{d}t$.

设 $x > 0$.

$$\begin{aligned}
\left|f(x) - \int_0^{\frac{\pi}{2}} \frac{1}{t^2 + x^2}\,\mathrm{d}t\right| &= \int_0^{\frac{\pi}{2}} \frac{1 - \cos(t)}{t^2 + x^2}\,\mathrm{d}t \\
&= \int_0^{\frac{\pi}{2}} \frac{2\sin^2\left(\dfrac{t}{2}\right)}{t^2 + x^2}\,\mathrm{d}t \\
&\leqslant \int_0^{\frac{\pi}{2}} \frac{2\left(\dfrac{t}{2}\right)^2}{t^2 + x^2}\,\mathrm{d}t \\
&\leqslant \int_0^{\frac{\pi}{2}} \frac{t^2}{2(t^2 + x^2)}\,\mathrm{d}t \\
&\leqslant \int_0^{\frac{\pi}{2}} \frac{1}{2}\,\mathrm{d}t \\
&\leqslant \frac{\pi}{4}.
\end{aligned}$$

又因为 $\displaystyle\int_0^{\frac{\pi}{2}} \frac{1}{t^2 + x^2}\,\mathrm{d}t = \left[\frac{1}{x}\arctan\left(\frac{t}{x}\right)\right]_0^{\frac{\pi}{2}} = \frac{1}{x}\arctan\left(\frac{\pi}{2x}\right)$, 所以, 对任意 $x > 0$,

$$-\frac{\pi}{4} \leqslant f(x) - \frac{1}{x}\arctan\left(\frac{\pi}{2x}\right) \leqslant \frac{\pi}{4},$$

即

$$\arctan\left(\frac{\pi}{2x}\right) - \frac{\pi x}{4} \leqslant xf(x) \leqslant \arctan\left(\frac{\pi}{2x}\right) + \frac{\pi x}{4}.$$

又因为 $\lim\limits_{\substack{x\to 0 \\ x>0}} \left(\arctan\left(\frac{\pi}{2x}\right) - \frac{\pi x}{4}\right) = \frac{\pi}{2}$, 同理, $\lim\limits_{\substack{x\to 0 \\ x>0}} \left(\arctan\left(\frac{\pi}{2x}\right) + \frac{\pi x}{4}\right) = \frac{\pi}{2}$. 根据两边夹

定理,

$$\lim_{\substack{x\to 0 \\ x>0}} xf(x) = \frac{\pi}{2}, \quad \text{即} \quad f(x) \underset{x\to 0^+}{\sim} \frac{\pi}{2x}.$$

<u>注</u>: 还有其他更 "简单" 的方法可以求得这些等价表达式, 但需要关于积分的更高级的知识作为工具 (参见《大学数学进阶 2》). 研究这种形式的函数 f 不是本书的教学目标之一.

我们用下面的推论来结束本小节, 这是两边夹定理的一个非常实用和直接的结果.

推论 6.2.4.6　如果在 a 的邻域内 $|f| \leqslant g$, 并且 $\lim\limits_{x\to a} g(x) = 0$, 那么 $\lim\limits_{x\to a} f(x) = 0$.

6.2.5　复合函数的极限以及极限的序列刻画

命题 6.2.5.1　设 $f\colon I \longrightarrow J \subset \mathbb{R}$ 和 $g\colon J \longrightarrow \mathbb{K}$ 是两个函数, $a \in \overline{I}$. 假设:

1. $\lim\limits_{x\to a} f(x) = \ell \in \overline{\mathbb{R}}$;
2. $\lim\limits_{x\to \ell} g(x) = L.$

那么, $g \circ f$ 在 a 处有极限, 且 $\lim\limits_{x\to a} (g \circ f)(x) = L$.

证明:

我们想证明

$$\forall U \in \mathcal{V}_f(L), \exists W \in \mathcal{V}_f(a), \forall x \in I \cap W, (g \circ f)(x) \in U.$$

设 $U \in \mathcal{V}_f(L)$. 根据假设, $\lim\limits_{y\to \ell} g(y) = L$. 因此, 存在 $V \in \mathcal{V}_f(\ell)$ 使得对任意 $y \in J \cap V$, $g(y) \in U$.

另一方面, $\lim\limits_{x \to a} f(x) = \ell$. 因此, 存在 $W \in \mathcal{V}_f(a)$ 使得 $\forall x \in I \cap W, f(x) \in V$.
设 $x \in I \cap W$. 那么 $f(x) \in V$. 由定义知 $f(x) \in J$. 因此 $f(x) \in J \cap V$. 从而

$$\forall x \in I \cap W, g(f(x)) \in U.$$

这证得 $\lim\limits_{x \to a} (g \circ f)(x) = L$. $\boxtimes$

注:

- 记住这个定理的精确假设是非常重要的. 特别地, 我们没有假设函数 f 和 g 的正则性! 我们只假设 $g \circ f$ 是良定义的, f 在 a 处有极限 ℓ (有限或无穷), g 在 ℓ 中有极限 (有限或无穷).

- 此处假设 f 是实值函数, 因为我们还没有学习复变量函数的极限的概念. 这类函数的连续性将在《大学数学进阶 1》(赋范向量空间一章) 中学习.

定理 6.2.5.2 (极限的序列刻画)　设 $f\colon I \longrightarrow \mathbb{K}$, $a \in \overline{I}$, $\ell \in \mathbb{K}$ (或 $\ell \in \overline{\mathbb{R}}$ 若 $\mathbb{K} = \mathbb{R}$). 那么, 下列性质相互等价:

(i)　$\lim\limits_{x \to a} f(x) = \ell$;

(ii)　对任意以 a 为极限的序列 $(u_n)_{n \in \mathbb{N}} \in I^{\mathbb{N}}$, $(f(u_n))_{n \in \mathbb{N}}$ 以 ℓ 为极限.

我们称性质 (ii) 为极限的序列刻画.

证明:

- (i) $\Longrightarrow$ (ii) 由命题 6.2.5.1 推导而来. 然而, 由于该命题是针对实变量函数 (而不是序列) 来陈述的, 我们重新给出证明.

假设 (i) 成立, 即 f 在 a 处以 ℓ 为极限. 要证明 (ii).
设 $(u_n)_{n \in \mathbb{N}}$ 是一个 I 中的元素序列, 极限为 a. 要证明 $(f(u_n))_{n \in \mathbb{N}}$ 以 ℓ 为极限.
设 $U \in \mathcal{V}_f(\ell)$. 由假设知, $\lim\limits_{x \to a} f(x) = \ell$, 故存在一个邻域 $V \in \mathcal{V}_f(a)$ 使得

$$\forall x \in I \cap V, f(x) \in U.$$

另一方面, $\lim\limits_{n \to +\infty} u_n = a$, 故存在 $n_0 \in \mathbb{N}$ 使得

$$\forall n \geqslant n_0, u_n \in V.$$

那么有: $\forall n \geqslant n_0, f(u_n) \in U$. 这证得序列 $(f(u_n))_{n \in \mathbb{N}}$ 以 ℓ 为极限.

- 通过证明逆否命题来证明 (ii) $\Longrightarrow$ (i).

假设 (i) 不成立, 要证明 (ii) 不成立. 根据假设, ℓ 不是 f 在 a 处的极限, 即

$$(\star) \quad \exists U \in \mathcal{V}_f(l), \forall V \in \mathcal{V}_f(a), \exists x \in I \cap V, f(x) \notin U.$$

取定一个这样的邻域 U. 设 $n \in \mathbb{N}$. 令

$$V_n = \begin{cases} \left[a - \dfrac{1}{n+1}, a + \dfrac{1}{n+1}\right], & \text{若 } a \in \mathbb{R}, \\ [n, +\infty), & \text{若 } a = +\infty, \\ (-\infty, -n], & \text{若 } a = -\infty, \end{cases}$$

那么 $V_n \in \mathcal{V}_f(a)$, 故根据 $(\star)$, 存在 $x_n \in I \cap V_n$ 使得 $f(x_n) \notin U$. 我们选取一个这样的 x_n. 这样就定义了一个 I 的元素序列 $(x_n)_{n \in \mathbb{N}}$ 使得:

- 对任意自然数 $n \in \mathbb{N}$,

$$x_n \in \begin{cases} \left[a - \dfrac{1}{n+1}, a + \dfrac{1}{n+1}\right], & \text{若 } a \in \mathbb{R}, \\ [n, +\infty), & \text{若 } a = +\infty, \\ (-\infty, -n], & \text{若 } a = -\infty. \end{cases}$$

根据比较定理 (或当 $a \in \mathbb{R}$ 时根据两边夹定理), $\displaystyle\lim_{n \to +\infty} x_n = a$.

- $\forall n \in \mathbb{N}, f(x_n) \notin U$.

因此, 我们证得存在一个 I 的元素序列以 a 为极限, 且 $(f(x_n))_{n \in \mathbb{N}}$ 不以 ℓ 为极限, 即 (ii) 不成立. $\boxtimes$

习题 6.2.5.3　重新给出当 $a \in \mathbb{R}$ 且 $\ell = +\infty$ 时的证明.

基本说明: 在这个定理中, (i) 是一个 "连续" 假设 (实数 x 趋于 a), 而 (ii) 是一个 "离散" 假设 (在序列的每个点 u_n). 序列刻画可以应用于许多数学领域. 这很方便, 因为它的操作对象是我们 "更熟悉" 的序列. 在这类刻画的证明中, 我们注意到

"连续的" $\Longrightarrow$ "离散的" (总是简单的, 可以直接证明)

"离散的" $\Longrightarrow$ "连续的" (总是通过逆否命题来证明)

必须记住, 逆命题可以通过其逆否命题来证明. 从直觉上讲, 这很容易理解, 因为 "点信息" (即离散信息) 不能直接导出 "连续信息".

注:

- 在定理的陈述中, 注意我们说的是 "$(u_n)_{n\in\mathbb{N}}$ 以 a 为极限", 而不是 " $(u_n)_{n\in\mathbb{N}}$ 收敛到 a" (对 $(f(u_n))_{n\in\mathbb{N}}$ 也一样). 这是因为当 $a = +\infty$ (或 $a = -\infty$) 时, 定理是成立的. 当 $a \in \mathbb{R}$ 时, 当然可以用 "收敛到 a" 替换 "以 a 为极限".

- 我们可以从这个极限的序列刻画出发, 导出极限的代数性质, 并且从序列的相关性质出发导出取极限和 $\mathbb{R}$ 中序关系的兼容性.

- 在实践中, 我们通常用极限的序列刻画来证明函数没有极限, 但很少用它来证明函数有极限.

- 在更理论化的框架中, 使用序列刻画来证明极限存在通常比较容易.

例 6.2.5.4 证明 $\cos$ 在 $+\infty$ 处没有极限. 设 $(x_n)_{n\in\mathbb{N}}$ 定义为: 对任意自然数 n, $x_n = n\pi$. 那么,

- $(x_n)_{n\in\mathbb{N}}$ 趋于 $+\infty$, 即 $(x_n)_{n\in\mathbb{N}}$ 以 $+\infty$ 为极限;

- 但 $(\cos(x_n))_{n\in\mathbb{N}} = ((-1)^n)_{n\in\mathbb{N}}$ 没有极限.

我们求得以 $+\infty$ 为极限的序列 $(x_n)_{n\in\mathbb{N}}$ 使得 $(\cos(x_n))_{n\in\mathbb{N}}$ 没有极限. 根据极限的序列刻画, $\cos$ 在 $+\infty$ 处没有极限.

注: 有时候以下方法更简单: 寻求两个以 a 为极限的序列 $(x_n)_{n\in\mathbb{N}}$ 和 $(y_n)_{n\in\mathbb{N}}$ 使得 $(f(x_n))$ 和 $(f(y_n))$ 有不同的极限. 这也能得出 f 在 a 处没有极限的结论.

例 6.2.5.5 证明 $\chi_{\mathbb{Q}}$ 在 $+\infty$ 处没有极限.

- 设 $(x_n) = (n)$. 那么,

$$\lim_{n\to+\infty} x_n = +\infty \quad \text{且} \quad \lim_{n\to+\infty} \chi_{\mathbb{Q}}(x_n) = 1$$

(因为对任意自然数 $n \in \mathbb{N}$, $\chi_{\mathbb{Q}}(n) = 1$);

- 设 $(y_n) = (n\sqrt{2})$. 那么,

$$\lim_{n\to+\infty} y_n = +\infty \quad \text{且} \quad \lim_{n\to+\infty} \chi_{\mathbb{Q}}(x_n) = 0$$

(因为对任意自然数 $n \in \mathbb{N}$, $\chi_{\mathbb{Q}}(n\sqrt{2}) = 0$).

因此, $\chi_{\mathbb{Q}}$ 在 $+\infty$ 处没有极限.

习题 6.2.5.6　证明 $x \longmapsto \sin(x)$ 在 $+\infty$ 处没有极限.

习题 6.2.5.7　证明 f 在 a 处有极限当且仅当对任意以 a 为极限的序列 $(u_n)_{n \in \mathbb{N}} \in I^{\mathbb{N}}$, $(f(u_n))_{n \in \mathbb{N}}$ 有极限 (有限或无穷).

推论 6.2.5.8　设 $f: I \longrightarrow \mathbb{K}, a \in I$. 那么, f 在 a 处连续当且仅当对任意收敛到 a 的序列 $(u_n)_{n \in \mathbb{N}} \in I^{\mathbb{N}}$, $(f(u_n))$ 收敛到 $f(a)$.

证明:

　　这是极限的序列刻画和在 a 处连续的定义的直接结果.　　　　　　　　$\boxtimes$

注:

- 最后一个推论称为 (在一点) 连续的序列刻画.

- 这是一个非常重要的刻画, 可用于以下情况:

  * 在实践中证明函数在某一点处不是连续的;

  * 在实践 (或理论) 中, 当我们知道函数在某一点处连续时.

- 特别地, 在研究由 $u_{n+1} = f(u_n)$ 定义的序列的过程中, 当证得收敛性想确定极限值时, 常常使用这个性质.

例 6.2.5.9　设 $(u_n)_{n \in \mathbb{N}}$ 定义为: $u_0 = 1$ 且 $\forall n \in \mathbb{N}, u_{n+1} = \sin(u_n)$. 我们看到[①], (u_n) 单调递减且有下界故收敛. 设 $\ell = \lim\limits_{n \to +\infty} u_n$. 那么,

- 一方面, (u_{n+1}) 是 $(u_n)_{n \in \mathbb{N}}$ 的一个子列, 故它收敛到 ℓ;

- 另一方面, 正弦函数在 ℓ 处连续, 故 $\lim\limits_{n \to +\infty} \sin(u_n) = \sin(\ell)$.

---

① 参见习题 3.1.1.7.

由极限的唯一性 (根据定义, $(u_{n+1}) = (\sin(u_n))$) 知, $\ell = \sin(\ell)$. 接下来, 我们可以通过研究函数来证明唯一可能的解是 $\ell = 0$.

习题 6.2.5.10 确定所有在 0 处连续且满足

$$\forall x \in \mathbb{R}, f(\sin(x)) = f(x)$$

的函数 f.

▶ 方法:

求解这类方程的主要思想是迭代 (即重复) 关系式: 此处有

$$\forall n \in \mathbb{N}, \quad f(\underbrace{\sin \circ \cdots \circ \sin}_{n \text{ 次}}(x)) = f(x).$$

然后对迭代次数 n 趋于无穷取极限.

以下是一些求解这个习题的提示: 设 f 在 0 处连续且满足所给的关系式. 设 $x \in \mathbb{R}$. 考虑序列 $(u_n)_{n \in \mathbb{N}}$ 定义为

$$u_0 = x \quad \text{且} \quad \forall n \in \mathbb{N}, u_{n+1} = \sin(u_n).$$

1. 证明 $(u_n)_{n \in \mathbb{N}}$ 收敛并确定其极限.

2. 对 $n \in \mathbb{N}$, 比较 $f(u_n)$ 和 $f(x)$.

3. 由此导出 f 是常函数.

6.2.6 单调极限定理

定理 6.2.6.1 (单调极限定理) 设 $f \colon I \longrightarrow \mathbb{R}$ 是一个在 I 上单调的映射, $a \in \overline{I}$. 那么, $\lim\limits_{x \to a^-} f(x)$ (若 $a \neq \inf I$) 和 $\lim\limits_{x \to a^+} f(x)$ (若 $a \neq \sup I$) 存在, 即 f 在 a 处有左极限 (若 $a \neq \inf I$), 以及 f 在 a 处有右极限 (若 $a \neq \sup I$). 更确切地,

- 如果 f 单调递增, 那么

$$\lim_{\substack{x \to a \\ x > a}} f(x) = \inf_{\substack{x \in I \\ x > a}} f(x), \quad \lim_{\substack{x \to a \\ x < a}} f(x) = \sup_{\substack{x \in I \\ x < a}} f(x).$$

此外, 如果 $a \in \overset{\circ}{I}$, 那么 f 在 a 处有有限的左极限和右极限, 且

$$\lim_{\substack{x \to a \\ x < a}} f(x) \leqslant f(a) \leqslant \lim_{\substack{x \to a \\ x > a}} f(x).$$

- 如果 f 单调递减, 那么

$$\lim_{\substack{x \to a \\ x > a}} f(x) = \sup_{\substack{x \in I \\ x > a}} f(x), \quad \lim_{\substack{x \to a \\ x < a}} f(x) = \inf_{\substack{x \in I \\ x < a}} f(x).$$

此外, 如果 $a \in \overset{\circ}{I}$, 那么 f 在 a^+ 处和 a^- 处有有限的极限, 且

$$\lim_{\substack{x \to a \\ x < a}} f(x) \geqslant f(a) \geqslant \lim_{\substack{x \to a \\ x > a}} f(x).$$

特别地, 如果 $\alpha = \inf I$ 且 $\beta = \sup I$, 那么 f 在 α 处有右极限 (有限或无穷), 在 β 处有左极限 (有限或无穷).

推论 6.2.6.2　如果 f 在 $[a, b)$ 上单调递增 (其中 $b \in \mathbb{R} \cup \{+\infty\}$), 那么 f 在 b 处有极限. 并且, 该极限值有限当且仅当 f 有上界.

推论 6.2.6.3　如果 f 在 $(a, b]$ 上单调递增 (其中 $a \in \mathbb{R} \cup \{-\infty\}$), 那么 f 在 a 处有极限. 并且, 该极限值有限当且仅当 f 有下界.

证明:

- 首先, 不失一般性 (否则把 f 换作 $-f$, 它也是单调的), 假设 f 单调递减. 证得结论后, 可以利用关系 $\sup(-A) = -\inf A$ 和 $\inf(-A) = -\sup(A)$ (当 A 是 $\mathbb{R}$ 的非空子集时) 得到 f 单调递增时的结果.

- 从 $a \in \overset{\circ}{I}$ 的情况开始.

* 证明 f 在 a 处有有限的右极限.

考虑集合 $B = \{f(x) \mid x \in I \cap (a, +\infty)\}$.

  ▷ B 是 $\mathbb{R}$ 的一个非空子集, 因为 $a \in \overset{\circ}{I}$, 故 $I \cap (a, +\infty) \neq \varnothing$.

  ▷ 此外, 由于 f 在 I 上单调递减, 故

$$\forall x \in I \cap (a, +\infty), f(x) \leqslant f(a).$$

因此, B 有上界 ($f(a)$ 是它的一个上界).

因此, 我们推断 B (在 $\mathbb{R}$ 中) 有上确界, 并且 $\sup B \leqslant f(a)$.

接下来证明 $\lim\limits_{\substack{x \to a \\ x > a}} f(x) = \sup B$.

设 $\varepsilon > 0$. 根据 $\mathbb{R}$ 中上确界的刻画, 存在 $b \in B$ 使得 $\sup B - \varepsilon < b \leqslant \sup B$. 由集合 B 的定义知, 存在 $x_0 \in I \cap (a, +\infty)$ 使得 $b = f(x_0)$. 那么, $(a, x_0) \subset I$ (因为 I 是一个区间), 且

$$\forall x \in (a, x_0), \sup B - \varepsilon < f(x_0) \leqslant f(x) \leqslant \sup B.$$

实际上, 如果 $x \in (a, x_0)$, 那么:

  ▷ $f(x_0) \leqslant f(x)$, 因为 f 在 I 上单调递减且 $(a, x_0) \subset I$;

  ▷ $\sup B - \varepsilon < f(x_0)$, 这由 x_0 的定义可知;

  ▷ $x \in (a, x_0) \subset I \cap (a, +\infty)$, 故 $f(x) \in B$ 且 $f(x) \leqslant \sup B$.

这意味着: $\forall x \in (a, x_0), |f(x) - \sup B| \leqslant \varepsilon$.

因此, 这证得 f 在 a 处有有限的右极限, 且 $\lim\limits_{\substack{x \to a \\ x > a}} f(x) = \sup B$, 即

$$\lim_{\substack{x \to a \\ x > a}} f(x) = \sup\{f(x) \mid x \in I \cap (a, +\infty)\} = \sup_{\substack{x \in I \\ x > a}} f(x).$$

此外, 注意到 $\sup B \leqslant f(a)$, 我们有

$$\lim_{\substack{x \to a \\ x > a}} f(x) \leqslant f(a).$$

* 现在证明 f 在 a 处有有限的左极限.

同理, 我们证明:

▷ $C = \{f(x) \mid x \in I \cap (-\infty, a)\}$ 是非空有下界的, $f(a)$ 是它的一个下界 (因为 f 单调递减), 故 C (在 $\mathbb{R}$ 中) 有下确界且 $f(a) \leqslant \inf C$;

▷ $\lim\limits_{x \to a^-} f(x) = \inf C$, 这通过 $\mathbb{R}$ 中下确界的 (带 "ε" 的) 刻画和极限的正式定义可得.

因此, 可以得出以下结论: $\lim\limits_{\substack{x \to a \\ x > a}} f(x) \leqslant f(a) \leqslant \lim\limits_{\substack{x \to a \\ x < a}} f(x)$.

● 现在证明 f 在 $\beta = \sup I$ 处有极限, 且该极限值有限当且仅当 f 在 I 上有下界.

　＊ 假设 f 有下界.

　在这种情况下, 集合 $\{f(x) \mid x \in I \cap (-\infty, \beta)\}$ 有下界 (且非空), 故它 (在 $\mathbb{R}$ 中) 有下确界. 设 ℓ 为这个下确界 (因此它在 $\mathbb{R}$ 中). 然后我们重复前面的推导过程.

　设 $\varepsilon > 0$. 根据 $\mathbb{R}$ 中下确界的刻画, 存在 $x_0 \in I$ 且 $x_0 < \beta$ 使得 $\ell \leqslant f(x_0) < \ell + \varepsilon$. 那么, $(x_0, \beta) \subset I$, 并且

$$\forall x \in (x_0, \beta), \, \ell - \varepsilon \leqslant \ell \leqslant f(x) \leqslant f(x_0) \leqslant \ell + \varepsilon.$$

　这证得 $\lim\limits_{\substack{x \to \beta \\ x < \beta}} f(x) = \ell = \inf\limits_{\substack{x \in I \\ x < \beta}} f(x)$.

　＊ 假设 f 在 I 上没有下界. 要证明 $\beta \notin I$ 且 $\lim\limits_{x \to \beta^-} f(x) = -\infty$.

　首先, 显然 $\beta = \sup I \notin I$, 否则 $f(\beta)$ 是 f 的一个下界.

　接下来, 设 $M \in \mathbb{R}$. 由于 f 在 I 上没有下界, 故 M 不是 f 在 I 上的一个下界, 因此存在 $x_1 \in I$ 使得 $f(x_1) < M$. 已知函数 f 单调递减, 由此推断

$$\forall x \in (x_1, \beta), \, f(x) \leqslant f(x_1) \leqslant M.$$

　这证得 $\lim\limits_{\substack{x \to \beta \\ x < \beta}} f(x) = -\infty$.

● 然后将前面的结果对函数 $x \longmapsto -f(-x)$ 在区间 $-I$ 上应用, 推导出在 α 处的结果. ◻

6.3 比 较 关 系

6.3.1 函数的大 O 和小 o 关系

函数的小 o、大 O 和等价关系的概念在《大学数学入门 1》中以实用的方式介绍过, 并在《大学数学入门 2》中使用过. 在本节中, 我们将给出这些定义和性质的正式表述. 在实践中的用法保持不变. 值得注意的是:

- 当遇到理论型的习题 (即函数 f 的表达式没有给出) 时, 理论定义是重要的;
- 在实践中 (即已知函数 f 的表达式), 我们用常规做法, 就像我们在前两本书中学到的那样.

定义 6.3.1.1 设 I 是一个区间, $a \in \overline{I}$, f 和 g 是两个定义在 I 上的函数. 我们称在 a 的邻域内 f 相对于 g 是可忽略的, 并记为 $f \underset{a}{=} o(g)$, 若

当 $a \in \mathbb{R}$ 时: $\qquad \forall \varepsilon > 0, \exists \alpha > 0, \forall x \in I \cap (a - \alpha, a + \alpha), |f(x)| \leqslant \varepsilon |g(x)|;$

当 $a = +\infty$ 时: $\qquad \forall \varepsilon > 0, \exists A \in \mathbb{R}, \forall x \in I \cap (A, +\infty), |f(x)| \leqslant \varepsilon |g(x)|;$

当 $a = -\infty$ 时: $\qquad \forall \varepsilon > 0, \exists A \in \mathbb{R}, \forall x \in I \cap (-\infty, A), |f(x)| \leqslant \varepsilon |g(x)|.$

注:

- 当然, 我们可以利用邻域对这三种情况给出一个统一的定义:

$$f \underset{a}{=} o(g) \iff \forall \varepsilon > 0, \exists V \in \mathcal{V}(a), \forall x \in I \cap V, |f(x)| \leqslant \varepsilon |g(x)|;$$

- 这个定义适用于实值函数和复值函数.

命题 6.3.1.2 $f \underset{a}{=} o(g)$ 当且仅当存在 a 的一个邻域 V 和一个定义在 $I \cap V$ 上的函数 h, 使得对任意 $x \in V \cap I$ 有 $f(x) = g(x)h(x)$ 且 $\lim\limits_{x \to a} h(x) = 0$.

证明：

- 证明 $\Longrightarrow$.

假设 $f \underset{a}{=} o(g)$. 我们从 $\varepsilon = 1 > 0$ 开始. 存在 a 的一个邻域 V_1 使得

$$(\star) \qquad \forall x \in I \cap V_1, |f(x)| \leqslant |g(x)|.$$

那么, 我们在 $I \cap V_1$ 上定义函数 h 如下：

$$h(x) = \begin{cases} \dfrac{f(x)}{g(x)}, & \text{若 } g(x) \neq 0, \\ 0, & \text{若 } g(x) = 0. \end{cases}$$

根据 $(\star)$, 如果 $x \in I \cap V_1$ 且 $g(x) = 0$, 那么 $f(x) = 0$. 因此, 对任意 $x \in I \cap V_1$, 我们有 $f(x) = h(x) \times g(x)$.

设 $\varepsilon > 0$. 存在 a 的一个邻域 V_ε 使得

$$\forall x \in I \cap V_\varepsilon, |f(x)| \leqslant \varepsilon |g(x)|.$$

令 $V = V_1 \cap V_\varepsilon$, 那么 V 是 a 的一个邻域, 并且对任意 $x \in I \cap V$,

- $*$ 要么 $g(x) = 0$, 此时有 $|h(x)| = 0 \leqslant \varepsilon$；

- $*$ 要么 $g(x) \neq 0$, 此时有 $|h(x)| = \left| \dfrac{f(x)}{g(x)} \right| \leqslant \varepsilon$.

因此, 在这两种情况下, $|h(x)| \leqslant \varepsilon$. 这证得 $\lim\limits_{x \to a} h(x) = 0$.

- 逆命题是显然的. 实际上, 如果存在 a 的一个邻域 V 和一个定义在 $I \cap V$ 上的函数 h, 使得 $f(x) = h(x) \times g(x)$ 对 $x \in I \cap V$ 成立且 $\lim\limits_{x \to a} h(x) = 0$, 那么, 对任意 $\varepsilon > 0$, 存在 a 的一个邻域 V_1 使得

$$\forall x \in I \cap V \cap V_1, |h(x)| \leqslant \varepsilon.$$

此时有

$$\forall x \in I \cap V \cap V_1, |f(x)| = |g(x)| \times |h(x)| \leqslant \varepsilon |g(x)|.$$

这证得 $f \underset{a}{=} o(g)$. $\qquad\qquad\qquad \boxtimes$

注：注意, 我们不一定可以将 f 在 I 上写成 $f = g \times h$, 因为该比较关系是 "局部" 的, 而不是 "全局" 的.

有一种特殊情况：函数 g 在 I 上除了 a 处外恒不为零. 此时我们有一种更简单且在实

践中常用的刻画, 它对应于在《大学数学入门 1》中给出的定义.

命题 6.3.1.3 如果 g 在 $I \setminus \{a\}$ 上恒不为零, 那么有两种情况:

- 如果 $a \notin I$, 那么: $f \underset{a}{=} o(g) \iff \lim\limits_{x \to a} \dfrac{f(x)}{g(x)} = 0$;

- 如果 $a \in I$, 那么: $f \underset{a}{=} o(g) \iff \left(f(a) = 0 \text{ 且 } \lim\limits_{x \to a} \dfrac{f(x)}{g(x)} = 0 \right)$.

证明:

- 第一种情况: $a \notin I$.

  此时, g 在 I 上恒不为零, 我们有

  $$
  \begin{aligned}
  f \underset{a}{=} o(g) &\iff \forall \varepsilon > 0, \exists V \in \mathcal{V}_o(a), \forall x \in I \cap V, |f(x)| \leqslant \varepsilon |g(x)| \\
  &\iff \forall \varepsilon > 0, \exists V \in \mathcal{V}_o(a), \forall x \in I \cap V, \left| \frac{f(x)}{g(x)} \right| \leqslant \varepsilon \\
  &\iff \lim_{x \to a} \frac{f(x)}{g(x)} = 0.
  \end{aligned}
  $$

- 第二种情况: $a \in I$.

  此时, $f \underset{a}{=} o(g)$ 等价于

  $$
  \forall \varepsilon > 0, \exists V \in \mathcal{V}_o(a), \forall x \in I \cap V, |f(x)| \leqslant \varepsilon |g(x)|,
  $$

  即

  $$
  \forall \varepsilon > 0, \exists V \in \mathcal{V}_o(a), \forall x \in (I \cap V) \setminus \{a\}, |f(x)| \leqslant \varepsilon |g(x)| \text{ 且 } |f(a)| \leqslant \varepsilon |g(a)|,
  $$

  也即

  $$
  \forall \varepsilon > 0, \exists V \in \mathcal{V}_o(a), \forall x \in (I \cap V) \setminus \{a\}, \left| \frac{f(x)}{g(x)} \right| \leqslant \varepsilon \text{ 且 } f(a) = 0.
  $$

  这就证得

  $$
  \lim_{\substack{x \to a \\ x \neq a}} \frac{f(x)}{g(x)} = 0 \quad \text{且} \quad f(a) = 0. \qquad \boxtimes
  $$

<u>注：</u>

- 区别是因 $\dfrac{f}{g}$ 的定义域不同：如果 $a \in I$, 这个函数在 $I \setminus \{a\}$ 上有定义；而如果 $a \notin I$, $\dfrac{f}{g}$ 在整个 I 上有定义.

- 如果只假设存在 a 的一个邻域 V 使得 g 在 $V \setminus \{a\}$ 上恒不为零, 命题仍然成立.

- 在实践中, 这个命题就是证明 $f \underset{a}{=} o(g)$ 的常用判据. 形式定义只 (或几乎只) 用于理论框架中.

- 有时也写为 $f \underset{x \to a}{=} o(g)$, 或者滥用记号地记为 $f(x) \underset{x \to a}{=} o(g(x))$.

- 如果假设 $a \in I$, g 在 $I \setminus \{a\}$ 上恒不为零且 f 和 g 都在 a 处连续, 那么仍有

$$f \underset{a}{=} o(g) \iff \lim_{x \to a} \frac{f(x)}{g(x)} = 0.$$

⚠ **注意：** 请记住符号 $o(g)$ 表示一个函数. $f(x) \underset{x \to 0}{=} x + o(x^2)$ 是两个函数在 0 的某个邻域上的严格相等关系.

习题 6.3.1.4　证明 $\ln x \underset{x \to +\infty}{=} o(x)$ 和 $x^3 + 6x \underset{x \to 0}{=} o(\sqrt{x})$.

定义 6.3.1.5　设 I 是一个区间, $a \in \overline{I}$, f 和 g 是两个定义在 I 上的函数. 我们称在 a 的邻域内 f 被 g 控制 $\left(\text{记为 } f \underset{a}{=} O(g)\right)$, 若

$$\exists M > 0, \exists V \in \mathcal{V}(a), \forall x \in I \cap V, |f(x)| \leqslant M |g(x)|.$$

习题 6.3.1.6　通过区分 $a \in \mathbb{R}$, $a = +\infty$ 和 $a = -\infty$ 的情况来重新表述这个定义.

命题 6.3.1.7　在上述假设下, $f \underset{a}{=} O(g)$ 当且仅当存在 a 的一个邻域 V 和一个定义在 $I \cap V$ 上的函数 h 使得 $f(x) = g(x)h(x)$ 对任意 $x \in V \cap I$ 成立且 h 在 $V \cap I$ 上有界.

证明:

只需将 $f \underset{a}{=} o(g)$ 情况的证明略作修改, 使其适应 $f \underset{a}{=} O(g)$ 的情况. 详细证明留作练习. $\boxtimes$

命题 6.3.1.8 如果 g 在 $a \in \overline{I}$ 的邻域内恒不为零, 那么

$$f \underset{a}{=} O(g) \iff \frac{f}{g} \text{ 在 } a \text{ 的邻域内有界.}$$

另一方面, 如果 $a \in I$ 且 g 在 a 的邻域内除 a 外恒不为零, 那么

$$f \underset{a}{=} O(g) \iff \left(f(a) = 0 \text{ 且 } \frac{f}{g} \text{ 在 } a \text{ 的邻域内有界} \right),$$

如果进一步假设 f 和 g 在 a 处连续, 那么

$$f \underset{a}{=} O(g) \iff \frac{f}{g} \text{ 在 } a \text{ 的邻域内有界.}$$

证明:

- 首先处理 g 在 a 的某个邻域 V_0 内恒不为零的情况. 在这种情况下, 我们有

$$
\begin{aligned}
f \underset{a}{=} O(g) &\iff \exists M > 0, \exists V \in \mathcal{V}(a), \forall x \in I \cap V, |f(x)| \leqslant M |g(x)| \\
&\iff \exists M > 0, \exists V \in \mathcal{V}(a), \forall x \in I \cap V \cap V_0, |f(x)| \leqslant M |g(x)| \\
&\iff \exists M > 0, \exists V \in \mathcal{V}(a), \forall x \in I \cap (V \cap V_0), \left| \frac{f(x)}{g(x)} \right| \leqslant M \\
&\iff \frac{f}{g} \text{ 在 } a \text{ 的邻域内有界.}
\end{aligned}
$$

- 现在假设存在 a 的一个邻域 V_0 使得 g 在 $V_0 \setminus \{a\}$ 上恒不为零且 $g(a) = 0$. 那么, 如前所述, $f \underset{a}{=} O(g)$ 等价于存在 $M > 0$ 和 $V \in \mathcal{V}(a)$ 使得

$$\forall x \in I \cap V \cap V_0, |f(x)| \leqslant M |g(x)|,$$

这等价于

$$\forall x \in (I \setminus \{a\}) \cap V \cap V_0, \left| \frac{f(x)}{g(x)} \right| \leqslant M \text{ 且 } |f(a)| \leqslant M |g(a)|,$$

等价于

$$\frac{f}{g} \text{ 在 } a \text{ 的邻域内有界} \quad \text{且} \quad f(a) = 0.$$

● 最后, 假设 $a \in I$, f 和 g 在 a 处连续, 且存在 a 的一个邻域 V_0 使得 g 在 $V_0 \setminus \{a\}$ 上恒不为零且 $g(a) = 0$. 综上所述, 我们有

$$f \underset{a}{=} O(g) \Longleftrightarrow \frac{f}{g} \text{ 在 } a \text{ 的邻域内有界且 } f(a) = 0$$

$$\Longrightarrow \frac{f}{g} \text{ 在 } a \text{ 的邻域内有界.}$$

因此, 我们需要证明逆命题, 即证明如果 $\dfrac{f}{g}$ 在 a 的邻域内有界 (且有上面给出的假设), 那么必然有 $f(a) = 0$.

为此, 只需注意到, 如果 $\dfrac{f}{g}$ 在 a 的邻域内有界, 则存在 a 的一个邻域 V 和一个实数 $M \geqslant 0$ 使得

$$\forall x \in (I \setminus \{a\}) \cap V, \left| \frac{f(x)}{g(x)} \right| \leqslant M.$$

从而有: $\forall x \in (I \cap V) \setminus \{a\}, |f(x)| \leqslant M |g(x)|$. 又因为, 由假设知, f 和 g 都在 a 处连续, 所以

$$|f(a)| = \lim_{\substack{x \to a \\ x \neq a}} |f(x)| \leqslant M \times \lim_{\substack{x \to a \\ x \neq a}} |g(x)| \leqslant M \times |g(a)| = 0.$$

由此推断出 $f(a) = 0$. $\boxtimes$

例 6.3.1.9 证明 $x^2 \sin\left(\dfrac{1}{x}\right) \underset{x \to 0}{=} o(x)$ 和 $x^2 \sin\left(\dfrac{1}{x}\right) \underset{x \to 0}{=} O(x^2)$.

在这个例子中, $0 \notin I$ $\left(\text{因为 } f\colon x \longmapsto x^2 \sin\left(\dfrac{1}{x}\right) \text{ 在 } 0 \text{ 处没有定义}\right)$, 且显然 $g(x) = x$ 在 $\mathbb{R}^\star$ 上恒不为零. 因此, 直接得到

$$\lim_{x \to 0} \frac{x^2 \sin\left(\dfrac{1}{x}\right)}{x} = 0, \quad \text{(两边夹定理)}$$

即 $x^2 \sin\left(\dfrac{1}{x}\right) \underset{x \to 0}{=} o(x)$.

特别地, 可以得出以下结论: $\lim\limits_{\substack{x \to 0 \\ x \neq 0}} \left(x^2 \sin\left(\dfrac{1}{x}\right)\right) = 0$, 即我们可以通过令 $f(0) = 0$ 把函数

f 连续延拓到 0 处. 稍后会再看到连续延拓的概念.

另一方面, $x \longmapsto \sin\left(\dfrac{1}{x}\right)$ 在 0 的邻域内有界, 故 $x^2 \sin\left(\dfrac{1}{x}\right) \underset{x \to 0}{=} O(x^2)$.

例 6.3.1.10 我们有 $\dfrac{1}{1+x^2} \underset{x \to +\infty}{=} o(1)$ 以及 $\dfrac{1}{1+x^2} \underset{x \to 0}{=} O(1)$.

例 6.3.1.11 考虑函数 f 和 g 分别定义为

$$\forall x \in \mathbb{R}, f(x) = x^2 \sin(x) \quad \text{和} \quad \forall x \in \mathbb{R}, g(x) = (5x^2 + x + 1)\sin(x).$$

我们想证明 $g \underset{+\infty}{=} O(f)$. 在这个例子中, 不存在 $+\infty$ 的邻域使得 f 在该邻域内恒不为零. 因此, 不能对 $\dfrac{g}{f}$ 应用在实践中常用的判据.

另一方面, 可以说存在 $A > 0$ 使得

$$\forall x \geqslant A, |5x^2 + x + 1| \leqslant 7x^2.$$

因此,

$$\forall x \geqslant A, |g(x)| = |5x^2 + x + 1| \times |\sin(x)| \leqslant 7|x^2| \times |\sin(x)|,$$

即对任意 $x \geqslant A$, $|g(x)| \leqslant 7|f(x)|$. 这证得 $g \underset{+\infty}{=} O(f)$.

例 6.3.1.12 设 $f = \delta_0$ (即 $f = \chi_{\{0\}}$), $g\colon x \longmapsto x$. 那么, 虽然 $\lim\limits_{\substack{x \to 0 \\ x > 0}} \dfrac{f(x)}{g(x)} = 0 = \lim\limits_{\substack{x \to 0 \\ x < 0}} \dfrac{f(x)}{g(x)}$, 但是 f 不是 g 的小 o!

<u>注:</u> 永远不要忘记小 o 和大 O 表示满足特定性质的函数. 因此可能有 $f = o(h)$ 且 $g = o(h)$ 但没有 $f = g$!! 例如, 对任意自然数 n, $x^n \underset{x \to +\infty}{=} o(e^x)$ (根据比较增长率).

同样道理, 如果 $g \underset{a}{=} o(f) - o(f)$ (或 $h \underset{a}{=} O(f) - O(f)$), 那么 g (或 h) 不一定等于 0! 这个等式意味着, 存在两个定义在 a 的一个邻域 V 上的函数 φ_1 和 φ_2 使得

- $\forall x \in V, g(x) = \varphi_1(x) - \varphi_2(x)$;
- 函数 φ_1 和 φ_2 都是相对于 f 可忽略的.

命题 6.3.1.13　设 f 是一个定义在 a 的某个邻域上的函数. 那么有

$$f \underset{a}{=} o(1) \iff \lim_{x \to a} f(x) = 0 \quad \text{以及} \quad f \underset{a}{=} O(1) \iff f \text{ 在 } a \text{ 的邻域内有界.}$$

证明:

　　显然!　　　　　　　　　　　　　　　　　　　　　　　　　　　　　　　　　　　⊠

下面的命题给出了小 o 和大 O 的常用运算规则. 结论是显然的, 证明留作练习.

命题 6.3.1.14　小 o 和大 O 关系满足下列性质:

1. 如果 $f \underset{a}{=} o(g)$, 那么 $f \underset{a}{=} O(g)$;
2. 如果 $f \underset{a}{=} o(\varphi)$ 且 $g \underset{a}{=} o(\varphi)$, 那么 $\forall \lambda \in \mathbb{K}, \lambda \cdot f + g \underset{a}{=} o(\varphi)$;
3. 如果 $f \underset{a}{=} O(\varphi)$ 且 $g \underset{a}{=} O(\varphi)$, 那么 $\forall \lambda \in \mathbb{K}, \lambda \cdot f + g \underset{a}{=} O(\varphi)$;
4. 如果 $f \underset{a}{=} o(\varphi)$ 且 $g \underset{a}{=} o(\psi)$, 那么 $fg \underset{a}{=} o(\varphi\psi)$;
5. 如果 $f \underset{a}{=} o(\varphi)$ 且 $g \underset{a}{=} O(\psi)$, 那么 $fg \underset{a}{=} o(\varphi\psi)$;
6. 如果 $f \underset{a}{=} O(\varphi)$ 且 $g \underset{a}{=} O(\psi)$, 那么 $fg \underset{a}{=} O(\varphi\psi)$;
7. 如果 $f \underset{a}{=} O(\varphi)$ 且 $\varphi \underset{a}{=} o(\psi)$, 那么 $f \underset{a}{=} o(\psi)$.

<u>注:</u> 必须记住, 我们可以像往常一样根据 "常识" 来处理小 o 或大 O: 被可忽略的函数控制的函数仍是可忽略的 $\left(\text{即若 } g \underset{a}{=} o(f), h \underset{a}{=} O(g), \text{则 } h \underset{a}{=} o(f)\right)$.

例 6.3.1.15　根据比较增长率定理, 我们有: $\ln(x) \underset{x \to +\infty}{=} o(x)$ 和 $x \underset{x \to +\infty}{=} o(e^x)$.
因此, 可以推断 $\ln(x) \underset{x \to +\infty}{=} o(e^x)$.

例 6.3.1.16　设 $f(x) = (10x^2 + 13x - 1)\arctan(x)$. 那么有

$$(10x^2 + 13x - 1) \underset{x \to +\infty}{=} O(x^2) \quad \text{和} \quad \arctan(x) \underset{x \to +\infty}{=} O(1).$$

因此, 可以推断: $f(x) \underset{x\to+\infty}{=} O(x^2 \times 1)$, 即 $f(x) \underset{x\to+\infty}{=} O(x^2)$.

6.3.2 常用函数的比较

由比较增长率定理可以得到以下结果.

定理 6.3.2.1 在 $+\infty$ 的邻域内有下列比较关系:

- 对任意 $\alpha > 0$ 和任意 $\beta \in \mathbb{R}$, $(\ln x)^\beta \underset{x\to+\infty}{=} o(x^\alpha)$;

- 如果 $\alpha < \beta$, $(x^\alpha) \underset{x\to+\infty}{=} o(x^\beta)$;

- 对任意 $\alpha > 0$ 和任意 $\beta \in \mathbb{R}$, $x^\beta \underset{x\to+\infty}{=} o(e^{\alpha x})$.

证明:

参见《大学数学入门 1》. 我们回顾一种证明方法:

- 首先证明 $\ln(x) \leqslant 1 + x$ 对 $x > -1$ 成立 (可通过研究函数证明);
- 由此导出 $\lim\limits_{x\to+\infty} \dfrac{\ln(x)}{x^2} = 0$ (两边夹定理);
- 然后, 对 $\alpha > 0$, 利用 $\dfrac{|\ln(x)|}{x^\alpha} = \dfrac{2}{\alpha} \dfrac{|\ln x^{\frac{\alpha}{2}}|}{(x^{\frac{\alpha}{2}})^2}$ 证明 $\lim\limits_{x\to+\infty} \dfrac{\ln x}{x^\alpha} = 0$.

指数函数的性质是从 $\ln$ 的性质推导出来的. ⊠

6.3.3 在一点处等价的函数

定义 6.3.3.1 设 f 和 g 是两个定义在 I 上的函数, $a \in \overline{I}$. 我们称在 a 的邻域内 f 等价于 g, 并记为 $f \underset{a}{\sim} g$, 若 $f - g \underset{a}{=} o(g)$.

命题 6.3.3.2 设 f 和 g 是两个定义在 I 上的函数, $a \in \overline{I}$. 那么, $f \underset{a}{\sim} g$ 当且仅当存在 a 的一个邻域 V 和一个定义在 $I \cap V$ 上的函数 u 使得

$$\forall x \in I \cap V, f(x) = u(x)g(x) \quad \text{且} \quad \lim_{x \to a} u(x) = 1.$$

证明:

实际上, 根据小 o 的刻画, $f \underset{a}{\sim} g$ 当且仅当存在 $V \in \mathcal{V}(a)$ 和 $h \in \mathcal{F}(V \cap I, \mathbb{K})$ 使得

$$\forall x \in I \cap V, f(x) - g(x) = h(x)g(x) \quad \text{且} \quad \lim_{x \to a} h(x) = 0,$$

这等价于

$$\forall x \in I \cap V, f(x) = (1 + h(x))g(x) \quad \text{且} \quad \lim_{x \to a} h(x) = 0,$$

即存在 $V \in \mathcal{V}(a)$ 和 $u \in \mathcal{F}(V \cap I, \mathbb{K})$ 使得

$$\forall x \in I \cap V, f(x) = u(x)g(x) \quad \text{且} \quad \lim_{x \to a} u(x) = 1. \qquad \boxtimes$$

推论 6.3.3.3　对 $a \in \overline{I}$, 关系 $\underset{a}{\sim}$ 是在 I 上有定义的函数集合上的一个等价关系.

证明:

证明 $\underset{a}{\sim}$ 是自反的、对称的和传递的.

- 证明自反性.

对任意定义在 I 上的函数 f, $f - f = 0$, 故 $f - f \underset{a}{=} o(f)$. 因此, $f \underset{a}{\sim} f$, 故 $\underset{a}{\sim}$ 确实是自反的.

- 证明对称性.

设 f 和 g 定义在 I 上使得 $f \underset{a}{\sim} g$. 根据前面的命题, 存在 a 的一个邻域 V 和 $u \in \mathcal{F}(V \cap I, \mathbb{K})$ 使得

$$\forall x \in I \cap V, f(x) = u(x)g(x) \quad \text{且} \quad \lim_{x \to a} u(x) = 1.$$

另一方面, 由于 $\lim\limits_{x \to a} u(x) = 1 \neq 0$, 故存在 a 的一个邻域 V', 使得对任意 $x \in I \cap V \cap V', u(x) \neq 0$. 那么, $U = V \cap V' \in \mathcal{V}(a)$, 且

$$\forall x \in I \cap U, g(x) = \frac{1}{u(x)} \times f(x), \quad \text{其中} \quad \lim_{x \to a} \frac{1}{u(x)} = 1.$$

因此, 根据命题 6.3.3.2, $g \underset{a}{\sim} f$. 这证得 $\underset{a}{\sim}$ 是对称的.

- 最后证明传递性.

设 f, g 和 h 是三个定义在 I 上的函数使得: $f \underset{a}{\sim} g$ 且 $g \underset{a}{\sim} h$. 那么, 存在 a 的两个邻域 V 和 V' 以及两个分别定义在 $V \cap I$ 和 $V' \cap I$ 上的函数 u 和 v, 使得

$$\forall x \in I \cap V, f(x) = u(x)g(x) \quad \text{且} \quad \lim_{x \to a} u(x) = 1,$$

$$\forall x \in I \cap V', g(x) = v(x)h(x) \quad \text{且} \quad \lim_{x \to a} v(x) = 1.$$

设 $U = V \cap V'$, w 在 $U \cap I$ 上定义为: $w(x) = u(x)v(x)$. 那么,

$$\forall x \in I \cap U, f(x) = u(x)g(x) = u(x)v(x)h(x) = w(x)h(x),$$

由极限的运算知 $\lim\limits_{x \to a} w(x) = 1$. 因此, $f \underset{a}{\sim} h$, 传递性得证. $\boxtimes$

习题 6.3.3.4 从正式定义出发证明 $\underset{a}{\sim}$ 是对称的.

注:

- 特别地, $f \sim g$ 意味着 $f = O(g)$ 且 $g = O(f)$, 其逆命题是错误的 (例如, $f: x \longmapsto x$ 和 $g: x \longmapsto x(2 + \cos(x))$ 在 $+\infty$ 的邻域内);
- 已证得 $\underset{a}{\sim}$ 是对称的, 所以我们常说 f 和 g 在 a 处等价, 而不说 f 在 a 处等价于 g.

与大 O 或小 o 一样, 我们可以利用商函数 $\dfrac{f}{g}$ (当商函数有定义时) 给出一个 "简单的" 刻画. 最后, 命题 6.3.3.5 的最后一个结论非常重要, 我们可以用它来比较等价函数的符号 (在实值函数的情况下).

命题 6.3.3.5 设 f 和 g 是两个在 a 的邻域内有定义的函数, 且 $f \underset{a}{\sim} g$.

(i) 如果 g 在 a 的邻域内恒不为零, 那么, $f \underset{a}{\sim} g \iff \lim_{x \to a} \dfrac{f(x)}{g(x)} = 1$.

(ii) 如果 $a \in I$ 且 g 在 a 的邻域内除 a 外恒不为零, 那么,

$$ f \underset{a}{\sim} g \iff \left(f(a) = g(a) \text{ 且 } \lim_{\substack{x \to a \\ x \neq a}} \frac{f(x)}{g(x)} = 1 \right). $$

(iii) 如果 $a \in I$, g 在 a 的邻域内除 a 外恒不为零, 且 f 和 g 都在 a 处连续, 那么,

$$ f \underset{a}{\sim} g \iff \lim_{\substack{x \to a \\ x \neq a}} \frac{f(x)}{g(x)} = 1. $$

(iv) 如果 f 和 g 是实值函数, 那么 f 和 g 在 a 的邻域内 (严格) 同号. 换言之, 存在 a 的一个邻域 V, 使得对任意 $x \in I \cap V$, 有

- $f(x) = 0 \iff g(x) = 0$;

- $f(x) > 0 \iff g(x) > 0$.

注: 要养成检查得到的等价表达式是否有相同符号的习惯. 数学中的 "符号" 类似于物理学中的 "同质性".

证明:

- 性质 (i) 和 (ii) 已经证过了 (可看作命题 6.3.3.2 的结果).
- 对于性质 (iii), 只需将小 o 的类似性质应用于函数 $f_1 = f - g$ 和 $g_1 = g$.
- 最后, 证明 (iv).

由假设知, $f \underset{a}{\sim} g$. 因此, 存在 a 的一个邻域 U 和一个定义在 $U \cap I$ 上的函数 u 使得

$$ \forall x \in I \cap U, f(x) = u(x)g(x) \quad \text{且} \quad \lim_{x \to a} u(x) = 1. $$

根据极限的定义, 存在 a 的一个邻域 U' 使得

$$ \forall x \in I \cap U \cap U', |u(x) - 1| \leqslant \frac{1}{2}. $$

那么, 对任意 $x \in I \cap U \cap U'$, $\dfrac{1}{2} \leqslant u(x) \leqslant \dfrac{3}{2}$. 从而在 $I \cap U \cap U'$ 上有 $u > 0$.

令 $V = U \cap U'$, 则 V 是 a 的一个邻域, 且对任意 $x \in V \cap I$,

$$f(x) = u(x)g(x),$$

其中 $u > 0$. 由此可以立即推断, f 和 g 在 a 的邻域内严格同号. ⊠

注:

- 在理论框架中 (即未给出 f 的具体表达式时), 特别是无法证明 f (或 g) 除在 a 处外恒不为零时, 就必须使用初始定义, 即 $f - g \underset{a}{=} o(g)$ 通过 "ε" 表述的正式定义.

- 根据具体情况, 如果很容易证明 f (或 g) 除在 a 处外恒不为零, 和/或如果较容易估计商 $\dfrac{f}{g}$ 或差 $f - g$, 则使用不同刻画之一.

- 一个重要的特殊情况: 如果 $\ell \neq 0$, 那么 $f \underset{a}{\sim} \ell$ 等价于 $\lim\limits_{x \to a} f(x) = \ell$.

- 最后, $f \underset{a}{\sim} 0$ 当且仅当 f 在 a 的邻域内恒为零.

习题 6.3.3.6 分别给出 $e^{3x} - 4e^{x^2} + 7\ln x$ 在 $+\infty$ 处、在 0 处和在 1 处的等价表达式.

下面的命题可直接由等价的刻画 (带有函数 u 的存在性的那个刻画) 推导得到. 证明留作练习.

命题 6.3.3.7 关系 $\sim$ 与乘法和除法兼容, 即有

$$f \underset{a}{\sim} g \quad \text{且} \quad \phi \underset{a}{\sim} \psi \Longrightarrow f\phi \underset{a}{\sim} g\psi,$$

以及当 f 和 g 都在 a 的邻域内除 a 外恒不为零时, 有

$$f \underset{a}{\sim} g \implies \frac{1}{f} \underset{a}{\sim} \frac{1}{g}.$$

 注意: 等价式不能直接复合或相加. 例如,

- $x \underset{+\infty}{\sim} x + 1$, 但 $e^x \underset{+\infty}{\not\sim} e^{x+1}$;

- 同样地, $x + 1 \sim x$ 且 $-x + 2 \sim -x$, 但 $3 \not\sim 0$!!

为了解决这个问题, 在需要做复合或加减运算时我们总是把等价式写成带有小 o 的等式.

6.3.4 常用的等价式

命题 6.3.4.1 我们有常用的等价式 (其中 $\alpha \in \mathbb{R}$ 是一个常数) 如表 6.4 所示.

表 6.4

$\sin x \underset{0}{\sim} x$	$1 - \cos(x) \underset{0}{\sim} \dfrac{1}{2}x^2$	$\tan x \underset{0}{\sim} x$	$\ln(1+x) \underset{0}{\sim} x$
$\text{sh}(x) \underset{0}{\sim} x$	$\text{ch}(x) - 1 \underset{0}{\sim} \dfrac{x^2}{2}$	$\text{th}(x) \underset{0}{\sim} x$	$(1+x)^\alpha - 1 \underset{0}{\sim} \alpha x$
	$\arcsin(x) \underset{0}{\sim} x$	$\arctan x \underset{0}{\sim} x$	$\arccos(x) \underset{1}{\sim} \sqrt{2(1-x)}$
$e^x - 1 \underset{0}{\sim} x$	$\text{Argth}(x) \underset{0}{\sim} x$	$\text{Argsh}(x) \underset{0}{\sim} x$	$\text{Argch}(x) \underset{1}{\sim} \sqrt{2(x-1)}$

证明:

- 这些等价式中的大部分已经在《大学数学入门 1》中证明过. 证明主要基于以下性质: 如果 f 在 0 处可导且 $f'(0) \neq 0$, 那么 $(f(x) - f(0)) \underset{x \to 0}{\sim} f'(0)x$.

- 对于 $\cos$ (和 ch) 的等价式, 它是等式 $1 - \cos(x) = 2\sin^2\left(\dfrac{x}{2}\right)$ 和 $\sin$ 在 0 处的等价式的结果 $\left(\text{对 ch}, \text{则是等式 } \text{ch}(x) - 1 = 2\text{sh}^2\left(\dfrac{x}{2}\right) \text{ 和 sh 在 0 处的} \right.$ 等价式的结果$\bigg)$.

- 最后, 在《大学数学入门 1》中没有证明的等价式只有 $\arccos$ 和 Argch 的等价式. 这两个性质的证明是相似的. 因此, 我们只证明 $\arccos$ 的等价式 (Argch 的等价式的证明留作练习).
我们知道, $\lim\limits_{\substack{x \to 1 \\ x < 1}} \arccos(x) = 0$, $\sin t \underset{0}{\sim} t$. 因此,

$$\sin(\arccos(x)) \underset{x \to 1}{\sim} \arccos(x).$$

又因为, 对 $x \in [0,1]$, $\arccos(x) \in \left[0, \dfrac{\pi}{2}\right]$, 故 $\sin(\arccos(x)) \geqslant 0$, 我们有

$$\begin{aligned}
\sin(\arccos(x)) &= |\sin(\arccos(x))| \\
&= \sqrt{1 - \cos^2(\arccos(x))} \\
&= \sqrt{1 - x^2} \\
&= \sqrt{1+x} \times \sqrt{1-x}.
\end{aligned}$$

最后, 由于 $\lim\limits_{\substack{x\to 1\\x<1}} \sqrt{1+x} = \sqrt{2} \neq 0$, 故 $\sqrt{1+x} \times \sqrt{1-x} \underset{x\to 1}{\sim} \sqrt{2}\sqrt{1-x}$.

因此,

$$\arccos(x) \underset{x\to 1}{\sim} \sin(\arccos(x)) \underset{x\to 1}{\sim} \sqrt{2}\sqrt{1-x}. \qquad\boxtimes$$

命题 6.3.4.2 设 f 和 g 是两个定义在 I 上的函数, $a \in \overline{I}$. 假设 $f \underset{a}{\sim} g$.

(i) f 在 a 处有极限 (有限或无穷) 当且仅当 g 在 a 处有极限 (有限或无穷). 并且, 当极限存在时, $\lim\limits_{x\to a} f(x) = \lim\limits_{x\to a} g(x)$.

(ii) 如果在 a 的邻域内除 a 外有 $f > 0$, 并且 f 在 a 处要么没有定义, 要么 $f(a) \geqslant 0$, 那么对任意实数 α, $f^\alpha \underset{a}{\sim} g^\alpha$.

证明:

- 证明 (i).

由于 $f \underset{a}{\sim} g$, 故存在 a 的一个邻域 V 和 $u \in \mathcal{F}(I \cap V, \mathbb{K})$ 使得

$$\forall x \in I \cap V, f(x) = u(x)g(x) \quad \text{且} \quad \lim\limits_{x\to a} u(x) = 1.$$

假设 g 在 a 处有极限 ℓ (若 $\mathbb{K} = \mathbb{R}$ 极限可能为无穷). 那么, 由极限的运算知, f 在 a 处的极限也是 ℓ.

因为 f 和 g 的作用是对称的, 所以我们证得性质 (i).

- 证明 (ii).

注意到, 在 a 的邻域内 (可能除 a 外) 有 $f > 0$ 的假设, 使得 f^α 在 a 的邻域内 (可能除 a 外) 良定义 (记住, 对 $t > 0$, $t^\alpha = e^{\alpha \ln(t)}$).

此外, 由于 $f \underset{a}{\sim} g$, 故 g 在 a 的邻域内可能除 a 外也是大于零的, 从而函数 g^α 也在 a 的邻域内 (可能除 a 外) 是良定义的.

最后, 因为 $f \underset{a}{\sim} g$, 所以存在 a 的一个邻域 V_1 和 $u \in \mathcal{F}(I \cap V_1, \mathbb{K})$ 使得

$$\forall x \in I \cap V_1, f(x) = u(x)g(x) \quad \text{且} \quad \lim\limits_{x\to a} u(x) = 1.$$

同时存在 a 的一个邻域 V_2 使得

$$\forall x \in I \cap V_2 \setminus \{a\}, f(x) > 0.$$

还存在 a 的一个邻域 V_3 使得

$$\forall x \in I \cap V_3, u(x) > 0.$$

令 $V = V_1 \cap V_2 \cap V_3$. 那么, V 是 a 的一个邻域, 且

$$\forall x \in (I \cap V) \setminus \{a\}, f^\alpha(x) = u^\alpha(x) \times g^\alpha(x).$$

并且 $\lim\limits_{x \to a} u^\alpha(x) = 1$. 我们注意到:

* 如果 $f(a) = 0$ (从而 $g(a) = 0$), a 不属于函数 f^α 的定义域, 因此 $f^\alpha \underset{a}{\sim} g^\alpha$;

* 如果 $f(a) \neq 0$, 那么 $g(a) = f(a)$, 因此 $f^\alpha(a) = g^\alpha(a)$. 这个等式和上面的关系式表明 $f^\alpha \underset{a}{\sim} g^\alpha$. ⊠

⚠ **注意:** 在这个命题中, α 是一个常数! 当 α 是一个函数时, 这就是等价的复合, 因此是不可以的. 例如, 如果选取 $f\colon x \longmapsto 1 + \dfrac{1}{x}$ 和 $g\colon x \longmapsto 1$, 那么

$$f \underset{+\infty}{\sim} g \quad \text{但} \quad f(x)^x \underset{x \to +\infty}{\sim} e \neq 1 \underset{x \to +\infty}{\sim} g(x)^x.$$

⚠ **注意:** 严禁等价的复合! 在命题 6.3.4.2 中, 我们实际上使用了极限的复合. 让我们以一个简单的等价计算为例, 看看正确的做法和错误的做法.

错误的	正确的
$\ln(\cos(x)) \underset{x \to 0}{\sim} \ln\left(1 - \dfrac{x^2}{2}\right)$ $\underset{x \to 0}{\sim} -\dfrac{1}{2}x^2$	$\ln(\cos(x)) \underset{x \to 0}{\sim} \cos(x) - 1$ $\underset{x \to 0}{\sim} -\dfrac{1}{2}x^2$

错误的	正确的
第一行是等价的复合, 这是错误的做法 (即使最后得出了正确的结果). 这里隐藏着: 因为 $$\cos(x) \underset{x \to 0}{\sim} 1 - \frac{x^2}{2},$$ 所以 $\ln(\cos(x)) \underset{x \to 0}{\sim} \ln\left(1 - \dfrac{x^2}{2}\right)$. 顺便说一下, 还要注意等价式 $\cos(x) \underset{x \to 0}{\sim} 1 - \dfrac{x^2}{2}$ 完全不合逻辑! $\cos(x) \underset{x \to 0}{\sim} 1$ 是在 0 处的简单等价式. 随后那项没有意义, 因为我们也可以这样写: $$\cos(x) \underset{x \to 0}{\sim} 1 + x^{22032012}.$$	这一次, 它不是等价的复合, 而是极限的复合. 换言之, $\lim\limits_{x \to 0} \cos(x) = 1$ 且 $\ln(u) \underset{u \to 1}{\sim} (u-1)$, 故 $$\ln(\cos(x)) \underset{x \to 0}{\sim} \cos(x) - 1.$$ 注意, 也可以通过使用小 o 来解决这个问题. 记 $u\colon x \longmapsto \ln(\cos(x))$, 我们有 $$\begin{aligned} u(x) &\underset{x \to 0}{=} \ln\left(1 - \frac{x^2}{2} + o(x^2)\right) \\ &\underset{x \to 0}{=} -\frac{x^2}{2} + o(x^2) + o\left(-\frac{x^2}{2} + o(x^2)\right) \\ &\underset{x \to 0}{=} -\frac{x^2}{2} + o(x^2). \end{aligned}$$

习题 6.3.4.3 计算下列极限:

1. $\lim\limits_{x \to 0} \dfrac{\ln(1 + 2\tan^2 x)}{\arcsin x}$.

2. $\lim\limits_{\substack{x \to 0 \\ x > 0}} \dfrac{\sqrt{\cos(2x)} - \operatorname{ch}(x)}{x^x - 1}$.

3. 对 $a > b > 0$, $\lim\limits_{x \to 0} \dfrac{a^x - b^x}{x^a - x^b}$.

6.4 全局连续性

6.4.1 定义和主要性质

定义 6.4.1.1 我们称函数 f 在区间 I 上连续, 若它在任意 $a \in I$ 处都连续.

例 6.4.1.2　指数函数在 $\mathbb{R}$ 上连续.

例 6.4.1.3　取整函数不是在 $\mathbb{R}$ 上连续的. 它在 $\mathbb{R} \setminus \mathbb{Z}$ 的任意点处连续 (我们说它在 $\mathbb{R} \setminus \mathbb{Z}$ 上连续, 虽然 $\mathbb{R} \setminus \mathbb{Z}$ 不是一个区间), 在 $\mathbb{Z}$ 的任意点处不连续.

习题 6.4.1.4　设 f 是一个从 $\mathbb{R}$ 到 $\mathbb{R}$ 的映射, 它把实数 x 映为交换 x 的十进制写法 (该写法不含无限循环的 9) 的前两位小数得到的数. 例如, $f(1.234) = 1.324$.

　　函数 f 在 $\mathbb{R}$ 上连续吗? 确定 f 的连续点的集合.

命题 6.4.1.5　在 I 上连续且取值在 $\mathbb{K}$ 中的函数的集合记为 $\mathcal{C}^0(I, \mathbb{K})$.

- $\mathcal{C}^0(I, \mathbb{K})$ 是 $\mathcal{F}(I, \mathbb{K})$ 的一个子代数, 即 $\mathcal{F}(I, \mathbb{K})$ 的一个子环和向量子空间;
- 如果 $f \in \mathcal{C}^0(I, \mathbb{K})$, 且 f 在 I 上恒不为零, 那么 $\dfrac{1}{f}$ 在 I 上连续.

证明:

　　这可由在一点处的极限的性质直接得到.　　　　　　　　　　　　　　　　$\boxtimes$

命题 6.4.1.6　设 $(f, g) \in \mathcal{C}^0(I, \mathbb{K})^2$.

(i)　那么 $|f| \in \mathcal{C}^0(I, \mathbb{R})$;

(ii)　如果 $\mathbb{K} = \mathbb{R}$, 那么 $\sup(f, g)$ 和 $\inf(f, g)$ 也在 I 上连续.

证明:

- 证明 (i).

　　设 $a \in I$. 要证明 $|f|$ 在 a 处连续. 对任意 $x \in I$, 我们有

$$\big||f(x)| - |f(a)|\big| \leqslant |f(x) - f(a)|.$$

　　又因为 $\lim\limits_{x \to a} f(x) = f(a)$ (因为 f 在 I 上连续), 故 $\lim\limits_{x \to a} |f(x) - f(a)| = 0$. 因此, 根据两边夹定理, $\lim\limits_{x \to a} |f(x)| = |f(a)|$, 即 $|f|$ 在 a 处连续.

- 证明 (ii).

为此, 只需注意到

$$\sup(f, g) = \frac{1}{2}\left(f + g + |f - g|\right) \quad \text{和} \quad \inf(f, g) = \frac{1}{2}\left(f + g - |f - g|\right).$$

利用 (i) 以及在 I 上连续的函数集合是一个向量空间这个事实, 可以立即推断 $\sup(f, g)$ 和 $\inf(f, g)$ 在 I 上连续. $\boxtimes$

习题 6.4.1.7 通过先处理 $f(a) = g(a)$ 的情况再处理 $f(a) > g(a)$ 的情况, 手动 (即用极限的正式定义) 证明命题 6.4.1.6 的 (ii) (然后证明当 $f(a) > g(a)$ 时在 a 的邻域内 $\sup(f, g) = f$).

 注意: 性质 (i) 的逆命题是错误的! 换言之,

$$f \in \mathcal{C}^0(I, \mathbb{K}) \implies |f| \in \mathcal{C}^0(I, \mathbb{K}) \quad \text{但} \quad |f| \in \mathcal{C}^0(I, \mathbb{K}) \not\!\!\!\implies f \in \mathcal{C}^0(I, \mathbb{K}).$$

例如, $f\colon x \longmapsto (-1)^{E(x)}$ 不是在 $\mathbb{R}$ 上连续的 (它在任意整数点处不连续) , 而 $|f| = 1$ 是常函数, 故在 $\mathbb{R}$ 上连续.

命题 6.4.1.8 这里假设 $\mathbb{K} = \mathbb{C}$. 设 $f \in \mathcal{F}(I, \mathbb{C})$. 那么下列性质相互等价:

(i) f 在 I 上连续;

(ii) $\mathrm{Re}(f)$ 和 $\mathrm{Im}(f)$ 都在 I 上连续;

(iii) $\overline{f}\colon x \longmapsto \overline{f(x)}$ 在 I 上连续.

证明:

- 证明 (i) $\implies$ (ii).

假设 f 在 I 上连续, 取定 $a \in I$. 那么, f 在 a 处有极限, 根据命题 6.2.2.11, $\mathrm{Re}(f)$ 和 $\mathrm{Im}(f)$ 都在 a 处有极限, 即 $\mathrm{Re}(f)$ 和 $\mathrm{Im}(f)$ 在 a 处连续. 这对任意 $a \in I$ 都成立, 故 $\mathrm{Re}(f)$ 和 $\mathrm{Im}(f)$ 在 I 上连续.

- 证明 (ii) $\implies$ (iii).

假设 $\mathrm{Re}(f)$ 和 $\mathrm{Im}(f)$ 在 I 上连续. 那么, 由 $\mathcal{C}^0(I, \mathbb{C})$ 是一个 $\mathbb{C}$-向量空间知, $\mathrm{Re}(f) - i\mathrm{Im}(f)$ 在 I 上连续, 即 $\overline{f}$ 在 I 上连续.

- 最后证明 (iii) $\implies$ (i).

假设 $\overline{f}$ 在 I 上连续, 取定 $a \in I$. 那么, 对任意 $x \in I$, 有

$$|f(x) - f(a)| = |\overline{f(x) - f(a)}| = |\overline{f(x)} - \overline{f(a)}|.$$

又因为 $\lim\limits_{x \to a} \overline{f(x)} = \overline{f(a)}$, 故 $\lim\limits_{x \to a} |\overline{f(x)} - \overline{f(a)}| = 0$, 由此推断 $\lim\limits_{x \to a} |f(x) - f(a)| = 0$, 即 $\lim\limits_{x \to a} f(x) = f(a)$. ⊠

注: 还可以注意到, 根据命题 6.2.2.11, (i) $\Longleftrightarrow$ (ii) 总是成立的, 然后注意到 $\mathrm{Im}(f)$ 连续当且仅当 $-\mathrm{Im}(f)$ 连续, 从而得出结论.

6.4.2　连续函数的复合

命题 6.4.2.1　设 I 和 J 是两个 $\mathbb{R}$ 的区间. 如果 $f\colon I \longrightarrow J$ 和 $g\colon J \longrightarrow \mathbb{K}$ 是两个分别在 I 和 J 上连续的函数, 那么 $g \circ f$ 在 I 上连续.

证明:

设 $a \in I$. f 在 a 处连续, 故 f 在 a 处的极限是 $f(a)$. 此外, g 在 $f(a) \in J$ 处连续, 故 g 在 $f(a)$ 处的极限为 $g(f(a))$. 根据命题 6.2.5.1 (极限的复合), $g \circ f$ 在 a 处的极限为 $g(f(a))$, 即 $g \circ f$ 在 a 处连续.

这对任意 $a \in I$ 都成立, 所以 $g \circ f$ 在 I 上连续. ⊠

⚠ 注意: 这个命题只是说, 连续映射的复合仍是一个连续映射! 另一方面, 对于连续映射和不连续映射的复合, 或者两个不连续映射的复合, 无法断言其连续性. 例如,

- $f\colon x \longmapsto \dfrac{1}{2 + x^2}$ 在 $\mathbb{R}$ 上连续, $g = E$ (取整函数) 不在 $\mathbb{R}$ 上连续, 但 $g \circ f = 0$ 是常函数, 故在 $\mathbb{R}$ 上连续;

- $f = g = \chi_{[0,+\infty)}$, 那么 $g \circ f = 1$ 在 $\mathbb{R}$ 上连续, 虽然 f 和 g 都在 0 处不连续.

6.4.3　限制函数以及连续性的局部刻画

命题 6.4.3.1　如果 f 在 I 上连续, $J \subset I$, 那么 $f_{|J}$ 在 J 上连续.

证明:

> 设 $a \in J$. 要证明 $f_{|J}$ 在 a 处连续.
>
> 设 $(a_n)_{n \in \mathbb{N}} \in J^{\mathbb{N}}$ 使得 $(a_n)_{n \in \mathbb{N}}$ 收敛到 a. 那么, 序列 $(a_n)_{n \in \mathbb{N}}$ 也是 I 的一个收敛到 a 的元素序列且 f 在 a 处连续.
>
> 根据连续性的序列刻画, $(f(a_n))_{n \in \mathbb{N}}$ 收敛到 $f(a)$.
>
> 又因为, 对任意自然数 $n \in \mathbb{N}$, $f(a_n) = f_{|J}(a_n)$, 故序列 $(f_{|J}(a_n))_{n \in \mathbb{N}}$ 收敛到 $f(a) = f_{|J}(a)$.
>
> 这对 $J^{\mathbb{N}}$ 中任意极限为 a 的序列 $(a_n)_{n \in \mathbb{N}}$ 都成立, 由此推断 $f_{|J}$ 在 a 处连续.
>
> 同样, 这对任意 $a \in J$ 都成立, 所以 $f_{|J}$ 在 J 上连续. $\boxtimes$

下面的命题在本章中不太有用, 但在函数项级数或含参数积分的课程中会有用 (分别见《大学数学进阶 1》和《大学数学进阶 2》).

命题 6.4.3.2 如果 f 在包含于 I 的任意闭区间 (即 I 的任意闭子区间) 上连续, 那么 f 在 I 上连续. 我们称连续性是一个局部性质.

证明:

> 这是显然的, 因为:
>
> 如果 $a \in \overset{\circ}{I}$, 则存在 $r > 0$ 使得 $[a-r, a+r] \subset I$, 并且 f 在 $[a-r, a+r]$ 上连续意味着 f 在 a 处连续;
>
> 如果 a 是 I 的一个闭的端点, 那么, 当 $a = \min I$ 时对区间 $[a, a+r]$ 进行同样的推导, 当 $a = \max I$ 时对区间 $[a-r, a]$ 进行同样的推导. $\boxtimes$

6.4.4 连续延拓

命题 6.4.4.1 设 I 是一个内部非空的区间, $f: I \longrightarrow \mathbb{K}$, $a \in \overline{I} \setminus I$ 且 $a \in \mathbb{R}$ (即 a 是区间 I 的一个有限的开端点). 假设 $\lim_{x \to a} f(x) = \ell$, 其中 $\ell \in \mathbb{K}$ (换言之, 假设 f 在 a 处有 (有限的) 极限). 那么, 通过令

$$\bar{f}: \quad \begin{array}{ccc} I \cup \{a\} & \longrightarrow & \mathbb{K}, \\ x & \longmapsto & \begin{cases} f(x), & 若\ x \neq a, \\ \ell, & 若\ x = a \end{cases} \end{array}$$

可以把函数 f 连续延拓到 a 处. 映射 $\bar{f}$ 是 f 的唯一在 a 处连续的延拓.

证明:

● 首先证明 $\bar{f}$ 在 a 处连续.

设 $\varepsilon > 0$. 由极限的定义知, 存在 $\alpha > 0$ 使得

$$\forall x \in I \cap [a - \alpha, a + \alpha], |f(x) - \ell| \leqslant \varepsilon.$$

设 $x \in (I \cup \{a\}) \cap [a - \alpha, a + \alpha]$. 那么, 有两种情况:

　　* 如果 $x = a$, 那么 $\bar{f}(x) = \ell$, 故 $|\bar{f}(x) - \ell| \leqslant \varepsilon$;

　　* 如果 $x \neq a$, 那么 $\bar{f}(x) = f(x)$, 故 $|\bar{f}(x) - \ell| = |f(x) - \ell| \leqslant \varepsilon$.

这证得

$$\forall \varepsilon > 0, \exists \alpha > 0, \forall x \in (I \cup \{a\}) \cap [a - \alpha, a + \alpha], |\bar{f}(x) - \bar{f}(a)| \leqslant \varepsilon,$$

即 $\bar{f}$ 确实是 f 在 a 处连续的延拓.

● 现在证明这是唯一将 f 延拓到 $I \cup \{a\}$ 上且在 a 处连续的函数.

设 g 是 f 的一个定义在 $I \cup \{a\}$ 上且在 a 处连续的延拓函数. 由定义知

$$\forall x \in I, g(x) = f(x) = \bar{f}(x).$$

此外, 由于 g 在 a 处连续, 我们有

$$g(a) = \lim_{\substack{x \to a \\ x \neq a}} g(x) = \lim_{\substack{x \to a \\ x \neq a}} f(x) = \ell = \bar{f}(a).$$

因此, $g = \bar{f}$. 　　　　　　　　　　　　　　　　　　　　　　　　$\boxtimes$

例 6.4.4.2 通过令 $f(0) = 0$, 可以将函数 f: $\begin{array}{ccc} (0, +\infty) & \longrightarrow & \mathbb{R}, \\ x & \longmapsto & x \sin\left(\dfrac{1}{x}\right) \end{array}$ 延拓成在 $[0, +\infty)$

上连续的函数. 事实上, $f(x) \underset{x \to 0^+}{=} O(x)$, 故根据两边夹定理, $\lim\limits_{\substack{x \to 0 \\ x > 0}} f(x) = 0$.

另一方面, 谈论将 f 延拓到 $+\infty$ 处是没有意义的! 在这里,

$$\sin\left(\frac{1}{x}\right) \underset{x\to+\infty}{\sim} \frac{1}{x}, \quad \text{故} \quad f(x) \underset{x\to+\infty}{\sim} 1,$$

即 $\lim\limits_{x\to+\infty} f(x) = 1$, 换言之, f 在 $+\infty$ 处有有限的极限, 但我们不能把它连续延拓到 $+\infty$ 处, 因为根据定义, $\mathcal{D}_f \subset \mathbb{R}$.

注: 注意, 如果 f 定义在 $(a,b]$ 上, 其中 $-\infty < a < b$, 我们总是可以通过令 $f(a) = 0$ (或 $f(a) = \pi$) 把 f 延拓到 $[a,b]$ 上. 命题 6.4.4.1 只讨论连续延拓.

习题 6.4.4.3 设 $f: (a,b] \longrightarrow \mathbb{K}$, 其中 $(a,b) \in \mathbb{R}^2$ 且 $a < b$. 证明: f 可以连续延拓到 a 处当且仅当 f 在 a 处有极限 (极限值有限, 若 $\mathbb{K} = \mathbb{R}$).

推论 6.4.4.4 如果 $f \in \mathcal{C}^0((a,b), \mathbb{K})$, f 在 a 处和 b 处有 (有限的) 极限, 那么 f 可以唯一延拓成在 $[a,b]$ 上连续的函数.

证明:

> 这是前一个命题的直接结果. $\boxtimes$

⚠ **注意**: 命题 6.4.4.1 不适用于区间的开端点以外的情况. 换言之, 如果 f 在 $\mathbb{R}^\star$ 上连续, 且 f 在 0 处有有限的左极限和右极限, 我们不能断言可以将 f 连续延拓到 0 处! 我们必须添加 "在 0 处的左右极限有限且相等" 这个条件.

例如, 如果 f:
$$\begin{array}{ccc} \mathbb{R}^\star & \longrightarrow & \mathbb{R}, \\ x & \longmapsto & \begin{cases} 1, & \text{若 } x > 0, \\ -1, & \text{若 } x < 0. \end{cases} \end{array}$$
那么:

- $\lim\limits_{\substack{x\to0 \\ x>0}} f(x) = 1$, 故我们可以把 f 连续延拓到 $[0, +\infty)$ 上;

- $\lim\limits_{\substack{x\to0 \\ x<0}} f(x) = -1$, 故我们可以把 f 连续延拓到 $(-\infty, 0]$ 上;

- 然而, 我们不能把 f 连续延拓到 $\mathbb{R}$ 上.

6.4.5　介值定理

⚠️ **注意:** 在这一小节中, 我们只讨论实值函数!! 介值定理并不适用于复值函数!

定理 6.4.5.1 (介值定理)　设 I 是一个内部非空的区间, $f\colon I \longrightarrow \mathbb{R}$ 是一个连续函数. 那么, $f(I)$ 是一个区间.

换言之, 如果 $(a,b) \in I^2$, $k \in \mathbb{R}$ 是介于 $f(a)$ 和 $f(b)$ 之间的一个数, 那么方程 $f(x) = k$ 在 I 中至少有一个解.

推论 6.4.5.2　设 f 是一个在区间 I 上连续的实值函数, $(a,b) \in I^2$ 使得 $f(a)f(b) \leqslant 0$. 那么 f 在 I 上至少有一个零点.

推论 6.4.5.3　设 f 是一个在区间 I 上连续的实值函数, 且在 I 上恒不为零. 那么, f 在区间 I 上严格保持符号 (即恒大于零或恒小于零).

介值定理的证明:

我们想证明, 在定理的假设下, $f(I)$ 是一个区间, 即我们想证明

$$\forall(\alpha,\beta) \in f(I)^2, (\alpha < \beta \Longrightarrow [\alpha,\beta] \subset f(I)).$$

设 $(\alpha,\beta) \in f(I)^2$ 使得 $\alpha < \beta$, $\gamma \in [\alpha,\beta]$. 要证明 $\gamma \in f(I)$.

首先, 由集合 $f(I)$ 的定义知, 存在 $(a,b) \in I^2$ 使得 $f(a) = \alpha$ 和 $f(b) = \beta$. 不失一般性 (否则用 $x \longmapsto f(-x)$ 替换 f), 可以假设 $a < b$.

- 如果 $\gamma = \alpha$ 或 $\gamma = \beta$, 那么 $\gamma \in \{f(a)\} \cup \{f(b)\} \subset f(I)$, 结论得证.
- 现在假设 $\alpha < \gamma < \beta$, 考虑集合

$$E = \{x \in [a,b] \mid f(x) \leqslant \gamma\}.$$

E 是 $\mathbb{R}$ 的一个非空 (包含 a) 且有上界 (b 是它的一个上界) 的子集, 故它在 $\mathbb{R}$ 中有上确界. 设 $c = \sup E$. 要证明 $f(c) = \gamma$.

* 首先, 根据 $\mathbb{R}$ 中上确界的刻画, 对任意自然数 $n > 0$, 存在 $x_n \in \left(c - \dfrac{1}{n}, c\right]$ 使得 $x_n \in E$. 这定义了 $E \subset [a,b]$ 的一个元素序列 (x_n).

根据两边夹定理, (x_n) 收敛到 c, 并且由 E 的定义知

$$\forall n \in \mathbb{N}^\star, f(x_n) \leqslant \gamma.$$

因为 f 在 c 处连续, 取极限可得

$$f(c) \leqslant \gamma.$$

* 然后, 综上可得 $c \in E$, 故 $c = \max E$. 由此推断 $c < b$ (因为 $b \notin E$). 对任意自然数 $n \geqslant n_1$ $\left(\text{其中 } n_1 = E\left(\dfrac{1}{b-c}\right) + 1\right)$, $c + \dfrac{1}{n} \in [a,b]$ 大于 $\sup E$. 因此, $c + \dfrac{1}{n} \notin E$, 即: $f\left(c + \dfrac{1}{n}\right) > \gamma$. 取极限, 可得 (由 f 在 c 处连续知)

$$f(c) \geqslant \gamma.$$

因此, $f(c) = \gamma$, 其中 $c \in [a,b] \subset I$. $\boxtimes$

注: 我们也可以使用二分法来确定 $f(x) = k = \gamma$ 的解. 该算法的步骤如下:

(1) 令 $a_0 = a$, $b_0 = b$ 和 $c_0 = \dfrac{a_0 + b_0}{2}$, 令 $i = 0$;

(2) 如果 $f(a_i) \leqslant \gamma \leqslant f(c_i)$, 令 $a_{i+1} = a_i$, $b_{i+1} = c_i$ 和 $c_{i+1} = \dfrac{a_{i+1} + b_{i+1}}{2}$;

(3) 否则, 令 $a_{i+1} = c_i$, $b_{i+1} = b_i$ 和 $c_{i+1} = \dfrac{a_{i+1} + b_{i+1}}{2}$;

(4) 令 $i = i + 1$, 然后重复 (2) (3) (4).

因此, 我们构造了一个直径趋于 0 的闭区间套序列 $([a_n, b_n])$, 使得

$$\forall n \in \mathbb{N}, f(a_n) \leqslant \gamma \leqslant f(b_n).$$

根据闭区间套定理, $\bigcap_{n \in \mathbb{N}} [a_n, b_n] = \{\ell\}$, 可以证明 $f(\ell) = \gamma$.

这种方法的优点是, 在实践中可以用它确定方程 $f(x) = \gamma$ 的解的近似值.

习题 6.4.5.4　将注释中提出的证明方法的过程详细写下来.

应用: 算法编程

以表达式为 $f(x) = x^3 + x - 1$ 的函数 f 以及 $a = 0$ 和 $b = 1$ 为例. 可以在 Scilab 中输入以下指令:

```
-> function y = f (x);
y = x^3 + x - 1;                          (定义函数 f)
endfunction;


function l=g (e)                          (此处 e 表示精度)
a=0;b=1;                                  (给变量 a 和 b 赋值)
while (b-a>e)                             (循环 "只要")
if f ( (a+b) /2) <0 then a= (a+b) /2;b=b;  (条件判断)
else a=a;b= (a+b) /2;                     (继续条件判断)
end;                                      (条件判断结束)
end;                                      (while 循环结束)
format (20);                              (有效数字的数量)
l=a                                       (程序应该返回的结果)
endfunction                               (程序结束)
```

⚠ **注意:** 介值定理 <u>不适用于复值函数</u>! 例如, 如果考虑函数 f 定义为

$$\forall x \in [0, \pi], f(x) = e^{ix}.$$

那么, f 显然在 $[0, \pi]$ 上连续, 因为 cos 和 sin 都是连续函数. 此外, $f(0) = 1$, $f(\pi) = -1$. 我们有 $0 \in [-1, 1]$, 但是方程 $f(x) = 0$ 没有解!

<u>注:</u> 连续性是函数满足介值性质的充分条件, 但不是必要条件! 我们将在习题中看到, 任意导函数都满足介值性质 (达布 (Darboux) 定理, 参见《大学数学基础 2》导数一章).

第一个推论 (推论 6.4.5.2) 的证明:

在推论的假设下, $0 \in [f(a), f(b)] \cup [f(b), f(a)]$. 又因为, 根据介值定理, $f([a,b])$ 是一个区间且 $(f(a), f(b)) \in f([a,b])^2$, 故 $0 \in f([a,b])$, 即存在 $c \in [a,b]$ 使得 $0 = f(c)$. $\boxtimes$

第二个推论 (推论 6.4.5.3) 的证明:

如果 f 不是严格保持符号的, 那么存在 $(a,b) \in I^2$ 使得 $f(a)f(b) \leqslant 0$. 根据第一个推论, 存在 $c \in I$ 使得 $f(c) = 0$, 矛盾. $\boxtimes$

6.4.6 闭区间在连续函数下的像

定理 6.4.6.1 设 a 和 b 是两个实数且 $a \leqslant b$, $f\colon [a,b] \longrightarrow \mathbb{R}$ 是一个连续的实值函数. 那么, $f([a,b])$ 是一个闭区间. 换言之, 存在两个实数 m 和 M 使得 $m \leqslant M$ 且 $f([a,b]) = [m, M]$.

特别地, f 在 $[a,b]$ 上有界, 且在 $[a,b]$ 上可以取得上下确界, 即

$$\sup_{x \in [a,b]} f(x) = \max_{x \in [a,b]} f(x) \quad \text{和} \quad \inf_{x \in [a,b]} f(x) = \min_{x \in [a,b]} f(x).$$

证明:

根据介值定理 (适用, 因为 f 在 $I = [a,b]$ 上连续且是实值的), $f([a,b])$ 是一个区间.

- 证明 $f([a,b])$ 有上界且 $\sup\limits_{x \in [a,b]} f(x) = \max\limits_{x \in [a,b]} f(x)$.

  * 如果 f 在 $[a,b]$ 上没有上界, 那么

    $$\forall n \in \mathbb{N}, \exists x_n \in [a,b], f(x_n) \geqslant n.$$

    对每个自然数 n, 我们取定一个这样的 x_n, 得到 $[a,b]$ 的一个元素序列 $(x_n)_{n \in \mathbb{N}}$. 前面的关系式说明 $\lim\limits_{n \to +\infty} f(x_n) = +\infty$.

    此外, 因为对任意自然数 n, $x_n \in [a,b]$, 故序列 $(x_n)_{n \in \mathbb{N}}$ 是一个有界的实数列. 根据波尔查诺–魏尔斯特拉斯定理, 存在一个收敛的子列 $(x_{\varphi(n)})_{n \in \mathbb{N}}$. 记 ℓ 为 $(x_{\varphi(n)})$ 的极限. 那么有

▷ 一方面, $\forall n \in \mathbb{N}, x_{\varphi(n)} \in [a,b]$. 取极限得 $\ell \in [a,b]$. 并且, 由 f 在 ℓ 处连续知

$$\lim_{n \to +\infty} f(x_{\varphi(n)}) = f(\ell).$$

▷ 另一方面, $\forall n \in \mathbb{N}, f(x_{\varphi(n)}) \geqslant \varphi(n) \geqslant n$. 因此,

$$\lim_{n \to +\infty} f(x_{\varphi(n)}) = +\infty.$$

因此, $(f(x_{\varphi(n)}))_{n \in \mathbb{N}}$ 收敛到 $f(\ell)$ 且发散到 $+\infty$, 矛盾. 所以, f 在 $[a,b]$ 上有上界.

* 因此, $\{f(x) \mid x \in [a,b]\}$ 是 $\mathbb{R}$ 的一个非空且有上界的区间, 故它在 $\mathbb{R}$ 中有上确界.

取 $M = \sup\{f(x) \mid x \in [a,b]\}$, 我们要证明 M 是最大值.

根据 $\mathbb{R}$ 中上确界的刻画,

$$\forall n \in \mathbb{N}, \exists t_n \in [a,b], M - \frac{1}{n+1} < f(t_n) \leqslant M.$$

对每个自然数 n, 取定一个这样的实数 t_n, 这定义了一个有界的实数列 (t_n). 再根据波尔查诺–魏尔斯特拉斯定理, 存在一个收敛的子列 $(t_{\psi(n)})_{n \in \mathbb{N}}$. 它的极限 c 在 $[a,b]$ 中, 且有

$$\forall n \in \mathbb{N}, M - \frac{1}{\psi(n)+1} < f(t_{\psi(n)}) \leqslant M.$$

又因为, f 在 c 处连续, 且 $\lim\limits_{n \to +\infty} \psi(n) = +\infty$, 根据两边夹定理, 我们有 $f(c) = \lim\limits_{n \to +\infty} f(t_{\psi(n)}) = M$.

因此, $M \in \{f(x) \mid x \in [a,b]\}$, 即 $M = \max\limits_{x \in [a,b]} f(x)$.

● 将上述结果应用于 $-f$ (它满足与 f 相同的假设), 可以推断, f 在 $[a,b]$ 上有下界, 且 $\inf\{f(x) \mid x \in [a,b]\} = \min\{f(x) \mid x \in [a,b]\}$. $\boxtimes$

注:

● 为了简化证明, 我们可以在 $\overline{\mathbb{R}}$ 中定义 $M = \sup_{[a,b]} f$, 并直接引进 $[a,b]$ 的元素序列 (x_n), 其中 $\lim\limits_{n \to +\infty} f(x_n) = M$ (总是在 $\overline{\mathbb{R}}$ 中). 用同样的方法证明 $M = f(c)$, 因此, M 是有限的, 且 $M \in f([a,b])$.

● 这个定理通常叙述为以下两种形式之一:

(i) 闭区间在连续函数下的像是闭区间;

(ii) 闭区间上的连续函数都是有界的, 且可取得上下确界.

注意, 在上述表述 ((i) 和 (ii)) 中, 我们没有指明 f 是一个实值函数!

例 6.4.6.2　设 $T > 0$, f 是在 $\mathbb{R}$ 上连续的 T-周期的实值函数. 证明 f 在 $\mathbb{R}$ 上有界且可取得上下确界.

• 由于 f 在 $\mathbb{R}$ 上连续, 故它也在闭区间 $[0, T]$ 上连续. 因此, f 在闭区间 $[0, T]$ 上有界且可取得上下确界. 换言之, 存在 $a \in [0, T]$ 和 $b \in [0, T]$ 使得

$$f(a) = \min_{x \in [0,T]} f(x) \quad \text{和} \quad f(b) = \max_{x \in [0,T]} f(x).$$

• 然后证明: $\forall x \in \mathbb{R}, f(a) \leqslant f(x) \leqslant f(b)$.

设 $x \in \mathbb{R}$. 令 $n = E\left(\dfrac{x}{T}\right)$. 那么, 由定义知, $n \leqslant \dfrac{x}{T} < n + 1$, 故有

$$(x - nT) \in [0, T) \subset [0, T].$$

从而

$$f(a) \leqslant f(x - nT) \leqslant f(b).$$

又因为, f 是 T-周期的, 故 $f(x - nT) = f(x)$, 最终得到 $f(a) \leqslant f(x) \leqslant f(b)$.

习题 6.4.6.3　设 $f\colon [0, 1] \longrightarrow \mathbb{R}$ 是连续的, 且满足: $\forall x \in [0, 1], f(x) > 0$. 证明:

$$\exists \varepsilon > 0, \forall x \in [0, 1], f(x) \geqslant \varepsilon.$$

定理 6.4.6.4　设 a 和 b 是两个实数且 $a \leqslant b$, $f\colon [a, b] \longrightarrow \mathbb{C}$ 是一个连续函数. 那么, f 在 $[a, b]$ 上有界, 并且, $|f|$ 在 $[a, b]$ 上可取得上下确界:

$$\sup_{x \in [a,b]} |f(x)| = \max_{x \in [a,b]} |f(x)| \quad \text{和} \quad \inf_{x \in [a,b]} |f(x)| = \min_{x \in [a,b]} |f(x)|.$$

证明:

只需将定理 6.4.6.1 应用于函数 $|f|$, 由 f 连续知 $|f|$ 是在闭区间 $[a, b]$ 上连续的实值函数.　　　　　　　　　　　　　　　　　　　　　　　$\boxtimes$

注: 这个结果将在《大学数学进阶 1》中推广: "紧集在连续映射下的像是紧集."

6.4.7 逆映射的连续性

定理 6.4.7.1 设 f 是在区间 I 上严格单调的连续映射. 那么, f 是从 I 到区间 $J = f(I)$ 的双射, 并且它的逆映射 $f^{-1}\colon J \longrightarrow I$ 在 J 上连续.

逆映射 f^{-1} 的连续性的证明不要求掌握, 此处为感兴趣的读者给出证明.

证明:

我们只需要证明 f^{-1} 的连续性. 不失一般性 (否则用 $-f$ 替换 f), 可以假设 f 是严格单调递增的.

设 $b \in J$ 和 $a \in I$ 使得 $b = f(a)$. 要证明 f^{-1} 在 b 处连续. 假设 b 不是区间 J 的端点. 我们取定 $\varepsilon > 0$ 使得 $[a-\varepsilon, a+\varepsilon] \subset I$. 那么, 对任意 $y \in J$, 有

$$|f^{-1}(y) - f^{-1}(b)| \leqslant \varepsilon \iff a - \varepsilon \leqslant f^{-1}(y) \leqslant a + \varepsilon$$

$$\iff f(a-\varepsilon) \leqslant y \leqslant f(a+\varepsilon).$$

因为 f 是严格单调递增的, 所以, 我们有 $f(a-\varepsilon) < f(a) < f(a+\varepsilon)$. 那么, 存在 $\alpha > 0$ 使得 $[f(a)-\alpha, f(a)+\alpha] \subset [f(a-\varepsilon), f(a+\varepsilon)]$, 即 $[b-\alpha, b+\alpha] \subset [f(a-\varepsilon), f(a+\varepsilon)]$.

对这样的 α, 我们有

$$\forall y \in J, |y - b| \leqslant \alpha \implies |f^{-1}(y) - f^{-1}(b)| \leqslant \varepsilon. \qquad \boxtimes$$

推论 6.4.7.2 设 I 和 J 是两个区间. 如果 $f\colon I \longrightarrow J$ 是连续的双射, 那么 f^{-1} 是连续的.

证明:

我们将在习题中看到, 如果 f 是连续的, 那么 f 是单射当且仅当 f 是严格单调的. 因此, 我们可以应用定理 6.4.7.1. $\qquad \boxtimes$

6.4.8 一致连续性和海涅定理

一致连续的概念不是本章的主要教学目标. 这个概念对一些逼近定理的证明很重要, 比如魏尔斯特拉斯定理 (参见《大学数学进阶 1》函数项序列和级数一章), 以及闭区间上的分段连续函数由阶梯函数来逼近 (参见《大学数学基础 2》积分一章). 在其他可以应用一致连续函数的延拓定理的领域, 一致连续的概念也很重要. 就我们而言, 这部分内容在第一次阅读时可以忽略.

定义 6.4.8.1 设 I 是一个区间, $f: I \longrightarrow \mathbb{K}$. 我们称 f 在 I 上一致连续, 若

$$\forall \varepsilon > 0, \exists \alpha > 0, \forall (x,y) \in I^2, (|x-y| \leqslant \alpha \Longrightarrow |f(x) - f(y)| \leqslant \varepsilon).$$

习题 6.4.8.2 这个定义与 f 在 I 上连续的定义有什么区别? 验证选用 "一致" 一词的合理性.

例 6.4.8.3 仿射函数在 $\mathbb{R}$ 上一致连续. 实际上, 如果 $(a,b) \in \mathbb{R}^2$, 那么, 对任意 $\varepsilon > 0$, 令 $\alpha = \dfrac{\varepsilon}{|a|+1}$, 可得对任意 $(x,y) \in \mathbb{R}^2$,

$$|x-y| \leqslant \alpha \Longrightarrow |(ax+b) - (ay+b)| \leqslant |a| \times \alpha$$
$$\Longrightarrow |(ax+b) - (ay+b)| \leqslant \varepsilon.$$

习题 6.4.8.4 证明 $\sin$ 在 $\mathbb{R}$ 上一致连续.

命题 6.4.8.5 设 $f: I \longrightarrow \mathbb{K}$. 那么, 下列叙述相互等价:

(i) f 在区间 I 上一致连续;

(ii) 对任意使得 $(y_n - x_n)$ 收敛到 0 的序列 $(x_n)_{n \in \mathbb{N}}, (y_n)_{n \in \mathbb{N}} \in I^{\mathbb{N}}$, 序列 $(f(y_n) - f(x_n))_{n \in \mathbb{N}}$ 收敛到 0.

证明:

• 证明 (i) $\Longrightarrow$ (ii).

假设 f 在 I 上一致连续. 要证明 (ii).

设 $(x_n)_{n\in\mathbb{N}}$ 和 $(y_n)_{n\in\mathbb{N}}$ 是 I 的两个元素序列, 使得 $\lim\limits_{n\to+\infty}(y_n-x_n)=0$. 要证明序列 $(f(y_n)-f(x_n))_{n\in\mathbb{N}}$ 收敛到 0.

设 $\varepsilon>0$. 由假设知, f 在 I 上一致连续, 故

$$\exists\alpha>0, \forall(x,y)\in I^2, (|x-y|\leqslant\alpha\Longrightarrow|f(x)-f(y)|\leqslant\varepsilon).$$

取一个这样的 $\alpha>0$. 由假设知, $\lim\limits_{n\to+\infty}(x_n-y_n)=0$. 因此, 存在一个自然数 n_0 使得

$$\forall n\geqslant n_0, |x_n-y_n|\leqslant\alpha.$$

由于 $(x_n)_{n\in\mathbb{N}}$ 和 $(y_n)_{n\in\mathbb{N}}$ 是 I 的元素序列, 我们有

$$\forall n\geqslant n_0, |f(x_n)-f(y_n)|\leqslant\varepsilon.$$

这证得 $(f(x_n)-f(y_n))_{n\in\mathbb{N}}$ 收敛到 0.

● 通过证明逆否命题来证明 (ii) $\Longrightarrow$ (i).

假设 f 不是在 I 上一致连续的, 即

$$\exists\varepsilon>0, \forall\alpha>0, \exists(x,y)\in I^2, |x-y|\leqslant\alpha\ \text{且}\ |f(x)-f(y)|>\varepsilon.$$

取定一个满足上述性质的实数 $\varepsilon>0$. 对任意自然数 $n\in\mathbb{N}^\star$, 我们选取 $\alpha=\dfrac{1}{n}$. 那么, 存在 $(x_n,y_n)\in I^2$ 使得: $|x_n-y_n|\leqslant\dfrac{1}{n}$ 且 $|f(x_n)-f(y_n)|>\varepsilon$.

这定义了 I 的两个元素序列 (x_n) 和 (y_n), 满足

$$* \ \forall n\in\mathbb{N}^\star, |x_n-y_n|\leqslant\frac{1}{n}, \ \text{故}\ \lim\limits_{n\to+\infty}(x_n-y_n)=0\,;$$

$$* \ \forall n\in\mathbb{N}^\star, |f(x_n)-f(y_n)|>\varepsilon. \ \text{因此}, (f(x_n)-f(y_n))\ \text{不收敛到}\ 0.$$

这证得 (ii) 不成立. $\boxtimes$

命题 6.4.8.6　设 $f: I\longrightarrow\mathbb{K}$ 是一个定义在区间 I 上的函数. 那么,

$$f\ \text{是利普希茨的}\ \Longrightarrow f\ \text{是一致连续的}\ \Longrightarrow f\ \text{是连续的}.$$

并且, 每个逆命题都是错误的.

证明:

- 证明 f 是利普希茨的 $\implies f$ 是一致连续的.

假设 f 是在 I 上 k-利普希茨的, 其中 $k \geqslant 0$.

设 $\varepsilon > 0$ 和 $\alpha = \dfrac{\varepsilon}{k+1} > 0$. 对任意 $(x, y) \in I^2$ 使得 $|x - y| \leqslant \alpha$, 有

$$|f(x) - f(y)| \leqslant k|x - y| \leqslant k\alpha \leqslant \varepsilon.$$

这证得 f 在 I 上一致连续.

- 蕴涵关系 "f 一致连续 $\implies f$ 连续" 是显然的. 实际上, 假设 f 在 I 上一致连续, 并取定 $a \in I$. 设 $\varepsilon > 0$. 那么, 存在 $\alpha > 0$ 使得

$$\forall (x, y) \in I^2, (|x - y| \leqslant \alpha \implies |f(x) - f(y)| \leqslant \varepsilon).$$

特别地,

$$\forall x \in I, (|x - a| \leqslant \alpha \implies |f(x) - f(a)| \leqslant \varepsilon).$$

这证得 f 在 a 处连续.

- 证明逆命题是错误的.

  * 证明 $x \longmapsto \sqrt{x}$ 在 $[0, 1]$ 上一致连续但不是利普希茨的.

    ▷ 设 $\varepsilon > 0$. 令 $\alpha = \varepsilon^2 > 0$.

    那么, 对任意 $(x, y) \in [0, 1]^2$ 使得 $|x - y| \leqslant \alpha$, 我们有

    — 如果 $\sqrt{x} + \sqrt{y} \leqslant \varepsilon$, 那么 $|\sqrt{x} - \sqrt{y}| \leqslant \sqrt{x} + \sqrt{y} \leqslant \varepsilon$;

    — 如果 $\sqrt{x} + \sqrt{y} > \varepsilon$, 那么

    $$|\sqrt{x} - \sqrt{y}| = \frac{|x - y|}{\sqrt{x} + \sqrt{y}} < \frac{|x - y|}{\varepsilon} \leqslant \varepsilon.$$

    这证得 $x \longmapsto \sqrt{x}$ 是在 $[0, 1]$ 上一致连续的.

    ▷ 对任意 $x \in (0, 1]$, $\dfrac{|\sqrt{x} - \sqrt{0}|}{|x - 0|} = \dfrac{1}{\sqrt{x}}$. 又因为 $\lim\limits_{\substack{x \to 0 \\ x > 0}} \dfrac{1}{\sqrt{x}} = +\infty$, 故

    函数 $x \longmapsto \dfrac{|\sqrt{x} - \sqrt{0}|}{|x - 0|}$ 不是在 $(0, 1]$ 上有界的.

    这证得 $x \longmapsto \sqrt{x}$ 不是在 $[0, 1]$ 上利普希茨的.

  * 证明 $x \longmapsto x^2$ 在 $\mathbb{R}$ 上连续但不一致连续.

连续性是显然的. 我们用序列刻画来证明它不是一致连续的.

设 $(x_n)_{n\in\mathbb{N}}$ 和 $(y_n)_{n\in\mathbb{N}}$ 定义为: $\forall n \in \mathbb{N}, x_n = n+1, y_n = x_n + \dfrac{1}{n+1}$.

那么,

▷ $\displaystyle\lim_{n\to+\infty}(x_n - y_n) = 0$;

▷ $\forall n \in \mathbb{N}, \ y_n^2 - x_n^2 = 2 + \dfrac{1}{(n+1)^2}$, 故序列 $(y_n^2 - x_n^2)$ 不收敛到 0.

因此, $x \longmapsto x^2$ 不是在 $\mathbb{R}$ 上一致连续的. $\boxtimes$

习题 6.4.8.7　利用序列给出第二个蕴涵关系的另一种证明.

定理 6.4.8.8 (海涅 (Heine) 定理)　在闭区间上连续的实值或复值函数在该闭区间上一致连续.

证明:

设 a 和 b 是两个实数且 $a < b$, $f\colon [a,b] \longrightarrow \mathbb{K}$ 是一个在 $[a,b]$ 上连续的函数. 用反证法证明 f 在 $[a,b]$ 上一致连续.

假设 f 在 $[a,b]$ 上不是一致连续的. 那么,

$$\exists \varepsilon > 0, \forall \alpha > 0, \exists (x,y) \in [a,b]^2, |x-y| \leqslant \alpha \ \text{且} \ |f(x) - f(y)| > \varepsilon.$$

取定一个这样的 $\varepsilon > 0$, 并且, 就像命题 6.4.8.5 的证明那样, 对 $n \in \mathbb{N}$, 我们选取 $[a,b]$ 的两个元素 x_n 和 y_n 使得

$$|x_n - y_n| \leqslant \frac{1}{n+1} \quad \text{且} \quad |f(x_n) - f(y_n)| > \varepsilon.$$

序列 $(x_n)_{n\in\mathbb{N}}$ 是有界的实数列, 因此, 根据波尔查诺–魏尔斯特拉斯定理, 存在 (x_n) 的一个子列 $(x_{\varphi_1(n)})$ 收敛到 ℓ 且 $\ell \in [a,b]$.

接下来, 考虑序列 $(y_{\varphi_1(n)})$. 这也是一个有界的实数列, 故存在 $(y_{\varphi_1(n)})$ 的一个子列 $(y_{(\varphi_1\circ\varphi_2)(n)})$ 收敛到 ℓ', 其中 $\ell' \in [a,b]$.

令 $\varphi = \varphi_1 \circ \varphi_2$, 则 φ 是一个提取映射 (extraction), 即从 $\mathbb{N}$ 到 $\mathbb{N}$ 的严格单调递增的映射. 那么, 根据构造, $(y_{\varphi(n)})$ 收敛到 ℓ' 且 $(x_{\varphi(n)})$ 收敛到 ℓ (因为这是收敛序列 $(x_{\varphi_1(n)})$ 的一个子列).

又因为,

$$\forall n \in \mathbb{N}, |x_{\varphi(n)} - y_{\varphi(n)}| \leqslant \frac{1}{\varphi(n)+1} \leqslant \frac{1}{n+1},$$

其中 $\lim\limits_{n \to +\infty} \dfrac{1}{n+1} = 0$, 故 $\ell = \ell'$.

因此, $(x_{\varphi(n)})$ 和 $(y_{\varphi(n)})$ 收敛到同一个极限 $\ell \in [a,b]$. 又因为 f 在 ℓ 处连续, 故根据极限的序列刻画, $(f(x_{\varphi(n)}))$ 和 $(f(y_{\varphi(n)}))$ 都收敛到 $f(\ell)$, 因此, 序列 $(f(x_{\varphi(n)}) - f(y_{\varphi(n)}))$ 收敛到 0. 这与以下事实矛盾:

$$\forall n \in \mathbb{N}, |f(x_{\varphi(n)}) - f(y_{\varphi(n)})| > \varepsilon. \qquad \boxtimes$$

<u>注</u>: 注意, 在证明中, 我们证得, 如果 $(x_n)_{n \in \mathbb{N}}$ 和 $(y_n)_{n \in \mathbb{N}}$ 是两个有界的实数列, 那么存在一个提取映射 φ 使得 $(x_{\varphi(n)})$ 和 $(y_{\varphi(n)})$ 都收敛. 这使得我们可以证明对复数列的波尔查诺–魏尔斯特拉斯定理. 实际上, 如果 $(z_n)_{n \in \mathbb{N}} \in \mathbb{C}^{\mathbb{N}}$ 有界, 那么序列 $(x_n) = (\mathrm{Re}(z_n))$ 和 $(y_n) = (\mathrm{Im}(z_n))$ 都是有界的, 故我们可以同时抽取两个收敛的子列 $(x_{\varphi(n)})$ 和 $(y_{\varphi(n)})$. 那么, $(z_{\varphi(n)})$ 收敛, 因为它的实部序列和虚部序列都收敛.

<u>注</u>: 因此, $x \longmapsto \sqrt{x}$ 在 $[0,1]$ 上是一致连续的, 因为它是闭区间上的连续函数.

6.5 小结：实值函数和复值函数的区别

在前面各节中, 我们已经讨论了复值函数. 注意, 它们仍然是实变量的函数! 唯一的区别是这些函数取的值是复数. 这里总结了那些对复值函数仍然成立的定义和性质, 以及那些对复值函数不成立的定义和性质 (即专属于实值函数的定义和性质).

这很容易记住: 涉及 $\mathbb{R}$ 中的序关系的性质或定义在 $\mathbb{C}$ 上是不成立的.

1. 对函数 $f: I \longrightarrow \mathbb{C}$, 我们定义实值函数

(a) f 的实部函数: $\mathrm{Re}(f)$: $\begin{array}{ccc} I & \longrightarrow & \mathbb{R}, \\ x & \longmapsto & \mathrm{Re}(f(x)); \end{array}$

(b) f 的虚部函数: $\mathrm{Im}(f)$: $\begin{array}{ccc} I & \longrightarrow & \mathbb{R}, \\ x & \longmapsto & \mathrm{Im}(f(x)); \end{array}$

(c) f 的模函数: $|f|$: $\begin{array}{ccc} I & \longrightarrow & \mathbb{R}^+, \\ x & \longmapsto & |f(x)|; \end{array}$

(d) 我们也可以定义 f 的共轭函数, 它是复值函数:

$$\overline{f}: \begin{array}{ccc} I & \longrightarrow & \mathbb{C}, \\ x & \longmapsto & \overline{f(x)}. \end{array}$$

2. 设 $f: I \longrightarrow \mathbb{C}$. 我们称 f 是有界的, 若

$$\exists M \geqslant 0, \forall x \in I, |f(x)| \leqslant M.$$

3. 设 $f: I \longrightarrow \mathbb{C}, a \in \overline{I}$ 和 $\ell \in \mathbb{C}$. 我们称 f 在 a 处以 ℓ 为极限, 若

$$\forall \varepsilon > 0, \exists V \in \mathcal{V}_f(a), \forall x \in I \cap V, |f(x) - \ell| \leqslant \varepsilon.$$

4. 如果 f 在 a 处有极限, 那么极限是唯一的.

5. 设 $f: I \longrightarrow \mathbb{C}, a \in \overline{I}$. 那么,

$$f \text{ 在 } a \text{ 处有极限} \iff \operatorname{Re}(f) \text{ 和 } \operatorname{Im}(f) \text{ 都在 } a \text{ 处有限的极限.}$$

此时有, $\lim\limits_{x \to a} f(x) = \lim\limits_{x \to a} (\operatorname{Re}(f)(x)) + i \times \lim\limits_{x \to a} (\operatorname{Im}(f)(x))$.

6. 如果 $f: I \longrightarrow \mathbb{C}$ 在 a 处有极限, 那么 f 在 a 的邻域内有界.

7. 极限的运算法则对复值函数仍然成立.

8. 我们称 f 在 $a \in I$ 处连续, 若 f 在 a 处有极限. 此时, 该极限必然是 $f(a)$.

9. 极限 (或连续性) 的序列刻画仍然成立.

10. 比较定理: 如果对任意接近 a 的 x, $|f(x)| \leqslant g(x)$, 其中 g 是一个非负的实值函数, 且 $\lim\limits_{x \to a} g(x) = 0$, 那么 $\lim\limits_{x \to a} f(x) = 0$.

11. 利普希茨函数的定义仍然有效.

12. 如果 $f: [a, b] \longrightarrow \mathbb{C}$ 是连续的, 那么 $|f|$ 在 $[a, b]$ 上有界且可取得上下确界.

13. 一致连续的定义仍然有效.

14. 海涅定理仍然成立.

15. 函数的小 o、大 O 和等价 $\sim$ 的定义和性质仍然成立 (与符号有关的性质除外).

⚠ **注意**: 另一方面, 所有涉及 $\mathbb{R}$ 中序关系的定理或定义都是错误的. 例如,

1. 单调的复值函数的概念没有意义!

2. 有上界 (或下界) 的复值函数的概念没有意义!

3. 单调极限定理不再成立!

4. 介值定理不适用!

5. 闭区间在连续的复值函数下的像不再是闭区间!

6.6 习　　题

习题 6.6.1 用正式的定义证明 $\lim\limits_{x \to 1} \dfrac{x}{\sqrt{x^2 + 3}} = \dfrac{1}{2}$.

习题 6.6.2 证明: 定义在 $\mathbb{R}$ 上、在 $+\infty$ 处有极限的周期函数是常函数.

习题 6.6.3 设 I 是一个内部非空的区间.

1. 假设 I 是有界的. 证明: 如果 f 在 I 上是利普希茨的, 那么 f 是有界的.

2. 由此导出: 如果 I 有界, 那么两个在 I 上利普希茨的函数的乘积仍是利普希茨函数.

3. 证明: 如果 I 不是有界的, 那么第二问的结论不一定成立.

习题 6.6.4 研究定义如下的函数 f 的连续性: $\forall x \in \mathbb{R}$, $f(x) = \begin{cases} x, & \text{若 } x \in \mathbb{Q}, \\ 1 - x, & \text{其他}. \end{cases}$ 函数 f 是双射吗?

习题 6.6.5 研究下列函数在定义区间边界处的极限以及函数的连续性:

$$f(x) = E(x); \quad g(x) = E\left(\frac{1}{x}\right); \quad h(x) = (-1)^{E(x)}(x - E(x)); \quad l(x) = E(x) + \sqrt{x - E(x)}.$$

习题 6.6.6 确定在 0 处连续且满足以下条件的实值函数:

$$\forall (x, y) \in \mathbb{R}^2, f(x + y) = f(x)f(y).$$

习题 6.6.7　确定从 $\mathbb{R}$ 到 $\mathbb{R}$、在 0 处连续且满足以下关系的映射:

$$\forall x \in \mathbb{R}, f(2x) = f(x).$$

习题 6.6.8

1. 给出一个映射 $f\colon \mathbb{R} \longrightarrow \mathbb{R}$, 它不是常值的, 且满足关系: $\forall x \in \mathbb{R}, f(x^2) = f(x)$.

2. 设 $f\colon \mathbb{R} \longrightarrow \mathbb{R}$ 是一个映射. 假设 f 在 0 处和在 1 处连续, 且满足关系:

$$\forall x \in \mathbb{R}, f(x^2) = f(x).$$

证明 f 是常值函数.

习题 6.6.9　确定所有从 $\mathbb{R}$ 到 $\mathbb{R}$ 且满足以下关系的连续函数 f:

$$\forall (x, y) \in \mathbb{R}^2, f(x+y) + f(x-y) = 2(f(x) + f(y)).$$

习题 6.6.10　求下列函数在 0 处的简单的等价表达式:

$$f(x) = \cos(\sin x); \quad g(x) = \ln(\cos x); \quad h(x) = \ln(\sin x); \quad i(x) = \cos(ax) - \cos(bx);$$

$$j(x) = a^x - b^x; \quad k(x) = \arctan(\operatorname{sh} x); \quad l(x) = \sqrt[4]{1+x^2} - \sqrt[4]{1-x^2}.$$

习题 6.6.11　确定下列函数在 $+\infty$ 处的简单的等价表达式:

$$f(x) = \sin(e^{-x}); \quad g(x) = \ln \cos \left(\frac{1}{x^2}\right); \quad h(x) = \sqrt{x^2+x+1} - \sqrt{x^2-x+1}.$$

习题 6.6.12　用等价表达式计算下列极限:

$$\lim_{x \to 0} \ln(x) \tan(2x); \quad \lim_{x \to 0} \frac{\ln(\cos(ax))}{\ln(\cos(bx))}; \quad \lim_{x \to 0} \frac{\ln(1 + \tan x)}{1 - \cos(2x)}.$$

习题 6.6.13　确定下列极限:

$$\lim_{x \to \frac{1}{2}} (2x^2 - 3x + 1) \tan(\pi x); \quad \lim_{x \to 0} \ln x \times \ln \left(1 + \ln(1+x)\right); \quad \lim_{x \to 0} (1 + \tan x)^{\frac{1}{\sin x}}.$$

习题 6.6.14　确定下列极限 (如果存在):

$$\lim_{\substack{x \to \frac{\pi}{2} \\ x < \frac{\pi}{2}}} \ln\left(\frac{2x}{\pi}\right) \exp\left(\frac{1}{\cos x}\right); \quad \lim_{x \to 0} \cot(x) \ln(1 + \sin x); \quad \lim_{x \to 0} \frac{\sin x \ln(1 + x^2)}{x \tan x};$$

$$\lim_{x \to 0} \left(\frac{1}{x(x+1)e^x} - \frac{1}{x \cos x}\right); \quad \lim_{\substack{x \to 0 \\ x > 0}} (\cos x)^{\ln x}; \quad \lim_{x \to +\infty} \left(\ln(1 + e^{-x})\right)^{\frac{1}{x}}.$$

习题 6.6.15

1. 设 u 和 v 是两个在 a 处等价的函数. 证明:

$$e^{u(x)} \underset{x \to a}{\sim} e^{v(x)} \iff u(x) - v(x) \underset{x \to a}{=} o(1).$$

2. 记 $E(x)$ 为实数 x 的整数部分.

   (a) 设 $\alpha \in (0, 1)$. 证明: $e^{E(x)^\alpha} \underset{x \to +\infty}{\sim} e^{x^\alpha}$. 可以使用问题 1 的结论.

   (b) 证明: 如果 $\beta \geqslant 1$, 那么 $e^{E(x)^\beta}$ 和 e^{x^β} 在 $+\infty$ 处不等价.

   提示: 可以引进序列 $(x_n) = \left(n + \dfrac{1}{2}\right)$.

习题 6.6.16　设 $f: (0, +\infty) \longrightarrow \mathbb{R}$ 是单调递增的, 且 $x \longmapsto \dfrac{f(x)}{x}$ 是单调递减的. 证明 f 连续.

习题 6.6.17　设 f 是从 I 到 $\mathbb{R}$ 的映射. 假设 f 是单调的且 $f(I)$ 是一个区间. 证明 f 连续.

习题 6.6.18　设 $f: [0, 1] \longrightarrow [0, 1]$ 是一个连续函数. 证明 f 有一个不动点.

习题 6.6.19　设 f 是一个在 $[0, 1]$ 上连续的实值函数, 且 $f(0) = f(1)$. 证明: 对任意非零自然数 n, 存在 $h \in \left[0, 1 - \dfrac{1}{n}\right]$ 使得 $f(h) = f\left(h + \dfrac{1}{n}\right)$.

提示: 用反证法, 计算一个精心选择的和式.

习题 6.6.20　设 f 和 g 是两个从 $[0, 1]$ 到 $[0, 1]$ 的连续映射. **假设 $g \circ f = f \circ g$**. 我们想证明存在 $x_0 \in [0, 1]$ 使得 $f(x_0) = g(x_0)$.

1. 第一种方法：反证法.

    (a) 将反证法的假设用数学语言表述出来.

    (b) 由此导出：不失一般性 (否则交换 f 和 g), 可以假设 $\forall x \in [0,1], f(x) > g(x)$.

    (c) 导出存在 $\varepsilon > 0$ 使得：$\forall x \in [0,1], f(x) \geqslant g(x) + \varepsilon$.

    (d) 证明：对任意自然数 $n \geqslant 1$,

    $$\forall x \in [0,1], f^n(x) \geqslant g^n(x) + n\varepsilon.$$

    其中, f^n 表示 $f \circ f \circ \cdots \circ f$ (复合 n 次).

    提示：可以从对 $n \in \mathbb{N}^*$ 比较 $f \circ g^n$ 和 $g^n \circ f$ 开始.

    (e) 由此导出矛盾并得出结论.

2. 第二种方法：通过不动点证明.

    (a) 证明：集合 $E_f = \{x \in [0,1] \mid f(x) = x\}$ 是非空的.

    (b) 验证 $\alpha = \inf E_f$ 和 $\beta = \sup E_f$ 的存在性.

    (c) 证明：$\alpha = \min E_f$ 和 $\beta = \max E_f$, 即 $f(\alpha) = \alpha$ 和 $f(\beta) = \beta$.

    (d) 利用 $g \circ f = f \circ g$ 证明 E_f 关于 g 稳定, 即

    $$\forall x \in E_f, g(x) \in E_f.$$

    (e) 导出 $g(\beta) - f(\beta)$ 和 $g(\alpha) - f(\alpha)$ 的符号.

    (f) 得出结论.

习题 6.6.21 设 I 是 $\mathbb{R}$ 的一个区间, $f\colon I \longrightarrow \mathbb{R}$ 是一个连续函数.

1. 证明：如果 f 严格单调, 那么它是单射.

2. 我们想证明上一问结论的逆命题.

    因此, 我们假设 f 是一个连续的单射.

    设 $(x_0, y_0) \in I^2$ 使得：$x_0 < y_0$. 在这一问中实数 x_0 和 y_0 是取定的.

    设 $(x, y) \in I^2$ 使得 $x < y$. 定义函数 g 如下：

    $$g\colon \begin{array}{ccl} [0,1] & \longrightarrow & \mathbb{R}, \\ t & \longmapsto & f(y_0 + t(y - y_0)) - f(x_0 + t(x - x_0)). \end{array}$$

    (a) 证明：$\forall t \in [0,1], x_0 + t(x - x_0) < y_0 + t(y - y_0)$.

(b) 证明 g 在 $[0,1]$ 上恒不为零.

(c) 关于 g 可以得出什么结论?

(d) 由此导出: 对任意 $(x,y) \in I^2$ 且 $x < y$, $f(y) - f(x)$ 和 $f(y_0) - f(x_0)$ 同号.

(e) 导出 f 是严格单调的.

习题 6.6.22 设 $f\colon [0,1] \longrightarrow [0,1]$ 是一个连续函数. 证明下列两个性质相互等价:

(i) $f \circ f = f$;

(ii) 存在两个实数 a 和 b 使得: $0 \leqslant a \leqslant f \leqslant b \leqslant 1$ 且 $\forall x \in [a,b]$, $f(x) = x$.

给出一个满足 (i) 但不在 $< \mathrm{Id}_{[0,1]} >$ 中的函数 f.

习题 6.6.23 设 $f\colon \mathbb{R} \longrightarrow \mathbb{R}$ 是一个连续函数.

1. 假设 f 在 $+\infty$ 处和 $-\infty$ 处有有限的极限. 证明 f 是有界的. f 能否取得其上下确界?

2. 假设 $\displaystyle\lim_{x \to +\infty} f(x) = \lim_{x \to -\infty} f(x) = +\infty$. 证明 f 在 $\mathbb{R}$ 上有下界. f 有最小值吗?

习题 6.6.24 设 $f\colon \mathbb{R}^+ \longrightarrow \mathbb{R}$ 连续, 且使得 $\displaystyle\lim_{x \to +\infty} \big[f(x+1) - f(x)\big] = \ell \in \mathbb{R}$.

证明 $\displaystyle\lim_{x \to +\infty} \frac{f(x)}{x} = \ell$.

习题 6.6.25 设 f 是一个从 $\mathbb{R}$ 到 $\mathbb{R}$ 的映射, 且 f 在 $\mathbb{R}$ 上一致连续. 证明: 存在 $(A,B) \in \mathbb{R}^2$ 使得

$$\forall x \in \mathbb{R}, |f(x)| \leqslant A|x| + B.$$

习题 6.6.26 设 f 是一个在 $[0,1]$ 上连续的实值函数. 定义

$$\varphi\colon \begin{array}{rcl} [0,1] & \longrightarrow & \mathbb{R}, \\ x & \longmapsto & \displaystyle\sup_{t \in [0,x]} f(t). \end{array}$$

1. 验证映射 φ 是良定义的.

2. 研究 φ 的单调区间.

3. 证明 φ 在 $[0,1]$ 上连续.

习题 6.6.27 博雷尔–勒贝格 (Borel-Lebesgue) 性质和一些简单应用.

1. 闭区间的博雷尔–勒贝格性质.

   设 $[a,b]$ 是 $\mathbb{R}$ 的一个闭区间 (其中 $a < b$). 假设存在一个开区间族 $((a_i,b_i))_{i\in I}$ 使得

   $$[a,b] \subset \bigcup_{i\in I}(a_i,b_i).$$

   我们想证明: 存在 I 的一个有限子集 J 使得

   $$[a,b] \subset \bigcup_{i\in J}(a_i,b_i).$$

   记 $\mathcal{P}_f(I)$ 为 I 的有限子集的集合.
   考虑以下集合:

   $$A = \left\{x \in [a,b] \ \middle|\ \exists J \in \mathcal{P}_f(I), [a,x] \subset \bigcup_{i\in J}(a_i,b_i)\right\}.$$

   (a) 证明 A 有上确界.

   (b) 证明 $\sup A = \max A$.

   (c) 最后证明 $\max A = b$, 并得出结论.

2. 设 f 是一个在 $[a,b]$ 上连续、取值在 $\mathbb{K}$ 中的函数. 利用博雷尔–勒贝格性质, 证明 f 在 $[a,b]$ 上一致连续.

3. 设 $f: [a,b] \longrightarrow \mathbb{R}$ 是一个局部利普希茨的函数, 即

   $$\forall x \in [a,b], \exists r_x > 0, \exists k_x > 0, \forall u,v \in [a,b] \cap (x-r_x, x+r_x), |f(u)-f(v)| \leqslant k_x|u-v|.$$

   利用博雷尔–勒贝格性质, 证明 f 在 $[a,b]$ 上是利普希茨的.

4. 在不使用博雷尔–勒贝格性质的前提下, 用反证法证明上一问的结果.

第 7 章　多项式和有理分式

预备知识　学习本章之前, 需已熟悉以下知识:

- 群、环和除环; 群同态和环同态.

- 向量空间、向量子空间和线性映射.

- $\mathbb{Z}$ 中的算术.

- 复数, 复数的 n 次根.

- 多项式函数及其运算.

不要求已了解关于多项式的具体知识.

7.1　集合 $\mathbb{K}[X]$

在本章中, $\mathbb{K}$ 表示 $\mathbb{R}$ 或 $\mathbb{C}$.

7.1.1　代数以及代数同态

定义 7.1.1.1 设 A 是一个集合, 其上配备了两个内部二元运算, 记为 $+$ 和 $\times$, 还配备了一个 $\mathbb{K}$ 上的外部乘法 (也称数乘), 记为 $\cdot$. 我们称 $(A, +, \times, \cdot)$ 是一个 $\mathbb{K}$-代数, 若

(i)　$(A, +, \times)$ 是一个环;

(ii)　$(A, +, \cdot)$ 是一个 $\mathbb{K}$-向量空间;

(iii)　对任意 $(x, y) \in A^2$ 和任意 $\lambda \in \mathbb{K}$, $(\lambda \cdot x) \times y = x \times (\lambda \cdot y) = \lambda \cdot (x \times y)$.

若与此同时 $\times$ 还满足交换律, 我们称 A 是一个交换代数.

例 7.1.1.2　在前几章中已经看到一些例子.

- 最简单的例子是 $\mathbb{K}$: $\mathbb{K}$ 是一个交换的 $\mathbb{K}$-代数 (因为 $\mathbb{K}$ 是一个域).

- 如果 E 是一个 $\mathbb{K}$-向量空间, 那么, 当 E 不退化为 $\{0\}$ 且不是向量直线时, $(\mathcal{L}_{\mathbb{K}}(E), +, \circ, \cdot)$ 是一个非交换的 $\mathbb{K}$-代数.

- $(\mathcal{F}(I, \mathbb{K}), +, \times, \cdot)$ 是一个交换的 $\mathbb{K}$-代数.

- $(\mathbb{K}^{\mathbb{N}}, +, \times, \cdot)$ 是一个交换的 $\mathbb{K}$-代数.

注: 由代数的定义知, 乘法 $\times$ 是从 $A \times A$ 到 A 的一个双线性映射.

定义 7.1.1.3 设 A 是一个 $\mathbb{K}$-代数, $B \subset A$. 我们称 B 是 A 的一个子代数 (或 A 的一个 $\mathbb{K}$-子代数) 若

(i)　B 是 A 的一个子环;

(ii)　B 是 A 的一个向量子空间.

注: 像往常一样, 这里省略了相应的运算. 严格说来, 我们应该写: 设 $(A, +, \times, \cdot)$ 是一个 $\mathbb{K}$-代数. $B \subset A$ 是 A 的一个子代数, 若 $(B, +, \times)$ 是 $(A, +, \times)$ 的一个子环且 $(B, +, \cdot)$ 是 $(A, +, \cdot)$ 的一个向量子空间.

例 7.1.1.4 在前几章中, 我们证得:

- $\mathbb{K}$ 中的收敛序列的集合 $\mathcal{S}$ 是 $\mathbb{K}^{\mathbb{N}}$ 的一个子代数;
- 从 $\mathbb{R}$ 到 $\mathbb{R}$ 的偶函数的集合是 $\mathcal{F}(\mathbb{R}, \mathbb{R})$ 的一个子代数;
- 如果 E 是一个 $\mathbb{K}$-向量空间, E 的位似变换的集合是 $\mathcal{L}(E)$ 的一个子代数;
- 从 $\mathbb{R}$ 到 $\mathbb{R}$ 的连续函数的集合是 $\mathcal{F}(\mathbb{R}, \mathbb{R})$ 的一个子代数.

下面的命题给出了子代数的实用的刻画 (即实践中使用的).

命题 7.1.1.5 设 $(A, +, \times, \cdot)$ 是一个 $\mathbb{K}$-代数. 那么, B 是 A 的一个子代数当且仅当

(i) $B \subset A$;

(ii) $1_A \in B$;

(iii) $\forall (x, y) \in B^2, \forall (\lambda, \mu) \in \mathbb{K}^2, \lambda \cdot x + \mu \cdot y \in B$;

(iv) $\forall (x, y) \in B^2, x \times y \in B$.

证明:

- 显然, 如果 B 是 A 的一个子代数, 那么性质 (i), (ii), (iv) 成立, 因为 B 是 A 的一个子环, 性质 (iii) 成立, 因为 B 是 A 的一个向量子空间.

- 反过来, 如果 B 满足性质 (i), (ii), (iii) 和 (iv), 那么

  * 在 (iii) 中选 $x = y = 1_A$, $\lambda = 0_{\mathbb{K}}$ 和 $\mu = 0_{\mathbb{K}}$, 可得 $0_A \in B$. 再结合 (i) 和 (iii), 证得 B 确实是 A 的一个向量子空间.

  * 在 (iii) 中选 $\lambda = 1_{\mathbb{K}}$ 和 $\mu = -1_{\mathbb{K}}$, 可得 $x - y \in B$ 对任意 $(x, y) \in B^2$ 成立. 再结合 (i), (ii) 和 (iv), 证得 B 是 A 的一个子环. $\boxtimes$

习题 7.1.1.6 设 E 是一个 $\mathbb{K}$-向量空间, $f \in \mathcal{L}(E)$. 记

$$\mathcal{C}(f) = \{g \in \mathcal{L}(E) \mid g \circ f = f \circ g\}.$$

证明 $\mathcal{C}(f)$ 是 $\mathcal{L}(E)$ 的一个子代数.

命题 7.1.1.7　设 $(A, +, \times, \cdot)$ 是一个 $\mathbb{K}$-代数, B 是 A 的一个子代数. 那么, $(B, +, \times, \cdot)$ 是一个 $\mathbb{K}$-代数.

证明:

这是显然的, 但我们还是验证一下.

- $(B, +, \times)$ 是 A 的一个子环, 意味着 $+$ 和 $\times$ 限制在 $B \times B$ 上是取值在 B 中的映射. 换言之, $+$ 和 $\times$ 确实是 B 上的内部二元运算, 且 $(B, +, \times)$ 确实是一个环.

- 同样, 由于 $(B, +, \cdot)$ 是 $(A, +, \cdot)$ 的一个向量子空间, 运算 $\cdot$ 在 $\mathbb{K} \times B$ 上的限制是取值在 B 中的, 即 $\cdot$ 也是 B 上的一个外部运算, $(B, +, \cdot)$ 确实是一个 $\mathbb{K}$-向量空间.

- 最后, 因为 A 是一个代数, 所以

$$\forall (x, y) \in A^2, \forall \lambda \in \mathbb{K}, (\lambda \cdot x) \times y = x \times (\lambda \cdot y) = \lambda \cdot (x \times y).$$

又因为 $B \subset A$, 所以有

$$\forall (x, y) \in B^2, \forall \lambda \in \mathbb{K}, (\lambda \cdot x) \times y = x \times (\lambda \cdot y) = \lambda \cdot (x \times y).$$

这证得 $(B, +, \times, \cdot)$ 确实是一个 $\mathbb{K}$-代数. ⊠

定义 7.1.1.8　设 $(A, +, \times, \cdot)$ 和 $(B, \oplus, \otimes, \odot)$ 是两个 $\mathbb{K}$-代数. 我们称映射 $f\colon A \longrightarrow B$ 是一个代数同态, 若

- f 是一个从 A 到 B 的 $\mathbb{K}$-线性映射;

- f 是一个从 A 到 B 的环同态.

注: 换言之, f 是一个代数同态, 若

(i) $\forall (x, y) \in A^2, \forall (\lambda, \mu) \in \mathbb{K}^2, f(\lambda \cdot x + \mu \cdot y) = \lambda \odot f(x) \oplus \mu \odot f(y)$;

(ii) $f(1_A) = 1_B$;

(iii) $\forall (x, y) \in A^2, f(x \times y) = f(x) \otimes f(y)$.

例 7.1.1.9 如果 $\mathcal{S}$ 是取值在 $\mathbb{K}$ 中的收敛序列的集合, 那么映射

$$\varphi: \begin{array}{ccc} \mathcal{S} & \longrightarrow & \mathbb{K}, \\ (u_n)_{n \in \mathbb{N}} & \longmapsto & \lim_{n \to +\infty} u_n \end{array}$$

是一个 $\mathbb{K}$-代数的同态.

例 7.1.1.10 设 $f: I \longmapsto \mathbb{K}, a \in I$. 取值映射 $e_a: f \longmapsto f(a)$ 是从 $\mathcal{F}(I, \mathbb{K})$ 到 $\mathbb{K}$ 的代数同态.

例 7.1.1.11 把连续函数 f 映为 $I(f) = \int_0^1 f(x)\,\mathrm{d}x$ 的映射 $I: \mathcal{C}^0([0,1], \mathbb{R}) \longrightarrow \mathbb{R}$ 不是一个代数同态.

因此, 我们有与环同态和线性映射相同的术语.

定义 7.1.1.12 设 A 和 B 是两个 $\mathbb{K}$-代数.

- 我们称映射 $f: A \longrightarrow B$ 是一个 $\mathbb{K}$-代数的同构 (或代数同构), 若 f 是代数同态且 f 是双射;

- 我们称映射 $f: A \longrightarrow A$ 是代数 A 的一个自同构, 若 f 是从 A 到自身的代数同构.

习题 7.1.1.13 集合 $\mathcal{F}(\mathbb{R}, \mathbb{R})$ 是一个参考的 $\mathbb{R}$-代数. 对 $a \in \mathbb{R}$, 我们定义

$$\psi_a: \begin{array}{ccc} \mathcal{F}(\mathbb{R}, \mathbb{R}) & \longrightarrow & \mathcal{F}(\mathbb{R}, \mathbb{R}), \\ f & \longmapsto & \psi_a(f), \end{array}$$

其中, 对 $f \in \mathcal{F}(\mathbb{R}, \mathbb{R})$, 我们有: $\forall x \in \mathbb{R}, \psi_a(f)(x) = f(x + a)$. 证明 ψ_a 是代数 $\mathcal{F}(\mathbb{R}, \mathbb{R})$ 的自同构.

重要的注: 设 A 是一个 $\mathbb{K}$-代数. 假设 $A \neq \{0_A\}$, 即 $0_A \neq 1_A$. 考虑映射

$$\varphi: \begin{array}{ccc} \mathbb{K} & \longrightarrow & A, \\ \lambda & \longmapsto & \lambda \cdot 1_A. \end{array}$$

首先, 显然 φ 是一个 $\mathbb{K}$-代数同态.

此外, 因为 $1_A \neq 0_A$, 根据 $\mathbb{K}$-向量空间中的计算法则, 我们有

$$\forall \lambda \in \mathbb{K}, \left(\lambda \cdot 1_A = 0 \implies \lambda = 0_\mathbb{K} \right).$$

换言之, $\ker(\varphi) = \{0_\mathbb{K}\}$, 即 φ 是单射. 因此, 我们可以把 $\mathbb{K}$ 与 $\varphi(\mathbb{K})$ 看作等同的, 即通过用同一个记号表示 1_A 和 $1_\mathbb{K}$ 而把 $\mathbb{K}$ 等同于 A 的子代数 $\varphi(\mathbb{K})$.

7.1.2　多项式的定义

> **定义 7.1.2.1**　　我们定义系数在 $\mathbb{K}$ 中的一元多项式为任意从某项起为零的序列 $(a_n)_{n\in\mathbb{N}} \in \mathbb{K}^{\mathbb{N}}$. 记 $\mathbb{K}[X]$ 为系数在 $\mathbb{K}$ 中的一元多项式的集合.

注:

- 因此, 由定义知, $\mathbb{K}[X] = \left\{ (a_n)_{n\in\mathbb{N}} \in \mathbb{K}^{\mathbb{N}} \mid \exists n_0 \in \mathbb{N}, \forall n \geqslant n_0, a_n = 0 \right\}$;

- 零序列 (0) 属于 $\mathbb{K}[X]$, 我们称之为零多项式;

- 根据定义, 多项式 $P = (a_n)_{n\in\mathbb{N}}$ 和 $Q = (b_n)_{n\in\mathbb{N}}$ 是相等的, 若 $\forall n \in \mathbb{N}, a_n = b_n$;

- 稍后我们将看到为什么使用记号 $\mathbb{K}[X]$;

- 乍一看, 这个正式的定义可能有点 "奇怪". 如果以一种不那么正式的方式从已学知识出发, 一个多项式是一个有限和 $\displaystyle\sum_{k=0}^{n_0} a_k X^k$: 这个有限和与有限序列 (a_k) 一一对应. 因此, 一个多项式就是一个系数的有限序列, 我们可以用零来填充, 得到一个无穷序列 $(a_n)_{n\in\mathbb{N}}$, 该序列从某项开始所有项为零. 当我们定义 "X" 时, 将看到更精确和正式的表述.

7.1.3 多项式上的常用运算

直观地说, 我们已经看过多项式函数的加法和乘法. 如果 $f\colon x \longmapsto \displaystyle\sum_{k=0}^{n} a_k x^k$, $g\colon x \longmapsto \displaystyle\sum_{k=0}^{n} b_k x^k$, 那么,

$$f + g\colon x \longmapsto \sum_{k=0}^{n}(a_k + b_k)x^k.$$

只是对 f 和 g 来说, 这个 "n" 不一定相同 (这是多项式的次数的概念).

同样地, 对任意实数 x,

$$(f \times g)(x) = \left(\sum_{i=0}^{n} a_i x^i\right) \times \left(\sum_{j=0}^{n} b_j x^j\right) = \sum_{i=0}^{n}\sum_{j=0}^{n} a_i b_j x^{i+j} = \sum_{k=0}^{2n}\left(\sum_{i+j=k} a_i b_j\right)x^k,$$

最后一步是把相同次数的项放在一起. 这就引出了以下正式定义.

定义 7.1.3.1 在集合 $\mathbb{K}[X]$ 上, 定义

- 第一个内部二元运算, 称为加法, 记为 +, 定义为: 对任意多项式 $P = (a_n)_{n \in \mathbb{N}} \in \mathbb{K}[X]$ 和 $Q = (b_n)_{n \in \mathbb{N}} \in \mathbb{K}[X]$,

$$P + Q = (a_n + b_n)_{n \in \mathbb{N}}.$$

- 第二个内部二元运算, 称为乘法, 记为 ×, 定义为: 对任意多项式 $P = (a_n)_{n \in \mathbb{N}} \in \mathbb{K}[X]$ 和 $Q = (b_n)_{n \in \mathbb{N}} \in \mathbb{K}[X]$,

$$P \times Q = (c_n)_{n \in \mathbb{N}}, \quad \text{其中对任意 } n \in \mathbb{N}, c_n = \sum_{k=0}^{n} a_k b_{n-k}.$$

- 一个外部乘法 (也称为数乘), 记为 ·, 定义为

$$\forall \lambda \in \mathbb{K}, \forall P = (a_n)_{n \in \mathbb{N}} \in \mathbb{K}[X], \lambda \cdot P = (\lambda \times a_n)_{n \in \mathbb{N}}.$$

<u>注:</u> 由定义知, 集合 $\mathbb{K}[X]$ 包含于 $\mathbb{K}^{\mathbb{N}}$, 我们观察到

- 定义在 $\mathbb{K}[X]$ 上的加法和外部乘法与在 $\mathbb{K}^{\mathbb{N}}$ 上的一样 (换言之, 我们只是把序列集合上的加法和外部乘法限制到 $\mathbb{K}[X]$ 上).

- 另一方面, 在 $\mathbb{K}[X]$ 中定义的乘法与在集合 $\mathbb{K}^{\mathbb{N}}$ 上定义的乘法完全不对应. 这是合乎逻辑的, 因为多项式的 "乘法" 是对 "相同次数" 的项进行分组, 这显然与逐项相乘不同.

- 这样定义的乘积也称为序列 $(a_n)_{n \in \mathbb{N}}$ 和 $(b_n)_{n \in \mathbb{N}}$ 的柯西 (Cauchy) 积. 柯西乘积的概念将在《大学数学进阶 1》(级数一章) 和《大学数学进阶 2》(幂级数一章) 中进行更详细的讨论.

命题 7.1.3.2　$+$ 和 $\times$ 确实是 $\mathbb{K}[X]$ 上的内部二元运算, $\cdot$ 确实是 $\mathbb{K}[X]$ 上的外部运算.

证明:

设 $P = (a_n)_{n \in \mathbb{N}}$ 和 $Q = (b_n)_{n \in \mathbb{N}}$ 是两个多项式, $\lambda \in \mathbb{K}$. 我们要验证 $P + Q$, $P \times Q$ 和 $\lambda \cdot P$ 都是多项式.

由定义知, 存在 $(n_1, n_2) \in \mathbb{N}^2$ 使得

$$\forall n \geqslant n_1, a_n = 0 \quad 和 \quad \forall n \geqslant n_2, b_n = 0.$$

- 首先, 令 $n_0 = \max(n_1, n_2)$, 我们有

$$\forall n \geqslant n_0, a_n + b_n = 0.$$

因此, $P + Q \in \mathbb{K}[X]$.

- 其次, $\forall n \geqslant n_1, \lambda \times a_n = 0$, 故 $\lambda \cdot P \in \mathbb{K}[X]$.

- 最后, 证明对任意自然数 $n \geqslant n_1 + n_2$, $c_n = \sum_{k=0}^{n} a_k b_{n-k} = 0$. 有两种可能的情况:

  * 如果 $0 \leqslant k \leqslant n_1$, 那么 $n - k \geqslant n_1 + n_2 - n_1 = n_2$, 故 $b_{n-k} = 0$. 从而有 $a_k b_{n-k} = 0$.

  * 如果 $n_1 < k$, 那么 $a_k = 0$, 从而有 $a_k b_{n-k} = 0$.

因此, $\forall k \in [\![0, n]\!], a_k b_{n-k} = 0$, 故 $c_n = 0$.

这证得 $c_n = \sum_{k=0}^{n} a_k b_{n-k} = 0$ 对 $n \geqslant n_1 + n_2$ 成立, 故 $P \times Q$ 确实是一个多项式.　　$\boxtimes$

注: 在前面的证明中, $n \geqslant \max(n_1, n_2)$ 或 $n \geqslant n_1 + n_2$ 的选取是合乎逻辑的. 事实上, 这对应于次数的性质 (稍后将正式介绍): 如果 P 的次数是 $n_1 - 1$, Q 的次数是 $n_2 - 1$, 那么 $P \times Q$ 的次数是 $n_1 + n_2 - 2$. 还可以注意到, 在证明中, 对于乘积的情况, 也可以选择 $n \geqslant n_1 + n_2 - 1$.

现在我们可以叙述关于集合 $\mathbb{K}[X]$ 的结构的基本定理. 这个定理的证明纯粹是计算, 没有任何理论上的困难. 第一次阅读时可以忽略此证明. 换句话说, 没有必要掌握这个证明, 但这个证明可以练习对和式的操作.

定理 7.1.3.3 $(\mathbb{K}[X], +, \times, \cdot)$ 是一个交换的 $\mathbb{K}$-代数, 称为一元多项式代数.

证明:

- 首先, 已知 $\mathbb{K}[X] \subset \mathbb{K}^{\mathbb{N}}$, 以及 $(\mathbb{K}^{\mathbb{N}}, +, \cdot)$ 是一个 $\mathbb{K}$-向量空间. 此外,
    * $0_{\mathbb{K}^{\mathbb{N}}} \in \mathbb{K}[X]$ (从 $n = 0$ 起所有项都为零);
    * $\mathbb{K}[X]$ 对 $+$ 和 $\cdot$ 封闭 (由命题 7.1.3.2 知).

  这证明了, $(\mathbb{K}[X], +, \cdot)$ 是 $(\mathbb{K}^{\mathbb{N}}, +, \cdot)$ 的一个向量子空间, 因此它确实是一个 $\mathbb{K}$-向量空间.

- 证明 $(\mathbb{K}[X], +, \times)$ 是一个交换环.
    * $+$ 和 $\times$ 是 $\mathbb{K}[X]$ 上的内部二元运算 (由命题 7.1.3.2 知);
    * $(\mathbb{K}[X], +)$ 是一个阿贝尔群 (因为 $(\mathbb{K}[X], +, \cdot)$ 是一个向量空间);
    * $\times$ 显然满足交换律, 因为对 $P = (a_n)_{n\in\mathbb{N}} \in \mathbb{K}[X]$ 和 $Q = (b_n)_{n\in\mathbb{N}} \in \mathbb{K}[X]$, 我们有

    $$P \times Q = (c_n)_{n\in\mathbb{N}} \quad \text{且} \quad Q \times P = (d_n)_{n\in\mathbb{N}},$$

    其中, 由定义知, 对任意 $n \in \mathbb{N}$,

    $$c_n = \sum_{k=0}^{n} a_k b_{n-k}; \quad d_n = \sum_{k=0}^{n} b_k a_{n-k}.$$

通过下标变换 $j = n - k$ 可直接证得 $c_n = d_n$ 对任意自然数 n 成立，即我们有 $(c_n)_{n \in \mathbb{N}} = (d_n)_{n \in \mathbb{N}}$，根据定义，有 $P \times Q = Q \times P$.

* 证明在 $\mathbb{K}[X]$ 中存在 $\times$ 的中性元.

记 $1_{\mathbb{K}[X]} = (\delta_0(n))_{n \in \mathbb{N}}$（即下标为 0 的项是 1 且其他项都为零的序列）.

▷ 由定义知，$1_{\mathbb{K}[X]} \in \mathbb{K}[X]$.

▷ 设 $P = (a_n)_{n \in \mathbb{N}} \in \mathbb{K}[X]$. 记 $1_{\mathbb{K}[X]} \times P = (c_n)_{n \in \mathbb{N}}$，那么，

$$\forall n \in \mathbb{N}, c_n = \sum_{k=0}^{n} \delta_0(k) a_{n-k} = a_n.$$

因此，$(c_n)_{n \in \mathbb{N}} = (a_n)_{n \in \mathbb{N}}$，即 $1_{\mathbb{K}[X]} \times P = P$. 又因为，$\times$ 是交换的，所以有 $1_{\mathbb{K}[X]} \times P = P \times 1_{\mathbb{K}[X]} = P$.

这证得 $1_{\mathbb{K}[X]}$ 是 $\times$ 的中性元.

* 证明 $\times$ 满足结合律.

设 $P = (a_n)_{n \in \mathbb{N}}, Q = (b_n)_{n \in \mathbb{N}}$ 和 $R = (c_n)_{n \in \mathbb{N}}$ 是 $\mathbb{K}[X]$ 中的三个元素. 我们记

$$P \times Q = (u_n)_{n \in \mathbb{N}}; \quad (P \times Q) \times R = (v_n)_{n \in \mathbb{N}};$$

$$Q \times R = (w_n)_{n \in \mathbb{N}}; \quad P \times (Q \times R) = (t_n)_{n \in \mathbb{N}}.$$

设 $n \in \mathbb{N}$.

$$t_n = \sum_{k=0}^{n} a_k w_{n-k} = \sum_{k=0}^{n} a_k \left(\sum_{j=0}^{n-k} b_j c_{n-k-j} \right) = \sum_{k=0}^{n} \sum_{j=0}^{n-k} a_k b_j c_{n-k-j},$$

即

$$t_n = \sum_{k=0}^{n} \sum_{j=0}^{n-k} a_k b_{n-k-j} c_j.$$

实际上，这个双重求和是对 $[\![0, n]\!]$ 中满足 $k + j \leqslant n$ 的下标 j, k 对应的项进行的. 通过改变求和顺序，我们得到

$$t_n = \sum_{j=0}^{n} \sum_{k=0}^{n-j} a_k b_{n-k-j} c_j = \sum_{j=0}^{n} \left(\sum_{k=0}^{n-j} a_k b_{n-j-k} \right) c_j = \sum_{j=0}^{n} u_{n-j} c_j.$$

在上式中令 $l = n - j$, 得到

$$t_n = \sum_{l=0}^{n} u_l c_{n-l} = v_n.$$

这证得 $(t_n)_{n \in \mathbb{N}} = (v_n)_{n \in \mathbb{N}}$, 即

$$(P \times Q) \times R = P \times (Q \times R).$$

因此, $\times$ 满足结合律.

* 剩下的就是证明 $\times$ 对 $+$ 服从分配律 (只证右分配律, 因为 $\times$ 满足交换律).

设 $P = (a_n)_{n \in \mathbb{N}}$, $Q = (b_n)_{n \in \mathbb{N}}$ 和 $R = (c_n)_{n \in \mathbb{N}}$ 是 $\mathbb{K}[X]$ 的三个元素.

那么有

$$\begin{aligned}
(P + Q) \times R &= \left(\sum_{k=0}^{n} (a_k + b_k) c_{n-k} \right)_{n \in \mathbb{N}} \\
&= \left(\sum_{k=0}^{n} a_k c_{n-k} + \sum_{k=0}^{n} b_k c_{n-k} \right)_{n \in \mathbb{N}} \\
&= \left(\sum_{k=0}^{n} a_k c_{n-k} \right)_{n \in \mathbb{N}} + \left(\sum_{k=0}^{n} b_k c_{n-k} \right)_{n \in \mathbb{N}} \\
&= P \times R + Q \times R.
\end{aligned}$$

因此, $\times$ 对 $+$ 服从右分配律. 又因为, $\times$ 满足交换律, 故 $\times$ 对 $+$ 也服从左分配律.

• 最后要证明

$$\forall (P, Q) \in \mathbb{K}[X]^2, \forall \lambda \in \mathbb{K}, (\lambda \cdot P) \times Q = P \times (\lambda \cdot Q) = \lambda \cdot (P \times Q).$$

设 $P = (a_n)_{n \in \mathbb{N}}$ 和 $Q = (b_n)_{n \in \mathbb{N}}$ 是 $\mathbb{K}[X]$ 的两个元素, $\lambda \in \mathbb{K}$. 根据定义, 我们有

$$(\lambda \cdot P) \times Q = \left(\sum_{k=0}^{n} (\lambda a_k) b_{n-k} \right)_{n \in \mathbb{N}}$$

$$= \left(\sum_{k=0}^{n} a_k (\lambda b_{n-k}) \right)_{n \in \mathbb{N}}$$

$$= P \times (\lambda \cdot Q)$$

$$= \left(\lambda \sum_{k=0}^{n} a_k b_{n-k} \right)_{n \in \mathbb{N}}$$

$$= \lambda \cdot (P \times Q).$$

这证得 $(\mathbb{K}[X], +, \times, \cdot)$ 是一个交换的 $\mathbb{K}$-代数. $\qquad\boxtimes$

注:

- 加法中性元是零多项式 (各项都为 0 的序列);

- 乘法中性元是多项式 $(\delta_0(n))_{n \in \mathbb{N}}$, 其中 $\delta_0(0) = 1$ 且当 $n \neq 0$ 时 $\delta_0(n) = 0$, 或者不那么正式地, $(1, 0, \cdots, 0, \cdots)$. 将 $\mathbb{K}$ 与 $\{\lambda(\delta_0(n))_{n \in \mathbb{N}} \mid \lambda \in \mathbb{K}\}$ 看作等同的, 乘法中性元就是 $1_{\mathbb{K}}$. 我们说它是值为 1 的常数多项式.

现在可以验证 $\mathbb{K}[X]$ 这个写法.

定义 7.1.3.4 记 $X = (\delta_1(n))_{n \in \mathbb{N}}$, 其中 $\delta_1(1) = 1$, 且当 $n \neq 1$ 时 $\delta_1(n) = 0$. 我们称 X 为不定元.

注: 不太正式的写法是 $X = (0, 1, 0, 0, \cdots, 0, \cdots)$, 这与我们稍后将看到的写法非常吻合, 即

$$X = 0 \times X^0 + 1 \times X^1 + 0 \times X^2 + \cdots.$$

命题 7.1.3.5 对任意 $k \in \mathbb{N}$, $X^k = (\delta_k(n))_{n \in \mathbb{N}}$, 即 X^k 是一个序列, 除了下标 k 的项为 1 外其他项都为零.

证明:

我们用数学归纳法来证明.

初始化:

由定义知, $X^0 = 1_{\mathbb{K}[X]}$, 且我们知道

$$1_{\mathbb{K}[X]} = (\delta_0(n))_{n \in \mathbb{N}}.$$

因此, 当 $k = 0$ 时结论成立.

递推:

设 $k \in \mathbb{N}$. 假设 $X^k = (\delta_k(n))_{n \in \mathbb{N}}$, 我们要证明 $X^{k+1} = (\delta_{k+1}(n))_{n \in \mathbb{N}}$.

$$X^{k+1} = X \times X^k = (\delta_1(n))_{n \in \mathbb{N}} \times (\delta_k(n))_{n \in \mathbb{N}}.$$

又因为, 根据 $\times$ 的定义,

$$
\begin{aligned}
(\delta_1(n))_{n \in \mathbb{N}} \times (\delta_k(n))_{n \in \mathbb{N}} &= \left(\sum_{j=0}^{n} \delta_1(j) \delta_k(n-j) \right)_{n \in \mathbb{N}} \\
&= (\delta_k(n-1))_{n \in \mathbb{N}} \\
&= (\delta_{k+1}(n))_{n \in \mathbb{N}}.
\end{aligned}
$$

这证得结论对 $k+1$ 成立, 归纳完成. ⊠

推论 7.1.3.6 对任意 $(n,p) \in \mathbb{N}^2, X^n \times X^p = X^{n+p}$.

证明:

同样, 通过计算简单验证可得结论. ⊠

记号

设 $P \in \mathbb{K}[X]$. 那么, $P = (a_n)_{n \in \mathbb{N}}$, 且存在 $N \in \mathbb{N}$ 使得: $\forall n \geqslant N, a_n = 0$. 我们有

$$(a_n)_{n\in\mathbb{N}} = \sum_{k=0}^{N} a_k(\delta_k(n))_{n\in\mathbb{N}} = \sum_{k=0}^{N} a_k X^k.$$

因此, 我们可以将多项式 P 写成下列形式之一:

- $P = \displaystyle\sum_{k=0}^{N} a_k X^k$, 其中 $N \in \mathbb{N}$;

- 或 $P = \sum a_n X^n$;

- 或 $\displaystyle\sum_{n=0}^{+\infty} a_n X^n$, 但是在这种情况下, 我们必须指明, 序列 $(a_n)_{n\in\mathbb{N}}$ 从某项起的所有

  项都为零.

  因此, 任意多项式 P 可唯一地写成以下形式: $P = \displaystyle\sum_{n=0}^{+\infty} a_n X^n$, 其中, $a_n \in \mathbb{K}$ 且

  从某项起都为零.

在实践中, 我们使用以下写法:

$$P \in \mathbb{K}[X] \iff \exists N \in \mathbb{N}, \exists (a_k)_{0 \leqslant k \leqslant N} \in \mathbb{K}^{N+1}, P = \sum_{k=0}^{N} a_k X^k.$$

定义 7.1.3.7 我们定义单项式为形如 $P = a_n X^n$ 的多项式 P, 其中, $n \in \mathbb{N}$, $a_n \in \mathbb{K}$.

定义 7.1.3.8 设 $P = \sum a_n X^n$ 是一个多项式. 对 $n \in \mathbb{N}$, 我们称 a_n 是 P 中 X^n 的系数, 并把单项式 $a_n X^n$ 称为 P 的 n 次项.

7.1.4 多项式的求导

定义 7.1.4.1 设 P 是一个多项式, $P = \displaystyle\sum_{n=0}^{+\infty} a_n X^n$, 其中 $(a_n)_{n \in \mathbb{N}}$ 是一个从某项起都为零的序列. 我们定义 P 的导数多项式 (记为 P' 或 $D(P)$) 为

$$P' = D(P) = \sum_{n=1}^{+\infty} n a_n X^{n-1} = \sum_{n=0}^{+\infty} (n+1) a_{n+1} X^n.$$

⚠️ **注意:** 再次注意, 这实际上是有限项的和!

注:

- 因为 P 是一个多项式, 所以 $D(P)$ 总是有定义的. 证明 $D(P)$ 的存在是没有意义的! 不要与多项式函数混淆, 在多项式函数的情况下, 证明导函数的存在是有意义的.

- 在实践中, 为了避免引入"无限"项的和, 我们将采用以下写法: 设 $P \in \mathbb{K}[X]$, 那么, 存在 $N \in \mathbb{N}$ 和 $(a_n)_{0 \leqslant n \leqslant N} \in \mathbb{K}^{N+1}$ 使得 $P = \displaystyle\sum_{n=0}^{N} a_n X^n$. 那么,

  * 若 $N = 0$, 则 $D(P) = 0$;

  * 若 $N \geqslant 1$, 则 $D(P) = \displaystyle\sum_{n=1}^{N} n a_n X^{n-1} = \sum_{n=0}^{N-1} (n+1) a_{n+1} X^n.$

  通过约定下标集为空集的和式为 0, 可以简单地写为 $D(P) = \displaystyle\sum_{n=0}^{N-1} (n+1) a_{n+1} X^n$, 而不需要区分 $N = 0$ 和 $N \geqslant 1$ 的情况.

例 7.1.4.2 直接计算表明:

$$\forall n \in \mathbb{N}^\star, D(X^n) = n X^{n-1} \quad \text{以及} \quad \forall \lambda \in \mathbb{K}, D(\lambda) = 0.$$

注: 我们还可以注意到, 上面的公式对 $n = 0$ 也成立, 但为此我们必须给出 X^{-1} 的定义.

命题 7.1.4.3　求导映射 $D\colon \mathbb{K}[X] \longrightarrow \mathbb{K}[X]$ 是一个线性映射, 满足

$$\forall (P,Q) \in \mathbb{K}[X]^2, D(PQ) = D(P)Q + PD(Q).$$

证明：

- 线性性是显然的. 详细的推导留作练习.

- 对于乘积的求导法则, 我们将分几个步骤进行证明.

  * 首先证明结论对单项式成立.

    设 $n \in \mathbb{N}^\star$, $p \in \mathbb{N}^\star$. 那么有

    $$
    \begin{aligned}
    D(X^n \times X^p) &= D(X^{n+p})\\
    &= (n+p)X^{n+p-1}\\
    &= nX^{n-1} \times X^p + X^n \times pX^{p-1}\\
    &= D(X^n)X^p + X^n D(X^p).
    \end{aligned}
    $$

    当 $n = 0$ (或 $p = 0$) 时, 求导公式是显然的, 因为 $D(X^n) = 0$ (或 $D(X^p) = 0$).

  * 接下来, 通过乘积的双线性性和求导的线性性, 将结果推广到多项式.

    设 $P \in \mathbb{K}[X]$, $Q \in \mathbb{K}[X]$. 由定义知, 存在 $n \in \mathbb{N}$, $p \in \mathbb{N}$, $(a_k)_{0 \leqslant k \leqslant n} \in \mathbb{K}^{n+1}$ 和 $(b_k)_{0 \leqslant k \leqslant p} \in \mathbb{K}^{p+1}$ 使得

    $$P = \sum_{k=0}^{n} a_k X^k \quad \text{和} \quad Q = \sum_{j=0}^{p} b_j X^j.$$

    那么, 根据乘积的双线性性, $P \times Q = \displaystyle\sum_{k=0}^{n} \sum_{j=0}^{p} a_k b_j X^{k+j}$.

    因此, 由求导的线性性可得

    $$D(P \times Q) = \sum_{k=0}^{n} \sum_{j=0}^{p} a_k b_j D(X^{k+j}) = \sum_{k=0}^{n} \sum_{j=0}^{p} a_k b_j (k+j) X^{k+j-1},$$

    即

$$D(P \times Q) = \sum_{k=0}^{n} \sum_{j=0}^{p} k a_k X^{k-1} \times b_j X^j + \sum_{k=0}^{n} \sum_{j=0}^{p} a_k X^k \times j b_j X^{j-1}.$$

又因为

$$\sum_{k=0}^{n} \sum_{j=0}^{p} k a_k X^{k-1} \times b_j X^j = \left(\sum_{k=0}^{n} k a_k X^{k-1} \right) \times \left(\sum_{j=0}^{p} b_j X^j \right)$$
$$= D(P) \times Q,$$

以及同理有

$$\sum_{k=0}^{n} \sum_{j=0}^{p} a_k X^k \times j b_j X^{j-1} = \left(\sum_{k=0}^{n} a_k X^k \right) \times \left(\sum_{j=0}^{p} j b_j X^{j-1} \right)$$
$$= P \times D(Q),$$

所以得到 $D(P \times Q) = D(P) \times Q + P \times D(Q)$. $\boxtimes$

<u>注</u>: 我们将在《大学数学基础2》中看到, 这里实际使用的论据如下:

- 映射

$$\phi: \begin{array}{ccc} \mathbb{K}[X] \times \mathbb{K}[X] & \longrightarrow & \mathbb{K}[X], \\ (P,Q) & \longmapsto & D(PQ) \end{array} \quad \text{和} \quad \psi: \begin{array}{ccc} \mathbb{K}[X] \times \mathbb{K}[X] & \longrightarrow & \mathbb{K}[X], \\ (P,Q) & \longmapsto & D(P)Q + PD(Q) \end{array}$$

  是双线性的;

- $(X^k)_{k \in \mathbb{N}}$ 是 $\mathbb{K}[X]$ 的一组基;

- 因此, 映射 ϕ 和 ψ 相等当且仅当

$$\forall (i,j) \in \mathbb{N}^2, \phi(X^i, X^j) = \psi(X^i, X^j).$$

定义 7.1.4.4 设 P 是一个多项式. 我们用递推关系定义 P 的逐阶导数多项式:

$$P^{(0)} = P \quad \text{且} \quad \forall n \in \mathbb{N}, P^{(n+1)} = D(P^{(n)}).$$

<u>注</u>: 换言之, 对 $n \in \mathbb{N}$, $P^{(n)} = D^n(P)$, 其中 $D^n = \underbrace{D \circ D \circ \cdots \circ D}_{n \text{ 次}}$.

习题 7.1.4.5 (要记住的结果)　设 $n \in \mathbb{N}$. 证明:

$$\forall k \in \mathbb{N}, D^k(X^n) = k!\binom{n}{k}X^{n-k}.$$

约定: 当 $k > n$ 时 $\binom{n}{k} = 0$.

7.2　多项式的次数

7.2.1　定义

定义 7.2.1.1　设 $P = \sum a_k X^k \in \mathbb{K}[X]$. 我们定义 P 的次数 (记为 $\deg(P)$ 或 $d^o P$), 为

- 若 $P = 0$, 我们令 $\deg(P) = -\infty$;

- 若 $P \neq 0$, 我们令 $\deg(P) = \max\{k \in \mathbb{N} \mid a_k \neq 0\}$.

<u>注</u>: 多项式的次数是良定义的, 因为

- 一方面, 多项式 P 可唯一地写成 $P = \displaystyle\sum_{k=0}^{+\infty} a_k X^k$ 的形式, 其中序列 $(a_n)_{n \in \mathbb{N}}$ 从某项起恒为零;

- 另一方面, 由定义知, 系数从某项起恒为零, 故当 $P \neq 0$ 时集合 $\{k \in \mathbb{N} \mid a_k \neq 0\}$ 是 $\mathbb{N}$ 中的一个非空且有上界的子集.

命题 7.2.1.2　设 $P = \sum a_k X^k$ 是一个非零多项式, $n = \deg(P) \in \mathbb{N}$. 那么,

$$a_n \neq 0 \text{ 且 } \forall k \in \mathbb{N}, (k > n \Longrightarrow a_k = 0).$$

证明:

　　这是显然的! 这是最大元的定义.　　　　　　　　　　　　　　　⊠

例 7.2.1.3 下面的例子很简单, 但很重要:

$$\deg(P) = -\infty \iff P = 0; \qquad \deg(P) = 0 \iff P = \lambda \in \mathbb{K}^{\star}.$$

定义 7.2.1.4 设 $P = \sum a_k X^k$ 是一个非零多项式, $n = \deg(P) \in \mathbb{N}$.

- 系数 a_n 称为 P 的首项系数;
- 我们称 P 是首一的, 若它的首项系数是 1;
- 系数 a_0 称为 P 的常数项.

7.2.2 次数的性质

命题 7.2.2.1 映射 $\deg : \mathbb{K}[X] \longrightarrow \mathbb{N} \cup \{-\infty\}$ 满足下列性质:

(i) 对任意 $(P, Q) \in \mathbb{K}[X]^2$, $\deg(P + Q) \leqslant \max(\deg(P), \deg(Q))$.
此外, 若 $\deg(P) \neq \deg(Q)$, 则有等式: $\deg(P + Q) = \max(\deg(P), \deg(Q))$.

(ii) $\forall (P, Q) \in \mathbb{K}[X]^2$, $\deg(PQ) = \deg(P) + \deg(Q)$.

(iii) 对任意 $P \in \mathbb{K}[X]$,

$$\deg(P') = \begin{cases} \deg(P) - 1, & \text{若 } \deg(P) \geqslant 1, \\ -\infty, & \text{若 } \deg(P) \leqslant 0. \end{cases}$$

证明:

- 证明 (i) 和 (ii).

首先, 注意到如果 $P = 0$ 或 $Q = 0$, 性质 (i) 和 (ii) 是显然的 (使用以下计算规则: 对任意 $n \in \mathbb{N} \cup \{-\infty\}$, $n + (-\infty) = (-\infty) + n = -\infty$).

现在假设 $P \neq 0$ 且 $Q \neq 0$.

令 $n = \deg(P)$ 和 $p = \deg(Q)$ (故有 $n \in \mathbb{N}$ 和 $p \in \mathbb{N}$). 那么,

$$P = \sum_{k=0}^{n} a_k X^k \quad \text{和} \quad Q = \sum_{k=0}^{p} b_k X^k,$$

其中, $(a_k)_{k \in \mathbb{N}}, (b_k)_{k \in \mathbb{N}} \in \mathbb{K}^{\mathbb{N}}$ 满足 $a_n \neq 0, b_p \neq 0$ 以及

$$\forall k > n, a_k = 0 \quad \text{和} \quad \forall k > p, b_k = 0.$$

* 一方面, 通过重复命题 7.1.3.2 (即 $+$ 和 $\times$ 是 $\mathbb{K}[X]$ 中的内部二元运算) 的证明中的计算, 我们有: $\forall k > \max(n, p), a_k + b_k = 0$. 因此,

$$\deg(P + Q) \leqslant \max(n, p) = \max(\deg(P), \deg(Q)).$$

令 $P \times Q = \sum c_k X^k$, 那么

$$\forall k > n + p, c_k = \sum_{i=0}^{k} a_i b_{k-i} = 0, \quad \text{故} \quad \deg(P \times Q) \leqslant n + p.$$

* 另一方面,

$$c_{n+p} = \sum_{i=0}^{n+p} a_i b_{n+p-i} = \sum_{i=0}^{n} a_i b_{n+p-i} = a_n b_p,$$

因为对 $i > n$ 有 $a_i = 0$, 同样对 $n + p - i > p$ 即 $i < n$ 有 $b_{n+p-i} = 0$. 因此, $c_{n+p} \neq 0$, 从而 $\deg(P \times Q) \geqslant n + p$. 这证得 $\deg(P \times Q) = \deg(P) + \deg(Q)$.

* 如果 $\deg(P) \neq \deg(Q)$, 不失一般性 (否则交换两个多项式的记号), 可以假设 $\deg(Q) < \deg(P)$. 那么, $a_n + b_n = a_n + 0 = a_n \neq 0$. 因此, $\deg(P + Q) \geqslant n$, 即 $\deg(P + Q) \geqslant \max(\deg(P), \deg(Q))$, 由此可得 $\deg(P + Q) = \max(\deg(P), \deg(Q))$.

● 由多项式的次数和 P' 的定义知, 性质 (iii) 是显然的. $\boxtimes$

7.2.3 一些基本结果

命题 7.2.3.1 $\mathbb{K}[X]$ 是一个整环, 即

$$\forall (P, Q) \in \mathbb{K}[X]^2, (PQ = 0 \Longrightarrow P = 0 \text{ 或 } Q = 0).$$

证明:

我们证其逆否命题. 设 P 和 Q 是两个多项式. 如果 $P \neq 0$ 且 $Q \neq 0$, 那么,

$$\deg(PQ) = \deg(P) + \deg(Q) \geqslant 0.$$

因此, $PQ \neq 0$. ⊠

命题 7.2.3.2 环 $\mathbb{K}[X]$ 的可逆元素是非零常数多项式, 即 $\mathbb{K}^\star$.

证明:

- 显然, $\mathbb{K}^\star$ 的元素关于 $\mathbb{K}[X]$ 中的 $\times$ 可逆.
- 反过来, 如果 $P \in \mathbb{K}[X]$ 是可逆的, 那么存在 $Q \in \mathbb{K}[X]$ 使得 $PQ = QP = 1$. 取多项式的次数, 可得: $\deg P + \deg Q = 0$, 即 $\deg P = \deg Q = 0$. 因此, $P \in \mathbb{K}^\star$. ⊠

命题 7.2.3.3 对任意 $n \in \mathbb{N}$, 集合

$$\mathbb{K}_n[X] = \{P \in \mathbb{K}[X] \mid \deg(P) \leqslant n\}$$

是 $\mathbb{K}[X]$ 的一个向量子空间.

证明:

设 $n \in \mathbb{N}$. 证明 $\mathbb{K}_n[X]$ 是 $\mathbb{K}[X]$ 的一个向量子空间.

- 首先, $0 \in \mathbb{K}_n[X]$, 因为 $\deg(0) = -\infty \leqslant n$.
- 其次, 设 $(P,Q) \in \mathbb{K}_n[X]^2$. 那么,

$$\deg(P+Q) \leqslant \max(\deg(P), \deg(Q)) \leqslant n,$$

故 $P + Q \in \mathbb{K}_n[X]$.

- 最后, 设 $P \in \mathbb{K}_n[X]$ 和 $\lambda \in \mathbb{K}$. 那么,

$$\deg(\lambda \cdot P) = \deg(\lambda) + \deg(P) \leqslant 0 + n \leqslant n.$$

因此, $\lambda \cdot P \in \mathbb{K}_n[X]$.

这证得 $\mathbb{K}_n[X]$ 确实是 $\mathbb{K}[X]$ 的一个向量子空间. ⊠

⚠ 注意: $\mathbb{K}_n[X]$ 不是 $\mathbb{K}[X]$ 的一个子环, 除非 $n = 0$.

7.3 $\mathbb{K}[X]$ 中的算术

在这一节中, 我们将看到 $\mathbb{Z}$ 中算术的性质在 $\mathbb{K}[X]$ 中仍然成立: 只需在 $\mathbb{K}[X]$ 中给出适当的定义.

7.3.1 $\mathbb{K}[X]$ 中的整除

定义 7.3.1.1 设 A 和 B 是两个多项式. 我们称 A 整除 B (或称 B 是 A 的一个倍式), 若存在 $Q \in \mathbb{K}[X]$ 使得 $B = QA$. A 整除 B 记为 $A|B$.

注: 这与 $\mathbb{Z}$ 中整除的定义相同.

记号

在 $\mathbb{Z}$ 中, 我们记 $n\mathbb{Z} = \{kn \mid k \in \mathbb{Z}\}$. 类似地, 如果 $A \in \mathbb{K}[X]$, A 的倍式的集合记为 $A\mathbb{K}[X]$. 因此,

$$A\mathbb{K}[X] = \{QA \mid Q \in \mathbb{K}[X]\}.$$

注: 可以注意到

(i) $\forall A \in \mathbb{K}[X], \forall \lambda \in \mathbb{K}^\star, \lambda|A$;

(ii) $\forall A \in \mathbb{K}[X], A|0$ 且 $A|A$;

(iii) $\forall A \in \mathbb{K}[X], (0|A \iff A = 0)$;

(iv) 对 $(A,B,C) \in \mathbb{K}[X]^3$, 如果 $A|B$ 且 $A|C$, 那么对任意 $(P,Q) \in \mathbb{K}[X]^2$, $A|(PB+QC)$;

(v) 对任意 $(A,B) \in \mathbb{K}[X]^2$, $(A|B \iff B\mathbb{K}[X] \subset A\mathbb{K}[X])$.

例 7.3.1.2 在 $\mathbb{C}[X]$ 中 $X-i$ 整除 X^2+1, 但在 $\mathbb{R}[X]$ 中并非如此.

例 7.3.1.3 设 $n \in \mathbb{N}^\star$. 那么 $A = X-1$ 整除 $B = X^n - 1$. 实际上,

$$X^n - 1 = \left(\sum_{k=0}^{n-1} X^k\right) \times (X-1).$$

例 7.3.1.4 X^2+X+1 整除 X^6-1, 因为可以验证

$$X^6 - 1 = (X^2+X+1)(X^4-X^3+X-1).$$

注:

- 如同 $\mathbb{Z}$ 中一样, $\mathbb{K}[X]$ 中的关系 | 是自反的、传递的, 但不是反对称的;
- 对 $(a,b) \in \mathbb{Z}^2$, 我们知道 $(a|b$ 且 $b|a) \iff |b|=|a| \iff b=\pm a$. 事实上, 这意味着 $b = u \times a$, 其中 $u \in \{-1,1\}$. 集合 $\{-1,1\}$ 是环 $\mathbb{Z}$ 的可逆元素的集合 (我们也称这些元素是 $\mathbb{Z}$ 的单位). 又因为, 我们知道 $\mathbb{K}[X]$ 的单位是 $\lambda \in \mathbb{K}^\star$, 所以, 我们将看到前面结果的类似版本.

命题 7.3.1.5 设 $(A,B) \in \mathbb{K}[X]^2$. 那么,

$$(A|B \text{ 且 } B|A) \iff \exists \lambda \in \mathbb{K}^\star, B = \lambda A.$$

证明:

- 蕴涵关系 $\Longleftarrow$ 是显然的.
- 现在证明 $\Longrightarrow$.
假设 $A|B$ 且 $B|A$. 由定义知, 存在 $(C,D) \in \mathbb{K}[X]^2$ 使得

$$A = BC \quad \text{且} \quad B = AD.$$

从而有 $A = (AD)C = A(DC)$, 即 $A(1-DC) = 0$. 已知 $\mathbb{K}[X]$ 是整环, 由此可见, 有两种情况.

* 第一种情况：$A = 0$.

  此时有 $B = AD = 0$, 取 $\lambda = 1 \in \mathbb{K}^*$, 我们有：$A = \lambda B$.

* 第二种情况：$A \neq 0$.

  在这种情况下, $A(1 - DC) = 0$ 意味着 $DC = 1$, 即 D 是 $\mathbb{K}[X]$ 的一个可逆元素. 根据命题 7.2.3.2, $D = \lambda \in \mathbb{K}^*$. 因此, $B = AD = DA = \lambda A$, 其中 $\lambda \in \mathbb{K}^*$. ⊠

这就引出了以下定义.

定义 7.3.1.6　我们称多项式 A 和 B 是相关的 (associé), 若存在 $\lambda \in \mathbb{K}^*$ 使得 $B = \lambda A$.

注：

* 因此, $A|B$ 且 $B|A$ 当且仅当 A 和 B 是相关的.

* 关系 "与……相关" 是 $\mathbb{K}[X]$ 上的一个等价关系.

* 在 $\mathbb{Z}$ 中, 我们有两种方法来确定一个给定的整数能否整除另一个：要么进行欧几里得除法, 证明余数为零；要么知道整数的分解式, 比较分解式中的素因数和指数. 我们将看到, $\mathbb{K}[X]$ 中的推导过程与 $\mathbb{Z}$ 中的非常相似, 但要做到这一点, 我们必须首先定义什么是 "素" 多项式. 实际上, 我们称之为 "不可约" 多项式, 而不是 "素" 多项式.

定义 7.3.1.7　我们称多项式 $P \in \mathbb{K}[X]$ 是在 $\mathbb{K}[X]$ 中不可约的, 若

(i) $\deg(P) \geqslant 1$；

(ii) P 的因式只有那些与 P 相关的多项式以及 $\mathbb{K}[X]$ 的可逆元素.

注：换言之, P 是不可约的, 若 $\deg(P) \geqslant 1$ 且 P 的因式只有 λP 和 λ, 其中 $\lambda \in \mathbb{K}^*$. 我们也可以用数学语言重新表述：一个非常数多项式 (即次数大于等于 1) 是不可约的, 若

$$\forall Q \in \mathbb{K}[X], (Q|P \implies (Q \in \mathbb{K}^* \text{ 或 } \exists \lambda \in \mathbb{K}^*, Q = \lambda P)).$$

也可以用等价的方式表述如下：

$$\forall Q \in \mathbb{K}[X], (Q|P \implies (\deg(Q) = 0 \text{ 或 } \deg(Q) = \deg(P))).$$

命题 7.3.1.8 次数为 1 的多项式是不可约的.

证明:

设 $P \in \mathbb{K}[X]$ 使得 $\deg(P) = 1$. 要证明 P 是不可约的.

设 Q 是 P 在 $\mathbb{K}[X]$ 中的一个因式. 那么, 存在 $A \in \mathbb{K}[X]$ 使得 $P = QA$. 比较次数, 可得 $1 = \deg(P) = \deg(A) + \deg(Q)$. 又因为, $\deg(A)$ 和 $\deg(Q)$ 属于 $\mathbb{N} \cup \{-\infty\}$, 故有两种情况:

- 要么 $\deg(A) = 1$ 且 $\deg(Q) = 0$, 此时有 $Q \in \mathbb{K}^\star$;
- 要么 $\deg(Q) = 1$ 且 $\deg(A) = 0$, 此时有 $A = \lambda \in \mathbb{K}^\star$ 且 $P = QA = \lambda Q$.

这证得 P 的因式只有 $\mathbb{K}[X]$ 的可逆元素和与 P 相关的多项式, 即 P 是不可约的. $\boxtimes$

⚠️ **注意:** 根据定义, 常数多项式不是不可约的!

例 7.3.1.9 $X^2 - 1$ 在 $\mathbb{R}[X]$ 中不是不可约的, 因为 $(X-1)|(X^2-1)$ 且 $X - 1$ 既不是可逆的, 也不是与 $X^2 - 1$ 相关的.

例 7.3.1.10 $X^2 + X + 1$ 在 $\mathbb{R}[X]$ 中不可约, 但它在 $\mathbb{C}[X]$ 中不是不可约的. 实际上, 在 $\mathbb{C}[X]$ 中, 我们有

$$X^2 + X + 1 = (X - j)(X - \bar{j}), \quad \text{其中 } j = e^{i\frac{2\pi}{3}}.$$

此外, 如果 $X^2 + X + 1 = AB$, 其中 $(A, B) \in \mathbb{R}[X]^2$, $\deg(A) > 0$ 且 $\deg(B) > 0$, 那么, 我们有 $\deg(A) = \deg(B) = 1$. 因此, 存在 $(a, b, c, d) \in \mathbb{R}^4$ 使得

$$X^2 + X + 1 = (aX + b)(cX + d).$$

将上式的右端展开, 并比较两端的系数, 可得: $ac = bd = 1$ 和 $ad + bc = 1$. 从而有 $a \neq 0$, $b \neq 0$ 以及 $\dfrac{a}{b} + \dfrac{b}{a} = 1$. 那么, $1 = \left|\dfrac{a}{b} + \dfrac{b}{a}\right| \geqslant 2\sqrt{\left|\dfrac{a}{b} \times \dfrac{b}{a}\right|} = 2$, 矛盾. 这证得如果 $X^2 + X + 1 = AB$, 那么 $\deg(A) = 0$ 或 $\deg(B) = 0$. 因此, $X^2 + X + 1$ 确实在 $\mathbb{R}[X]$ 中不可约.

例 7.3.1.11 X^8+1 在 $\mathbb{R}[X]$ 中不是不可约的, 因为

$$X^8+1 = \left(X^2 - \sqrt{2+\sqrt{2}}X + 1\right) \times \left(X^2 + \sqrt{2+\sqrt{2}}X + 1\right)$$
$$\times \left(X^2 - \sqrt{2-\sqrt{2}}X + 1\right) \times \left(X^2 + \sqrt{2-\sqrt{2}}X + 1\right).$$

<u>注:</u> 通过这两个例子可以看出, 根据定义证明 X^2+X+1 在 $\mathbb{R}[X]$ 中不可约是相当 "繁琐" 的. 同样地, 求 X^8+1 的分解式也并不那么容易. 稍后我们将看到一种更简单的方法, 它要用到多项式的根. 使用这种方法, 这两个例子都很容易处理.

⚠️ **注意:** 在这个例子中, 我们看到, X^2+X+1 在 $\mathbb{R}[X]$ 中不可约, 但在 $\mathbb{C}[X]$ 中并非如此. 因此, 当通过上下文不能确定所讨论的空间时, 必须清楚说明在哪个空间中不可约!

7.3.2 $\mathbb{K}[X]$ 中的欧几里得除法

定理 7.3.2.1 (欧几里得除法) 设 A 和 B 是两个多项式. 假设 $A \neq 0$, 那么, 存在唯一的二元组 $(Q,R) \in \mathbb{K}[X]^2$ 使得

$$B = QA + R \quad \text{且} \quad \deg R < \deg A.$$

写法 $B = QA + R$ 称为 B 除以 A 的欧几里得除法, Q 是 B 除以 A 的欧几里得除法的商, R 是余式.

证明:

• 首先, 如果 $A = \lambda \in \mathbb{K}^\star$ 是一个 (非零的) 常数多项式, 那么这是显然的, 因为余式必然是零, 所以我们得到 $Q = \lambda^{-1}B$. 这证得存在性和唯一性.

• 接下来假设 $p = \deg(A) \geqslant 1$.

  * 证明唯一性 (假定存在).
    假设存在两个二元组 (Q_1, R_1) 和 (Q_2, R_2) 满足所述条件, 即

    $$B = Q_1 A + R_1 \quad \text{和} \quad B = Q_2 A + R_2,$$

    其中

    $$\deg(R_1) < \deg(A) \quad \text{且} \quad \deg(R_2) < \deg(A).$$

那么有: $R_2 - R_1 = A(Q_1 - Q_2)$. 然后比较等式两边多项式的次数, 可得 $\deg(R_2 - R_1) = \deg A + \deg(Q_1 - Q_2)$. 因此,

$$\deg(Q_1 - Q_2) = \deg(R_2 - R_1) - \deg A.$$

又因为, $\mathbb{K}_{p-1}[X]$ 是 $\mathbb{K}[X]$ 的一个向量子空间, 而由假设知 $R_1, R_2 \in \mathbb{K}_{p-1}[X]$, 故 $R_2 - R_1 \in \mathbb{K}_{p-1}[X]$. 因此,

$$\deg(Q_1 - Q_2) = \deg(R_2 - R_1) - \deg A \leqslant p - 1 - p < 0.$$

从而必有 $Q_1 - Q_2 = 0$, 即 $Q_1 = Q_2$. 因此, 通过替换得 $R_2 = R_1$, 唯一性得证.

* 下面证明存在性.

如果 $B = 0$, 二元组 $(Q, R) = (0, 0)$ 满足要求. 假设 $B \neq 0$. 对 $n = \deg(B) \in \mathbb{N}$ 应用强数学归纳法来证明存在性.

初始化:

如果 B 的次数是 0, 即它是常数多项式, 考虑到 $\deg(A) = p \geqslant 1$ 这一假设, 我们有 $B = 0 \times A + B$. 取 $Q = 0$ 和 $R = B$, 可得 $B = QA + R$, 其中 $\deg(R) < \deg(A)$. 这证得结论对 $n = 0$ 成立.

_递推:_

假设对某个自然数 n, 结论对小于等于 n 的自然数都成立. 要证明结论对 $n + 1$ 也成立. 设 B 是一个次数为 $n + 1$ 的多项式.

我们区分两种情况:

▷ 如果 $n + 1 < p$, 那么二元组 $(0, B)$ 满足要求.

▷ 否则, 设 b_{n+1} 是 B 的首项系数, a_p 是 A 的首项系数. 那么有 $a_p \neq 0$ 和 $b_{n+1} \neq 0$. 从而, $B_1 = B - \dfrac{b_{n+1}}{a_p} X^{n+1-p} A$ 是一个次数小于等于 n 的多项式. 根据归纳假设, 存在两个多项式 Q_1 和 R 使得 $B_1 = Q_1 A + R$, 其中 $\deg R < p$. 那么,

$$B = B_1 + \frac{b_{n+1}}{a_p} X^{n+1-p} A = \left(\frac{b_{n+1}}{a_p} X^{n+1-p} + Q_1 \right) A + R.$$

这证得存在性, 故结论对 $n + 1$ 也成立. 归纳完成, 定理得证. $\boxtimes$

<u>注:</u> 在实践中, 确定商和余式的方法正是证明中描述的方法.

例 7.3.2.2 设 $A = X^3 + X - 1$, $B = X^5 + X^4 + X^3 + X^2 + X + 1$. 我们想做 B 除以 A 的欧几里得除法.

- 就像在证明中一样, 先写

$$B = X^2 A + X^4 + 2X^2 + X + 1.$$

- 然后用 $B_1 = X^4 + 2X^2 + X + 1$ 继续:

$$B_1 = XA + X^2 + 2X + 1.$$

- 我们得到 $B_2 = X^2 + 2X + 1$ 且 $\deg(B_2) < \deg(A)$, 故 B_2 是欧几里得除法的余式, 过程停止.

因此, $B = (X^2 + X)A + X^2 + 2X + 1$ 是 B 除以 A 的欧几里得除法. 在实践中, 计算的形式如下:

$$
\begin{array}{r|l}
X^5 + X^4 + X^3 + X^2 + X + 1 & \;X^3 + X - 1 \\
\underline{-X^2(X^3 + X - 1)} & \;\overline{X^2 + X} \\
\qquad\quad X^4 + 2X^2 + X + 1 & \\
\qquad\;\; \underline{-X(X^3 + X - 1)} & \\
\qquad\qquad\quad X^2 + 2X + 1 &
\end{array}
$$

习题 7.3.2.3 做 $X^5 + 5X^4 - 3X^3 + 2X^2 + X + 1$ 除以 $X^2 + X + 1$ 的欧几里得除法.

习题 7.3.2.4 确定 $X^6 - X^4 + X^3 - X^2 + X - 1$ 除以 $X^2 + 1$ 的欧几里得除法的商和余式.

在实践中欧几里得除法还可用于计算有理函数的原函数.

习题 7.3.2.5 设 $B = X^4 + 3X^2 + 3X - 1$, $A = X^2 + 1$.

1. 确定 B 除以 A 的欧几里得除法的商和余式.

2. 导出函数 $f: x \longmapsto \dfrac{x^4 + 3x^2 + 3x - 1}{x^2 + 1}$ 在 $\mathbb{R}$ 上的一个原函数.

> **命题 7.3.2.6**　欧几里得除法在以下意义下是线性的: 如果 $A \in \mathbb{K}[X]$ 且 $A \neq 0$, 那么
>
> $$\forall (B, C) \in \mathbb{K}[X]^2, \forall (\lambda, \mu) \in \mathbb{K}^2, \operatorname{quot}_A(\lambda B + \mu C) = \lambda \operatorname{quot}_A(B) + \mu \operatorname{quot}_A(C),$$
>
> 以及
>
> $$\forall (B, C) \in \mathbb{K}[X]^2, \forall (\lambda, \mu) \in \mathbb{K}^2, \operatorname{rest}_A(\lambda B + \mu C) = \lambda \operatorname{rest}_A(B) + \mu \operatorname{rest}_A(C),$$
>
> 其中 quot_A 表示除以 A 的欧几里得除法的商, rest_A 表示余式.

证明:

> 设 $(B, C) \in \mathbb{K}[X]^2$, $(\lambda, \mu) \in \mathbb{K}^2$. 根据欧几里得除法的商和余式的定义, 我们有
>
> $$B = A \times \operatorname{quot}_A(B) + \operatorname{rest}_A(B) \quad \text{和} \quad C = A \times \operatorname{quot}_A(C) + \operatorname{rest}_A(C),$$
>
> 其中, $\deg(\operatorname{rest}_A(B)) < \deg(A)$, $\deg(\operatorname{rest}_A(C)) < \deg(A)$. 从而有
>
> $$\lambda B + \mu C = (\lambda \operatorname{quot}_A(B) + \mu \operatorname{quot}_A(C)) A + (\lambda \operatorname{rest}_A(B) + \mu \operatorname{rest}_A(C)),$$
>
> 其中, $\deg(\lambda \operatorname{rest}_A(B) + \mu \operatorname{rest}_A(C)) < \deg(A)$.
>
> 由欧几里得除法的商和余式的唯一性, 可得
>
> $$\operatorname{quot}_A(\lambda B + \mu C) = \lambda \operatorname{quot}_A(B) + \mu \operatorname{quot}_A(C)$$
>
> 和
>
> $$\operatorname{rest}_A(\lambda B + \mu C) = \lambda \operatorname{rest}_A(B) + \mu \operatorname{rest}_A(C). \qquad \boxtimes$$

> **命题 7.3.2.7**　设 $(A, B) \in \mathbb{K}[X]^2$, 其中 $A \neq 0$. $A | B$ 当且仅当 B 除以 A 的欧几里得除法的余式是零.

习题 7.3.2.8　设 $A \in \mathbb{K}[X] \setminus \{0\}$, 并设 rest_A 是一个从 $\mathbb{K}[X]$ 到自身的映射, 它把多项式 P 映为 P 除以 A 的欧几里得除法的余式.

1. 证明 rest_A 是 $\mathbb{K}[X]$ 的一个投影.

2. 确定 rest_A 的核与像.

3. 由此导出: $A\mathbb{K}[X]$ 是 $\mathbb{K}[X]$ 的一个向量子空间, 并且如果 $n = \deg(A)$ (其中 $n \geqslant 1$), 那么

$$A\mathbb{K}[X] \oplus \mathbb{K}_{n-1}[X] = \mathbb{K}[X].$$

7.3.3　$\mathbb{K}[X]$ 的理想

我们在算术课程中看到, $\mathbb{Z}$ 的子群就是 $n\mathbb{Z}$, 其中 $n \in \mathbb{N}$. 事实上, $\mathbb{Z}$ 的一个子群中的元素乘以 $\mathbb{Z}$ 中的一个元素后, 仍是该子群的一个元素. 这促使我们提出以下定义.

定义 7.3.3.1　设 $\mathcal{I} \subset \mathbb{K}[X]$. 我们称 $\mathcal{I}$ 是 $\mathbb{K}[X]$ 的一个理想, 若

  (i)　$(\mathcal{I}, +)$ 是 $\mathbb{K}[X]$ 的一个子群;

  (ii)　$\forall A \in \mathcal{I}, \forall P \in \mathbb{K}[X], P \times A \in \mathcal{I}.$

命题 7.3.3.2　设 $\mathcal{I} \subset \mathbb{K}[X]$. 那么, $\mathcal{I}$ 是 $\mathbb{K}[X]$ 的一个理想当且仅当

  (i)　$0 \in \mathcal{I}$;

  (ii)　$\forall (A, B) \in \mathcal{I}^2, \forall (P, Q) \in \mathbb{K}[X]^2, PA + QB \in \mathcal{I}.$

习题 7.3.3.3　证明上述命题.

例 7.3.3.4　如果 $A \in \mathbb{K}[X]$, 那么 $A\mathbb{K}[X]$ 是 $\mathbb{K}[X]$ 的一个理想. 实际上,

  (i)　$A|0$, 故 $0 \in A\mathbb{K}[X]$;

  (ii)　如果 $(B, C) \in A\mathbb{K}[X]^2$ 且 $(P, Q) \in \mathbb{K}[X]^2$, 那么 $A|B$ 且 $A|C$, 因此, $A|(PB + QC)$, 即

$$PB + QC \in A\mathbb{K}[X].$$

定理 7.3.3.5 设 $\mathcal{I} \subset \mathbb{K}[X]$. 那么, 下列叙述相互等价:

(i) $\mathcal{I}$ 是 $\mathbb{K}[X]$ 的一个理想;

(ii) 存在 $A \in \mathbb{K}[X]$ 使得 $\mathcal{I} = A\mathbb{K}[X]$.

证明:

● (ii) $\Longrightarrow$ (i).

这就是我们刚才在例 7.3.3.4 中看到的.

● (i) $\Longrightarrow$ (ii).

设 $\mathcal{I}$ 是 $\mathbb{K}[X]$ 的一个理想. 如果 $\mathcal{I} = \{0\}$, 那么 $\mathcal{I} = 0\mathbb{K}[X]$, 结论得证. 下面假设 $\mathcal{I} \neq \{0\}$.

考虑集合 $J = \{\deg(P) \mid P \in \mathcal{I} \backslash \{0\}\}$. 那么, J 是 $\mathbb{N}$ 的一个非空子集 (因为根据假设, $\mathcal{I} \backslash \{0\} \neq \varnothing$). 因此, 它有最小元. 设 $A \in \mathcal{I} \backslash \{0\}$ 使得 $\deg(A) = \min J$. 下面证明 $\mathcal{I} = A\mathbb{K}[X]$.

∗ 证明 $A\mathbb{K}[X] \subset \mathcal{I}$.

由于 $A \in \mathcal{I}$ 且 $\mathcal{I}$ 是 $\mathbb{K}[X]$ 的一个理想, 故有

$$\forall P \in \mathbb{K}[X], AP \in \mathcal{I}.$$

因此, $A\mathbb{K}[X] \subset \mathcal{I}$.

∗ 证明 $\mathcal{I} \subset A\mathbb{K}[X]$.

设 $B \in \mathcal{I}$. 由于 $A \neq 0$, 我们可以做 B 除以 A 的欧几里得除法. 存在 (唯一的) $(Q, R) \in \mathbb{K}[X]^2$ 使得

$$B = QA + R \quad 且 \quad \deg(R) < \deg(A).$$

此外, $A \in \mathcal{I}$, 故 $QA \in \mathcal{I}$ ($\mathcal{I}$ 是一个理想). 并且, $B \in \mathcal{I}$. 因此, $B - QA \in \mathcal{I}$, 即 $R \in \mathcal{I}$. 所以, $R \in \mathcal{I}$ 且 $\deg(R) < \deg(A)$, 其中, A 的次数 $\deg(A) = \min\{\deg(P) \mid P \in \mathcal{I} \backslash \{0\}\}$. 由此可以推断 $R = 0$, 即 $B = QA \in A\mathbb{K}[X]$. $\boxtimes$

注：

- 我们已经看到, $A\mathbb{K}[X] = B\mathbb{K}[X]$ 当且仅当 A 和 B 是相关的;

- 当 $\mathcal{I} \neq \{0\}$ 时, 存在唯一的首一多项式 A 使得 $\mathcal{I} = A\mathbb{K}[X]$.

7.3.4　互素的多项式

定理 7.3.4.1 (定义)　设 A 和 B 是两个非零多项式.

- 存在唯一的首一多项式, 称为 A 和 B 的最大公因式, 并记为 $A \wedge B$ 或 $\mathrm{pgcd}(A, B)$, 使得

$$A\mathbb{K}[X] + B\mathbb{K}[X] = \mathrm{pgcd}(A, B)\mathbb{K}[X].$$

这个唯一的首一多项式是能够整除 A 和 B 的次数最大的首一多项式.

- 存在唯一的首一多项式, 称为 A 和 B 的最小公倍式, 并记为 $A \vee B$ 或 $\mathrm{ppcm}(A, B)$, 使得

$$A\mathbb{K}[X] \cap B\mathbb{K}[X] = \mathrm{ppcm}(A, B)\mathbb{K}[X].$$

这个唯一的首一多项式是 A 和 B 的非零公倍式中次数最小的首一多项式.

证明：

- 设 $\mathcal{I} = A\mathbb{K}[X] + B\mathbb{K}[X] = \{PA + QB \mid (P, Q) \in \mathbb{K}[X]^2\}$.

  可以验证 (留作练习): $\mathcal{I}$ 是 $\mathbb{K}[X]$ 的一个理想, 且 $\mathcal{I} \neq \{0\}$. 因此, 根据定理 7.3.3.5 及其注释, 存在唯一的首一多项式 $\mathrm{pgcd}(A, B)$ 使得

  $$A\mathbb{K}[X] + B\mathbb{K}[X] = \mathrm{pgcd}(A, B)\mathbb{K}[X].$$

  * 其次,　$A \in A\mathbb{K}[X] \subset A\mathbb{K}[X] + B\mathbb{K}[X] = \mathrm{pgcd}(A, B)\mathbb{K}[X]$.　因此, $\mathrm{pgcd}(A, B) | A$. 同理, $\mathrm{pgcd}(A, B) | B$. 所以, $\mathrm{pgcd}(A, B)$ 确实是一个可以整除 A 和 B 的首一多项式.

  * 此外, 如果 P 是 A 和 B 的公因式, 那么存在 $(D, C) \in \mathbb{K}[X]^2$ 使得 $A = PC$ 且 $B = PD$. 并且 $\mathrm{pgcd}(A, B) \in A\mathbb{K}[X] + B\mathbb{K}[X]$, 故存在 $(U, V) \in \mathbb{K}[X]^2$ 使得 $\mathrm{pgcd}(A, B) = UA + VB$. 由此可以推断

$$\mathrm{pgcd}(A, B) = UA + VB = (UC + VD)P.$$

由于 $\mathrm{pgcd}(A, B) \neq 0$, 故有 $UC + VD \neq 0$, 因此

$$\deg(\mathrm{pgcd}(A, B)) = \deg(UC + VD) + \deg(P) \geqslant \deg(P).$$

这证得 $\mathrm{pgcd}(A, B)$ 确实是 A 和 B 的公因式中次数最大且首一的那个.

* 最后, 如果 P 是 A 和 B 的公因式中次数最大且首一的, 那么,

$$\deg(P) \geqslant \deg(\mathrm{pgcd}(A, B)).$$

根据前一点,

$$\deg(P) \leqslant \deg(\mathrm{pgcd}(A, B)).$$

因此, $\deg(P) = \deg(\mathrm{pgcd}(A, B))$, 故

$$\deg(UC + VD) = 0, \quad \text{即} \quad UC + VD \in \mathbb{K}^{\star}.$$

这证得 P 和 $\mathrm{pgcd}(A, B)$ 是相关的. 又因为这两个多项式都是首一的, 所以它们相等.

• 以同样的方式, 我们证明 $A\mathbb{K}[X] \cap B\mathbb{K}[X]$ 是 $\mathbb{K}[X]$ 的一个不退化为 $\{0\}$ (它包含非零元素 AB) 的理想. 因此存在唯一的首一多项式 $\mathrm{ppcm}(A, B)$ 使得

$$A\mathbb{K}[X] \cap B\mathbb{K}[X] = \mathrm{ppcm}(A, B)\mathbb{K}[X].$$

接下来,

* 一方面, $\mathrm{ppcm}(A, B) \in \mathrm{ppcm}(A, B)\mathbb{K}[X] = (A\mathbb{K}[X] \cap B\mathbb{K}[X])$. 因此, 我们有 $\mathrm{ppcm}(A, B) \in A\mathbb{K}[X]$, 即 $A|\mathrm{ppcm}(A, B)$. 同理, $B|\mathrm{ppcm}(A, B)$. 这证得 $\mathrm{ppcm}(A, B)$ 是 A 和 B 的一个首项系数为一的公倍式.

* 另一方面, 如果 $P \neq 0$ 是 A 和 B 的一个公倍式, 那么, $A|P$ 且 $B|P$, 即 $P \in A\mathbb{K}[X] \cap B\mathbb{K}[X] = \mathrm{ppcm}(A, B)\mathbb{K}[X]$. 从而有 $\mathrm{ppcm}(A, B)|P$, 又因为 $P \neq 0$, 故

$$\deg(\mathrm{ppcm}(A, B)) \leqslant \deg(P).$$

这证得 $\mathrm{ppcm}(A, B)$ 是 A 和 B 的非零公倍式中次数最小的.

> *最后, 如果假设 P 是首一的 (因此非零) 且是 A 和 B 的公因式中次数最小的, 那么, 由定义知 $\deg(P) \leqslant \deg(\mathrm{ppcm}(A, B))$, 因此, $\deg(P) = \deg(\mathrm{ppcm}(A, B))$. 然后我们得出结论, 就像在第一种情况下一样, P 和 $\mathrm{ppcm}(A, B)$ 是相等的 (因为相关且都是首一的). $\boxtimes$

注: 事实上, 证明过程表明, 正如在 $\mathbb{Z}$ 中一样, 我们有

$$\begin{cases} P \mid A \\ P \mid B \end{cases} \iff P \mid \mathrm{pgcd}(A, B) \qquad \text{以及} \qquad \begin{cases} A \mid P \\ B \mid P \end{cases} \iff \mathrm{ppcm}(A, B) \mid P.$$

定义 7.3.4.2　设 A 和 B 是 $\mathbb{K}[X]$ 中的两个非零多项式. 我们称 A 和 B 是互素的 (或互质的), 若 $\mathrm{pgcd}(A, B) = 1$.

注: 换言之, A 和 B 是互素的, 若 A 和 B 的公因式都是 (非零的) 常数多项式.

例 7.3.4.3　如果 $A = X - 1$ 且 $B = X$, 那么 A 和 B 是互素的.

欧几里得算法: 就像在 $\mathbb{Z}$ 中一样, 我们可以使用欧几里得算法来确定两个多项式的最大公因式.

例 7.3.4.4　设 $A = X^4 + X^2 + 1$, $B = X^5 - 2X^4 + 4X^3 - 2X^2 + X + 1$. 确定 A 和 B 的最大公因式.

$$B = (X - 2) \times A + 3X^3 + 3.$$
$$A = \frac{1}{3}X(3X^3 + 3) + X^2 - X + 1.$$
$$3X^3 + 3 = (3X + 3)(X^2 - X + 1).$$

最后一个非零余式是 $X^2 - X + 1$. 因此, 可以推断 $\mathrm{pgcd}(A, B) = X^2 - X + 1$.

注: 我们知道, 在 $\mathbb{Z}$ 中, 另一种确定两个整数的最大公约数的方法是使用素因数分解. 稍后我们将看到在 $\mathbb{K}[X]$ 中也可使用这个方法.

7.3.5 贝祖定理和高斯定理

定理 7.3.5.1 (贝祖定理) 设 A 和 B 是 $\mathbb{K}[X]$ 的两个非零元素. 那么

$$A \wedge B = 1 \iff \exists (U, V) \in \mathbb{K}[X]^2, UA + VB = 1.$$

证明:

证明过程与 $\mathbb{Z}$ 中的证明相同.

• 假设 $A \wedge B = 1$.

那么, $A\mathbb{K}[X] + B\mathbb{K}[X] = (A \wedge B)\mathbb{K}[X] = \mathbb{K}[X]$. 特别地, 由于 $1 \in \mathbb{K}[X]$, 故存在 $U \in \mathbb{K}[X]$ 和 $V \in \mathbb{K}[X]$ 使得 $UA + VB = 1$.

• 反过来, 如果存在 $(U, V) \in \mathbb{K}[X]^2$ 使得 $UA + VB = 1$, 那么

$$1 \in A\mathbb{K}[X] + B\mathbb{K}[X].$$

又因为, 已知 $A\mathbb{K}[X] + B\mathbb{K}[X]$ 是 $\mathbb{K}[X]$ 的一个理想. 因此,

$$\forall P \in \mathbb{K}[X], P = P \times 1 \in A\mathbb{K}[X] + B\mathbb{K}[X].$$

这证得 $\mathrm{pgcd}(A, B)\mathbb{K}[X] = A\mathbb{K}[X] + B\mathbb{K}[X] = \mathbb{K}[X]$. 从而, 1 和 $\mathrm{pgcd}(A, B)$ 是相关的且都是首一的, 因此 $\mathrm{pgcd}(A, B) = 1$. $\boxtimes$

定理 7.3.5.2 (高斯定理) 设 A, B 和 C 是三个非零多项式. 那么,

$$\begin{cases} A|BC \\ A \wedge B = 1 \end{cases} \implies A|C.$$

证明:

同样, 证明过程与 $\mathbb{Z}$ 中的证明相同.

假设 $A \wedge B = 1$ 且 $A|BC$. 根据贝祖定理, 存在多项式 U 和 V 使得

$$UA + VB = 1.$$

那么 $C = UCA + VBC$. 又因为, $A|UCA$ 且 $A|VBC$, 故 $A|C$. $\boxtimes$

> **定理 7.3.5.3 (推广的贝祖等式)**　设 $(A, B) \in \mathbb{K}[X]^2$ 使得
>
> $$\deg(A) \geqslant 1, \quad \deg(B) \geqslant 1 \quad \text{且} \quad A \wedge B = 1.$$
>
> 那么, 存在唯一的二元组 $(U, V) \in \mathbb{K}[X]^2$ 使得
>
> $$UA + VB = 1, \quad \deg(U) < \deg(B) \quad \text{且} \quad \deg(V) < \deg(A).$$

证明:

● 证明存在性.

根据贝祖定理, 我们知道, 存在 $(U, V) \in \mathbb{K}[X]^2$ 使得 $UA + VB = 1$. 然后我们做 U 除以 B 的欧几里得除法. 存在 $(Q_1, R_1) \in \mathbb{K}[X]^2$ 使得 $U = Q_1 B + R_1$ 且 $\deg(R_1) < \deg(B)$. 那么有

$$R_1 A + (V + Q_1 A)B = 1.$$

如果 $R_1 = 0$, 那么 $B(V + Q_1 A) = 1$, 故 B 是可逆的, 这是矛盾的, 因为 $\deg(B) \geqslant 1$. 由此推断 $0 \leqslant \deg(R_1)$. 记 $R_2 = V + Q_1 A$, 我们有 $R_2 B = 1 - R_1 A$. 取次数, 可得

$$\deg(R_2) + \deg(B) = \deg(1 - R_1 A) = \deg(R_1 A) = \deg(R_1) + \deg(A),$$

第二个等式成立, 是因为 $\deg(R_1 A) \geqslant 1 > \deg(1)$. 因此,

$$\deg(R_2) = \deg(R_1) - \deg(B) + \deg(A) < \deg(A),$$

这是因为 $\deg(R_1) < \deg(B)$. 因此二元组 (R_1, R_2) 符合要求.

● 证明唯一性.

设 (U_1, V_1) 和 (U_2, V_2) 是两个满足定理结论的二元组. 那么,

$$(U_1 - U_2)A = (V_2 - V_1)B.$$

因此, $A | (V_2 - V_1)B$ 且 $A \wedge B = 1$. 根据高斯定理, $A | (V_2 - V_1)$. 又因为 $\deg(V_2 - V_1) < \deg(A)$, 故 $V_2 - V_1 = 0$, 即 $V_1 = V_2$. 代入第一个等式中, 我们得到 $U_1 - U_2 = 0$ (因为 $\mathbb{K}[X]$ 无零因子, 且 $A \neq 0$), 即 $U_1 = U_2$. 这证得唯一性. $\boxtimes$

7.4 多项式的根

7.4.1 与多项式对应的多项式函数

定义 7.4.1.1 设 $P \in \mathbb{K}[X]$, 其中 $P = \sum_{k=0}^{n} a_k X^k (n \in \mathbb{N}$ 且 $(a_k)_{0 \leqslant k \leqslant n} \in \mathbb{K}^{n+1})$. 对 $x \in \mathbb{K}$, 我们令 $\widetilde{P}(x) = \sum_{k=0}^{n} a_k x^k$. 映射 $x \longmapsto \widetilde{P}(x)$ 称为与 P 对应的多项式函数.

注:

- 多项式与多项式函数的基本区别是: 对多项式来说, 不定元 X 是固定的, 它是代表序列 $(\delta_1(n))_{n \in \mathbb{N}}$ 的 "符号", 说 "对 $X = 1$ 或 $X = 3$ 计算其值" 是没有意义的; 而对多项式函数来说, x 是一个变量, 其值在 $\widetilde{P}$ 的定义域内变化.

- 更准确地说, 我们可以选择 $\mathbb{K}$ 的任意子集 I 作为 $\widetilde{P}$ 的定义域. 由此得到一个映射 $\widetilde{P} \in \mathcal{F}(I, \mathbb{K})$. 严格说来, 应该具体给出定义域并记为 $\widetilde{P}_I$, 但在实践中通常不这么做.

- 如果 $f \in \mathcal{F}(I, \mathbb{K})$, 由定义知 f 是多项式函数, 若存在 $P \in \mathbb{K}[X]$ 使得 $f = \tilde{P}$.

- 从数学的角度来看, P 和 $\tilde{P}$ 是两个不同的对象. 话虽如此, 我们还是想说 "这是一样的东西": 只需将 "X" 替换为 "x". 接下来, 我们将看看在什么条件下可以把 P 和 $\tilde{P}$ 看作等同的.

命题 7.4.1.2 设 $I \subset \mathbb{K}$ (I 非空), $\varphi \colon \mathbb{K}[X] \longrightarrow \mathcal{F}(I, \mathbb{K})$ 定义为: 对任意 $P \in \mathbb{K}[X]$, $\varphi(P) = \widetilde{P}$. 那么,

(i) $\forall (P, Q) \in \mathbb{K}[X]^2, \forall x \in I, \widetilde{P + Q}(x) = \widetilde{P}(x) + \widetilde{Q}(x)$.

(ii) $\forall \lambda \in \mathbb{K}, \forall P \in \mathbb{K}[X], \forall x \in I, \widetilde{\lambda \cdot P}(x) = \lambda \times \widetilde{P}(x)$.

(iii) $\forall (P, Q) \in \mathbb{K}[X]^2, \forall x \in I, \widetilde{P \times Q}(x) = \widetilde{P}(x) \times \widetilde{Q}(x)$.

(iv) $\forall x \in I, \widetilde{1}(x) = 1$.

(v) 更一般地说, 如果 $P = c \in \mathbb{K}$ 是一个常数多项式, 那么 $\forall x \in I, \widetilde{c}(x) = c$.

换言之, 映射 φ 是一个代数同态.

证明：

> 这是显然的! 这是由多项式的构造得到的. ⊠

目标: 我们想将集合 $\mathbb{K}[X]$ 与 $\mathrm{Im}\varphi$ 即多项式函数的集合看作等同的. 为此, 需要不同的多项式对应着不同的多项式函数, 即 φ 是单射, 但情况并非总是如此. 例如, 如果 $I = \{0, 1\}$, $P = X$, $Q = 2X^2 - X$, 我们有 $\widetilde{P}_I = \widetilde{Q}_I$. 下面将证明, 如果 I 是无限的, 我们可以将这两个集合看作等同的, 因此, 将用同样的记号来记 P 和 $\widetilde{P}$.

7.4.2 多项式的根

定义 7.4.2.1 设 $P \in \mathbb{K}[X]$, $a \in \mathbb{K}$. 我们称 a 是 P 的一个根, 若 $\widetilde{P}(a) = 0$.

例 7.4.2.2 设 $P = X^2 + X + 1$. 那么 j 是 P 的一个根, 因为 $\widetilde{P}(j) = 1 + j + j^2 = 0$.

命题 7.4.2.3 设 $P \in \mathbb{K}[X]$, $a \in \mathbb{K}$, 那么, P 除以 $X - a$ 的欧几里得除法的余式是 $R = \widetilde{P}(a)$.

证明：

> 实际上, 如果 $P = Q \times (X - a) + R$, 其中 $\deg(R) < \deg(X - a)$, 那么 $R \in \mathbb{K}$. 我们有
> $$\widetilde{P}(a) = (\widetilde{(X - a)Q} + R)(a) = \widetilde{Q}(a) \times 0 + \widetilde{R}(a) = \widetilde{R}(a) = R. \quad ⊠$$

推论 7.4.2.4 设 $P \in \mathbb{K}[X]$, $a \in \mathbb{K}$. 那么, a 是 P 的一个根当且仅当 $X - a$ 整除 P.

证明：

> 我们刚刚看到, P 除以 $X - a$ 的欧几里得除法的余式是 $R = \widetilde{P}(a)$. 因此,

$$(X - a)|P \iff R = 0 \iff \widetilde{P}(a) = 0. \qquad \boxtimes$$

习题 7.4.2.5 用伯努利 (Bernoulli) 公式直接证明这个结果 (参见命题 1.2.3.9).

命题 7.4.2.6 设 $P \in \mathbb{K}[X]$, $n \in \mathbb{N}^*$. 假设 $a_1, \cdots, a_n \in \mathbb{K}$ 是 P 的根且两两不同. 那么, 我们有 $(X - a_1) \times \cdots \times (X - a_n)$ 整除 P. 并且, 如果 $P \neq 0$, 那么 $n \leqslant \deg(P)$.

证明:

我们用有限数学归纳法证明: $\forall k \in [\![1, n]\!], \prod_{i=1}^{k}(X - a_i)|P$.

初始化:

对 $k = 1$, 由推论 7.4.2.4 知结论成立.

递推:

假设结论对某个 k 成立, 其中 $1 \leqslant k < n$. 那么, 存在 $Q \in \mathbb{K}[X]$ 使得

$$P = Q \times \prod_{i=1}^{k}(X - a_i).$$

从而有

$$0 = \widetilde{P}(a_{k+1}) = \widetilde{Q}(a_{k+1}) \times \prod_{i=1}^{k}(a_{k+1} - a_i) \ \text{且} \ \prod_{i=1}^{k}(a_{k+1} - a_i) \neq 0,$$

因为这些 a_i $(1 \leqslant i \leqslant n)$ 是两两不同的. 由 $\mathbb{K}$ 是一个除环从而无零因子知, $\widetilde{Q}(a_{k+1}) = 0$. 根据推论 7.4.2.4, $(X - a_{k+1})|Q$, 这证得结论对 $k+1$ 成立, 归纳完成. $\qquad \boxtimes$

习题 7.4.2.7 还有什么其他的 "算术" 方法可以用来证明这个命题?

推论 7.4.2.8 如果 P 是一个非零的多项式, 那么 P 有有限个不同的根. 更确切地说, P 至多有 $\deg(P)$ 个不同的根.

命题 7.4.2.9　如果 I 是 $\mathbb{K}$ 的一个无限子集, 那么, 我们可以把多项式与多项式函数看作等同的. 换言之, 把多项式 $P \in \mathbb{K}[X]$ 映为 $\tilde{P}$ 的映射 φ: $\mathbb{K}[X] \longrightarrow \mathcal{F}(I, \mathbb{K})$ 是单射.

证明:

设 $P \in \ker \varphi$. 那么, $\widetilde{P} = 0$, 即 $\forall x \in I, \widetilde{P}(x) = 0$. 特别地, P 有无限个两两不同的根, 根据推论 7.4.2.8, 只有当 $P = 0$ 时才可能. $\boxtimes$

结果: 我们不再使用记号 $\widetilde{P}$, 我们写 $P(a)$, 而不写 $\widetilde{P}(a)$.

7.4.3　泰勒公式与根的重数

定理 7.4.3.1 (泰勒 (Taylor) 公式)　设 $P \in \mathbb{K}[X]$, $a \in \mathbb{K}$, $n \geqslant \deg(P)$. 那么,

$$P = \sum_{k=0}^{n} \frac{P^{(k)}(a)}{k!} (X - a)^k.$$

证明:

设 ψ 是从 $\mathbb{K}[X]$ 到 $\mathbb{K}[X]$ 定义如下的映射:

$$\forall P \in \mathbb{K}[X], \psi(P) = \sum_{k=0}^{+\infty} \frac{P^{(k)}(a)}{k!} (X - a)^k.$$

- 首先, ψ 是良定义的, 因为如果 $P \in \mathbb{K}[X]$, 那么对任意自然数 $k > \deg(P)$, $P^{(k)} = 0$, 从而有 $P^{(k)}(a) = 0$. 因此, 如果 $n \in \mathbb{N}$ 且 $n \geqslant \deg(P)$, 那么

$$\psi(P) = \sum_{k=0}^{+\infty} \frac{P^{(k)}(a)}{k!} (X - a)^k = \sum_{k=0}^{n} \frac{P^{(k)}(a)}{k!} (X - a)^k \in \mathbb{K}[X].$$

- 显然, ψ 是 $\mathbb{K}[X]$ 的一个同态, 因为求导是 $\mathbb{K}[X]$ 的一个同态, $P \mapsto \tilde{P}$ 是线性的, 取值映射 e_a: $f \mapsto f(a)$ 是线性的, 且 $\mathbb{K}[X]$ 上的外部乘法是线性的.

- 然后, 我们确定单项式 X^p ($p \in \mathbb{N}$) 在 ψ 下的像. 我们知道

$$D^k(X^p) = \begin{cases} \dfrac{p!}{(p-k)!}X^{p-k}, & \text{若 } k \leqslant p, \\ 0, & \text{其他.} \end{cases}$$

因此, 根据牛顿二项式公式, 有

$$\psi(X^p) = \sum_{k=0}^{p} \frac{p!}{k!(p-k)!} a^{p-k}(X-a)^k = (X-a+a)^p = X^p.$$

- 最后, 设 $P \in \mathbb{K}[X]$. 那么, 存在 $n \in \mathbb{N}$ 和 $(a_k)_{0 \leqslant k \leqslant n} \in \mathbb{K}^{n+1}$ 使得

$$P = \sum_{k=0}^{n} a_k X^k.$$

由线性性得

$$\psi(P) = \sum_{k=0}^{n} a_k \psi(X^k) = \sum_{k=0}^{n} a_k X^k = P. \qquad \boxtimes$$

定义 7.4.3.2 设 $P \in \mathbb{K}[X]$, $a \in \mathbb{K}$. 我们称 a 是多项式 P 的一个 m 次根 ($m \in \mathbb{N}$), 若 $(X-a)^m$ 整除 P 且 $(X-a)^{m+1}$ 不能整除 P.

此时记 $m = m_a(P)$, 并将 $m_a(P)$ 称为 a 作为 P 的根的重数.

注:

- 换言之, a 是 P 的一个 m 重根, 若存在 $Q \in \mathbb{K}[X]$ 使得 $P = (X-a)^m Q$, 其中 $Q(a) \neq 0$;
- 按照惯例, 对于零多项式, 我们约定 $m_a(0) = +\infty$;
- 也可以表述为

$$m_a(P) = \begin{cases} \max\{k \in \mathbb{N} \mid (X-a)^k | P\}, & \text{若 } P \neq 0, \\ +\infty, & \text{若 } P = 0. \end{cases}$$

例 7.4.3.3 如果 a 不是 P 的根, 那么它是一个重数为零的根.

例 7.4.3.4 设 $P = X(X-1)^2$. 那么,

- 1 是一个二重根, 我们也称它是一个双重根;

- 0 是一个一重根, 我们称它是 P 的一个单根.

命题 7.4.3.5　设 $P \in \mathbb{K}[X]$, $a \in \mathbb{K}$, $m \in \mathbb{N}$. 那么,

$$m_a(P) = m \iff \forall k \in [\![0, m-1]\!], P^{(k)}(a) = 0 \text{ 且 } P^{(m)}(a) \neq 0.$$

换言之, a 是 P 的一个 m 重根, 若 a 是 P 的 0 阶到 $m-1$ 阶导数的零点, 但不是它的 m 阶导数的零点.

注: 不那么正式地说,

$$m = m_a(P) \iff 0 = P(a) = P'(a) = \cdots = P^{(m-1)}(a) = 0 \quad \text{且} \quad P^{(m)}(a) \neq 0.$$

证明:

$m = 0$ 的情况是显然的. 假设 $m \geq 1$.

根据泰勒公式, 如果我们取定一个自然数 $n \geq \deg(P)$, 那么 $n \geq m$, 且

$$P = \sum_{k=0}^{n} \frac{P^{(k)}(a)}{k!}(X-a)^k$$
$$= \sum_{k=0}^{m-1} \frac{P^{(k)}(a)}{k!}(X-a)^k + \sum_{k=m}^{n} \frac{P^{(k)}(a)}{k!}(X-a)^k.$$

我们记

$$P = \underbrace{\sum_{k=0}^{m-1} \frac{P^{(k)}(a)}{k!}(X-a)^k}_{R} + (X-a)^m \underbrace{\sum_{k=m}^{n} \frac{P^{(k)}(a)}{k!}(X-a)^{k-m}}_{Q}.$$

因此, 我们有 $P = Q(X-a)^m + R$, 其中 $\deg R \leq m-1 < \deg(X-a)^m$. 由此推断, Q 和 R 分别是 P 除以 $(X-a)^m$ 的欧几里得除法的商和余式 (由商和余式的唯一性可知). 那么有

$$m = m_a(P) \iff R = 0 \text{ 且 } Q(a) \neq 0.$$

又因为, 一方面, 我们有

$$Q(a) = \frac{P^{(m)}(a)}{m!},$$

所以,

$$Q(a) \neq 0 \iff P^{(m)}(a) \neq 0.$$

另一方面, 要证明

$$R = \sum_{k=0}^{m-1} r_k (X-a)^k = 0 \iff \forall k \in [\![0, m-1]\!], r_k = 0.$$

- $\Longleftarrow$ 是显然的.

- 证明 $\Longrightarrow$.
  假设 $\sum_{k=0}^{m-1} r_k (X-a)^k = 0$. 那么, 对应的多项式函数在 $\mathbb{K}$ 上恒为零.
  由此推断:

$$\forall x \in \mathbb{K}, R(x+a) = 0, \quad \text{即} \quad \forall x \in \mathbb{K}, \sum_{k=0}^{m-1} r_k x^k = 0.$$

  由于 $\mathbb{K} = \mathbb{R}$ (或 $\mathbb{K} = \mathbb{C}$) 是无限的, 根据 7.4.2 小节, 对应的多项式函数是零函数当且仅当多项式是零多项式. 因此, $\sum_{k=0}^{m-1} r_k X^k = 0$ (多项式之间的等式), 即对任意自然数 k, $r_k = 0$.

因此,

$$
\begin{aligned}
m = m_a(P) &\iff R = 0 \text{ 且 } Q(a) \neq 0 \\
&\iff \forall k \in [\![0, m-1]\!], r_k = 0 \text{ 且 } P^{(m)}(a) \neq 0 \\
&\iff \forall k \in [\![0, m-1]\!], P^{(k)}(a) = 0 \text{ 且 } P^{(m)}(a) \neq 0. \qquad \boxtimes
\end{aligned}
$$

注: 这个对多项式根的重数的刻画在实践中是非常有用的. 实际上, 计算一个多项式的逐阶导数, 然后计算这些导函数在一点处的值, 通常比手动分解一个多项式容易.

命题 7.4.3.6 对任意 $(P, Q) \in \mathbb{K}[X]^2$ 和任意 $a \in \mathbb{K}$, 我们有

$$m_a(PQ) = m_a(P) + m_a(Q) \quad \text{和} \quad m_a(P+Q) \geqslant \min\left(m_a(P), m_a(Q)\right).$$

证明:

> 如果 $P = 0$ 或 $Q = 0$, 那么结论显然. 现在假设 $PQ \neq 0$, 此时 $m_a(P)$ 和 $m_a(Q)$ 是两个自然数. 由重数的定义知, 存在两个多项式 P_1 和 Q_1 使得 $P = (X - a)^{m_a(P)} P_1$, $Q = (X - a)^{m_a(Q)} Q_1$, $P_1(a) \neq 0$ 且 $Q_1(a) \neq 0$.
>
> • 对于第一个关系式, 只需写出
>
> $$PQ = (X - a)^{m_a(P) + m_a(Q)} P_1 Q_1, \quad \text{其中 } (P_1 Q_1)(a) \neq 0.$$
>
> 因此, $m_a(PQ) = m_a(P) + m_a(Q)$.
>
> • 对第二个关系式, 令 $m = \min(m_a(P), m_a(Q))$, 我们有
>
> $$P + Q = (X - a)^m \times \left((X - a)^{m_a(P) - m} P_1 + (X - a)^{m_a(Q) - m} Q_1 \right).$$
>
> 然后应用第一个关系式得到结果. ◻

7.4.4 证明两个多项式相等的方法

在许多情况下, 我们必须证明两个多项式 P 和 Q 是相等的. 因此, 掌握可以使用的各种方法是很重要的. 首先注意到, $P = Q$ 当且仅当 $P - Q = 0$. 因此, 我们对证明多项式为零的方法感兴趣.

▶ 方法:

为证明多项式 P 为零, 我们可以:

1. 证明它的系数都是零;

2. 证明 $\deg(P) < 0$;

3. 证明 P 的根的个数 (重根按重数计算) 大于它的次数;

4. 证明 P 有无穷个根;

5. 证明存在 $a \in \mathbb{K}$ 使得

$$\forall k \in [\![0, \deg(P)]\!], \ P^{(k)}(a) = 0.$$

7.4.5 可完全分解的多项式以及根与系数的关系

定义 7.4.5.1 我们称一个非常数多项式 P 是

- 在 $\mathbb{K}$ 中 (或在 $\mathbb{K}$ 上) 可完全分解的, 若它的根的个数 (重根按重数计算) 和它的次数相同;
- 可完全分解为单根的, 若 P 可完全分解且 P 的根都是单根即重数都是 1.

例 7.4.5.2

- $X^2 - 1$ 在 $\mathbb{R}$ 中可完全分解为单根, 因为 $X^2 - 1 = (X-1)(X+1)$;
- $P = X^3 - 2X^2 + X$ 在 $\mathbb{R}$ 中可完全分解, 因为 $P = X(X-1)^2$, 但它不是可完全分解为单根的;
- $X^2 + 1$ 在 $\mathbb{C}$ 中可完全分解为单根, 但在 $\mathbb{R}$ 中不可完全分解.

注: 换言之, 一个多项式在 $\mathbb{K}$ 中可完全分解, 若它在 $\mathbb{K}[X]$ 中可以写成以下形式:

$$P = \lambda \prod_{k=1}^{p} (X - a_k)^{m_k},$$

其中, $\lambda \in \mathbb{K}^*$, $a_k \in \mathbb{K}$ 两两不同, $m_k \in \mathbb{N}^*$ 是 a_k 在 P 中的重数. 也可以表述为: 一个多项式可完全分解, 若它可以写成一次多项式的幂的乘积.

命题 7.4.5.3 如果 $P = aX^2 + bX + c$ (其中 $a \neq 0$) 在 $\mathbb{K}$ 中可完全分解, 并且它的根为 x_1 和 x_2 (可能相等), 那么,

$$x_1 + x_2 = -\frac{b}{a} \qquad \text{且} \qquad x_1 x_2 = \frac{c}{a}.$$

命题 7.4.5.4 设 $P = a_3 X^3 + a_2 X^2 + a_1 X + a_0$ (其中 $a_3 \neq 0$) 在 $\mathbb{K}$ 中可完全分解, 且 x_1, x_2, x_3 是它的根 (这三个数可能有相等的情况), 那么,

$$x_1 + x_2 + x_3 = -\frac{a_2}{a_3}; \quad x_1 x_2 + x_1 x_3 + x_2 x_3 = \frac{a_1}{a_3}; \quad x_1 x_2 x_3 = -\frac{a_0}{a_3}.$$

反过来, 如果 $x_1, x_2, x_3 \in \mathbb{K}$ 满足上述三个关系式, 那么, 它们是多项式 $P = a_3 X^3 + a_2 X^2 + a_1 X + a_0$ 的根 (可能有相等的情况).

证明:

> 只需展开乘积 $a_3(X-x_1)(X-x_2)(X-x_3)$.　　　　　　　　　　⊠

注: 更一般地, 如果 $P = a_nX^n + \cdots + a_1X + a_0$ (其中 $a_n \neq 0$) 在 $\mathbb{K}$ 中可完全分解, 那么,

$$\sum_{k=1}^{n} x_k = -\frac{a_{n-1}}{a_n} \quad \text{且} \quad \prod_{k=1}^{n} x_k = (-1)^n \frac{a_0}{a_n}.$$

其他系数也可以用初等对称多项式函数求得

$$\sigma_k = \sum_{1 \leqslant i_1 < i_2 < \cdots < i_k \leqslant n} x_{i_1} \times \cdots \times x_{i_k} = (-1)^k \frac{a_{n-k}}{a_n}.$$

反过来, 如果数字 $x_1, \cdots, x_n$ (不一定两两不同) 满足

$$\forall k \in [\![1, n]\!], \sigma_k = (-1)^k \frac{a_{n-k}}{a_n},$$

那么它们是多项式 $P = \sum_{k=0}^{n} a_kX^k$ 的根 (这些根可能有相等的情况).

证明:

> 只需展开以下表达式:
>
> $$a_n \prod_{k=1}^{n} (X - x_k) = a_n \sum_{k=0}^{n} (-1)^{n-k} \sigma_{n-k} X^k.$$　　⊠

习题 7.4.5.5　确定使得方程组

$$(S): \begin{cases} x+y+z & = 2, \\ xy+xz+yz & = 1, \\ xyz & = p \end{cases}$$

在 $\mathbb{R}^3$ 中至少有一个解的实数 p 的集合.

推论 7.4.5.6　设 A 和 B 是两个多项式, 且 A 在 $\mathbb{K}$ 中可完全分解. 那么, $A|B$ 当且仅当对任意 $a \in \mathbb{K}$, $m_a(A) \leqslant m_a(B)$.

7.5 不可约多项式与多项式的因式分解

回顾： 多项式 $P \in \mathbb{K}[X]$ 是在 $\mathbb{K}[X]$ 中不可约的, 若 $\deg P \geqslant 1$ 且 P 的因式只有单位 (即非零常数多项式) 和与 P 相关的多项式. 换言之, P 是不可约的, 若 $\deg(P) \geqslant 1$ 且

$$\forall (Q, R) \in \mathbb{K}[X]^2, (P = QR \implies Q \in \mathbb{K}^\star \text{ 或 } R \in \mathbb{K}^\star).$$

定理 7.5.0.1 任意次数为 $n \geqslant 1$ 的多项式都可以 (除相乘的顺序外) 唯一分解为不可约的首一多项式和 $\mathbb{K}[X]$ 的一个单位的乘积.

证明：

- 对于存在性, 我们对 $\deg(P)$ 进行强数学归纳来证明.

  初始化：

  对 $n = 1$, 这是显而易见的, 因为一次多项式都是不可约的. 因此, 如果 $P = aX + b$ (其中 $a \neq 0$), 那么 $P = a\left(X - \dfrac{b}{a}\right)$ 是一个单位 $(a \in \mathbb{K}^\star)$ 和一个不可约的首一多项式的乘积.

  递推：

  假设对某个 $n \geqslant 1$, 结论对 $k \leqslant n$ 都成立, 要证明结论对 $n+1$ 成立. 设 P 的次数为 $n+1$.

  * 如果 P 是不可约的, 记 $\lambda \in \mathbb{K}^\star$ 为 P 的首项系数, 我们有: $P = \lambda \dfrac{P}{\lambda}$, 其中 $\dfrac{P}{\lambda}$ 是不可约的首一多项式.

  * 否则, 存在两个非常数的多项式 Q 和 R 使得 $P = QR$. 然后对 Q 和 R 应用归纳假设.

  这证得结论对 $n+1$ 成立, 归纳完成.

- 我们承认除相乘顺序外的唯一性. 有勇气的读者可以尝试自行证明. 证明需要一些技巧, 但基本工具与 $\mathbb{Z}$ 中的相同, 即欧几里得引理. $\boxtimes$

<u>注：</u> 我们使用与 $\mathbb{Z}$ 相同的方法.

- 为证明在 $\mathbb{K}[X]$ 中 $A|B$, 必须且只需证明对 A 的每个不可约因式 P, 都有 $m_P(A) \leqslant m_P(B)$ (即 P 在 A 中的重数小于等于 P 在 B 中的重数).

- 如果 $A = \lambda \prod\limits_{i=1}^{n} P_i^{\alpha_i}$ 且 $B = \mu \prod\limits_{i=1}^{n} P_i^{\beta_i}$, 其中 $n \in \mathbb{N}^\star$, $\lambda, \mu \in \mathbb{K}^\star$, 对任意 $i \in [\![1,n]\!]$, P_i 是不可约的首一多项式, $\alpha_i, \beta_i \in \mathbb{N}$, 且这些 P_i 两两不同, 那么,

$$\mathrm{pgcd}(A, B) = \prod_{i=1}^{n} P_i^{\min(\alpha_i, \beta_i)} \quad \text{且} \quad \mathrm{ppcm}(A, B) = \prod_{i=1}^{n} P_i^{\max(\alpha_i, \beta_i)}.$$

7.5.1　$\mathbb{C}[X]$ 中的不可约元素

下面的定理通常称为代数学基本定理. 我们承认这个定理, 并在习题中给出证明.

定理 7.5.1.1 (达朗贝尔–高斯 (D'Alembert-Gauss) 定理)　$\mathbb{C}[X]$ 中的非常数多项式在 $\mathbb{C}$ 中至少有一个根.

注: 我们称 $\mathbb{C}$ 是代数封闭域.

推论 7.5.1.2　$\mathbb{C}[X]$ 中的不可约多项式是一次多项式.

推论 7.5.1.3　$\mathbb{C}[X]$ 中的非常数多项式在 $\mathbb{C}$ 中可完全分解.

第一个推论的证明:

- 首先, 我们知道一次多项式是不可约的.

- 反过来, 设 $P \in \mathbb{C}[X]$ 是一个不可约的多项式. 那么, 由定义知 $\deg(P) \geqslant 1$. 根据达朗贝尔–高斯定理 (即代数学基本定理), P 至少有一个复根 α, 故 $(X - \alpha)$ 整除 P. 又因为, P 是不可约的, 且 $X - \alpha$ 不是常数, 所以, $X - \alpha$ 和 P 是相关的. 从而得到, P 是一个一次多项式.　　　　$\boxtimes$

第二个推论的证明：

通过对 $n \geqslant 1$ 应用数学归纳法证明：任意 n 次多项式都在 $\mathbb{C}$ 中可完全分解.

初始化：

对 $n = 1$, 结论显然成立.

递推：

假设结论对某个 $n \geqslant 1$ 成立, 要证明结论对 $n + 1$ 也成立. 设 $P \in \mathbb{C}[X]$ 是 $n + 1$ 次的. 那么, P 至少有一个根 α, 从而存在 $Q \in \mathbb{C}[X]$ 使得 $P = (X - \alpha)Q$. 并且, $\deg Q = n$, 故根据归纳假设, Q 在 $\mathbb{C}$ 中可完全分解, 因此 P 也可完全分解. ⊠

7.5.2 $\mathbb{R}[X]$ 中的不可约元素

定理 7.5.2.1 $\mathbb{R}[X]$ 中的不可约多项式是

(i) 一次多项式；

(ii) 判别式小于零的二次多项式.

证明：

- 首先, 显然这些确实是 $\mathbb{R}[X]$ 中的不可约多项式.

- 反过来, 我们要证明 $\mathbb{R}[X]$ 中的不可约多项式只有这些. 设 $P \in \mathbb{R}[X]$ 是次数大于等于 2 的不可约多项式. 那么, P 没有实根 (否则我们可以用 $X - a$ 分解它, 它不是不可约的). 根据达朗贝尔–高斯定理, P 至少有一个复根 α. 已知 P 是实系数的, 那么有 $P(\overline{\alpha}) = \overline{P(\alpha)} = 0$. 因此, $\alpha \neq \overline{\alpha}$, 我们可以用 $(X - \alpha)(X - \overline{\alpha}) = X^2 - 2\mathrm{Re}(\alpha)X + |\alpha|^2 \in \mathbb{R}[X]$ 分解 P. 从而得到 P 的一个非常数因式. 根据假设, P 是不可约的, 故 $P = \lambda(X^2 - 2\mathrm{Re}(\alpha)X + |\alpha|^2)$, 其中 $\lambda \in \mathbb{R}^\star$. ⊠

推论 7.5.2.2 非常数多项式 $P \in \mathbb{R}[X]$ 可以 (除相乘的顺序外) 唯一地写成以下形式：

$$P = \lambda \times \prod_{k=1}^{r} (X - \alpha_k)^{m_k} \times \prod_{k=1}^{s} (X^2 + b_k X + c_k)^{n_k},$$

其中 $\lambda \in \mathbb{R}^\star$, $r, s \in \mathbb{N}$ (不同时为零), 对 $1 \leqslant k \leqslant r$, $\alpha_k \in \mathbb{R}$ 且两两不同, $m_k \in \mathbb{N}^\star$, 对 $1 \leqslant k \leqslant s$, $(b_k, c_k) \in \mathbb{R}^2$ 且两两不同, $n_k \in \mathbb{N}^\star$, $b_k^2 - 4c_k < 0$.

例 7.5.2.3 确定多项式 $P = X^4 + 1$ 在 $\mathbb{R}[X]$ 中的不可约因式分解.

已知 P 在 $\mathbb{R}$ 中没有根, 但我们知道它不是不可约的, 因为它是四次的. 为了将它因式分解, 我们使用通常的方法: 将它在 $\mathbb{C}[X]$ 中分解, 然后合并根互为共轭复数的项.

设 $z \in \mathbb{C}$. $z^4 + 1 = 0 \iff z^4 = -1 \iff z = i^k e^{i\frac{\pi}{4}}$, 其中 $0 \leqslant k \leqslant 3$. 那么有

$$X^4 + 1 = \left(X - e^{i\frac{\pi}{4}}\right)\left(X - e^{i\frac{3\pi}{4}}\right)\left(X - e^{i\frac{5\pi}{4}}\right)\left(X - e^{i\frac{7\pi}{4}}\right) \qquad \text{(在 } \mathbb{C}[X] \text{ 中分解)} .$$

又因为

$$\left(X - e^{i\frac{\pi}{4}}\right)\left(X - e^{i\frac{7\pi}{4}}\right) = \left(X - e^{i\frac{\pi}{4}}\right)\left(X - e^{-i\frac{\pi}{4}}\right) = X^2 - \sqrt{2}X + 1,$$

类似地, 我们有

$$\left(X - e^{i\frac{3\pi}{4}}\right)\left(X - e^{i\frac{5\pi}{4}}\right) = X^2 + \sqrt{2}X + 1.$$

由此可以推导出在 $\mathbb{R}[X]$ 中的不可约因式分解:

$$P = (X^2 - \sqrt{2}X + 1)(X^2 + \sqrt{2}X + 1) \qquad \text{(在 } \mathbb{R}[X] \text{ 中分解)} .$$

习题 7.5.2.4 给出多项式 $P = X^n - 1$ 和 $Q = X^n + 1$ 在 $\mathbb{C}[X]$ 中的分解式, 再给出它们在 $\mathbb{R}[X]$ 中的分解式. 我们可以区分 n 为偶数和 n 为奇数的情况.

7.6 集合 $\mathbb{K}(X)$

7.6.1 一元有理分式域 $\mathbb{K}(X)$

定义 7.6.1.1 我们定义系数在 $\mathbb{K}$ 中的一元有理分式为任意形如 $F = \dfrac{A}{B}$ 的形式表达式, 其中 $(A, B) \in \mathbb{K}[X]^2$ 且 $B \neq 0$. 我们称 $\dfrac{A}{B}$ 为有理分式 F 的一个代表 (représentant). 系数在 $\mathbb{K}$ 中的一元有理分式的集合记为 $\mathbb{K}(X)$.

定义 7.6.1.2 我们称两个有理分式 $F = \dfrac{A}{B}$ 和 $G = \dfrac{C}{D}$ 相等, 若 $AD = BC$.

我们不加证明地给出以下定理.

定理 7.6.1.3 在 $\mathbb{K}(X)$ 上配备两个内部二元运算 $+$ 和 $\times$, 以及一个外部乘法 $\cdot$, 分别定义如下:

$$\forall A, C \in \mathbb{K}[X], \forall B, D \in \mathbb{K}[X] \setminus \{0\}, \forall \lambda \in \mathbb{K}, \frac{A}{B} + \frac{C}{D} = \frac{AD + BC}{BD} \ ;$$

$$\frac{A}{B} \times \frac{C}{D} = \frac{A \times C}{B \times D} \ \text{以及} \ \lambda \cdot \frac{A}{B} = \frac{\lambda \cdot A}{B}.$$

那么,

(i) 运算 $+, \times$ 和 $\cdot$ 都是良定义的, 即不依赖于有理分式的代表的选取.

(ii) $(\mathbb{K}(X), +, \times)$ 是一个交换除环 (即域).

(iii) $(\mathbb{K}(X), +, \cdot)$ 是一个 $\mathbb{K}$-向量空间.

(iv) 把 A 映为 $\dfrac{A}{1}$ 的映射 $\psi\colon \mathbb{K}[X] \longrightarrow \mathbb{K}(X)$ 是一个代数同态, 且是单射. 这使得我们可以把多项式 A 与有理分式 $\dfrac{A}{1}$ 看作等同的. 因此, $\mathbb{K}[X]$ 是 $\mathbb{K}(X)$ 的一个 $\mathbb{K}$-子代数.

定义 7.6.1.4　设 $F \in \mathbb{K}(X) \setminus \{0\}$. 我们定义 F 的不可约代表 (représentant irréductible) 为任意分式 $F = \dfrac{A}{B}$, 其中 $(A, B) \in (\mathbb{K}[X] \setminus \{0\})^2$ 满足 $A \wedge B = 1$.

注: 实际上, 它的原理与从 $\mathbb{Z}$ 到 $\mathbb{Q}$ 的扩展方式相同. 我们最大程度地简化分式, 简化后, 得到一个不可约代表. 例如,

$$F = \frac{X^3 + 2X^2 + X}{X^4 + 3X^3 + 2X^2} = \frac{X(X+1)^2}{X^2(X+1)(X+2)} = \frac{X+1}{X(X+2)}.$$

分式 $\dfrac{X+1}{X(X+2)}$ 是不可约的, 因此它是 F 的一个不可约代表.

7.6.2　求导与次数

定义 7.6.2.1　对 $F = \dfrac{A}{B}$ (其中 $(A, B) \in \mathbb{K}[X]^2$ 且 $B \neq 0$), 我们定义

$$\deg(F) = \deg(A) - \deg(B).$$

命题 7.6.2.2　考虑映射 $\deg : \mathbb{K}(X) \longrightarrow \mathbb{Z} \cup \{-\infty\}$.

(i)　映射 $\deg$ 是良定义的, 即一个有理分式的次数不依赖于该有理分式的代表的选取.

(ii)　这个新的映射 $\deg$ 是对定义在 $\mathbb{K}[X]$ 上的映射 $\deg$ 的延拓.

(iii)　对任意 $(F, G) \in \mathbb{K}(X)^2$ 以及任意 $\lambda \in \mathbb{K}^\star$,

$$\deg(F \times G) = \deg(F) + \deg(G); \quad \deg(\lambda \cdot F) = \deg(F) ;$$

$$\deg(F + G) \leqslant \max(\deg(F), \deg(G)).$$

证明:

• 对 (i), 只需注意到, 如果 $\dfrac{A}{B} = \dfrac{C}{D}$, 其中, $(A, B, C, D) \in \mathbb{K}[X]^4$, $B \neq 0$ 且 $D \neq 0$, 那么 $AD = BC$. 因此,

$$\deg(A) + \deg(D) = \deg(B) + \deg(C),$$

即

$$\deg(A) - \deg(B) = \deg(C) - \deg(D).$$

• 对 (ii), 如果 $A \in \mathbb{K}[X]$, 那么 $A = \dfrac{A}{1}$, 且

$$\deg\left(\frac{A}{1}\right) = \deg(A) - \deg(1) = \deg(A).$$

因此, A 作为有理分式的次数和 A 作为多项式的次数是一样的.

• 最后, 对 (iii), 前两个关系式是显然的. 对第三个关系式, 可以观察到, 如果 $F = \dfrac{A}{B}$ 且 $G = \dfrac{C}{D}$, 其中 $B \neq 0$ 且 $D \neq 0$, 那么

$$\deg(F + G) = \deg\left(\frac{AD + BC}{BD}\right) = \deg(AD + BC) - \deg(BD).$$

又因为

$$\deg(AD + BC) \leqslant \max(\deg(AD), \deg(BC))$$
$$\leqslant \max(\deg(A) + \deg(D), \deg(B) + \deg(C)),$$

所以, 记 $m = \deg(AD + BC) - \deg(BD)$, 我们有

$$m \leqslant \max(\deg(A) + \deg(D) - \deg(BD), \deg(B) + \deg(C) - \deg(BD))$$
$$\leqslant \max(\deg(F), \deg(G)).$$

$\boxtimes$

例 7.6.2.3 如果 $F = \dfrac{X}{X^2 + 1}$, 那么 $\deg(F) = 1 - 2 = -1$.

定义 7.6.2.4 设 $F \in \mathbb{K}(X)$, $(A, B) \in \mathbb{K}[X]^2$ 使得 $B \neq 0$ 且 $F = \dfrac{A}{B}$. 我们定义 F 的导数 (记为 $D(F)$ 或 F') 为

$$D(F) = \frac{A'B - AB'}{B^2}.$$

命题 7.6.2.5　把 F 映为 $D(F)$ 的映射 $D\colon \mathbb{K}(X) \longrightarrow \mathbb{K}(X)$ 是良定义的, 且是对多项式集合上的求导映射的延拓.

此外, 常用的求导公式仍然成立, 即对任意有理分式 F 和 G 以及任意常数 $\lambda \in \mathbb{K}$, 我们有

$$D(F + G) = D(F) + D(G); \quad D(F \times G) = D(F)G + FD(G); \quad D(\lambda F) = \lambda D(F);$$

$$D\left(\frac{F}{G}\right) = \frac{D(F)G - FD(G)}{G^2}.$$

7.6.3　有理分式的零点和极点

定义 7.6.3.1　设 $F \in \mathbb{K}(X) \setminus \{0\}$, $\dfrac{A}{B}$ 是 F 的一个不可约代表, 其中 $A, B \in \mathbb{K}[X] \setminus \{0\}$.

- 我们定义 F 的零点为多项式 A 在 $\mathbb{K}$ 中的根. 此时, 我们定义 F 的零点 $a \in \mathbb{K}$ 的重数为 a 作为 A 的根的重数.

- 我们定义 F 的极点为多项式 B 在 $\mathbb{K}$ 中的根. 此时, 我们定义 F 的极点 $a \in \mathbb{K}$ 的重数 (或阶数) 为 a 作为 B 的根的重数.

例 7.6.3.2　设 $F = \dfrac{X^4(X+1)^2}{X^2(X+1)^5(X-2)}$. 那么, F 的一个不可约代表是 $F = \dfrac{X^2}{(X+1)^3(X-2)}$. 因此,

- F 有唯一的零点 0, 其重数为 2;
- F 有两个极点: -1 和 2, 它们的重数分别为 3 和 1.

7.6.4　部分分式分解

定义 7.6.4.1　我们定义 $\mathbb{K}(X)$ 的简单元素为

- $\mathbb{K}[X]$ 的单项式;

- $\mathbb{K}(X)$ 的有如下形式的元素: $\dfrac{A}{P^n}$, 其中 $P \in \mathbb{K}[X]$ 是不可约的, $n \in \mathbb{N}^*$, $A \in \mathbb{K}[X] \setminus \{0\}$ 且 $\deg(A) < \deg(P)$.

例 7.6.4.2 $\mathbb{C}(X)$ 的简单元素是单项式以及有如下形式的元素:

$$\frac{a}{(X - \alpha)^n}, \quad \text{其中} a \in \mathbb{C}^*, \alpha \in \mathbb{C} \text{ 以及 } n \in \mathbb{N}^*.$$

例 7.6.4.3 在 $\mathbb{R}(X)$ 中, 简单元素是单项式以及有如下形式的元素:

$$\frac{a}{(X - \alpha)^n} \quad \text{或} \quad \frac{cX + d}{(X^2 + eX + f)^m},$$

其中 $a \in \mathbb{R}^*$, $\alpha \in \mathbb{R}$, $n \in \mathbb{N}^*$, $(c, d) \in \mathbb{R}^2 \setminus \{(0, 0)\}$, $(e, f) \in \mathbb{R}^2$ 且 $e^2 - 4f < 0$, 以及 $m \in \mathbb{N}^*$.

定理 7.6.4.4 (部分分式分解) 任何有理分式都可以唯一地分解成简单元素的线性组合.

更准确地说, 如果 $F = \dfrac{A}{\prod_{i=1}^{N} P_i^{n_i}}$, 其中, $A \in \mathbb{K}[X]$, $N \in \mathbb{N}$, 多项式 $P_1, \cdots, P_N$ 是不可约且两两互素的, 并且 $n_1, \cdots, n_N \in \mathbb{N}^*$, 那么, 存在唯一的多项式族 $(E, C_{1,1}, C_{2,1}, \cdots, C_{n_1,1}, C_{1,2}, \cdots, C_{n_2,2}, \cdots, C_{1,N}, \cdots C_{n_N,N})$ 使得

$$\begin{cases} F = E + \displaystyle\sum_{i=1}^{N} \sum_{j=1}^{n_i} \frac{C_{j,i}}{P_i^j}, \\ \forall i \in [\![1, N]\!], \forall j \in [\![1, n_i]\!], \deg(C_{j,i}) < \deg(P_i). \end{cases}$$

E 称为 F 的整式部分 (或主要部分).

我们承认这个定理, 不给出证明. 重要的是知道如何应用它. 为此, 我们讨论几个例子.

例 7.6.4.5 设 $F = \dfrac{X^3 + X - 1}{X^2 - 1}$. 首先, 我们确定 F 的整式部分, 它是 $X^3 + X - 1$ 除以 $X^2 - 1$ 的欧几里得除法的商. 计算得到

$$X^3 + X - 1 = X \times (X^2 - 1) + 2X - 1.$$

因此, $F = X + \dfrac{2X - 1}{X^2 - 1}$. 其次, $X^2 - 1 = (X - 1)(X + 1)$, 这是不可约因式分解. 根据部分分式分解定理,

$$\frac{2X - 1}{X^2 - 1} = \frac{a}{X - 1} + \frac{b}{X + 1}, \quad \text{其中 } (a, b) \in \mathbb{R}^2.$$

计算并比较系数可得 $a = \dfrac{1}{2}$ 和 $b = \dfrac{3}{2}$. 因此, F 的部分分式分解是

$$F = X + \frac{1/2}{X - 1} + \frac{3/2}{X + 1}.$$

例 7.6.4.6 设 $G = \dfrac{X + 1}{X^3(X - 1)^2}$. 由于 $\deg(G) < 0$, 故 G 的整式部分为零. 根据部分分式分解定理, 存在 $(a, b, c, d, e) \in \mathbb{R}^5$ (这是唯一的) 使得

$$G = \frac{a}{X} + \frac{b}{X^2} + \frac{c}{X^3} + \frac{d}{X - 1} + \frac{e}{(X - 1)^2}.$$

剩下的就是计算 a, b, c, d 和 e 的值! 因为我们知道分解是存在且唯一的, 所以可以使用任意 (正确的) 方法来确定所求的数字.

例如, $\tilde{G}(x) \underset{x \to 1}{\sim} \dfrac{2}{(x - 1)^2}$. 由此可得 $e = 2$, 因为

$$\frac{a}{x} + \frac{b}{x^2} + \frac{c}{x^3} + \frac{d}{x - 1} + \frac{e}{(x - 1)^2} \underset{x \to 1}{=} \frac{e}{(x - 1)^2} + o\left(\frac{1}{(x - 1)^2}\right).$$

类似可得

$$\tilde{G}(h) \underset{h \to 0}{=} \frac{1}{h^3} \frac{1 + h}{(1 - h)^2} \underset{h \to 0}{=} \frac{1}{h^3}\left(1 + 3h + 5h^2 + o(h^2)\right).$$

由此可得: $c = 1$, $b = 3$ 和 $a = 5$ (由 $h \longmapsto h^3 \tilde{G}(h)$ 在 0 处的极限展开的唯一性可知). 最后, 由 $\tilde{G}(x) \underset{x \to +\infty}{=} o\left(\dfrac{1}{x}\right)$ 可知 $a + d = 0$, 故 $d = -a = -5$.

习题 7.6.4.7 确定 $H = \dfrac{X}{(X - 1)(X^2 + 1)^2}$ 在 $\mathbb{R}[X]$ 中的部分分式分解.

7.7　习　题

习题 7.7.1　确定下列多项式的次数和首项系数：

$$(X+1)^n - (X-1)^n; \quad (X^2+1)^n - (X^2-1)^n.$$

习题 7.7.2　证明：对任意非零自然数 n, 有

$$(X^3 + X^2 + X + 1)\sum_{k=0}^{2n}(-1)^k X^k = X^{2n+3} + X^{2n+1} + X^2 + 1.$$

习题 7.7.3　设 $n \in \mathbb{N}^\star$, $(a_0, \cdots, a_n) \in \mathbb{K}^{n+1}$. 考虑多项式

$$P = a_0 + a_1 X + a_2 X(X-1) + \cdots + a_n X(X-1)\cdots(X-n+1),$$
$$Q = a_0 + \frac{a_1}{2}X(X-1) + \cdots + \frac{a_n}{2^n}X(X-1)\cdots(X-n+1).$$

1. 对 $k \in \mathbb{N}$, 将 $P(k)$ 表示成带有二项式系数的和式.

2. 由此导出 $\displaystyle\sum_{k=0}^{n}\binom{n}{k}P(k) = \sum_{j=0}^{n}a_j\sum_{k=j}^{n}\frac{n!}{(n-k)!(k-j)!}$.

3. 导出结论：$\displaystyle\sum_{k=0}^{n}\binom{n}{k}P(k) = \sum_{j=0}^{n}a_j\frac{n!}{(n-j)!}2^{n-j} = 2^n Q(n)$.

习题 7.7.4　在 $\mathbb{K}[X]$ 中求解下列方程：

$$Q^2 = XP^2; \quad P'^2 = 4P; \quad P'P'' = 18P.$$

习题 7.7.5　设映射 Δ 定义如下：$\begin{array}{ccc}\mathbb{K}[X] & \longrightarrow & \mathbb{K}[X], \\ P & \longmapsto & P(X+1) - P(X).\end{array}$

1. 证明 $\Delta \in \mathcal{L}(\mathbb{K}[X])$.

2. 设 $n \geqslant 1$ 是一个给定的自然数. 证明 $\Delta(\mathbb{K}_n[X]) \subset \mathbb{K}_{n-1}[X]$.

3. 由此导出：如果 $\deg P < n$, 那么 $\Delta^n(P) = 0$.

4. 证明：如果 $P \in \mathbb{K}[X]$ 且 $\deg P < n$, 那么 $\displaystyle\sum_{k=0}^{n}(-1)^k\binom{n}{k}P(k) = 0$.

习题 7.7.6　用欧几里得除法计算:

1. $X^6 - 4X^3 + 2X^2 - 1$ 除以 $X^2 + 4$.

2. $4X^3 + X^2$ 除以 $X + 1 + i$.

3. $iX^3 - X^2$ 除以 $(1 + i)X^2 - iX + 3$.

习题 7.7.7　确定当 $a \neq b$ 时 P 除以 $(X - a)(X - b)$ 的欧几里得除法的余式. 当 $a = b$ 时, 结果有何不同?

习题 7.7.8　设 $P \in \mathbb{K}[X]$ 使得 P 除以 $X^2 + 1$ 和 $X^2 - 1$ 的欧几里得除法的余式分别是 $2X - 2$ 和 $-4X$. P 除以 $X^4 - 1$ 的欧几里得除法的余式是什么?

习题 7.7.9　求 $(X \sin\theta + \cos\theta)^n$ 除以 $X^2 + 1$ 的欧几里得除法的余式, 其中 $\theta \in \mathbb{R}, n \in \mathbb{N}$.

习题 7.7.10　设 $P \in \mathbb{R}[X]$. 证明: $P(X) = P(1 - X)$ 当且仅当 P 的奇数阶导数在 $\dfrac{1}{2}$ 处的值都为零.

习题 7.7.11　设多项式 $P = X^6 - 5X^4 + 8X^3 - 9X^2 + aX + b$, 其中, a 和 b 目前是两个任意实数.

1. 证明: 1 是 P 的一个重根当且仅当 $a = 8$ 且 $b = -3$.
   在接下来的问题中, 假设 $a = 8, b = -3$.

2. 证明 1 是 P 的 3 重根.

3. 通过做 P 除以 $(X - 1)^3$ 的欧几里得除法来验证这个结果. 确定商 Q 的表达式.

4. 将 Q 分解成 $\mathbb{R}[X]$ 中的不可约多项式的乘积, 然后分解成 $\mathbb{C}[X]$ 中的不可约多项式的乘积.

5. 由此导出 P 在 $\mathbb{R}[X]$ 中和在 $\mathbb{C}[X]$ 中的不可约因式分解.

6. 将多项式 $X^4 + 1$ 分解成 $\mathbb{C}[X]$ 中的不可约因式的乘积, 然后分解成 $\mathbb{R}[X]$ 中的不可约因式的乘积.

7. 由此导出 $P(X^2)$ 在 $\mathbb{R}[X]$ 中和在 $\mathbb{C}[X]$ 中的不可约因式分解.

8. 给出 $\dfrac{1}{(X + 3)(X^2 + 1)}$ 在 $\mathbb{C}[X]$ 中的部分分式分解, 然后给出它在 $\mathbb{R}[X]$ 中的部分分式分解.

习题 7.7.12 证明: $X^3 + pX + q$ 有重根当且仅当 $4p^3 + 27q^2 = 0$.

习题 7.7.13

1. 证明: 存在唯一的多项式序列 (P_n) 使得

$$\forall n \in \mathbb{N}, \forall \theta \in \mathbb{R}, P_n(\cos(\theta)) = \cos(n\theta).$$

这些多项式称为切比雪夫 (Tchebychev) 多项式.

2. 证明这个多项式族满足以下递推关系: $\forall n \in \mathbb{N}, P_{n+2} = 2X P_{n+1} - P_n$.

3. 由此导出: 对任意自然数 n, $P_n \in \mathbb{Z}[X]$, 并确定 P_n 的次数和首项系数.

4. 证明: 对任意自然数 $n \geqslant 1$, P_n 在 $\mathbb{R}$ 中可完全分解成单根.

习题 7.7.14 设 $P \in \mathbb{R}[X]$ 使得 $\forall x \in \mathbb{R}, P(x) \geqslant 0$. 我们想证明存在 $(A, B) \in \mathbb{R}[X]^2$ 使得 $P = A^2 + B^2$.

1. 第一种方法: 通过在 $\mathbb{C}$ 中的分解.

   (a) 证明: 满足条件的多项式的次数一定是偶数.

   (b) 证明: 如果满足条件的多项式 P 有实数根, 那么它的实数根的重数是偶数.

   (c) 证明: 如果 α 是 P 的一个复根且 $\operatorname{Im}(\alpha) \neq 0$, 那么 $\overline{\alpha}$ 也是一个复根且重数与 α 相同.

   (d) 注意到 $A^2 + B^2 = (A + iB)(A - iB)$, 给出结论.

2. 第二种方法: 数学归纳法.

   使用上一问中 (a) 和 (b) 的结果.

   (a) 证明: 如果 $\deg P = 2$, 则结论成立.

   (b) 证明: 如果 $\deg P = 2n + 2$, 那么, 存在 $(U, V) \in \mathbb{R}[X]^2$ 使得

   $$P = UV, \ \deg U = 2, \ \forall x \in \mathbb{R}, U(x) \geqslant 0 \ \text{且} \ \forall x \in \mathbb{R}, V(x) \geqslant 0.$$

   (c) 用数学归纳法证明结论. 我们可以比较 $(ac + bd)^2 + (ad - bc)^2$ 和 $(a^2 + b^2)(c^2 + d^2)$.

习题 7.7.15 在 $\mathbb{R}[X]$ 中分解下列多项式 ($a \in \mathbb{R} \setminus \pi\mathbb{Z}$):

$X^3 - 5X^2 + 3X + 9$; $X^5 + 1$; $(X^2 - X + 2)^2 + (X - 2)^2$; $X^8 + X^4 + 1$; $X^{2n} - 2\cos(a)X^n + 1$.

习题 7.7.16 设 $P \in \mathbb{R}[X]$ 使得 $\deg P = n \in \mathbb{N}^*$ 且 $\forall k \in [\![1, n+1]\!], P(k) = \dfrac{1}{k}$. 计算 $P(n+2)$.

习题 7.7.17 对 $n \in \mathbb{N}^*$, 令 $P_n = (X+i)^{2n+1} - (X-i)^{2n+1}$.

1. 确定 P_n 在 $\mathbb{C}[X]$ 中的不可约因式分解.

2. 将这些不可约因式以一种巧妙的方式进行两两分组, 证明: 对 $a \in \mathbb{C}$ 和 $n \in \mathbb{N}^*$,

$$\prod_{k=1}^{n} \left(a^2 + \cot^2 \left(\frac{k\pi}{2n+1} \right) \right) = \frac{(a+1)^{2n+1} - (a-1)^{2n+1}}{2(2n+1)}.$$

习题 7.7.18 确定 1 作为 $X^{2n+1} - (2n+1)X^{n+1} + (2n+1)X^n - 1$ 的根的重数. 再确定 $a \in \mathbb{C}$ 作为 $(X-a)(A' + A'(a)) - 2(A - A(a))$ 的根的重数, 其中 A 是一个多项式.

习题 7.7.19 设 P 和 Q 是 $\mathbb{C}[X]$ 中的两个非常数多项式. 记 $Z(P)$ 为 P 的根的集合. 假设 $Z(P) = Z(Q)$ 且 $Z(P-1) = Z(Q-1)$. 我们想证明 $P = Q$.

1. 确定 $|Z(P)|$, $\deg P$ 和 $\deg(P \wedge P')$ 之间的关系.

2. 验证我们总是可以假设 $\deg(P) \geqslant \deg(Q)$, 接下来我们就如此假设.

3. 证明 $P - Q$ 至少有 $\deg(P) + 1$ 个根, 并得出结论.

习题 7.7.20 考虑定义如下的多项式序列:

$$P_0 = 1, \quad P_1 = -X \quad 且 \quad \forall n \in \mathbb{N}, P_{n+2} + X P_{n+1} + P_n = 0.$$

1. 确定 P_n 的次数和首项系数.

2. 对 $n \in \mathbb{N}$, 计算 $P_n(0)$.

3. 研究 P_n 的奇偶性.

4. 取定 $x \in (-2, 2)$.

   (a) 证明: 存在唯一的 $\theta \in (0, \pi)$ 使得 $x = 2\cos(\theta)$.

   (b) 对 $n \in \mathbb{N}$, 令 $u_n = P_n(2\cos(\theta))$. 证明 (u_n) 是一个二阶线性递归序列.

   (c) 利用前面的结论, 将 u_n 表示成 n 和 θ 的函数.

   (d) 证明对任意自然数 n, P_n 在 $\mathbb{R}$ 中可完全分解, 并给出 P_n 的根.

5. 通过考虑 P_{2n} 的根, 对 $n \in \mathbb{N}$, 计算 $A_n = \displaystyle\prod_{k=1}^{n} \cos\left(\frac{k\pi}{2n+1} \right)$ 的值.

习题 7.7.21 设 $n \in \mathbb{N}$. 设 $x_0, \cdots, x_n \in \mathbb{K}$ 是两两不同的.

1. 设 $i \in [\![0, n]\!]$ 是取定的. 证明：存在唯一的多项式 L_i 满足

$$\deg L_i \leqslant n; \quad \forall j \in [\![0, n]\!] \setminus \{i\}, L_i(x_j) = 0; \quad L_i(x_i) = 1.$$

2. 由此导出：如果 $(b_0, b_1, \cdots, b_n) \in \mathbb{K}^{n+1}$, 那么, 存在唯一的次数小于等于 n 的多项式 P 使得

$$\forall i \in [\![0, n]\!], P(x_i) = b_i.$$

注：这些多项式 L_i 称为由 $x_0, \cdots, x_n$ 确定的拉格朗日插值多项式.

3. 应用：设 $P \in \mathbb{C}[X]$ 使得 $P(\mathbb{Q}) \subset \mathbb{Q}$. 证明 $P \in \mathbb{Q}[X]$.

习题 7.7.22 确定下列有理分式的部分分式分解：

$$F = \frac{X^2 + 1}{X(X-1)(X-2)}; \quad G = \frac{1}{X^2(X-1)^3}; \quad H = \frac{2X}{(X^2+1)^2(X^2-1)}.$$

习题 7.7.23 设 $n \geqslant 1$. 确定 $\dfrac{1}{(X^2-1)^n}$ 的部分分式分解.

习题 7.7.24 这个习题的目标是证明达朗贝尔–高斯定理.

1. 陈述定理的内容.

2. 设 f 是一个从 $\mathbb{C}$ 到 $\mathbb{C}$ 的函数.

   (a) 对 $a \in \mathbb{C}$, 给出 f 在 a 处连续的定义.

   (b) 证明：如果 f 在 $\overline{B}(a, R) = \{z \in \mathbb{C} \mid |z - a| \leqslant R\}$ $(R > 0)$ 上连续, 那么, f 是有界的并且 $|f|$ 可以取得上下确界, 即存在 $z_1, z_2 \in \overline{B}(a, R)$ 使得

$$|f(z_1)| = \inf_{z \in \overline{B}(a,R)} |f(z)| \quad \text{和} \quad |f(z_2)| = \sup_{z \in \overline{B}(a,R)} |f(z)|.$$

3. 设 $P \in \mathbb{C}[X]$ 不是常数, $n = \deg P$, a_n 是 P 的首项系数. 假设 P 没有复根.

   (a) 证明 $|P(z)| \underset{|z| \to +\infty}{\sim} |a_n||z|^n$.

   (b) 由此导出：存在 $R > 0$ 使得：$\forall z \in \mathbb{C}, (|z| > R \Longrightarrow |P(z)| \geqslant |P(0)|)$.

   (c) 证明：存在 $z_0 \in \mathbb{C}$ 使得 $|P(z_0)| = \inf_{z \in \mathbb{C}} |P(z)|$.

(d) 验证 $p = \min\left\{k \in [\![1, n]\!] \mid P^{(k)}(z_0) \neq 0\right\}$ 的存在性.

(e) 验证存在 $\omega \in \mathbb{C}^\star$ 使得: $\omega^p = -\dfrac{p!\,P(z_0)}{P^{(p)}(z_0)}$.

(f) 证明把 $t \in \mathbb{R}$ 映为 $P(z_0 + t\omega)$ 的映射 $f\colon \mathbb{R} \longrightarrow \mathbb{C}$ 在 0 处有 p 阶的极限展开式, 并确定这个展开式.

(g) 由此导出 $\left|\dfrac{f(t)}{f(0)}\right|^2 - 1 \underset{t \to 0}{\sim} -2t^p$.

(h) 得出结论.

译　后　记

——忆我在中山大学中法核学院参与和
见证的预科数学教学实践

从 2012 年 2 月到 2021 年 10 月, 我在中山大学中法核工程与技术学院 (以下简称中法核学院) 从事预科数学教学工作. 在此我想记录一下在近十年的工作中参与及见证的预科数学教学实践, 希望可以让本书 (以及这套教材) 的读者对中法核学院预科数学的教学模式有所了解. 需要说明的是, 我陈述的是在上述时间段内中法核学院的预科数学教学概况. 如读者需要书面引述本文部分或全部内容, 请标明出处.

一、大班授课和小班巩固相结合的教学模式

中法核学院的预科数学课程有以下三种类型: 大班授课 (以下简称主课)、导学课 (以下简称 TD 课) 和辅助课 (以下简称 TUT 课).

主课就是全班同学一起上的课, 班级规模一般为 100 人左右 (学生人数多时班级规模可达到 120 多人, 少时为 80 多人), 教师在课上讲授课程内容, 学生听讲并做笔记, 有疑问时可随时向教师提问. 主课教师会在课上布置下一周 TD 课上要讲解的习题, 学生应在 TD 课前完成.

TD 课是小班课, 班级规模为 18 人左右 (一般不超过 20 人). 根据该年级学生总人数, 可分为 4—6 个 TD 组. TD 课上, 教师 (TD 课的教师与主课教师未必是同一个) 会检查学生的习题完成情况, 请学生到黑板上演示和讲解习题的解答过程, 其他学生应专心听同学的讲解, 可随时向讲解习题的同学提问. 待该学生讲解完后, 教师会询问其他学生是否赞同该同学的解题方法和解题过程 (或论证过程), 待学生们发表自己的看法后, 教师再对方法和过程进行点评和补充. 如果学生使用的是非常规的方法, 教师需补充学生必须掌握的常规方法. TD 课的目的并非给学生提供某些习题的参考答案, 而是在课堂上发现学生对已学知识

和方法的掌握情况, 根据出现的错误进行有针对性的讲解, 避免学生在后续学习过程中犯类似的错误. 因此, TD 课的教师不应在课上直接给出习题的解答过程, 除非该组学生没有人会做那道习题 (此时只能由教师进行讲解), 或者课堂时间所剩无几 (此时教师只能简要给出解题思路或方法).

TUT 课也是小班课, 班级规模为 9 人左右 (一般不超过 10 人). TUT 课与答疑课类似, 但好的 TUT 课不是简单的一问一答的模式. 学生在 TUT 课前应列出对主课和 TD 课上所讲内容不理解或有疑问的地方, 在 TUT 课上提出来. 当学生提出问题时, 教师应尽可能鼓励或组织学生展开讨论, 然后再进行补充讲解. 这样可以了解学生提出的问题是不是大多数学生都不理解的. 不管是提出问题, 还是回答问题, 一般都要求在黑板上边写边讲, 让所有学生都能看到和听到. 如果学生们没有问题或不愿提问, 教师需调动学生积极性, 可事先准备几道与所学知识有关且难度不同的习题, 让学生尝试随堂完成, 从而发现学生对知识的掌握情况.

二、集体备课和及时反馈

集体备课分为两类: 一类是针对主课的, 另一类是针对 TD 课的. 在某位教师第一次负责某部分内容 (通常是一整章) 的主课授课时, 该教师需提前准备, 在给学生讲课之前进行试讲, 教学负责人会在试讲过程中提出疑问和建议, 其他教师可自由选择是否旁听. 曾经有一个阶段, 教学负责人要求所有教师都要到场参与, 后来改为其他教师可自愿参与. 如果教学负责人对试讲情况感到不满意, 会要求该教师重新备课, 进行第二次试讲. 直到教学负责人对试讲情况感到满意才会同意该教师给学生讲授主课. 每次试讲时间至少一个小时.

针对 TD 课的集体备课, 我们也称之为每周例会, 因为基本上每周都要进行一次. 根据主课的课程进度, 该年级的所有数学课教师需在每周完成对应章节的习题, 然后在例会上对这些习题进行讨论. 讨论方式如下: 由某位教师到黑板上对习题进行演示和讲解, 与会的其他教师可以提问或补充. 通常每周上去讲题的教师会不一样, 同一次例会上也可能先后有不同教师上去演示和讲解. 主课教师会告知 TD 课教师, 哪些方法是要求学生必须掌握的, 在 TD 课上必须讲解. 以预科三年级的数学课为例, 每周例会的时间一般是 2—3 个小时.

因为主课教师和 TD 课教师不同 (TD 课分多个组, 如果是六个组一般需要三位教师), 而且不同组的 TD 课的进度可能不一样 (讲解的习题数量不同), 所以在主课教师和 TD 课教师之间需要有及时的反馈. 一般来说, 在 TD 课上完的当天晚上, TD 课教师要将其负责的各组 TD 课的情况通过邮件反馈给主课教师和其他组的 TD 课教师, 反馈信息包括: 学生出席情况、准备情况 (哪些题都能完成, 哪些题只有少数人完成, 哪些题没有人会做) 以及进度 (各组讲完了哪几道习题). 主课教师会根据反馈情况决定是否有必要在主课上讲解某道习题或某类习题.

TUT 课是很难备课的, 因为教师很难预料学生会对所学内容产生什么疑问. 最基本的是, TUT 课教师需要知道主课的课程进度, 这样才能有的放矢. 因此, 主课教师需将课程进度及时告知 TUT 课教师. 另外, 在刚入职的时候, 教学负责人曾要求我们每周至少跟听一次主课. TUT 课教师需将学生的提问情况及时反馈给主课教师, 以便主课教师了解学生对哪些知识点掌握得不好或在什么方面有困难, 从而在主课上作出相应的补充和调整.

三、多种评价方式相结合

学生每学期的数学总评成绩主要由以下几部分成绩构成: 随堂小测、口试、笔试. 其中, 口试能否进行取决于有资格开展口试的教师人数是否足够.

随堂小测最少每两周一次, 每次 10—25 分钟, 主要考查学生对基本概念、公式和定理内容的熟悉程度. 每次小测的分数为 10—20 分.

口试分组进行, 一般三个学生一组, 在同一个教室由同一位教师在相同时间段进行口试, 时间为一个小时. 口试的教室需有三面黑板, 以便三位学生可以同时在黑板上对教师给出的题目进行演示和讲解. 口试教师需提前准备好三份难度相同的题目, 每份题目包括对基础知识的考查 (如定义或定理内容) 和对知识的应用 (证明题或者计算题). 如果学生在做证明题或者计算题时卡住了, 教师可以给予简单提示, 看学生能否在提示下完成. 当然, 经过提示的完成和完全独立完成, 得分是不一样的. 另外, 学生口头表达的流畅程度也会影响最后得分. 一般来说, 每个学生每学期口试的次数为 4—6 次, 但受师资力量限制, 没办法做到每个年级都有口试.

笔试通常每学期 3 次, 每次考试时间为 4 小时左右 (一年级的考试时间有可能少于 4 小时, 三年级的考试时间有可能多于 4 小时). 考试的题目没有选择题或者填空题, 大都是证明题或者计算题, 也会有个别问答题 (比如在某一问里要求学生叙述某个定理). 前两次考试的试卷批改要求很细致, 改卷教师不能只给分数, 还需写清楚学生错在哪里, 改完之后还要给出一个整体评价, 一般是说明学生哪些地方掌握得比较好, 哪些地方掌握得不好, 给出相应的建议. 最后一次考试是期末考试, 因为答卷不会发回给学生, 所以只需写明扣分情况和得分情况即可.

四、学生评价会

每学期末会举行各年级的学生评价会. 一个年级的学生评价会时间为三个小时左右. 与会者包括学院的中法方领导、本科教务秘书、该年级的辅导员以及该年级所有任课教师.

会上先由各任课教师对每个学生的学习态度和成绩进行点评, 根据相关情况决定是否需要找学生谈话, 如果需要, 由哪位教师去跟学生谈话. 对于教师们一致认为不适合继续在中法核学院学习的学生, 会请辅导员或负责学生工作的领导告知学生, 建议其转专业.

程思睿

2024 年 4 月